国外优秀食品科学与工程专业教材

食品科学基础

(第五版)

主编 [美] 薇姬·A.瓦茨拉维克(Vickie A.Vaclavik)
[美] 伊丽莎白·W.克里斯蒂安(Elizabeth W. Christian)
[美] 塔德·坎贝尔(Tad Campbell)

主译 胡爱军 郑捷 胡祺

中国轻工业出版社

图书在版编目（CIP）数据

食品科学基础：第五版 /（美）薇姬·A. 瓦茨拉维克（Vickie A. Vaclavik），（美）伊丽莎白·W. 克里斯蒂安（Elizabeth W. Christian），（美）塔德·坎贝尔（Tad Campbell）主编；胡爱军，郑捷，胡祺主译. — 北京：中国轻工业出版社，2024. 5

国外优秀食品科学与工程专业教材

ISBN 978-7-5184-4327-7

Ⅰ. ①食…　Ⅱ. ①薇…　②伊…　③塔…　④胡…　⑤郑…　⑥胡…　Ⅲ. ①食品科学—教材　Ⅳ. ①TS201

中国国家版本馆 CIP 数据核字（2023）第 231484 号

责任编辑：钟　雨

文字编辑：贠紫光　　责任终审：白　洁　　整体设计：锋尚设计

策划编辑：钟　雨　　责任校对：吴大朋　　责任监印：张　可

出版发行：中国轻工业出版社（北京鲁谷东街 5 号，邮编：100040）

印　　刷：三河市万龙印装有限公司

经　　销：各地新华书店

版　　次：2024 年 5 月第 1 版第 1 次印刷

开　　本：787×1092　1/16　印张：30. 25

字　　数：704 千字

书　　号：ISBN 978-7-5184-4327-7　定价：128. 00 元

邮购电话：010-85119873

发行电话：010-85119832　010-85119912

网　　址：http://www.chlip.com.cn

Email：club@chlip.com.cn

201272K1X101ZYW

本书译者

主　译

胡爱军　天津科技大学
郑　捷　天津科技大学
胡　祺　谢菲尔德大学

参译

（排名不分先后）

丁　昊　天津科技大学
王若冰　天津科技大学
王　威　天津科技大学
王　萌　天津科技大学
王梦婷　天津科技大学
龙圆圆　天津科技大学
曲佳鸣　天津科技大学
朱新越　天津科技大学
刘广鑫　天津科技大学
孙付万　天津科技大学
李伟奇　天津科技大学
李　靖　天津科技大学
李　璐　天津科技大学
张　容　天津科技大学
陈　文　天津科技大学
邳文莉　天津科技大学
周　瑜　天津科技大学
袁志宁　天津科技大学
郭转转　天津科技大学
霍　栓　天津科技大学
严嘉恬　天津科技大学

译者序

由薇姬·A. 瓦茨拉维克（Vickie A. Vaclavik）博士、伊丽莎白·W. 克里斯蒂安（Elizabeth W. Christian）博士和塔德·坎贝尔（Tad Campbell）编纂的《食品科学基础》是美国食品科学系列教科书之一，连续出版了五个版本，本书是《食品科学基础》的最新版本，即第五版。本书包括食品成分导论，食品中的碳水化合物，食品中的蛋白质，食品中的脂肪，糖、甜味剂和糖果，烘焙食品，食品加工处理，食品供应与标签的政府监管八个部分共二十章内容，并有附录，附录中介绍了生物技术(基因修饰生物)、功能性食品、保健品、植物素、医用食品、加工食品、美国农业部食品指南的简要历史。章后附有参考文献、引注文献和术语表。全书章节设置恰当，内容丰富，深入浅出，集科学性、系统性和实用性于一体。

为了满足食品领域师生、科技人员及有关企业的需求，让更多的人了解食品科学基本原理，掌握食品科学基础知识，我们精心翻译出版本书。

本书既可供高等学校食品科学与工程、食品质量与安全、食品营养与健康专业及相关学科的本科生和研究生使用，又可作为职业技术学校、继续教育院校食品科学、营养学、饮食学、酒店管理和烹饪艺术等专业师生用书，还可供食品及相关行业企事业单位与管理部门科学工作者、实验和工程技术人员，以及对食品科学感兴趣的其他的人士参考。

本书由天津科技大学胡爱军、郑捷和谢菲尔德大学胡祺担任主译；天津科技大学丁昊、王若冰、王威、王萌、王梦婷、龙圆圆、曲佳鸣、朱新越、刘广鑫、孙付万、李伟奇、李靖、李璐、张容、陈文、郅文莉、周瑜、袁志宁、郭转转、霍栓、严嘉恬参译。限于译者水平和能力，书中难免有不妥、疏漏和错误之处，恳请读者批评指正，以使本书能够不断完善。

译　者

2023 年 12 月

前言

读者，您好！非常高兴向您介绍《食品科学基础》第五版！

本书适合作为食品科学、营养学、饮食学、酒店管理和烹饪艺术等专业的学生学习食品科学入门课程的教科书，每个学生都能从学习本书中受益！新版《食品科学基础》章节设置恰当，兼顾非专业学生需求，一如既往地介绍基础性食品科学原理，并涵盖食品营养价值及食品安全等相关内容。

每章涉及的部分专业词汇，在章尾术语表中均附有定义。每章都有参考文献。

为方便学生进一步拓展学习，每章结尾处都留有一定空间，供读者添加个人**“笔记”**，以及自己适用的**“烹饪提示！”**

致谢

感谢每位读者给予我们的反馈，非常高兴向您传授食品科学知识！

感谢安德烈斯·阿迪松·科拉特（Andres Ardisson Korat）对本书的审阅和贡献。他于2018年获得了哈佛大学公共卫生学院营养学和流行病学博士学位，并曾获得康奈尔大学的食品科学硕士学位、阿德莱德大学和法国蓝带烹饪学院的美食学硕士，以及墨西哥伊特姆的食品工业工程学学士学位。安德烈斯还持有科林学院的烹饪艺术证书。在研究营养学之前，安德烈斯致力于许多加工食品的营养改善技术，从事食品工业研究和开发工作十余年。

感谢为本书提供引用素材的专业人士，这些素材为本书提供了宝贵的理论支撑。

了解更多信息

有关食品化学、食品工程、食品包装、食品制备、食品加工、食品安全、食品技术、营养与食品定量、产品评估等领域的更多信息，可以在每章末参考文献中获得。

尽情享受吧！

美国得克萨斯州达拉斯　薇姬·A. 瓦茨拉维克

美国得克萨斯州丹顿　伊丽莎白·W. 克里斯蒂安

美国得克萨斯州达拉斯　塔德·坎贝尔

目录

第一部分　食品成分导论

第二部分　食品中的碳水化合物

3　食品中的碳水化合物：导论

4　食品中的淀粉

5 果胶和树胶

6 谷物

7 蔬菜与水果

9 肉类、家禽、鱼、干豆和坚果

10 蛋及蛋制品

第四部分 食品中的脂肪

第八部分 食品供应与标签的政府监管

第一部分

食品成分导论

1　食品质量评价

1.1　引言

食品质量是一个重要概念，消费者在选择食品时主要基于食品质量。对于希望获得尽可能广的产品市场份额的食品制造商而言，消费者的喜好至关重要。食品质量难以进行准确定义，食品质量是指食品的优劣程度，包括重要的以及使食品可接受的所有特征。

虽然食品的某些属性，如营养价值，可以通过化学分析来测定，但食品的可接受性并不容易测定，因为它非常主观。事实上，消费者在每次选择或食用食品时都会通过五种感官中的一种或多种感官对食品进行主观判断。例如，薯片、芹菜和一些谷类食品食用时会有清脆的声音；食品的味道和气味可能非常吸引人，也可能令人无法接受；此外，食品的外观和质感在决定其可接受性方面也是重要的。

食品质量必须定期进行监测，以确保生产产品的一致性，并符合所需的质量控制标准。企业在改变食品配方和开发新的生产线时，还必须监测储存期间的产品质量。使用实验室设备进行客观检测有助于对食品进行常规的质量控制，但是不能测量消费者的喜好。确定消费者对食品的看法唯一可靠的方法就是向他们询问！可以通过感官检验和要求品评人员品尝食品并给出意见来实现。感官检验和客观检测在评价食品质量方面均不可忽视，理想情况下，这两种方法应该相互关联或相互补充。

然而，一些消费者对于食品的主观属性可以与实验室测量结果相关联。例如，LAB 色图可以用于判断生产的食品是否在消费者可接受的范围内。食品的质地同样如此，流动性食品的质地可与其黏度相关、硬质食品的质地可与其断裂强度相关。食品风味最难通过分析测量来预测食品属性。

1.2　食品质量属性

食品质量有主观和非主观质量属性之分。食品的外观、质地和风味是主观质量的主要属性，而营养成分和细菌状况则不是。后两个质量属性可以通过化学分析、细菌计数或者其他特定的方法客观地测量（Sahin 和 Sumnu，2006）。本章对食品的非主观质量属性简要提及，详细讨论食品的主观质量属性。

1.2.1 外观

食品的外观包括食品的大小、形状、颜色、结构、透明度、浑浊度、暗淡度、光泽度，以及完整度和破损程度。消费者在选择食品和判断食品质量时会考虑这些要素，因为这些要素是食品质量的指标。例如，水果的颜色表明其成熟的程度，其颜色也是浓淡程度（如茶或咖啡）、烹饪程度、新鲜程度或腐败程度的标志。消费者期望食品是某种颜色，如果不是，则被认为质量缺陷。对于食品的大小来说也是如此，例如，人们可能会选择大鸡蛋而不是小鸡蛋，选择大桃子而不是小桃子。

结构对于烘焙食品来说是重要的。例如，面包中应该有许多均匀分布的小孔，而不是一个靠近顶部的大孔。浑浊度对于饮品来说是重要的。例如，橙汁被压榨后应该是浑浊的，因为它含有果肉，但白葡萄汁则是澄清的，没有任何沉淀物，有沉淀物则说明该白葡萄汁有质量缺陷。

1.2.2 质地

质地是指可以用手指、舌头、上颚或牙齿感觉到的食品质量属性。食品有不同的质地，例如脆饼干或薯片、脆芹菜、硬糖、嫩牛排、耐嚼巧克力饼干、奶油冰淇淋等，这里仅简单列举几例。

质地也是食品质量的一个指标。由于各种原因，食品在贮藏期间质地会发生变化，如果水果或蔬菜在贮藏过程中失去水分，它们就会发蔫或失去膨胀压力，脆苹果的外皮就会变得粗糙不可接受；面包在储存过程中会变硬变味；如果冰箱的温度发生波动，出现融化和再冻结，像冰淇淋这样的产品，可能会因为乳糖的析出和冰晶的生长而变得粗糙。

对质地的评价包括测量食品在受到切割、剪切、咀嚼、压缩或拉伸等力时的响应。食品的质地取决于食品的流变特性（Bourne，1982）。流变学定义为物质变形和流动的科学，换句话说，是食品对施加的外力的感应。食品是流动、弯曲、伸展还是断裂？从感官的角度来看，食品的质地是在咀嚼时评价的。牙齿、舌头和下颌对食品施加力，食品在口腔中破碎和流动的难易程度，决定食品是否被认为硬、易碎、浓、稀等。口感是一个通用术语，可以用来描述在口腔中感知的食品的质地特性。

质地的主观性评价可间接评价食品的流变性质。例如，感官评价小组可以用食品的稠度或口感来评价其黏度。然而，黏度可直接使用黏度计测量。因此，流变性质将在本章“客观评价”部分进行更详细的论述。

“配方师尝试去控制质地时，通常会首先使用亲水胶体。重要的是要记住，不同亲水胶体在性能、价格、易用性甚至对清洁标签的影响方面具有显著差异。”（Berry，2012）

一些碳水化合物和蛋白质，统称为食品定形剂，它们可以影响食品的质地和口感，但对食品的热量或风味方面很有可能贡献较小。

研发科学家现在可以使用食品混合定形剂，以得到特定食品所需的质地和口感。“我们的方法是获得关于理想终产品的大量数据。在许多情况下，重要的是保留产品中稳定其体系的其他组分，以及任何可能与食品定形剂发生协同作用的成分。”（Berry，2012）

1.2.3 风味

风味是滋味和气味的综合，很大程度上是主观的。如果一个人得了感冒，通常会觉得食品好像没有味道。不过，不是味蕾受到影响，而是嗅觉。味道是由舌尖、舌头两侧和舌根的味蕾感知，而香味是由鼻腔上部的嗅觉上皮细胞感知。对于有香味的食品，它必须具有挥发性。这些挥发性物质在含量很低时也可以被感知（香兰素在空气中的浓度为 2×10^{-10}mg/L 时即可被感知）。

香味是一个重要的质量指标。一种食品在看上去变坏之前通常会很难闻，通过气味很容易发现肉已经不新鲜（然而，被病菌污染的食品可能没有异味，所以没有难闻的气味并不能保证像肉这类的食品食用是安全的。）

食品的味道由五种主要味道组成——咸、甜、酸、苦和鲜。食品的味道是复杂的，很难详细描述。甜味和咸味最初由舌尖上的味蕾识别，因此很快就被我们感知，而苦味主要是通过舌根的味蕾识别。感知苦味需要较长的时间，且苦味在口腔里消失缓慢。因此，有苦味的食品通常被描述为有回味。酸味主要通过沿舌头两侧的味蕾识别。

糖、一些醇、某些醛和某些氨基酸具有不同程度的甜味。酸（如醋、柠檬汁和水果中的许多有机酸）产生酸味；盐具有咸味，包括氯化钠；苦味是由如咖啡因、可可碱、奎宁等生物碱及其他苦味化合物产生的。

鲜味是最晚被纳入到基本味道中的，与最初的四种味道（甜、酸、苦和咸）构成五种基本味道，是由一些如味精等成分及其他风味增强剂产生的一种美味。在日本料理和休闲食品中鲜味非常重要，例如墨西哥风味卷筒薯条。“在 20 世纪初……融合了日语中‘美味’和‘味道’的含义”（Koetke，2013）。

1.3 味道敏感性

人们对不同味道的敏感性有所不同。敏感性取决于可感知到食品味道的时间长短。人们对味道的敏感性差别很大，有时甚至是同一个人每一天对味道的敏感性都不一样，这使得客观地评价食品风味非常困难。甜味和咸味可以很快被感知（不到 1s）。此外，有甜味和咸味的物质通常是非常容易溶解的化合物。而苦味化合物可能需要一整秒的时间才能被感知到，苦味可能缓慢消失，并产生苦的回味。

对特定味道的敏感性还取决于风味物质的浓度。阈值浓度定义为识别特定物质所需的临界浓度。阈值浓度可能因人而异；有些人对一种特定的味道比其他人更敏感，因此他们能够在较低的浓度下感觉到这种味道。当一种物质的浓度低于其阈值浓度时，该物质不能被识别出来，这可能会影响对另一种味道的感知。例如，浓度低于阈值的盐使感知到的甜度增加，但使感知到的酸度降低，而低于阈值的糖使食品尝起来没有实际上的那么咸。目前还不清楚风味增强剂，如味精可以通过增强食品中的特定味道影响味道敏感性的原因。

食品的温度也影响食品的风味。温热的食品通常比冷的食品味道更浓和更甜。例如，融化的冰淇淋比冷冻冰淇淋甜得多。温度对风味的影响有两个原因：第一，在较高的温度下物质的挥发性增加，所以它们闻起来更浓；第二，味蕾感知能力也是重要因素。味蕾在 20~

30℃最容易感知味道，所以在这个温度范围内味道会更浓烈。另一个好例子是咖啡：当咖啡冷却到室温时，尝起来比热咖啡更苦更浓烈。

烹饪提示! 食品在最佳温度下食用时味道最好。如果需要冷吃的食品或冷冻态的食品加热到室温，或者相反，如果需要热吃的食品被冷却到室温，其风味可能会受到不良影响。

心理因素也会影响味道敏感性和感知性。对于风味的判断往往受到基于食品外观和以前食用类似食品的经验形成的先入为主的观点所影响。例如，草莓风味的食品常被认为应该是红色的。然而，如果是绿色的食品，会把绿色食品的风味和酸橙联系起来，这样会很难辨别草莓的风味，除非味道很浓。颜色深浅也影响人们对风味的感知。更深的颜色可能会让人感觉到产品风味更浓，即使更深的颜色只是因为添加了更多的食用色素!

质地也可能会有误导性。消费者认为，较稠的产品味道更丰富或更浓仅因为其本身较稠，而不是因为增稠剂影响食品的风味。对食品风味做出判断时，可能发挥作用的其他心理因素，包括一天的时间（例如，某些味道在早餐时间是首选）、总体幸福感、健康状况，以及对特定食品或味道的反应。

1.4 感官评价

感官评价是一种测量、分析和解释食品及原料与其他物质相互作用所引发的，可通过视觉、嗅觉、触觉、味觉和听觉感知进行评价的科学方法（Stone 等，2012）。这个定义已被美国食品科学技术学会和美国材料与试验协会的感官评价委员会接受和认可。有关感官评价的更详细信息，读者可参考 Lawless 和 Heymann 的文献（Lawless 等，2010）以及 Stone 等的著作（Stone 等，2012）。

感官检验是利用五种感官中的一种或多种感官来评价食品。由不同人士组成的品评小组，在一定受控条件下品尝特定的食品样品，并根据所进行的特定检验类型，以不同方式进行评价。这是唯一能够衡量消费者喜好和可接受性的检验类型。当涉及公众对产品的看法时，消费者个人的品尝不可替代。

除了品评小组的评价外，可以建立与感官评价相关的客观检测，客观评价可以表明消费者的可接受性，尽管这可能并不总是足够。在开发新食品或改变现有产品时，必须直接判断消费者是否接受。而客观检测并不充分，即使它是可靠的、客观的食品质量指标。

感官方法可用于确定：

（1）食品在味道、气味、多汁性、嫩度、质地等方面是否不同。

（2）食品之间的差异程度。

（3）确定消费者的喜好，并确定某一食品是否为特定消费者群体所接受。

三种感官检验方法普遍使用，每种方法都有不同的目的。区别和差异检验用于确定产品之间是否存在差异；描述性检验确定特定感官特征的差异程度；情感或接受性/偏好检验决定产品的受欢迎程度，或者哪些产品更受欢迎。这三种类型的感官检验有明显的区别。重要的是选择适当的检验方法，以使所获得的结果能够回答关于产品的问题，这对制造商或产品开发人员是有用的。

必须在适当的条件下进行合适的感官检验，以使实验结果得到正确地解释。所有感官检验必须在受控条件下进行，控制检验过程中的灯光、声音（无噪声）和温度，以尽量减少干扰和其他不利的心理因素。

1.4.1 感官检验程序

感官检验由品评小组成员进行，最好在受控条件下的个人测试台上进行。必须把所有的干扰、偏见和不利的心理因素降到最低，以使评价是对被测样品真实的评价，而不是对不利环境、文化差异或其他品评人员的意见的反映。感官检验中必须控制噪声水平以避免干扰，温度和湿度应在可接受的范围内，测试台的亮度也必须受到监测。此外，检验时不应有外来气味，这些气味可能会影响人们对被测产品的判断。

由于颜色对产品的主观评价有显著影响，因此颜色差异可能需要被掩蔽。在必要时需要在测试台上使用红光来掩蔽。重要的是，人们对可能有不同颜色的样品进行评价是根据风味，而不是仅根据它们看起来不同这一事实。例如，两个牌子的芝士泡芙可能看起来不同，因为其中一个的橙色比另一个更深，所以人们可以仅通过颜色来分辨它们之间的区别。然而，它们的味道可能没有差别。如果在红灯下进行感官检验，那么感觉到的任何差异都可能归因于风味差异，而不是颜色差异。

样品通常放在托盘上，并通过测试台前的一个窗口传递给每个品评人员。托盘上应该放置一张关于如何评价样品的具体说明的问卷，问卷包含如何评价样品的具体说明以及品尝人员反馈评价结果的地方。或者，品评人员可以使用数字问卷将他们的反馈直接输入计算机内。品尝前提供薄脆饼干和水，以便在品尝样品之前净化味觉。重要的是品评人员在品尝食品样品之前，不要吃辛辣或味道很重的食品，否则他们的判断可能会受到影响。最好是品评人员在进行味觉检验之前不吃任何东西。

此外，重要的是品评人员无法辨别他们品尝的食品并且不知道哪个样品与旁边人的样品相同，这样结果就没有偏差。这是通过给每个产品分配三位数的随机编号来实现的。例如，如果两个产品正在测试（表示为产品 1 和 2），每个产品至少有一个不同的随机编号。相邻的小组成员将不会得到具有相同编号的样品，这样他们就不能相互比较达成一致，就不会在结果中引起偏差。

如果两个产品正在进行感官检验，50% 的小组成员首先检验产品 1，其余的首先检验产品 2。检验的顺序必须是随机的。这样消除了由于样品顺序而产生的偏差，也消除了检验过程中实验条件变化的影响。每个品评人员所看到的具体产品顺序和随机编号都详细列在主表单上，以确保感官检验正确进行。

1.4.2 感官检验

区别或差异检验用于确定产品之间是否存在可感知的差异。如果一家企业正在改变一种配料的来源或以一种配料替代另一种配料，则将使用这种检验方法。差异检验也可以用来观察产品的质量是否随着时间而改变，或者比较用不同材料包装的特定产品的保质期。例如，差异检验可以用来确定是否储存在玻璃瓶中的果汁比储存在塑料瓶中的果汁风味更好。

可以利用品评人员进行此类差异检验，并对他们进行培训以发现和描述被测产品中可能出现的差异。例如，如果受过培训的品评人员正在检验不同的混合茶或风味基料，他们比一般消费者有更多的经验来识别与这些产品相关的风味。他们对差异更敏感，能更好地描述这些差异。这在一定程度上是因为他们接受过这些风味的培训。

然而，在接受品评工作的培训之前，他们可能是经验丰富的饮茶者（或茶鉴赏家），喜欢不同种类的茶。他们可能是来自企业做感官检验的企业员工或大学研究小组的成员。期望他们能发现产品风味的细微差异，而这些差异通常是大多数普通人所忽视的。因此，当一种配料的来源改变时，在想要使配制茶保持稳定以及判断风味是否有明显差异方面，他们的评价非常有价值。

了解未经培训的消费者是否能发现产品的细微差异可能也非常重要的，这些消费者只是喜欢这种产品并定期购买。因此，差异检验通常由许多未经培训的品评人员组成较大的品评小组来进行差异检验。

最常用的两种差异检验是三点检验和二-三点检验。这些感官检验的问卷见图 1.1 和图 1.2。这些问卷和图 1.3 所示的问卷是在得克萨斯州丹顿市得克萨斯州女子大学的感官评价实验室由 Clay King 博士与 Coca-Cola ®食品公司一起开发。这些问卷已经在大学感官检验场所中用于对饮料和其他食品进行消费者测试。

检验#__________ 人员#__________

三点差异检验

产品 __________

说明：准备过程（快速准备，不能影响其他人）

对于每个样品：

1) 吃一块薄脆饼干，喝一些水净化味觉。

2) 提供三个样品，样品中有两个是相同的，一个是不同的。圈出不同的样品。如果不能区分，请猜测。

__________ __________ __________

3) 描述原因，为什么其中一个样品是不同的。（请详细描述）

图 1.1 三点感官检验的问卷

（问卷来自得克萨斯州丹顿市得克萨斯州女子大学的感官评价实验室 Clay King 博士）

检验#__________ 人员# __________

二-三点差异检验

产品__________

说明：准备过程（快速准备，不能影响其他人）

对于每个样品：

1) 吃一块薄脆饼干，喝一些水净化味觉。

2) 圈出与参照样品R相同的样品的编号。如果不能区分，请猜测。

R __________ __________

3) 为什么参照样品R与你选择的样品相同？

图 1.2 二-三点检验的问卷

（问卷来自得克萨斯州丹顿市得克萨斯州女子大学的感官评价实验室 Clay King 博士）

在三点检验中，每个小组成员得到三个样品，其中两个样品是相同的，要求他们找出其中不同的样品。要求品评人员从左到右品尝样品，在品尝每一个样品之前，要吃薄脆饼干和喝水来净化味觉。然后，他们在问卷上圈出他们认为不同的样品相对应的编号。如果他们不能分辨，他们应该猜测。然后对结果进行统计，以确定被测产品之间是否存在显著差异。

若品评人员不能发现差异，他们就必须猜测哪个是不同的，三分之一的品评人员仅凭猜测就能选出与其中两个样品不同的正确样品。因此，超过三分之一的品评人员一定选择正确的答案，因为产品之间存在显著差异。

例如，如果品评小组有60名成员，27名成员需要选择正确的答案，才能使结果在概率水平0.05下达到显著性，而在概率水平0.01的情况下，需要30个正确答案才能使结果达到显著性。概率水平（或P值）为0.05意味着在100次试验中，相同的结果将得到95次，表明使结果有效的置信度为95%。0.01的概率相当于使结果具有显著性的置信度为99%，因为在100次试验中，99次试验的结果是相同的。统计表格可用于确定在不同概率水平上需要的正确答案的数量。

在二-三点检验中，每个品评人员都得到一个参照样品和两个其他样品。要求他们首先品尝参照样品，然后是其他样品。从左到右品尝，然后在问卷上圈出与参照样品相同的。同样，如果一个品评人员无法判断哪个样品与参照样品相同，他们只能猜测，必须对结果进行统计，以确定产品之间是否存在显著差异。如果每个人员都猜测，那么50%的品评人员会得到正确答案，因此，为使结果具有显著性，必须有超过50%的人员选择正确答案。对于有60个成员的小组，40个成员必须给出正确的答案，才能使结果在0.01的概率水平上达到显著性。同样，可以使用表格来确定结果是否具有统计显著性（Roessler等，1978）。

情感、接受度或偏好检验用于确定特定的消费者群体是否喜欢或偏好特定的产品。这对于开发和销售新产品是必要的，因为没有任何实验室检验可以判断公众是否会接受新产品。必须使用代表公众的大量品评人员；因此，消费者检验既昂贵又耗时。需要一部分相关人群来测试产品。例如，如果产品的目标是50岁以上人群，那么品评小组必须由老年人组成，而不是有幼儿的母亲。如果产品的目标是幼儿，则适用的情况就会相反。（目标是儿童的产品也必须为母亲所接受，因为她们才是购买的对象）。具有民族特色的产品必须由该产品的目标群体进行检测，或者由广泛的公众群体进行检测，最终目的是将产品引入更广泛的市场而不是眼前利益。

品评人员没有接受过这种感官检验的培训。要求他们所做的就是给出他们对样品的看法。然而，通常会对他们进行筛选，以确保他们是被测产品的用户或潜在用户。通常，要求他们填写一张筛查表，并回答关于他们有多喜欢这种产品（或类似产品），以及他们购买该产品的频率的问题。不喜欢该产品的人不要求参加感官检验。筛查表也可能要求提供一些人口信息，如小组成员的性别和年龄范围。每个筛查表的具体问题由设置感官检验的人基于他们的产品目标消费者群体来确定。

最简单的偏好检验是排序检验，在这种感官检验中，给品评人员两个或两个以上样品，并要求他们按照偏好顺序对样品进行排序。在成对偏好检验中，品评人员会被给予两个样品，并要求圈出他们喜欢的样品。通常，要求品评人员品尝一个样品，然后按照从“极其不喜欢”到“极其喜欢”的九分嗜好度打分。这种类型的感官检验称为喜欢度评定。

有时，要求品评人员品尝一个以上的样品，基于九分嗜好度对每一个样品进行评分，然后描述样品之间的差异。这不是一个差异检验，因为在这种情况下，差异通常是明显的，感官检验的分数用于发现哪个产品更受欢迎。事实上，差异可能相当大。一个可能的例子是比较耐嚼品牌的巧克力饼干和松脆的品种。两者的差异是显而易见的，虽然消费者的偏好并不明显，但如果不对两种产品进行偏好测试，就无法得知消费者的偏好。成对偏好检验或排序检验可以包含在同一张问卷上，并与喜欢度评定一起进行。图 1.3 中为典型的问卷的例子。

检验#__________　　　　　　　　　　　　　　　　　　　人员#__________

喜欢度评定和成对偏好检验

产品__________

说明：准备步骤（快速准备，不能影响其他人）一次评价一个产品，从上到下开始。
对于每个样品：
1) 吃一块薄脆饼干，喝一些水净化味觉。
2) 品尝样品然后圈出最能表达你对样品看法的数字。

样品编号：__________

喜欢度　　1　2　3　4　5　6　7　8　9
程度　　　非常不喜欢　　　　　　非常喜欢

样品编号：__________

喜欢度　　1　2　3　4　5　6　7　8　9
程度　　　非常不喜欢　　　　　　非常喜欢

描述两个样品之间的区别（请具体描述）
再次品尝，然后圈出你最喜欢的样品。

__________　　　　　　__________

描述你喜欢此样品的原因

图 1.3　喜欢度评定和成对偏好检验问卷
（来源：得克萨斯州丹顿市得克萨斯州女子大学的感官评价实验室 Clay King 博士）

描述性检验通常由一小部分训练有素的品评人员进行。他们是专门的差异检验人员，在这里，品评人员不是简单地被问及他们是否能确定两种产品之间的差异，而是被要求在一定尺度上对特定产品风味的特定方面进行评价。风味方面的不同取决于所研究的产品类型。例如，茶的风味描述可能是苦味、烟熏味和扑鼻风味，而酸乳的风味描述可能是酸味、类白垩风味、柔和风味、甜味。一个描述性的产品“风味图”或简况就这样形成。产品中任何可检测的变化都会导致风味图的变化。用于检测、描述和量化出特定风味的细微变化的培训是昂贵的。因此，设立这种品评小组是昂贵的。在接受培训时，品评人员可以充当分析仪器的作用，他们对产品的评价与他们是否喜欢该产品无关。这种描述性风味检验对于研发科学家是有用的，因为它提供了关于产品之间风味种类的差异的详细信息。关于描述性分析的详细操作过程，参阅 Kemp 等编辑的书籍（Kemp 等，2018）。

1.5 客观评价

食品的客观评价包括使用仪器、物理和化学技术来评价食品质量。客观评价使用设备来客观评价食品产品，而不是用人体感觉器官。这些食品质量检验在食品行业中必不可少，特别是食品的常规质量控制。

客观检测测量的是食品的一个特定属性，而不是产品的整体质量。因此，选择一种客观的食品质量检测方法来测量被测产品的关键属性是重要的。例如，橙汁既酸又甜；因此，本产品合适的客观检测是测量果汁的 pH 和糖含量。这些检测对于确定巧克力饼干的质量没有任何价值。对饼干质量来说，合适的检测可能包括水分含量或打碎饼干所需的力。

监测食品质量可用不同的客观检测方法。水果和蔬菜可以通过特定尺寸的孔径进行分级。鸡蛋也可以使用这种方法进行分级，消费者可以从六种大小的鸡蛋中选择，包括小鸡蛋、大鸡蛋和超大鸡蛋。面粉需要通过特定目数的筛子，根据粒度进行分级。

颜色可以用几种方法来客观地测定，这些方法从简单地匹配产品，到使用彩色瓷砖，再到使用亨特立颜色和色差计进行测量。色差计测量样品颜色强度、浓度和色调，并为被测样品生成三个数字。因此，颜色的微小变化可以检测到。这种颜色分析方法适用于所有食品。对于液体产品，如苹果汁，可以使用分光光度计来测量颜色。将样品放置在机器中，并获得读数，读数与果汁的颜色或澄清度成正比。

1.5.1 食品流变学

用于测量食品质量的许多客观方法都涉及食品特定质地的测量，如硬度、脆度和稠度。如前所述，质地与食品的流变特性有关，流变特性决定食品在受到例如切割、剪切和拉伸等力时的反应。

流变性质可分为三个主要类别。食品可能具有弹性、黏度特性、塑性或它们三者的组合特性。事实上，大多数食品的流变特性是极其复杂的，而且它们不能轻易地归入一个类别。

弹性是固体的一种特性，可以用橡皮筋或弹簧来说明：如果施加一个力或应力，材料将随着施加的力按比例变形（拉伸或压缩），当力消除后，它将立即恢复到原来的位置。如果对固体施加足够的力，它最终会破裂。破坏材料所需的力称为断裂应力。

各种固体比其他物体更有弹性；弹性大的固体例子是弹簧和橡皮筋。虽然面包的流变学复杂，但是面包面团也具有弹性特性，还具有黏度特性和塑性性质。所有固体食品在某种程度上都表现出弹性特性。

黏度是液体的一种性质，可通过活塞、气缸（或缓冲器）和注射器来显示黏度：黏度是对液体在受到剪切应力时流动阻力的量度。液体越稠，其黏度或流动阻力越大。例如，水的黏度低，很容易流动。而调味番茄酱被认为是“黏稠的”，黏度较高，流动相对较慢。

液体可以分为牛顿流体和非牛顿流体。对于牛顿流体，施加在流体上的剪切应力与流动液体的剪切速率或剪切速度成正比。这意味着黏度与剪切速率无关。因此，即使使用黏度计在不同的剪切速率下测量，黏度也是不变的。剪切应力与剪切速率的关系图为一条直线，黏度可以根据这条直线的梯度来计算（图 1.4）。直线越陡，流动阻力越大，液体的黏度越大。

牛顿液体/流体的例子包括水、糖浆和葡萄酒。然而，大多数液体/流体食品是非牛顿流体，在这种情况下，稠度或表观黏度取决于施加的剪切应力的大小。从番茄酱上可以看出这一点，番茄酱看起来相当稠，如果放在瓶子里一段时间，就很难从瓶子里倒出来。然而，在摇动后（施加剪切应力），番茄酱似乎变稀了，会更容易从瓶中倒出。如果再次让瓶子静置，没有搅拌的番茄酱将立刻恢复到原来的稠度。摇动瓶子可以使分子排列整齐，从而使它们相互流动更加容易，表观黏度明显降低。对于番茄酱来说，剪切应力与剪切速率的关系图不是一条直线，因为表观黏度不是恒定不变的（严格地说，“表观黏度”一词应该用于非牛顿流体，而“黏度”一词应该用于牛顿流体）。

当施加剪切应力时，许多非牛顿流体似乎变得更黏稠。在这种情况下，液体中的粒子趋

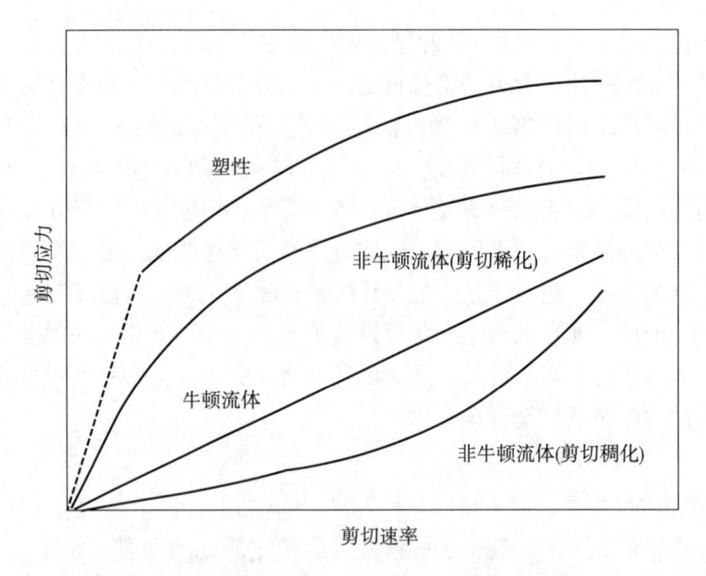

图 1.4 牛顿流体和非牛顿流体流动行为示意图
[由 Bowers 修改（1992）]

于聚集并截留液体，从而使分子之间相互流动更加困难。这类液体的例子包括淀粉浆和一些胶的稀溶液，如海藻酸钠、羧甲基纤维素和瓜尔胶。

牛顿流体和非牛顿流体的黏度都受温度的影响。较高的温度会使液体流动更快，从而降低黏度，而较低的温度会导致黏度增加。因此，在恒定温度下测量黏度并明确该温度是重要的。

塑性物质可以成型，因为它含有液体，虽然仅施加一定的最小力（屈服应力）后就可以改变其形状。在外力小于屈服应力时，它表现为弹性固体，但在屈服应力以上时，它表现为液体。可塑性物质的例子包括造型黏土、食品如热巧克力、容易形成乳脂状的氢化植物起酥油。

某些食品同时表现出弹性和黏度特性。它们被称为黏弹性。面包面团是黏弹性材料的一个很好的例子。当施加外力时，这种材料首先像弹性固体一样变形，然后开始流动。当外力被移除时，它只能部分地恢复原来的形状。

食品的流变学特性影响其质地和感官特性。例如，脆性、酥性和硬度与固体食品的断裂应力有关，而厚度和乳脂率与液体食品的稠度或表观黏度有关。许多食品的流变特性可以通过添加稳定剂来改变。添加这些稳定剂的目的是增加黏度，这反过来限制系统中所有物质的流动，并且可能减缓食品发生不希望的变化，例如固体沉淀或乳浊液的分离。

1.5.2 质地的客观检测

许多用于食品质量检测的客观方法都涉及测量质地的某些方面。举例来说，黏度计用来测量食品的黏度或稠度，这些食品包括从稀液体如油到稠厚的酱如番茄酱。这些仪器的复杂程度也有很大差异。Bostwick 稠度计是一种简单的装置，它包括一个充填待测样品的容器。使用时启动秒表，将储存产品的容器的闸门提起，使产品沿着稠度计槽流动一段距离并用秒表记录时间。另一方面，布鲁克菲尔德黏度计是精密的仪器，可用于测量在受控温度下，样品受到不同大小的剪切应力时的黏度。

英斯特朗万能试验机（Instron Universal Testing Machine）有各种附件，可以测量质地的不同方面，包括测量面包的压缩性和压碎饼干或剪切一块肉所需的力。布拉班德黏度计（见第四章）是一种用于测量淀粉混合物在水中加热时的黏度的仪器。另一种有特殊用途的仪器是混合仪，用于测量面包面团混合的难易程度。

研究和分析实验室设有先进的仪器，如质谱仪、气相色谱和高效液相色谱设备，用于特定产品或组分的分析。

食品行业用于评价食品质量的设备清单是一本完整的教科书。在考虑客观检测以评价食品质量时，必须强调以下原则：

客观检测必须适用于被测的食品，换句话说，它必须测量对食品质量有主要影响的食品属性。理想情况下，客观检测结果应与相同食品的感官检验相关，以确保客观检测是食品质量的可靠指标。

大多数用于评价食品质量的客观检测都是经验性的；也就是说，它们不能测量食品的绝对属性。然而，只要用与被测食品具有相似性质的材料对仪器进行校准，测量结果仍然是有意义的。

客观检测包括所有种类的仪器分析，包括实验测试以确定食品化学成分、营养成分和细菌成分。客观检测是可重复的，不受人为因素的影响。如果设备得到适当的维护和正确的使用，应每天都能提供可靠的结果。客观检测是检验食品中污染物所必需的，它能够发现错误的加工方法和检测出食品的腐败变质，例如油脂的酸败。客观检测对食品的日常质量控制至关重要。然而，客观检测必须与感官检验相关，因为没有一个单一的客观检测可以评价特定食品或食品产品整体的可接受性。

1.6 主观评价与客观评价的比较

为了定期监测食品质量，并确保所生产的食品是消费者可以接受的，食品质量的感官评价和客观评价在食品行业中是必要的。两种评价方法相辅相成。

感官评价是昂贵且耗时的，因为许多品评人员需要测试一个产品，以便得到有意义的结果。另一方面，客观评价是有效的，而且在首次购买必要的设备后，相对便宜。一个人通常可以在一天内对许多样品进行客观评价，而对一个或两个样品进行完整的感官评价可能需要一天的时间。客观评价能得到可重复的结果，而感官评价可能由于测试人员的反应和意见的不同而得到不同的结果。

感官评价可以对产品的整体可接受性作出判断，客观评价的方法只能评价食品的一个方面，这可能不足以确定产品的质量是否可以接受。唯一真正判断食品可接受性的是消费者！因此，客观评价必须与感官评价相关联，以得到可靠的食品质量指标。

客观评价对食品的日常质量控制必不可少。然而，感官评价对于产品的研发是必不可少的。当一种产品配方或包装改变时，只有消费者才能判断产品是否存在可感知的差异，只有消费者才能确定一种新产品是可接受的或优于另一个品牌，如表 1.1 所示。

表 1.1 主观与客观分析——纵览

主观/感官分析	客观分析
使用个人	使用设备
使用人的感觉器官	使用物理和化学技术
结果可能有所不同	结果是可重复的
取决于人对成分、加工方式或包装变化的敏感性	需要选择一种适合的技术来检测食品
决定消费者的接受程度	除非与感官评价相关，否则无法确定消费者的接受程度
费时又费钱	通常比感官评价更快、更便宜、更有效
对产品开发和新产品营销是必需的	对日常质量控制是必需的

1.7 结论

食品质量可以定义为食品的优劣程度，包括味道、外观和营养价值等因素，及其细菌学指标或质量保持性。食品质量与食品的可接受性密切相关，无论是从食品安全的角度出发，还是为了确保公众喜欢某种产品，并将继续选择它，对食品质量进行监控是必要的。感官方法和客观方法在食品质量评价中都很重要，这两种方法是相辅相成的。感官分析对新产品的开发必不可少，因为只有消费者才能判断他们是否喜欢某种产品。然而，客观检测也很重要，特别是对于食品的常规质量控制。

笔记：

烹饪提示！

术语表

情感、接受度或偏好检验：用于确定特定的消费者群体是否喜欢特定的产品。

问卷：小组成员得到相关样品信息和说明，并在感官检验中记录结果的纸张。

描述性检验：专门的差异检验，用于描述产品的特定风味属性，或描述产品之间的差异程度。

区别或差异检验：用于确定样本之间是否存在可感知的差异。

二-三点检验：样品包括一种参考食品和两种样品，其中一种样品与参考食品相同。

弹性：材料在外力作用时的延伸性和消除外力时恢复到原来位置的能力。

喜欢度评定：品评人员对一个样品进行喜欢程度评分，评分等级从“极度不喜欢”到

“极度喜欢。”

主表单：详细说明在感官检验中每个品评人员测试的产品的三位数字编号和产品的位置。用于确保每个产品在每个位置上的看到次数相等，从而避免偏差。

口感：在口腔中感知的食品的质地品质。（译者注：在烹饪学中，口感是指食品在人们口腔内，由触觉和咀嚼而产生的直接感受，是独立于味觉之外的另一种体验。口感一般包括食品的冷热程度和软硬程度两个基本方面——描述食品冷热程度的词语如温凉热烫等；描述食品软硬程度的词语如软糯、酥滑、脆嫩等。）

牛顿流体：其黏度与剪切速率无关。搅拌或摇晃并不会使液体变稀或变浓。例如水、糖浆和葡萄酒。

非牛顿液体/流体：表观黏度取决于剪切速率。随着剪切速率的增加，番茄酱还会变稀，而一些胶随着剪切速率的增加而变稠。

客观评价：涉及使用物理、化学等技术来评价食品品质，而不是使用可变的人类感官。

可塑性：当材料受到一定的最小力时会流动或材料可以模制成型。

P：结果是显著的统计概率。$P=0.01$ 表示结果显著的置信度为 99%。换句话说，在 100 次试验中，相同的结果会出现 99 次。出现相反结果的概率只有 1/100。

排序检验：品评人员对两个或两个以上的样品按照偏好或对特定属性的强度进行排序。

流变学：关于物质的变形和流动的科学，当施加外力时食品的反应；它包括弹性、黏度特性和塑性。（译者注：流变学主要研究物理材料在应力、应变、温度湿度、辐射等条件下与时间因素有关的变形和流动的规律。）

感官评价：使用感官来评价产品，它涉及消费者的意见。（译者注：感官评价是以人的感觉为基础，用科学试验和统计方法来评价食品质量的一种检验方法。）

阈值：此文中是指鉴别某一特定物质所需的临界浓度。（译者注：阈值又称临界值，通常指一个效应能够产生的最低值或最高值。）

三点检验：三个样品，其中两个相同，一个不同。

鲜味：由味精等物质产生的可口的味道。

黏度：当施加剪切应力时，液体之间的流动阻力。低黏度的液体很容易流动，而高黏度的液体则会流动缓慢。

参考文献

[1] Berry D (2012) Targeting texture. In: Food product design.

[2] Bourne ML (1982) Food texture and rheology. Academic, New York.

[3] Bowers J (1992) Characteristics of food dispersions. In: Bowers J (ed) Food theory and applications, 2nd edn. pp 30, MacMillan, New York.

[4] Kemp SE, Hort J, Hollowood T (eds) (2018) Descriptive analysis in sensory evaluation. Wiley, Hoboken.

[5] Koetke C (2013) Umami's mysteries explained. In: Food product design. pp 62-68.

[6] Lawless HT, Heymann H (2010) Sensory evaluation of food. Principles and practices, 2nd edn.

Springer, New York.
[7] Neilsen SS (2017) Food analysis, 5th edn. Springer, New York.
[8] Roessler EB, Pangborn RM, Sidel JL, Stone H (1978) Expanded statistical tables for estimating signifcance in paired-preference, paired-difference, duo-trio and triangle tests. J Food Sci 43: 940-942.
[9] Sahin S, Sumnu SG (2006) Physical properties of foods: what they are and their relation to other food properties. In: Peleg M, Bagley EB (eds) Physical properties of foods. Springer, New York.
[10] Stone H, Bleibaum R, Thomas H (2012) Sensory evaluation practices, 4th edn. Academic, San Diego.

2 水

2.1 引言

一切生物都含有丰富的水，因此，除非采取措施去除水，否则几乎所有的食品中都有水。对于生命来说，水是必不可少的，即使水不会给饮食带来任何热量。水对食品的质地也有很大影响，当比较葡萄和葡萄干，或者比较新鲜的和萎蔫的莴苣时就可以看出这一点。水使水果和蔬菜质脆、膨胀，还会影响人们对肉类嫩度的感知。某些食品，例如薯片、盐和糖，其质量的一个重要方面是含水少，并且为保持这些食品质量，需重要关注防止水分进入这些食品。

几乎所有的食品加工技术都涉及水的使用或以某种形式使水发生改变，例如，冷冻、干燥、乳化（油包水或水包油以赋予沙拉酱特有的口感）、面包制作、淀粉增稠和制作果胶凝胶。而且，因为细菌无水不能生长，所以水分含量对保持食品品质有重要的影响。这就解释了为什么食品经冷冻、脱水或浓缩后保质期延长并抑制细菌生长。

水是重要的溶剂或分散介质，水溶解小分子以形成真溶液，分散大分子以形成胶体溶液。酸和碱在水中电离；此外，水对许多酶催化的反应和化学反应的发生（包括糖类化合物的水解）必不可少。水作为加热和冷却介质以及作为清洗剂也很重要。

因为水对食品科学家来说有许多重要的功能，所以熟悉水的一些独特性质必不可少。当改变食品的水分含量时，就有必要了解这些性质，以便预测这些食品在加工过程中可能发生的变化。

除了自来水，可以用方便的瓶装和无菌容器为消费者提供饮用水。

2.2 水的化学性质

水的化学式是 H_2O。水含有强共价键，将两个氢原子和一个氧原子结合在一起。氧原子可以被认为是四面体的中心，液态水中两个氢原子之间的键角为 105°，冰中氢原子之间的键角较大，为 109°6′（图 2.1）。

氧原子与每个氢原子之间的键是极性键，具有 40% 的局部离子特性。这说明外层电子在氧原子和氢原子之间分配不均匀，氧原子比每个氢原子对外层电子的吸引更强。结果，每个氢原子略带正电荷，每个氧原子略带负电荷。因此，它们能够形成氢键。

氢键是极性化合物之间的弱键，一个分子的氢原子被另一个分子的电负性原子吸引

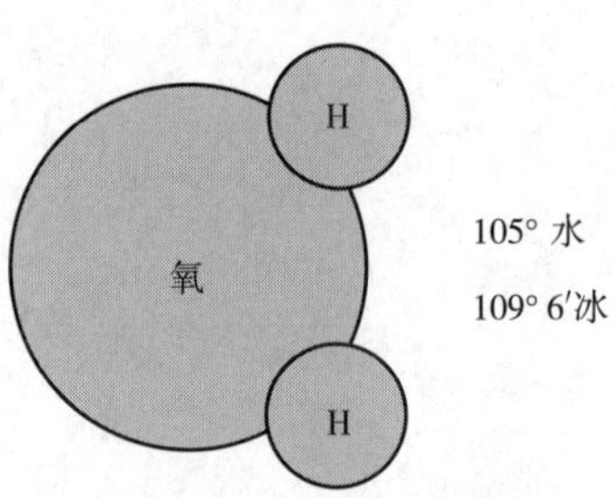

氧
H
H
105° 水
109° 6′冰

图 2.1　水和冰的键角

（图 2.2）。相对于其他类型的化学键，如共价键或离子键，氢键是一个弱键，但它非常重要，因为氢键通常大量出现，因此，对所发现物质的性质具有明显的累积作用。水分子可以形成四个氢键（氧原子可以与两个氢原子形成氢键）。

与元素周期表中的相似位置的化合物相比，水在室温下应该是气体，但是由于水含有许多氢键，所以它是液体。氢和氧之间的氢键很常见，不仅在水分子之间，在许多食品中重要的其他类型的分子之间也很常见，例如糖、淀粉、果胶和蛋白质。

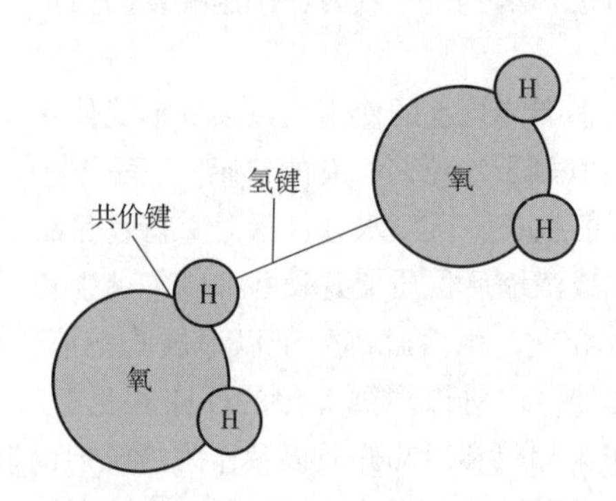

图 2.2　水分子中的氢键和共价键

由于水分子呈 V 形，每个水分子最多可以与其最近邻的水分子形成四个氢键。每个氢原子可以形成一个氢键，氧原子可以形成两个氢键，从而在冰中形成了三维晶格。冰、冻结水的结构是动态的，氢键在不同的水分子之间不断断裂和重组。液态水也包含氢键，因此具有各种有序结构，这些结构会随着氢键断裂和重组而不断变化。在液态水中，据估计，在 100℃条件下的任一时刻，大约有 80% 的水分子参与氢键结合，而在 0℃时，液态水中 90% 的水分子参与氢键结合。

由于液态水的键角比冰小，分子可以更紧密地堆积在一起，所以水的配位数，换句话说，水的平均最近邻原子数比冰的多。水分子之间的平均距离也受温度影响，并随着温度的升高而增加，这是因为水分子具有更多的动能，并且在更高的温度下水分子可以移动得更快更远。尽管配位数具有更大的影响，但是这两者都会影响水的密度。冰的密度比水小，因为冰的分子配位数较小，不能像水一样紧密地堆积在一起。因此，冰浮在水面上。

当水冻结时，密度降低，体积增加约 9%。当冷冻含水量高的食品时，这一点非常重要。容器和设备的设计必须能够适应产品冻结时体积的增加，例如，冰棒模具必须有膨胀的空间。这种体积的增加还会导致冻结时浆果的结构受损。这一点将在第七章中讨论。当水被加热到4℃以上时，分子间平均距离增加会导致密度略有下降。

2.3 水的比热容和潜热

当冰被加热时，温度的上升与所施加的热量成比例关系。水的比热是将1g水的温度升高（降低）1℃所吸收（放出）的热量，无论是加热水还是冰都相同。冰的比热是将1g冰的温度升高（降低）1℃吸收（放出）的热量。由于氢键的作用，水的比热相对于其他物质来说较高，为4.184J/（g·℃）。这意味着将1g水的温度从0℃升高到100℃需要418.4J的热量。

一旦冰达到0℃，就需要投入能量来打破氢键，使冰变成液态。在冰转变成液体之前，温度不会进一步发生变化，直到产生液态水。

熔化潜热是在0℃将1g冰转化为水所需的能量，为334.72J；也就是说，在冰点将1g冰转变为液态时吸收大约334.72J的热量。

汽化潜热是在100℃下将1g的水转化为蒸汽所需的能量，为2.26kJ；也就是说，在沸点将1g水变成蒸汽时会吸收约2.26kJ的热量。

与大多数物质相比，水的比热和潜热都相当高，这是用水作为传热介质时需要考虑的一个重要因素。加热水需要相当多的能量，然后可以将能量转移到食品上。食品在水中加热时加热速度缓慢。水还必须吸收相当多的热量才能蒸发。水能够从周围吸收热量，因此水是一种良好的冷却剂。

将冰置于真空中加热时，冰块不经过液态而直接转化为蒸气。这种现象称为升华，升华是食品冷冻干燥加工方法的基础。例如，冻干咖啡即是冷冻干燥的食品。冷冻干燥成本较高，所以仅用于可以高价销售的食品，如咖啡。将咖啡豆冷冻，然后置入高真空中，之后进行辐射加热，直到几乎所有的水分都通过升华去除。冻结烧也是升华的结果。（译者注：冻结烧是冻结食品在贮藏期间出现变质的一种特有形态，是冻藏期间脂肪氧化酸败和羰氨反应所引起的结果，它不仅使食品产生哈喇味，而且发生黄褐色的变化，感官、风味、营养价值都变差。）

2.4 蒸气压和沸点

2.4.1 蒸气压

如果一个水坑在地上留置一两天，它就会因为液体蒸发而干涸。水不沸腾，但单个水分子会获得足够的能量，以水蒸气的形式从液体中逸出。经过一段时间，一个敞开的小水池就会以这种方式干涸。如果液体在一个密闭的容器中，在平衡状态下，一些分子总是在蒸发，而蒸气分子在冷凝，所以系统没有整体的变化。从液态逸出的蒸气（气态）分子在液体表面施加压力，称为蒸气压。

当蒸气压高时，液体容易蒸发（汽化），许多分子以蒸气态存在，沸点低。相反，低蒸气压表明液体不容易蒸发，在蒸气态下存在的分子很少，这些液体的沸点较高。当蒸气压达到外部压力时，液体就会沸腾。

蒸气压随温度的升高而升高。在较高的温度下，分子具有更多的能量，并且它们更容易克服将其束缚在液体中的力而蒸发，因此，有更多处于蒸气态的分子。

蒸气压随溶质（例如盐或糖）的添加而降低。实际上，溶质稀释了水；因此，（相同体积）可用于蒸发的水分子较少，处于蒸气态的分子会更少，蒸气压也更低。水对溶质的吸引也限制了其蒸发。

2.4.2 沸点

任何降低蒸气压（气体在液体表面的压力）的物质都会使沸点增加。这是因为如果蒸气压在特定温度下降低，必须投入更多的能量才能使相同数量的蒸气分子蒸发，并使蒸气压恢复到其原始值；换句话说，必须提高温度才能再次提高蒸气压。需要提高温度才能达到特定的蒸气压，这意味着沸点（蒸气压等于外部压力的温度）也会提高。如果加入盐或糖，外部压力不会改变，但分子更难蒸发，因此蒸气压与外部压力相同的温度（沸点）会更高。1mol 蔗糖使沸点升高 0.52℃，1mol 盐使沸点升高 1.04℃。盐的作用是蔗糖的两倍，这是因为盐被电离，1mol 盐就有 1mol 钠离子和 1mol 氯离子。盐和糖以类似的方式降低水的冰点。

如果在压力锅或蒸煮器（商用压力锅）中加热来提高外部压力，沸点就会升高，烹调特定食品所需的时间就会比正常时间短（这是通过罐装保存食品的基础。）例如，食品可以装在罐子里用压力锅加热，提高蒸气压力使沸点在 115℃~121℃的范围内。相反，如果外界压力降低，例如，在高海拔地区，水在较低的温度下沸腾，因此食品可能需要较长的烹饪时间。

烹饪提示！即使水在高海拔地区迅速沸腾，但是它的温度没有海平面上迅速沸腾的水的温度高！

2.5 水作为分散介质

物质在水中溶解、分散或者悬浮，取决于它们的粒径和溶解度。下面对每一种情况都进行描述。水是常见的分散介质。

2.5.1 溶液

水溶解盐、糖或水溶性维生素之类的小分子以形成真溶液，可以是离子溶液也可以是分子溶液（有关不饱和溶液、饱和溶液和过饱和溶液的讨论，参见第十四章）。

离子溶液是由溶解在水中的物质（如盐、酸或碱）电离形成的。以氯化钠为例，固体氯化钠由钠离子（Na^+）和氯离子（Cl^-）通过离子键结合在一起构成。当放入水中时，水分子会降低带相反电荷的离子之间的吸引力，离子键断裂，单个离子被水分子包围或水合。每个离子通常被六个水分子包围，离子间相互独立运动。

通过氢键结合的极性分子（例如糖）溶解形成分子溶液。当糖晶体溶解时，发生氢键交换，糖分子上极性羟基之间的氢键断裂，并被水和糖分子之间的氢键取代。因此，糖晶体逐渐水合，每个糖分子被水分子包围。

水分子通过氢键与糖分子上的极性基团结合。糖分子从糖晶体中被移除，当水分子包围糖分子并通过氢键与其结合时，糖分子被水合。

当涉及氢键交换时，溶解度随温度升高而增加。加热会破坏氢键并减少水-水和蔗糖-蔗糖的吸引力，从而促进水和蔗糖之间氢键的形成以及蔗糖分子的水合。因此，蔗糖在热水中比在冷水中更容易溶解。溶质会提高水的沸点，蔗糖的溶解度会随温度升高急剧增加，特别是在高于100℃（纯水的沸点）的温度下，这使得通过测量蔗糖溶液的沸点来确定蔗糖浓度成为可能（参见第十四章）。在制作糖果或果胶果冻时，这一点很重要。

2.5.2 胶体分散系

那些体积太大而无法形成真溶液的分子可能会分散在水中。粒径为1~100nm的那些分子分散形成胶体分散系或溶胶。这种分子的例子包括纤维素、熟化淀粉、果胶物质、树胶和一些食物蛋白。胶体分散系通常是不稳定的，因此，如果它们出现在食品中，食品科学家必须注意在必要处稳定它们。这些分子对加热、冻结或pH变化等因素特别不稳定。改变稳定分散系的条件可能会导致沉淀或凝胶化；这在某些情况下是可取的，例如，在制作果胶果冻时。

（有关溶胶和凝胶的讨论，参见第四章；溶胶是一种流动的胶体——一种在液体连续相中具有固体分散相的两相体系，例如辣酱。凝胶也是一种两相体系，在固体连续相中具有液体分散相的弹性固体。）

胶体科学对食品科学家来说很重要，因为许多方便食品或包装食品具有胶体尺寸物质，其对某些类型反应的稳定性和敏感性只有应用胶体科学知识才能明白。

2.5.3 悬浮液

粒径大于100nm的粒子由于太大而无法形成胶体分散系，与水混合时形成悬浮液。悬浮液中的颗粒在一段时间内会分离出来，而胶体分散系中则没有观察到这样的分离。悬浮液的一个例子是水中未煮熟的淀粉粒。它可能会暂时悬浮，然后很容易沉淀下来，不再是“悬浮”状态，而是会沉到容器的底部。

烹饪提示！通过搅拌，淀粉在液体中始终保持悬浮状态。如果不受干扰，它们会向下沉降，并在容器底部观察到沉淀的淀粉。淀粉不“溶解”。

2.6 自由水、结合水和滞化水

水在所有生物中都很丰富，因此，除非采取措施将其去除，否则几乎所有的食品中都有大量的水。除非将其干燥，否则大多数天然食品的水分含量会高达其质量的70%以上，而水果和蔬菜的水分含量高达95%以上。可以通过挤压、切割或压榨的方式轻易地从食品中取出的水称为自由水，不能轻易取出的水称为结合水。

结合水通常是根据测量方法来定义的；不同的测量方法测出特定食品中结合水的值不同。许多食品成分可以结合或保持水分子，因此水分不易去除，并且这些水分子的行为不像液态水。结合水的几个特征如下：

- 不能作为盐和糖的溶剂。
- 只有在非常低的温度下（低于水的冰点）才能冻结。
- 结合水基本上没有蒸气压。
- 结合水的密度大于自由水的密度。

结合水比液态水或自由水具有更多的结构连接，因此它不能作为溶剂。由于蒸气压忽略不计，分子不能以蒸汽形式逸出，而且结合水中的分子比液体中的分子堆积得更紧密，所以结合水的密度更大。结合水的一个例子是存在于仙人掌或松树针中的水，不能通过压榨或加压挤出，沙漠的极端炎热或冬天的冻结不会对结合水产生负面影响，植被仍然存活。即使在脱水的情况下，食品中也含有结合水。

水分子与淀粉、果胶和蛋白质等分子上的极性基团或离子位点结合。离这些分子最近的水被结合得最牢固，随后的水层结合得不那么牢固，也不太有序，直到最后自由水的构成占优势。关于结合水的更详细的讨论在食品化学书籍中给出，例如，Fennema（1996）、Damoradan（2017）。

水也可能被滞留在果胶凝胶、水果、蔬菜等食品中。滞化水被固定在毛细管或细胞中，但如果在切割或损伤的过程中被释放，它就会自由流动。滞化水具有自由水的特性，而没有结合水的特性。

烹饪提示！ 任何农产品的新鲜度在一定程度上是通过水的存在来评价的。当自由水通过脱水而越来越多地流失时，食物就显得萎蔫。

2.7 水分活度（A_W）

水分活度（A_W）是给定温度下样品中水的蒸气压（P_S）与纯水的蒸气压（P_W）的比值：

$$A_W = P_S / P_W \tag{2-1}$$

因为活组织需要足够的水来维持膨胀，所以 A_W 必须很高。然而，细菌、霉菌和酵母等微生物在高 A_W 下繁殖。由于必须控制它们的生长，因此防止这些微生物腐败的保存技术要考虑到食品的水分活度。如果水分活度降到 0.85 及以下时，细菌生长就会减少。当 $A_W<0.8$ 时，微生物（特别是霉菌）仍能生长。当然，除了水之外，细菌生长还必须有其他因素（养料、最适 pH 等）。

果酱、果冻和蜜饯是用高浓度的糖制作的；含有高浓度盐的盐水可以用来保存火腿。糖和盐都是有效的防腐剂，因为它们能够降低 A_W。盐由于其离子化和吸引水的化学结构，甚至能够比糖更有效地降低 A_W。

2.8 水在食品保鲜和食品保质期中的作用

干燥和冷冻是常见的食品保鲜技术。将食品脱水或冻结以减少可利用的水并延长保质期。

控制食品中水分含量是食品质量的一个重要方面；水分含量影响食品的保质期和细菌的生活质量。例如，酥脆或干燥的食品可能更受欢迎。冷冻和干燥是常见的用于延长食品保质期的食品保鲜技术，因为它们使水不能被致病菌或腐败菌利用。如果食品中的水被快速冻结，则在细胞水平上对食品的损害就较小。可以在配方中添加防腐剂以防止霉菌或酵母生长。加入对水具有亲和力的保湿剂，可以保持食品中的水分。

“水分含量会影响食品的结构、外观、味道，甚至使食品容易腐烂。根据食品的不同，水可以以一种自由流动的液体，或者作为更大基质的一种成分起作用，既可以是看得见的(布丁)，也可以是看不见的（格兰诺拉麦片棒)。

树胶和淀粉共同作用提供一个水分控制系统，以防止烘焙食品中由淀粉回生所致的老化。因为树胶不经过老化过程，所以树胶可以通过保持水分来减缓淀粉老化过程”（Berry, 2012)。

2.9 水的硬度和水处理

水的硬度是以百万分之一（百万分率）或“格令”来测量的，一格令相当于64mg碳酸钙。每升软水含有17~68mg有机物，不含或含极少矿物盐。每升硬水含有186~338mg有机物。水可能由于铁离子或钙、镁的碳酸氢盐离子［$Ca(HCO_3)_2$和$Mg(HCO_3)_2$］而表现出暂时硬度。暂时性硬水可以通过煮沸来软化（可溶的碳酸氢盐在煮沸时沉淀，并留下沉积物或水垢)，不溶性碳酸盐可以从水中除去。

永久性硬水不能通过煮沸软化，因为它含有硫酸钙或硫酸镁（$CaSO_4$或$MgSO_4$）以及其他通过煮沸也不会沉淀的盐。永久性硬水只能通过使用化学软化剂来软化。硬水的清洁效果不如软水，因为硬水与肥皂会形成不溶性的钙和镁盐，可以通过使用清洗剂来防止这一点。

水的pH为7或呈中性；自来水的pH在中性附近变化。根据来源不同等，自来水可能是微碱性或微酸性。硬水的pH高达8.5。氯化水是指在水中添加氯以杀灭微生物或抑制微生物生长的水。食品制造厂或加工厂可能需要纯净水以防止混浊、褪色和异味。自来水的纯度可能不足以用于食品生产。为了生产口感一致的饮料，碳酸饮料中使用的水必须是商业生产的化学纯水。即使是微量的杂质也可能导致可察觉的风味变化。例如，水的碱度必须低，以避免中和饮料混合物中的酸性成分，这种中和反应会导致风味的变化。

烹饪提示！ 有时餐厅提供的碳酸饮料的味道可能不如预期的那么好。这是因为餐厅会用当地水稀释制造商提供的浓缩糖浆。因此，最终的口味取决于餐厅水的质量，并且可能会随时间发生变化。

2.10 饮料消费排名

“饮用水被认为是满足日常生活用水需求的首选饮料，其次是茶和咖啡、低脂（1.5%或1%）和脱脂（无脂）牛乳以及大豆饮料、无热量加糖饮料、有一定营养价值的饮料（水果和蔬菜汁、全脂牛乳、酒和运动饮料），以及含热量加糖、低营养饮料”（Popkin 等，2006）。（译者注：中国饮料消费排名与此不同。）

2.11 结论

水是生命必不可少的物质和生命组织的主要组成部分。氢键的性质使水与其他水分子以及糖、淀粉、果胶和蛋白质结合。水从冻结状态转变为液态再到蒸汽态时会吸收能量，是一种有效的冷却介质。如果水通过压榨或挤压轻易地从食品中取出来，这种水称为自由水。相反，食品中不易去除且不能自由作为溶剂的水称为结合水；食品中的水赋予食品新鲜感。水分活度的值是溶液中水的蒸气压与纯水的蒸气压之比。如果没有水可供致病菌或腐败菌繁殖，食品能够保存得较好，保质期较长。

笔记：

烹饪提示！

术语表

结合水：不能被轻易取出的水；它与食品中的极性基团和离子基团结合。

胶状分散体：又称胶体，由分散相和连续相组成的高度分散的多相不均匀体系，分散质粒子分散在周围的介质中，其直径为1~100nm。

共价键：水分子中将水分子中的两个氢原子和一个氧原子结合在一起的强键。（译者注：共价键是化学键的一种，两个或多个原子共同使用它们的外层电子，在理想情况下达到电子饱和的状态，由此组成比较稳定的化学结构，像这样由几个相邻原子通过共用电子并与共用电子之间形成的一种强烈作用叫做共价键。）

自由水：可以通过压榨、切割或挤压从食品中轻松取出的水。

冷冻干燥：一种将冰不经过液相直接转化为蒸气（升华）的食品加工方法。

凝胶：弹性固体；包含固体连续相和液体分散相的两相体系。

硬水：（译者注：硬水是指含有较多可溶性钙镁化合物的水。）每升硬水含有186~338mg有机物。硬度是由于碳酸氢钙、碳酸氢镁或硫酸盐的存在所致，导致清洗效果不佳。

氢键：极性化合物之间的弱键，其中一个分子的氢原子被另一个分子的电负性原子吸引。

熔化潜热：（译者注：熔化潜热是指当物质加热到熔点后，从固态变为液态或由液态变为固态时吸收或放出的热量。）0℃时将1g冰转化为水需要334.72J热量。

汽化潜热：（译者注：汽化潜热又称汽化热、蒸发热。其定义为：一般情况下，使1mol物质在一定温度下蒸发所需要的热量，对于一种物质其为温度的函数。）100℃时将1g水转化为水蒸气需要2.26kJ热量。

软水：（译者注：软水一般指不含或含较少的可溶性钙、镁化合物的水。）每升软水含有17~68mg有机物，不含矿物盐。

溶胶：（译者注：溶胶通常指胶体颗粒的直径大小为1~100nm的分散体系。溶胶是多相分散体系，在介质中不溶，有明显的相界面，为疏液胶体。）固体分散在液体连续相中的两相体系；可流动。

溶液：（译者注：两种或两种以上的物质混合形成的均匀稳定的分散体系称为溶液。）离子或小分子溶解于水中形成溶液。

比热：物质在温度变化时吸收或释放的热量与其质量之比。对水而言，比热是将1g水的温度提高或降低1℃所需的能量，水的比热是4.18J/（g·℃），冰的比热是2.06J/（g·℃）。

升华：当冰在真空下加热时，不经过液相就转化为蒸气；是冷冻干燥的基础；发生在冻结烧中。

悬浮液：分子大于溶液或与周围介质混合的分散液中分子，静止时出现暂时的悬浮。（译者注：在某些混合物中，分布在液体材料中的物质并不是被溶解，而只是分散在其中，一旦混合物停止振荡，就会沉淀下来，这种不均匀的、异质的混合物称为悬浮液。）

蒸气压：蒸气分子对液体施加的压力。（译者注：蒸气压是液体蒸发或固体升华所产生的气体分子对液体或容器壁等施加的压强。在指定温度和压力下，在不含空气和其他物质的密闭容器内，置顶的液体（或固体）进行蒸发（或升华），当单位时间内液体蒸发（或固体升华）的分子数目与蒸气中凝结为液体（或凝华为固体）的分子数相等时，即达到了相变平衡态，此时的蒸气压称为指定液体（或固体）在指定温度和外压下的饱和蒸气压。）

水分活度（A_W）：溶液中水的蒸气压与纯水的蒸气压之比。（译者注：水分活度又称水活性、水活度，指的是在密闭空间中，某一种食品的平衡蒸气压与相同温度下纯水的饱和蒸气压比值。）

参考文献

[1] Berry D (2012) Managing moisture. In: Food product design, p34-42.

[2] Damoradan S (2017) Water and ice relations in food. In: Damoradan S, Parkin KL (eds) Fennema's food chemistry, 5th edn. CRC Press, Boca Raton.

[3] Fennema O (1996) Water and ice. In: Fennema O (ed) Food chemistry, 3rd edn. Marcel Dekker, NewYork.

[4] Popkin BM, Armstrong LE, Bray GM, Caballero B, Frei B, Willett WC (2006) A new proposed guidance system for beverage consumption in the United States. Am J Clin Nutr 83: 529-542. https: //ajcn. org/cgi/content/full/83/3/529.

引注文献

[1] Coultate T (2016) Food: the chemistry of its components, 6th edn. RSC Publishing, Cambridge.

第二部分

食品中的碳水化合物

3 食品中的碳水化合物：导论

3.1 引言

碳水化合物是含有碳、氢和氧的有机化合物，它们可能是简单的或复杂的分子。历史上，术语“碳水化合物”将所有通式为 $C_n(H_2O)_n$ 的化合物归类为碳的水合物。重要的食品碳水化合物包括单糖、糊精、淀粉、纤维素、半纤维素、果胶和树胶。碳水化合物是饮食中重要的能量来源或纤维来源，由于碳水化合物的功能特性，它也是食品的重要成分。碳水化合物可用作甜味剂、增稠剂、稳定剂、胶凝剂以及脂肪替代品。

最简单的碳水化合物称为单糖或糖，它们具有通式 $C_nH_{2n}O_n$。最常见的单糖含有六个碳原子。二糖含有两个糖单元，三糖含有三个糖单元，低聚糖由几个糖单元组成，而多糖是一种复杂的聚合物，是由多达数千个糖单元连接在一起形成的分子。本章将对这些碳水化合物进行讨论。

3.2 单糖

单糖是含有 3~8 个碳原子的简单碳水化合物，但只有那些含有 5~6 个碳原子的单糖是常见的。食品中最重要的两种单糖是六碳糖葡萄糖和果糖。这些单糖具有通式 $C_6H_{12}O_6$。

单糖的例子

葡萄糖。葡萄糖称为醛糖，因为它在碳链的第一个碳原子上含有一个醛基（—CHO），如图 3.1 所示：

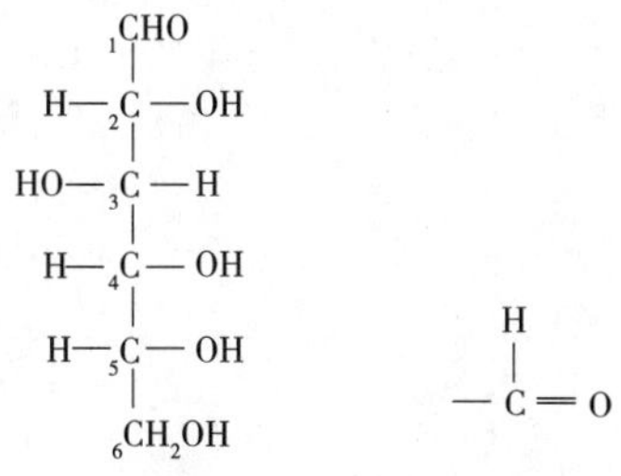

```
       1CHO
         |
   H — 2C — OH
         |
  HO — 3C — H
         |
   H — 4C — OH                 H
         |                     |
   H — 5C — OH             — C ═ O
         |
       6CH2OH
```

葡萄糖　　醛基

图 3.1　葡萄糖和醛基

通常沿着碳链对碳原子进行编号，所以距离羰基（或官能团）最远的碳原子编号最高。因此，在葡萄糖（以及所有其他醛糖）中，醛基位于1号碳上。葡萄糖中碳原子的编号如图3.1所示。

葡萄糖有两种异构体，它们彼此互为镜像：D-葡萄糖和L-葡萄糖。D-葡萄糖是天然存在的异构体。

实际上，醛糖有两个系列，称为D-系列（D-型）和L-系列（L-型），每种（构型）都是从最小的醛糖，也就是D-或L-甘油醛开始添加—CHOH基团构建碳链而形成的（图3.2）。

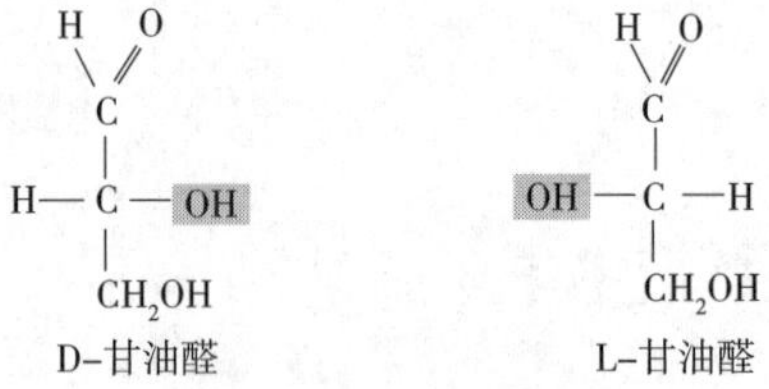

D-甘油醛　　L-甘油醛

图3.2　甘油醛的镜像

每个D-型醛糖中编号最高的不对称碳原子与D-甘油醛具有相同的构型，而不是与其L-异构体具有相同的构型。在葡萄糖中，最高位的不对称碳原子是C-5。这个碳原子被称为参比碳原子，因为它的构型决定了糖是属于D-型还是L-型。连在其上的羟基称为参比羟基，从直链图上看，这个基团总是在D-型糖的右边。

葡萄糖（和其他单糖）的直链构型不能解释分子的所有性质。实际上，直链构型与几种可能的环状构型平衡存在。换句话说，不同的构型在溶液中以一种微妙的平衡共存。葡萄糖可以以四种环状结构存在：两个吡喃糖或六元环形式以及两个呋喃糖或五元环形式。这些都与直链构型一起存在，如图3.3所示。

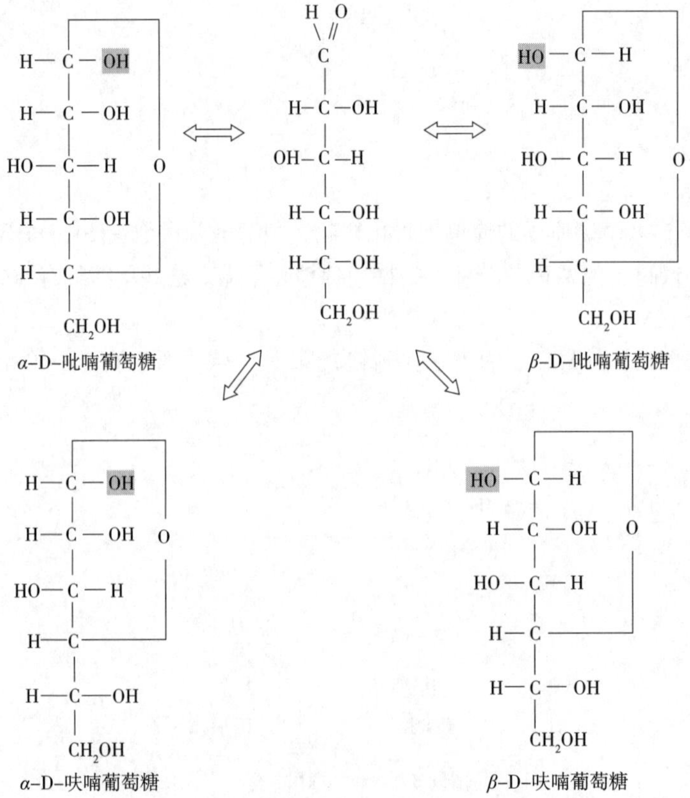

α-D-吡喃葡萄糖　　β-D-吡喃葡萄糖

α-D-呋喃葡萄糖　　β-D-呋喃葡萄糖

图3.3　D-葡萄糖的主要异构体（Fischer投影）

葡萄糖最常见的构型是吡喃糖结构，图 3.4 是根据 Haworth（哈沃斯）规则绘制的吡喃糖结构。这些吡喃糖是异头物，被分为α-型和β-型。它们是位于 C-5 上的羟基与羰基（位于 C-1 上）反应时形成的。当环闭合时，C-1 上会形成一个新的羟基，被称为异头羟基，而其连接的碳原子被称为异头碳原子。对于葡萄糖和其他醛糖，异头碳原子始终是碳链上的第一个碳原子。

异头羟基可向环的任一侧投影，如图 3.4 所示。因此，存在两种可能的吡喃糖结构。

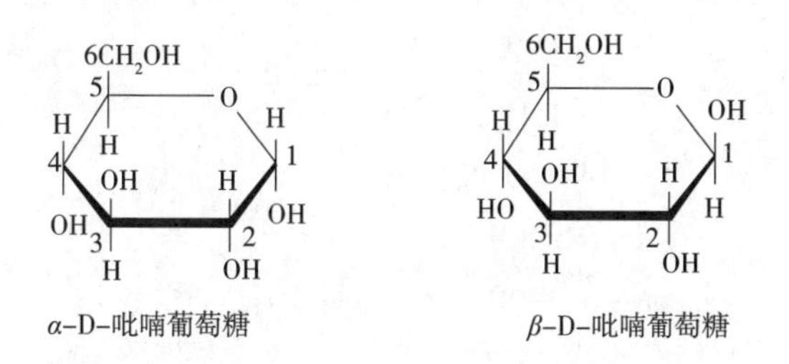

图 3.4 根据 Haworth 规则绘制的 D-吡喃葡萄糖异构体

对于葡萄糖和所有己糖，当根据哈沃斯规则绘制时，α-异头物在环上与 C-6 相对的面上具有异头羟基（即指向与 C-6 相反的方向），而β-异头物在环上与 C-6 相同的面上具有异头羟基（即指向与 C-6 相同的方向）。对于 D-型糖，当环闭合时，C-6 始终位于环平面上方。因此，在α-异头物的情况下，异头羟基指向下方或在环的平面下方，而在β-异头物的情况下，异头羟基指向上方或在环的平面上方。

α-异头物—异头羟基位于 D-型糖糖环与 C-6 相反的面上—异头羟基指向下方。

β-异头物—异头羟基位于 D-型糖糖环与 C-6 相同的面上—异头羟基指向上方。

[对于喜欢根据参比碳定义α-构型和β-构型的化学家，当异头羟基与参比羟基在环的同一侧形成时（如 Fischer 投影式所示），异头物被表示为α-型，而当其在相反侧形成时，表示为β-型。] 在溶液中，α-构型和β-构型是平衡的，但如果分子反应形成二糖，构型就可以固定。重要的是要知道该构型被固定为α-构型还是β-构型，因为这会影响分子的性质，包括消化性。例如，淀粉由α-D-葡萄糖分子组成，因此可以被消化，而纤维素由β-D-葡萄糖分子组成，是不可消化的。

虽然在 Haworth 式中环结构是用平面绘制的，但实际上它们不是平面环，相反它们是弯曲的，可以更多地想象为船或椅子的构象，如图 3.5 所示。

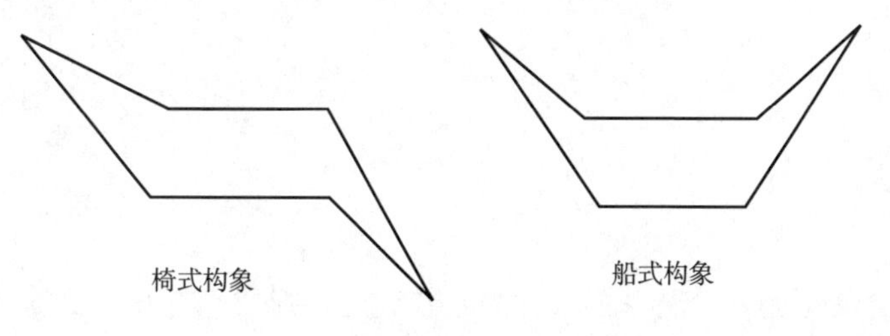

图 3.5 单糖的椅式构象和船式构象

葡萄糖的不同构型以及它们之间的关系很复杂，超出了本书的范围。对于更深入的讨论，感兴趣的读者可以参考 Fennema 的 *Food Chemistry* 等书籍或参考基础生物化学教科书。

葡萄糖是最重要的醛糖。食品中其他两种重要的醛糖包括半乳糖和甘露糖。半乳糖是乳糖的重要组成部分，甘露糖被用来制造甘露糖醇，甘露糖醇在口香糖和其他食品中用作新型甜味剂。这些都是 D-型糖。事实上，几乎所有的天然单糖都属于 D-型。

果糖。果糖和葡萄糖一样是一种六碳糖，但它是酮糖，而不是醛糖，因为它含有酮基，而不是醛基，如图 3.6 所示。

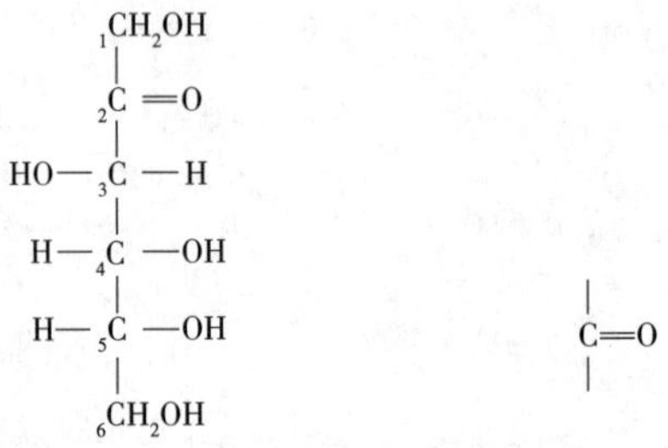

$_1CH_2OH$
$_2C=O$
$HO-{}_3C-H$
$H-{}_4C-OH$
$H-{}_5C-OH$
$_6CH_2OH$
果糖

$C=O$
酮基

图 3.6　果糖和酮基

与醛糖类似，酮糖有 D-型和 L-型，但 D-果糖是食品中唯一的重要酮糖。所有酮糖都含有一个酮基，而不是醛基。

在果糖中，酮基位于碳链的第二个碳上。因此，第二个碳原子是果糖中的异头碳。果糖主要以 α-呋喃糖和 β-呋喃糖或五元环构型存在，如图 3.7 所示。

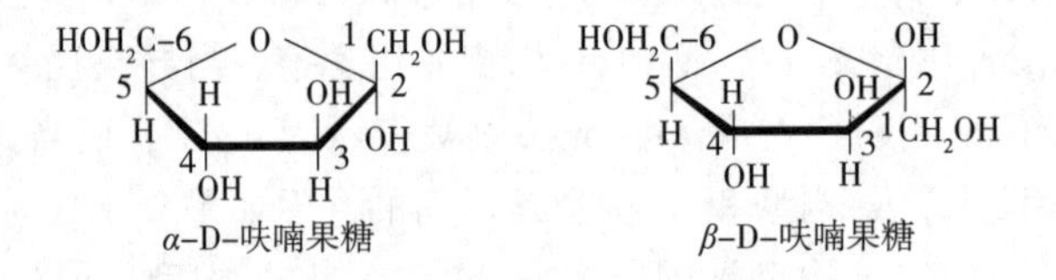

图 3.7　D-果糖的主要构型

酮糖的酮基和醛糖的醛基都可称为羰基。羰基由碳原子与一个氧原子通过双键结合而成，但是其他的原子没有指定。因此，醛基是一种特殊类型的羰基，氢原子和氧原子都连接在碳原子上。酮基也是羰基，因为它含有一个氧原子，该氧原子与位于烃链中的碳原子双键相连。

3.3　二糖

二糖由两个单糖通过一个特殊的键称为糖苷键连接形成。有几种二糖在食品中很重要：蔗糖是最常见的二糖，由葡萄糖和果糖组成。还有其他重要的二糖，例如由两个葡萄糖单元组成的麦芽糖，以及由葡萄糖和半乳糖组成的乳糖。乳糖也被称为牛乳糖，因为它存在于牛乳中。乳糖是糖中不甜且难溶的糖。

3.3.1 糖苷键

当一个单糖的羰基与另一个分子的羟基反应失水时，就会形成糖苷键（图 3.8）。

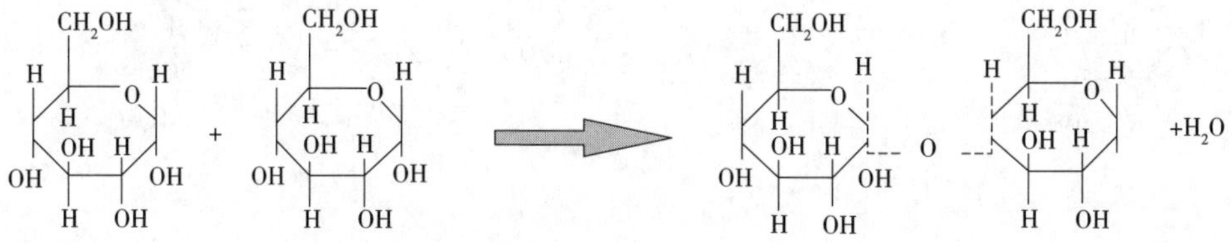

图 3.8 单糖的羰基和羟基之间的糖苷键

糖苷键的形成决定含有羰基的单糖的构型是α-构型还是β-构型。因此，有必要确定糖苷键是α-型还是β-型。还必须明确键的位置。例如，当两个葡萄糖分子结合形成麦芽糖时，第一个葡萄糖分子的 C-1 和第二个葡萄糖分子的 C-4 之间形成糖苷键，第一个葡萄糖分子的构型被固定为α-构型。因此，麦芽糖由两个葡萄糖单元通过α-1,4-糖苷键连接而成。不参与形成糖苷键的异头羟基（即第二个葡萄糖分子上的一个异头羟基）仍然可以自由地呈现α-构型或β-构型。因此，两种形式的二糖彼此平衡。

糖苷键在正常条件下是稳定的，但糖苷键可以被酸和热或如蔗糖酶、转化酶或淀粉酶之类的酶水解。

糖苷键

- 在一个单糖的游离羰基和另一个单糖的羟基之间形成。
- 固定在α-或β-位含有相关羰基的单糖的构型。
- 需要同时确定糖苷键的构型和位置

——键的构型——是α-构型还是β-构型；

——键的位置——根据链接在一起的两个碳原子的各自位置进行编号。例如，在麦芽糖中，第一个单糖的 C-1 和第二个单糖的 C-4 之间会形成α-1,4-糖苷键。

- 容易通过以下作用水解

——热和酸；

——某些酶，如蔗糖酶、转化酶、淀粉酶等。

3.3.2 二糖的例子

麦芽糖和纤维二糖。如前所述，麦芽糖由两个葡萄糖单元通过α-1,4-糖苷键连接而成。当两个葡萄糖分子结合在一起，第一个葡萄糖分子的构型被固定为β-构型时，就形成了纤维二糖。纤维二糖含有β-1,4-糖苷键。麦芽糖和纤维二糖的化学式如图 3.9 所示。

麦芽糖是淀粉的组成部分，淀粉中含有α-1,4-糖苷键。α-糖苷键连接可以被人体分解，因此淀粉很容易被消化。纤维二糖是纤维素的组成成分，纤维素含有β-1,4-糖苷键。纤维素不能在人体内被消化，因为β-糖苷键连接不能被消化酶分解。因此，纤维素被称为膳食纤维。（纤维素中的糖苷键横穿连接在一起的单糖单元的平面，因此可以称为跨平面键。因为它们是跨平面，所以不易消化。实际上，由于键的方向，单糖单元往往会扭曲或翻转，如图 3.9 所示，这会导致聚合物链产生扭曲的带状效应。）

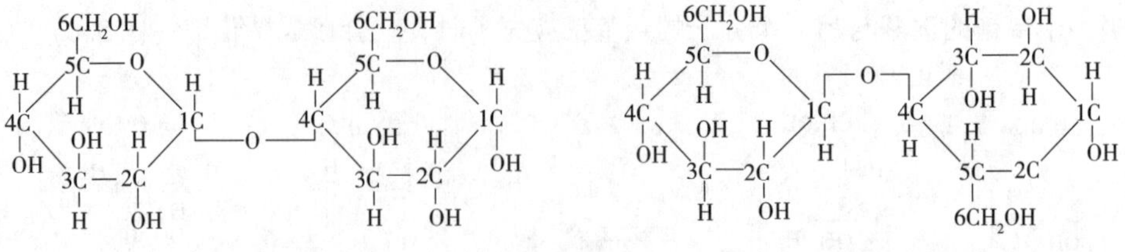

麦芽糖　纤维二糖

图 3.9　麦芽糖和纤维二糖

蔗糖。蔗糖是最常见的二糖，它由葡萄糖和果糖通过 α-1,2-糖苷键连接而成（图 3.10）。葡萄糖和果糖分子的羰基都参与了糖苷键的形成，因此，每个单糖的构型都是固定的。葡萄糖固定为 α-构型，而果糖则固定为 β-构型。蔗糖可通过加热水解、酸水解或通过转化酶、蔗糖酶水解为葡萄糖和果糖。以这种方式生产的葡萄糖和果糖的等物质的量混合物称为转化糖。转化糖的生产在糖果和果冻的形成过程中是重要的，因为转化糖可以防止不想要的或过量的蔗糖结晶的生成（关于蔗糖结晶的进一步讨论，参见第十四章）。

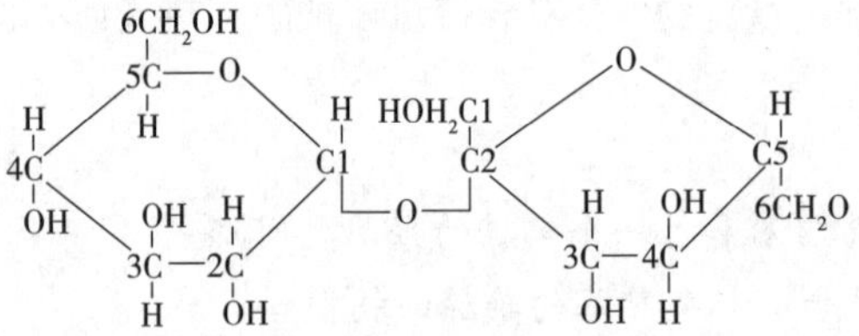

蔗糖

图 3.10　蔗糖

3.4　糖的各种特性

3.4.1　甜味

葡萄糖、果糖和蔗糖等糖的最明显的感官特征是它们的甜味，这种甜味因特定的糖而异。乳糖是最不甜的糖，而果糖是最甜的糖。糖在糖果和许多其他食品中用作甜味剂。

3.4.2　溶液和糖浆的形成

糖可溶于水，容易形成糖浆。如果水蒸发，就会形成晶体。糖通过氢键交换形成分子溶液。将糖放入水中后，水分子与糖分子形成氢键，从而使它们水合并从糖晶体中除去。糖的溶解度随温度的升高而增加；因此，热的蔗糖溶液可能比冷的蔗糖溶液含有更多的溶质（有关分子溶液的讨论，参见第二章）。

如果在不搅拌的情况下冷却热的饱和蔗糖溶液，就会过冷，从而得到过饱和溶液。过饱和溶液所含的溶质比正常情况下在该温度下溶解的溶质多。过饱和溶液是不稳定的，如果搅拌或搅动，多余的溶质会迅速从溶液中结晶出来。在糖果制作过程中，过饱和溶液是不可或缺的。关于糖结晶和糖果的更多细节，参见第十四章。

3.4.3 质感和口感

糖赋予食品质感和“口感”。换句话说，添加糖会使食品变得更黏稠，或者使其流动性降低。如果用阿斯巴甜或糖精等无营养或高强度的甜味剂来代替糖，食品的稠度会又稀又薄。为防止这种情况，需要添加另一种物质使食品具有预期的质感或口感。通常将改性淀粉或树胶添加到此类食品中，以在不添加糖的情况下提供所需的稠度。

3.4.4 发酵

糖类很容易被人体消化和代谢，并提供能量（16.736J/g）。糖类还能被微生物代谢。这一特性在面包制作中很重要，因为面包中的糖被酵母细胞发酵。酵母以糖为食，产生二氧化碳，酵母是膨松剂，在烘烤前和烘烤过程中能够使面包面团膨胀。

3.4.5 防腐剂

在高浓度下，糖会抑制微生物的生长，因为高浓度的糖会将食品的水分活度降低到细菌无法生长的水平。因此，糖可以用作防腐剂。以这种方式保存食品的实例包括果酱和果冻。

3.4.6 还原糖

含有游离羰基的糖被称为还原糖。所有的单糖都是还原糖。二糖只有在含有游离羰基的情况下才是还原糖。蔗糖不是还原糖，因为它不含游离羰基。葡萄糖和果糖的羰基均参与糖苷键的形成，因此不能自由地参与其他反应。麦芽糖有一个羰基参与糖苷键的形成，另一个羰基是游离的，因此，麦芽糖是一种还原糖。

当还原糖与蛋白质中的游离氨基酸基团结合时发生褐变反应，又称美拉德反应，使焙烤食品呈现棕色（该反应将在第八章进一步讨论）。

3.4.7 焦糖化反应

糖在加热时会发生焦糖化反应，使其呈现棕色。焦糖化反应是在极高的温度下由糖的分解引起的，结果形成了多种化合物，包括有机酸、醛和酮。焦糖化反应不涉及蛋白质，不应与美拉德褐变反应混淆。

3.4.8 糖醇

羰基还原为羟基得到糖醇（也称为多羟基醇或多元醇），如木糖醇、山梨醇和甘露醇。大多数糖醇由戊糖或己糖产生，因此由5-或6-碳链组成，每个碳原子上连接一个羟基。木糖醇含有5个碳原子，而山梨醇和甘露醇含有6个碳原子。这些化合物都是甜的，但是没有蔗糖甜。然而，糖醇不像糖那样容易被口腔中的微生物发酵，因此它们不会导致龋齿（换句话说，糖醇不会导致蛀牙）。因此，糖醇可用于口香糖、清新薄荷糖以及其他可能在口中保留一段时间的产品。虽然含有糖醇的产品可能会被贴上“无糖”的标签，但重要的是要意识到糖醇并不是不含热量的。糖醇不会像糖一样高效地代谢，并且糖醇的热量值较低（4.184~12.552kJ/g）。在许多食品中，糖醇可以用作低能量的散装原料（代替糖）。由于山梨醇在体内主要转化为果糖，而不是葡萄糖，因此糖尿病患者对山梨醇是耐受的。所以，山梨醇可以用来代替糖尿病食品中的糖。

赤藓糖醇是一种4-碳糖醇，可单独用作替代甜味剂，也可以与甜叶菊、罗汉果或它们的混合物等替代甜味剂组合使用（下次去商店的时候查看其标签）。赤藓糖醇是通过酵母发酵葡萄糖（来自玉米糖浆）而产生的，它的热量仅为糖的6%（1kJ/g），但是甜味却达到糖的70%。赤藓糖醇不会影响血糖水平，也不会导致蛀牙。

虽然糖醇天然存在于水果和蔬菜中，但是它们是通过特定糖类发酵而生产出来以供食品工业大规模使用。

3.5 低聚糖

低聚糖由少量（3~10个）单糖残基通过糖苷键连接而成。常见的低聚糖有棉籽糖和水苏糖。棉籽糖是一种三糖，由半乳糖、葡萄糖和果糖结合而成。水苏糖由葡萄糖、果糖和两个半乳糖单元结合而成。这两种物质都存在于豆类中，如干的大豆和豌豆。棉籽糖和水苏糖不会被人体的消化系统水解或消化，而是成为大肠中细菌的营养物质。细菌代谢碳水化合物并产生气体，引起不同程度的不适。

3.6 多糖

最重要的食品多糖是淀粉、果胶和树胶。这些多糖都是复杂的碳水化合物聚合物，他们具有不同的性质，取决于组成分子的糖单元、糖苷键的类型和分子的支化程度。淀粉在第四章中讨论，果胶和其他多糖都包含在第五章。

3.6.1 糊精和葡聚糖

糊精是淀粉分解或水解时形成的中链长度的葡萄糖聚合物。糊精比低聚糖大，但比淀粉分子短得多。糊精是由葡萄糖分子通过α-1,4-糖苷键连接而成，糊精是线性聚合物。糊精存在于淀粉水解产生的玉米糖浆中。

葡聚糖也是中链长度的葡萄糖聚合物，但是它们含有α-1,6-糖苷键。葡聚糖是由某些细菌和酵母产生的。

3.6.2 淀粉

淀粉是一种葡萄糖聚合物，包含两种类型的分子，即直链淀粉和支链淀粉，分别如

图 3.11 和图 3.12 所示。两者都是由 α-1,4-糖苷键连接的长链葡萄糖分子；然而，直链淀粉是线状链，而支链淀粉含有分支。每 15~30 个葡萄糖残基都有一个支链，通过 α-1,6-糖苷链与主链相连。分支使得支链淀粉在水中的溶解度比直链淀粉低。通常，两种类型的淀粉会同时出现，尽管淀粉可能仅包含直链淀粉或仅包含支链淀粉。直链淀粉和支链淀粉具有不同的性质，这将在第四章讨论。

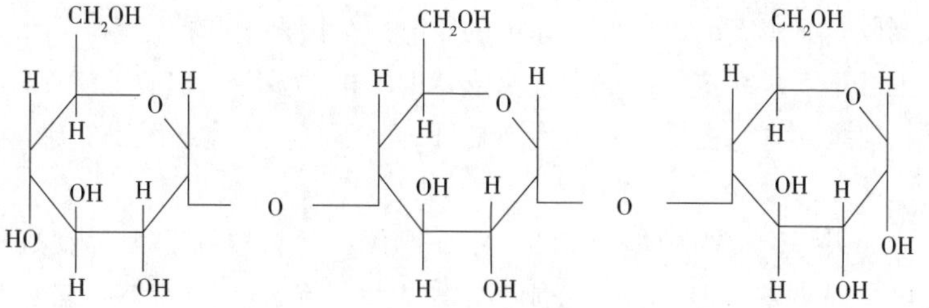

直链淀粉的α-1,4-糖苷键

图 3.11 直链淀粉

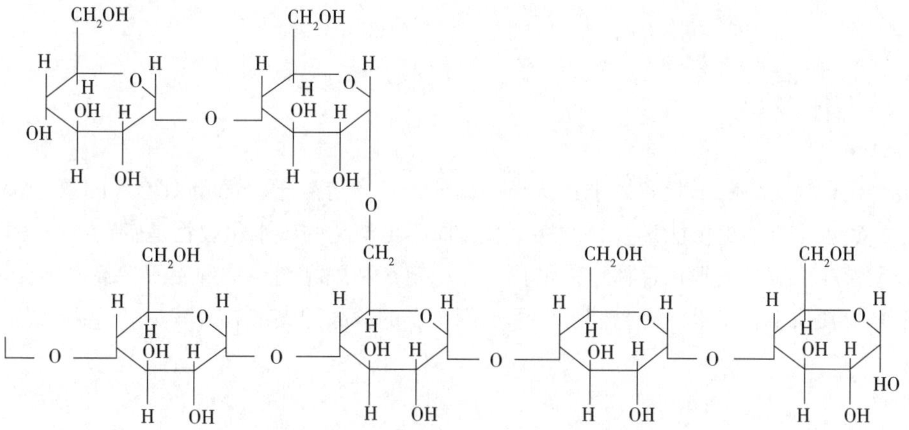

支链淀粉的α-1,6-糖苷键

图 3.12 支链淀粉

淀粉也可以进行改性以赋予食品特定的功能特性，因此了解不同淀粉的特性在食品工业中很重要。第四章详细介绍了不同淀粉的特性及其在食品中的用途。

3.6.3 果胶和其他多糖

果胶、树胶和海藻多糖也是食品中重要的碳水化合物，将在第五章中进一步讨论。果胶天然存在于植物食品中，但树胶和海藻多糖并不来自于可食用的植物资源。它们经过提取和纯化，然后添加到食品中。

果胶主要用作果冻、果酱和其他产品的胶凝剂，也被用作稳定剂和增稠剂。果胶存在于水果和蔬菜中，有助于将植物细胞结合在一起。在结构上，果胶是 α-D-半乳糖醛酸的长链聚合物，半乳糖醛酸是一种从单糖半乳糖衍生出来的酸。果胶可溶于水，并在适当条件下形成凝胶。其结构和性质在第五章中讨论。

树胶主要是植物提取物，包括黄芪胶和瓜尔胶。树胶是高度分支的多糖，形成非常黏稠的溶液，将大量的水截留在其分支中。由于支化程度高，大多数树胶不形成凝胶。树胶可用作增稠剂和稳定剂，特别是在低脂沙拉酱和其他方便食品中。

海藻多糖包括琼脂、海藻酸盐和卡拉胶。它们被归类为树胶，但与大多数树胶不同的是它们能够形成凝胶。海藻多糖可用作食品中的胶凝剂、增稠剂和稳定剂。

纤维素和半纤维素是在植物组织中提供支持的结构性多糖。它们不能在体内消化，因此不能提供能量。但是，它们提供了不溶性膳食纤维，不溶性膳食纤维是健康、均衡饮食的重要组成部分。

关于纤维，如果每份食品中提供2.5~4.9g纤维，就可以被称为“良好的纤维来源”。当每份食品提供≥5g的纤维时，食品可能会被贴上“高纤维”的标签。健康机构和《美国人饮食指南》建议，男性每天应摄入38g纤维，女性每天应摄入25g纤维。纤维有可溶性纤维和不溶性纤维，它们在结构上是不同的（参见第四章）。

菊粉是一种通式为（$C_6H_{10}O_5$）$_n$的多糖，存在于各种植物的块茎和根中，水解后产生果糖。

3.7 结论

碳水化合物有各种形状和大小，从小的糖分子到含有数千个简单糖单元的复杂聚合物。可消化的碳水化合物提供能量（16.736J/g），而不可消化的碳水化合物是膳食纤维的重要来源。除了营养价值，碳水化合物作为增稠剂、稳定剂和胶凝剂也是重要的。碳水化合物被广泛用于方便食品中，如果没有它们，今天人们喜爱的食品种类将大大减少。

笔记：

烹饪提示！

术语表

醛糖：是一类含醛基的单糖，例如葡萄糖。

α-异头物：异头羟基位于环的与C-6相反的面上（即两个基团指向相反的方向）。

异头碳原子：糖直链形式中游离羰基的部分碳原子。

异头物：仅在异头碳原子上的羟基方向不同的异构体；有两种形式——α-和β-。

β-异头物：异头羟基与C-6在环的同一面上（即，两个基团指向相同的方向）。

羰基：由氧原子与碳原子通过双键相连而成。醛基和酮基都可以被称为羰基。

焦糖化反应：糖在极高的温度下分解，形成棕色。

跨平面键：参与形成糖苷键的碳原子上的羟基取向于糖环的相反面时形成的键。跨平面键存在于纤维二糖和纤维素中，也存在于果胶中。它们不会在人类消化系统中被消化。

葡聚糖：通过α-1,6-糖苷键连接的葡萄糖聚合物。一些细菌和酵母可产生葡聚糖。

糊精：通过α-1,4-糖苷键连接的葡萄糖聚合物。淀粉水解可产生糊精；玉米淀粉水解生成的玉米糖浆中也含有糊精。

二糖：两个糖单元通过糖苷键连接在一起。

呋喃糖：含有五元环。（译者注：呋喃糖是碳水化合物的总称，其化学结构包括一个由四个碳原子和一个氧原子组成的五元环系统。这一名称来自它与氧杂环呋喃的相似性，但呋喃糖环没有双键。）

糖苷键：将两个糖单元连接在一起的键；它在一个糖的游离羰基和另一个糖的羟基之间形成；必须确定糖苷键的构型（α-或β-）和位置（例如1，4）。

羟基：碳原子上的—OH基团。

转化糖：葡萄糖和果糖的等物质的量混合物，由蔗糖在酸和热作用下水解或由转化酶或蔗糖酶等酶水解形成。

酮糖：含酮基的糖。[译者注：酮糖是一类单糖，该单糖中氧化数最高的C原子（指定为C-2）是一个酮基。]

美拉德反应（美拉德褐变反应）：还原糖和蛋白质上的游离氨基酸基团的非酶褐变反应。

单糖：单个糖单元。（译者注：单糖是指不能再被简单水解成更小的糖类分子。根据羰基所处位置分为醛糖和酮糖两大类。）

低聚糖：3~10个糖单元通过糖苷键连接在一起形成的糖。

多糖：成百上千个糖单元结合在一起形成的糖。

吡喃糖：含六元环。（译者注：糖的5位羟基与1位上的醛基发生加成反应形成一个六元环的半缩醛的吡喃环结构，这样的糖叫做吡喃糖。）

还原糖：分子中含有游离醛基或酮基的单糖和含有游离醛基的二糖。（译者注：还原性糖是指具有还原性的糖类。在糖类中，分子中含有游离醛基或酮基的单糖和含有游离醛基的二糖都具有还原性。如葡萄糖、果糖、半乳糖、乳糖、麦芽糖等。）

参比碳原子：编号最高的不对称碳原子；葡萄糖和果糖中的C-5。

参比羟基：连接在参考碳原子上的羟基。

糖醇：羰基还原成羟基的结果，使每个碳原子都含有一个羟基，也称为多元醇或多羟基醇。一些例子包括木糖醇、山梨醇、甘露醇和赤藓糖醇。

过饱和溶液：特定的温度下，含有的溶质比正常情况下溶解的溶质多的溶液。（译者注：过饱和溶液是指一定温度、压力下，当溶液中溶质的浓度已超过该温度、压力下溶质的溶解度，而溶质仍未析出的溶液。）

三糖：三个糖单元通过糖苷键连接在一起形成的糖。

引注文献

[1] GGarrett RH, Grisham CM (2013) Biochemistry, 5th, edn. Belmont, Brooks/Cole/Cengage Learning.
[2] Hazen C (2012) Fiber files. In: Food product design, p 102-112.
[3] Huber KC, BeMiller JN (2017) Carbohydrates. In: Damodaran S, Parkin KL, Fennema O (eds) Fennema's food chemistry, 5th edn. CRC Press, Boca Raton.
[4] McWilliams M (2016) Foods: experimental perspectives, 8th edn. Prentice-Hall, Upper Saddle River.
[5] Penfield MP, Campbell AM (2012) Experimental food science, 4th edn. Academic, San Diego.
[6] Potter N, Hotchkiss J (1999) Food science, 5th edn. Springer, New York.

4 食品中的淀粉

4.1 引言

淀粉是一种植物多糖，存在于植物的根部和种子以及谷粒的胚乳中。它为人体提供能量（每克约16.74J能量），并水解为葡萄糖，以提供大脑和中枢神经系统运作所需。

淀粉颗粒中含有葡萄糖聚合物链，不溶于水。与小分子盐和糖不同，较大的淀粉聚合物不形成真溶液。相反，淀粉颗粒在水中搅拌时形成暂时性的悬浮。生淀粉颗粒在吸水时略微溶胀；但是一旦被蒸煮，则会发生不可逆溶胀，淀粉会浸出。这一特性使淀粉在食品工业中可以用作增稠剂。

总的来说，淀粉类食品终产品的特性取决于以下几个因素：淀粉的来源、配方中使用的淀粉浓度、加热的温度和时间以及与淀粉一起使用的其他成分，例如酸和糖。淀粉和改性淀粉的种类有很多，可用于增稠，防止食品凝结及稳定煮熟的沙拉酱，在蘸酱、肉汁和甜点及更多的食品中也有应用。

淀粉分解产生的中链和短链产物，被称为糊精，可用于模拟沙拉酱和冷冻甜点中的脂肪。例如，小麦、马铃薯和木薯麦芽糊精可以用作脂肪替代品。它们能够为食品提供脂肪的黏度和口感，同时与脂肪相比又能降低热量。

对淀粉过敏或不耐受的人应该禁食或限食这类食品。

4.2 饮食中的淀粉来源

淀粉的来源很多，常见的来源是谷物，例如小麦、玉米和大米。小麦会产生浑浊而黏稠的混合物，而玉米淀粉能生产出更加透明的混合物，可用于肉汁、酱汁和甜点中。大米、蔬菜、根和块茎，包括木薯和马铃薯的根，经常用于制备无麸质食品，适用于小麦过敏或不耐受的人群，不使用任何小麦作为增稠剂。功能性淀粉对消费者来说应用广泛，可以从线上或者食品专卖店购买。

淀粉的另一种来源是豆类，例如大豆或鹰嘴豆。水果（如香蕉）也可能是淀粉的来源。此外，西米粉是一种从西米棕榈（亚洲热带地区）的茎和树干中获得的粉末状淀粉。西米既可以用作食品增稠剂，也可以用作织物硬化剂。因此，可以看出淀粉的来源可能多种多样。基于其来源，淀粉也可能有不同的晶体结构。

4.3 淀粉的结构和组成

不同谷物的淀粉颗粒大小不同，范围在 2～150μm。淀粉的形状也可能不同，为圆形或多边形，如图 4.1、图 4.2 和图 4.3 的玉米、小麦和糯玉米淀粉颗粒的显微照片所示。

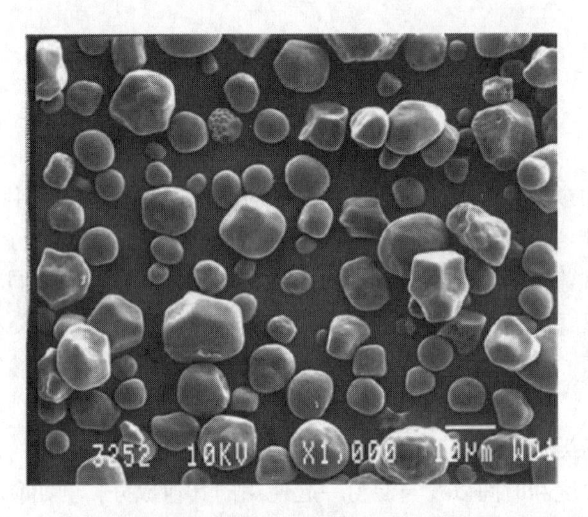

图 4.1　放大 2000 倍的普通玉米谷物淀粉颗粒扫描电子显微镜照片
（来源：普渡大学——惠斯勒碳水化合物研究中心）

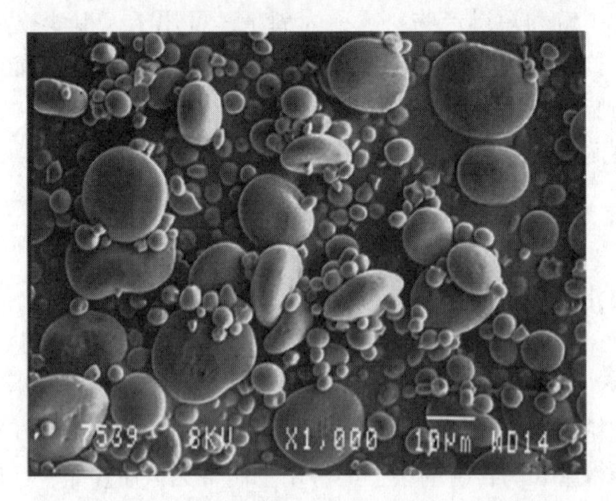

图 4.2　放大 600 倍的小麦淀粉颗粒扫描电子显微镜照片
（来源：普渡大学——惠斯勒碳水化合物研究中心）

淀粉由直链淀粉和支链淀粉两种分子组成，二者通过糖苷键连接（参见第三章）。直链淀粉分子通常约占淀粉的 1/4。直链淀粉是由数千个葡萄糖单元以 C-1 和 C-4 相互连接而成的长直链，因此含有 α-1,4-糖苷键。当分子在冷却条件下交联时会形成三维网状结构，这是蒸煮后再经冷却的淀粉糊凝胶化的原因。

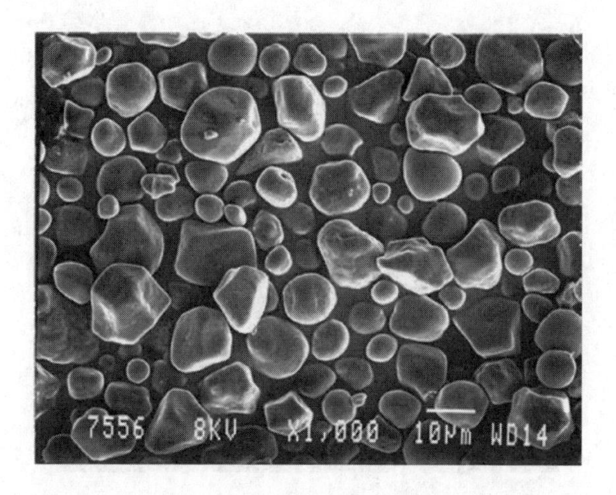

图 4.3 放大 1000 倍的糯玉米淀粉颗粒扫描电子显微镜照片
（来源：普渡大学——惠斯勒碳水化合物研究中心）

直链淀粉含量高的淀粉在成型时能够形成凝胶或保持其形状，不含直链淀粉的淀粉会变稠，而不是形成凝胶。不同来源淀粉的直链淀粉含量列举如下：

谷粒：26%～28%；

根茎类：17%～23%；

蜡质淀粉：直链淀粉 0%，不产生凝胶化。

支链淀粉分子（第三章）约占淀粉颗粒聚合物的 3/4。与直链淀粉相似，支链淀粉的葡萄糖链以 α-1,4-糖苷键连接，但是每隔 15～30 个葡萄糖单元还会有以 α-1,6-糖苷键连接的分支。在支链淀粉中，葡萄糖单元的 C-1 与分支的 C-6 之间进行连接。糖链高度分支化且浓密（但是分支化和浓密程度不及动物储存形式的碳水化合物，即糖原，而不是淀粉）。

支链淀粉含量高的淀粉会使混合物变黏，但不能形成凝胶，因为与直链淀粉不同，支链淀粉分子之间不会相互缔合并形成化学键。支链淀粉含量越高，淀粉糊（变稠，而不是凝胶）越黏稠；直链淀粉含量越高，凝胶越强。

有关淀粉结构和组成的更多信息，查阅更多参考文献："Starches：Molecular and Granular Structures and Properties"（BeMille，2019）和"Understanding Starch Structure and Functionality."（Yongfeng，2018）。

4.4 煮制过程中的糊化现象

糊化过程的步骤如下：处于未蒸煮阶段的淀粉是不溶于水的，因此不能认为这些淀粉"变成溶液"或"溶解"。淀粉大颗粒/粒子形成暂时性悬浮，这些大颗粒/粒子不会溶解在周围的介质中，如果不连续搅拌或以其他方式搅拌，这些颗粒会沉降到液体容器的底部。

在悬浮液中，淀粉颗粒可能会吸收少量的水；然而，一般来说，悬浮液对淀粉的影响最小。如果将处于未蒸煮状态的淀粉干燥，那么淀粉颗粒对水分的吸收是可逆的。

未经蒸煮的淀粉分子的另一个特征是当用电子显微镜在偏振光下观察时，它表现出马耳他十字形或颗粒的双折射现象。这是由于未经蒸煮的淀粉分子呈现高度有序的晶体结构，并且光会在两个方向上折射（图4.4）。

图4.4 通过交叉偏振器拍摄的未糊化马铃薯淀粉的显微照片
（来源：普渡大学——惠斯勒碳水化合物研究中心）

一旦开始蒸煮（当淀粉在水中加热时），就会发生吸收，或将水吸入颗粒。这种现象首先发生在淀粉分子密度较小的区域，随后扩散至淀粉分子的结晶区域。最初的吸水在糊化过程中仍然是可逆的步骤。然而，随着加热的继续，淀粉颗粒吸收更多的水分。此时该过程是不可逆的，淀粉分子也开始溶胀。一些短链直链淀粉会从颗粒中浸出。这个过程称为糊化，是导致食品体系黏稠的原因。糊化的淀粉混合物不透明且易碎，并失去淀粉的有序晶体结构。

在糊化过程中，随着淀粉从溶胀的颗粒中浸出，水-淀粉混合物变成溶胶。溶胶是一种包含液体连续相和固体分散相的胶体两相系统。这种液包固体系可流动，具有较低的黏度或流动阻力。

$$\text{悬浮液} \xrightarrow{\text{加热}} \text{溶胶} \tag{1}$$

糊化可能与成糊同义，尽管这两者通常被报道为两个相继的过程（Freeland-Graves 和 Peckham，1996）。不管是单独的过程还是糊化的继续，随着对已经糊化的淀粉颗粒持续加热，淀粉形成淀粉糊。当用电子显微镜在偏振光下观察时，发现淀粉颗粒上的马耳他十字形消失，这表明糊化过程破坏了淀粉的有序晶体结构。

淀粉失去其有序晶体结构并糊化的温度，实际上可能是淀粉所特有的一个温度范围。淀粉中的颗粒会在略微不同的温度下溶胀并形成浓稠混合物，较大的颗粒比较小的颗粒更早溶胀。

糊化过程的步骤如下：

- 根据淀粉的类型，起始糊化温度大约为60℃~71℃，并在88℃~90℃或更高的温度下完成糊化。
- 热水分子的动能破坏了淀粉分子之间的氢键。氢键交换发生在淀粉与水分子形成氢键，而不是与其他淀粉分子形成氢键时。随着氢键的形成，水分能够进一步渗透到淀粉颗粒中使其发生溶胀。必须有足量的水才能进入并增大淀粉颗粒。
- 随着一些直链淀粉链从淀粉颗粒中的浸出，这些直链淀粉便发生扩散。
- 未蒸煮淀粉颗粒的双折射现象和有序晶体结构消失。半透明性明显增加，这是因为膨胀颗粒的折射率与水的折射率相近。

- 随着温度的升高，颗粒的溶胀度也增加。较大的淀粉颗粒最先溶胀。
- 溶胀的颗粒占据更多的空间，并且随着直链淀粉和可能的支链淀粉从溶胀颗粒中的浸出，混合物会变得黏稠。
- 随着糊化的进行，淀粉糊会变得更稠更黏，并难以流动。
- 最后一步是将糊化的淀粉混合物（肉汁、馅饼馅料等）继续蒸煮 5min 或更长的时间，以提升风味。不必要的过度搅拌会使煮熟的淀粉混合物变稀，因为溶胀的淀粉颗粒破裂会使一些保存在溶胀颗粒内部的液体流出。

4.5 糊化过程中需要控制的因素

需要注意的是，淀粉必须完全糊化才能形成黏稠的糊状物或坚固的凝胶（未完全糊化的淀粉不能形成黏稠的糊状物或坚固的凝胶）。糊化过程中必须控制几个因素，才能生产出高质量的糊化淀粉混合物。

糊化过程中需要控制的因素包括以下几个方面：

搅拌：在最初和整个糊化过程中的搅拌或搅动，会使淀粉颗粒相互独立地溶胀，并形成更均匀的混合物，没有结块。尽管如此，像前面所提到的一样，糊化完成后过度搅拌可能会使淀粉颗粒破裂，从而导致淀粉混合物变稀。

酸：淀粉颗粒在加热过程中的酸水解导致糊精或短链聚合物的断裂和形成。淀粉分子的水解导致淀粉颗粒吸收的水分更少，从而形成较稀的热糊和较不稳定的冷却产物。因此，在后期即淀粉糊化并开始变稠后向淀粉混合物中添加酸是最好的。酸经常以醋、番茄、水果或柑橘汁的形式添加到淀粉酱汁中。

酶：淀粉可以被淀粉水解酶如 α-淀粉酶、β-淀粉酶和 β-葡萄糖淀粉酶水解。

内切酶如 α-淀粉酶可以作用于淀粉链和未损坏的淀粉颗粒上的任一位置来降解淀粉。根据水解程度的不同，α-淀粉酶的水解产物可以是葡萄糖、麦芽糖或糊精，这对于商业面包的制作可能是有利的。

外切酶（β-淀粉酶）主要作用于非还原末端的 α-1,4-糖苷键以及受损的直链淀粉或支链淀粉链。它进一步水解淀粉，一次产生两个葡萄糖单位，从而生成麦芽糖。

β-淀粉酶不能在支链淀粉分支点以外水解淀粉。β-葡萄糖淀粉酶可水解 α-1,4-糖苷键，产生葡萄糖，并可缓慢水解淀粉中的 α-1,6-糖苷键。

脂肪和蛋白质：脂肪和蛋白质的存在（例如在用于生产肉汁的肉的滴汁中）最初会覆盖或吸附到淀粉颗粒表面，导致水合作用和黏稠的延迟。脂肪使淀粉颗粒“防水”，以至于水分不易在糊化过程中渗透。因此，在脂肪存在的情况下，很少有颗粒溶胀，从颗粒中逸出的直链淀粉也少，从而导致淀粉糊的黏度和凝胶强度变低。

糖：添加适量的糖，尤其是双糖——蔗糖和乳糖（来自牛乳），能够降低淀粉糊的黏度以及煮熟的和冷却的淀粉产品的硬度。糖与淀粉竞争水，因此使淀粉颗粒对水的吸收发生延迟。这种竞争阻止了淀粉颗粒的迅速或完全溶胀。糖还会提高糊化发生所需的温度。

与添加酸一样，添加糖的时机也很重要。对于较稠的混合物和凝胶来说，建议在淀粉变稠之前先添加一部分的糖，然后再添加剩余的糖是最好的。与所有的糖都在蒸煮开始时添加相比，这种方式使得与颗粒竞争水分的糖变得更少。

如果将酸和糖都添加到淀粉混合物中，由于与淀粉竞争水分的糖的存在，淀粉颗粒的溶胀会减少，并且淀粉颗粒的酸水解也会变少。

盐：盐使淀粉混合物变稠的温度升高。

温度：发生糊化所需达到的温度范围为88℃~90℃，尽管淀粉的糊化温度有所不同，但糊化完成的温度高达95℃。

加热时间：所有淀粉颗粒（特别是大颗粒）膨胀都需要足够的时间，但是随着加热时间的延长，最终混合物可能会变稀，因为可能存在过度搅拌和溶胀淀粉颗粒的破裂。或者，在没有盖的双层蒸锅中长时间蒸煮可能会使水蒸发，否则这些水会使混合物变稀。

加热类型：湿热处理是发生糊化所必需的。干热处理导致淀粉水解，形成较短的链状糊精。另外干热会产生“褐色”粉状物，使食品混合物呈现出略微烘烤的颜色和棕色。这种褐变效果可能是许多食谱所希望的。

加热速率：一般来说，淀粉-水分散体的加热速率越快，在相同的终点温度下它就会越黏稠。

可以看出，在糊化过程中必须严格控制许多因素和许多“如果”。例如，如果糊化过程能够正确进行，如果淀粉是正确的类型，如果淀粉的浓度足够，如果加热正确，如果加热物质的时间恰当……就能得到所期望的三维淀粉结构！

在测试和搅拌淀粉和水的混合物时，淀粉和水的混合物的黏度记录在一个移动的图表上（图4.5）。记录仪描绘了淀粉混合物在加热、糊化和冷却过程中的黏度。它可用于显示α-淀粉酶对淀粉混合物的影响，或用于评估不同时间和温度下不同种类淀粉的黏度，可以看到糊精化迹象。

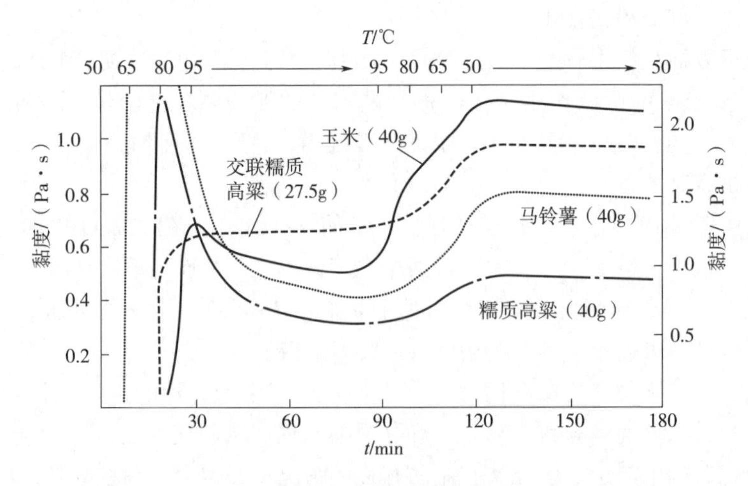

图4.5 各种淀粉的增稠情况

［来源：Schoch TJ. Starches in foods. In：Carbohydrates Their Roles，Schultz HW，Cain RF，Wrolstad RW，eds. Westport（韦斯特波特），CT：AVI Publishing Company（出版公司），1969. With permission（经过允许）］

通过读取布拉班德黏度仪［图4.6（1）］或记录黏度计记录数据，可以观察到对各种淀粉变稠和/或凝胶化的具体时间和温度［图4.6（2）］的进一步论述。如图4.5所示，与谷物淀粉相比，根茎淀粉（如马铃薯和木薯淀粉）和蜡质谷物淀粉变稠更早，而且温度更低［Starch gelatinization（淀粉凝胶化），2020］。

（1）布拉班德黏度仪

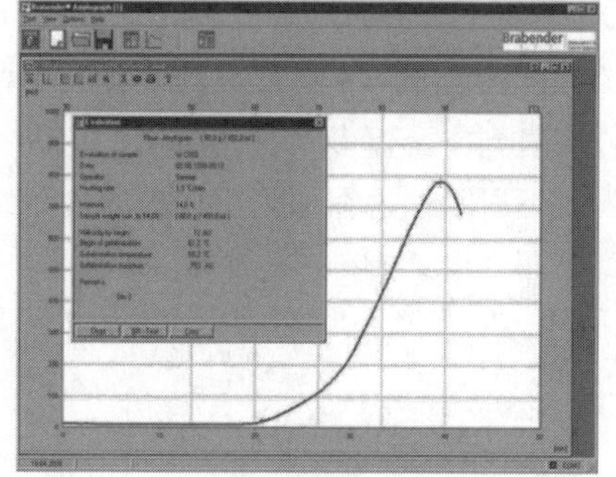

（2）布拉班德黏度记录曲线

图 4.6

［来源：C. W. Brabender Instruments，Inc（C. W. Brabender 仪器公司）］

表 4.1 总结了不同来源淀粉的糊化温度：

表 4.1　不同来源淀粉的糊化温度

来源	糊化温度/℃
小麦	51~60
大麦	51~60
玉米	62~72
黑小麦	55~62
水稻	68~78
黑麦	51~60
高粱	68~78
马铃薯	60~65
木薯	67~70

4.6 糊化的淀粉糊在冷却过程中的凝胶化或凝结

4.6.1 直链淀粉

淀粉糊中直链淀粉成分的进一步变化超出了先前在糊化过程中的讨论范围。例如，在冷却过程中，直链淀粉“凝结”并形成凝胶，这一过程称为凝胶化。凝胶形成胶体、弹性和结实的三维两相体系，其中直链淀粉聚合物的固体连续相持有液体分散相。这与之前的溶胶形成对比。

凝胶网络形成的原因是由于混合物冷却，能量降低。随后，直链淀粉之间形成的间歇性氢交联键在直链淀粉分子的随机间隔处重新缔合，形成凝胶。

4.6.2 支链淀粉

另一方面，高度分支化的支链淀粉分子不易形成键或凝胶。相反，与直链淀粉相比，支链淀粉较少倾向于重新交联或恢复到一个更多结晶质结构。它仍然是溶胶。然而，冷却后的支链淀粉形成了浓稠的溶胶，如下所示。这在如馅饼之类的食品制作中是有用的。

$$\text{悬浮液}\xrightarrow[\text{抑制}]{\text{加热}}\overset{\text{最大程度糊化}}{\text{溶　胶}}\xrightarrow{}\underset{\text{凝胶化}}{\overset{\text{冷却}}{\text{凝胶}}}\text{（或浓稠的溶胶）}\qquad(2)$$

4.6.3 凝胶

可以根据下表中列出的凝胶潜力来选择使用淀粉：

表 4.2 不同淀粉的凝胶潜力

可以形成凝胶	不可以形成凝胶
玉米淀粉	糯质谷物淀粉
小麦淀粉	木薯淀粉
小麦面粉	

若形成凝胶，则混合物不可流动且黏度高。值得注意的是，增稠所需的小麦面粉量是玉米淀粉的两倍。面粉含量增加的原因是，面粉中含有非淀粉成分，例如蛋白质，与纯淀粉相比，这些成分不会凝胶。

4.7 老化

老化是指冷却后淀粉复原或回生为更多结晶结构的现象。直链淀粉和支链淀粉都可能参与质构的变化，这种变化使淀粉随着时间的推移更加“坚韧”。高直链淀粉更容易发生老化。这种情况出现在烘焙食品中，它会使烘焙食品变得“不新鲜”，不再有“新鲜”的味道和“新鲜”的触感（“新鲜”的烘焙食品表明淀粉仍以凝胶形式存在）。这种现象在例如剩米饭中也能观察到。由于长粒米的直链淀粉含量高，所以剩米饭变得很硬。

老化事实

如果凝胶形成方式不当，那么形成的直链淀粉结构是脆弱的，容易失去其包裹的水分。

- 直链淀粉老化并重结晶。
- 当凝胶受到冻融循环的影响时，容易发生老化，因为水分被冻结和解冻。由融化的冰晶产生的水分不能与淀粉重新结合，水分损失变得明显。

4.8 脱水

脱水或“渗出”是指水分从煮熟后冷却的淀粉凝胶中释放出来的现象。该过程是糊化结束后由凝胶化引起的一种变化。当煮熟后冷却的淀粉凝胶静置时，凝胶老化，然后直链淀粉进一步缔合使凝胶收缩，从而造成明显的脱水收缩现象。这是由淀粉老化引起的，是静置时液体与凝胶的分离。

若煮熟后淀粉冷却过程不受干扰，则淀粉凝胶仍然保持坚固。但是重新组合可能伴随着不可接受的水分损失或脱水。为了防止脱水，商业生产中使用改性淀粉（参见 4.10）或仅含有非胶凝支链淀粉的淀粉。冷却过快或过慢也会对淀粉凝胶强度产生不利的影响，如下文所述。

研究已经充分证明冷却条件会影响淀粉凝胶的强度。通常，如果冷却太快，直链淀粉将没有时间形成三维结构所必需的重要胶束。如果冷却太慢，直链淀粉组分将有机会过度排列并变得十分紧密，液体将不会被截留在胶束中。这两种情况均会导致淀粉凝胶的水分渗出和脱水（俄勒冈州立大学）。

4.9 分离剂和团块形成

分离剂是抗性淀粉，通常是指不能被人类和其他动物的胃肠道消化吸收的一种淀粉结构。

在制备淀粉增稠的酱汁或混合物时存在一个问题，即会形成不需要的团块（询问厨房里的厨师）。团块是由单个淀粉颗粒不均匀溶胀或聚集引起的。颗粒必须独立地溶胀，因此用分离剂将颗粒“分离”变得十分重要。

为了得到成功的产品，必须使用三种分离剂（脂肪、冷水和糖）中的一种。每种分离剂都应该只添加到淀粉/面粉中，以便在加入配方之前将这些谷粒物理分离。正确使用这些分离剂中的任何一种均可以生产出理想的纹理光滑的混合物，而不是块状混合物。

脂肪：脂肪是一种分离剂。当搅拌到面粉中时，脂肪在单个淀粉颗粒周围形成一层薄膜，使每个颗粒独立于其他颗粒溶胀。因此，在加入液体进行烹饪时，可以得到没有结块的酱汁或肉汁。通常会利用这种现象来制作油面酱——面粉变成棕色，然后在加热过程中用液体脂肪通过搅拌将面粉颗粒分开。

油面酱的颜色可能在浅棕色到几乎黑色之间（安卡迪亚烹饪）。当淀粉被加热且颜色变得更深时，淀粉逐渐失去增稠能力，这是因为加热时淀粉经历了糊精化作用。将面粉添加到热脂肪滴中的另一个好处是α-淀粉酶（使淀粉糊变稀）的活性被破坏。

冷水：冷水可用于淀粉颗粒的物理分离。与不溶性淀粉混合时，水分使淀粉颗粒处于悬浮液中，这种悬浮液被称为“淀粉浆”。然后将冷水——淀粉悬浮液与热的液体缓慢混合用于增稠。

如果产品要保持无脂或无糖，冷水作为分离剂可能是可取的。热水不是一种成功的分离剂，因为热水会使淀粉部分胶凝。

糖：糖是甜味混合物中常用的分离剂。在加入液体之前将其与淀粉混合，使淀粉颗粒保持物理分离，独立溶胀，从而防止结块。

一旦淀粉被分离，淀粉颗粒就不会“聚集在一起”形成团块，经过分离的淀粉混合物可以安全地添加到其他配方成分中。此外，酱汁必须慢慢加热，并不断搅拌，以免出现结块。引以为戒的建议是，糊化程度达到最大后，大幅度或剧烈的搅拌会使淀粉颗粒破裂，导致混合物变稀。

烹饪提示！许多烹饪书籍的食谱中并没有详细说明分离剂的使用/适当使用，结果导致混合物结块！选择何种分离剂取决于所需的最终产品，例如，加糖的、无脂肪的等。

4.10 改性淀粉

天然淀粉可以被修饰，从而有助于食品的货架稳定性、外观、便利性和食品制备中的其他性能。一些“天然”淀粉是未经化学修饰的，这对相关消费者和加工商来说可能是一个“优势”。有关改性淀粉在食品产品中的定义和用途举例说明如下：

什么是改性淀粉以及为什么改性？

“改性淀粉”并不意味着它经过了基因修饰或由转基因作物生产。

改性淀粉是从谷物和蔬菜中提取的淀粉。它经过了一定的处理，以提高保持食品质地和结构的能力。在需要进行微波处理、冷冻干燥、高温烹饪（例如速冻比萨饼、速食汤、酱）或烘焙和油炸的食品中使用改性淀粉，以使此类食品的质地在烹饪期间不发生改变。

淀粉改性有三种不同的方法——通过加热或烘烤处理（也称为物理改性）、酶处理（酶法改性）或各种化学物质处理（化学改性）（What is modified starch，2020）。

什么是改性淀粉？

改性淀粉是用热、碱、酸或酶处理玉米或小麦淀粉后获得的一种淀粉样碳水化合物。它们不是经过基因修饰的淀粉。在人体肠道中，它们可以作为可溶性或不可溶性膳食纤维，可以或多或少发酵。改性淀粉被用作食品添加剂。

改性淀粉只能部分消化，所以它们比普通淀粉提供的能量要少。

改性淀粉的应用

改性淀粉可用作各种商业食品中的增稠剂、稳定剂、乳化剂和调质剂：烘焙食品、冰淇淋、果酱、罐头食品、糖果、酱汁等；药片罩；纤维补充剂（例如抗性糊精和抗性麦芽糊精）(Modified starches，2020)。

预糊化淀粉是一种速溶淀粉，经糊化并干燥后以粉末形式存在。它无需加热就能在液体中溶胀。预糊化淀粉应用于许多食品中，例如速溶布丁混合物。

预糊化淀粉的一些特性包括：

- 可分散于冷水中；无需加热就可以变稠；可烹饪和干燥，并且在制备无需烹煮的食品（即食布丁）时能够再吸收大量的水；发生不可逆变化，即一经处理便不能再恢复到原来的未糊化状态。
- 需要较多量的淀粉才能使液体变稠，因为在糊化和干燥过程中淀粉颗粒部分破裂和淀粉颗粒含量损失。

冷水溶胀淀粉（cold water-swelling，CWS）是一种保持完整颗粒形状的速溶淀粉。它提供方便性、稳定性、清晰度和质地。冷水溶胀淀粉可能会形成凝胶也可能不形成凝胶。它们可用于免煮或冷加工的沙拉酱中，从而为无脂沙拉酱提供黏稠的、奶油般的口感。

交联淀粉是指在两个相邻的、不同的完整淀粉分子的选定羟基（—OH）上进行分子反应而形成的淀粉。交联的目的是使淀粉能够承受低 pH、高剪切力或高温等条件。与未经改性的原淀粉相比，交联淀粉的脆性降低、抗性增强、不易破裂。

尽管交联淀粉对高温的耐受性很高，但对低温的耐受性较差。这些淀粉用于许多食品中，尤其是酸性食品，例如比萨饼酱和烧烤酱，因为改性淀粉比未改性淀粉更耐酸。所以，交联处理有助于淀粉的抗热和抗酸。

交联处理导致淀粉溶胀变少，黏度降低。

稳定型（取代型）淀粉用于冷冻食品和其他在低温下储存的食品中，以防止凝胶化和随之而来的脱水。取代的主要类型包括羟丙基化、羟乙基化等。

这些淀粉阻止分子结合并引起离子排斥。取代型淀粉制成的糊状物在发生脱水之前能够承受数次冻融循环。因此，这对冷冻食品工业以及在低温下储存的食品（如调味酱和肉汁）是有价值的。

取代型淀粉不适用于需要长时间加热的食品。但是，可以通过交联和取代结合的方式来修饰淀粉。这种修饰确保淀粉对酸、热和冻融处理均具有耐受性。取代型淀粉在食品产品中具有广泛的应用。

酸改性淀粉是在酸性溶液中进行处理的淀粉。生淀粉和稀酸被加热到糊化温度以下。一旦将这种淀粉混合到食品中，那么它在加热条件下的黏度会降低，但在冷却后仍然会形成坚固的凝胶。

改性淀粉的非食品应用包括硬纸板和印花邮票的黏合剂。

4.11 糯质淀粉

糯质淀粉来源于一些天然品种的大麦、玉米、大米和高粱。

- 糯质玉米淀粉：不含直链淀粉，都是支链淀粉，不形成凝胶。
- 普通玉米淀粉：含有27%的直链淀粉，形成凝胶。
- 高直链淀粉：含有55%的直链淀粉，形成凝胶。

糯质淀粉典型的特征在于它们不含直链淀粉。它们在较低的温度下开始变稠，与非糯质淀粉相比，黏度较小，不易老化。例如，糯质玉米淀粉不具有与普通玉米淀粉相同的凝胶形成特性。因为糯质玉米淀粉不包含产生凝胶的直链淀粉，仅包含支链淀粉。

糯质淀粉通常用于制作馅饼，以便增稠，但不产生凝胶。它们也可以通过交联处理来获得更好的功能。

4.12 淀粉在食品体系中的应用

淀粉在食品制备中具有许多用途，且功能多样，价格通常也不贵。淀粉应用到食品中主要是因为其增稠能力。例如，煮熟的或即食的马铃薯泥、煮熟的米糊，但是它们可用作增稠剂。在制作番茄牛乳汤时，可以添加白色酱汁，以使酱汁浓稠且稳定。有助于防止在制作番茄汤时因番茄酸的加入而引起的牛乳蛋白质沉淀。

淀粉的另一个用途是在食品体系中用作脂肪替代品。在分子层面，直链淀粉链形成螺旋状或球状，有利于淀粉颗粒吸收/保持/结合水分并增大体积。这赋予了淀粉令人满意的“口感”，使其成为食品中良好的脂肪替代品。D-葡萄糖的中等长度聚合物，称为麦芽糊精，是木薯、马铃薯和小麦等淀粉的水解形成的。麦芽糊精模拟脂肪/油的黏度和口感，用于减少一些食品的脂肪含量。

天然淀粉在食品体系中的主要作用是结合、凝胶和稳定。淀粉在使用前通常进行分离并改性。采用低成本的化学、酶促和热处理方法来改性天然淀粉。

通过普通的杂交育种方式，正在探索在食品体系中具有各种应用的新型淀粉。焙烤食品、微波蛋糕、冷冻酱汁、脂肪替代品、面包、点心和凝胶糖果是淀粉的一些应用实例（American Maize-Products Company n. d.）。例如，豌豆淀粉为在食品工业中使用的其他改性淀粉提供了一种替代品，因为它在搅拌后立即产生非常高的黏度。它可以以预糊化的形式用于冷加工产品如甜奶油、调味料、速食汤和酱汁中（Feinkost Ingredient Company n. d.）。新型食用淀粉及其用途正在不断开发。食用淀粉是由商业化生产的，可用于烘焙食品、饮料、罐头、冷冻和凝胶食品、糖果、乳制品、干制品、肉制品和休闲食品等产品中（National Starch and Chemical Company n. d.）。

烹饪提示! 消费者可能会根据习惯和便利性来选择用于食品体系中的淀粉。他们所选用的淀粉也许并不是最好的，因为“这是妈妈经常用的，所以我也会用”，或者“它就在厨房里，所以我会用!”

4.13 应用淀粉烹饪

应用淀粉进行烹饪的几个应用如下所示。在烹饪时选择恰当的淀粉、合适的淀粉浓度和淀粉添加时间，在加热之前将淀粉分散在冷的或室温的液体中等，如前所述，这些因素对于用淀粉成功增稠任何产品来说至关重要。

4.13.1 外观

淀粉的选择会影响煮熟后冷却的淀粉混合物的外观。例如，谷物淀粉在冷却后通常生成浑浊、黏稠的混合物。在谷类物质中，小麦面粉比玉米淀粉生成更浑浊的黏稠混合物，因为小麦面粉含有玉米淀粉中不存在的非淀粉成分。使用玉米淀粉可以生产出透明的凝胶。

其他来源的非胶凝淀粉（如葛根粉）也能生成透明、黏稠的混合物。不产生凝胶可能是馅饼馅料的一个理想特征。

4.13.2 使用双层蒸锅

与直接加热蒸煮相比，用沸水蒸煮（例如使用家用双层蒸锅）有助于温度控制并使糊化更加均匀。这种蒸煮方法的一个缺点是它比直接加热蒸煮方法需要更长的时间才能达到增稠阶段。

4.13.3 调质

调质是指向配方中的鸡蛋缓慢添加少量热淀粉的技术，以逐渐升高温度，从而使鸡蛋慢慢接触热而没有凝结的危险。通过这种方式，鸡蛋不会凝结并且不会产生令人无法接受的稠度。为了使含有热淀粉和生鸡蛋（酱汁、奶油泡芙中等）的食谱达到所需的稠度和质地，采用了调质过程。

4.13.4 白酱

白酱在烹饪中具有广泛的应用。配方中使用的淀粉含量有所不同。例如，由面粉、脂肪和牛乳做成的白酱可能会被调制为各种稠度以制作炸肉丸和酱汁等食品。面粉的含量可如下所示：

白酱：

稀薄型-1 汤匙面粉/杯液体

中型-2 汤匙面粉/杯液体

浓稠型-3 汤匙面粉/杯液体

4.13.5 液体

淀粉混合物使用的液体类型有所不同。水或果汁可以被掺入一些需要澄清或调味的食品中。牛乳通常用于淀粉增稠的酱汁（如白酱）中。由于牛乳容易在高温下凝结，如果在其他配料加入之前将牛乳用淀粉先增稠，可以减小牛乳凝结的可能性。

烹饪提示！不添加面粉的酱汁通过减少原料/液体来增稠。可以将汤类配方中的一部分淀粉质原料取出并制成浓浆，然后再加回到汤中以使其增稠并调味。

4.14 淀粉的营养价值

淀粉能够提供营养价值。淀粉是一种复杂的碳水化合物，每克约含 16.74J 的能量以及微量的蛋白质和脂肪。淀粉水解生成的短链麦芽糊精可用于食品中以代替部分脂肪。麦芽糊精能够模拟脂肪的口感，每克麦芽糊精提供的能量比每克脂肪提供的能量（约 37.67J）要少。

并非进食的所有淀粉都能被消化。部分淀粉可能会完好无损的通过你的消化道。如果是这样的话，那么这些淀粉是抗消化的。“抗性淀粉”被认为是膳食纤维，并相应地出现在食品标签上，如煮熟的整颗豆。抗性淀粉，也就是“粗粮”，对结肠是有益的。另外，肠道菌群可以利用纤维产生维生素，例如维生素 K。

参见上文中改性淀粉的定义［参考（What is modified starch，2020）以及 4.10 部分的内容］——物理改性、酶法改性或化学改性。

抗性淀粉与改性淀粉的比较？

抗性淀粉和改性淀粉是指两种不同类型的物质。改性淀粉指天然淀粉经过化学（补充：或物理）或酶改性，通常包括淀粉衍生物……而抗性淀粉是指在人类和其他动物的消化道中不易被消化的一类淀粉结构（Resistant starch vs. modified starch，2020）。研磨成面粉的全谷物与它们的原产地全谷物不同。例如，它们的血糖指数比未磨碎的谷物要高。这是因为淀粉很容易以糖的形式吸收到血液中。

有特殊营养需求的人可能需要对小麦进行饮食限制，可能会导致遵循无麸质饮食的人群食用非小麦淀粉。小麦的各种替代品是玉米、马铃薯或大米淀粉。对于马铃薯“面粉”的包装，在较精细印刷的标签上可以显示所包装的产品只是马铃薯淀粉，根本不是面粉。标签可以是“纯马铃薯淀粉”。仔细阅读标签（Ener-G Foods n. d.）。无麸质添加的淀粉甚至纤维可用于产品开发（Hazen，2012）。

4.15 淀粉的安全性

淀粉是食品处理和生产操作中使用的许多白色粉体中的一种，正确的存储，包括与其他危险化学品分类存放至关重要。如果大批量使用，则瓶身及瓶盖上的标签（如果可去除）能更好地确保淀粉在工作场所中的安全性。

4.16 结论

淀粉是一种植物多糖，是碳水化合物在根、种子和块茎中的储存形式。它可以来源于谷物，例如玉米、小麦、大米或燕麦；或来源于豆类，如大豆；或来源于植物的根和块茎，如马铃薯或葛根。在未煮熟阶段，淀粉不溶于水。当它被加热并处于糊化过程时，需要对酸、搅拌、酶的使用、脂肪、蛋白质、糖和温度等因素进行控制。分离剂可以防止淀粉混合物的结块。

淀粉的来源及其含量决定了成品的黏稠度、凝胶性、老化能力和透明度。面粉和玉米淀粉可以形成凝胶，而糯质淀粉不会形成凝胶。当煮熟后冷却的淀粉混合物老化时，可能发生脱水。淀粉颗粒的改性使淀粉能够成功地应用于各种食品的制造。淀粉可以添加到食品中，以增加黏稠度、黏合性、凝胶性和产品稳定性或潜在地用于携载风味物质。

笔记：

烹饪提示！

术语表

吸附：气体、液体或固体在固体上的表面吸附。[译者注：当流体与多孔固体接触时，流体中某一组分或多个组分在固体表面处产生积蓄，此现象称为吸附。吸附也指物质（主要是固体物质）表面吸住周围介质（液体或气体）中的分子或离子现象。]

直链淀粉：由成千上万个葡萄糖分子以 α-1,4-糖苷键连接而成的长直链。

支链淀粉：由 α-1,4-糖苷键连接的葡萄糖单元的分支链，每 15~30 个葡萄糖单元处出现由 α-1,6-糖苷键连接的分支。

淀粉双折射：在偏光显微镜下观察时，由于光束在两个方向上折射而使每个未经烹煮的结晶淀粉颗粒呈现马耳他十字形外观。

糊精：是葡萄糖聚合物，淀粉水解初期的产物。（译者注：淀粉在加热、酸或淀粉酶作用下发生分解和水解时，将大分子的淀粉首先转化成为小分子的中间物质，这时的中间小分子物质称为糊精。）

淀粉凝胶：糊化的淀粉糊冷却后形成的弹性物质，是一种包含固体连续相和液体分散相的两相体系。（译者注：淀粉凝胶是指淀粉在高温下与水分子结合，水分子渗透到淀粉颗粒内部，使淀粉颗粒膨胀，造成淀粉分子的结构变化所形成凝胶状物质。）

淀粉糊化：淀粉颗粒吸收水分，加热后发生不可逆溶胀，且有序的颗粒形状也被破坏。

淀粉凝胶化：糊化淀粉糊冷却后形成凝胶的现象。

淀粉颗粒：一种有序排列模式的长链葡萄糖聚合物的颗粒；每种类型淀粉的颗粒形状不相同。

淀粉溶胀：淀粉颗粒在湿热环境中吸水膨胀的现象。

麦芽糊精：淀粉水解衍生物，可用于模拟配方中的脂肪。[我国《淀粉糖质量要求 第 6 部分：麦芽糊精》GB/T 20882. 6-2021 中对麦芽糊精的定义是以淀粉或淀粉质为原料，经酶法低度水解、精制、干燥或不干燥制得的糖类聚合物。]

变性淀粉：将天然淀粉经特定化学修饰、酶促修饰或物理修饰，是淀粉以从根本上生成有助于货架稳定性、外观、便利性或食品制备性能等特性。

抗性淀粉：能抵抗人体和其他动物肠道消化的淀粉。

淀粉回生：糊化淀粉在冷却后再次形成更复杂的结晶结构，直链淀粉复原或重新结合的现象。（译者注：淀粉回生是经完全糊化的淀粉在较低温度下自然冷却或缓慢脱水干燥，使在糊化时被破坏的淀粉分子氢键再度结合，分子重新变成有序排列的现象。淀粉在一定条件下加热后主要以两种形态存在，即原淀粉的α化及熟化变性后的β化，淀粉的α化与β化之间是部分可逆的。淀粉的回生过程即淀粉α化向β化转化的过程。）

淀粉分离剂：防止淀粉混合物中形成团块，物理分离淀粉颗粒使其独立溶胀，例如脂肪、冷水或糖。

溶胶：一种固体在液体连续相中分散的两相体系。

球形淀粉聚集体：具有一定存储空间的开放的、多孔的淀粉颗粒，可用于运输香料、香精和其他化合物。

淀粉：高分子碳水化合物，有直链淀粉和支链淀粉两类。

悬浮液：不溶于周围介质的大颗粒，由于颗粒太大，在加热后无法形成溶液或溶胶。（译者注：在某些混合物中，分布在液体材料中的物质并不是被溶解，而仅是分散在其中，一旦混合物停止振荡，就会沉淀下来，这种不均匀的、异质的混合物，称之为悬浮液。）

凝胶脱水：由于过度回生或凝胶形成不当使水分从煮熟的、冷却的凝胶中流失的现象。

黏度：对液体的流动施加一定的阻力。衡量液体流动难易程度的物理量。稀液体黏度低。浓稠的液体或凝胶的黏度很高，流动缓慢。

参考文献

[1] American Maize-Products Company. Hammon. n. d.

[2] BeMiller JN (2019) Starches: molecular and granular structures and properties. In: Carbohydrate chemistry for food scientists, 3rd edn. AACCI and Elsevier, pp 159-182.

[3] Ener-G Foods, Inc. Seattle. n. d.

[4] Feinkost Ingredient Company. Lod. n. d.

[5] Freeland-Graves JH, Peckham GC (1996) Foundations of food preparation, 6th edn. Macmillan, New York. (out of print).

[6] Hazen C (2012) Fiber files. Food Product Design. pp 102-112.

[7] Modified starches. https://nutrientsreview. com/carbs/polysaccharides -modifed -starches. html. nutrients review. comAccessed 1 Feb 2020.

[8] National Starch and Chemical Company—Food Products Division. Bridgewater. n. d.

[9] Resistant starch vs. modified starch? https://research-gate. net/post/resistant_ starch_ vs_ modified_ starch. Accessed 1 Feb 2020.

[10] Starch gelatinization. https://bakerpedia. com/processes/ starch-gelatinization/. Accessed 1 Feb 2020.

[11] What is modified starch and why is it modified? https：// starchinfood. eu/question/what -is- modified-starch and-why-is-it-modified. com. Accessed 1 Feb 2020.

[12] Yongfeng A, Jay-Lin J (2018) Understanding starch structure and functionality. In：Starch in food structure, function and applications, 2nd edn. Woodhead Publishing and Elsevie, pp 151-169.

引注文献

[1] A. E. Staley Manufacturing Co. Decatur. n. d. Scheule B, Bennion M (2014) Introductory foods. 14th edn. Pearson. https：//grainprocessing. com/food/

5 果胶和树胶

5.1 引言

果胶和树胶因其功能特性而成为食品中重要的多糖，广泛用作胶凝剂、增稠剂和稳定剂。它们是植物组织的组成部分，也是复杂的大分子，其确切性质尚不确定。然而，人们已经足够了解果胶和树胶的一些特性，并利用其功能特性来生产便捷食品和特殊质地的食品。

在成熟果实中发现了果胶酸。目前确认的树胶是瓜尔豆胶和刺槐豆胶等种子胶，以及卡拉胶和琼脂等常见的海藻多糖。

5.2 果胶物质

果胶物质包括原果胶和果胶酸。其中果胶酸是植物组织的重要成分，主要存在于初生细胞壁中。果胶物质也会出现在细胞壁之间，起到细胞间黏合剂的作用。果胶物质的确切性质虽尚不清楚，但可以认为它们是由 α-1,4-糖苷连接的 D-半乳糖醛酸的线性聚合物，如图 5.1 所示，沿链的一些酸基或羧基（—COOH）被甲醇（—CH_3OH）酯化。

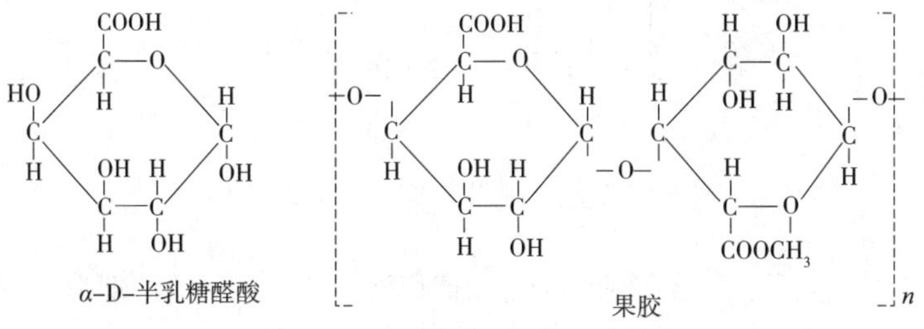

α-D-半乳糖醛酸　　果胶

图 5.1　果胶物质的基本结构

跨平面键是由位于第一环平面上方的一个羟基与位于第二环平面下方的另一个羟基反应形成的，因此每个糖苷键都是跨平面键。这些键的构型会导致分子扭曲，由此产生的聚合物可以比作一条扭曲的带状物。跨平面键在人体消化道中不易消化，所以果胶被归为可溶性纤维。

果胶物质可根据附着在聚合物上的甲酯基的数目分成三类。原果胶存在于未成熟的果实中，是一种高分子质量的甲基化半乳糖醛酸聚合物。其不溶于水且不能形成凝胶，但可通过在沸水中加热而转化为水分散性果胶。

果胶酯酸是在水果成熟时原果胶被酶水解而形成的半乳糖醛酸的甲基化形式。将高分子质量的果胶酯酸称为果胶，果胶酯酸分散在水中可形成凝胶。果胶酸是果胶酯酸在果实成熟过程中形成的短链衍生物。聚半乳糖醛酸酶、果胶酯酶等酶会分别引起果胶酯酸的解聚和脱甲基化。完全脱甲基化会产生果胶酸，而果胶酸却不能形成凝胶。

果胶物质

原果胶—在未成熟果实中发现的甲基化半乳糖醛酸聚合物。

果胶酯酸—甲基化的半乳糖醛酸聚合物，包括果胶。

果胶酸—在成熟果实中发现的果胶酯酸的短链脱甲基衍生物。

5.2.1 果胶

果胶是高分子质量的果胶酯酸，可分散在水中。半乳糖醛酸链上的一些羧基被甲醇酯化。未改性果胶的酯化程度从苹果浆中的60%到草莓中的10%不等（在提取或加工过程中会专门对果胶进行去酯化处理）。根据酯化程度，果胶分为高甲氧基和低甲氧基果胶。这两类果胶在不同的条件下具有不同的特性并产生不同的凝胶。

低甲氧基果胶。低甲氧基果胶主要含有游离羧基。事实上，只有20%~40%的羧基被酯化。因此，它们中的大多数可与钙离子等二价离子形成交联，如图5.2所示。

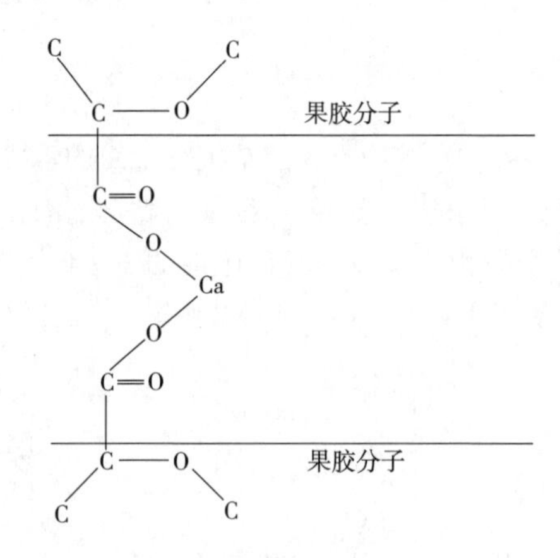

图5.2 低甲氧基果胶中的交联

如果形成足够的交联，则会得到一个可以截留液体的三维网络，即形成凝胶。因此，低甲氧基果胶可以在二价离子的作用下形成凝胶，而不需要糖或酸。

高甲氧基果胶。高甲氧基果胶含有高比例（通常为50%~58%）的酯化羧基。大多数羧基不能与二价离子形成交联。因此，这些果胶不能以这种方式形成凝胶。但是，只要在果胶中加入糖和酸，就可以使它们形成凝胶。高甲氧基果胶通常用来制备果胶果冻。

5.2.2 果胶凝胶形成

果胶凝胶主要由保持在果胶分子三维网络中的水组成。果胶可分散在水中并形成溶胶（固体分散在液体连续相中），但是在适当的条件下，可以转变成凝胶（液体分散在固体连续相中)。当果胶分子在特定点相互作用时，就会发生这种情况。形成果胶凝胶并不容易，它需要果胶、水、糖和酸之间的微妙平衡。

由于果胶分子上含有大量极性羟基和带电荷的羧基，因此具有亲水性（对水有亲和力)。当果胶分散在水中时，一些酸基电离，使得水结合到果胶分子上的带电基团和极性基团上。果胶分子上的负电荷加上其对水的吸引力，使它们彼此分开，从而形成稳定的溶胶。

为了形成凝胶，必须减小将果胶分子分开的力，以使它们可以在特定点处相互作用，从而在所形成的三维网络中截留水。即必须降低果胶分子对水的吸引力，增加果胶分子彼此的吸引力。这可以通过添加糖和酸来实现。

糖与水相互竞争，从而减少了与果胶分子结合的水分。这降低了果胶和水分子之间的吸引力。

酸的加入会增加氢离子的含量，从而降低 pH（pH 必须低于 3.5 才能形成凝胶)。羧酸是含有一个羧基（—COOH）的弱酸，在溶液中不能完全电离。酸的非电离形式与电离形式处于平衡状态。

$$—COOH+H_2O \rightleftharpoons —COO^-+H_3O^+ \quad (1)$$

加入的氢离子会与部分电离的羧基反应，形成未解离的羧基。即平衡状态向左移动，更多的羧酸会以未电离的形式存在。因此，当在果胶中加入氢离子时，羧基的电离作用会被抑制，果胶分子上的电荷减少，使得果胶分子之间不再相互排斥。

事实上，分子之间存在着一种吸引力，它们沿着每条聚合物链的特定区域排列并相互作用，形成一个三维网络。这些相互作用的区域称为接合区，如图 5.3 所示。但是，由于果胶链彼此之间无法相互作用，因此其中也有一些区域不参与连接区域的形成。这些区域在连接区域之间形成了能够截留水的口袋或空隙，从而形成了凝胶，使得水被截留在三维果胶网络的口袋中。

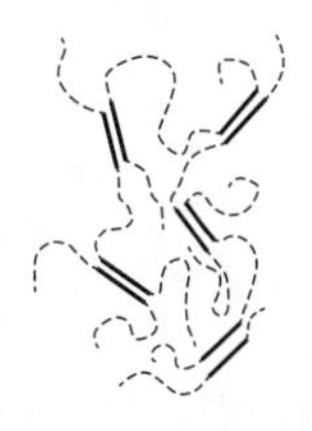

图 5.3 果胶凝胶中接合区的广义二维视图

参与结合区的聚合物链的区域显示为——；链的其他区域显示为……。

水包埋在链之间的空隙里。(来源：Coultate，2016)

虽然氢键起着重要的作用，但仍不确定其确切的连接区域如何形成。分子的空间配合(也称分子在空间中配合的能力）也很重要。果胶分子中包含鼠李糖和其他中性糖等次要成分，它们通过 1,2-糖苷键与半乳糖醛酸主链相连。这些糖在分子中引起分支或扭结，使分子难以排列和难以相互作用以形成连接区。然而，果胶链的某些区域不包含这些中性糖，正是这些区域形成了连接区。

高甲氧基果胶以这种方式形成凝胶。低甲氧基果胶需要二价离子才能形成凝胶，居中的果胶需要糖、酸和二价离子才能形成凝胶。

5.2.3 果胶来源

具有高分子质量和高比例的甲基酯的果胶具有最佳的成胶能力。水果中的果胶含量是可变的，这不仅取决于水果的类型，还取决于其成熟度或成熟期。如果在家中制作果冻或果酱，则最好添加市售果胶，以确保有足够的果胶形成凝胶。纯化的果胶由苹果核、皮（苹果渣）以及柑橘类水果的白色内皮（白色）制成，通常为液体或颗粒状态。颗粒状产品的保质期比液体更长。低甲氧基果胶可以通过用酶、酸或碱将果胶去甲基化，直至酯化度达到20%~40%来制备（Coultate，2016）。由于这些果胶与二价离子形成凝胶，并且不需要糖，因此可以在商业上用于生产低热量果酱、果冻或甜点。这些果胶也已被引入零售市场，以便在家中制造这种低热量产品。

果胶凝胶形成

在果胶溶胶中：

- 水与果胶上的离子和极性基团结合。
- 果胶分子带负电荷并被水合，因此它们彼此间不会相互作用。

形成果胶凝胶

- 必须减少果胶分子对水的吸引力。
- 必须增加果胶分子彼此之间的吸引力。

这通过以下方式实现：

- 糖

——争夺水。

——减少果胶——水的吸引力。

- 酸

——添加氢离子。

——抑制果胶的离子化。

——减少果胶分子上的电荷。

——增加果胶——果胶吸引力。

- 果胶

——在连接区相互作用形成一个三维网络。

——果胶变成连续相。

- 水

——被截留在凝胶网络内的口袋中。

——水成为分散相。

5.2.4 制作果冻的一些原理

本书并不描述制作果冻的实际操作情况。对于此类信息，读者可以参考消费者信息出版物，也可以参考Penfield和Campbell（2014）等作者的书籍。本书目的是强调果冻制作的一些更重要的科学原理。

为了制成果冻，将果汁（水和酸的来源）、果胶和蔗糖在合适的锅中混合并加热，直至混合物沸腾。监测其温度和沸腾时间，并继续沸腾直至达到所需温度。

随着沸腾的继续进行，水分的蒸发导致蔗糖浓度增加，果冻的沸点也随之升高。因此，沸点可以用作蔗糖浓度的指标。通过测量沸腾果冻的温度，可以确定去除足够水分以达到最终果冻期望的蔗糖浓度所需的时间。

然而，所有溶质都会提高水的沸点，所以必须考虑任何其他成分对沸点的影响。纯蔗糖溶液的沸腾温度可能低于包含相同浓度蔗糖的果冻混合物的沸腾温度。换句话说，如果不考虑附加成分对沸点的影响，沸腾的果冻中的蔗糖含量可能会低于预期。这可能会导致凝胶流质或弱凝胶。

重要的是控制果冻的沸腾时间，而不仅是其沸腾温度。因为在热和酸的作用下会发生化学反应，需要控制沸腾时间以保持凝胶质量。糖苷键在热和酸的存在下水解。因此，如果煮沸时间过长，就会造成果胶的解聚。这将使果胶失去胶凝能力，凝胶可能无法凝固。

在煮沸过程中，蔗糖会转变为转化糖，并且果冻中转化糖的存在可防止蔗糖长时间储存后形成结晶。沸腾时间较短可能无法形成足够的转化糖以抑制蔗糖随时间的结晶，特别是当果冻在冷藏温度下存储。

煮沸时间

- 如果时间太长，则果胶发生解聚，并且凝胶可能不会凝固。
- 如果时间太短，无法形成足够的转化糖，并且可能会使蔗糖结晶。

由于水果中果胶的质量各不相同，因此除水果外还应使用市售果胶。过熟的水果缺乏果胶。这是因为随着水果的成熟，果胶会发生脱甲基和解聚。只有一些糖苷键的水解导致黏度和胶凝力明显下降，会产生弱凝胶。

可以使用果胶或树胶代替明胶来制备“素食果冻”，关于这一点，本章后面会有更多介绍（明胶属于蛋白质，因此在第八章中讨论明胶凝胶）。

5.3 树胶

树胶是一组复杂的亲水性碳水化合物，其中包含数千个单糖单元。半乳糖是树胶中最常见的单糖，树胶中通常不含葡萄糖。树胶通常被称为亲水胶体，是因为其对水的亲和力以及树胶的大小。当添加到水中时，树胶会形成稳定的胶体水分散体或溶胶，这些分子高度分支，因此大多数树胶不能形成凝胶。然而它们能在其分支中捕获或结合大量的水，在相互牵缠的情况下分子很难自由移动，因此水性分散体往往非常黏稠。

树胶的主要特征

- 较大的高度支化亲水性聚合物。
- 富含半乳糖。
- 亲水胶体。
- 形成黏性溶液。
- 如果单独使用，大多数不会胶凝，但海藻多糖能够形成凝胶。

由于树胶在体内几乎不被消化和吸收，因此被归类为可溶性纤维。因此，与淀粉等可消化的碳水化合物相比，树胶在饮食中提供的热量相对较少。

树胶常见于各种食品中，包括沙拉酱、酱料、汤、酸乳、罐装淡乳、冰淇淋及其他乳制品、烘焙食品、肉制品和油炸食品。它们可取代淀粉在食品中用作增稠剂，还可用于稳定乳剂，并保持冰淇淋和其他冷冻甜点的光滑质地。树胶在减脂产品中很常见，因其能够增加黏度，并有助于模拟脂肪所带来的质感和口感。

树胶是从植物中获得的，可以分为五类：种子胶、植物渗出液、微生物多糖、海藻多糖和纤维素衍生的合成胶。

树胶的类别

- 种子胶：瓜尔胶、刺槐豆胶。
- 植物渗出液：阿拉伯胶、黄芪胶。
- 微生物多糖：黄原胶、结冷胶、葡聚糖。
- 海藻多糖：藻酸盐、卡拉胶、琼脂。
- 合成树胶：微晶纤维素、羧甲基纤维素、甲基纤维素。

5.3.1 种子胶

种子胶包括瓜尔胶和刺槐豆胶。这些胶是仅含有甘露糖和半乳糖的支链聚合物。瓜尔胶的甘露糖与半乳糖的比例为2∶1，而刺槐豆胶中甘露糖与半乳糖的比例为4∶1。瓜尔胶可溶于冷水，而刺槐豆胶则必须在热水中分散。单独使用时，两种胶都不会形成凝胶。但是，它们可以与其他树胶协同使用以形成凝胶。

卡拉胶和瓜尔胶形成凝胶，可被用来稳定冰淇淋，也可用于酱料、汤和沙拉酱中。

瓜尔胶在肠道中似乎可以延缓碳水化合物的消化和吸收，还可以减缓葡萄糖在血液中的吸收。因此，在食品中使用瓜尔胶有助于治疗轻度糖尿病（Penfield 和 Campbell，1990）。

刺槐豆胶通常用作乳制品和加工肉制品中的稳定剂。它也可以与黄原胶协同使用形成凝胶。

5.3.2 植物渗出液

植物渗出液包括黄芪胶和来自槐树的阿拉伯胶，这些都是复杂、高度分支的多糖。阿拉伯胶在冷水中溶解度很高，可用于稳定乳液并控制冰和糖浆中的晶体尺寸。黄芪胶形成非常黏的溶胶，用于赋予食品奶油般质地、使颗粒悬浮以及在如沙拉酱、冰淇淋和糖果的产品中用作稳定剂。

5.3.3 微生物多糖

黄原胶、结冷胶、葡聚糖和凝结多糖都是通过微生物发酵生产的胶。其中，黄原胶是最常见的。黄原胶会形成黏稠的溶胶，可在很广泛的 pH 范围和温度范围内保持稳定。除非与刺槐豆胶组合使用，否则黄原胶不会形成凝胶。其作为增稠剂、稳定剂和悬浮剂广泛应用于产品中，例如许多沙拉酱中都含有黄原胶。黄原胶用途极广，而且价格相对便宜，这使其在增稠食品中几乎无处不在。

5.3.4 海藻多糖

海藻多糖包括琼脂、海藻酸盐和卡拉胶。与大多数其他树胶不同，海藻多糖能在特定的条件下形成凝胶。

卡拉胶是从红海藻，尤其是从爱尔兰苔藓中获得。卡拉胶以三种主要成分出现，分别为κ-卡拉胶、ι-卡拉胶和λ-卡拉胶。每一种都是含有不同数量带负电荷硫酸酯的半乳糖聚合物。κ-卡拉胶含有最少的硫酸酯，因此带负电荷最少，能与钾离子形成强凝胶。λ-卡拉胶含有最多的硫酸盐基团，它的电荷数太高而不能形成凝胶。ι-卡拉胶能与钙离子形成凝胶。

不同种类的卡拉胶一般是组合使用，其中有几种不同的配方可供选择，它们都含有不同数量的单种卡拉胶，食品加工者可以选择最适合自己需求的配方。

由于卡拉胶能与蛋白质相互作用，因此常被用于冰淇淋、干酪、罐装淡乳和巧克力乳等乳制品中。卡拉胶具有与其他树胶交联的能力，因此也可以与其他树胶一起使用。

琼脂也从在红海藻中获得。琼脂因其强韧、透明、可逆的凝胶而闻名，即琼脂凝胶在加热时融化，冷却后又重新形成凝胶。琼脂含有两种组分：琼脂糖和琼脂果胶，它们都是β-D-半乳糖和α-L-半乳糖的聚合物。琼脂果胶还含有硫酸酯。

海藻酸盐是从棕色海藻中获得。它们主要含有D-甘露酸和L-古罗糖醛酸，在钙离子的作用下形成凝胶。海藻酸钙凝胶在水的沸点以下不会融化，因此可以用来制作专门的食品。可将果泥与海藻酸钠混合，然后用含钙溶液处理，制成重构水果。例如，如果将大滴的海藻酸盐/樱桃果泥添加到钙溶液中，则会形成令人信服的合成樱桃。也可以通过将海藻酸钠、水果泥与钙溶液快速混合后凝胶成型为合适的形状，制成重构苹果和杏仁片，用于做馅饼馅料。

树胶的功能作用

树胶可在食品中实施一种或多种角色作用。

- 增稠剂：沙拉酱、酱汁、汤、饮料。
- 稳定剂：冰淇淋、糖霜、乳化产品。
- 控制晶体大小：糖果。
- 悬浮剂：沙拉酱。
- 胶凝剂：水果块、干酪类似物、素食果冻。
- 涂层剂：油炸食品的面糊。
- 脂肪替代品：低脂沙拉酱、冰淇淋、甜点。
- 淀粉替代品：烘焙食品、汤料、酱料。
- 膨松剂：低脂食品。
- 纤维来源：饮料、汤、烘焙食品。

烹饪提示！ 可以使用包含琼脂、卡拉胶和其他树胶（如刺槐豆胶和黄原胶）产品代替明胶制成素食果冻。

5.3.5 合成胶

纤维素是所有植物细胞壁的重要组成部分，不溶于水也不能被人体消化，因此不是人体的能量来源。纤维素属于不溶性纤维。

该聚合物包含至少3000个通过β-1,4-糖苷键连接的葡萄糖分子。长的纤维素链可以束在一起形成纤维，就像芹菜的丝状部分一样。

纤维素的合成衍生物在食品中用作不可代谢的、黏合剂和增稠剂。它是通过用酸水解纤维素制成。羧甲基纤维素和甲基纤维素是纤维素的碱改性形式。前者是最常见的，通常简称为纤维素胶。其主要用于增加食品的黏度，在饼馅和布丁中用作黏合剂和增稠剂。纤维素胶还会阻碍冰淇淋中冰晶的生长以及甜点和糖浆中糖晶的生长。

在保健食品中，羧甲基纤维素可用于提供通常由蔗糖提供的食品的体积、体态和口感。加热冷分散液时，甲基纤维素会形成凝胶。油炸前甲基纤维素用于对食品进行涂层，以限制脂肪的吸收。改性纤维素的两种其他形式包括羟丙基纤维素和羟丙基甲基纤维素。羟丙基纤维素和羟丙基甲基纤维素也用作涂抹油炸食品的面糊。

此外，同时使用各种树胶可能会有协同效应。因此在食品标签上出现的树胶名称可能不止一种。

5.4 结论

果胶和海藻多糖因其具有胶凝能力，而广泛应用于各种食品中。一般来说，树胶很重要，因为它们形成非常黏稠的溶液，但大多数不胶凝。所有这些碳水化合物由于其功能特性以及生产具有特殊质地的食品的能力，对食品工业至关重要。作为胶凝剂、增稠剂和稳定剂，这些碳水化合物广泛用于食品中，其可用性增加了许多方便食品的选择和质量。纤维素的合成衍生物是重要的非代谢性膨化剂、增稠剂和稳定剂，应用于许多降低热量的食品中。

笔记：

烹饪提示！

术语表

羧基：—COOH，在溶液中部分电离的弱酸基团。

羧甲基纤维素：纤维素的合成衍生物，在食品中用作膨松剂，也称为纤维素胶。

纤维素：通过β-1,4-糖苷键连接的葡萄糖聚合物，不能被人体消化，因此是一种膳食纤维的来源。

跨平面键：当参与形成糖苷键的碳原子上的羟基取向于糖环的相反面时形成。果胶和纤维素中存在跨平面键。它们在人体消化系统中不会被消化。

凝胶：两相体系，具有一个固体连续相和一个液体分散相。

树胶：复杂的亲水性碳水化合物，高度分支并形成非常黏稠的溶液，大多数树胶不形成凝胶。

高甲氧基果胶：50%~58%的羧基被甲醇酯化的果胶。

亲水胶体：对水具有高亲和力的大分子，形成稳定的胶体水分散体或溶胶。淀粉、果胶和树胶都是亲水胶体。

接合区：两个分子（如果胶）可能通过氢键排列并相互作用的特定区域，在凝胶形成中很重要。

低甲氧基果胶：20%~40%的羧基被甲醇酯化的果胶。

果胶酸：在成熟果实中发现的果胶酯酸的短链衍生物，脱甲基，不能形成凝胶。

果胶物质：包括原果胶、果胶酸和果胶酯酸。

果胶：高分子质量果胶酯酸，甲基化的α-D-半乳糖醛酸聚合物。

果胶酯酸：甲基化的α-D-半乳糖醛酸聚合物，包括果胶，可以形成凝胶。

原果胶：不成熟果实中的不溶物，高分子质量甲基化半乳糖醛酸聚合物，不能形成凝胶。

海藻多糖：能够形成凝胶的复杂多糖，例如藻酸酸盐、卡拉胶和琼脂。在食品中用作增稠剂和稳定剂。

溶胶或分散液：具有一个固体分散相和一个液体连续相的两相体系。

空间配合：分子在空间中彼此足够靠近而相互作用（或配合）的能力。

参考文献

[1] Coultate TP (2016) Food. The chemistry of its components, 6th edn. Royal Society of Chemistry, London.

[2] Penfeld MP, Campbell AM (2014) Experimental food science, 4th edn. Academic, San Diego.

引注文献

[1] BeMiller JN, Huber K (2017) Carbohydrates. In: Damodaran S, Parkin K, Fennema OR (eds).

[2] Fennema's food chemistry, 5th edn. CRC Press, Boca Raton.

[3] Coultate T (2016) Food. The chemistry of its components, 6th edn. RSC Publishing, Cambridge.

[4] McWilliams M (2016) Foods: experimental perspectives, 8th edn. Prentice-Hall, Upper Saddle River.

[5] Potter N, Hotchkiss J (1999) Food science, 5th edn. Springer, New York.

6 谷　　物

6.1 引言

在世界各地，个人消费的谷物制品种类繁多且数量众多，动物饲料中也有谷物制品。世界卫生组织（World Health Organization，WHO）和包括美国在内的许多国家都强调作为良好膳食基础的谷物营养的重要性。

从烹饪的角度来看，消费者在菜单中看到了种类繁多的谷物——从汤和沙拉到甜点。具体的谷物选择可能基于个人的食品不耐性或过敏性。在个人或社群的饮食方案中，可能选择、删除（谷物不耐受或过敏者）或减少谷物。

本章介绍谷物的物理和化学性质。所介绍的材料包括各种谷物、磨粉及面包制作中使用的面粉类型、面制品、安全性和营养价值。关于快速面包、酵母面包、各种添加成分的功能以及面筋的详细信息，参见第十五章。

可以看到一份关于谷物市场的总体和具体的报告：谷物的生产、利用、贸易和库存（来源：FAO Cereal Supply and Demand Brief n. d.）。

对谷物食品过敏或不耐症的人需要忽略或限制这些商品。

6.2 谷物的定义

谷物是栽培的禾本科植物，例如小麦、玉米、水稻和燕麦，它能产生可食用的种子（谷物或果实）。根据定义，谷物包括所有以谷物为原料制备的谷物制品，而不仅是冷的、加糖的、盒装的、即食的早餐“谷物”。基于谷物的成分，它可加工成各种食品，例如：

- 面包：使用各种谷物面粉制成或餐点（参见第十五章）。
- 谷物：即食，盒装/袋装或煮熟的早餐谷物品种，例如燕麦片。
- 油：来自胚芽加工（参见第十二章）。
- 意大利面食：各种面粉的干面制品（可能还有豆类、中草药和调味料）。
- 淀粉：来自胚乳的淀粉质成分（参见第四章）。

如果储存得当，谷物可免受不利环境、昆虫和动物害虫的影响，在储存过程中极不易变质，特别是与易腐坏的乳制品、鸡蛋、肉类、水果和蔬菜相比。在无法获得或不使用动物产品的发展中国家和不太富裕的国家中，谷物被广泛利用。在较富裕的国家，许多品种的谷物和全谷物、加工后的即食早餐谷物、谷物棒等经常与动物产品一起食用。

6.3 谷物的结构

所有谷物的结构都是相似的，每粒谷物的内核都由三部分组成：胚芽、胚乳和麸皮。如果所有的部分都存在于一粒谷物中，它就是“全谷物”，如全麦。当在碾磨过程中，种子的麸皮或胚芽从麦粒中除去并分离时，产品就不再是“全谷物”，而是“精制”的（图 6.1；另见本章中的“营养价值”）。这两个术语：全谷物和精制谷物，对读者来说可能很熟悉。美国农业部建议“让你的半谷物成为全谷物”。该建议也出现在许多消费者可购买到的谷物食品上，例如全谷物饼干和麦片。实际的全谷物含量可在营养成分和配料标签上找到。

胚芽或胚，是位于下端的麦粒的内部成分，约占种子的 2.5%，是新植物生长时开始萌芽的地方。胚芽是脂质含量最高的核心成分，含脂量为 6% ~ 10%。酸败可由脂质氧化酶或非酶氧化酸败引起。

由于可能会出现这种酸败，所以全谷物产品要经过胚芽去除或加入合成抗氧化剂，例如丁基羟基茴香醚（BHA）或二丁基羟基甲苯（BHT）（参见第十七章）。这种胚芽含有 8% 左右的麦粒蛋白质和大部分硫胺素。

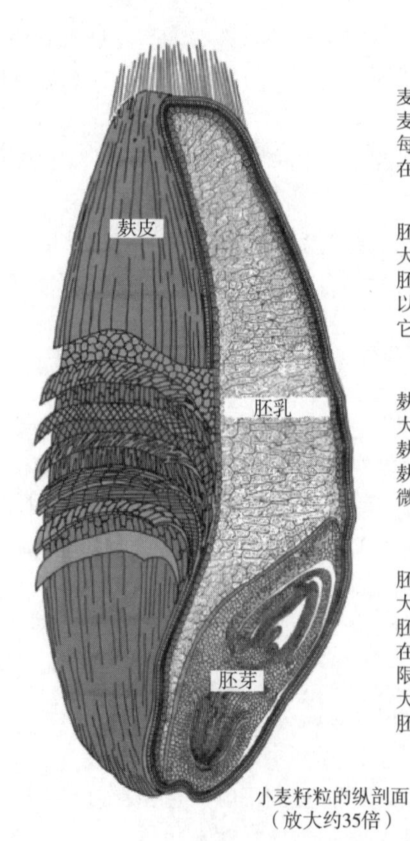

图 6.1 小麦籽粒的结构

（来源：小麦食品委员会）

麦粒的另一个结构成分是胚乳。它在麦粒中占的比例最大，主要成分是淀粉。其作为蛋白质基质的一部分，具体成分因谷物类型和品种而异。

无论是谷物、小麦、玉米或其他谷物类型，胚乳是脂肪含量最低的种子组分，其含量少于胚芽，最高只占种子脂质的 1.5%，而且其纤维含量也低于麸皮。胚乳约占种子的 83%，约占麦粒蛋白质的 70%~75%。

某些品种或类型的小麦可能会被指定用于各种食品中，以确保烘焙或烹饪的成功。小麦的烘烤与其功能取决于所利用的小麦类型。例如，小麦可以是软小麦或硬小麦，与硬小麦相比，软小麦品种含有更多的淀粉和更少的蛋白质。正如本章后面所述，两者组成不同。

谷物中除胚芽和胚乳外的第三大成分是麸皮。它是麦粒的层状外皮，由果皮外层和内层组成。果皮外层为种子提供保护，内层包括种皮。麸皮经常在研磨过程中通过磨损或抛光去除，也可由当地农民去除，用于许多食品或动物饲料中。它约占种子的 14.5%，包含 19% 的蛋白质、3%~5% 的脂质和铁等矿物质。

麸皮提供的纤维素和半纤维素都是膳食中的纤维或“粗纤维”。麸皮还含有 B 族维生素和微量营养素。但是，在功能上，各个麸皮可能在谷物类型和品种之间有所不同。例如，麦麸包含主要用作粪便软化剂的不溶性纤维。燕麦麸皮是一种可溶性纤维，除其他功能外，还能降低血清胆固醇。

如果小麦没有麸皮和胚芽而只剩下胚乳，则被用于制作白面包。

6.4 谷物的组成

在结构组成上，各种谷物分别包含三个部分，因此谷物结构是相似的。然而，每种谷物的营养成分各不相同，它们都含有不同量的碳水化合物、脂肪、蛋白质、水、维生素和矿物质（表 6.1 和表 6.2）。碳水化合物是谷物的主要营养成分，占谷物干物质的 79%~83%，其主要以淀粉的形式存在。纤维尤其是纤维素和半纤维素，约占谷物的 6%。

表 6.1 常见谷物的典型成分百分比（100g） 单位：%

谷物	碳水化合物	脂肪	蛋白质	纤维	水
小麦粉	71.0	2.0	13.3	2.3	12.0
大米	80.4	0.4	6.7	0.3	12.0
玉米粉	78.4	1.2	7.9	0.6	12.0
快煮燕麦	68.2	7.4	14.2	1.2	8.3
黑麦粉	74.8	1.7	11.4	1.0	11.1
大麦粉	78.9	痕量	10.4	0.4	10.0
非谷类面粉					
荞麦粉	72.1	2.5	11.8	1.4	12.1
脱脂大豆粉	38.1	0.9	47.0	2.3	8.0

表 6.2 小麦面粉中维生素、矿物质和纤维素的含量（100g）

面粉	硫胺素 B_1/mg	核黄素 B_2/mg	烟酸 B_3/mg	铁/mg	纤维/g
全麦粉（全麦）	0.66	0.14	5.2	4.3	2.8
浓缩面粉（浓缩）	0.67	0.43	5.9	3.6	0.3
白面粉（精粉）	0.07	0.06	1.0	0.9	0.3

脂质（脂肪和油）约占麦粒的 1%～7%，具体取决于谷物类型。例如，小麦、大米、玉米、黑麦和大麦中含有 1%～2% 的脂质。燕麦含有 4%～7% 的脂质。脂质是 72%～85% 的不饱和脂肪酸，主要是油酸和亚油酸。

蛋白质占谷物的 7%～14%，具体取决于谷物。谷物中色氨酸和甲硫氨酸含量较低，虽然潜在的育种可能会产生赖氨酸含量较高的谷物，但它仍然是谷物中的限制性氨基酸。

谷物蛋白质的消耗量占全球蛋白质消耗量的一半。然而与牛乳、肉类或蛋类等动物性食品相比，谷物不包括动物蛋白质中所包含的所有必需氨基酸。因此，谷物蛋白质不是完全的蛋白质。事实上，谷物蛋白质的生物学价值低，因此，在满足身体需求方面没那么有效。有时，一些植物性蛋白质之间的差别并不大，如藜麦或大豆与乳制品。

在世界各地的文化中，将蛋白质的各种食品来源结合起来是很常见的。例如，在传统菜肴的制备中，将具有较低生物学价值的谷物与豆类或坚果和种子结合在一起，以提供所需的氨基酸从而产生完全的膳食蛋白质。特别地，包括将豆类与大米结合、将豆类与玉米面包结合、将豆腐和蔬菜结合、将豆腐和腰果结合，还有将食用鹰嘴豆和芝麻糊（芝麻酱）结合做成鹰嘴豆泥，或者在全麦面包上涂花生酱等。

将这些食品放在一起（组合食用）可产生完全蛋白质（从植物学上讲，谷物、豆类、坚果和种子都是植物的果实）。

谷物的赖氨酸含量低，有时苏氨酸含量低。豆类通常含有较低的甲硫氨酸，组合起来可以产生完全的膳食蛋白质。

烹饪提示！配方中使用的所有“面粉”都不同。高蛋白或“硬”面粉比低蛋白“软”面粉吸收更多的水分。因此，使用各种“面粉”制成的成品会不同。配方必须明确面粉类型，用户必须相应地计划使用量，以确保产品成功。

一些谷物，如小麦、黑麦和大麦中的重要蛋白质分别是小麦醇溶蛋白、黑麦醇溶蛋白和大麦醇溶蛋白。在这些胶质蛋白和谷蛋白存在的范围内，面粉具有“形成面筋的潜力”。随后进行面粉的充分水化和处理，这些蛋白质形成一种胶质的、有弹性的面筋结构（参见第十五章）。小麦同时包含麦醇溶蛋白和谷蛋白。在面包制作中，这两种蛋白质使酵母面团有了理想的强度和可延展性。没有这两种蛋白质的其他面粉，例如米粉或玉米粉，由于没有面筋束缚酵母的空气和气体，即使使用酵母也无法充分起筋。

烹饪提示！由于面筋可能是过敏原，一些人必须遵循无面筋饮食。

烹饪提示！形成面筋的面粉是高蛋白。酵母是一种良好的发酵剂，可缓慢地填充面筋结构，因为面筋容易伸展。非成筋面粉含有较少的蛋白质，起泡的泡打粉和小苏打是非成筋面粉的良好发酵剂。

谷物中天然存在另一种蛋白质，即 α-淀粉酶。它促进了淀粉分子糊精化为短链聚合物、以及糖类麦芽糖和葡萄糖。α-淀粉酶的作用可能会使淀粉混合物变稀或对面包制造业不利，但它通常以麦芽的形式添加，以至于有糖提供酵母养分。

对于许多国家来说，谷物是一个重要的问题。对于其他比较富裕和人口流动性的国家来说，面包师可能有足够的谷物，他们关心的是谷物的烘烤特性。例如，对于后者而言，厨师可能关心的不是面粉短缺，而是面粉的功能性。

事实上，高蛋白的小麦面粉会吸收大量的水分，而低蛋白的面粉则不会吸收太多。这可能意味着会出现干的或糊状的混合物，甚至可能制成令人不满意的成品。经验丰富的面包师在了解面粉的不同之处后知道，在一个地区适用的配方，可能在另一个地区不适用，而且所有的“面粉”并不是本就相同！

谷物中的维生素主要为B族维生素，分别为硫胺素（维生素B_1）、核黄素（维生素B_2）和烟酸。这些维生素可能会在碾磨过程中流失，因此应通过富集的过程来回收。如今，由于谷物中富含硫胺素和烟酸，使曾经致命的脚气病和癞皮病的发病率有所降低（表6.2），全谷物产品的胚芽中也含有一些脂溶性维生素。

全谷物中的矿物质含量高于精制谷物。常见的是用添加铁的强化精制面粉（表6.2）。锌、钙以及维生素的添加量也可以超过或不存在于原谷物中。

谷粒中含有10%~14%的水分。当然，浸泡和蒸煮会增加谷物的水分，并且谷物的体积也会随着吸收额外的水分而扩大。与低蛋白质面粉相比，如果面粉的蛋白质含量高，则会吸收大量的水。

纤维含量通过粗纤维（crude fiber，CF）和总膳食纤维（total dietary fiber，TDF）进行测量。这两种测量方法无相关性。CF由纤维素和非碳水化合物木质素组成。TDF包括纤维素、木质素、半纤维素、果胶物质、树胶以及黏胶。

6.5 普通谷物及其用途

虽然世界上谷物种类繁多，用途各异，但在美国饮食中，人们食用的最重要和最多的谷物是小麦。常见的谷物如下：

6.5.1 小麦

小麦具有广泛的用途。一些小麦用于动物饲料，可被碾磨（碾碎的干小麦和蒸粗麦粉）制成面粉、面包、谷类食品和面食，并且是全世界饮食中公认的众多产品（以后更多）的基础。有些人对小麦及其蛋白质表现出不耐受甚至过敏。

小麦仁（或小麦粒）是美国最常见的磨成面粉的谷物。美国种植的小麦超过30000个品种，主要分为以下类别：硬红冬、硬红春、软红冬、硬白小麦、软白小麦和硬质小麦。

中国的小麦产量位居世界第一，其次是印度和俄罗斯，美国的小麦产量位居世界第四，仅次于位于第一位的中国，其次是印度和俄罗斯。“在种植面积、产量和农业总收入方面，小麦在美国农作物中排名第三，仅次于玉米和大豆。”

小麦品种非常多，根据种植季节、质地和颜色等几个因素来对小麦品种进行命名。

- 季节：小麦分为冬小麦或春小麦。冬小麦是在秋季和冬季等寒冷季节种植的，于六月或七月收获。春季小麦是春季播种，在夏末或秋季收获（春小麦的生长周期可能是连续的，没有闲置期。在冬季严寒的地区，例如北美洲北部，小麦在没有霜冻风险之后的春季进行播种。在冬季非常温和的地区，例如印度或澳大利亚，秋季播种春小麦，并生长到冬季）。

• 质地：小麦分为硬质或软质。坚硬的小麦仁包含强力的蛋白质-淀粉键，麦仁紧密堆积，并且空气空间最小。硬质小麦面粉由于其高筋蛋白含量而形成弹性面团，并且是制作面包的最佳面粉。硬质春小麦的蛋白质含量为12%～18%，而硬质冬小麦的蛋白质含量为10%～15%。相反，软质小麦的蛋白质含量较低，宜用于制作蛋糕和糕点。

与硬麦相比，软麦仁中的淀粉-蛋白质键更容易分解（然而仅靠硬小麦和软小麦的淀粉或蛋白质成分的内在差异不足以解释硬度的差异）。硬质和软质小麦可以混合制成含有约10.5%蛋白质的通用面粉。在没有糕点粉的情况下，可以将“即食”（见下文）面粉和通用面粉混合使用。

• 颜色：红色、白色和琥珀色。谷物的颜色取决于色素（如类胡萝卜素）的存在。例如，硬质小麦是坚硬的小麦，其色素含量很高。将其胚乳磨成粗粉，制成意大利面和蒸粗麦粉（大多数意大利面是由小麦制成的）。

小麦的制粉过程。磨碎的小麦籽粒或“小麦粒粉质胚乳”的特定研磨公差必须符合食品药品管理局（FDA）的等级，才能将产品称为“面粉”。碾磨后，每45.36kg小麦将产生约32.66kg白面粉和12.70kg包括动物饲料在内的其他产品。

小麦的常规碾磨过程（图6.2）首先涉及洗涤以去除异物，例如灰尘或石头。随后通过调节水位（添加或除去水）对麦仁进行调理或回火，以获得适当的水含量并便于麦仁成分的分离。接下来，小麦要经历麦仁粗碎成中粒的过程。

破碎过程将大部分小麦籽粒的外部（麸皮）和内部核心（胚芽）从胚乳中分离出来。一旦胚乳被分离，随后就会在轧粉辊中多次研磨，以使面粉变得越来越细。由于去除了麸皮和胚芽，精制面粉中所含的维生素和矿物质更少。

如果在研磨过程中将胚乳的面粉流混合在一起，则会产生各种面粉。普通级面粉是所有面粉流的混合面粉。通常，家庭和面包店运营使用的特级面粉是85%的普通级面粉以及各种高度精制的面粉流的组合。

特级面粉是最高等级的面粉，因此其价值最高。精特级面粉（例如蛋糕粉）在淀粉——蛋白质基质中包含更多的淀粉，并且通过与高蛋白质普通特级面粉更少的结合而产生。面粉中未掺入特级面粉的其余部分是次级面粉。由于颜色略显灰暗，所以在颜色不重要的情况下使用。

原则上，同一个面粉厂从这一年到下一年生产的面粉的成分不同。而且不同的面粉厂家生产的面粉也可能因小麦的地理位置、降雨量、土壤、温度等因素而略有不同。由此可见，这种小麦采收年份、面粉生产厂家、小麦地理位置等的差异可能会产生不同的烘焙效果。因此，食品制造商（及其研究与开发实验室）不断地对面粉进行测试，以使差异最小或不存在差异。

否则，面粉可能会制作出略有不同的成品。当然，使用不同的面粉可能会导致灾难性的后果！

此外，磨粉还可以生产出不常见的速混面粉、速调面粉或“结块”面粉。速混面粉是经过水化和干燥，形成大的“结块”或簇状颗粒的全用途面粉。它比美国食品和药物管理局（Food and Drug Administration，FDA）批准的商用白小麦粉颗粒更大，其颗粒大小值的范

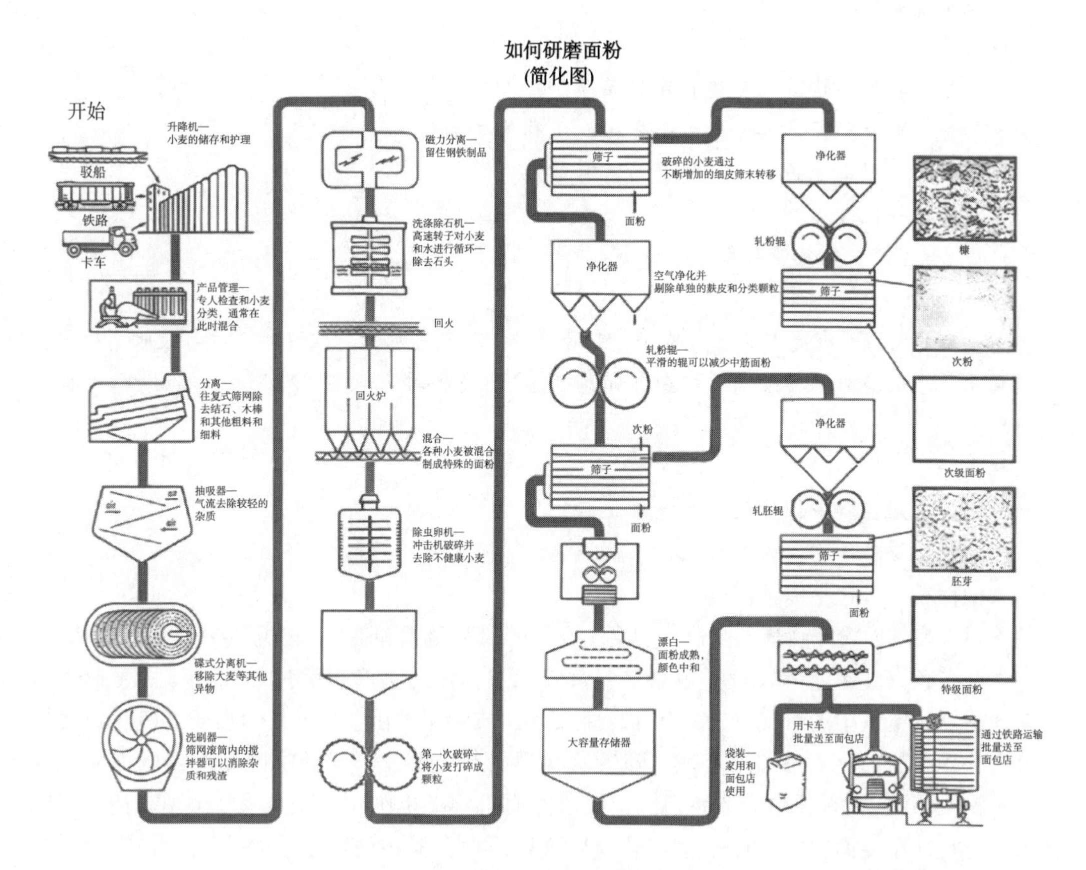

图 6.2　碾磨过程
（来源：小麦面粉研究所）

围比白小麦粉更均匀，且不容易堆积。速混面粉在水中易于分散，当面粉在液体中的分散性是首选的或需要的时候使用。与普通面粉相比，能够更好地混合到配方或食谱中，像盐或糖一样自由流动、倾倒。

烹饪提示！当产品配方指定特定的面粉类型，而该类型的面粉无法获得时，面包师可以结合面粉的不同混合，以获得正确的面粉产品和更好的产品效果。

碾磨各种质地的小麦会产生以下几种面粉：

硬质小麦：10%～18%蛋白质

面包面粉

- 通常由硬质红春小麦籽粒制成，蛋白质/淀粉比高。
- 能够吸收大量水（2 杯面粉可吸收 1 杯水）。
- 具有很高的面筋形成潜力，形成一个非常强且有弹性的结构，可以容纳酵母的空气和气体。
- 不经精细研磨。

上文提到硬质的春小麦比硬质的冬小麦具有更高的蛋白质含量（由春小麦碾磨而成的“高筋面粉”可能含有 40%～45%的蛋白质）。

软硬小麦混合物：10.5%蛋白质

多用途面粉

- 结合了硬质和软质小麦粉的理想品质。
- 不含麸皮或胚芽，被称为白小麦粉或简称为“面粉”。
- 形成的面团不如高筋面粉坚硬而富有弹性。
- 可能被强化或漂白。

软质小麦：7%~9%蛋白质

蛋糕粉

- 比中筋面粉含有更少的蛋白质和更多的淀粉，并且含水量更少（2~3杯可吸收1杯水）
- 面筋形成潜力低，经高度漂白并精细研磨（7/8杯中筋面粉+2汤匙玉米淀粉=1杯蛋糕粉）。

糕点粉

- 保持通用粉和蛋糕粉的中间特性。
- 淀粉比蛋糕粉少，蛋白质比通用粉少。

其他面粉处理包括以下内容：

- 每杯自发面粉（磷酸盐面粉）包含1~1/2茶匙发酵粉和1/2茶匙盐（并提供了便利）。
- 浅黄色（主要是叶黄素）色素被氧气漂白成白色时会产生漂白面粉。漂白可以通过自然地暴露于空气中的氧气（2/3个月）来实现，或者通过化学添加化学物质二氧化氯气体或过氧化苯甲酰的化学添加来实现，随后这些漂白剂会蒸发（是的，即使不白的面粉也自然地被漂白了!）与未漂白的产品相比，漂白使面粉颗粒更细、体积更大。（译者注：有部分国家允许在小麦面粉中添加上述化学物质进行漂白，但在中国禁止在小麦面粉中加入二氧化氯气体、过氧化苯甲酰等化学漂白剂。）
- 面粉成熟也可以通过储存时间的增长自然地发生，或者通过添加成熟剂而自然发生。在成熟过程中，由于控制了过量巯基的不良作用，面团的麸质弹性和烘烤性能得以改善。麸质蛋白分子的聚合较少，因此黏性面团也较少。并非所有的漂白剂都是成熟剂，但二氧化氯可以同时用作两种类型的试剂。
- 有机（无化学成分）面粉是由不使用合成除草剂和杀虫剂的谷物研磨制成的。

其他小麦食品还包括如下所述的碾碎的干小麦（图6.3）、碎小麦和蒸粗麦粉。

图6.3 碾碎的干小麦

（来源：小麦食品委员会）

碾碎的干小麦是整个麦仁，即煮沸、干燥并处理以除去小部分的麸皮。然后将其破裂并用作早餐麦片或抓饭。碾碎的干小麦的味道类似于野生稻米。

碎小麦类似于碾碎的干小麦——整个谷物都破碎成小块，但没有煮过。整粒谷物应放在密封容器中，存放在阴凉、避光的地方。

谷粉是小麦胚乳的粉状中间物，主要用作熟谷类食品。其外观类似于玉米糁（玉米）。

蒸粗麦粉是粗粒小麦粉的一种加工形式（图 6.4）。在世界各地都很流行，特别是在北非和拉丁美洲。通常被用作抓饭（pilaf）或塔布里（tabouli）。除小麦外，其他常见谷物在后面的内容中介绍。

图 6.4 蒸粗麦粉

（来源：小麦食品委员会）

6.5.2 大米

大米是一种主要的谷物，被世界各地的人们用作主食，特别是在亚洲。因此它是饮食的主要方面，并在较小程度上纳入主菜、配菜或甜点。它通常用于制作即食（ready-to-eat，r-t-e）早餐麦片。大米和米粉对患有小麦过敏或面筋不耐受的人特别重要，大米通常作为“第一食品”被婴儿食用，因为它是含有最少谷类过敏原的食品。

大米可以作为全谷类食用。如果大米经过抛光处理，则需要脱去外衣的麸皮。糙米中含有麸皮。一般来说，在碾磨过程中会对米进行抛光，可以除去棕色的壳。但是，这也会除去一些蛋白质、维生素和矿物质。与精制白米相比，如果不抛光全米更容易酸败和变质，并且容易遭受虫害。

如今，大多数白米都强化维生素和矿物质，以补回碾磨中损失的营养［上文提到曾经盛行的致命疾病——脚气病，就是因为把碾米作为主食食用造成的（在碾米过程中去掉了硫胺素）］。

大米的营养强化（表 6.3）很常见，主要可以通过两种方法实现。一种方法是在谷物上涂上硫胺素和烟酸粉，使其防水、干燥，然后涂上铁后再次干燥。另一种营养强化方法包括将大米煮熟或“改造”。该过程通过煮沸或加压蒸气处理使水溶性麸皮中及胚芽中营养物进入胚乳。因此当去除外皮层时，营养物质得以保留。蒸煮之后大米被干燥和抛光。选用的营养强化剂可以包括核黄素、维生素 D 等维生素和钙。

表 6.3 大米强化用的主要营养素允许添加量

营养素	mg/kg
硫胺素	4.4~8.8
核黄素	2.6~5.3
烟酸	35~70
维生素 D	550~2200
铁	29~58
钙	1100~2200

译者注：在中国，大米强化用的主要营养素允许添加量与表 6.3 所列不同，分别如下（单位 mg/kg）：硫胺素 0.0044~0.0088、核黄素 0.0026~0.0053、烟酸 0.035~0.070、维生素 D 0.55~1.10、铁 0.029~0.057、钙 1.10~2.20。

大米有各种尺寸。长粒米（长度是宽度的三倍）的直链淀粉含量高。中粒米和短粒米的直链淀粉含量较少。米饭在热的状态下比较柔软；但是，剩饭比较硬，这是因为高直链淀粉会结晶，或者冷却后变硬。

建议用剩饭制成的米饭布丁在起初烹饪过程中使用中粒或短粒品种，因为它们的直链淀粉含量较少，并且质地不会坚硬。建议将相同的中粒或短粒大米用于寿司等应保持柔软并“黏在一起”的食品菜单上。

表 6.4 大米的淀粉含量

尺寸种类	直链淀粉
短粒	15%~20%（淀粉酶少，黏性大）
中粒	18%~26%
长粒	23%~26%（淀粉酶高，黏性小）

烹饪提示！ 短粒米的直链淀粉含量很低。它具有黏性，能将食材黏在一起。因此，在寿司等产品中，短粒、黏性大米的品种比长粒大米更受欢迎。

大米经过改良使风味和香气多样化后更能被味觉识别。“大米”甚至可以由意大利面食制成，例如，在 RiceARoni®等产品中，通心粉的形状与大米相似。它可以被加工成面粉、淀粉、谷物、料酒或日本酒——清酒。大米“乳”是普遍存在和使用的。米粉已成功制成低脂玉米饼或面条等产品。野生“大米”其实不是大米，而是来源于另一种芦苇类水生植物的种子。

众多的研究都集中在货架稳定的熟米、即食谷物、糖果、米油和调味米上。根据用途选择脱脂米糠提取物、香米、预糊化米粉、淀粉和米浆等作为食品配料。在各种食品中使用大米的情况仍然普遍。

“在 2019—2020 年度，随着头号生产国中国和印度的作物产量较小，全球大米产量预计将下降。相比之下，全球消费预计将上升。”（来源：USDA Grain：World Markets and Trade，

2019年5月）

6.5.3 玉米

尽管大多数玉米被用作动物饲料，但玉米仍是很多人和国家的主食谷类食品。就全球而言，美国玉米生产相对领先。玉米缺少两个必需氨基酸，即色氨酸和赖氨酸，但研究仍在继续向玉米DNA插入特定蛋白质基因的方向进行探索。

甜玉米实际上是一种谷物。然而它通常被作为蔬菜食用。饲料玉米有非蔬菜用途，主要含有对种植者和消费者都有价值的淀粉。特殊品种玉米的整粒谷物含有11%~16%的水分，很适合做爆米花。当其水分以蒸气形式逸出时，爆米花谷粒体积会增大。

- 整粒或部分谷粒可被粗磨（也许是石磨），用于制作玉米粉或玉米面团（masa）。玉米粉在玉米面包、玉米粉蒸肉、玉米饼、休闲食品以及炸玉米卷等食品中很受欢迎（图6.5）。

可将其浸泡在如石灰（氢氧化钙）之类的碱中20~30min，以获得更好的氨基酸平衡并提高蛋白质的利用率。这种浸泡过程虽然可能会损失一些烟酸，但是会增加钙含量。

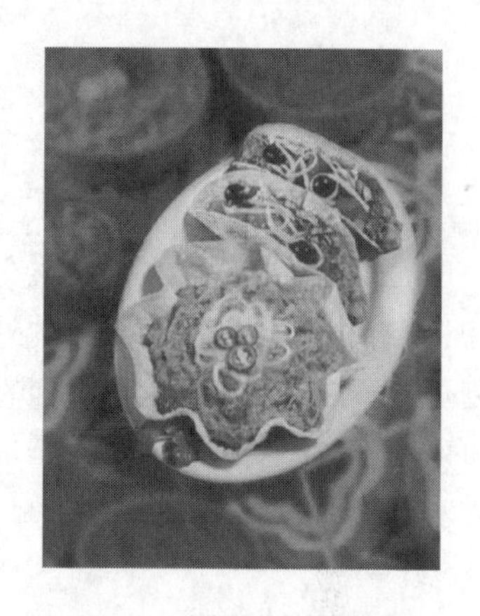

图6.5 炸玉米卷和玉米饼
[由美国西斯科公司（SYSCO® Incorporated）提供]

- 玉米的胚乳可以制成玉米粥、磨成粗玉米粉、用于即食早餐麦片或玉米淀粉。它可以在盐酸中水解或用酶处理，以生产玉米糖浆或高果糖玉米糖浆（high-fructose corn syrup，HFCS）（参见第十四章）。
- 胚芽产生玉米油。
- 玉米及其成品（玉米糖浆等）对某些人来说可能是过敏原。

烹饪提示！ *为了用于制面包，必须将玉米与其他面粉（例如小麦粉）混合，因为仅使用玉米生产出的面包质地致密。同样，玉米不包含形成面筋结构的蛋白-醇溶蛋白和谷蛋白。*

“对于2019—2020年度，全球玉米产量预计将增加，许多国家的玉米种植面积将更大。美国的玉米产量接近历史最高水平。随着消费量的增加，全球贸易有望扩大。”（来源：USDA Grain：World Markets and Trade，2019年5月）

6.6 其他不常见的谷物

除小麦、大米和玉米之外的其他谷物此前已讨论过，这些谷物虽然没有被大量食用，但它们提供了各种各样不同的味道（图6.6），且在较不利的环境条件下往往会生长，而常见谷物在该条件下却不会生长。对于一些读者来说，下面这些谷物可能非常熟悉并经常利用。对于其他读者来说，却根本没有利用这些相同的谷物，或者可能相对闻所未闻。在世界各地，这些谷物作物的籽粒既可用作饲料，也可用作粮食。

图 6.6　多种谷物制作的面包
（来源：小麦食品委员会）

6.6.1　大麦

大麦耐寒，能够在寒冷的气候中存活，是人类和动物的食物。大麦作为谷物煮熟后食用，或者通过碾磨除去籽粒的外壳制成珍珠状大麦，也就是汤中常用的大麦。此外，尽管大麦可能不能作为全麦食用，但它可以掺入许多食品中，包括面包、抓饭或馅料等食品中，也可以用于生产麦芽。大麦芽是最常见的麦芽，因为它具有足够的酶含量，所以可以将淀粉有效水解为糖。

6.6.2　麦芽

• 产生麦芽需要先将大麦籽粒浸泡在水中，这种浸泡导致大麦胚芽发芽，并产生一种酶，该酶将淀粉水解为较短的碳链，即麦芽糖。麦芽糖是一种可发酵的碳水化合物，酵母以其为养料，通过代谢产生二氧化碳和乙醇（酒精和二氧化碳对于酿造酒精饮料以及对于烘焙食品很重要）。干麦芽用于多种产品，包括酿造饮料、烘焙产品、早餐谷物、糖果及麦芽牛乳等产品。

• 遵循无麸质饮食（不含小麦、燕麦、黑麦和大麦）的消费者必须避免食用麦芽。他们应该阅读配料标签，以确定麦芽是否是食品中的配料以及麦芽的来源。

6.6.3　黍类

黍类是小粒草类作物的总称，这些作物收获后用作食物或动物饲料（草料）。黍类是某些国家（例如西非）的主要农作物，常被用作谷物来制作面包或汤。黍类包括黄米（最常见）龙爪稷、谷子和珍珠粟。不常见的黍类包括稗子、多枝背形草、几内亚、科多和小种谷子。一些黍类用于鸟的饲料，也饲喂牛、猪、家禽和绵羊。

目前的研究表明，高粱是一种带有大种子的特殊黍类，通常用于动物饲料，但它还是世界许多地方的主要粮食谷物，通常被碾碎制成粥和蛋糕。高粱可用于生产油、糖和酒精饮料。在美国，常见的高粱品种是买罗高粱，同时也有蜡质的品种。总体而言，高粱具有抗热和抗旱的特性，因此在干旱和炎热地区具有特殊价值。

高粱可用作生产无麸质麦芽的良好原料。高粱籽和小米籽是亚洲、非洲半干旱和热带地区的重要谷物。

几个世纪以来，埃塞俄比亚人常食用一种名为画眉草（teff 或 t'ef）的很小的谷子（Eragrotis tef，象征着“爱”和“草”）。画眉草籽粒的直径约为0.8mm，150棵画眉草的重量相当于1粒小麦粒的重量！考虑到画眉草的大小，其胚乳与麸皮的比例较低，因此籽粒主要成分是麸皮和胚芽。画眉草被磨碎用于制作扁平面包。其生长在非洲、印度和南美洲的热带气候中，作为饲料和粮食作物在美国爱达荷州和南达科他州等各州种植（Arrowhead Mills n.d.）。

6.6.4 燕麦

燕麦（作为一种作物谈及时特别提到燕麦）是一种重要的谷类作物，用于饲喂马和羊等动物，也被人类使用。其价值在于高蛋白质含量。在碾磨过程中去除麦壳，并将其蒸熟后“碾”或使其变平后在食品中使用。燕麦也被掺入许多即食早餐谷物和休闲食品中。燕麦麸含可溶性纤维，已被证明可有效降低血清内的胆固醇。

就谷物而言，由于燕麦的脂肪含量相当高，因此可能会产生酸败。经过几分钟的蒸气处理可破坏谷物中的脂肪酶活性。

6.6.5 藜麦

尽管藜麦（keen-wa）谷物的消耗量不是很大，但它是蛋白质含量最高的谷物。藜麦的籽粒小而圆呈浅棕色，最常煮熟后作谷物食品，也可用于沙拉。

6.6.6 黑麦

黑麦的赖氨酸含量比小麦丰富，但其面筋形成潜力相对较低，因此黑麦对面团结构的贡献不如小麦。黑麦经常与小麦粉混合使用在面包和速食面包中，并被制成饼干。黑麦有三种类型，分别为深色、中色和浅色。可以选用它们来烘焙面包，黑麦可经发芽产生麦芽或麦芽粉。

6.6.7 小黑麦

小黑麦是小麦和黑麦的杂交品种，最早于19世纪末在美国生产。作为一种农作物，它具有小麦的抗病性和黑麦的抗寒性。尽管它比两者中任何一种谷物都含有更多的蛋白质，但是其总作物产量不高，因此它的使用并不广泛。小黑麦具有小麦的烘烤特性（良好的面筋形成潜力）和黑麦的营养品质（高赖氨酸含量）。

6.7 非谷物“面粉”

非谷物“面粉”包括各种豆类和蔬菜，虽然不含谷物成分但可以加工成“面粉”。例如，大豆和鹰嘴豆属于豆类（来自豆科），可以磨碎并添加到烘焙产品中。在常见食品过敏原清单中可能会出现这些食品。

由于大豆“面粉”的蛋白质价值，以及它有助于保持面包屑柔软的特性，所以大豆“面粉”可以加入到配方中。棉籽（锦葵科）和马铃薯（块茎）也可以加工成“面粉”荞麦（甜荞麦花叶的果实）含有大约60%的碳水化合物，可以用在粥中或作为动物饲料。木薯（块茎）是生产木薯淀粉的植物，在世界一些地方，木薯是一种主要作物。考虑到实际烹饪情况和食品种类，以上介绍可能并不全面。

6.8 烹调谷物

在烹调过程中，谷物产品由于保留了水分而膨胀。应当将碾磨过的谷物（例如玉米面，玉米粗粉或小麦粉）小火煮沸，并偶尔进行搅拌，以防止形成糊状和块状质地。可以将例如大麦、干小麦、大米、燕麦和荞麦之类的全谷物或粗磨谷物加入沸水中，并在烹饪过程中不断搅拌。

为了控制烹调时的热量，谷物产品可以用双层蒸锅加热。与直接加热相比，这种烹饪方法加热时间较长。

下文叙述了有关面食的信息，烹调面食时把面食添加到沸水中煮沸至所需的嫩度（通常为可咀嚼的程度），此时添加少量油（约2.5mL）可防止发生沸腾现象。

烹饪提示！过度搅拌任何碾碎的谷粒（尤其是精细碾碎的谷物）都会导致谷粒内容物破裂，并且由于谷物形成胶黏稠密状态而难以下咽。

6.9 早餐谷物

早餐谷物可以在冷或热的状态下食用。早餐谷物经去壳、破碎、膨化等工序加工制成多种形式的早餐谷物迅速流行起来。即食早餐谷物虽然方便，但因其中糖和纤维等成分的含量不合理遭到一些批评。如今早餐谷物已列为可食用强化食品之一，营养增补和营养强化也已成为早餐谷物的一种普遍做法。

6.10 意大利面食

意大利面食通过碾碎的谷物糊经模具挤出或辊压而制成。碾碎的硬质春小麦的胚乳（未磨碎）称为粗面粉，用于制备优质的意大利面食，消费者也可选择不使用粗面粉的低质量意大利面食。这些产品具有淀粉的味道和糊状质地。尽管味道可能不受影响，但在食用前冲洗煮熟的面食可能会导致营养成分的损失。

意大利面食经常以沙拉、配菜和主菜的形式出现在餐厅的菜单和餐桌上。如果将豆类作为意大利面食配方的一部分，则可以在单一食品中形成完整的蛋白质。例如，商业化的意大利面食可加入蔬菜泥、中草药、调味料以及干酪。

意大利面食不含胆固醇和麸质，它由大米粉等非小麦粉制成。如今，技术上的突破使人们可以品尝到味道、外观和烹饪方式都和普通面食一样的米粉。

图6.7和图6.8显示各种各样意大利面中的一些面食。通心粉、面条和意大利面条等各种各样的产品都是通过挤压制成的。为了区分通心粉和面条，通心粉的配方中不包含鸡蛋，而面条必须包含不少于5.5%（按重量计）的蛋粉或蛋黄（National Pasta Association n. d.）。

图6.7　各种意大利面食
（来源：小麦食品委员会）

图6.8　硬质小麦
（来源：小麦食品委员会）

6.11　谷物的营养价值

• 全谷物

健康专家建议每个人，无论男女老少，都应该食用谷物这一健康必需品，并且其中至少包含一半的“全谷物”，这一点很重要（图6.9）。什么是全谷物呢？为何重要呢？全谷物包括小麦、玉米、大米、燕麦、大麦、藜麦、高粱、斯佩尔特小麦和黑麦等谷物，当这些食物以“完整”形式食用时才称为全谷物。

• 全谷物的营养价值

医学研究清楚地表明，全谷物食品可以降低患心脏病、中风、癌症、糖尿病和肥胖的风险。很少有食品能提供如此多样的益处，通过测量体重指数和腰臀比，定期食用全谷物的人患肥胖症的风险较低，而且他们的胆固醇水平也较低（来源：Oldways Whole Grains Council n. d.）。

促进消化健康无疑是全谷类食品比较受欢迎的原因之一，特别是因为全谷物类食品与纤维素在消费者心目中有紧密的联系。根据国际食品信息委员会今年的一项调查，超过80%的受访者认为粗粮是健康的，NPD集团的调查数据发现52%的消费者表示他们正在寻找更多的“全谷物”（Demetrakakes，2018年）。

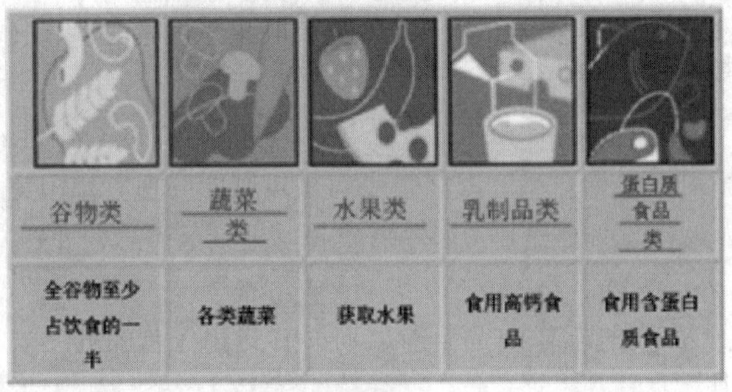

图6.9　全谷物与膳食

在发芽谷物中，发芽小麦的产量居第二位，仅次于麦芽。

"什么是发芽谷物？"

在适当的温度和湿度条件下出芽的谷物称为发芽谷物。根据全谷物理事会的研究，随着胚芽（就像谷物中的胚胎）开始消耗胚乳物质并生长，发生了一系列化学变化。这些化学变化会导致籽粒的营养成分发生相应变化（Turner，2018 年）。

谷物对饮食有重要的营养贡献。全谷物食品和谷物加工产品以创新的方式为饮食提供碳水化合物、维生素（如 B 族维生素）、矿物质（如铁）和纤维素，同时会强化维生素 D 和钙。早餐谷物中的即食谷物品种在较发达国家中经常食用，其中许多包括叶酸在内的谷物都富含必需的维生素和矿物质（图 6.10）。当然，请注意食用这些食品时发生的过敏症状。

图 6.10　即食早餐谷物
（来源：小麦食品委员会）

全谷物是食品含有胚乳、胚芽和麸皮，对健康有益。全谷物也有益于烹饪艺术！营养建议：选择全谷物食品（图 6.11），使全谷物摄入占谷物摄入总量的一半（图 6.12）。

美国农业部

营养教育系列的10个建议

基于美国膳食指南编制

选择全谷物食品

全谷物食品富含锌、镁、B族维生素和膳食纤维等重要的营养元素。这里有非常多可行的选择将你每日摄入谷物中的一半转化为全谷物。但是选购全谷物食品时应当注意长时间或不恰当的储存会导致全谷物食品中的油脂酸败。选购全谷物食品时遵从以下几个建议，保证产品新鲜。

1 查找营养标签

在烹饪时全谷物食品是一个简单的选择。选择全麦面包、早餐麦片和意大利面。通过查阅营养标签和成分表发现低钠、低饱和脂肪和低糖的食品。

2 确认全谷物食品的成分在成分表的首位

一些全谷物成分包含全燕麦，全麦面粉和全黑麦。食品标签声称的“全谷物”“100%小麦”“高纤维”和“未去壳的”可能并不是全谷物食品。

3 在学校中选择全谷物食品

在家里用全谷物食品烹饪或制作零食使孩子更乐意在学校里选择全谷物食品。

4 在标签中寻找纤维成分

如果一个产品每餐能提供三种谷物纤维，那它就属于良好的纤维来源。如果每餐能提供5种或5种以上的谷物纤维，那它就属于极佳的纤维来源。

5 麸质属于全谷物吗？

只要小心选择，不能食用麦麸的人也可以食用全谷物。有许多的全谷物食品例如荞麦、认证过无麸质的燕麦，爆米花、糙米、菰米和藜麦可满足无麸质饮食的需要。

6 检查新鲜程度

购买密封包装的全谷物食品。谷物应当一直看起来和闻起来新鲜，并且应当检查包装上的保质期和储存方式。

7 加盖储存

从散货箱内取出的全谷物需要储存时。应当使用具有密封盖的容器，并且储存在阴凉干燥的地方。密封容器对于维持新鲜和减少虫害十分重要。

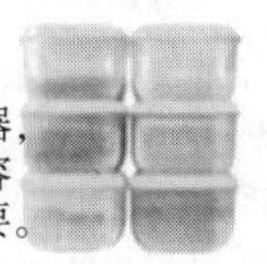

8 按需购买

购买少量的全谷物食品能降低腐败的风险。大部分密封包装的谷物可在冷冻条件下储存。

9 适宜的包装

全谷物面包最好在室温下用原始包装储存，用扎带或速封袋密封。冰箱储存会导致面包快速失水和老化。适当包装的面包可以很好地保存在冰箱里。

10 什么是保质期？

由于不同种类全谷物粉中的油脂不同，其保质期也不同。大部分全谷物粉能在冷藏条件下保存2~3个月，在冷冻条件下能保存6~8个月。烹饪后的糙米能在冷藏条件下保存3~5天也可在冷冻条件下保存长达6个月。

美国农业部营养和政策促进中心

访问*ChooseMyPlate.gov*获得更多内容

第22条膳食建议
发布于2012年9月
修订于2016年10月

图 6.11　选择全谷物食品

美国农业部

营养教育系列的10个建议

基于美国膳食指南编制

使全谷物占谷物摄入总量的一半

任何由小麦、大米、燕麦、玉米片、大麦或其他谷物制成的食品都是谷物食品。谷物分为两个子类，即全谷类和精制谷类。全谷物包含整个麸皮、胚芽、内胚芽。食用全谷物是一种健康的饮食习惯，会降低患某些慢性病的风险。

1 做出一些简单的转变

将每日摄入的一半谷物转变为全谷物，选择100%的全麦面包、百吉圈、薄馅饼、糙米、燕麦片、玉米粉。

2 将全谷物做成健康的零食

爆米花是一种全谷物食品。制作爆米花不加或只需要加一点点盐和黄油，也可以尝试100%全麦或者黑麦薄脆饼干。

3 节约点时间

当时间充足时，应多烹饪点糙米或全麦，储存一半在冰箱里并在一周内加热食用。

4 与全谷物混合食用

将全谷物添加到混合菜肴中，例如做蔬菜汤或炖蔬菜时添加大麦，煮砂锅菜和炒菜时加入小麦，也可尝试做一份藜麦沙拉或手抓饭。

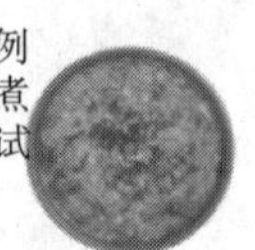

5 尝试全麦的食品

将你最爱吃的东西换成全谷物食品。尝试将糙米馅加入烤青椒或番茄中，也可以用全麦面粉制作意大利烤宽面条。

6 烘焙一些全麦食品

在你最喜欢的煎饼或华夫饼干食谱中，用荞麦粉、小米或燕麦粉代替多达一半的面粉进行实验。为了限制饱和脂肪和添加的糖，在上面放些水果而不是黄油和糖浆。

7 为孩子树立好榜样

通过每天与膳食或零食一起食用全谷类食品，为孩子树立一个好榜样。

8 检查标签

大部分精制谷物的营养都得到了强化。这意味着B族维生素和铁元素都在加工后被强化。检查配料表以确保“强化”的成分是否在谷物中。

9 了解在配料表中应该看什么

阅读成分表，并且选择全谷物成分占配料表首位的产品。寻找“全麦”“糙米”“碾碎的干小麦”“荞麦”“燕麦”“全玉米面粉”“全燕麦”和“全黑麦”。

10 做理智的消费者

不能通过食物的颜色判断是否是全谷物食品。食品标签中标注的“杂粮”“石磨面粉”“100%小麦”“碎小麦”“七谷面粉”或者是“麦麸”通常不是100%的全谷物产品，甚至不含任何的谷物成分。

美国农业部营养和政策促进中心

访问*ChooseMyPlate.gov*获得更多内容

第4条膳食建议
发布于2011年6月
修订于2016年10月

图 6.12 营养建议：使全谷物占谷物摄入总量的一半

谷物的脂肪含量低，纤维含量高，并且不含胆固醇，尽管可以通过添加脂肪、糖、鸡蛋和精制面粉来制备熟食、面包、谷物、米饭和意大利面食，但这会改变其营养价值。遗憾的是，随着这些物料的添加，人们通常选择的速食早餐谷物失去了最初的营养价值，因为它们在发达国家被制成高糖或低纤维的产品。

当然，应当注意对各种谷物的任何过敏及不耐症。同样，饮食限制者可能需要适量摄入纤维。

6.12 谷物安全

通过适当的存储，包括先进先出原则（first-in-first-out，FIFO）等，可以更好地确保谷物的安全性。由于全谷物食品容易腐烂，因此应在低温状态下储存，且不能长期保存。所有产品均应离地存放，并且由于管道溢水或虫害而应离墙壁一段距离。尽管这在美国并不是主要关注的问题，但提到黄曲霉毒素还是很重要的，尤其是黄曲霉毒素与谷物的储存方法有关。

在限制谷蛋白饮食上，高粱、小米和画眉草等草本植物是安全的。

6.13 结论

谷物是人工种植的禾本科植物的可食用种子，许多谷物食品都是用谷物制成的。谷粒含有麸皮、胚乳和胚芽。但是如果对谷物进行精制，精制的谷物仅包含胚乳，且不再是全谷物。例如，小麦粉与全麦粉不相同。常见的谷物包括小麦、大米和玉米，但其他谷物如大麦、小米、燕麦、藜麦、黑麦和小黑麦等也可作为膳食的组成部分。干制谷物具有很长的贮藏寿命，世界上很多地方都依赖干谷物作为食品。

根据季节、质地和颜色分类，小麦存在的品种超过 3000 种。硬小麦用于制作面包，软小麦用于蛋糕和糕点。

采用硬质小麦制成的粗面粉用于意大利面食生产，面食由磨碎谷物（主要是小麦）的糊状物制成，这一复杂的碳水化合物和低脂食品越来越多地出现在美国饮食中。硬质小麦制成的小麦粉用于面食生产。意大利面是碾磨过的谷物的面团，主要成分是小麦，已经越来越多地出现在美国人的饮食中。它是一种复杂的碳水化合物和低脂肪食品。

大米是世界上大部分地方的主食，长出的谷粒有（特长粒）、长粒、中粒以及短粒，具有多种口味。大米可用于制作主菜、配菜甚至甜点。此外，玉米也很常见。

世界各地的许多食品指南都包括谷物，这表明谷物是营养饮食的主要食品。美国农业部（United States Department of Agriculture，USDA）建议人们选购市场上可以买到的各种谷物产品。

笔记：

烹饪提示！

术语表

通用小麦面粉：白面粉，不含麸皮或胚芽，兼具硬质小麦和柔质小麦的性质。

漂白面粉：通过将面粉暴露于空气中，或通过化学试剂自然地将面粉变成更白的颜色。

麸皮：小麦谷粒最外层的层状表皮，主要用于保护种子。

面包粉：由硬质小麦内核制成，蛋白质与淀粉的比例较高，具有较高的谷蛋白含量。

谷物：种植的禾本科植物中的任何可食用的谷粒。

胚乳：（译者注：胚乳一般是指被子植物在双受精过程中精子与极核融合后形成的滋养组织，也称内胚乳。）种子内的淀粉储存部分，可产生高筋面粉和麸质。

营养素增补：补充谷粒在粉碎过程中损失的营养素。

营养素强化：在谷粒中添加营养素以超过其原含量。

谷胚：谷物的核心部分。

麸质：淀粉被除去后留在面粉中蛋白质物质（gliadins），在与水结合和加工时，产生弹性和黏性的面团结构。

麦芽：为大麦的成熟果实经发芽而成。葡萄糖长链通过麦芽中酶的水解，可产生麦芽糖，即提供酵母营养和产生二氧化碳，并可干燥和添加到许多产品中。

熟化面粉：经过陈化的小麦粉，即天然或通过化学试剂进行陈化，以改善面团的筋力和烘焙性能。

有机面粉：由生长过程中不使用化学药剂如除草剂和杀虫剂的农作物加工的面粉。

精制面粉：从磨粉机轧辊始端流出的面粉中生产的最高等级面粉，其淀粉含量高，蛋白质含量低于轧辊末端流出的磨粉中的蛋白质含量。

意大利面食：由硬质小麦磨粉后得到的糊状物通过模具挤出产生的多种形状的产品。这些产品是干制品，可用大量的水煮熟后食用。包括通心粉、面条、意大利面、意大利方形饺等。

精制谷物：通过碾磨过程除去麸皮和胚芽得到的谷物。

粗面粉：用硬质小麦磨成的面粉。

发芽的谷粒：胚芽开始消耗胚乳并生长，并导致谷物核心营养物质的变化的谷粒。

全谷粒：含有胚芽、胚乳和麸皮的谷粒。例如，配料表可写明“全谷物”或“全麦”。（译者注：全谷物为完整、碾碎、破碎或压片的颖果，基本的组成包括淀粉质胚乳、胚芽与麸皮，各组成部分的相对比例与完整颖果一样。）

参考文献

[1] Arrowhead Mills. Hereford. n. d. Demetrakakes P（2018）Digestive health offers both a concern and an opportunity. While consumer interpretations and needs vary, gut health is becoming mainstream. Food Processing. 79（9）. https：//foodprocessing. com/articles/2018/digestive-health/.

[2] FAO Cereal Supply and Demand Brief. https：//fao. org/worldfoodsituation/csdb/en/. n. d. Grain-free Pretzels, Bars. Food Processing. 2019；80（8）：19 National Pasta Association. Arlington. n. d.
[3] Oldways Whole Grains Council. Boston. n. d. Turner J（2018）What does sprouting add to grains? Sprouting brings nutritional enhancements to many grains, a fact being discovered by some consumers. *Food Processing*. 79（11）. https：//foodprocessing. com/ articles/2018/what-does-sprouting-add-to-grains.

引注文献

[1] American Association of Cereal Chemists. St Paul（n. d.）.
[2] ConAgra Specialty Grain. Omaha（n. d.）.
[3] Cooperative Whole Grain Education Association. Ann Arbor（n. d.）.
[4] Grain Processing. Muscatine（n. d.）.
[5] Grain Processing. Muscatine（n. d.）.
[6] International Grain Products. Wayzata（n. d.）.
[7] International Wheat Gluten Association. Prairie Village（n. d.）.
[8] National Association of Wheat Growers. Washington（n. d.）.
[9] National Barley Foods Council. Spokane（n. d.）.
[10] Oregon State University（n. d.）Rice Council of America. Houston（n. d.）.
[11] USDA Grain：World markets and trade（2019）.
[12] U. S. Wheat Associates.（n. d.）. https：//uswheat. org/.
[13] USDA ChooseMyPlate. gov（n. d.）.
[14] Wheat Flour Institute. Washington（n. d.）.
[15] Wheat Foods Council. Englewood.（n. d.）. https：//wheatfoods. org.
[16] Wheat Gluten Industry Council. Shawnee Mission（n. d.）.
[17] Wheat Industry Council. Washington（n. d.）.
[18] Whole Grains Council（n. d.）. https：//wholegrainscouncil. org；https：//statista. com/statistics/190376/top-us-states-in-wheat-production.

7 蔬菜与水果

7.1 引言

蔬菜是植物的可食用部位，作主菜或辅菜，普遍用于沙拉和汤中。蔬菜可加工成饮料或植物淀粉，可以鲜食或稍作加工，干制、腌制或冷冻后食用。其赋予膳食蔬菜的特征风味、颜色和质地，并在储存和烹饪过程中发生变化。马铃薯是供人类食用的产量最高的蔬菜作物，仅次于谷物作物小麦、大米和玉米。

水果的定义不止一种。在植物学中，水果是种子植物的成熟子房，因此，此定义下水果涵盖所有谷物、豆类、坚果和种子，以及常见的“果菜”，如黄瓜、橄榄、胡椒和番茄。在烹饪学中，水果定义为植物的肉质部分，通常单独食用或作为甜点。水果中有机酸和糖含量高，高于蔬菜。

水果和蔬菜含有的维生素、矿物质、纤维及其他化合物的营养价值对膳食极为重要。水果和蔬菜的其他饮食和医学益处正在被发现。美国农业部认为蔬菜和水果是健康饮食的一部分，并建议“食用多种蔬菜”和“多吃水果”，以及“水果和蔬菜需占全部膳食的一半”。

7.2 细胞组织的结构和构成

蔬菜和水果的细胞结构包含简单细胞和复杂细胞。简单细胞的功能和结构彼此相似，包括真皮组织和薄壁组织。真皮组织是叶片、幼茎、根和花的单层外表面，而薄壁组织构成了植物的大部分，是基本分子活动，例如通过阳光合成和储存碳水化合物（光合作用）的发生场所。

复合组织包括维管组织、厚角组织和厚壁组织。主要维管组织由木质部和韧皮部组成。木质部将水从根部输送到叶片，韧皮部将营养物从叶部输送到根部。这些组织可能位于蔬菜的中心，例如，在胡萝卜中可以看到。

植物主要由简单的薄壁组织组成（图 7.1）。每个细胞由原生质体内部产生的细胞壁包围。细胞壁支撑并保护细胞内容物将其保持、流入或释放。细胞壁牢固时，细胞的原始形状和结构得以维持。但是，当细胞壁被破坏（通过切割、脱水或烹饪）时，它会破裂并将其内容物泄露到周围的环境中，此时，细胞中的水、糖或水溶性维生素可能会丢失。

初生细胞壁由纤维素、半纤维素和果胶等果胶物质组成。较老的、较成熟的植物除初生细胞壁外，还可能具有由木质素组成的次生细胞壁。

薄壁组织细胞壁内部是原生质体，由细胞质膜，细胞质和细胞器三部分组成。细胞质膜包裹功能细胞，而原生质体的细胞质包含了细胞膜内和细胞核外的所有细胞内容物。细胞器包括细胞核、线粒体、核糖体和质体。质体中包含脂溶性物质（如脂溶性维生素）和脂溶性色素（包括叶绿素和类胡萝卜素）（本章的后续内容将对每种组成进行讨论）。

细胞壁外，相邻细胞之间是中间层，这是相邻细胞之间的“黏合”材料，包含果胶、镁和钙、水和空气。

每个薄壁组织细胞都含有一个内腔，称为液泡。液泡可能体积大，含水量丰富，构成薄壁组织细胞的主要部分，也可能体积小。在完整、未煮过的细胞中，液泡持有足够的水，并提供细胞理想的脆的质地，枯萎或煮熟的细胞中则表现相反的效果。

液泡的细胞液含有水溶性物质，包括 B 族维生素、维生素 C、糖、无机盐、有机酸、硫化合物和水溶性色素，这些细胞液成分可能逸出到周围的浸泡/复水/烹煮用水中。

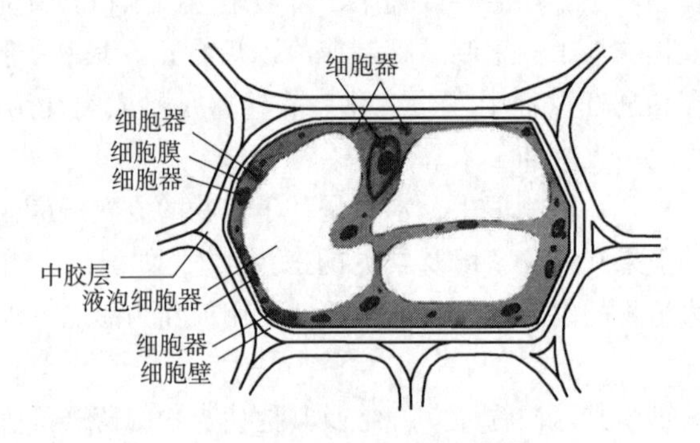

图 7.1 薄壁组织细胞的组成

（来源：纽约州立人类生态学院营养科学分部）

7.3 植物的化学成分

7.3.1 碳水化合物

碳水化合物在植物材料干重中占比最高，它是水（H_2O）和二氧化碳（CO_2）结合生产碳水化合物和氧气（O_2）时，光合作用过程中形成的基本分子。

碳水化合物以简单和复杂两种形式存在。例如，简单的碳水化合物是单糖，包括葡萄糖、果糖，以及在果实成熟过程中可能会增加的二糖，例如蔗糖。复杂的碳水化合物或多糖是由简单的碳水化合物合成的，包括纤维素和淀粉。

下文讨论各类复杂碳水化合物以及热量对这些碳水化合物的影响（见第三章）：

淀粉是植物的根、块茎、茎和种子中碳水化合物的储存成分。受热和遇水时，淀粉会吸水并发生糊化（参见第四章）。蔬菜的淀粉含量各不相同。有些蔬菜，如马铃薯含有淀粉，有些适中，而其他蔬菜，例如欧芹，则含淀粉较少。淀粉是可消化的，因为葡萄糖单位之间的键为 α-1,4-糖苷键。

纤维素是水不溶于性纤维，是构成植物细胞壁结构的成分之一。其葡萄糖单位之间的分子键为β-1,4-糖苷键，因此，尽管在烹饪过程中纤维素可能会变软，但仍然是人类无法消化的。

半纤维素纤维质也是构成细胞壁结构的成分之一，大多数不溶于水。其在碱性环境中加热时会变软，例如，烹饪时为了保持菜肴的绿色，将小苏打添加到烹饪水中，在其形成碱性环境下，叶绿素对热非常稳定，同时菜肴变柔软。

果胶物质（参见第五章）是细胞壁之间结实的细胞间“黏合剂”，是植物组织中形成凝胶的多糖，可通过蒸煮进行水解。大量的不可溶性果胶随着植物物质的成熟而变成可溶性果胶。

除了碳水化合物，在复杂的维管组织和机械组织中还存在非碳水化合物纤维材料，即木质素，存于较老的蔬菜中。木质素在加热中保持不变，并可能会呈现不可接受的“木质”结构。

7.3.2 蛋白质

水果中蛋白质含量不到1%，大多数蔬菜中的蛋白质含量低。豆类（豌豆和大豆）中的蛋白质含量是蔬果中最高的，但即便如此，它也是一种不完全的蛋白质，因为它缺乏必需氨基酸——甲硫氨酸。

以酶形式存在的蛋白质可以从植物中提取并用于其他食品中。例如，对肉类具有有益嫩化作用的蛋白水解酶，如木瓜蛋白酶（来自木瓜）、无花果蛋白酶（从无花果获得）和菠萝蛋白酶（从菠萝中提取）。

7.3.3 脂肪

脂肪约占蔬菜根、茎、叶干重的5%。除了鳄梨、橄榄等分别含有16%和14%脂肪的水果以外，脂肪占水果干重的不到1%。脂肪在植物早期生长过程中起重要作用。

7.3.4 维生素

蔬菜和水果所含的维生素主要是胡萝卜素和维生素C。β-胡萝卜素存在于深橙色水果和蔬菜中，并作为绿色蔬菜的基本色素。蔬菜和水果中还含有维生素B_1（硫胺素）。在膳食中，90%以上的水溶性维生素C和大部分的脂溶性维生素A由水果提供。

在果蔬浸泡维生素浸出时及在加热过程中，水溶性维生素可能发生损失，且损失主要发生在加热过程中。除浸泡和加热外，酶的作用也可能对果蔬的营养品质产生负面影响。在果蔬贮藏过程中，抗坏血酸氧化酶和硫胺素酶分别引起维生素C和维生素B_1的营养变化。因此，通过在冷冻之前热烫使酶失活来控制以保留这些维生素。

7.3.5 矿物质

蔬菜中的矿物质比水果中的多，其中钙、镁、铁元素尤甚。在一些罐头蔬菜中添加钙离子，以增强其硬度并减少果胶物质的软化。然而，由于植物化学成分，菠菜中草酸和豌豆中植酸与钙结合，降低其生物利用率，所以这些罐装蔬菜中不添加钙。

7.3.6 水

水存在于植物细胞壁之间，在植物中有运输营养物质、促进化学反应等功能，如果细胞膜完好无损，还能为植物提供鲜脆的质地。

种子中水含量低（10%），叶中水含量要高得多。植物的 80%～90% 由水构成，脱水蔬菜尺寸的大幅减小就是明证。

烹饪提示！思考当使用食品脱水机去除食品中的水分时，植物材料的体积会发生怎样的显著变化。

7.3.7 植物素

（更多参见“附录 D”）

植物素是指植物中的化学物质，为非营养物质，可能对疾病预防和控制癌症尤其重要。这些化学物质是果蔬对人类健康的重要性有关的许多研究的焦点。

这里有很多这种植物素例子，包括类胡萝卜素色素的 β-胡萝卜素、类黄酮类色素以及含硫的烯丙基硫酸酯和萝卜硫素等。此外，十字花科（“十字形花”）蔬菜中的二硫代硫酮、吲哚和异硫氰酸酯、异黄酮、植物固醇、蛋白酶抑制剂、豆类中皂苷，柑橘果实中的柠檬烯、酚类化合物等植物化学物质，可能对疾病防治有效。

7.4 膨压

植物的膨压是指水花状液泡对细胞质和部分弹性细胞壁施加的压力。采收前仍然附着在植株上的生鲜果蔬通常是鲜脆的，因为生鲜蔬菜或水果中含有的大量的水分，为植物提供膨胀性。如前所述，植物材料的结构很大程度上取决于薄壁组织细胞的含水量。

在水果或蔬菜从植物中“采摘”后不久，由于气流蒸发或由于低湿度储存，植物中的水分流失到空气中（蒸发）。结果是，膨压减小，植物变软、萎蔫、脱水。如果薄壁组织细胞仍然完整（未煮熟或以其他方式破坏），水可能会重新进入细胞，这种萎蔫、变软的植物膨压可能会恢复，浸泡复水便是一个例子。

烹饪提示！在高湿度环境（冰箱的保湿盒或保鲜盒）中储存或在温水（21℃～32℃）中进行最低限度浸泡，可以复水或复脆。

浸泡后，当植物气孔张开并吸收水分完毕，植物气孔又重新闭合，并在冷藏条件下保持吸收的水分约 6h（果蔬间的区别是什么，2020）。但是，不鼓励浸泡植物原材料，因为水溶性的营养素和色素可能通过纯物理方式逸出到浸泡过的水中。也可采用喷洒浸液使植物防水。

一旦薄壁细胞经受烹饪，渗透停止并发生扩散，这将改变果实的质地、风味和形状。渗透代表水穿过半透膜运动，扩散指水和溶质穿过可渗透膜运动。

7.5 色素及其他物质的效用

植物色素提高了水果和蔬菜对人类的美学价值，并吸引昆虫和鸟类，从而促进授粉。这些色素随着生的蔬菜或水果的成熟和加工而变化。在植物中发现的四种色素是叶绿素，即绿色色素；类胡萝卜素，即黄色、红色或橙色色素；以及类黄酮素和花青素，即红色、蓝色或紫色色素；花黄素，即白色色素。“……各种不同颜色的非淀粉类蔬菜和水果，包括红色、绿色、黄色、白色、紫色、橙色，以及番茄制品和葱类蔬菜，如大蒜，都是每日推荐食用的。”(果蔬与癌症，2012)。

高效液相色谱法（high performance liquid chromatograph，HPLC）通常用于植物色素的分析。下面材料对主要色素进行讨论，并阐述色素会如何变化。

7.5.1 叶绿素

叶绿素可能是广为人知的植物色素，是细胞叶绿体中发现的绿色色素，负责光合作用(即将阳光转化为化学能)。叶绿素是脂溶性的，如果水中也含有脂肪，可能出现在蔬菜烹饪水中。

叶绿素在结构上是位于四个卟啉基环中心的含镁卟啉环（图 7.2）。植物醇被酯化成吡咯基团之一，它能溶于脂肪和脂肪溶剂。甲醇与另一吡咯基团相连。

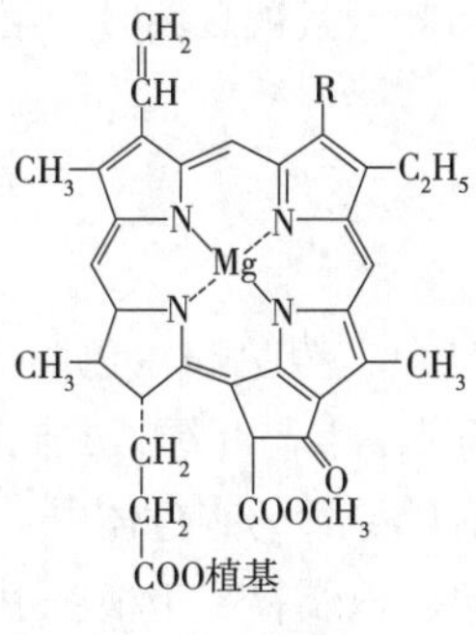

图 7.2 叶绿素

如果叶绿素中的镁离开卟啉环的中心位置，就会发生不可逆的色素变化。许多因素导致这种色素的颜色变化，包括长时间的储存、烹饪的热量、氢离子浓度（pH）变化，以及矿物质锌和铜的存在。这些因素导致植物在煮熟过程中产生单调的橄榄绿色色素。在生的状态下，植物细胞膜可以隔绝氢分子接触，阻止色素发生变化。

加热绿色蔬菜时，初期空气从细胞内部排出，蔬菜明亮的绿色变得明显；然后，细胞释放内部有机酸，氢取代镁，产生脱镁叶绿素：灰绿色的脱镁叶绿素 a 或橄榄绿色的脱镁叶绿素 b；随着时间的推移，叶绿素色素的这些变化越来越明显，因此建议缩短烹饪时间。

同时，在前 3min 不加盖烹饪果蔬过程中，可以让挥发性植物酸逸出，否则这些挥发性植物酸会残留在烹饪水中，并与镁发生化学反应以置换镁，因此，在烹饪叶绿素色素食品时，使用盖子可以减少叶绿素的变化（并非适用于全部植物色素，如后文所见）。

加热时，酸含量高的绿色蔬菜比酸含量低的绿色蔬菜颜色变化更大，酸含量高的绿色蔬菜比酸含量高的水果颜色变化小。即使是生的绿色蔬菜，例如生的西蓝花，随着叶绿素的降解，颜色也会变成暗黄色。

烹饪提示！由于加热时间过长和植物内释放有机酸，植物会改变天然颜色。因此最好尽量最低限度烹饪。除了内部的有机酸之外，外部的酸性环境（即在烹饪水中加入酸）会导致天然绿色的叶绿素变成橄榄绿色的脱镁叶绿素（茶黄素）。

前面的讨论是关于酸对色素颜色的影响。与酸性环境相反，碱性环境也会影响绿色色素。专业厨师或家庭厨师都知道，烹饪时添加碱性物质——碳酸氢钠（小苏打）会使蔬菜产生并保持理想的绿色。小苏打与叶绿素反应，取代叶绿素分子上的苯基和甲基，绿色素形成亮绿色的水溶性叶绿素。

尽管如此，虽然由于碳酸氢钠的 pH 发生变化而产生理想的外观，但是这种好处伴随着两个不可接受的变化：①由于半纤维素软化而导致质地的丧失；②营养素的破坏——抗坏血酸（维生素 C）和硫胺素（维生素 B_1）被破坏。因此，由于这些质地和营养损失，不建议添加这种碱性物质。

烹饪提示！碳酸氢钠（小苏打）对蔬菜颜色有正面的影响，但对蔬菜的质地和营养价值有负面的影响。

在食品配制中，切开或剁碎过程中，刀具可能会释放出矿物质铜和锌。此外，一些刀具、铜碗或漏勺中的金属元素可能会置换叶绿素中的镁，从而可能产生不良的叶绿素颜色变化。

不管叶绿素以何种方式变化，当叶绿素被破坏时，第二种潜在的类胡萝卜素色素可能变得明显，类胡萝卜素在下面讨论。

7.5.2 类胡萝卜素

类胡萝卜素是水果和蔬菜中的红色、橙色和黄色脂溶性色素，包括胡萝卜素（碳氢化合物类）和叶黄素（含氧类）。类胡萝卜素与叶绿素共同存在于叶绿体中，其中绿色色素占主导地位。类胡萝卜素也存在于没有叶绿素的有色体中。类胡萝卜素色素主要存在于花、水果中，包括番茄、辣椒和柑橘类水果；以及存在于根茎中，包括胡萝卜和甘薯。

胡萝卜素是含有许多碳原子的不饱和烃，其共轭双键（即双键与单键交替）是颜色的来源，共轭双键的数目越多，颜色越深。例如，

- β-胡萝卜素天然呈橙色，链的两端布有六元环（图 7.3）

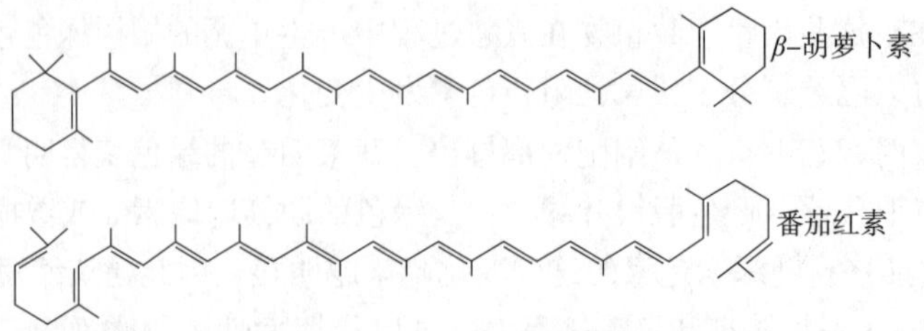

β-胡萝卜素

番茄红素

图 7.3 β-胡萝卜素、番茄红素

相较于β-胡萝卜素：

- α-胡萝卜素共轭双键较少，因而颜色较浅。
- 番茄红素存在于番茄和西瓜中，是目前最深的红橙色的色素，因为其共轭双键比β-胡萝卜素多两个，且链的每端有两个开环（见图7.3）。

胡萝卜素有数百种类型——已知40种或以上的类胡萝卜素是维生素A的前体物质。最广为人知的胡萝卜素是前面提到的β-胡萝卜素，通过肠道黏膜中的一种酶来分解，产生维生素A。

叶黄素是含碳、氢和氧的胡萝卜素的黄橙色衍生物，包括叶黄素2和玉米黄素。

秋季绿叶变黄是因为绿色叶绿素色素被破坏，一直与叶绿素共存的胡萝卜素，即“秋季叶黄素”变得可见。玉米中含有叶黄素隐黄素，绿叶中含有黄体素，辣椒粉中也含有叶黄素。

由于含有大量双键，类胡萝卜素色素可能会发生自动氧化。这种氧化可能导致其“异味”和颜色损失，产生不令人满意的产品。含有水果、蔬菜、中草药或调味料的各种食品中经常添加抗氧化剂如丁基羟基苯甲醚（butylated hydroxy anisole，BHA）、丁基化羟基甲苯（butylated hydroxy toluene，BHT）或叔丁基化羟基醌（tertiary butylated hydroxy quinone，TBHQ），以阻止这种不利氧化。非合成添加剂的使用也在探索，以拮抗自动氧化。天然抗氧化剂包括生育酚和抗坏血酸。有“天然食品”标签或想要防止添加人工成分的许多食品不允许使用BHA或BHT。

关于调味料，“美国FDA不允许对调味料进行健康声明。然而，支持调味料有益健康的研究很好地符合两种消费趋势：向纯天然疗法的转变和对辛辣食品日益增长的嗜好。”（Hazen，2012年）。

氧化会导致熟蔬菜颜色变浅，而植物糖的焦糖化会使熟蔬菜颜色变深。建议烹饪含有胡萝卜素色素的蔬菜过程中要么盖锅盖，要么像炒菜那样快速烹饪。由于色素是脂溶性的，为避免褪色，烹调时应尽量减少或不用如黄油、人造黄油等食用脂肪。因为这种色素可能会变淡。

烹饪时间的长短对类胡萝卜素色素的负面影响不像对叶绿素的影响那么大，而且变化也不那么明显。然而，在加热过程中，在酸的存在下，会发生一些分子异构化。具体来说，在类胡萝卜素中，植物天然存在的主要反式分子形式，在几分钟内变成顺式构型，且颜色变暗。与叶绿素不同的是，碱性环境不会产生颜色变化。

胡萝卜素使食品呈色。食品技术人员已经开发出胭脂树、胡萝卜、辣椒和番茄等提取物，来为食品着色（胭脂树粉白花，内有红橙色小种子，提取其色素用于食品如切达干酪着色）。

除植物色素外，添加的调味料和中草药也可提供胡萝卜素的颜色和风味。虽然在食品中添加量很低，但它们可以提高食品营养标签上的维生素A值，提供有利的营养素，例如β-胡萝卜素。这些香草和调味料可以提供与作为膳食的黄色、绿色和叶类蔬菜一样的营养素，只是含量要少得多。

果蔬源胡萝卜素可以预防身体组织氧化和癌症发展，尽管补充这种植物材料中的生物活性成分可能带来的益处仍然未知。营养和膳食学会提倡日常膳食中的食物是良好营养的最佳来源（参见“蔬菜和水果的营养价值”），而非补充剂。

烹饪提示! 类胡萝卜素在烹饪中的变化很小。

另一组由花青素和花黄素组成的色素化合物是黄酮类化合物。

7.5.3 花青素

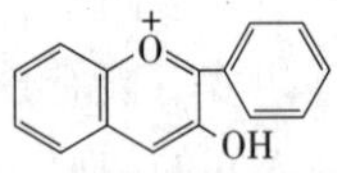

花青素（图 7.4）是水果和蔬菜中，如蓝莓、樱桃、覆盆子、红甘蓝、红李子、大黄（不是甜菜；参见“甜菜素”）中的红色、蓝红色、蓝色或紫色色素。萝卜、红苹果、红马铃薯、葡萄、茄子的皮中也含有花青素色素。花青素普遍存在于植物芽和嫩枝中，是叶绿素的一种基本色素，当叶绿素分解时，在秋季叶子中变为明显的紫色色素。

图 7.4 花青素

花青素的分子中心基团中含有带正电荷的氧原子，属于类黄酮化学物质。因此其颜色与类胡萝卜素的橙红色不同。花青素是水溶性的，存在于植物的细胞液中，浸泡或长时间受热，花青素可能会释放到烹饪水中。

下面是关于花青素和 pH 的讨论。

pH 与花青素颜色

使用花青素色素时必须小心，混合果汁作为果汁饮料，或加入碱性膨松剂的烘焙食品中的水果可能会产生不良的颜色。花青素在含碱或碱性烹饪材料中呈不美观的紫蓝色或青绿色。

在酸性环境中，花青素色素呈特殊的红色。为了颜色更加吸引人，通常会在烹饪红甘蓝过程中加入一种酸苹果。

pH 和质地

如果在水果和蔬菜（花青素色素）中加入柠檬汁或醋等酸以获得更好的颜色，那么果蔬质地特征也会受到 pH 的影响，应该在软化之后加酸，因为酸防止软化（参见本节“烹饪提示”）。

回想一下，叶绿素色素在盖着煮熟时会发生负面变化，而且仍然保留植物酸。含花青素色素的蔬菜正好相反。事实上，烹饪花青素色素的蔬菜时，建议用一个盖子，以更好保留颜色，因为植物酸的存在使烹饪水变为酸性。如果把含有花青素的水果加入搅拌器和面团中，例如在配制蓝莓松饼时，也会加入酸性干酪，以协助保色。烹饪过程中发生的颜色变化是可逆的。

非不锈钢烹饪工具中的铁等金属也会改变色素颜色。金属可以将天然的紫红色色素变为蓝绿色，因此，含有花青素的食品通常用漆涂层（搪瓷衬里）的金属罐罐装，以防止其含有的酸与罐金属相互作用，引起不良的颜色变化。

烹饪提示! 花青素的颜色在烹饪中发生的变化是可逆的。

花青素是水果和蔬菜中的天然色素，使果蔬色泽明亮，在其原生状态下极不稳定。除 pH 之外，花青素的性状还会受化学结构、温度、光、氧、抗坏血酸、二氧化硫和金属离子等因素影响。但是，不同植物的花青素提取物呈现不同颜色，且与不同环境产生不同反应。有些在热处理下稳定但与光发生反应，有些可能在光照下稳定，但与 pH 或水分活度发生反应……

此外，红色水果或蔬菜汁中某些花青素可能会充填于容器顶部空间。配方设计师若想增加花青素用量，可能会产生异味……一般来说，由于蔬菜花青素和水果花青素的分子结构不

同，蔬菜花青素比水果花青素稳定性更高。（Turner，2019）

7.5.4 花黄素

第四种主要色素——花黄素（图 7.5）也是一种黄酮类化合物。花黄素与花青素相似，但由于其中心基团上的氧不带电，花黄素的氧化程度较低（花青素含有带正电荷的氧）。花黄素是植物细胞液中的白色或淡黄色水溶性色素，包括黄酮、黄酮醇、黄烷酮和黄烷醇色素，存在于苹果等水果及菜花、洋葱和马铃薯等蔬菜中。

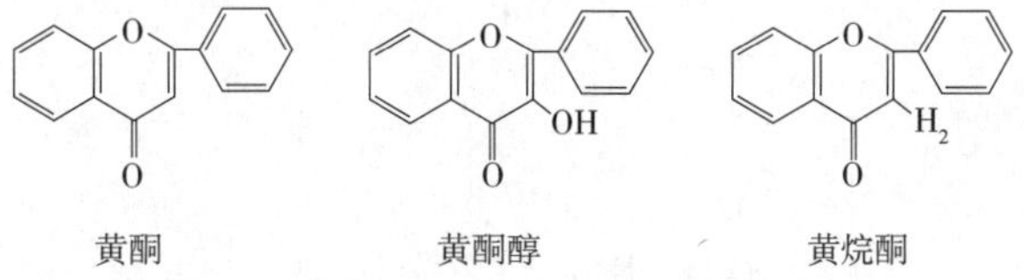

黄酮　　黄酮醇　　黄烷酮

图 7.5 花黄素

花黄素色素的烹饪时间应短，否则，随着加热时间延长，色素会变成不希望看到的褐灰色。例如，有机酸含量低、含白色花黄素的马铃薯在长时间烹饪后，可能产生铁-绿原酸络合物而变成不利的深色。如果蔬菜烹饪过度，一些花黄素可能转化为花青素并呈现粉红色。

在酸性环境中，花黄素颜色变浅（因此，家庭使用时，在酸性环境中烹饪含花黄素的食物，每 946mL 水中加入一茶匙酒石，可能有助于食物颜色变浅）。如果烹饪用水是碱性的或含有微量的铁盐，白色蔬菜煮后可能变为黄色或褐色。在铝制炊具中烹饪也会导致同样的不利变色。

烹饪提示！建议短时间烹饪花黄素色素，其在酸环境中颜色更白。

7.6 其他色素

7.6.1 甜菜素

甜菜素是分子结构中含有氮基团的一小类色素。甜菜红色素与花青素、花黄素相似，但并不归于其类。这些色素的颜色不同。

例如，

- β-花青素是红色的，类似花青素在 pH=4~7 呈现的颜色。
- β-花黄素是黄色的，类似于花黄素在 pH>10 呈现的颜色。
- 甜菜素在 pH<4 时呈紫色。

使用涂漆罐（与花青素相同），是为了防止罐中的金属与甜菜红色素发生反应会引起的颜色变化。

7.6.2 单宁

单宁（单宁酸）是多酚类化合物，可为食品增添色泽和涩味。单宁可能导致水果和蔬菜变为不想要的褐色，也可使茶叶发生理想的变化，产生特征颜色。单宁的颜色从淡黄色到浅棕色，由于其酸性，食用容易使嘴部起皱（收敛剂使黏膜收缩，萃出水分，使分泌物变干燥）。

单宁一词代表植物中广泛存在的一组化合物，通常存在于树皮、果实、叶子和根中。丹宁酸，如茶叶中发现的褐色色素，可用作织物染色或皮革鞣制中的棕色染料。在葡萄酒和茶叶中发现的食用单宁具有有益健康的抗氧化特性。单宁沉淀蛋白质，使它们从溶质相变成固体和“沉淀”（然而，如果蛋白质的密度小于溶剂密度，蛋白质会漂浮于溶剂中）。

7.7 风味化合物

虽然醛类、酮类、有机化合物和醇类物质是烹饪后蔬菜风味的影响因素，但是葱类和芸薹类化合物中的硫的存在对烹饪后蔬菜的风味影响很大。根据美国癌症协会（the American Cancer Society，ACS）所述，一些有利的硫化合物，包括烯丙基硫化物，可能会促进身体中致癌物的排出。

7.7.1 葱属蔬菜

百合科葱属蔬菜包括韭菜、大蒜、韭葱、洋葱、大葱等。例如，洋葱含有强烈的硫化合物，切洋葱时，酶呈现活性，导致眼睛流泪（泪液效应）。与之相似，大蒜经过酶促转化为硫化合物——前体（+）-*S*-烯丙基-L-半胱氨酸亚砜，产生特征明显的大蒜气味。

这些风味化合物是水溶性的，烹饪过程中可从蔬菜内流失到烹饪用水中，而后变成蒸气挥发。因此，如果想使洋葱呈温和风味，建议在大量沸水内长时间开盖煮制，这样有利于硫风味化合物的降解和蒸发。相反，如果用较少的水带盖煮制，就会产生更甜、更浓的风味。如果在脂肪中烹饪，则洋葱的风味最浓，其风味完全没有消失。

烹饪提示！葱属蔬菜：如果在大量的水中开盖烹饪，则风味温和；如果在较少的水中带盖烹饪，那么浓郁、强烈的风味是显而易见的。当用油烹饪时，风味强度最大。

7.7.2 芸薹属蔬菜

芸薹属蔬菜包括西蓝花、芽甘蓝、甘蓝、菜花、羽衣甘蓝、大头菜、芥菜、芦笋和香菜。因其幼体时开有十字形的花朵，芸薹属蔬菜属于十字花科。与葱相反，长时间烹饪会使芸薹属蔬菜产生硫化氢，其天然温和的风味因此变得强烈、令人反感。

因此，为获得芸薹类风味蔬菜的最佳风味，建议在少量快速沸腾的烹饪水中进行短时间烹饪。此外，为了让挥发性有机酸逸出，建议蔬菜在烹饪过程先开盖烹饪，然后盖盖烹饪，以缩短烹饪时间。

一些芸薹属蔬菜，如甘蓝，含有一种名为黑芥子硫苷酸钾（sinigrin）的硫化合物。黑芥子硫苷酸钾可与一种酶，即从被切开或有损伤的细胞中释放出的芥子酶相互作用，产生烈性芥子油。（+）-*S*-甲基-L-半胱氨酸亚砜化合物可转化为更理想的二甲基二硫化物。

烹饪提示！芸薹属蔬菜：为防止难以接受的烈性异味产生，应用少量清水进行短时间带盖烹调。

7.7.3 有机酸

有机酸赋予水果辛辣味和酸味，包括柠檬酸、苹果酸和酒石酸。与水果相比，蔬菜含有较多种类有机酸，但酸性 pH 比水果低。

7.7.4 浓缩物、提取物、油、调味料和中草药

浓缩物、提取物、油、调味料和中草药在食品加工过程提供风味。这些可以用作产品配方中新鲜、冷冻或脱水蔬菜的替代品，其添加可使产品具有纯净、一致的风味质量。浓缩物赋予蔬菜的特征风味。天然植物提取物可产生新鲜调味料和中草药的特征和香味。香精油也可以从植物中提取出来，浓缩后产生有利的油脂。这些都可以作为一些调味料和中草药的替代品。

虽然调味料和中草药之间可能没有明显的区别，但中草药通常来自植物的草本部分。据美国香料贸易协会（the American Spice Trade Association，ASTA）所述，调味料是指“主要用于调味目的的任何植物干品”。调味料可能来自果实、花、根或种子，也可能来自灌木或藤蔓。调味料具有改善颜色，提高风味和口感，还具有抗菌性能（Sherman 和 Flaxman 2001）（FDA 的调味料定义中不包括脱水蔬菜，认为脱水蔬菜是“佐料”。）

民间有大量关于调味料和中草药的传说，它们可以用于医疗和烹饪。传统医学对调味料和中草药的使用已有几个世纪的历史，今天传统医学也可与西医和现代医学相结合。事实上，由美国国立卫生研究院成立的国家补充与替代医学中心（National Center for Complementary and Alternative Medicine），其使命是寻求有效的替代医学治疗的方法，对其结果进行评估，并向公众报告发现和评估结果。

7.8 蔬菜的分类

蔬菜按植物中食用部分进行分类，世界各地的情况各不相同。从植物的地下部分开始，一直生长到地面以上的部分，共有如下 8 个常见部分：

- 根：位于地下。根类蔬菜包括甜菜、胡萝卜、凉薯、防风草、萝卜、芜菁甘蓝、甘薯、萝卜、山药等。（“红薯”果肉呈黄色至橙色，呈干燥或潮湿状。在美国，红薯也被称为“山药”，标签上会同时标注这两个名称。真正的“山药”为黄色、白色或紫色的肉质根菜，而非橙色）。
- 块茎：位于地下，为大肉质茎，是叶子制造碳水化合物后的淀粉储存区，其芽或眼形成新植株。块茎类蔬菜包括爱尔兰马铃薯、洋姜等。
- 球茎：位于地下，为植物茎中用于储存营养的部分。球茎类蔬菜包括大蒜、韭菜、洋葱、青葱、大葱等（绿色葱和大葱并没有真正的球茎）。
- 茎干：植物的维管系统和营养输送途径，含大量纤维素。茎类蔬菜包括芦笋、芹菜、大头菜、大黄等。

•叶：碳水化合物的制造器官，制造后将碳水化合物储存在植物的其他部位。叶类蔬菜包括球芽甘蓝、甘蓝、生菜、欧芹、菠菜等，也包括海藻和甜菜、羽衣甘蓝、芥菜等“绿色蔬菜”。

•花：茎上的团簇。花类蔬菜包括洋蓟、西蓝花、菜花等。

•果实：含有种子的成熟子房。果实类蔬菜通常甜而多肉，包括苹果、香蕉、浆果和橙子等，也包括鳄梨、黄瓜、茄子、秋葵、橄榄、胡椒、南瓜、扁豆、番茄等不甜的种子。

•种子：位于植物的果实中，也可能在荚中，可以发芽。种子类蔬菜包括豆类，如干豆、豌豆和花生。在美国，种子类蔬菜也包含甜玉米（但甜玉米通常算作谷物而非蔬菜）。甜玉米可能会发芽。

7.9 采收和采后变化

为确保果蔬尽可能达到最高品质，应严格遵守果蔬采收和采后加工时间表和程序。不同农作物储存前在不同成熟阶段进行采收，随着生长时间的增长，果蔬作物可能变得较大和不够嫩。理想做法是采收尚未完全成熟的果蔬，或让其“在藤上成熟”。

另一个理想做法是在田间冷却新鲜农产品，然后在进行运输前在田间进行罐装。这种做法最大程度地减少了其质量上的负面变化。

采收后，果蔬继续进行呼吸作用，即吸入氧气（O_2）并释放二氧化碳（CO_2）、水分和热量的代谢过程。植株完全成熟之前的呼吸速率最高。跃变型水果，如苹果、杏、鳄梨、香蕉、桃子、梨、李子、番茄等应在成熟前采收。热带水果如番木瓜、芒果也是跃变型水果，鳄梨也是。

另一方面，非跃变型水果，如樱桃、柑橘类水果、葡萄、甜瓜、菠萝和草莓应在成熟后采收。

•跃变型水果：成熟前采收。

•非跃变型水果：成熟后采收。

采后天然阳光、人造光或荧光光线照射可能会使一些蔬菜（如洋葱或马铃薯）中形成绿色叶绿素色素和茄碱（高浓度下有苦味和毒性）。植物表皮下方可能出现绿色斑点，如果斑点很小，这些少量的斑点很容易被切除。

正确的运输包装非常重要。能保持植物水分和热量的贮藏条件可以减少果蔬的负面变化，例如不良的霉变或腐烂。

7.10 成熟

在物理评估时，果蔬成熟的迹象是可视、可感知的，并且是可触摸的。例如，果实成熟时绿色的变化（由于叶绿素降解）使更多的类胡萝卜素色素颜色显而易见。随着糖含量的增加和酸含量的减少，风味的变化显现出来。

在果蔬的成熟与后熟阶段之间，有许多看不见的酶的作用。尽管后熟阶段无法通过肉眼识别，但在物理外观改变之前，其内部激素和酶都在作用。

果蔬发生的明显的成熟变化，是由于无色无味的乙烯气体的产生。例如，该气体的排放会使植物细胞壁软化。乙烯气体是一些蔬菜和水果自然产生的碳氢化合物，尤其是苹果、香蕉、柑橘类水果、甜瓜和番茄。特别是生菜、叶类蔬菜和任何碰伤的水果，由于乙烯气体的存在，特别容易受到不良呼吸作用的影响。故应将产生乙烯气体的果蔬与其他不需要成熟的水果分开储存。（“一个坏苹果害整仓!”）

除天然乙烯气体外，还有由碳氢化合物燃烧制成的人造乙烯气体。食品分销商可以将一定剂量的乙烯气体引入封闭的食品储存室中，以便在出售给零售商之前将未成熟的水果催熟。乙烯是否能使水果更快且更均匀的成熟，取决于果肉温度、果实成熟阶段和成熟室的相对湿度（来源：西斯科食品公司，未注明日期）。

烹饪提示！家用催熟技术是将未成熟的水果放在一个封闭的纸袋中，然后收集乙烯气体，并加速水果成熟至理想状态。

天然乙烯气体有使果实过度成熟并导致其品质下降等不良作用，可以对这些不良作用进行人工干预。例如，可添加赤霉酸，以控制果蔬的外部储存环境。在采收前应用这种植物生长调节剂能够延迟果蔬的成熟，保持果实硬度，这两者都是采后处理、贮藏和运输中的重点考虑因素。

在衰老（过度成熟）过程中，细胞内原果胶发育成水溶性果胶。一旦原先坚固的细胞彼此分离，过熟的水果和蔬菜变得更为柔软或成糊状。为了控制果蔬不必要的成熟和延长保质期，可以用可食用蜡和辐射等方式对其进行处理。蔗糖合成酶和果胶酶可用于测量一些马铃薯和果实的成熟度。

冷藏可以减少不良化学反应。同样，可以通过控制性气调贮藏（controlled atmosphere storage，CA），控制性气调包装（controlled atmosphere packaging，CAP）和改良气调包装（modified atmosphere packaging，MAP），调控贮藏环境中的二氧化碳和氧气含量，从而达到控制成熟的目的（参见第十九章）。

7.11 酶促氧化褐变

当植物的酚类化合物在有氧环境中与酶反应时，发生酶促氧化褐变（enzymatic oxidative browning，EOB）。一些果蔬在制备过程中碰伤或切开，可能会变色。例如，当某些品种的苹果、杏、香蕉、樱桃、桃子、梨、茄子或马铃薯被碰伤或切开时，其中的酶暴露于空气中的氧气，果蔬则发生不良的褐变或酶促氧化褐变。

采取控制措施防止酶促氧化褐变可能并不容易。例如，果蔬中可能存在不止一种基质，而且，细胞间隙中也可能含有氧气，而不仅是表面空气中，此外还必须使相关酶变性。破坏性的酶在果蔬贮藏过程中扩散，正如前所述，确实是“一个坏苹果害整仓”。

褐变的一个有效控制方法是避免底物与氧气接触。为此，可以用糖浆覆盖食品以阻挡氧气，或用可限制氧气渗透的薄膜包裹。另一个方法是将商业制备的柠檬酸粉末或抗坏血酸应用于被切开的果实表面。柠檬汁也可用于果实被切开处。以这种方式，含维生素 C 的果汁替代植物色素被氧化，且酸性 pH 可抑制酶促作用。

由于其内巯基（—SH），菠萝汁可作抗氧化剂，是防止褐变的另一种有效方法。果汁中的硫化合物可以有效阻止一些食品变黑，如切开的水果、生菜叶和白葡萄酒等。然而，由于一小部分人对亚硫酸盐过敏，因此在原产品中限制使用亚硫酸盐来防止褐变。

家用时，通常在冷冻前烫漂果蔬。烫漂破坏果蔬中的多酚氧化酶，使其能够冷冻贮藏数月而不降解。烫漂即在冷冻前将（通常）切好的果蔬片放入在沸水中，在冷冻之前准确地放置一段时间。确切的时间长度取决于果蔬的体积和质地。

烹饪提示！为了控制褐变，避免底物与氧气接触——用糖浆或薄膜包裹易受影响的水果，或将切好的果实浸入柠檬汁、橙汁、菠萝汁中，或商用柠檬酸粉末处理以控制褐变。

7.12 烹饪的影响

烹饪对食品的影响有很多方面——保水性、颜色、质地、风味、营养价值等。选择短时烹饪如汽蒸等烹饪方法，能最大程度保留食品的风味和营养价值。此外，汽蒸法能保留食品的天然颜色，因为该法避免了食品内部释放的酸与食品之间的接触。蔬菜和水果可以不经烹煮生吃，也可通过烤、煮、炸、蒸、炒、高压烹饪等方式烹饪供食用。烹饪会改变果蔬的外观和质地，以及使其风味和营养价值发生变化。

7.12.1 保水/膨压

果蔬一经烹煮，其保水性和膨压就会改变。烹煮后，细胞膜失去选择透过性，与生的果蔬细胞中简单的水渗透运动不同，煮后的细胞膜允许一些糖和营养物质与水一起通过。当这些物质从高浓度区域向浓度较低区域扩散时，植物细胞失去其原有形态、水分和膨压。

7.12.2 颜色

生的果蔬自然颜色各不相同，煮后果蔬的颜色受本章前面讨论的诸多因素影响，包括天然植物色素、pH、果蔬成熟度、烹饪时间、锅盖的使用、烹饪方法的选择和周围环境等。热烫可以使酶失活，排出对颜色产生不利影响的细胞间空气。

用铝或生铁炊具烹调可能使煮熟的果蔬变色，因此建议使用不锈钢炊具烹煮蔬菜或水果。另一个改变颜色的因素是碳酸氢钠的使用，它使果蔬的绿色更明亮。然而，如前所述，这种方法是不推荐的，因为它导致了维生素流失和质地下降。

7.12.3 口感

毫无疑问，烹饪会改变水果或蔬菜的质地。煮后的蔬菜质地取决于许多因素，包括 pH、蔬菜成熟度、烹饪时间和烹饪用水的成分等。例如，由于在沸腾的碱性水中长时间烹饪会使其半纤维素分解，纤维素软化，果胶降解，导致质地大大软化。烹饪时添加酸，如在另一种蔬菜配方中添加番茄，由于蔬菜组织不会软化，果胶沉淀，导致煮熟的蔬菜质地硬。

钙离子有助于保持果蔬质地。这些钙离子天然存在于硬水中，或者通过商业加工过程中添加到许多罐装蔬菜中。例如，罐装番茄加入钙离子后，其与果胶物质反应形成不溶性盐，保留了煮番茄的质地。出于相似的原因，黄糖和糖蜜是保持质地的常用添加剂，例如波士顿烤豆。当然，质地也与植物的成熟度有关，老植物中存在木质素，可能使其变得更坚硬、“木质化”。

7.12.4 风味

煮熟的蔬菜风味取决于众多因素，如葱属或芸薹属植物的种类、液泡中水溶性有机酸和糖的流失等。此外，糖、脂肪、调味料、中草药等的添加使蔬菜风味变得多样，实际上这可能会促使不爱吃蔬菜的人多吃蔬菜！

7.12.5 营养价值

果蔬营养价值将在本章的后面部分更详细地介绍。这里仅讨论烹饪对其营养价值的影响。

烹煮后果蔬的营养价值受许多因素影响，如食品中天然存在的营养素、烹饪介质的种类、烹饪时间和添加物等。细胞液中的水溶性维生素和糖通过扩散从薄壁细胞中流失并可能被氧化。另一方面，植物材料中的矿物质是不能被破坏的无机物质（尽管在水果或蔬菜配料中可能忽略矿物质）。

在最少量的水中短时间烹饪或汽蒸蔬菜有利于保留其营养价值。然而，有时恰恰相反，即在充足的水中长时间烹饪，以获得食品温和的味道，例如在大量水中长时间煮洋葱可使其味道温和。

关于盖子的使用，在平底锅中盖盖烹饪可能是有意的，因为加快了烹饪速度，以及更好地保留食品的酸、风味或营养素。然而，如前所述，全程盖盖烹饪方式不适宜烹饪含有绿色叶绿素的蔬菜或芸薹属风味蔬菜。

烹饪提示！烹饪会使食品膨压、外观、质地、味道和营养价值发生变化。有些变化是有利的，有些不是。尽量最低限度烹饪蔬菜。

7.13 水果——独特的制备和烹饪原则

本节专注水果制备和烹饪的一些独特方面（图7.6）。本节进一步讨论“水果”，会包括鳄梨和辣椒等蔬菜水果，最典型的水果是指含有种子的甜而多肉的水果。但应该记住，有些水果没有种子，例如香蕉和无籽葡萄。

图7.6 水果
（来源：由SYSCO®股份有限公司提供）

如前所述，水果的植物学定义包括所有谷物、豆类（大豆和豌豆）、坚果以及一些通常作为“蔬菜”（如番茄）食用的植物部分，因此与烹饪的定义不同。根据其烹饪作用，水果指植物中甜的肉质部分，通常单独食用或作为甜点食用。水果的烹饪定义中不包括谷物、豆类和坚果，也不包括“蔬菜水果”，如鳄梨、黄瓜、茄子、秋葵、橄榄、辣椒、南瓜、四季豆、西葫芦和番茄等，这些在饮食中通常被认为是蔬菜。下面这件事有趣：

1893 年的税收纠纷导致美国最高法院将番茄裁定为蔬菜。“在植物学上，番茄被认为是藤生水果，就像黄瓜、南瓜、大豆和豌豆一样。但在人们通用语言中，无论是供应品的销售者还是消费者，所有这些都是生长在菜园里的蔬菜，不管是熟的还是生的，如同马铃薯、胡萝卜、防风草、芥菜、甜菜、菜花、甘蓝、芹菜和生菜一样属于蔬菜，通常在晚餐时与汤、鱼、肉等主菜一起或在其之后食用，而不是像水果一样，这些蔬菜通常作为甜点。”（美国最高法院）。(Cunningham，2002)。

7.13.1 水果制备

水果制备过程中，可能发生水分流失。例如，当鲜切草莓洒上糖以增加风味时，水分通过渗透作用从水果中流失，可以看到草莓碗中收集有红色液体（含添加糖）。由于酶促氧化褐变，其他水果可能出现同样的水分流失或发生变色。

无论是在工厂、食品服务机构或在家中制备，以不同方式/介质烹饪水果，可能会发生以下情况：

水

在淡水中烹饪时，水进入水果组织（渗透作用），糖以 12%～15% 的自然水平扩散出来（扩散作用）。水果（包括葡萄干等干果）吸水膨胀，果胶变得可溶并扩散到水中，细胞稠密度变小，水果变嫩。纤维素发生软化，木质素保持不变。水果失去原有形状。

糖的添加

糖可用于烹饪，进行赋味和一些保存。烹饪开始时，在烹饪用水中加入大量糖（添加量大于水果中天然糖含量），可降低食品的嫩化程度、维持其原有形状。这是因为食品中的水渗出，外部较高浓度的糖通过扩散进入水果切片。糖还会影响植物中果胶的溶解度，使纤维素和半纤维素脱水，导致细胞壁皱缩和坚韧。

糖的添加时间很重要。如果在烹饪早期向水果中添加糖，那么对于保持形状非常重要的浆果或水果切片来说，这是可取的。相反，如果水果在淡水中烹饪，糖添加晚，在烹饪的水果失去形状、变软后再添加糖，则可以形成理想的果酱，如苹果酱。

风味的转变

水果的制备一些方法使水果的风味发生变化，例如烹饪水果。水溶性糖和其他小分子在烹饪时逸出到周围的水中，因此，煮熟的水果味道平淡，除非在烹饪过程中加糖。

7.13.2 果汁和果汁饮料

根据定义，水果“果汁”是 100% 的水果原汁，而“果汁饮料”的原果汁含量仅必须在 10% 及以上。食品药品管理局要求，商用果汁必须经过巴氏杀菌，以控制微生物的生长。紫外线照射处理，以减少病原体和其他有害微生物。二者都可以由多种水果调配而成。FDA 要求商品果汁经过巴氏杀菌以控制微生物的生长，进行紫外线（ultraviolet，UV）照射处理以减少病原体和其他有害微生物。

7.14 蔬菜和水果的分级

美国的果蔬分级标准供包装商和加工商自愿选择。果蔬分级标示并不显示其安全性、营养价值和包装类型（例如，“用浓糖浆包装”等）。批发商、商业机构和食品服务机构（包括餐馆和学校），可以依照果蔬书面规格按等级采购，消费者可能不知道果蔬的等级。

干燥或冷冻的水果和蔬菜也进行分级，尽管分级标示似乎不如显示等级的罐装或新鲜果蔬那么普遍。在竞争激烈的批发食品服务市场，罐装水果和蔬菜有 US A 级、B 级、C 级三个等级。

US A 级是最高等级，并表明产品拥有最好的外观和质地，包括液体透明度、颜色、形状、大小、无瑕疵或缺陷，以及成熟度。US C 级是最低等级。新鲜水果和蔬菜有 US Fancy、US No. 1、US No. 2 三种等级。

一些公司的自有标签可能有些规格显示在一个等级内的范围狭窄，不同的等级可指定有相应的专有名称。

7.15 果蔬有机种植

“有机种植”以前是一个没有食品生产、处理和加工的联邦标准定义的术语。终于，在 2001 年 2 月，美国农业部为“有机种植”给予了联邦定义。1990 年制定的《有机食品生产法》在几年后才生效，在最终生效前的这几年，这一法律被公开发布以征求反馈意见。为满足有机农场主和消费者的需求，政府进行了大量的公共投入。

制定综合性有机食品标准的最终目的是为了使消费者区分清楚。此外，还旨在缓解出口和内销中潜在的混乱情况，使用统一的产品标签，消除单独的州和/或私有标准。美国农业部的有机印章也重新设计，以便消费者更好地理解，并于 2002 年 8 月生效使用。

在立法之后，贴上“有机”标签的食品必须在不使用化学杀虫剂、除草剂或化肥的条件下种植（美国糖尿病协会，未注明日期），且其生产体系必须有可核实的记录。有机产品必须 95% 以上为有机生产；加工食品可贴上“有机原料制造”的标签。如果不遵循有机生产和操作规定，而将产品作为有机产品出售，可能会被处以巨额罚款。

尽管生长过程中不使用化学杀虫剂、除草剂和化肥的有机种植的作物，符合某些人的需要，但没有证据表明其比传统种植的作物营养价值高。贫瘠的土壤上生长的作物可能高度较低，但其营养价值并不会因此较低（Newman 等，2002 年）。

虽然有机作物的农药残留肯定会降低或根本没有，其细菌含量可能会高于传统种植作物。如果使用动物粪便作为肥料，而清洗作物时不加小心，那就更是如此了。有机种植不是食品安全的代名词，因此，与所有农产品一样，必须小心清洗所有水果和蔬菜上的污染物。

此讨论中值得注意的是，在美国，国家有机计划（National Organic Program，NOP）不仅适用于水果和蔬菜。农作物标准、牲畜标准和操作标准均由该法案规定。

7.16 生物技术

更多参见“附录 A”。

生物技术（biotech）的倡导者表示，生物技术有助于使产品更便宜、更安全、更美味。传统育种技术几年的育种时间，可以通过基因操作缩短，一些食品可以缩短一半育种时间。尽管受例如生长区域的气候条件、昆虫的侵扰以及传统育种的漫长时间等因素的影响，种植者一直在努力提高作物的可用性和产量。可以说，生物技术作为作物育种工具的历史可以追溯到许多世纪以前。

生物技术代表了由植物育种家进行的常规育种（包括基因选择、基因杂交和基因突变）和生物技术（包括 DNA 重组和基因转移）的结合。为了提高产品质量和满足消费者需求，应用常规育种和生物技术的科学家需要继续合作。许多消费者希望拥有贴有转基因食品标签的转基因食品。

FDA 通过监管食品掺假和食品添加剂的两种方式确保转基因食品和食品成分的安全。这两种 FDA 监管方法使其拥有与任何其他非生物工程食品相同的安全标准。

以下是 FDA 生物技术协调员关于食品生物技术的声明：

食品生物技术

首先，让我来解释一下我们所指的食品生物技术或基因工程食品是什么意思。在我们的膳食中许多已常见的食品来源于通过育种和筛选传统基因技术开发出来的植物品种，例如杂交玉米、油桃（转基因桃子）和橘子（橘子和柚子的基因杂交种）等。通过重组 DNA 技术和细胞融合等现代生物技术方法生产的食品正从研究和开发阶段进入市场。正是这些产品，许多人称之为基因工程食品。欧盟委员会将这些食品称为转基因生物（genetically modified organisms）源食品。美国使用“基因改造（genetic modification）”一词指代所有育种方式，包括现代育种（即基因工程）和传统育种。

为了达到植物育种家采用传统育种方法实现的许多相同目标和品种改良，如今正在应用新的基因剪接技术。这些新技术在两个重要方面不同于前者。首先，基因剪接技术在操作上更精确，使新品种的特征更完备，因此新品种质量的可预测性更高。科学家使用这些技术，可以通过分离基因将特定新特性引入食品，而不会像传统育种一样同时引入许多其他不受欢迎的特性。这是对传统育种的重要改进。

此外，如今的技术使育种者有能力跨越传统育种无法跨越的生物界限。例如，可以将细菌或动物中的性状转移到植物中。

在对基因工程食品进行安全性评估时，FDA 不仅考虑最终产品，还考虑了用于生产基因工程食品的技术。尽管判断一种产品是否可以安全食用是基于对最终产品的研究，但了解用于生产该产品的技术有助于理解在产品安全性审查时提出的问题。这就是 FDA 监管传统食品产品和生物技术衍生产品的方式。

FDA 提供优质食品，同时保障人身安全和环境安全，对公众来说意义重大。FDA 要求，所有生物工程食品若在营养价值或导致食品过敏方面与原来的传统食品有显著差异，就必须贴上标签。

对这一领域的持续改进性研究仍然是当下的研究侧重点。当然，植物食品的营养成分含量，如提高植物蛋白质含量，以及增强植物对虫害的抵抗力，或者提高植物的贮藏性，也是研究的重点。除了为消费者提供更高经济性、便利性和更高营养价值外，安全性也是对种植者和消费者都很重要的因素。生物技术的安全性已经受到公众、教育工作者、环保人士和科学家的争论和探讨。未来可能会有更多这样的辩论。

历史上，第一种为人类食用而设计的基因工程食品已经被 FDA 认证是安全的，Flavr-Savr 番茄于 1994 年 5 月获批准进入市场。这种番茄的保质期比其他番茄长 10 天。由于含有多聚半乳糖醛酸酶（polygalacturonase，PG），其在藤蔓上停留时间更长，这样番茄能在藤上成熟，从而具有更好的风味。此后，在 1996 年，遵循 FDA 的有关安全决定，通过生物技术开发的玉米、马铃薯、大豆和番茄品种开始种植。目前，随着生物技术的进步，更多的食品品种正在开发。据国际粮食信息理事会（the International Food Information Council，IFIC）报道，生物技术生成的粮食是美国粮食产量的一个重要组成部分。

农业、能源、医疗和海洋光学只是生物技术的部分应用领域。有关生物技术和食品更深入的报告，参阅食品技术专家协会的报告。

美国农业部的农业研究服务部（The USDA's Agricultural Research Service，ARS）与私营企业和学术研究中心一起坚持发展改良基因工程为目标。到目前为止，由于消费者的负面反馈，一些食品公司已经停止使用或宣布不再使用转基因食品。相关辩论仍在继续。

7.17 辐照

辐照的目的是控制病原体。一些新鲜的水果、果汁和嫩芽也以这种方式进行处理。植物种子可以通过辐照以控制病原体。除水果和蔬菜外，进一步研究寻求控制其他食品中病原体的合适方法，结果即将问世。

根据美国农业部的说法，“食品辐照是一种控制腐败、消除食源性病原体的技术。辐照结果类似于巴氏杀菌。食品辐照和巴氏杀菌之间的根本区别在于用于杀灭微生物的能量来源。传统的巴氏杀菌依靠加热热量，而辐射依靠电离辐射的能量。

食品辐照指经批准的食品暴露于包括 γ 射线、电子束和 X 射线等辐射能的过程。1963 年，FDA 发现食品辐照是安全的……，辐照不能替代肉类和家禽工厂良好的卫生和工艺控制。它是食品一个额外的安全保护层。”

图 7.7 国际通用辐照食品标志“Radura”

欧盟指令明确规定，辐照食品以及含有辐照成分的食品，无论其含量有多少，均必须贴有国际通用食品辐照符号“Radura”（图 7.7）。FDA 多年来一直评估辐照食品的安全性，并发现辐照过程是安全的。世界卫生组织（The World Health Organization，WHO）、疾病控制和预防中心（the Centers for Disease Control and Prevention，CDC）和美国农业部也认可辐照食品的安全性。

在美国，FDA 批准允许多种食品进行辐照处理，包括：

- 牛肉和猪肉。

- 甲壳纲动物（如龙虾、虾和螃蟹）。
- 新鲜水果和蔬菜。
- 生菜和菠菜。
- 家禽。
- 发芽种子（例如，苜蓿芽）。
- 带壳鸡蛋。
- 贝类（如牡蛎、蛤蜊、贻贝和扇贝）。
- 香料和调味料。

（来源：FDA，2018）。

7.18 素食选择

无论是出于宗教、政治、健康还是其他原因，选择吃素的素食主义者越来越多。阐明“素食者”的概念并不简单，必须认识到，这一概念对不同人来说可能内涵不同，意思不一样。然而，真正的素食主义者是不食用任何动物产品的。而若遵循其他的“素食”定义，素食者可能会食用牛乳、鸡蛋、白肉或鱼。坚持食用少量动物产品的人被归类为“弹性素食者”。

鉴于动物产品是维生素 B_{12} 的唯一重要来源，完全不吃肉的素食主义者食用可靠的维生素 B_{12} 强化食品是明智之举，可以选择补充维生素 B_{12} 以维持神经周围的髓鞘，防止永久性神经损伤和瘫痪。值得注意的是，微波加热使食品中的维生素 B_{12} 失活（参见第九章）。

“强根”是一家冷冻食品公司，致力于为弹性素食主义和纯素食主义消费者提供健康的、植物为基础的根类蔬菜食品。非转基因汉堡产品内含有甜菜根、豆，羽衣甘蓝、藜麦和南瓜、菠菜。此外，还有由甜菜根、西蓝花、胡萝卜、菜花、菠菜和其他蔬菜制成的植物性快餐（在冰箱里扎根，2019）。

7.19 蔬菜和水果的标签

7.19.1 营养成分

在美国食品营养成分标签上必须标明四种营养素。这些营养素必须标注在所有营养成分食品标签的实线以下。这四种作为人群所缺少，被特别列为营养素。在水果和蔬菜中两种维生素同时非常普遍存在，许多美国人最好增加这两种维生素的摄入量。标签为消费者提供了他们在每一份食品中摄入的每日所需营养值的百分比的信息。个别新鲜水果和蔬菜没有标签，但超市的宣传册、海报、或塑料袋上有相关营养占比信息。

7.19.2 标签术语

适用于水果和蔬菜的标签术语包括以下内容，并且作为产品的描述信息，必须在产品名称后出现，例如，“绿豆，新鲜”：

- “新鲜（fresh）”的食品必须是生的，有生命并正在进行呼吸作用。可以进行一些表皮处理，如用蜡或杀虫剂处理。允许使用小于 1kGy 的辐照处理来灭活致病微生物和腐败微生物（FDA 正在考虑使用“新鲜”一词，用于替代非热技术，以保护美国食品供应，并向消费者清楚地传达食品特性）。
- “新鲜制备（freshly prepared）”是指未经冷冻、热处理或保存的食品。
- 一份“好的营养源（good source of）”必须含有每日所需营养值的 10%～19%。
- 标注“无脂肪（fat-free）”的食品，每份脂肪含量须<0.5g。“低脂（low-fat）”食品每份脂肪含量则须≤3g。
- 热量水平对许多消费者来说很重要。标注“低热量（low-calorie）”的食，每份热量含量应小于 167.36J。
- “无钠（sodium-free）”表示每份产品含钠量<5mg；“钠极低（very-low-sodium）”表示每份产品含钠量<35mg；“低钠（low-sodium）”则表示每份含钠量<140mg。
- “高纤”表示每份产品含纤维量≥5mg。

1991 年 FDA 修订了《营养标签制作条例》。规定了 20 种最常食用的蔬菜和水果的营养值标签。除了前 20 种外，其他宣称自身具有营养价值的果蔬产品也必须贴上标签。此类标签是自愿的，如果充分遵守 FDA 规定，则将继续是自愿的。

7.20 果蔬的营养价值

膳食中蔬菜和水果的营养价值至关重要（图 6.9）。由于全球供应链和国际采购潜力，蔬菜和水果可全年供应。水果和蔬菜中营养物质的可利用性使人体获得更加优质的营养（营养与膳食学会的观点，未注明日期）。

无论是罐装的、冷冻的还是新鲜的果蔬，高果蔬膳食的最大好处之一是补充维生素和膳食纤维。此外，果蔬还有抗氧化特性（β-胡萝卜素、维生素 C 和维生素 E）和抗癌特性，大多数水果和蔬菜的脂肪含量低。

水果和蔬菜在膳食和药物方面还有进一步的益处。例如，非营养物质，如果蔬中的植物素，可能起到预防人类疾病的作用。这进一步支持了营养来源于食品而非分离化合物的观点。水果、蔬菜和其他食品中分离的化合物，认为可使膳食具有健康和医疗益处，这些化合物则是保健品。未经科学界证实具有健康和保健益处的产品，FDA 不认可产品使用保健品这个词，也不允许该产品声称具有保健作用（参见第二十章和附录）。

植物材料中的许多潜在健康益处或防病特性，需要进行更多的评价和研究。部分蔬菜和水果的营养成分见表 7.1 和表 7.2。

不幸的是，美国农业部卫生与公众服务部指出：“在这片富饶的土地上，数以百万计的美国人吃得不明智。不是因为他们没有足够的食品，而是因为他们吃了太多不该吃的东西，

表7.1　蔬菜营养成分表

营养素/日摄入量	热量/J	来自脂肪的热量	脂肪总量	钠	钾	碳水化合物总量	膳食纤维	糖类	蛋白质	维生素A	维生素C	钙	铁
蔬菜，分量（克重）			/（g/%日摄入量）	/（g/%日摄入量）	/（g/%日摄入量）	/（g/%日摄入量）	/（g/%日摄入量）	/g	/g	/（%日摄入量）	/（%日摄入量）	/（%日摄入量）	/（%日摄入量）
芦笋，5（93g）	105	0	0/0	0/0	230/7	4/1	2/8	2	2	10	15	2	2
甜椒，（148g）	126	0	0/0	0/0	270/8	7/2	2/8	4	1	8	190	2	2
西蓝花（148g）	188	0	0.5/1	55/2	540/15	8/3	5/20	3	5	15	220	6	6
胡萝卜（78g）	146	0	0/0	40/2	280/8	8/3	2/8	5	1	270	10	2	0
菜花（99g）	105	0	0/0	30/1	270/8	5/2	2/8	2	2	0	100	2	2
芹菜（110g）	84	0	0/0	100/4	350/10	5/2	2/8	0	1	2	15	4	2
黄瓜（99g）	63	0	0/0	0/0	170/5	3/1	1/4	2	1	4	10	2	2
四季豆（83g）	105	0	0/0	0/0	200/6	5/2	3/12	2	1	4	10	4	2
绿色甘蓝（84g）	105	0	0/0	20/1	190/5	5/2	2/8	3	1	0	70	4	2
葱（25g）	42	0	0/0	5/0	70/2	2/1	1/4	1	0	2	8	0	0

卷心莴苣（89g）	63	0	0/0	10/0	120/3	3/1	1/4	2	1	4	6	2	2
油麦菜（85g）	63	0	0/0	30/1	230/7	4/1	2/8	2	1	40	6	4	0
蘑菇（148g）	84	0	0/0	0/0	300/9	3/1	1/4	0	3	0	2	0	2
洋葱（93g）	251	0	0/0	5/0	240/7	14/5	3/12	9	2	0	20	4	2
马铃薯（148g）	419	0	0/0	0/0	720/21	26/9	3/12	3	4	0	45	2	6
萝卜（85g）	63	0	0/0	25/1	230/7	3/1	0/0	2	1	0	30	2	0
西葫芦（98g）	84	0	0/0	0/0	260/7	4/1	2/8	2	1	6	30	2	2
甜玉米（90g）	335	10	1/2	0/0	240/7	18/6	3/12	5	3	2	10	0	2
红薯（130g）	544	0	0/0	45/2	350/10	33/11	4/16	7	2	440	30	2	2
番茄（148g）	146	0	0. 5/1	5/0	360/10	7/2	1/4	4	1	20	40	2	2

注：大多数水果和蔬菜提供的饱和脂肪和胆固醇可以忽略不计。

制定：食品营销协会、美国饮食协会、美国肉类协会、美国食品分销商、美国渔业研究所、美国杂货商协会、美国渔业研究所、美国杂货商协会、土耳其联合会、农产品销售协会、联合新鲜油炸蔬菜协会。

数据来源： FDA。

表 7.2 水果营养成分表

营养素/日摄入量	热量	来自脂肪的热量	脂肪总量	钠	钾	碳水化合物总量	膳食纤维	糖类	蛋白质	维生素A	维生素C	钙	铁
水果，分量（克重）	/J		/（g/%日摄入量）	/（g/%日摄入量）	/（g/%日摄入量）	/（g/%日摄入量）	/（g/%日摄入量）	/g	/g	/（%日摄入量）	/（%日摄入量）	/（%日摄入量）	/（%日摄入量）
苹果（154g）	335	0	0/0	0/0	170/5	22/7	5/20	16	0	2	8	0	2
牛油果（30g）	230	45	5/8	0/0	170/5	3/1	3/12	0	1	0	4	0	0
香蕉（126g）	460	0	0/0	0/0	400/11	29/10	4/16	21	1	0	15	0	2
哈密瓜（134g）	209	0	0/0	25/1	280/8	12/4	1/4	11	1	100	80	2	2
西柚（154g）	251	0	0/0	0/0	230/7	16/5	6/24	10	1	15	110	2	0
葡萄（138g）	377	10	1/2	0/0	270/8	24/8	1/4	23	1	2	25	2	2
蜜瓜（134g）	209	0	0/0	35/1	310/9	13/4	1/4	12	1	2	45	0	2
猕猴桃（148g）	419	10	1/2	0/0	480/14	24/8	4/16	16	2	2	240	6	4
柠檬（58g）	63	0	0/0	5/0	90/3	5/2	1/4	1	0	0	40	2	0
酸橙（67g）	84	0	0/0	0/0	75/2	7/2	2/8	0	0	0	35	0	0
油桃（140g）	293	0	0.5/1	0/0	300/9	16/5	2/8	12	1	4	15	0	2

橙（154g）	293	0	0	0	0	0	260	7	21	7	7	28	14	1	2	130	6	2
桃（98g）	167	0	0	0	0	0	190	5	10	3	2	8	9	1	2	10	0	0
梨（166g）	419	10	1	2	0	0	210	6	25	8	4	16	17	1	0	10	2	0
菠萝（112g）	251	0	0	0	10	0	115	3	16	5	1	4	13	1	0	25	2	2
李子（132g）	335	10	1	2	0	0	220	6	19	6	2	8	10	1	6	20	0	0
草莓（147g）	188	0	0	0	0	0	270	8	12	4	4	16	8	1	0	160	2	4
甜樱桃（140g）	377	0	0.5	1	0	0	300	9	22	7	3	12	19	2	2	15	2	2
橘子（109g）	209	0	0.5	1	0	0	180	5	15	5	3	12	12	1	0	50	4	0
西瓜（280g）	335	0	0	0	10	0	230	7	27	9	2	8	25	1	20	25	2	4

注：大多数水果和蔬菜提供的饱和脂肪和胆固醇可以忽略不计；牛油果每 28.35g 提供 1g 饱和脂肪。

制定：食品营销协会、美国饮食协会、美国肉类协会、美国食品分销商、美国渔业研究所、美国杂货商协会、美国渔业研究所、美国杂货商协会、土耳其联合会、农产品销售协会、联合新鲜油炸蔬菜协会

数据来源： FDA。

或该吃的东西吃得太少。”

根据美国糖尿病协会的交换清单，一份蔬菜含有104.64J，一份水果含有251.13J。

在选择蔬菜和水果作为健康膳食一部分时，美国农业部建议应“多样化食用蔬菜”和“注重食用水果”。

柑橘类水果含有抗氧化剂、维生素C和相对大量的叶酸，已被证明有助于防止孕妇神经管缺陷的复发。

FDA允许具有膳食纤维并降低癌症发病率的食品通过标签进行宣称。

影响人们食品选择最重要的因素是味道；关于富含水果和蔬菜的膳食益处的积极信息有助于人们选择食用果蔬。美国公众太少定期食用含有如维生素A、维生素C（都在营养成分标签上）、维生素E等营养素的水果和蔬菜，而这些营养素都对预防或延缓主要退行性疾病中起重要作用。

营养与膳食学会指出，多样化膳食，包括多吃谷物、蔬菜和水果，是获得足量有益食物成分的最佳方式：“美国膳食协会的观点是，促进健康和降低慢性病风险的最佳营养策略是从各种食品中获得足够的营养。经专业、科学评估证实其安全性和有效性后，可以适当额外补充维生素和矿物质”。

有些人仍然大喊：“我的盘子里没有任何绿色食品!”希望他们的味蕾能改改（食品营销研究所，未注明日期）。参见“食品营销研究所（Food Marketing Institute，FMI）2019年美国杂货店购物者个性化购物趋势调查（食品营销研究所，未注明日期）”。

需要注意的是，美国牙科协会建议食用苹果、橙子等水果以及胡萝卜、芹菜等许多未煮熟的蔬菜。其作为“清洁”食品，可以清洁牙齿和牙龈的食品残渣，否则可能导致较大的营养相关的蛀牙问题。

蔬菜的营养成分见表7.1，数据来源于FDA，由食品营销研究所等建立。

营养的流失可能由于：

- 抗坏血酸（维生素C）和硫胺素（维生素B_1）扩散到水中并氧化。
- 矿物盐渗入浸泡或烹饪用水中。
- 过度去皮。
- 过度切碎。
- 长时间储存或高温储存。

贮藏：

- 多肉、多叶的水果和蔬菜密封储存在冰箱里。
- 块茎存放在黑暗、凉爽的地方进行保鲜。

“最近的健康声明认为甜菜根有助于降低血压、对抗心血管疾病、以及预防阿尔茨海默病。甜菜根含有硝酸盐，是铁和叶酸、一种名为甜菜碱的关键氨基酸、镁和其他抗氧化剂（特别是β-花青素）的良好来源。由于运动员认为其有助于提高耐力和增加运动量，甜菜正在成为一种受欢迎的超级食品和食品配料，而且它们本身就很受欢迎。甜菜也是铜、膳食纤维、维生素C、铁和维生素B_6的良好来源。”（Hartman 2017）。

Zenb蔬菜棒新上市。“Zenb”代表“zenbu”，即“whole”的日文词语，因此该产品含有蔬菜的全部碎块，包括通常丢弃的果皮、种子、茎等高纤维部分。这些蔬菜棒可能含有龙舌兰、糖浆、杏仁和杏仁黄油、糙米、橄榄油和红藜麦。玉米芯部分、甜菜皮、以及红辣椒的籽和茎均没有作为废物丢弃，而是使用。（整个蔬菜制成蔬菜棒，2019）。

7.21 果蔬安全性

安全是公众期望的食品特性。食品应该是安全的，事实上，为了健康，鼓励公众关注水果（图 7.8），每天多吃蔬菜（图 7.9）。果蔬不认为可以使“传染性或产毒性微生物迅速和逐渐生长”、不认为是“具有潜在危害的食品”。（FDA 食品法典范本）。

美国农业部

营养教育系列的10个建议

基于美国膳食指南编制

关注水果

吃水果对健康有益。把吃更多蔬菜和水果作为整体健康饮食方式的一部分的人，患某些慢性疾病的风险可能会降低。水果提供对健康至关重要的营养物质，如钾、膳食纤维、维生素C和叶酸。专注于完整的水果——新鲜的、罐装的、冷冻的或干制的——而不是果汁。水果中天然存在的糖分不算作添加糖。

1 保持可见性提醒

在桌子上、柜台上或冰箱里放一碗水果。

2 味道实验

购买应季的新鲜水果，那时它们可能会比较便宜，而且味道最好。用水果来增加食谱的甜味，而不是加糖。

3 多加考虑

购买干果、冷冻水果、罐装水果（加水或纯果汁）和新鲜水果，这样你就能随时有水果供应。

4 不要忘记纤维

选择完整的水果或切碎的水果，而不是果汁，好处就是有膳食纤维。

5 早餐包含水果

早餐时，在麦片粥上放上香蕉、桃子或草莓；在煎饼中加入蓝莓；喝100%橙汁或葡萄柚汁。或者试试水果与无脂或低脂酸乳混合。

6 午餐食用水果

午餐时，带一个橘子、香蕉或葡萄吃，或者从沙拉吧台选择水果。单独容器包装的水果，例如桃子或苹果酱，这样的水果很容易携带，吃午饭也很方便。

7 晚餐也食用水果

晚餐时，在凉拌甘蓝中加入菠萝碎，或在凉拌沙拉中加入橙子片、蔓越莓干或葡萄。尝试在鱼上面放水果酱。

8 将水果作为零食

水果是很好的零食。试着把果干和坚果或者和整个水果（例如苹果）混合在一起，它们很容易携带和储存。

9 做一个好榜样

为孩子们树立一个好的榜样，每天吃饭时吃水果或将水果作为零食。

10 保证水果安全

水果在准备或者食用前要冲洗干净。在干净的水流下面，用手快速擦去水果表面的污垢和微生物，冲洗后，用毛巾擦干。

美国农业部营养政策与促进中心是均等机会的提供者、雇主和贷款者

为了获得更多的信息
请访问*ChooseMyPlate.gov*

第3条膳食建议
2011年6月发布
2016年10月修订

图 7.8 关注水果

美国农业部

营养教育系列
的10个建议

基于美国膳食指南
编制

每天多吃蔬菜

多吃蔬菜很容易!吃蔬菜很重要，因为它们提供维生素和矿物质，而且大多数都是低热量的。为了在你的一天中摄入更多的蔬菜，试着把它们作为零食，并把它们添加到你的正餐中。

1 发现快速烹饪的方法

用微波炉烹饪新鲜或者冷冻蔬菜可以当作一道简单快捷的菜，可以添加到任何一餐中。把青豆、胡萝卜或者小白菜放在碗里，用微波法加少量的水做一道美味的配菜。

2 准备工作

切一批甜椒、菜花或者西蓝花。提前包装好食材，在有限时间内使用，把它们放在砂锅内炒着吃，或者与鹰嘴豆泥一起作为零食。

3 选择色彩丰富的蔬菜

用红色、橙色或深绿色的蔬菜来提亮你的盘子。它们富含维生素和矿物质。试试南瓜、圣女果、红薯或羽衣甘蓝。它们不仅味道好，而且对你也有好处。

4 选择冷冻途径

冷冻蔬菜使用方便快捷，而且和新鲜蔬菜一样有营养。尝试添加冷冻蔬菜，如玉米、豌豆、毛豆或菠菜到你最喜欢的菜中。寻找没有添加酱汁、肉汁、黄油或奶油的冷冻蔬菜。

5 储备一点蔬菜

罐装菠菜对任何一餐都是很好的补充。所以手上要有罐装番茄、芸豆、鹰嘴豆、蘑菇和甜菜。选择那些标有“减钠”“低钠”“不添加盐”的食品。

6 让你的花园焕发光彩

用色彩鲜艳的蔬菜来点亮你的沙拉，如黑豆或牛油果，切片红甜椒或洋葱、萝卜丝或红萝卜，切碎的红甘蓝或者豆瓣菜。你的沙拉将会不仅好看，而且好吃。

7 喝点蔬菜汤

加热后食用。试试番茄、冬南瓜或菜园蔬菜汤。寻找减少钠或者低钠的汤。用你最爱的蔬菜制作专属于你自己的低钠的汤。

8 当你外出时

如果晚餐在离家很远的地方，不用担心。点餐的时候，要额外的蔬菜或配菜沙拉，而不是典型的油炸配菜。要求配料和调味料放在旁边。

9 品尝时令蔬菜的味道

低成本购买新鲜蔬菜，获得最多的风味。查一下当地超市的特价商品，看看有没有当季最好的商品。或者去当地的农贸市场。

10 尝试新的蔬菜

选择一种你从未尝试过的新蔬菜。

美国农业部营养政策与促进中心是均等机会的提供者、雇主和贷款者

为了获得更多的信息
请访问*MyPlate.gov*

第2条膳食建议
2011年6月发布
2016年10月修订

图 7.9 每天多吃蔬菜

与动物性食品相比，植物性食品几乎没有问题，然而，不幸的是，植物性食品可携带疾病。环境中存在的病原微生物会污染食品、导致疾病。世界上欠发达地区的进口果蔬可能导致果蔬相关的食源性疾病滋生。

高附加值“即食”新鲜农产品，无论其来源如何，在食用前要进行清洗，然后冷藏以保持食品安全。尽管食品标签上声明产品已清洗并可以即食，但还是建议进行清洗。

应避免与其他食品（如肉类）发生交叉污染，坚持在保质期内食用，装配/制备区域应卫生。当然，个人卫生对食品安全至关重要。

过氧化氢是一种公认安全（Generally Recognized as Safe，GRAS）的物质，也被用作漂白剂（也在生产干酪的牛乳中使用）和食品中的抗菌剂。一些抗菌剂由于其pH低而有效，但由于其赋予的不可接受的风味而无人使用。具有抗菌特性的其他物质包括由柑橘、香菜、薄荷和欧芹等提取的精油。

7.22 结论

植物组织主要由薄壁组织构成。当细胞被破坏，新鲜水果或蔬菜的结构、组成发生改变。由于水果和蔬菜通常含水量非常大，保持膨压是决定植物材料质量的重要因素。

果蔬中所含所需的色素和风味化合物在制备和烹饪时过程中可能会发生不可接受的变化。一些切开的蔬菜或水果变色称为酶促氧化褐变，必须加以控制。不适当的贮藏或烹饪会导致果蔬质量损失。

水果和蔬菜中的维生素、维生素原（胡萝卜素）、矿物质、纤维素和其他化合物的营养价值对膳食极为重要，水果和蔬菜还有药用价值。许多果蔬脂肪含量低。食用各种果蔬可以符合对于素食的需求。在选择果蔬作为健康膳食一部分方面，美国农业部建议“多样化食用蔬菜”以及“注重食用水果”。

生物技术为消费者提供了更大的经济性和便捷性。加上对植物素在疾病预防中作用的阐明，蔬菜和水果可以为人类的膳食营养作出更大的贡献。辐照被用作确保食品安全的一种技术。曾经不为人知，也没有被食用的高营养价值食品，以及来自世界各地的新食品，现在都可以在杂货店的货架上买到。

参见第十六章~第十八章：介绍“加工食品”，其中对不同程度的加工进行了定义。

笔记：

烹饪提示！

术语表

葱属：是百合科下的一个属，葱属植物中含硫化合物以及具有植物化学价值的风味化合物。

花青素：（译者注：花青素又称花色素，是自然界一类广泛存在于植物中的水溶性天然色素，是花色苷水解而成的有颜色的苷元。）红蓝色蔬菜内的黄酮类化学物质。

花黄素：白色水果和蔬菜内的黄酮类化学物质。

生物技术：（译者注：对生物或生物成分进行改造和利用的技术称为生物技术。）动物、微生物和植物的生物基因工程，用以改变或生产产品，使产品对害虫抗性增强、营养值提高和保质期延长。

芸薹：十字花科芸薹属植物，包括含硫化合物的十字花科蔬菜，内含风味化合物。

类胡萝卜素：红橙色水果和蔬菜内含有，部分类胡萝卜素是维生素 A 的前体物质，也具有抗氧化性。

纤维素：葡萄糖聚合物，由β-1,4-糖苷键链接，不能被人体酶消化，因此它可作为不溶性膳食纤维的来源。

细胞液：存在于植物液泡中，含有水溶性成分，如糖、盐、一些色素和风味化合物。

叶绿素：水果和蔬菜的绿色色素。

细胞质：植物、动物或微生物细胞内容物，包括无色透明的胶状物质和多种细胞器，位于细胞膜和细胞核之间。

扩散：物质分子从高浓度区域向低浓度区域转移，直到均匀分布的现象。加热细胞膜不完整的果蔬，溶质可穿过渗透膜从更高浓度区域移动到更低浓度区域。

酶促氧化褐变：（译者注：酶促氧化褐变是在有氧的条件下，酚酶催化酚类物质形成醌及其聚合物的反应过程。）由于酚类化合物、酶和氧气的存在，切开或碰伤的果蔬发生褐变。

新鲜：有生命活动并进行呼吸作用的果蔬特性，由代谢和生化活动进行判定。

果实：种子植物的成熟子房。

半纤维素：细胞壁中不消化的纤维，赋予食物体积；可溶解，但基本上不溶。

木质素：植物组织纤维的非碳水化合物成分，不溶于人体并从体内排出。它使成熟植物呈不理想的木质质地。

植物胞间质：相邻植物细胞之间的胶合材料，含有果胶物质、镁、钙和水。

保健食品：在美国，赋予食品组分新监管类别的推荐名称，该食品组分可为食品或食品的组成部分，并可提供医疗和健康益处，包括治疗或预防疾病，该术语未得到 FDA 公认。[译者注：在中国，保健食品的定义与其不同。《食品安全国家标准　保健食品》（GB 16740—2014）中对保健食品的定义如下：声称并具有特定保健功能或者以补充维生素、矿物为目的的食品。即适用于特定人群食用，具有调节机体功能，不以治疗疾病为目的，并且对人体不产生任何急性、亚急性或慢性危害的食品。]

渗透：在具有完整细胞膜的植物中，水穿过半透膜由浓度更高的区域移动到浓度更低的区域。

薄壁组织：是由一群具有活的原生质体、初生壁较薄的细胞（薄壁细胞）组成的组织。薄壁组织广泛分布在植物体内，占植物体的大部分。其细胞含细胞质和细胞核，体积大、细胞壁薄、细胞质稀，液泡较大，具潜在的分生能力。

果胶物质：相邻细胞的细胞壁之间的“黏合剂”；植物组织中形成凝胶的多糖。

植物素：植物化学物质；新鲜植物中除营养素外的天然化合物，有助于预防疾病。可以防止细胞的氧化损伤，并有助于排出体内致癌物，从而降低患癌症的风险。

膨压：充满水的液泡对细胞质和部分弹性细胞壁施加的压力。

液泡：由单层膜与其内部充填的细胞液和空气组成的细胞器。

蔬菜：作为主菜或与主菜一同食用的植物可食部分。

参考文献

[1] American Diabetic Association (n. d.).

[2] Cunningham E (2002) Is a tomato a fruit and a vegetable? J Am Diet Assoc 102: 817.

[3] FMI's 2019 U. S. grocery shopper trends examines per-sonalized grocery shopping. n. d.. https: //multivu. com/players/English/8547151-food-marketing-institute-us-grocery-shopper-trends/, https: //fmi. org/our-research/research-reports/u-s-grocery-shopper-trends? utm_ campaign=grocerytrends&utm_ medium=MNR&utm_ source=trends_ MNR.

[4] Fruits and vegetables versus cancer. Food Product Design. 2012: 20-22.

[5] Hartman LR (2017) Emerging ingredients for 2018. Food Processing. 78 (10).

[6] Hazen C (2012) A taste of healthy spices and seasonings. Food Product Design: 73-82.

[7] Newman V, Faerber S, Zoumas-Morse C, Rock CL (2002) Amount of raw vegetables and fruits needed to yield 1c juice. J Am Diet Assoc 102: 975-977.

[8] Position of The Academy of Nutrition and Dietetics (n. d.).

[9] Sherman PW, Flaxman SM (2001) Protecting ourselves from food. American Scientist. 89: 142-151.

[10] SYSCO Foods (n. d.) Ethylene gas and applications.

[11] Taking Root in the Freezer. Food Processing 2019; 80 (3): 20.

[12] Turner J (2019) Millennials may be behind the posting of food photos but they also embrace “naturalness”. Food Processing. 80 (4).

[13] What's the difference between fruits and vegetables? https: //healthline. com/nutrition/fruits-vs-vegetables. Accessed 1 Feb 2020.

[14] Whole V eggies Made In To Bars (2019) Food Processing 80 (7): 17.

引注文献

[1] American Cancer Society (ACS) (n. d.).

[2] American Diabetic Association (n. d.).

[3] Academy of Nutrition and Dietetics. Chicago (n. d.).

[4] Arrowhead Mills. Hereford (n. d.).

[5] Centers for Disease Control and Prevention (CDC) (n. d.).

[6] Food and Health Communications, Inc (n. d.).

[7] Food Marketing Institute. Arlington (n. d.).

[8] Fresh-cut Produce Association. How to buy canned and frozen fruits. Home and garden bulletin no. 167. Consumer and Marketing Service, USDA, Washington (n. d.).

[9] How to buy dry beans, peas, and lentils. Home and garden bulletin no. 177. USDA, Washington (n. d.).

[10] How to buy fresh fruits. Home and garden bulletin no. 141. USDA, Washington (n. d.).

[11] How to buy fresh vegetables. Home and garden bulletin no. 143. USDA, Washington (n. d.).

[12] McCormick and Co. Hunt Valley (n. d.).

[13] Model FDA Food Code (n. d.).

[14] USDA ChooseMyPlate. gov (n. d.).

第三部分

食品中的蛋白质

8 食品中的蛋白质

8.1 引言

蛋白质是细胞中含量最丰富的分子，占其干重的50%以上。每种蛋白质都具有独特的结构、构象和形状，从而使其能够在活细胞中执行特定的功能。蛋白质组成了复杂的肌肉系统和结缔组织网络，同时它们作为血液系统中非常重要的载体。绝大多数酶都是蛋白质，酶是食品中许多反应（有利的和不利的）的重要催化剂。

所有蛋白质都含有碳、氢、氮和氧元素。大多数蛋白质都含有硫，一些蛋白质还含有其他元素。例如，牛乳蛋白质含有磷；血红蛋白和肌红蛋白含有铁；铜和锌也是一些蛋白质的成分。

蛋白质由氨基酸组成。自然界中发现至少20种不同的氨基酸，这些氨基酸由于结构和组成差异具有不同的特性。当氨基酸结合形成蛋白质时，在其所属的植物或动物中形成具有特征结构和构象以及特定功能的独特而复杂的分子。不大的变化，例如pH的变化，或者仅是加热食品，都会引起蛋白质分子的巨大变化。例如，当通过在牛乳中添加酸来制作干酪，或通过加热和搅拌鸡蛋来制作炒鸡蛋时，便看到这种变化。

无论是营养价值还是作为功能成分，蛋白质在食品中非常重要，同时蛋白质在决定食品的质地方面起着重要作用。蛋白质是复杂的分子，了解蛋白质结构的基本知识对于理解许多食品在加工过程中的行为很重要。本章包括氨基酸和蛋白质结构的基础知识。牛乳蛋白质、肉类蛋白质、小麦蛋白质和鸡蛋蛋白质等特定食品蛋白质，在与这些特定食品有关的章节中介绍。

8.2 氨基酸

8.2.1 氨基酸的基本结构

每个氨基酸都含一个中心碳原子，在该碳原子上连接有一个羧基（—COOH）、一个氨基（$—NH_2$）、一个氢原子以及决定该氨基酸特异性的另一个基团或侧链R。氨基酸的结构通式如图8.1所示：

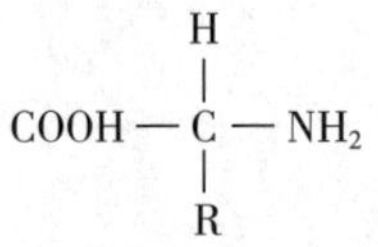

$$COOH-\overset{\displaystyle H}{\overset{|}{\underset{\underset{\displaystyle R}{|}}{C}}}-NH_2$$

图 8.1 氨基酸的结构通式

甘氨酸是最简单的氨基酸，R 基团是氢原子。蛋白质由 20 多种不同的氨基酸组成，氨基酸的性质取决于其侧链或 R 基团的性质。

在 pH=7 的溶液中，所有氨基酸均为两性离子。也就是说氨基和羧基都被离子化，分别以 NH_3^+和 COO^-的形式存在。因此，氨基酸是两性的，根据 pH 的不同，氨基酸在水中可以表现为酸性或碱性。当充当酸或质子供体时，带正电荷的氨基会提供一个氢离子，而充当碱时，带负电荷的羧基会获得一个氢离子，如图 8.2 所示：

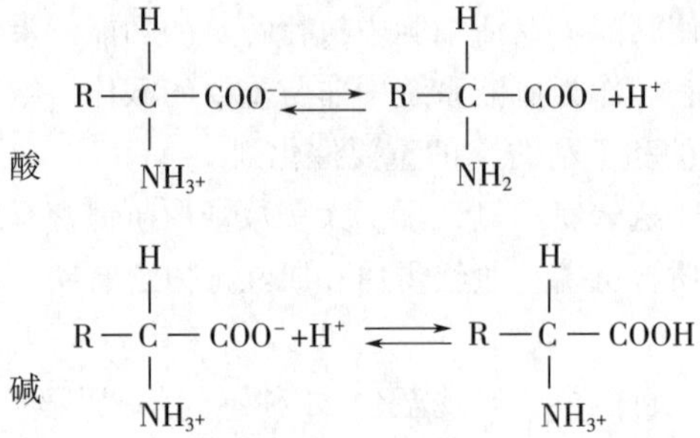

酸

$$R-\overset{\displaystyle H}{\overset{|}{\underset{\underset{\displaystyle NH_3^+}{|}}{C}}}-COO^- \rightleftharpoons R-\overset{\displaystyle H}{\overset{|}{\underset{\underset{\displaystyle NH_2}{|}}{C}}}-COO^- + H^+$$

碱

$$R-\overset{\displaystyle H}{\overset{|}{\underset{\underset{\displaystyle NH_3^+}{|}}{C}}}-COO^- + H^+ \rightleftharpoons R-\overset{\displaystyle H}{\overset{|}{\underset{\underset{\displaystyle NH_3^+}{|}}{C}}}-COOH$$

图 8.2 氨基酸为两性离子

8.2.2 氨基酸的分类

如图 8.1 所示，氨基酸根据其侧链的性质可分为四类。第一类包括所有具有疏水性和非极性侧链的氨基酸，疏水（憎水）氨基酸含有烃侧链。丙氨酸是最简单的疏水性氨基酸，其侧链具有甲基（$—CH_3$）；缬氨酸和亮氨酸含有较长的分支烃链；脯氨酸是重要的非极性氨基酸，它包含一个庞大的五元环，妨碍有序的蛋白质结构；甲硫氨酸是一种含硫的非极性氨基酸。非极性氨基酸能够在蛋白质中形成疏水相互作用，也就是，它们彼此交联从而避免与水结合。第二类氨基酸包括具有极性不带电侧链的氨基酸。该基团是亲水的，此类氨基酸包括丝氨酸、谷氨酰胺和半胱氨酸。它们包含羟基（—OH）、酰胺基（$—CONH_2$）或巯基（—SH）。所有极性氨基酸均可在蛋白质中形成氢键。半胱氨酸的独特之处在于它可以形成二硫键（—S—S—），如图 8.3 所示：

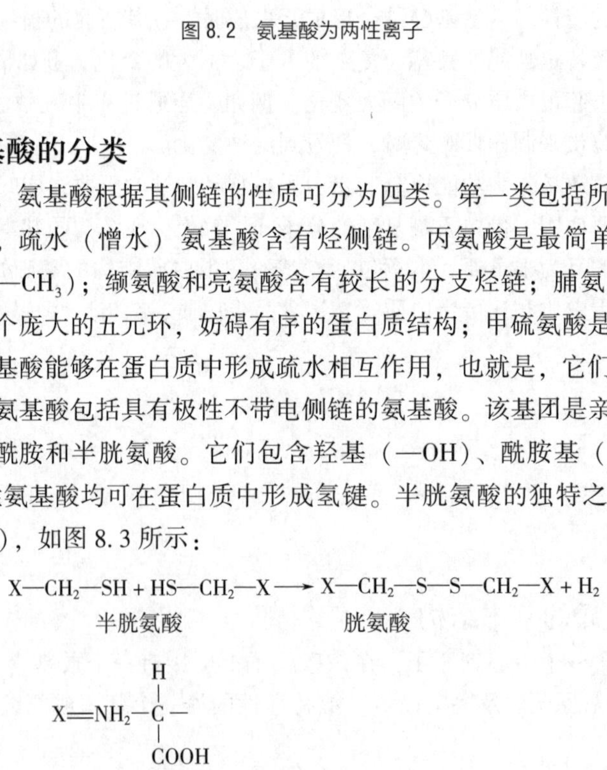

$$\underset{\text{半胱氨酸}}{X—CH_2—SH + HS—CH_2—X} \longrightarrow \underset{\text{胱氨酸}}{X—CH_2—S—S—CH_2—X} + H_2$$

$$X{=}NH_2-\overset{\displaystyle H}{\overset{|}{\underset{\underset{\displaystyle COOH}{|}}{C}}}-$$

图 8.3 半胱氨酸形成胱氨酸过程

与弱相互作用的氢键不同，二硫键是强共价键。蛋白质中两个半胱氨酸分子可以结合在一起形成二硫键。蛋白质中的一些二硫键是强化学键，因此对蛋白质结构具有重要影响。含有二硫键的蛋白质通常是相对热稳定的，并且比其他蛋白质更能抵抗折叠。因此，蛋白质中半胱氨酸的存在往往对蛋白质构象有显著影响。

第三类和第四类氨基酸包括带电荷的氨基酸。带正电的（碱性）氨基酸包括赖氨酸、精氨酸和组氨酸。由于它们含有额外的氨基，所以在 pH=7 时带正电。当蛋白质含有碱性氨基酸时，该额外的氨基是游离状态（即不参与形成肽键），并且根据环境 pH，其可能带正电。

带负电荷的（酸性）氨基酸包括天冬氨酸和谷氨酸。由于它们都含有额外的羧基，所以在 pH=7 时带负电。当蛋白质中包含酸性氨基酸时，根据环境的 pH，多余的羧基会游离并可能带电。

带相反电荷的基团能够彼此形成离子相互作用。在蛋白质中，酸性和碱性氨基酸侧链可能相互作用，形成离子键或盐桥。

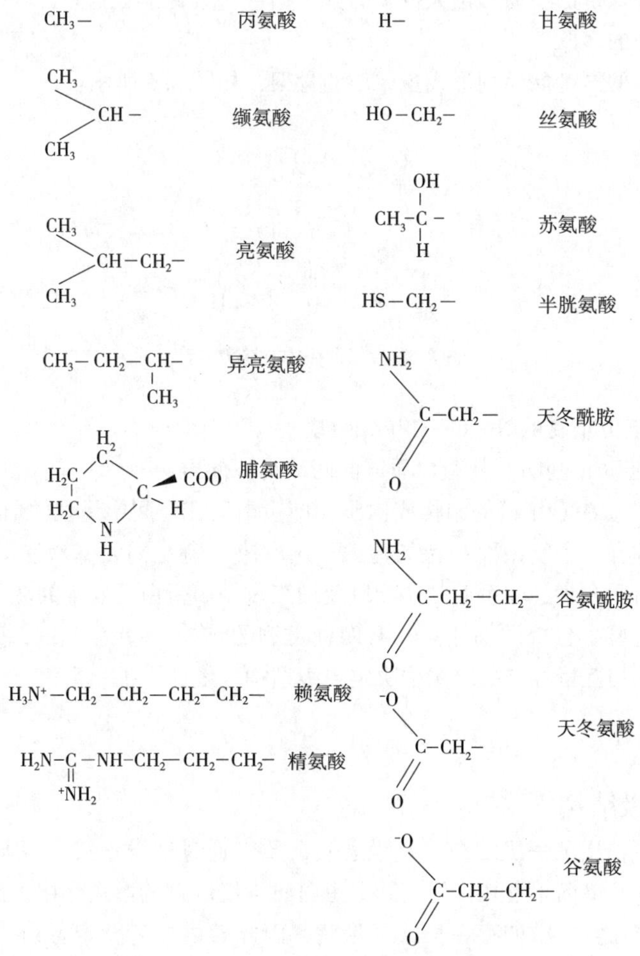

CH_3- 丙氨酸

$H-$ 甘氨酸

$(CH_3)_2CH-$ 缬氨酸

$HO-CH_2-$ 丝氨酸

$CH_3-CH(OH)-$ 苏氨酸

$(CH_3)_2CH-CH_2-$ 亮氨酸

$HS-CH_2-$ 半胱氨酸

$CH_3-CH_2-CH(CH_3)-$ 异亮氨酸

$H_2N-C(=O)-CH_2-$ 天冬酰胺

H_2C、CH_2、C、N、H、COO 脯氨酸

$H_2N-C(=O)-CH_2-CH_2-$ 谷氨酰胺

$H_3N^+-CH_2-CH_2-CH_2-CH_2-$ 赖氨酸

$H_2N-C(=^+NH_2)-NH-CH_2-CH_2-CH_2-$ 精氨酸

$^-O-C(=O)-CH_2-$ 天冬氨酸

$^-O-C(=O)-CH_2-CH_2-$ 谷氨酸

图 8.4 根据其 R 基团性质分类的氨基酸示例

（仅显示侧链）

8.3 蛋白质结构和构象

所有蛋白质均由许多氨基酸组成，并通过肽键连接，如图 8.5 所示：

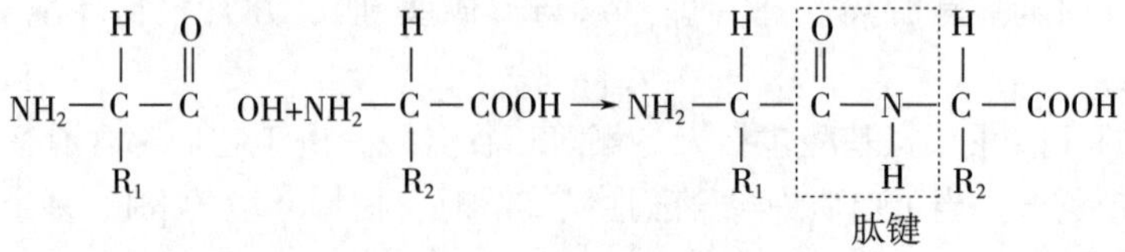

$$NH_2-\underset{R_1}{\overset{H}{C}}-\overset{O}{\overset{\|}{C}}\ OH+NH_2-\underset{R_2}{\overset{H}{C}}-COOH \longrightarrow NH_2-\underset{R_1}{\overset{H}{C}}-\underbrace{\overset{O}{\overset{\|}{C}}-\underset{H}{N}}_{\text{肽键}}-\underset{R_2}{\overset{H}{C}}-COOH$$

图 8.5 蛋白质是由氨基酸组成的

肽键是强键，不容易被破坏。二肽包含两个通过肽键连接的氨基酸。多肽包含通过肽键连接的多个氨基酸。蛋白质通常是大得多的分子，包含数百个氨基酸，可以通过酶或酸消化来水解，产生较小的多肽。

通过肽键连接的氨基酸序列形成蛋白质的骨架，如图 8.6 所示：

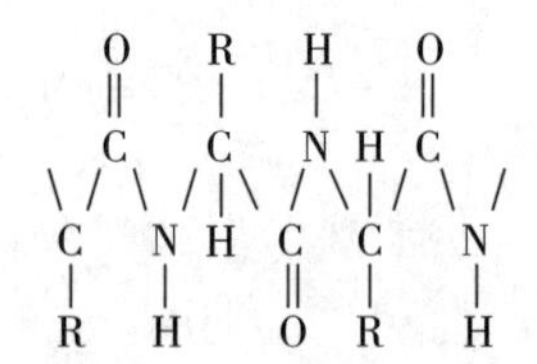

图 8.6 肽键连接的氨基酸序列

- 蛋白质主链由重复的 N—C—C 单元组成。
- 氨基酸侧链（R 基团）从蛋白质链的两侧交替伸出。
- R 基团的性质决定了链的结构或构象（即蛋白质在空间中呈现的形状）。

每种蛋白质都有一个复杂而独特的构象，这取决于特定的氨基酸和沿链排列的氨基酸序列。要了解蛋白质在食品体系中的功能以及加工过程中蛋白质发生的变化，对蛋白质结构基础的理解非常重要。蛋白质描述为具有四种类型的结构——一级、二级、三级和四级结构，而且这些结构相互依存，一级结构决定二级结构，依此类推。蛋白质结构的不同类型概述如下。

8.3.1 一级结构

一级结构（蛋白质的一级结构）是沿着蛋白质链通过肽键连接的氨基酸特定序列，这是蛋白质结构呈现的最简单形式。但实际上蛋白质不仅以直链形式存在。正是氨基酸的特定序列决定了蛋白质在空间中的存在形式或形状，因此若需要对特定蛋白质的结构和功能有更详细的了解，则必须了解蛋白质的一级结构。

8.3.2 二级结构

二级结构（蛋白质的二级结构）是指多肽链区段的三维结构。重要的二级结构包括

- α-螺旋-有序结构。
- β-折叠-有序结构。
- 无规则卷曲-无序结构。

α-螺旋是一种类似开瓶器的结构，每圈具有3.6个氨基酸。如图8.7所示，它通过链内氢键保持稳定结构，即氢键出现在单个蛋白质链内，而不是在相邻链之间。氢键发生在螺旋的每一圈之间，构成肽键的氧和氢原子参与氢键的形成。α-螺旋是一种稳定且排列有序的结构。如果存在脯氨酸则不能形成α-螺旋，因为庞大的五元环阻碍了螺旋的形成。

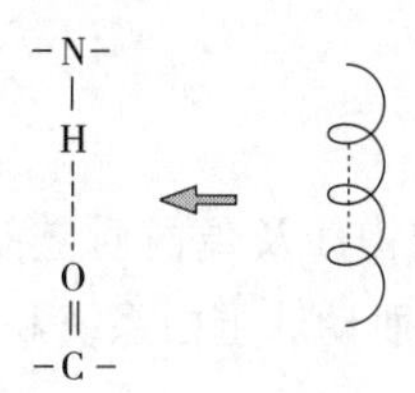

图8.7 α-螺旋的三维结构示意图

β-折叠是比α-螺旋更延展的构象。可以将其视为“之”字形结构，而不是开瓶器。如图8.8所示，拉伸的蛋白质链结合形成β-折叠的薄片。这些薄片通过链间氢键连接在一起(链间氢键发生在蛋白质链的相邻部分之间，而不是单个链中)。同样，形成肽键的氢和氧原子也参与氢键的形成。像α-螺旋一样，β-折叠也是有序结构。

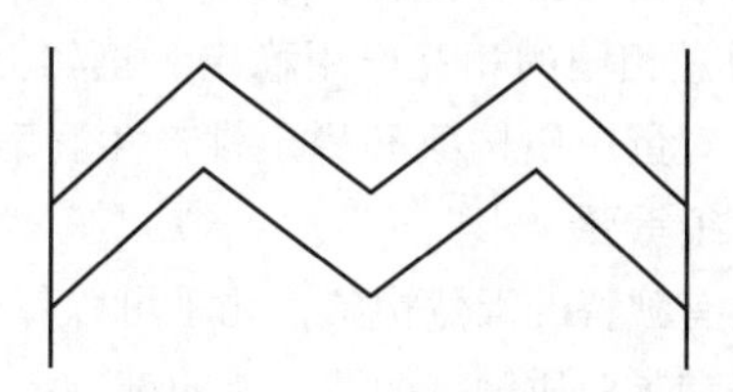

图8.8 β-折叠的三维结构示意图

无规则卷曲是沿着多肽链无规则或有序模式的二级结构。该结构比α-螺旋或β-折叠更灵活，形成于无规则卷曲在氨基酸侧链阻止α-螺旋或β-折叠的形成时。当蛋白质中存在脯氨酸或蛋白质中存在高度带电的区域时，也可能形成该结构。

蛋白质可能在链的不同位置包含α-螺旋、β-折叠和无规则卷曲区域。每种蛋白质中二级结构的多少取决于氨基酸序列，换句话说，取决于蛋白质的一级结构。

8.3.3 三级结构

蛋白质三级结构是指完整蛋白质链的三维有序排列。换句话说，它是指包含α-螺旋、β-折叠和无规则卷曲区域的蛋白质链的空间排列。因此，该结构实际上是蛋白质链的概述，而不是对其一小部分的详细洞察。同样，三级结构建立在特定蛋白质的二级结构之上。

蛋白质三级结构有两种类型，

- 纤维蛋白。
- 球状蛋白。

纤维蛋白包括结构蛋白，例如胶原蛋白（结缔组织蛋白）、肌动蛋白和肌球蛋白，它们是负责肌肉收缩的蛋白质。蛋白质链延伸形成杆或纤维，具有纤维三级结构的蛋白质包含大量有序的二级结构（α-螺旋或β-折叠）。

球形蛋白是紧密的分子，如其名称所示呈球形或椭圆形。其中包括转运蛋白，例如肌红蛋白，它可以将氧气输送到肌肉。乳清蛋白和酪蛋白都是乳蛋白，也属于球形蛋白。具有大量疏水氨基酸的蛋白质有利于球状三级结构。它们朝向分子中心，并通过疏水作用力相互影响。亲水氨基酸朝向分子的外部并与其他分子相互作用。球状蛋白质的特征在于它们可与水形成氢键，导致疏水性氨基酸朝向分子中心并产生了致密的球状。

8.3.4 四级结构

蛋白质四级结构或四级蛋白质结构涉及蛋白质链的非共价结合，蛋白质链可能相同或不相同。四级结构的例子包括肌肉的肌动球蛋白系统和牛乳中的酪蛋白胶束。

8.3.5 蛋白质结构和构象的相互作用

蛋白质一级结构仅涉及肽键，该键以特定且独特的序列将氨基酸连接在一起。二级和三级结构可以通过氢键、二硫键、疏水相互作用和离子相互作用来稳定。立体效应和空间效应在决定蛋白质构象中也很重要，蛋白质分子占据的空间部分取决于沿着蛋白质链的单个氨基酸的大小和形状。例如，脯氨酸等庞大的侧链可防止α-螺旋的形成并有利于无规则卷曲的形成，这样就阻止了蛋白质在空间上形成某种特定的排列方式。

除二硫键外，四级结构通过相同的相互作用稳定。正如上文提到的，二硫键是强共价键，因此仅存在少量二硫键将对蛋白质构象和稳定性产生显著影响。另一方面，氢键是弱键，由于它们数量庞大，因此很重要。

每种蛋白质在空间中都具有独特的天然构象，几乎可以将其视为“指纹”。正如上文提到的，蛋白质中存在的氨基酸和蛋白质侧链能够形成的键决定了蛋白质折叠成天然构象。氨基酸序列也很重要，因为肽链中氨基酸的位置决定了将形成哪种键，以及在蛋白质中何处存在多少α-螺旋、β-折叠或无规则卷曲。反过来，这确定了蛋白质的三级和四级结构，所有这些都结合在一起以定义其天然构象。掌握蛋白质构象和稳定性的知识对于理解加工过程对食品蛋白质的影响至关重要。

8.4 蛋白质的反应和性质

8.4.1 两性

像氨基酸一样，蛋白质是两性的（能够充当酸或碱），这取决于它的 pH。这使它们能够抵抗 pH 的微小变化。据说这种分子具有缓冲能力。

8.4.2 等电点

蛋白质的等电点指蛋白质呈电中性时的 pH（用 pI 表示）。在此 pH 下，蛋白质的整体或总电荷为零。这并不意味着该蛋白质不包含带电基团，而是蛋白质上的正电荷数等于负电荷数。在等电点，蛋白质分子不携带净电荷，因此通常会沉淀（带有相同电荷的分子彼此排斥，在水中形成稳定的分散体，电荷的去除消除了排斥力，在大多数情况下使分子彼此相互作用并沉淀。）

每种蛋白质的等电点的 pH 均不同，这取决于蛋白质中游离的离子化羧基与游离的离子化氨基的比值。等电点在食品加工中很重要。例如，通过向牛乳中添加乳酸以使 pH 达到酪蛋白的等电点从而制得干酪。蛋白质在此 pH 下沉淀并形成凝乳，在包装之前进行压榨或适度加盐将酪蛋白与其余牛乳分开制得干酪。

8.4.3 水合能力

水分子可以与蛋白质的主链以及极性和带电的侧链结合，取决于其侧链的性质，蛋白质可能会结合不同量的水。具有许多带电和极性基团的蛋白质很容易与水结合，而具有许多疏水基团的蛋白质则不与水结合——即蛋白质的水合能力。随着蛋白质接近其等电点，它们倾向于结合较少的水，由于蛋白质分子上的电荷减少导致与水分子的亲和力降低。

结合水的存在有助于维持蛋白质分散体系的稳定性。这是由于结合的水分子将蛋白质分子彼此屏蔽。因此，它们不易于彼此缔合或沉淀，因此分散体趋于更稳定。

8.4.4 盐溶和盐析

有些蛋白质不能分散在纯水中，但很容易分散在稀盐溶液中。当盐溶液增加蛋白质的分散性时，这现象称为“盐溶”。发生这种现象是因为蛋白质上的带电基团比水更牢固地结合盐溶液的阴离子和阳离子。离子依次与水结合，因此蛋白质更容易分散在水中。

盐溶在食品加工中很重要。例如可以将盐水注入火腿中以增加蛋白质的分散性，这样做的效果是增加它们的持水能力，因此火腿含水量增加并且其重量增加，对于添加了复合磷酸盐的畜产品也是如此。

当盐与蛋白质竞争水时，盐析会在高盐浓度下发生。结果是没有足够的水与蛋白质结合，导致蛋白质沉淀。这在食品加工中通常不是问题。但是，这可能是导致食品冷冻过程中食品质量下降的原因。在冷冻过程中，水以冰晶的形式被有效去除，因此液态水的浓度降低，溶质浓度急剧增加。相关内容将在第十六章中讨论。

8.4.5 变性

变性是蛋白质的二级、三级或四级结构的变化，但其一级结构没有变化。换句话说，变性不涉及肽键的断裂。若该蛋白质解开，其氨基酸序列没有变化。

由于以下原因可能导致蛋白质变性，

- 热。

- pH 变化。
- 离子强度变化（盐浓度变化）。
- 冷冻。
- 表面变化（打发蛋白时发生）。

这些因素中任何一个因素都可能导致氢键和盐桥的断裂。其结果是蛋白质解螺旋，埋在分子中心的侧链暴露出来。这些侧链可与其他化学基团反应，并且在大多数情况下，变性的蛋白质会沉淀。这种反应通常是不可逆的，且无法恢复变性蛋白质的原始构象。

产生变性的变化通常是轻微的变化。换句话说，温和的热处理（例如巴氏杀菌法或热烫法）或 pH 的微小变化就足以改变蛋白质的构象。

变性的蛋白质通常会失去其功能特性。也就是说，它们无法在食品中执行其正常功能。酶失活，因此酶催化的反应不再发生，这对食品加工具有重要意义。

蛋白质变性也许值得发展，并且可以通过食品加工有意而为之。变性常见的例子包括加热搅打的蛋清泡沫形成蛋白糖霜、向牛乳中添加酸以形成干酪或通过加热使酶失活，如同蔬菜在冷冻前变白时发生的那样。热烫是一种温和的热处理，可导致酸败或变色的酶变性和失活。

有时变性是不利的。例如因为脂蛋白会变性并聚集，冷冻的蛋黄在解冻时是块状的并且是无法食用的。食物过热也会引起不利的变性，食品加工者在加工过程中必须避免因蛋白质变性而引起食品质量等不必要的恶化。

8.4.6 肽和蛋白质的水解

蛋白质水解需要破坏肽键以形成较小的肽链。这可以通过使用浓酸分解来实现。在蛋白质研究中浓酸分解可能是适合的，但在食品加工中不能选择该方法。水解也可通过蛋白水解酶催化，在食品中使用的这类酶，例如用作肉的嫩化剂无花果蛋白酶、木瓜蛋白酶和菠萝蛋白酶，它们水解肌肉蛋白或结缔组织，可使肉更嫩。重要的是，控制它们与肉接触的时间，以免发生过多水解，过多水解会使肉的质地柔软并形成“糊状”结构（参见第九章）。

蛋白水解酶的另一个例子是凝乳酶，它可以用来制作干酪（参见第十一章）。该酶的作用具有特异性，可以水解乳蛋白中的特定肽键。水解反应使乳蛋白聚集形成凝乳，并将其加工成干酪（这种酶与牛乳和发酵剂中的天然酶一起，在干酪陈化过程中继续充当蛋白水解剂。它们的联合作用导致陈年干酪的风味和质地得到改善）。

8.4.7 美拉德反应

美拉德褐变反应是导致烘烤产品呈棕色的反应。加热时，还原糖的游离羰基与蛋白质上的游离氨基反应产生棕色。该反应是高度复杂的，并且对食品的风味以及颜色具有显著影响。之所以称为非酶促褐变，是因为该反应不是由酶催化的（美拉德褐变必须与酶促褐变区分开来，后者是受损水果或蔬菜的变色，并且是由如苯酚氧化酶的酶催化的，酶促褐变详见第七章）。下列因素有利于美拉德反应，

- 高糖浓度。
- 高蛋白浓度。
- 高温。

- 高 pH。
- 低水分含量。

美拉德褐变反应是导致乳粉和蛋粉之类的食品变色的原因。在干燥之前，通常先通过酶对鸡蛋进行“脱糖”处理，以去除葡萄糖并防止美拉德褐变。

该反应会导致赖氨酸、精氨酸、色氨酸和组氨酸的损失，因为这些氨基酸都是带有游离氨基的，并且能够与还原糖反应。除精氨酸外，这些都是必需氨基酸（人体无法合成必需氨基酸，因此饮食中须含有必需氨基酸）。因此延缓美拉德反应很重要，尤其是对于蛋白质的营养价值非常重要的易感食品产品（例如发往不发达国家的食品）。

8.5 酶

所有的蛋白类的酶都是蛋白质。酶在食品中很重要，因为它们能催化影响食品色泽、风味和质地的各种反应，从而影响食品品质。这些酶反应中有些反应可能是所期望的，相反其他的反应则是不需要的，会导致食品变色或产生异味。

每种酶都有独特的结构或构象，使其能够附着在特定的底物上并催化反应。当反应完成后，酶会被释放出来再次充当催化剂。所有的酶都有一个最适温度和 pH 范围，在这个范围内反应进行最快。加热或 pH 的改变会使酶变性，使它们难以或不能附着在各自的底物上从而使它们失活。

如果食品加工中需要酶促反应，那么确保酶达到其最适 pH 和温度范围至关重要。如果超出酶的最适范围，酶反应会较慢进行，因此必须避免热处理。如果热处理不能避免，则酶必须在食品热处理及随后的冷却之后加入。

另一方面，如果不需要酶的作用，那么必须灭活酶。通常通过热处理来实现酶的灭活，尽管也可以通过添加酸改变 pH 来实现。

期望进行酶促反应的例子包括通过凝乳酶（凝乳酶制剂是这种酶的商品制剂）使牛乳凝固，这是制作干酪的第一步（参见第十一章）。贮藏过程干酪的成熟也是由于酶的活性，此外水果的成熟是由于酶的作用（参见第七章）。期望进行酶促反应的其他例子如利用蛋白水解酶如木瓜蛋白酶、菠萝蛋白酶和无花果蛋白酶使肉嫩化（参见第九章）等。这些酶分别来自木瓜、菠萝和无花果。

如前所述，这些酶催化蛋白质中肽键的水解。它们添加到肉中会作用一段时间，但必须控制反应程度来防止蛋白质过度分解。这些酶的最适温度出现在烹饪的早期阶段（在冷藏温度下水解过程非常缓慢）。当烹饪肉时，酶会促进水解。然而，随着肉内部温度持续升高，酶会失活，酶反应将停止。

尽管蛋白水解酶作为肉类嫩化剂使用颇为成功，但在有些情况下蛋白水解酶的使用并不理想。例如，如果用生菠萝做明胶沙拉，由于菠萝中的菠萝蛋白酶的作用，果冻可能不会凝固。这可以在制作明胶沙拉之前通过加热菠萝使酶失活来防止。

不期望发生酶促反应的其他实例有酶促褐变等，当水果和蔬菜受损时，在多酚氧化酶的作用下发生酶促褐变，并产生不良变色（参见第七章）。脂肪和含脂肪食品在某些情况下产生异味也是问题，这可能是由脂肪酶或脂肪氧合酶引起的（参见第十二章）。

在冷冻之前，水果和蔬菜中的酶称为热烫的温和加热过程灭活（参见第十七章）。将水果或蔬菜短时间放入沸水中，以灭活在冷冻贮藏过程中会导致变色或产生异味的酶。

烹饪提示！不要在明胶凝胶中加入新鲜的菠萝、木瓜、猕猴桃或其他含有蛋白水解酶的水果，否则明胶不会凝固！因为罐装过程中的高温使酶变性，所以可以使用罐装菠萝。不幸的是，木瓜和猕猴桃没有罐装形式的产品。

8.6 食品中蛋白质的功能作用

蛋白质在食品中有许多有用的功能特性。功能特性是指蛋白质能够在食品中发挥特定的作用或功能的特性。例如，具有形成凝胶特性的蛋白质可以用于达到形成凝胶的特定目的的食品中，如使用明胶制作果冻。

蛋白质在食品中的功能特性或作用包括溶解性和营养价值。它们可用作增稠剂、黏合剂、胶凝剂、乳化剂和发泡剂。

特定蛋白质的功能特性取决于其氨基酸组成和序列，因为氨基酸组成和序列决定了蛋白质的构象和特性。

虽然没有单一的蛋白质显示出所有的功能特性，但根据加工条件的不同，大多数蛋白质在食品中可能发挥几种不同的功能，一些蛋白质因其在食品中的特殊功能而广为人知。

因溶解性而使用的蛋白质的一个例子是乳清蛋白（参见第十一章）。乳清在酸性条件下是可溶的，因为它相对亲水会结合大量的水。因此，与许多蛋白质不同，它在等电点时不会沉淀。因为它的溶解性，乳清蛋白用于酸性饮料如运动饮料的营养强化剂。乳清蛋白也可以用作如烘焙食品等其他产品中的营养强化剂。

鸡蛋蛋白在许多食品中用作增稠剂或黏合剂（参见第十章）。肉类蛋白质也是很好的黏合剂。

明胶和蛋清蛋白是胶凝剂的例子（参见第十章）。当加热蛋清时，蛋清形成坚固的凝胶，就像在煮鸡蛋里看到的那样。

明胶用来制作果冻和其他凝胶产品。当蛋白质分子由于氢键结合形成三维网状结构，则形成明胶凝胶。明胶凝胶可以通过加热熔化、冷却后再成型。另一方面，蛋清凝胶是由于疏水相互作用力和二硫键的结合形成的，它们在加热时不会熔化。另一个能够形成三维网状结构蛋白质的例子是面筋蛋白。面筋网状结构是在揉捏面包面团的过程中形成的，它决定了面包的质地和体积。大豆蛋白也能用于形成食品凝胶。

在小麦、大麦、黑麦和黑小麦中发现的这种“结构形成”蛋白也用作食品添加剂，用于使食品稳定或增稠。然而，据估计，每133人中就有1人患有麸质过敏症——一种在摄入麸质时会损害小肠内壁的自身免疫性疾病，因此，食品制造商不断寻找去除某些食品中麸质同时保持产品吸引力的方法（Grain Processing Corp，2012）（麸质过敏症患者可能会出现腹泻、便秘、偏头痛、体重减轻等症状）。

如第十三章所述，许多蛋白质用作乳化剂或起泡剂。蛋白质具有两亲性，在同一个分子中包含疏水和亲水部分。这使得蛋白质能够存在于油和水之间或空气和水之间的界面上，而不在任何一个本体相中。蛋白质能够在界面上吸附并结合形成稳定的膜，从而稳定乳液或泡沫。蛋清蛋白和蛋黄蛋白分别是最好的发泡剂和乳化剂。牛乳中的酪蛋白也是很好的乳化剂。

由于蛋白质具有增稠、凝胶和乳化能力，在许多食品中蛋白质用于控制食品质地。这类食品必须小心加工、处理和贮藏，以确保蛋白质保持其功能特性。一些蛋白质变性对形成乳液、泡沫或凝胶很重要。然而，不良的加工条件、处理不当和贮藏引起的过度变性会产生不理想的质地变化（如乳液破裂、泡沫体积损失或凝胶脱水收缩），因此必须避免。

8.7 共轭蛋白质

共轭蛋白质也称为异源蛋白质。它们是含有辅基的蛋白质，辅基可以是有机或无机成分。共轭蛋白质的例子包括下面这些蛋白质：

磷蛋白——例如，酪蛋白（牛乳蛋白）；磷酸基团被酯化成丝氨酸残基。

糖蛋白——例如，κ-酪蛋白；碳水化合物或糖附着在蛋白质上。

脂蛋白——例如，蛋黄中的卵黄脂磷蛋白；一种脂质附着在蛋白质上。

血红素蛋白——例如，血红蛋白和肌红蛋白；铁与蛋白质复合在一起。

新的蛋白质质量测定方法的新闻稿

FAO 提出新的蛋白质质量测定方法。

联合国粮食及农业组织（The Food and Agriculture Organization of United Nations，FAO）发布了一份报告，建议采用一种新的、先进的方法来评估膳食蛋白质的质量。这份名为“人类营养中膳食蛋白质质量评价”的报告建议，可消化必需氨基酸评分（digestible indispensable amino acid score，DIAAS）取代蛋白质消化率校正氨基酸评分（protein-digestibility-corrected amino acid score，PDCAAS）成为衡量蛋白质质量的首选方法。

该报告建议开发更多的数据来支持全面实施，但在此期间，应使用从粪便粗蛋白消化率数据中得出的 DIAAS 值来计算蛋白质质量。根据目前的 PDCAAS 方法，即使得出的分数更高，值也会被“截断”到最高分数 1.00。

蛋白质对人类的健康和福祉至关重要。然而，并非所有的蛋白质都是相同的，因为它们的来源（动物、植物）、它们各自的氨基酸组成和氨基酸生物学活性水平而不同。“高质量蛋白质”是指那些易于消化并且含有人体膳食必需氨基酸的蛋白质。

“在未来 40 年里，全球人口将在今天 66 亿的基础上再增加 30 亿。创造一种可持续的膳食来满足全球人口的营养需求是一项巨大的挑战，除非我们有准确的信息来评估食品的特性及其提供营养的能力，否则我们将无法应对，”主持 FAO 专家协商会议的里德特研究所副主任保罗·穆恩说。

“推荐 DIAAS 方法是一个巨大的改变，该方法最终将为氨基酸的人体吸收量、以及单独蛋白质源对人体氨基酸和氮需求的贡献提供准确的测定。这将是决策者评估哪些食品会成为不断增长的全球人口可持续膳食的一些重要信息。”

通过 DIAAS 方法，研究人员现在能够根据氨基酸提供供人体使用的氨基酸的能力来区分蛋白质来源。例如，与植物蛋白源相比，DIAAS 方法能够证明乳蛋白具有更高的生物利用度。FAO 报告中的数据显示，全脂乳粉 1.22 的 DIAAS 评分比豌豆 0.64 和小麦 0.40 的

DIAAS 评分更高。

DIAAS 方法测定小肠末端的氨基酸消化率，为氨基酸的人体吸收量以及蛋白质对人体氨基酸和氮需求的贡献提供了更准确的测定方法。PDCAAS 方法是以整个消化道中粗蛋白消化率的估计值为基础，使用这种方法得出氨基酸的吸收量的估计值通常较高。一些食品可能声称蛋白质含量高，但由于小肠不能同样地吸收所有氨基酸，所以这些氨基酸对人类的营养需求贡献不同。

8.8 蛋白质品质

FAO 的这项建议“克服了 PDCAAS 方法的一些批评，如考虑高质量蛋白质、抗营养因素、氨基酸生物利用度和限制氨基酸的影响”（Kuntz，2013）。

8.9 营养

营养在新产品推出时发挥作用——无论是原产品还是新配方。“几乎所有肥胖都与某种饮食混乱有关。就碳水化合物而言，合理避开糖和淀粉，并关注可能导致消化不良的纤维，有利于控制体重。由此而言，水是安全的，不会引起肥胖。还有蛋白质，蛋白质是饱腹感的一个关键因素，因此它有助于抵抗肥胖。这是 2013 年及以后最受欢迎的营养趋势之一。不仅是添加肉类、鸡蛋或豆类等高蛋白成分，还可以添加乳蛋白和植物蛋白等纯化的蛋白质来源，包括大豆蛋白、菜籽蛋白甚至可怕的面筋蛋白”（Kuntz，2013）。

什么食品属于蛋白质食品组？

所有由肉类、家禽、海鲜、豆类、鸡蛋、加工豆制品、坚果和种子制成的食品都认为是蛋白质食品组的一部分。豆类也是蔬菜组的一部分。

蛋白质食品组中的素食选择

只要选择的食品种类和数量充足，素食者就能从这个食品组中获得充足的蛋白质。素食者蛋白质食品组的蛋白质来源包括鸡蛋（适用于蛋类素食者）、豆类、坚果、坚果黄油和豆制品（豆腐、豆豉、豆制品汉堡）。

“自大萧条时期以来，大多数美国人并不担心摄入足够的蛋白质，因为肉类、家禽和其他形式的动物蛋白质很容易获得，甚至通常会过度摄入。”（Berry，2012）。

8.10 结论

蛋白质是复杂的分子，广泛分布在各种食品中。为了知晓蛋白质在食品加工过程中的行为，以及了解如何最大限度地发挥它们的功能特性，理解蛋白质的构象和反应是非常重要的。对于富含蛋白质的食品来说尤其如此，因为其最终产品的质量在很大程度上取决于在加工和处理过程中对蛋白质的处理。本章主要介绍了食品蛋白质的一般特性。一些特定食品蛋白质的组成和功能特性的更多细节将在接下来的章节中给出。

笔记：

烹饪提示！

术语表

氨基酸：构成蛋白质的组成单元；包含一个氨基、一个羧基、一个氢原子和一个侧链，它们都连接在一个中心碳原子上。

两亲性分子：包含疏水和亲水两部分的分子。

两性的：取决于介质的 pH，可以作为酸或碱起作用。

α-螺旋：有序的蛋白质二级结构，螺旋状，由链内氢键稳定。

β-折叠：有序的蛋白质二级结构，锯齿形，由链间氢键稳定。

构象：蛋白质在空间中呈现的特定折叠和形状。

变性：由温度、pH、离子强度或表面变化引起的蛋白质构象（二级、三级或四级结构）的变化。

二肽：由两个氨基酸通过肽键连接而成。

二硫键：两个硫醇（—SH）基团反应形成强共价键。

功能特性：能够在食品中发挥特定作用的分子的特征。蛋白质功能性质包括溶解性、增稠性、黏合性、胶凝性、起泡性和乳化能力。

蛋白质水解：蛋白质中的一个或多个肽键断裂形成较小的多肽链。

亲水：亲水的；极性带电基团的特征。

疏水：疏水性；非极性基团的特征。

蛋白质等电点：pI；蛋白质的总电荷为零时的 pH；正电荷的数量等于负电荷的数量；蛋白质在这个 pH 下最容易变性和沉淀。

美拉德褐变：还原糖的游离羰基和蛋白质的游离氨基反应形成棕色；受高温影响的复杂的非酶反应。

肽键：一种氨基酸的氨基与另一种氨基酸的羧基反应形成的键。

多肽：由数个氨基酸通过肽键连接在一起形成。

蛋白质一级结构：蛋白质链上氨基酸的特定序列，由肽键连接，即共价键连接的蛋白质主链。

蛋白质四级结构：蛋白质链的非共价结合形成一个离散单元。（译者注：蛋白质分子中各个亚基的空间排布及亚基接触部位的布局和相互作用，称为蛋白质的四级结构。）

蛋白质二级结构：蛋白质链各个组成部分的三维排列；（译者注：蛋白质二级结构是指蛋白质分子中某一肽链的局部空间结构，即该段肽链主链骨架原子的相对空间位置，并不涉及氨基酸残基侧链的结构，在所有已测定空间结构的蛋白质中均有二级结构的存在。）二级结构包括 α-螺旋结构、β-折叠结构和不规则线圈结构。

蛋白质三级结构：整个蛋白质链的三维排列；蛋白质链在空间中呈现的形状；包括纤维结构和球状结构。

水解蛋白质：分解或水解蛋白质。

无规则卷曲：蛋白质的二级结构，没有规则的、有序的模式。

盐溶：加入稀盐溶液使蛋白质的分散性提高的现象。

盐析：加入浓盐溶液使蛋白质沉淀析出的现象。

位阻效应：由组成蛋白质链的氨基酸的大小和形状引起的效应；空间效应；例如，大量的氨基酸可以阻止蛋白质以某种方式进行自我折叠。

水合能力：蛋白质结合水的能力；这种能力取决于蛋白质链上带电基团和极性基团的数量。

两性离子：分子中包含一个带正电的基团和一个带负电的基团。

参考文献

[1] Berry D (2012) Pumping up protein. Food Product Design. 66.

[2] Grain Processing Corp (2012) Gluten-free goodness. Food Product Design. 81.

[3] Kuntz LA (2013) In terms of protein. Food Product Design. 10.

引注文献

[1] The Academy of Nutrition and Dietetics (AND) (n. d.).

[2] Coultate T (2016) Food. The chemistry of its components, 6th edn. RSC Publishing, Cambridge.

[3] Damodaran S (2017) Amino acids, peptides and proteins. In: Damodaran S, Parkin K (eds) Fennema's food chemistry, 5th edn. CRC Press, Boca Raton.

[4] McWilliams M (2016) Foods: experimental perspectives, 8th edn. Prentice-Hall, Upper Saddle River.

[5] Potter N, Hotchkiss J (1999) Food science, 5th edn. Springer, New York.

[6] The Food and Agriculture Organization of United Nations (FAO) (n. d.).

9 肉类、家禽、鱼、干豆和坚果

9.1 引言

肉来源于动物，是哺乳动物可食用的部分之一。按某些定义，“肉”包括兔肉、鹿肉等野味以及非哺乳动物的家禽和鱼。世界各地多种多样的动物的肉都可以作为食物。

红肉是来自哺乳动物的肉，包括牛肉、小牛肉、羔羊肉、羊肉和猪肉。白肉指的是家禽肉。猪肉为白肉的原因是它的肌红蛋白含量低于牛肉，而明显高于鸡肉和火鸡白肉。USDA将猪肉视为红肉。1987年，美国国家猪肉委员会发起了一场成功的广告宣传活动，称猪肉是“另一种白肉”。这旨在给人一种类似于鸡肉和火鸡肉（白肉）的感觉，它比红肉更健康。

除了红肉或白肉，海鲜来源于鱼、野味来源于非家养动物。这些可以新鲜或者冷冻出售，也可以加工或制作成工业产品。

肉主要由三部分组成：肌肉组织、结缔组织和脂肪组织（肥肉）。瘦肉比大理石纹的肉所含有的脂肪组织少。在动物身上分割肉的部位、肌肉收缩和宰后的变化都会影响肉的嫩度。每个分割肉的固有嫩度不同，需要的烹饪方法也不同。

所有肉类都要接受USDA的强制检验和自愿分级。肉类在检验后可能由于加工方法而发生改变，包括腌制、熏制、重组和嫩化。

动物饲料的不完全植物蛋白质在肉中重新合成，重要的是要知道只有动物蛋白质才是完全蛋白质。因此，无论出于何种原因，如果饮食中的肉类消费量减至最低或略去，个人必须从非肉类来源获得类似的营养素，例如不同植物的组合（参见第七章）或乳制品或鸡蛋。

牛肉需求一直在上下波动，这与健康新闻和经济状况等因素有关。有些人可能有健康、环境、宗教、素食或弹性素食主义信仰，或其他与肉类消费相关的担忧，因此他们可能会选择避免食用肉类产品，或可能很少食用肉类。众所周知，在遵循其他信仰的条件下，饮食中肉类的摄入量非常高。USDA建议“食用含蛋白质的瘦肉”。

肉的外观、质地和风味既要满足要求，其营养、安全和方便也要保证。有些人可能摄入大量的肉，而有些人则根本不摄入（对一些食物过敏或不耐受人员可能需要避免或禁止摄入该类食品）。

9.2 肉的特性

9.2.1 肉的物理组成

肉的物理组成由三种组织构成：肌肉组织、结缔组织和脂肪组织。每种组织在下文中进行讨论。

肌肉组织：肌肉组织被称为肉类的瘦肉组织。它包括心肌、骨骼肌和平滑肌。心肌位于心脏。骨骼肌是胴体的主要组成部分，起到支撑身体和维持运动的作用。当肌肉被运用时，它起到加强其所依附骨骼的作用。平滑肌是内脏肌肉，例如位于消化道、生殖系统和整个循环系统的血管中。

肌肉细胞膜内（图 9.1）有肌原纤维，肌原纤维中含有粗细交替的蛋白质纤丝，即肌动蛋白和肌球蛋白，它们在活的动物中收缩和松弛。肌动蛋白和肌球蛋白的长度各不相同，可能有 2.54~5.08cm 长并且直径非常小。每根纤维都是圆柱形，两端呈锥形，表面覆盖着一层称为肌内膜的薄结缔组织鞘。由 20~40 根纤维组成的小束，构成了代表肉的“纹理”的一个初级束。初级束被肌周结缔组织包围。

烹饪提示！在切肉时，通常建议“横切纹理”，从而缩短纤维以增强嫩度。

总的来说，几个初级束会形成一个更大的次级束，次级束还包含着血管和神经。如同组成初级束的情况一样，每个次级束也被肌周结缔组织包围。接着，若干次级束被肌外结缔组织包围，将骨骼肌与其他骨骼肌分开。肌肉束之间存在血管（毛细血管）和小块脂肪细胞。

结缔组织：（主要是胶原蛋白和弹性蛋白）结缔组织由蛋白质和黏多糖组成。它分布于整个肌肉中（图 9.1），并决定了肉的嫩度。结缔组织量越少相当于肉越嫩。各种类型的结缔组织——肌内膜、肌束膜和肌外膜，它们将肌肉纤维包扎成束，从而形成肌肉。

结缔组织延伸到肌肉纤维之外形成肌腱，将肌肉与骨骼连接起来，支撑并连接身体的各个部分。结缔组织还形成了韧带，把一块骨头连接到另一块骨头上。此外，动物坚韧的表皮或兽皮通过结缔组织与下面的动物组织相连。

因此，肌肉组织含量高的肉自然会具有更多的结缔组织来容纳肌肉中的肌原纤维和束。胶原蛋白是哺乳动物体内含量最丰富的蛋白质，存在于骨骼、软骨、肌腱和韧带中，包裹着肌肉群和分离肌肉层。它也存在于角、蹄和表皮中。

胶原蛋白是一种呈白色的三螺旋蛋白结构，在加热后会收缩成厚厚的一团。然而，当用湿热烹调时，它会变嫩。这种嫩化可以有多种方式。例如，胶原蛋白可以“转化”“溶解”或“胶化”为水溶性明胶。（这种明胶转而可以用于饮食中食用凝胶）。在老年动物中，胶原蛋白增加，可能形成许多交联，从而阻止胶原蛋白溶解到更嫩的明胶中。因此，年老动物的肉很硬。

其次，肉类结缔组织中较少的成分是黄色的弹性蛋白，它比胶原蛋白更有弹性。它存在于循环系统的柔性壁以及整个动物体内，有助于将骨骼和软骨结合在一起。弹性蛋白广泛存在于运动的肌肉中，如腿、脖子和肩膀。不像胶原蛋白在烹饪中不会软化。

另一个较小的结缔组织成分是网状蛋白。这是一种在幼年动物体内发现的蛋白质。它可

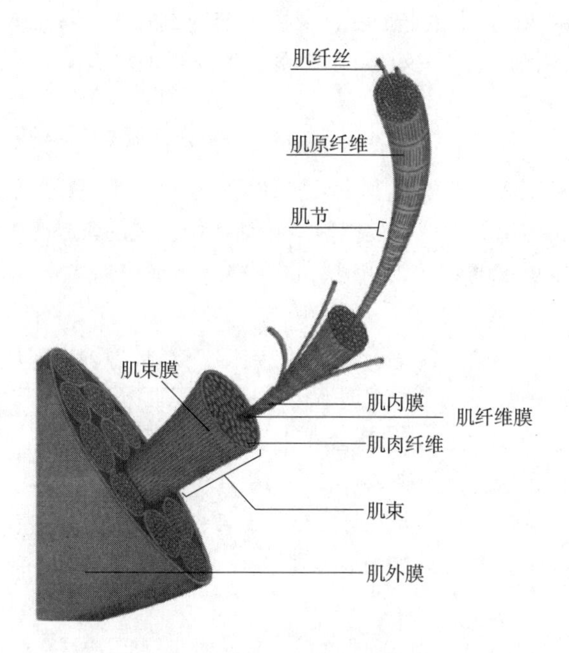

图 9.1 瘦肉及其结缔组织示意图
（来源：美国国家养牛者牛肉协会）

能是胶原蛋白或弹性蛋白的前体。

通常，结缔组织在老龄动物的肌肉中存在的程度更高。结缔组织含量高的肉可用机械碾碎，以破坏结缔组织，增加肉的嫩化程度。

脂肪组织：除肌肉组织和结缔组织外，肉的第三种组成是脂肪组织。由于脂肪和脂肪组织的存在，切下来的肉在成分和外观上可能有很大的不同。动物脂肪储存能量，其含量取决于动物饲料、激素平衡、年龄和基因等因素。

脂肪存在于遍布全身的多股结缔组织中，位于数个部位，如在器官周围，皮肤下面、肌肉之间和肌肉内部，如下所述。

脂肪组织：储存在心脏、肾脏周围和盆腔区域的脂肪（板油是指牛或羊肾脏和其他腺体器官周围的硬脂肪组织）。

皮下脂肪（修整）：在去皮后可见的脂肪（这也被称为覆盖脂肪。如果修整得好，可见的脂肪层就不那么明显了）。

肌间脂肪：肌肉间的脂肪（也称缝口脂肪）。

肌内脂肪：肌肉内脂肪（大理石纹）（图 9.2）。

烹饪时，融化的脂肪成分会提高多汁性、嫩度感和风味。因此，富含肌内脂肪的大理石花纹肉是理想的（尽管脂肪组织含量高）。瘦肉主要是脂肪含量较低的肌肉组织。动物体内的脂肪百分比一般会随着动物年龄的增长而增加。

饲料类型也会影响脂肪含量（谷物喂养通常比草料喂养的食用牛或野牛脂肪含量高）。

9.2.2 肉的化学成分

不同分割肉的化学成分在很大程度上各不相同。肉类可能含有 45% ~ 70% 的水分、

15%～20%的蛋白质和5%～40%的脂肪，这取决于切割肉的部位和修整处理。肉类不含碳水化合物（除了储存糖原的肝脏）。这些肉类成分在下文中加以描述。

水

水是肉的主要成分，在脂肪组织含量低的瘦肉和幼年动物中发现的含量最高。然后，随着动物变得更加成熟和肥胖，有了更多的脂肪组织，水在整个组成中所占的比例要小。水是肉类的主要成分，在脂肪组织较低的瘦肉和幼年动物中发现的含量最高。然后，当动物变得更加成熟和肥胖，有了更多的脂肪组织时，水在整个组成中所占的比例比年轻瘦削的动物要小。

水存在于肌肉纤维中，少量存在于结缔组织中。它通过多种方式从蛋白质结构中释放出来。例如，在烹饪过程中，当肌肉凝固时就会失水。当肌肉纤维被破坏（由于化学、酶或机械软化）、盐渍以及pH改变，水分都会发生流失。相反，水可以添加到肉中，例如在标签上显示有合法加水标识的腌制火腿。

烹饪提示！最近，符合政府对生肉和家禽肉食品安全要求的标签引起反响，即必须声明保水标识。因此，根据美国农业部USDA的规定，加工者必须在适用的食品标签上列明吸收水或保留水的最大百分比。

蛋白质

动物源蛋白质具有很高的生物学价值。它被称为一种完全蛋白质，它在数量上和比例上含有所有用于合成人体蛋白质的必需氨基酸。肉类中的三种主要蛋白质类型为肌原纤维蛋白、基质蛋白和肌浆蛋白，如下所述。

肌原纤维蛋白：肌束是由肌动蛋白和肌球蛋白等多个蛋白质分子组成的肌原纤维群，它们可以形成一个称为肌动球蛋白的重叠复合体。

基质蛋白（结缔组织蛋白）：松软结缔组织有基质蛋白原纤维：胶原蛋白、弹性蛋白和网状蛋白。

肌浆蛋白：是肉类蛋白质的第三大类，包括色素和酶。例如，血红蛋白将氧气储存在红细胞中，并将其输送到包括肌肉在内的组织中，而肌红蛋白则在肌肉中储存新陈代谢所需的氧气。酶存在于肉类蛋白质中。它们可能是在肉成熟过程中水解蛋白质的蛋白质水解酶、水解碳水化合物的淀粉水解酶或降解脂肪的脂肪分解酶。肌肉细胞液中也有许多酶。

脂肪

脂肪可能是肉的主要成分。脂肪的饱和度各不相同（图9.2）。例如，皮下脂肪通常比腺体器官周围的脂肪更不饱和。饱和脂肪有助于减少氧化，因此减少酸败。

在动物体内，脂肪有助于活的动物在低温环境下存活。在饮食中，脂肪可以携带脂溶性维生素A、维生素D、维生素E和维生素K。此外，脂肪还含有一些必需脂肪酸，这些脂肪酸是每个细胞膜合成磷脂的前体物质。

胆固醇，一种胆甾醇，存在于所有动物组织的细胞膜中。一般来说，瘦肉的胆固醇含量比高脂肪的肉低。瘦肉中脂肪和胆固醇含量异常的例子是小牛肉（幼年瘦小牛的肉），它脂肪含量低，但胆固醇含量高。

碳水化合物

碳水化合物在植物组织中含量丰富；然而，它们在动物组织中可以忽略不计。动物体内大约一半的碳水化合物以糖原的形式储存在肝脏中。另一半以葡萄糖的形式存在于全身，尤

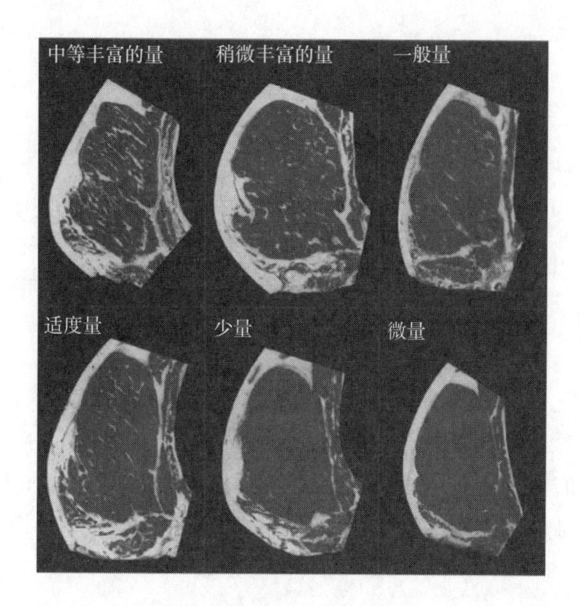

图 9.2 不同数量的脂肪大理石纹
（来源：美国国家养牛者牛肉协会）

其在肌肉和血液中。少量存在于动物的其他腺体和器官中。如果动物在屠宰前进行了运动或没有喂食，肝脏和肌肉中的糖原储存量就会降低。

微生物和矿物质

维生素和重要矿物质都存在于肉中。水溶性复合 B 族维生素在许多能量代谢反应中起辅助因子的作用。肝脏储存四种脂溶性维生素——维生素 A、维生素 D、维生素 E 和维生素 K。矿物质铁（血红素和肌红蛋白色素中）、锌和磷都存在于肉中。

9.3 活体动物的肌肉收缩

屠宰动物的肌肉组织在屠宰后经历多种变化。为了更好地了解肉中发生的反应及其对肉嫩度和品质的影响，有必要对活体动物肌肉的结构和功能有一个基本的了解。

9.3.1 肌肉的肌丝结构

如前所述，肌肉纤维包含肌原纤维束。肌原纤维本身由蛋白质丝束组成，如图 9.3 所示。这些纤维主要由肌动蛋白构成的细丝和含有肌球蛋白的粗丝等构成。它们以特定的模式排列在一个称做肌节的重复的纵向单位中。

细丝出现在肌节的每一端，它们被 Z 线固定在适当的位置。Z 线明确了每个肌节的末端。粗丝位于肌节的中央，它们与细丝重叠。重叠的程度取决于肌肉是收缩还是松弛。在松弛的肌肉中，肌节伸展，粗丝和细丝没有太多重叠。然而，收缩肌肉的粗丝和细丝有很多重叠，因为肌节在收缩过程中会缩短。

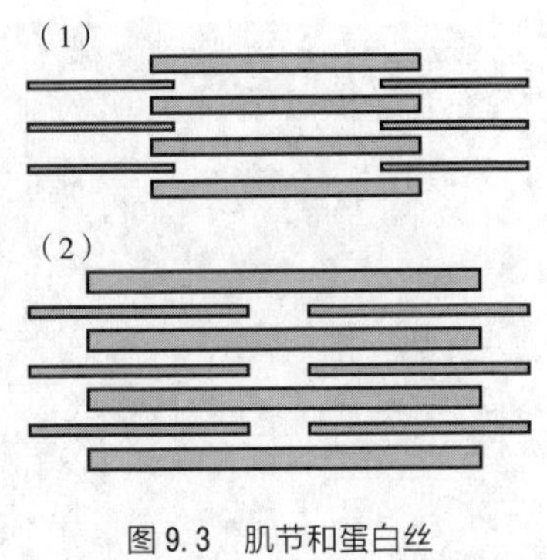

图 9.3 肌节和蛋白丝
(1) 松弛 (2) 收缩

细丝和粗丝在它们重叠的区域交错穿插。肌原纤维的横截面显示每个粗纤维被六个细纤维包围，每个细纤维被三个粗纤维包围。当收缩发生时，这有利于细丝和粗细丝之间的相互作用（参见 9.4）。

9.3.2 肌肉收缩

当神经冲动导致钙离子从肌浆网释放到肌浆中时，肌肉开始收缩。肌浆网是环绕着肌原纤维的细丝和粗丝的一种胶状物质。钙离子结合到细丝上的特定部位导致肌动蛋白上的活性位点暴露。然后肌动蛋白分子能够与肌球蛋白反应形成肌动球蛋白。三磷酸腺苷（adenosine triphosphate，ATP）是这个反应所必需的能量来源。

然后肌球蛋白收缩并将含有肌动蛋白的细丝进一步拉向肌节的中心。然后肌动球蛋白复合物断裂，肌球蛋白与不同的肌动蛋白分子形成另一种交联。随着周期的进行，由于形成更多交联，肌节持续缩短并发生收缩。

当神经冲动停止时，钙离子被泵出肌浆并返回肌浆网。在没有钙离子的条件下，肌动蛋白和肌球蛋白无法相互作用，因此肌动球蛋白复合体断裂。肌肉松弛并恢复到最初的伸展状态。

9.3.3 收缩的能量

收缩的能量主要来自有氧呼吸，有氧呼吸使葡萄糖完全分解并产生二氧化碳和 36 个 ATP 分子。在动物体内，葡萄糖以糖原的形式储存，在需要提供能量时糖原就会被分解。当肌肉短时进行剧烈活动，有氧呼吸不能提供足够的 ATP，因此能量也可以通过无氧糖酵解获得。这是一种更快速但效率较低的产生能量的方式，因为每个葡萄糖分子只能产生 2 个 ATP 分子。

糖酵解将葡萄糖转化为乳酸，乳酸在肌肉中积累（在剧烈运动后，乳酸的积累会导致肌肉酸痛和僵硬。当剧烈运动停止后，乳酸就被氧化并从肌肉中排出）。

有氧呼吸和糖酵解都可以在活的动物体内进行。屠宰后，有氧呼吸停止，但糖酵解仍持续一段时间。

9.4 宰后肌肉的变化

宰后肌肉的变化使肉的多个特征发生变化。屠宰后一段时间（6~24h），肌肉变硬，变得坚硬而不可拉伸（也许你在路边事故或狩猎地点见过鹿或其他死去的动物的这种僵硬）。在屠宰前，活体动物的肌肉组织是柔软而易弯曲的。之后一段时间发生硬化。它具有物种特异性，被称为尸僵，字面意思是“死亡之僵硬”。这种硬化是由于肌原纤维蛋白、肌动蛋白和肌球蛋白失去了延展性，一旦能量储备不复存在，氧气就无法到达细胞。

如果肉在这个阶段煮熟，是极其坚硬的。事实上，大多数肉都是经过成熟或调理来使肌肉松弛，并在烹饪前再次变得柔软和柔韧。这种“解僵”是由于将肌肉纤维结合在一起的蛋白质的酶分解。这种僵硬是暂时的。

屠宰之后，肌肉中发生的一系列变化导致尸僵产生。当动物被杀死时，有氧呼吸停止，血液停止流动，肌肉不再有氧气供应。因此，厌氧条件很快占优势。糖酵解继续进行，将储存的糖原转化为乳酸并形成 ATP。这种反应一直持续到储存的糖原耗尽或 pH=5.5。在这个 pH 下，负责糖酵解的酶发生变性从而导致酶反应停止。如果糖原供应不足，糖酵解可能会在 pH 下降到 5.5 之前因糖原耗尽而停止。

当糖酵解停止时，ATP 的供应很快消失。缺乏 ATP 会阻止钙离子被泵出肌浆，因此细丝的肌动蛋白分子上的活性位点可以与粗丝的肌球蛋白结合。肌动蛋白与肌球蛋白结合形成肌动球蛋白交联。这种交联的形成是不可逆的，因为没有可用的 ATP（在活的动物体内，肌动球蛋白的交联作为收缩的一部分反复形成和断裂，然而这个循环需要 ATP）。

这些不可逆的肌动球蛋白交联形成导致肌肉变得僵硬。这是尸僵，并且它与肌肉中 ATP 的耗尽有关。肌动球蛋白交联一旦形成，即使在肉的成熟过程中也不会分解，肌动球蛋白交联的存在会使肉变的坚硬［图 9.3（2）］。

因此，肌肉尸僵时的僵硬程度取决于肌动球蛋白形成的程度，而肌动球蛋白形成的程度又取决于细肌丝和粗肌丝重叠的程度。细肌丝和粗肌丝重叠越多，肌动球蛋白的形成越多，肌肉就越僵硬从而导致肉变坚硬。

少量重叠：几乎没有肌动球蛋白交联（嫩肉）。

大量重叠：许多肌动球蛋白交联（硬肉）。

由于肌动球蛋白形成的程度会影响肉的嫩度，因此尽量减少形成肌动球蛋白交联的数量是很重要的。这可以通过两种方式实现：

（1）屠宰后将肉悬挂在胴体上拉伸肌肉。这最大程度地减少了肌节的缩短，并导致肌动球蛋白交联的形成减少。

（2）控制尸僵前温度以尽量减少纤维缩短。最适温度在 15℃~20℃。

超过这个温度，缩短就会增加。之后出现“冷缩短”。在低温下，肌浆网泵不能将钙离子泵出肌浆，因此发生收缩。

悬挂胴体和控制僵直前温度都能使僵直前的收缩最小化，从而减少肌动球蛋白的交联和增加肉的嫩度。

9.4.1 极限 pH

极限 pH 是糖酵解停止时所达到的 pH，通常在 5.5 左右。屠宰后，由于乳酸的积累会导致 pH 下降，一般从活体动物血液排出乳酸。如前所述，糖酵解酶接近它们的等电点，并在这个 pH 下失活，从而阻止糖酵解继续进行。因此，pH = 5.5 可能是最低的极限 pH。如果动物在屠宰前饥饿或应激有可能获得更高的极限 pH。这使储备的糖原耗尽，因此在形成足够的乳酸使 pH 达到 5.5 之前，糖酵解便停止。

极限 pH 高的肉具有良好的持水能力，因为许多蛋白质并不接近它们的等电点，因此能够结合更多的水。然而，从微生物的角度来看，较低的极限 pH 是可取的，因为它会抑制微生物的生长。高的极限 pH 会导致对微生物生长的抵抗力差。

屠宰后 pH 的变化率对肉的品质也有显著影响。当温度仍然很高时，pH 的快速变化会导致收缩蛋白和肌浆蛋白相当大的变性和持水能力的丧失。溶菌酶在高温下也会被释放出来，这些酶会引起蛋白质的水解。如果屠宰后胴体没有迅速冷却，就可能发生这种不良变化（例如，如果在胴体温度降至 35℃之前，pH 降至 6.0）。

9.4.2 肉类的成熟或调理

肉类的自然成熟或调理是将经过僵直期后的肉放置几天。在温度和湿度（可能还有光照）受控的储存条件下，肌肉会再次变得柔软和柔韧，使肉变嫩。在肌肉由于（蛋白质）肌动球蛋白分解而变嫩的时候发生肉的成熟。一种在 pH = 5.5 左右活跃的蛋白酶分解 Z 线处的细肌丝。这导致肌肉再次变得柔韧并且肉变嫩。肌浆蛋白和一些肌原纤维蛋白的变性导致肉持水能力丧失，因此，肉出现滴水。胶原蛋白和弹性蛋白在成熟过程中不发生明显的变性。

烹饪提示！在动物屠宰和肉零售之间这段时间内，肉中的天然蛋白水解酶可以使肉充分变嫩；然而，有时需要对肉的成熟进行控制。

如上所述，肌动球蛋白的形成会影响肉的韧性，因此尽量减少形成的肌动球蛋白交联数量是很重要的。这可以通过两种方式实现。成熟是通过将胴体悬挂在 2℃的冷室中 1~4 周来实现。虽然肉在大约一周后恢复嫩度，但最好的风味和嫩度在 2~4 周左右形成。湿度控制在 70%左右，肉可以用真空袋包装以减少脱水和重量损失。

肉的成熟温度越高，所需的成熟时间越短，例如，在 20℃处理 48h 也用于成熟牛肉。然而，用这种方法成熟的肉，其表面细菌黏液的扩展往往是一个问题。研究表明，在成熟过程中将肉暴露在紫外线下有助于解决该问题。

不同肉类的成熟要求不同。例如，猪肉和羊肉不需要像牛肉那样进行成熟，因为这些动物是在它们幼年和天生柔嫩的时候屠宰的。它们通常在屠宰的第二天进行加工。

9.5 肉的色素和色泽变化

在肉组织中可以看到各种肉的色素和色泽的变化。肉可以表现为红肉或白肉，这取决于主要色素及其在肉中的浓度。肉类中导致红色的两种主要色素是肌红蛋白和血红蛋白。肌红蛋白（有一个血红素辅基作为其结构的一部分）占肉类色素的80%～90%。它可以让氧气储存在肌肉中。在出血较好的肉中血红蛋白（其结构中有四个血红素辅基）含量为10%～20%。它在血液中携带氧气。

肌红蛋白是肉的主要色素来源，呈紫红色。它存在于动物经常运动消耗大量氧气的部位，如鸡腿的肌肉。例如，它是产生火鸡的"深色肉"。具体的肌红蛋白含量受物种、年龄、性别和特定肌肉的影响。牛的肌肉中肌红蛋白比猪的多，绵羊的比羔羊的多，公牛（成年雄性）的比母牛的多。

当肌红蛋白暴露在空气中的氧气中就会产生亮红色的氧合肌红蛋白。随着时间的推移，高铁肌红蛋白显而易见。这是一种由于铁分子的氧化而存在于肉中的不良棕红色色素。在不新鲜的肉、含有大量细菌的肉、以及暴露在光照或低氧环境中的肉中含有这种不受欢迎的高铁肌红蛋白色素（图9.4）。

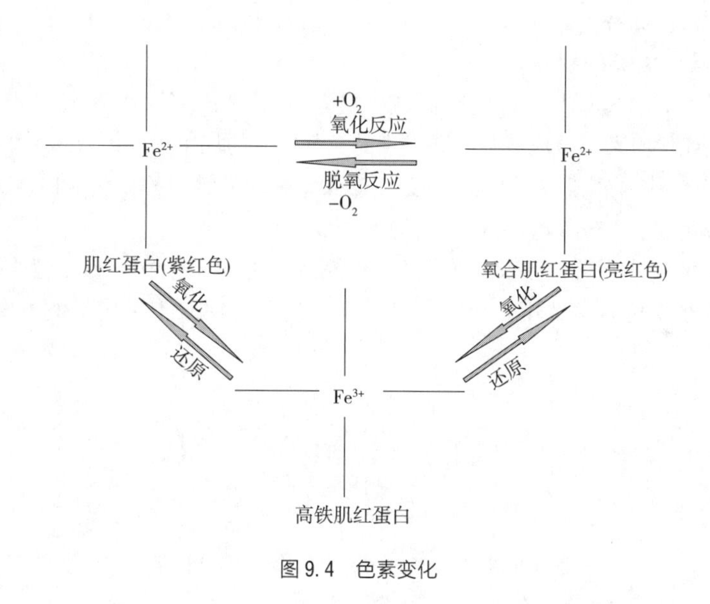

图9.4 色素变化

在加工肉类中，如午餐肉中，可能会添加亚硝酸盐，以保持理想的粉红色，并控制肉毒杆菌的生长。

9.6 肉加工过程

9.6.1 USDA 检验

"美国检验及合格"、包装/加工工厂编号在检验肉原切块上的圆形印章中注明（图9.5）。这枚圆章由一种无毒的紫色植物染料制成。包装好的加工肉类必须在其包装或纸箱上显示类似的图章。通常，特定的州检验印章（与USDA相反）显示带有州形状的印章。检查卫生和准确的标签是美国政府的一项服务，并用税款支付。

1906年的《联邦肉类检验法》要求对所有为州际贸易而屠宰和加工肉类的肉类包装工厂进行检验。1967年的健康（批发）肉类法案要求对州内运输实行同样的检验程序。

训练有素的兽医和USDA食品安全检验局（Food Safety and Inspection Service，FSIS）的代理人检验动物的健康以及实体肉类工厂的卫生状况。肉类检验是强制性的（参见第二十章）。肉类的卫生检验表明，肉类加工过程是安全可食用、没有掺假以及动物的胴体和内脏的检验没有显示疾病的存在（这并不意味着没有任何致病微生物）。

在肉加工前、后以及整个过程中都要进行检验。不得使用患病和不健康的动物；不得添加有害成分；不得使用误导性的名称或标签，工厂必须建立卫生规范。肉加工的安全对于加工者和消费者来说都是至关重要的。违反肉类法案将被罚款，侵权者将被监禁！肉类检验程序也控制和监控进口肉类。

考虑到这一事实，即如果只进行目测致病微生物 *E. coli* O157：H7可能无法检验到，因此检查中应包括实际细菌计数。包括细菌计数的肉类加工检验现在包括食品安全的危害分析和关键控制点（Hazard Analysis and Critical Control Point，HACCP）方法（参见第十九章）。这是目前检验肉类的程序。

“就USDA而言，FSIS认为只要肉类或家禽产品不含任何人工香料、调味剂、色素成分、化学防腐剂或任何人工合成成分，并且产品及其成分的加工程度不超过最低限度，它就可以声称是‘天然产品’。霍夫曼在Solae报道了USDA对‘天然’的立场（Decker 2013）”。

肉类和家禽的检验和分级：有什么区别？

肉类和家禽的检验和分级是美国农业部（USDA）的两个独立项目。卫生检验是强制性的，并由公共资金支付有关费用。质量分级是自愿的，这项服务由肉类和家禽生产商/加工商要求并支付费用。

图9.5　USDA检验、质量分级和产量等级印章

（来源：USDA）

强制联邦检验

美国消费者可以放心，USDA的公共卫生机构——食品安全检验局确保肉类和家禽产品的安全、卫生以及正确的标签和包装。

根据《联邦肉类检验法》和《家禽产品检验法》，FSIS检验在州际和国外贸易中销售的所有生肉和家禽，包括进口产品。该机构在肉类和家禽产品离开联邦检查的工厂后对其进行监控。

此外，FSIS还负责监督各州的检验程序，即检验在其州内生产销售的肉类和家禽产品。1967年《健康肉类法》和1968年《健康家禽产品法》要求州检验程序“至少相当于”联邦检验程序。在选择终止其检验程序或不能维持这一标准的州，FSIS必须承担该州内的检验责任。

由于一项新的自愿合作协议计划，根据最终规则，FSIS确实允许雇员人数不超过25人的州检企业在州际贸易中运输肉类和家禽产品。根据该计划生产的肉类和家禽产品，经指定的州工作人员检验合格后，将获得联邦官方检验标志，并允许在州际贸易中销售。FSIS负责监督和执行该计划。

FSIS与许多其他机构合作，包括USDA在内的其他机构有国家检验项目机构、美国卫生与公众服务部的FDA和环境保护局，在这些努力下来确保肉类和家禽产品的安全和完整。

随着行业的变化，FSIS开始改变检验方式。以前，检验员主要关注的是动物疾病，他们几乎完全依赖对动物、产品和工厂操作的目视检验。然而，动物生产中的改良减少了疾病的发生并创造了一个更加同质化动物的种群。因此，目前检验人员的关注范围更广，包括看不见的危险，如微生物和化学污染。

"减少病原体：危害分析和关键控制点（Hazard Analysis and Critical Control Point, HACCP）系统"中要求最终规则旨在将污染生肉和家禽产品的有害细菌降至最低。然而，如果肉类和家禽不能安全处理，可能出现一些细菌，并可能成为问题。为了协助食品加工人员，USDA要求在所有生的和未完全煮熟的肉类和家禽包装上都贴上安全操作说明（图9.6）。

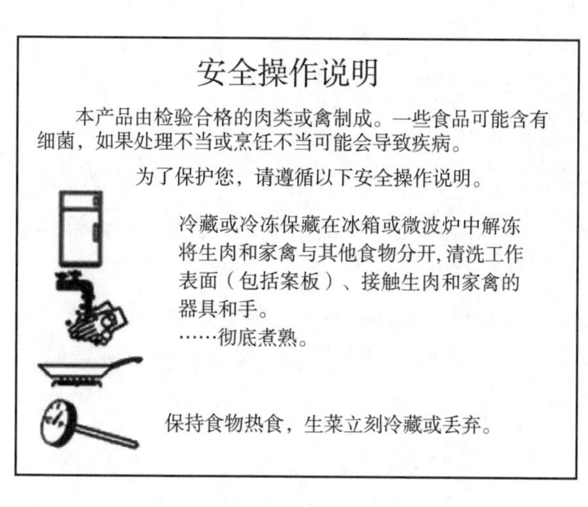

图9.6 安全操作说明

FSIS的HACCP体系采取强制措施旨在针对和减少肉类及家禽制品中的病原微生物。这些措施包括FSIS测试，以验证病原体减少绩效是否符合标准；进行植物微生物测试，以验证粪便污染的过程控制；制定书面的卫生标准操作程序（Sanitation Standard Operating Procedures, SSOPs）；以及在所有肉类和家禽加工厂建立强制性的HACCP体系。FSIS实施HACCP有助于确保肉类、家禽和蛋类制品的供应安全。欲了解更多，请访问FSIS关于HACCP的网页。

至少每年以及无论何时发生可能影响其危害分析或改变HACCP计划的任何变化，要求每个机构重新评估其HACCP计划是否适当。企业可在一年中任何时间重新评估其HACCP计划来达到年度评估的要求。该机构可于日历年内任何时间重新评估其HACCP计划，以符合每年重新评估的规定。

通过美国联邦检验和卫生检验的肉类会被打上紫色的圆形标志。肉的胴体上用于分级和检验的标志是由食品级植物染料制成并且无害（确切的配方是专属于染料制造商，归染料制造商所有)。胴体和主要分割肉上均会有标志。经过修整后，零售分割肉如烤肉和牛排上可能会不再出现该标志。然而，经检验的工厂包装的肉在标签上会标识该工厂的检验标志(图 9.7)。

强制性检查范围之外的动物（如水牛、兔子、驯鹿、麋鹿、鹿、羚羊)，根据美国《农产品市场法令》进行联邦自愿检查。该法令授权农业部长采取一切必要措施使产品适销对路。食品安全检验员必须了解特定品种，且胴体必须适用工厂可用的设备。要求自愿检验的企业必须按小时支付服务费用，而强制检验则由税款资助。

对于自愿检验，美国用三角形标志（图 9.8)（参考 9 CFR 352.7—产品检验标志）作为外来动物品种的检验标记（图 9.8)。

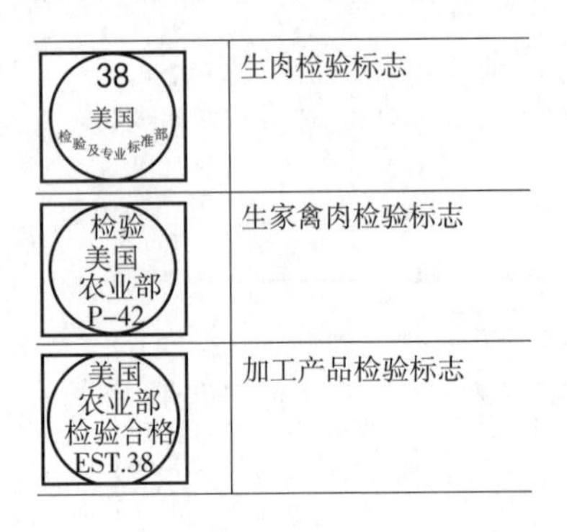

图 9.7 肉及其加工产品检验标志

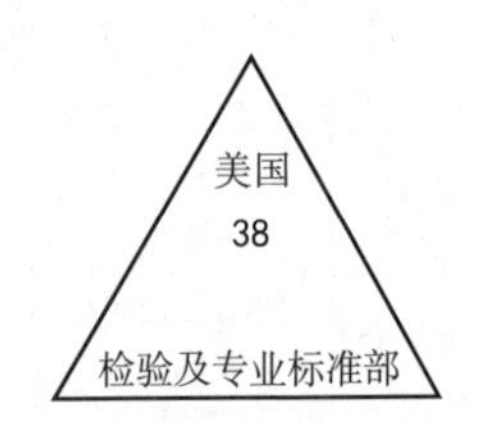

图 9.8 外来动物品种的检验标志

在美国，三角形标志适用于外来动物胴体、肉主体及其分割肉、外来动物肝脏、外来动物舌头和外来动物心脏：外来动物加工产品的检验标志上应该标记官方外来动物加工场所的场所编号（图 9.9)

图 9.9 外来动物加工产品的检验标志

同样，美国的肉类和家禽质量分级是自愿的。“质量分级是自愿的，由肉类和家禽生产商/加工商自愿要求提供这项质量分级服务，并支付质量分级产生的费用。”

9.6.2 肉的分级

与美国强制检验不同，肉类分级是自愿的。分级是加工成本的一部分，不是由政府税金支付。1927 年，USDA 确立了肉类分级（与胴体检验相反）的任务，它报告了质量和产量。

自愿质量分级对动物的各种特性进行评估。评估内容包括年龄、瘦肉的颜色、外部脂肪的质量和分布、大理石纹、动物胴体的形状和肌肉质地的坚实度——肌肉纤维束的粗度，因此它着眼于对大理石纹、成熟度、质地和外观的评估。

自愿的牛肉质量分级分为以下所列等级。其他肉类有不同的标准，等级分类较少。

· 极佳级 · 特选级 · 优选级 · 标准级 · 商用级 · 实用级 · 切块级 · 罐头级

"极佳级"牛肉有丰富的大理石纹。"极佳级"之后是有较少大理石纹的"特选级""优选级"和"标准级"。幼小的动物肉质更嫩会得到极佳级、特选级、优选级和标准级的评级。年龄更大、更成熟的牛肉通常获得商用级、实用级、切块级和罐头级的评级。

除了上述肉类自愿质量分级，肉类也有在批发水平有效的自愿产量分级。修整后去骨零售肉量与胴体的最高百分比指定等级为"1"。如果胴体的产量较低，则产量等级可低至"5"。肉类产品的销售和营销是基于等级和产量的。除了上述的自愿质量等级外，肉类也自愿按产量等级进行分级，这在批发层面是有用的。胴体上瘦肉率最高的无骨产量（可用肉）被指定为产量等级"1"级，如果胴体的产量较低，产量等级可能被指定为低至"5"的值，肉类产品的销售和市场营销是以等级和产量为基础的。

9.6.3 激素和抗生素

在美国，动物使用的激素和抗生素都受到 FDA 的监控。在动物饲料中可使用激素促进生长、增加瘦肉组织生长和降低脂肪含量。所有在动物饲养中使用的激素必须在屠宰前的特定时间内中止使用，并且必须得到 FDA 的批准。对胴体进行随机抽样以检测和监测生长激素残留（生长促进剂）。（译者注：动物饲料中激素和抗生素的使用在我国有明确的规定，与美国的有关规定不同。）

动物饲料中的抗生素如果使用不当也可能引起食品安全问题。抗生素已经被用于治疗疾病超过半个世纪，FDA 监控它们在动物饲料中的使用以防止它们转移到人类身上。低剂量的抗生素不仅能治疗已经存在的疾病还可以起到预防疾病和促进动物生长的作用。按照这种做法，如果抗生素耐药菌株从牲畜传给人类，那么对人类进行抗生素治疗可能会变得无效。美国国家科学院（The National Academy of Sciences，NAS）得出结论，他们"无法找到直接涉及饲料抗生素在人类疾病中的亚治疗用途的数据"。为了保护人类健康，FDA 最近已经敦促，如果发现用于治疗动物的特定抗生素危及其他用于治疗动物或人类的药物，那么它们应从市场上撤下。"许多国家（如丹麦）不允许在家畜身上使用抗生素作为生长促进剂"（Peregrin，2002a）。参见下面的问题：

激素和抗生素会导致人类的健康问题吗？

误解：在畜牧业生产中使用抗生素和生长激素正在牛肉中造成有害残留物，并导致人类出现健康问题。

事实：

（1）在牛肉中没有发现饲养用抗生素的残留物，也没有有效的科学证据表明在牛身上使用抗生素导致耐抗生素细菌生长引发的疾病。

（2）科学权威人士一致认为，使用激素植入物可以有效生产安全的牛肉。——蒙大拿州立大学仅用于动物生长目的的抗生素经常受到争议。不幸的是，正如涉及人类生长激素的媒体报道的那样，一小部分非法使用者可能非法使用在先而监管检验员检验可能滞后一步。

（译者注：以上为部分事实。也有研究结果表明，激素和抗生素的不正确使用会导致人类产生健康问题。)

9.6.4 动物福利审批

肉类可通过动物福利认可组织认证，该组织是人道对待牲畜的主要倡导机构之一。第一家动物福利认可餐厅于2011年在美国开业。

9.7 分割肉

9.7.1 初步分割肉或批发分割肉

初步分割肉也称为动物的批发分割肉。肉类分割将分割肉分为嫩分割肉和不太嫩分割肉、瘦分割肉和肥分割肉。分割肉因种类不同而不同，牛肉的初步分割肉的嫩度鉴别如下(表9.1)。它们是按照嫩度来列出的。用于提供支撑的较少运动的骨骼肌（例如，沿着脊椎骨切下的肉，如腰部）通常比其他用于运动的骨骼肌更嫩。不过，归根结底，嫩度是由牙齿撕裂肉的方式决定的，而不仅是切口、年龄等因素。

表9.1 牛肉分割肉的嫩度

最嫩	中度嫩	最不嫩
肋条	牛颈部到肩部的肉	牛腩（<胸脯肉）
前腰肉	牛后腿肉	胸腹肉
牛里脊肉		胸脯肉
		前腿肉
		牛尾

9.7.2 再次分割肉

再次分割肉是初步分割肉的分割肉，通常送到食品杂货市场进行进一步切割。它们可能是无骨的。如果它们是真空包装，则认为是“袋装肉”，如果装在盒子里，就是“盒装肉”。再次分割肉进一步分为单独零售分割肉，如烤肉、牛排和排骨。

9.7.3 零售分割肉

零售分割肉是指适用于零售市场，从初步分割肉或再次分割肉分切的肉。它们可能由其所在的初步分割肉或者它们包所含的骨骼而命名。

在大多数情况下，脖子、腿和下腹部的分割肉最不柔嫩，如上所述，这是由于它们是动物最常运动的部分。当用湿热的方法来软化结缔组织时，这些分割肉会变得可口。同样不太嫩的分割肉需要在低温下长时间的干热烹饪才会产生令人满意的产品。嫩分割肉用干热烹饪。

烹饪提示！不太嫩的分割肉——最好：湿热或长时间低温烹饪嫩分割肉——最好：干热快速烹饪

在20世纪70年代，美国国家牲畜和肉类委员会（现为美国国家养牛者牛肉协会，National Cattlemen's Beef Association，NCBA）协调一个由零售和肉业代表及联邦机构组成的委员会，对314种零售分割肉的名称进行了标准化。他们发布了统一零售肉鉴别标准（Uniform Retail Meat Identity Standards，URMIS）。URMIS标签包括肉的种类（牛肉、小牛肉、猪肉或羊肉）、源自原肉的初步分割肉（动物的牛肩肉、肋骨、腰肉或后腿肉）以及零售分割肉的名称。

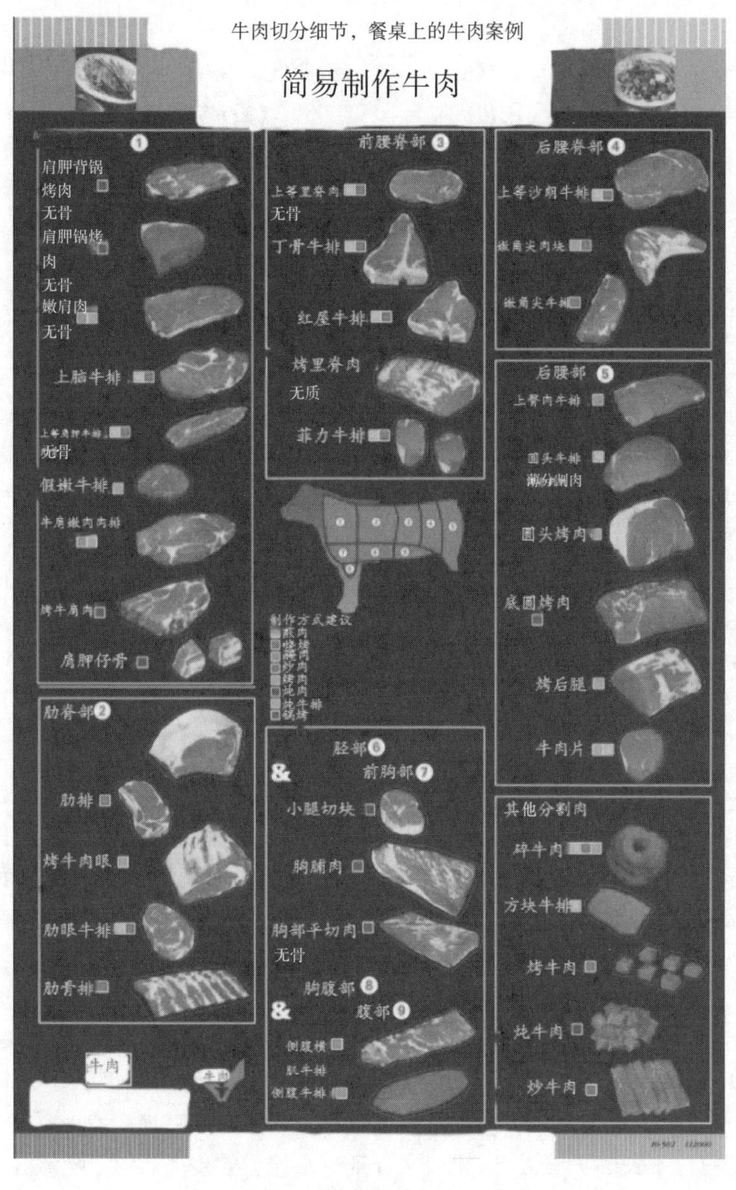

图9.10 批发和零售分割牛肉

（来源：USDA）

牛肉最常从以下动物的胴体中获得：

阉牛：幼年时阉割的公牛。

小母牛：繁殖前的年轻母牛，超过牛犊和小牛年龄。

牛肉较少从下列动物的胴体中获取：

母牛：生过小牛的雌性。

公牛：成年雄性。

幼牛：8~12 个月大的幼牛。

牛犊：3~8 个月大的小牛犊，不属小牛的范畴。

小牛肉来自以下动物的胴体：

小牛犊：一般为 3 周至 3 个月或以上。

由牛乳喂养的小牛，而不是草饲的，因此铁含量低，颜色苍白。

小牛犊肉通常比老牛犊肉浅灰色。

猪肉是猪的肉。

羔羊肉是不超过 14 个月小绵羊的肉。

羊肉是指 2 岁以上的绵羊的肉。

9.8 烹饪肉

为了更好地确保熟肉制品获得成功，了解烹饪对其各种成分的影响至关重要。加工厂和消费者都应熟悉肉的分割类型和烹饪方法。虽然对肉的要求可能有很多，但肉必须满足外观、质地、风味，以及营养、安全和方便之需。

烹饪提示！ 烹饪的目的是破坏病原微生物，同时改善肉的外观、嫩度和风味。在烹饪时，氨基酸链的肽链展开（变性），再重新结合或聚集，释放出水分和熔化的脂肪（第八章），结果导致肉收缩。烹饪加热时，肌肉纤维变强韧，结缔组织变柔软。烹饪方法、时间和温度不同，这些反应会产生相反的效果。

9.8.1 烹饪对肌肉蛋白的影响

相对于积极影响，烹饪对肌肉蛋白的消极影响更大。用于运动的肌肉（物理运动的肌肉）以及老年动物的肌肉中含有大量的肌原纤维；与此相反，较少用的肌肉和幼年动物的肌肉中肌原纤维较少。因此，从物理上来讲，前者的肌束更大，同时肌束大表明它们有更粗糙的纹理。

肌球蛋白沉淀温度大约 55℃，肌动蛋白沉淀温度为 70℃~80℃。这种沉淀会使周围的结缔组织变性、缩短、变韧、收缩，导致肉持水能力丧失，且烹饪时间越长，影响越大，尽管在 77℃的温度下，肉的嫩度可能会提高。

嫩分割肉含有少量结缔组织，应在高温下进行干热短时间烹饪。这种烹饪方式可以最大限度减少肌肉纤维的凝聚和收缩，防止肌肉纤维持水能力的丧失。如果把嫩分割肉烹饪到三分熟而不是全熟，肌肉纤维的硬度会降到最低。

过度烹煮的嫩肉会变得干而坚硬，因为此时蛋白质凝聚、水分被挤出、肌原纤维变硬。

对嫩分割肉来说，短时间内较高强度的烹饪更有益，对于不太嫩的肉，则建议长时间湿热烹饪。

9.8.2 烹饪对胶原蛋白的影响

当肉中的胶原蛋白受烹饪的热量处理时，结果是其氢键和一些热敏性交联断裂。如前所述，胶原蛋白是结缔组织的主要成分，当温度在50℃~71℃时，结缔组织开始收缩，随后一些坚韧的胶原蛋白会溶解并转化成明胶。随着胶原纤维变弱，肉会变嫩。当温度更高时，胶原蛋白的分解（或“熔化”、溶解、凝胶化）也会更快。

幼龄动物的胶原蛋白中几乎不含共价交联，所以它很容易转化为明胶且肉往往很嫩。而老龄动物的胶原蛋白含有较多的共价交联，其中大部分不能通过烹饪分解。因此，老龄动物的肉须在潮湿的环境中加热，否则肉会变硬。

低胶原蛋白含量的分割肉，如排骨或里脊肉，本来就很嫩，不适合缓慢、湿热烹饪。当快速烹饪时，这些肉会更嫩，且适合在三分熟或四分熟时食用。

另一方面，当肉块中的胶原蛋白含量很高时，建议使用缓慢、湿热的烹饪手段来熟制，因为这种方式可以使胶原蛋白凝胶化。且当肉放在腌料中时，距其表面6.35mm会发生一定程度的嫩化。

9.8.3 烹饪对脂肪的影响

烹饪对脂肪的影响是，随着烹饪的进行，肉中的脂肪会熔化，这种熔化过程会使肉变得更加柔软。如果分割肉脂肪含量高，或者有较好的大理石纹，则煮熟后会更嫩。煮熟的剩肉中脂肪氧化有助于增加其风味恶化。

9.8.4 烹饪方法

通常情况下，如前所述，肉有不同的“最佳”烹饪方法——干热和湿热。

- 干热的烹饪方法包括烤、炸、煎和炒。肉开盖烹饪，嫩牛排、排骨、碎肉和薄肉片都是采用开盖方式烹饪。

- 湿热的烹饪方法包括炖、高压、煨、蒸或用小火慢炖。肉盖盖烹饪，不太嫩的分割肉如前排肉、腰肉及它们周边的肉都是采用盖盖方式烹饪。

肉类含有水分，因此在某种程度上，所有的肉类，如果是盖盖进行湿热烹饪，就可以减少干热烹饪时发生的表面干燥，并给胶原蛋白变成明胶提供充分时间。

干热（无盖）和湿热（有盖）对两块相同的不太嫩分割肉如牛颈部到肩部的肉或牛大腿肉的影响已显而易见。当两块烤肉同时从烤箱中取出时，盖盖子的肉块温度比不盖盖子的更低，质量损失更少。对于这些不太嫩的分割肉，盖盖是较为可取的。

9.8.5 烹饪中其他重要因素

烹饪方法已在前面讨论过。然而，其他因素在烹饪中也很重要。例如，固有颜色、温度计读数、灼烧和降温都是烹饪中的重要因素。对于它们讨论如下：

颜色：颜色可以指示肉的煮熟程度。烹饪会使肌红蛋白色素变性，因此肉的颜色会从红色或紫色变为浅灰褐色。

温度计的使用：为达到推荐的安全烹饪温度，应使用校准过的温度计测量。烹饪温度计可以设计成沿着它的杆检测多种食品的温度，并显示多种食品温度读数的“平均”温度。由于温度计插入脂肪、肌肉或骨头附近的位置、方式不同，显示的温度也会不同，故也许不能准确地反映肉的煮熟程度。

烹饪提示！ 如果温度计插入脂肪或碰到骨头，读数会有误差。当温度计垂直插入时，油脂可能会顺着温度计的杆流下来，这时读数也是有误差的。只有当温度计以一定角度插入时，读数才准确。

灼烧：烹饪开始时采用高温处理或短暂的干热“烤”处理可以增加肉的风味。而后应用进一步的湿热烹煮来继续烹饪不太嫩的肉块和富含胶原蛋白的结缔组织。

去温：大块烤肉从烤箱中取出后的15~45min或更长时间内，其内部温度会继续升高。在三分熟阶段（较多水分）就从烤箱中取出的烤肉比在较干、熟透阶段才取出的烤肉的温度上升幅度更大。当需要特定的熟度时，要注意这一点。

肉类熟化的特定温度如表9.2所示：

表9.2 肉的熟度与温度

熟度	温度/℃
三分熟	60
四分熟	65
半熟	71
全熟	77

烹饪提示！ 从烤箱中取出后，烤肉的温度会继续升高。正确使用校准后的温度计。

9.9 肉的变化

9.9.1 加工肉

加工肉的定义是指经过任何机械、化学或酶处理而改变的肉，改变肉的味道和外观，并通常保持产品质量。加工肉可以通过腌制、烟熏或者煮制而成，如冷切肉（午餐肉）、香肠、火腿和培根。加工肉可以以低脂配方的形式出售，且和其他肉类一样接受同样的USDA检查。

在美国生产的所有肉类中，大约1/3是加工肉。被加工的肉大部分是猪肉，大约1/4是牛肉，还有少量的羔羊肉或羊肉。如果产品由辅料肉及畜下水配制而成，则其必须在标签上注明。

加工肉可能含有盐、磷酸盐、硝酸盐或亚硝酸盐，这些物质可以有效控制微生物的生长。此外，这些成分还可以为食品提供独特风味、优良质地和结合蛋白（参见9.9.3）。加工肉钠含量可以减少，或使用钠的替代品，因此关注钠以及其他一些添加剂的人群建议减少加工肉的摄入量（低钠加工肉在本章的其他部分还有进一步讨论）。

美国食品安全与检验服务局（Food Safety and Inspection Service，FSIS）允许在肉类中添加特定的添加剂，如角叉菜胶和刺槐豆胶。允许添加到腌制猪肉制品中的黄原胶最高含量为0.5%，以防止盐水渗出。在加工肉中添加亚硝酸盐，可以保持肉的颜色以及控制肉毒杆菌的生长。

9.9.2 肉的腌制和烟熏

腌制是对肉的一种改良，可以延长肉的保质期，使其保持粉红色，并产生咸味。如上所述，腌肉中含有亚硝酸盐，可以控制肉毒杆菌的生长。另外，当暴露在氧气中时，腌肉中色素氧化会导致其褪色。暴露在荧光灯下可能会使腌火腿产生荧光光泽，也可能会导致其颜色变灰或褪色。因此，腌制肉要进行包装，从而尽可能少地暴露在导致其品质劣变的氧气和光线中。

市面上非常受欢迎的腌肉包括火腿（猪肉）、腌牛肉以及培根和熏牛肉。咸牛肉因其由颗粒盐腌制而得名。腌肉中含有亚硝酸盐，亚硝酸盐可作为防腐剂，控制芽孢肉毒杆菌的生长，且可使腌肉呈粉红色。

在美国部分地区，通过烟熏机制备的烟熏肉非常受欢迎，然而在其他地方烟熏肉相对闻所未闻。无论是商业上还是在家，牛肉、火腿和火鸡都通过烟熏（加热处理）来赋予风味，也可以使用液体烟熏来达到同样的赋予风味之目的。

烹饪提示！ 通过将肉暴露在硬木的芳香烟雾中对肉进行烟熏处理，烟熏还可使肉脱水，从而控制肉中微生物生长。

9.9.3 重组肉

重组肉（译者注：重组肉是用碎肉和食品添加剂等重新组合加工而成的肉，与“转基因肉”不同。）含有天然分割肉的肌肉组织、结缔组织和脂肪组织。但是，每种组织的比例可能不同。在重组过程中，肉被切片、磨碎或切成小颗粒后重组成型，制成烤肉或牛排。

肌肉中的肌球蛋白有助于肉粒结合在一起。此外，还可以添加盐、磷酸盐和其他非肉类黏合剂，如蛋清、明胶、牛乳蛋白质、小麦或植物组织蛋白，以使蛋白质粒黏合在一起。一般来说，重组过程可以提供比较便宜的、类似整个肉组分的菜单选项，且其提供的每份大小和外观一致。大多数无骨火腿和一些早餐肉都是重组肉。

9.9.4 嫩化和人工嫩化

烹饪前对肉进行嫩化也许是可取的。幼龄动物肉质本身嫩，不需要人工嫩化。回想起老龄动物的结缔组织含有较多的共价交联，较少溶解，更不易转化为明胶。因此，老龄动物的肉需要嫩化。除了年龄，动物的确切分割肉部位也是影响嫩度的一个因素。

不太嫩的肉可以通过分解肌肉或结缔组织中的蛋白质人为地变嫩。这可以通过下面所讨论的机械、电或酶处理来实现。

机械嫩化包括切分、切丁和研磨。肉可以切成方块、碾碎或捣碎，然后再装馅或卷起来或用于菜谱中。这些操作会破坏表面的肌肉纤维和结缔组织。肉的“针刺”或“刀刃嫩化”

是一种特殊的操作方法，即用多个细钝的嫩化针刺穿肉。

如超声波振动等电刺激，通过刺激肌肉将 ATP 分解为乳酸的物理振动，间接使肉变嫩，这也使肉的 pH 降低。且对胴体的电刺激在不使肌肉纤维降解和肉的质地成为泥状的情况下使肉嫩化。

可以购买到从热带植物中提取的天然酶嫩化剂，该嫩化剂呈粉状或调味品形式，可以用其浸泡或喷撒肉进行肉的嫩化。它们的嫩化效果比腌料更好，因为腌料只能渗透到肉内部大约 6.35mm。天然酶嫩化剂中的酶包括来自木瓜的木瓜蛋白酶、来自菠萝的菠萝蛋白酶和来自无花果的无花果蛋白酶。

这些酶可用于处理肌肉组织和结缔组织等。例如，木瓜凝乳蛋白酶、木瓜蛋白酶和无花果蛋白酶，它们对肌肉纤维的嫩化作用强于对结缔组织的作用；而菠萝蛋白酶对结缔组织的降解作用强于对肌原纤维的作用。

在肉类表面过度涂抹天然酶嫩化剂或把处理过的肉置于有利于酶活性的温度下，会导致肉质过于柔软。

若在动物屠宰前几分钟将天然的酶嫩化剂木瓜蛋白酶注射到其颈静脉（血液）中，则这种酶会扩散，进而分布到整个动物组织中。这种酶可以在 60℃～71℃的温度下被热激活，并最终在烹饪中变性。

烹饪提示！ 在肉中加入酸腌料，胶原蛋白会被软化成明胶，胶原纤维吸水膨胀且持水力增强。番茄和醋便是能使肉类以这种方式反应并变得柔软的酸性料。

更近有一项新的开发成果，在不影响肉外观和口感的情况下使其变嫩。这是一种非侵入性的使肉变嫩的过程：该过程需要使肉在一个高压、充满水的密闭容器中进行 3min 的循环。这个密闭容器是一个直径 1.22m 的不锈钢容器，用不锈钢圆顶盖密封，当一个小型爆炸物在其内部引爆时，会产生高压波。低等级的肉，特别是低脂肪含量的分割肉，经过这种处理会增加其价值，因为这种处理后肉更嫩，适宜消费者食用（Morris，2000）。

9.10 家禽

当牛肉销量下降时，家禽（白肉、鸟）销量会增加。所有家禽均须根据 1968 年通过的《健康家禽产品法案》接受检查。基于家禽的结构、脂肪、无瑕疵和碎骨等因素，将家禽分为美国 A、B、C 级。家禽产品的检验、标签和处理与肉类检验过程类似（参见第十九章）。

鸡是美国人饮食中食用的主要家禽。根据其体重、年龄和身体状况分类如下：

表 9.3 鸡的分类

种类	体重、年龄和身体状况
• 嫩鸡/雏鸡	0.91～1.13kg，3～5 个月鸡龄
• 烤食用鸡	1.36～2.27kg，9～12 周鸡龄
• 阉（公）鸡	1.81～3.63kg，不到 8 个月鸡龄

续表

种类	体重、年龄和身体状况
• 母鸡、炖鸡或家禽	1.13～2.27kg，不到一年
• 康沃尔母野鸡	0.45～0.91kg，5～7 周鸡龄

火鸡是美国第二大最常食用的家禽，分类如下：

表 9.4 火鸡的分类

种类	体重、年龄和身体状况
• 炸、烤泳鸡	10 周鸡龄
• 烤食用成熟禽类	20～26 周禽龄
• 雄火鸡	超过 5 个月鸡龄

鸭、鹅、珍珠鸡和鸽子增加了饮食多样性；然而，它们的食用频率低于鸡肉和火鸡肉。每一种食品都要接受美国农业部食品安全与检验服务局的检验。

禽肉的深色部分是其较常运动的部位。深色肉比白肉含有更多的肌红蛋白、脂肪、铁和锌，但蛋白质含量较少。而对于脂肪的含量，在烹饪过程中，去皮的家禽比有皮的家禽的肉中渗入的脂肪要少。有皮的家禽比等量的瘦牛肉可能含有略多的脂质胆固醇。

除了整只家禽之外，鸡胸肉、鸡腿肉也都可单独分别出售。在美国市场上有许多家禽加工产品，例如，许多午餐肉的原料是火鸡或鸡肉，它们可以代替牛肉或猪肉，从而减少脂肪摄入量。火鸡粉可以作为牛肉粉的替代品，还可以做成主菜如鸡块、肉饼或面包卷供消费者购买。

适当烹煮家禽是很有必要的，因为它们可能携带沙门菌，必须充分煮熟（74℃）以确保消灭这种活病原体。FSIS 允许将磷酸三钠作为一种抗菌剂用于已通过卫生检查的生、冷禽体。

在市场上“通常以条状和块状的形式出现的素‘鸡肉’是最受欢迎的植物性肉类品种，占 2018 年线上销售额的 32%……”（More Veggie Burgers Grillin，2019）。

9.11 鱼

很多人吃鱼。鱼类包括从海洋和淡水中获得的可食用的鳍鱼类和贝类。鱼比哺乳动物或家禽的肉质更软、更薄，因为其肌肉纤维以短束的形式存在，且只含有薄层结缔组织。

世界上有几千种海鲜，而以目前的加工、贮藏和销售方法，很多种类海产品被耗损，只有一些种类的鱼类和贝类可食用（图 9.11）。

鱼既可以煮熟吃，也可以生吃。但是应切实遵守安全建议。

鱼的分类如下：

长鳍鱼（有鳍的脊椎动物）：长鳍鱼是一种多肉的鱼，有骨骼，全身覆盖着鳞片，肉质

图9.11　鱼
（由SYSCO ®提供）

有肥有瘦。例如，

瘦肉型

• 瘦肉型海水鱼——鳕鱼、比目鱼、黑线鳕、大比目鱼、红鲷鱼、白鳕鱼。
• 瘦肉型淡水鱼——溪鳟鱼和黄梭鱼。

脂肪型

• 脂肪型海水鱼——鲱鱼、鲭鱼和鲑鱼。
• 脂肪型淡水鱼——鲶鱼、湖鳟鱼和白鲑鱼。

贝类（无脊椎动物）：贝类有两种：一种是甲壳类动物，有壳状体和分节体；另一种是软体动物，壳状体含有部分或整体的软结构。如

• 甲壳类：螃蟹、小龙虾、龙虾和虾类。有外壳且身体呈分节状。
• 软体动物：鲍鱼、蛤蜊、贻贝、牡蛎和扇贝。有硬的外壳且有部分或整体的软结构。

鱼的物理结构、营养成分类似于哺乳动物。例如，

• 碳水化合物：和哺乳动物一样，含量很低。
• 脂肪：不确定百分含量，主要是液体脂肪（也就是鱼油），是不饱和脂肪。

鱼类以海水和淡水植物为食，这些植物富含 ω-3 多不饱和脂肪酸。二十碳五烯酸（eicosapentaenoic acid，EPA）和二十二碳六烯酸（docosahexaenoic acid，DHA）都被证明可以预防心脏病等疾病。

• 蛋白质：高质量、完全蛋白质，包括如下：

（1）肌原纤维蛋白——主要包括肌动蛋白和肌球蛋白；

（2）结缔组织——包括胶原蛋白、弹性蛋白等；

（3）肌浆蛋白——包括酶和肌红蛋白等多种蛋白质。

以前，“R-月规则（R-month rule）”声明：从9月到来年4月捕捞贝类较为安全。这些月份的拼写中均含有字母“R”，而且这些月份比较寒冷，R-月规则由此而来。如今，合适的冷藏条件和处理手段消除了这种信念。

因为鱼肉的结缔组织比牛肉少，而且很多鱼肉在烹饪过程中会转化为明胶，所以鱼肉归类为天生细嫩。煮熟的鱼肉会片状剥落，这是由于加热时结缔组织发生了变化，且这也表明烹饪已经完成。

烹饪提示！鱼烹饪过程中出现小薄鱼片表明鱼已煮熟。

在烹饪前已经切碎经重组或成型的鱼肉不会出现这种薄片的情况。这种情况也可能是因为鱼糜是由售卖状况不太好的鱼种或是鱼片加工过程的残留鱼肉制得。

洗过的鱼糜在进行热处理时会产生凝胶性，可用于制作各类产品。例如，随着日本几百年来的生产和处理技术发展，使用鱼糜制作鱼棒、鱼块、鱼饼、或者其他未裹面包屑的“成型”的鱼制品。

在鱼糜的生产过程中，例如，将鱼浆如鳕鱼鱼浆清洗以去除油和水溶性物质，如色素和风味化合物，只留下蛋白质纤维作为残留物。清洗还能去除干扰必要的凝胶作用的肌浆蛋白（因此，蛋白质纤维中保留有一些油脂和残留的肌浆酶）。

清洗后，鱼肉（蛋白纤维）与盐混合，以溶解肌原纤维蛋白——肌动蛋白和肌球蛋白。再将其他的特征风味物质和色素，以及促进产品弹性、质地和稳定性的配料添加到鱼中，由此相互混合融入可形成类似蟹肉、龙虾肉或香肠类产品。

如果用鱼糜创制蟹肉、龙虾肉或香肠类产品，这些产品则称为“模拟制品”（如“模拟蟹肉”）。两种比较常见的生鱼制品是生鱼片和寿司。生鱼片是切成片的鱼制品；寿司是在米饭中加醋，裹上生鱼片，再用海藻覆盖。注意处理生鱼制品时要小心。

9.12 干豆、豌豆（豆类）和坚果作为肉类替代品

豆类为饮食提供了多样性。作为一种植物，豆类含有的是不完全蛋白质，而动物蛋白质是完全蛋白质，含有各种优质必需氨基酸，例如肉禽类、鱼、牛乳和鸡蛋。

为了获得与完全蛋白质同等营养的必需氨基酸，通常需在一天内食用两种或两种以上含植物蛋白质的食品。注意是在一天内食用（但不需在同一餐中）即可提供身体必需的氨基酸。植物性食品中氨基酸组成举例如下：

豆类——例如大豆、黑豌豆、斑豆，是赖氨酸的良好来源，而色氨酸和含硫氨基酸含量较低（大豆中含有色氨酸）。

坚果种子——例如花生、芝麻，是色氨酸和含硫氨基酸的良好来源，而赖氨酸的含量较低（花生含有较少的含硫氨基酸）。

谷物（全谷类）（参见第六章）——玉米、稻米，是色氨酸和含硫氨基酸的良好来源，赖氨酸含量较低（玉米中色氨酸的含量较低，但是是含硫氨基酸良好来源；小麦胚芽中色氨酸和含硫氨基酸含量较低，但是是赖氨酸的良好来源）。

食品“组合”（见上文，两种或两种以上含有不完全蛋白质的食品源互补组合，以提供一种完全的氨基组成）可包括豆类与米饭、豆腐、蔬菜与米饭、黑豆与玉米面包、豆腐与腰果、鹰嘴豆与芝麻（鹰嘴豆泥）或花生酱与全麦面包。常见的例子是，素食者的饮食中经常将豆类（黄豆或豌豆）和坚果或谷物组合在一起。

相互补充是指两种或两种以上含有不完全蛋白质的食品源互补组合，以提供一个完整的氨基酸组成。要求是将它们组合在一天内食用（不需要在同一餐中），以提供身体必需的氨基酸。

烹饪提示！组合适当的不完全蛋白质，以创制一个完整的蛋白质组成。

新品：

一家鸡肉食品公司“宣布了一个致力于植物基蛋白的新品牌。”“汉堡将由豌豆分离蛋白和安格斯（angus）牛肉混合制成”大麦、黑豆、鹰嘴豆、扁豆和藜麦植物成分目前都可以用于植物肉搭配中（Meat Companies Go Vegetarian 2019）。一家领先的杂货连锁店“正试图吸引‘弹性素食者’，这个正在试图显著限制肉食消费的大量且不断增长的消费者群体，以及纯素食主义者和素食主义者……在为数不多的几家大型连锁超市中，如果不是唯一一家的话，他们将推出一整套自有品牌的肉类仿制品。”（Demetrakakes，2019a）。

“雀巢正在瞄准‘弹性素食者’，即那些对肉类替代品感兴趣而不放弃肉类的消费者。根据尼尔森（Nielsen）的数据，98%购买肉类仿制品的家庭也会购买肉类。”（Demetrakas，2019）。

9.12.1 豆类

豆类（图9.12）是豆科植物的种子。生长在豆荚里的种子，分成两个不同的部分，在下边缘相互连接。豆类包括可食用的豌豆，豌豆的颜色有绿色、黄色、白色或杂色，其中包括带有可食用豆荚的甜豌豆、黑眼豌豆等。

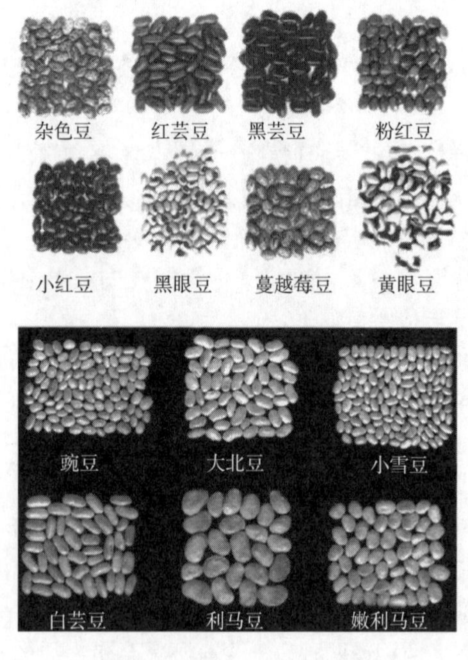

图9.12 一些常见豆类蔬菜实例
（来源：USDA）

豆类有细长的、扁平的、球形的或肾形的。可食用的有荚状四季豆、绿豆、芸豆或黄豆。有多种豆类（如绿豆）发芽后可食用，而未发芽的可用作动物饲料。豆类通常称为荚果，属于豆科或豌豆科。

除了豆类和豌豆，角豆豆荚和扁豆是可用于加工食品产品的豆类。花生尽管称为花生，却不是真正的坚果，而是豆类。花生是含有高蛋白的种子，其棕色豆荚在种子之间收缩

(呈驼峰状和倒置状)，且在地下成熟。将扁豆简单磨碎，加水和加热煮成“扁豆粉”。扁豆可提供清洁标签，是改性淀粉的高蛋白替代品。

豆类在烹饪过程中会发生显著变化，如烹饪使淀粉糊化导致豆类变软、使其风味改善、烹饪后蛋白质凝固，可用性提高。

“可食用豆制品含有有助于减缓消化速度的可溶性和不溶性纤维。这些纤维有助于产生饱腹感、满足感，控制体重，还可以降血糖，使餐后血糖降低等。”(Foster，2012)

豆类可能是引起一些消费者肠道不适及体内气体产生的主要原因。因此，市场上有的豆类食品中添加了一种从黑曲霉菌中提取的酶，以供这类消费者食用。此外，一些人在摄入各种豆类后会产生抗体的过敏反应，因此医生和营养师会建议这些人避免食用。

烹饪提示! 蚕豆和豌豆 [以及十字花科（甘蓝科）蔬菜和全谷类食物] 是医生和营养师为许多人推荐的健康饮食的搭配。它们脂肪含量很低、不含胆固醇且是膳食纤维的良好来源。通常，大豆在秋天收割，可以被加工成油、豆腐、冷冻甜点、面粉或组织化植物蛋白。

- 大豆油：经大豆压榨而成，是美国产量最高的植物油，通常是人造黄油的组成部分。
- 豆腐：豆浆凝结成胶状形成豆腐。豆腐有多种类型，从软的到特别硬的，其硬度取决于含水量。较硬的豆腐可以切成小块，用来炒菜。
- 冷冻甜点：凝乳经进一步加工和增甜后，可以作为一种以冷冻豆腐为基础的甜点，类似于冰淇淋或冰牛乳。软豆腐可以作为“奶昔”或冷冻类加糖的甜点混合物的成分。
- 大豆粉：用脱壳的含油（占 18%）大豆压榨而成。对于那些不能食用含面筋形成蛋白的小麦或面粉的消费者来说，大豆粉可以作为替代食品，因为它是非麸质的。虽然大豆不是谷类，但它是面粉的来源之一。
- 组织化植物蛋白（textured vegetable protein，TVP）：被餐饮服务机构所使用，如学校午餐方案的菜单上使用大豆蛋白等。TVP 可以模拟碎肉或肉片，与肉的质地类似，是素食结构中蛋白质的良好来源。TVP 是制作沙拉等食品中人造培根的主要成分。与色素、风味调料和蛋白黏合剂（为了便于制造）混合，可以掩盖常令人不愉快的大豆特征风味。
- 发酵大豆：可以用于生产酱油、豆面酱和豆豉。酱油是大豆和小麦混合物发酵的产物；豆面酱是由大豆或大米发酵而成，用于制作酱料和汤的底料。豆豉类似于豆腐，不同的是，豆豉上会接种各种细菌。

大豆浓缩蛋白是大豆去除其脂肪和可溶性碳水化合物的产物，其中 70% 是蛋白质。更高质量的大豆成分可以通过分离大豆中蛋白质来生产。

通过尽可能多地分离大豆中非蛋白质物质，可以得到含 90% 蛋白质的大豆分离蛋白，加上调味和调色，大豆分离蛋白可以令人满意地用于许多食品中。坚果类在“蔬菜和水果”的讨论中详述（参见第七章）。

9.12.2 肉的替代品——植物素肉

植物素肉是一种肉类替代品，在欧洲销售了十多年后，于 2002 年初开始面向美国消费者。植物素肉不是一种蔬菜，而是一种可以用于制作许多肉饼、鸡块和砂锅菜的菌类。前 FDA 食品安全主管（Sanford Miller 博士）和食品与营养政策中心高级研究员说：“这种产品符合营养界认为的产品应具有的品质要求，此外，植物素的味道也很好！现代科学可以制造任何食品，可以仿制任何食品，但我们总是会遇到如何让其尝起来美味的问题。而植物素肉不存在这一问题，它的味道很好。”

这种真菌蛋白获批过程历经5年，获批前进行了广泛的动物和人体试验，包括密切监测其致敏反应等，结果表明它比蘑菇和大豆的致敏原少（来源：Mayo Clinic n. d.）。

公共利益科学中心（the Center for Science in the Public Interest，CSPI）早些时候的报告指出，有些标签上标注植物素肉的主要成分来源于蘑菇的说法是不正确的。“植物素肉中不含蘑菇的成分。相反，这些产品中所谓的‘真菌蛋白’实际上是在大型镰刀菌发酵桶中培养出的一种非蘑菇真菌。而另一些植物素肉产品的标签上，完全略去真菌蛋白的来源”。

CSPI执行董事Michael F. Jacobson说：“但植物素肉中的真菌蛋白与蘑菇、植物或蔬菜毫无关系。它是一种真菌，应该贴上真菌的标签。说植物素肉中的真菌属于蘑菇科，就像说水母属于人类科一样荒谬。”CSPI说：“如果植物素肉的成分列表中使用了‘真菌蛋白’这样的模糊术语，那么包装上应该清楚标明产品中真菌的来源”。

9.12.3 坚果

如杏仁或腰果这样的坚果可以添加到饮食中，是主要的蛋白质来源（Mayo Clinic n. d.，2019）。

杏仁和其他坚果粉可以作为食品棒、奶昔或冰沙的合适成分。

坚果里有什么物质有利于心脏健康吗？

除了富含蛋白质外，大多数坚果至少还含有以下一些有益健康的物质。

- 不饱和脂肪：作用机制尚不完全清楚，但人们认为坚果中的优质脂肪——包括单不饱和脂肪和多不饱和脂肪——它们都可以降低坏胆固醇水平。
- ω-3脂肪酸：存在于多种鱼类中，但许多坚果中也富含ω-3脂肪酸。ω-3脂肪酸是一种有益健康的脂肪酸，它可以降低心率、防止心脏病发作，从而保护心脏。
- 膳食纤维：所有的坚果都含有膳食纤维，它有助于降低胆固醇、提供饱腹感从而减少食量、预防2型糖尿病。
- 维生素E：有助于阻止动脉斑块的形成。因为斑块会使动脉变窄，故动脉斑块的形成可能会导致胸痛、冠状动脉疾病或心脏病发作。
- 植物甾醇：一些坚果含有植物甾醇，这是一种有助于降低胆固醇的物质。植物甾醇存在于坚果中，通常被添加到人造黄油和橙汁等产品中，以获得额外的营养价值。
- L-精氨酸：坚果是L-精氨酸的来源之一，它有利于动脉壁健康，可以使动脉壁更加柔韧，减少阻碍血液流动的血凝块（来源：Mayo Clinic n. d.）。

烹饪术语中的“坚果”涵盖了一系列食品，如真树坚果（榛子和山核桃）、种子（杏仁、腰果和巴西坚果）和豆类（花生）。无论它们的植物种属是什么，它们的营养成分、味道和其他属性都与当前的消费和健康趋势相吻合。其简单性和“天然食品”态有助于清洁标签配方；许多原始饮食具有适用性。而花生作为一种豆科植物，具有固氮特性，对土壤的可持续性有利。所有这些都有助于“植物性”饮食（O'Donnell，2017）。

营养价值

肉类（牛肉、小牛肉、猪肉、羊肉）、禽类（鸡肉和火鸡肉）、鱼类和贝类的某些营养价值如图9.13、图9.14、图9.15、图9.16和图9.17所示，这些营养数据是USDA发布的最新数据。牛肉、小牛肉、猪肉、羊肉、鸡肉和火鸡肉中的营养价值、脂肪热量、总脂肪、饱

营养教育系列
10个建议

每周吃两次海鲜

10个帮助你吃更多海鲜食品的小建议

一周吃两次含有优质蛋白的食物——鱼类和甲壳类，海鲜营养价值丰富，包括ω-3脂肪酸，2010年美国膳食指南中提到：每周吃227g（儿童要少吃些）海鲜可以预防心脏病。

1 食用多种海鲜

一些海鲜中ω-3脂肪酸含量较高，而汞含量较低，如鲑鱼、鲑鳟鱼、牡蛎、大西洋的鲮鱼、鲱鱼、沙丁鱼。

2 保持海鲜自身的低油和美味

可以尝试烧烤、烘烤，它们不会增加额外的油脂，要避免食用油煎的海鲜或是在烤面包上加奶油酱，这会增加热量摄入以及增加肥胖的可能，可以添加一些调味品或草本植物，如茴香、辣椒粉、红辣椒或孜然芹；柠檬或橙汁，都可以在不加盐情况下为海鲜增加风味。

3 还有贝壳

牡蛎、贻贝、蛤蚌和鱿鱼都富含有益人体健康的ω-3脂肪酸，可以尝试烹饪、青口海鲜、炖牡蛎、清蒸蛤蜊或加鱿鱼的意面。

4 常备海鲜

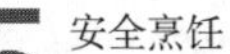

海鲜罐头，如鲑鱼、金枪鱼或沙丁鱼罐头，操作简单、易于食用，白金枪鱼罐头中ω-3脂肪酸含量更高，但是罐装的轻金枪鱼汞含量更低。

5 安全烹饪

烹饪前检查牡蛎、贻贝和蛤，如果你轻拍它们的时候，它们没有夹住，那就扔掉它们，烹煮后没开口的也可以扔掉。这意味着它们可能食用起来不安全，烹煮小虾、龙虾、扇贝时，要到它们不透明为止(乳白色),煮鱼要到62.78℃，直到可以用叉子刮成薄片。

6 创新海鲜食品

尝试下鱼片以外的东西，如鲑鱼饼、小炒虾、烤鱼玉米饼、蛤加全麦意面、尝试一种新的鱼，增加食物摄取的多样性，如烤太平洋鲭鱼、沙拉鲱鱼或烤鳕鱼。

7 用海鲜做沙拉或三明治

把烤扇贝、虾或蟹放在沙拉上代替牛排或鸡肉，用罐装的金枪鱼或鲑鱼代替熟食肉类做三明治，熟食肉类含较多钠。

8 理智购物

多吃海鲜不一定要花费更多，鳕鱼、罗非鱼、沙丁鱼、罐装金枪鱼和一些冷冻海鲜通常是成本较低的选择，查看当地报纸、网上和商店销售情况，优惠券、折扣价，以帮助节省食用海鲜的开支。

9 海鲜有助于身体发育

ω-3脂肪酸可以帮助改善婴儿和儿童的神经系统发育。每星期给孩子食用两次海鲜，分量与他们的年龄和食欲相适应。对于怀孕或哺乳的女性来说，各种含汞较低的海鲜也应该成为健康饮食的一部分。

10 掌握海鲜的分量

如果要达到每周摄入227g海鲜，可以参考以下种类：一听千金枪鱼罐头大约85~113g，一份三文鱼排大约113~170g不等，一条小鳟鱼大约85g。

美国农业部营养
和政策促进中心

询问*ChooseMyPlate.gov*获取更多信息

第15条膳食建议
2011年12月

图 9.13 食用海鲜食品小提示

牛肉和小牛肉

营养物质

牛肉和小牛肉中的营养物质								
剔除1/8脂肪 / 剔除肥肉	总热量	脂肪中的热量	总脂肪	饱和脂肪	胆固醇	钠	蛋白质	铁
85g熟制牛肉	kJ	kJ	g	g	mg	mg	g	%DY
碎牛肉（烤制，肥肉削切至10%）*	0.56	0.27	11	4	85	70	27	15
碎牛肉（烤制，肥肉削切至17%）*	0.63	0.34	13	5	85	70	24	15
碎牛肉（烤制，肥肉削切至27%）*	0.70	0.44	17	6	85	80	23	15
牛胸肉（炖）	1.21/0.56	0.80/0.42	21/11	8/4	80/80	55/60	22/25	10/15
烤牛颈肩肉，牛前腿（炖）	0.74/0.75	0.67/0.25	18/7	7/3	85/85	50/55	24/28	15/20
烤牛颈肩肉（炖）	1.21/0.56	0.80/0.42	21/11	9/4	90/90	55/60	23/26	15/15
煎里脊肉，大端（炖）	0.80/0.54	0.92/0.42	24/11	10/4	70/70	55/60	20/23	10/15
肋排，小端（炖）	1.17/0.80	0.80/0.38	21/10	9/4	70/70	55/60	20/24	10/10
牛排上腰（炖）	0.96/0.75	0.54/0.29	15/8	6/3	65/65	55/60	22/24	10/10
里脊牛排（炖）	1/0.75	0.63/0.34	16/9	6/3	75/75	50/55	22/24	15/15
西冷牛排（炖）	0.88/0.71	0.46/0.25	12/6	5/2	75/75	55/55	24/26	15/15
烤后腿肉（大腿肚内芯，炖）	0.71/0.59	0.25/0.17	7/4	3/2	60/60	50/55	24/25	10/10
烤腱子肉（炖）	0.92/0.75	0.46/0.25	12/7	5/2	80/80	45/45	25/27	15/15
丁骨肉（烤）	0.80/0.67	0.38/0.21	10/6	4/2	70/70	55/55	23/24	15/15
烤后腿肉（大腿肚近膝，炖）	0.75/0.63	0.29/0.17	7/4	3/1	70/70	50/50	26/27	15/15
85g熟制小牛肉	kJ	kJ	g	g	mg	mg	g	%DY
肩臂牛排（炖）	0.84/0.71	0.34/0.17	9/5	3/1	125/130	75/75	29/30	6/6
肩胛骨牛排	0.80/0.71	0.34/0.21	9/6	3/2	130/135	85/85	27/28	6/6
里脊肉（炖）	0.80/0.63	0.46/0.25	12/6	5/2	95/95	80/80	20/22	4/4
腰肉（炖）	0.75/0.63	0.42/0.21	10/6	4/2	85/90	80/80	21/22	4/4
肉片（炖）	0.59/0.54	0.15/0.11	4/3	2/1	85/90	60/60	24/24	4/4

碳水化合物、膳食纤维、糖、维生素A、维生素C和钙含量较低。

*不经过烹饪

分量：85g　　熟制时不加油、盐

出自：食品市场机构、美国餐饮协会、美国肉类协会、全美批发食品店协会、全国肉鸡理事会、国家渔业研究所、全国牲畜和肉类董事会、国家火鸡联盟、联合新鲜水果和蔬菜协会

发表于：美国农业部

数据来源：美国农业部手册8-13，1990 年修订公告牌，1994年（牛肉）美国农业部手册8-17．1989年（小牛肉）

图 9.14　85g 的牛肉和小牛肉的营养成分含量

（来源：食品市场营销协会）

猪肉和羊肉

营养物质

猪肉和羊肉中的营养物质								
剔除1/8脂肪 / 剔除肥肉	总热量	脂肪中的热量	总脂肪	饱和脂肪	胆固醇	钠	蛋白质	铁
85g熟制猪肉	kJ	kJ	g	g	mg	mg	g	%DY
猪肉馅，烤制	1.05	0.67	18	7	80	60	22	6
肩部，板腱肉，烤制	0.92/0.80	0.54/0.42	14/11	5/4	80/80	60/65	22/23	6/8
里脊肉，无骨猪排，烘烤	1.17/0.88	0.80/0.46	22/13	8/5	80/80	45/25	20/23	6/6
里脊肉，肋排，烤制	0.92/0.80	0.50/0.34	13/8	5/3	70/70	55/55	24/26	4/4
里脊碎肉，烤制	0.84/0.71	0.42/0.25	11/7	4/3	70/70	50/50	24/26	4/4
上腰里脊，无骨，烤制	0.84/0.71	0.38/0.25	10/7	3/2	70/70	55/55	25/26	4/4
腰里脊，无骨，烤制	0.80/0.71	0.38/0.25	10/6	4/2	65/65	40/40	24/26	4/6
里脊，烤里脊肉，烤制	0.63/0.59	0.19/0.15	5/4	2/1	65/65	45/50	24/24	6/6
里脊肉，烤制	0.92/0.75	0.50/0.34	14/9	5/3	75/75	50/55	23/25	4/6
带肉肋骨，烤制	1.42	0.96	26	9	105	80	25	8
85g熟制羊肉	kJ	kJ	g	g	mg	mg	g	%DY
颈肩肉，烤制	0.96/0.71	0.59/0.29	15/8	7/3	80/80	65/70	21/24	10/10
肩部，胛骨肉，烤制	0.96/0.75	0.59/0.38	16/10	6/3	80/80	70/75	20/22	8/8
小腿，烤制	0.88/0.67	0.42/0.19	11/5	5/2	90/90	60/65	24/26	10/10
烤排骨	1.21/0.84	0.88/0.42	23/11	10/4	80/75	65/70	19/22	8/8
羊排，烤制	1.05/0.75	0.67/0.34	18/8	7/3	85/80	65/70	22/25	10/10
整个腿肉，烤制	0.88/0.67	0.46/0.25	12/7	5/2	80/75	55/60	22/24	10/10

碳水化合物、膳食纤维、糖、维生素A、维生素C和钙含量较低。

分量：85g　　熟制时不加油、盐

出自：食品市场机构、美国餐饮协会、美国肉类协会、全美批发食品店协会、全国肉鸡理事会、国家渔业研究所、全国牲畜和肉类董事会、国家火鸡联盟、联合新鲜水果和蔬菜协会

发表于：美国农业部

数据来源：美国农业部手册8-10，1992年（猪肉）；美国农业部手册8-17，1989年，公告牌1994年（羊肉）。

图 9.15　85g 的猪肉和羊肉的营养成分含量

（来源：食品市场营销协会）

鸡肉和火鸡肉

鸡肉和火鸡肉中的营养物质

有皮/无皮	总热量	脂肪中的热量	总脂肪	饱和脂肪	胆固醇	钠	蛋白质	铁
85g熟制鸡肉	kJ	kJ	g	g	mg	mg	g	%DY
整只*，烤制	0.84/0.54	0.42/0.15	12/4	3/1	75/75	70/75	23/23	6/6
鸡胸，烤制	0.71/0.50	0.25/0.06	7/1.5	2/5	70/70	60/65	25/24	6/4
鸡翅，烤制	1.05/0.63	0.63/0.21	17/6	5/1.5	70/70	70/80	23/23	6/6
鸡小腿，烤制	0.75/0.54	0.38/0.15	9/4	3/1	75/80	75/80	23/23	6/6
鸡大腿，烤制	0.88/0.63	0.50/0.25	13/7	4/2	80/80	70/75	21/21	6/6
85g熟制火鸡肉	kJ	kJ	g	g	mg	mg	g	%DY
整只*，烤制	0.75/0.54	0.30/0.11	8/3	2/1	70/65	60/60	24/25	8/8
鸡胸，烤制	0.67/0.50	0.25/0.04	6/1	2/0	65/55	55/45	24/26	6/8
鸡翅，烤制	0.84/0.58	0.42/0.11	11/3	3/1	70/60	50/75	23/26	6/8
鸡小腿，烤制	0.71/0.58	0.30/0.17	8/4	2/1	70/65	75/80	23/24	10/15
鸡大腿，烤制	0.67/0.58	0.25/0.17	7/5	2/1.5	70/65	70/70	22/23	10/15

*去除颈部或内脏

碳水化合物、膳食纤维、糖、维生素A、维生素C和钙含量较低。

分量：85g　　熟制时不加油、盐

出自：食品市场机构、美国餐饮协会、美国肉类协会、全美批发食品店协会、美国肉鸡理事会、美国渔业研究所、美国牲畜和肉类董事会、美国火鸡联盟、联合新鲜水果和蔬菜协会

发表于：美国农业部

数据来源：美国农业部手册8-5和美国农业部合作研究

图 9.16　85g 的鸡肉和火鸡肉的营养成分含量

（来源：食品市场营销协会）

海鲜

营养物质

海鲜中的营养物质													
营养物 / 营养素日值%	总热量	脂肪中的热量	总脂肪	饱和脂肪	胆固醇	钠	钾	总碳水化合物	蛋白质	维生素A	维生素C	钙	铁
84g海鲜	kJ	kJ	(g/%DV)	(g/%DV)	(g/%DV)	(g/%DV)	(g/%DV)	(g/%DV)	(g)	(%DV)	(%DV)	(%DV)	(%DV)
青蟹	0.42	0.04	1/2	0/0	90/30	320/13	360/10	0/0	20	0	0	8	4
鲶鱼	0.59	0.34	9/14	2/10	50/17	40/2	230/7	0/0	17	0	0	0	0
蛤蚌（12个小只）	0.42	0.06	1.5/2	0/0	55/18	95/4	530/15	0/0	22	10	0	6	60
鳕鱼	0.38	0	0.5/1	0/0	45/15	60/3	450/13	0/0	20	0	0	2	2
比目鱼	0.42	0.06	1.5/2	0.5/3	60/20	90/4	290/8	0/0	21	0	0	2	2
黑线鳕	0.42	0.04	1/2	0/0	80/27	85/4	340/10	0/0	21	0	0	2	6
大比目鱼	0.46	0.08	2/3	0/0	35/12	60/3	490/14	0/0	23	2	0	4	4
龙虾	0.34	0	0.5/1	0/0	60/20	320/13	300/9	1/0	17	0	0	4	2
鳍鱼	0.88	0.50	13/20	1.5/8	60/20	100/4	400/11	0/0	21	0	0	0	5
海鲈鱼	0.46	0.08	2/3	0/0	50/17	95/4	290/8	0/0	21	0	0	10	6
罗非鱼	0.34	0.04	1/2	0/0	20/7	70/3	330/9	0/0	16	0	0	0	0
牡蛎（12个中只）	0.42	0.15	3.5/5	1/5	115/38	190/8	390/11	4/1	10	0	0	6	45
绿青鳕	0.38	0.04	1/2	0/0	80/27	110/5	360/10	0/0	20	0	0	0	2
红鳟鱼	0.59	0.21	6/9	2/10	60/20	35/1	370/11	0/0	21	4	4	6	2
岩鱼	0.42	0.08	2/3	0/0	40/13	70/3	430/12	0/0	21	4	0	0	2
银鲑鱼	0.67	0.25	7/11	1/5	50/17	50/2	490/14	0/0	22	0	0	0	4
粉鲑鱼	0.54	0.15	4/6	1/5	70/23	65/3	410/12	0/0	22	2	0	0	2
红鲑鱼	0.75	0.34	9/14	1.5/8	75/25	55/2	320/9	0/0	23	4	0	0	2
扇贝	0.50	0.04	1/2	0/0	55/18	260/1	280/8	2/1	22	0	0	0	2
小虾	0.34	0.04	1/2	0/0	165/55	190/8	140/4	0/0	18	0	0	2	15
剑鱼	0.54	0.15	4.5/7	1/5	40/13	100/4	310/9	0/0	22	2	2	0	4
牙鳕	0.46	0.11	3/5	0.5/3	70/23	95/4	320/9	0/0	19	2	0	6	0

海鲜中膳食纤维和糖含量很低。　　日值百分比基于2000年的膳食能量需求

分量：85g　　熟制时不加油、盐

出自：食品市场机构、美国餐饮协会、美国肉类协会、全美批发食品店协会、全美肉鸡理事会、美国牧牛肉协会、美国渔业研究所、美国食品店主协会、美国牲畜和肉类董事会、美国火鸡联盟、市场保护协会联合新鲜水果和蔬菜协会。

数据来源：美国食品药品监督管理局

图 9.17　85g 煮熟的海鲜营养成分含量

（来源：食品市场营销协会）

和脂肪、胆固醇、钠、蛋白质和铁均有报道。同样的，海产品中的总热量、来自脂肪的热量、总脂肪、饱和脂肪、胆固醇、钠、钾、总碳水化合物、蛋白质、维生素 A、维生素 C、钙和铁也被报道肉类是完全蛋白质、许多 B 族维生素（包括只存在于动物产品中的维生素 B_{12}）以及铁和锌元素的良好来源。除此之外，关于肉的营养价值及多种维生素和矿物质，读者可以参考图 9.15 以及其他营养教科书。

“许多健康和营养专家认为大多数美国人摄入了过多的钠。”美国疾病控制与预防中心认为“如果占人口钠摄入量 44% 的前 10 类食品的制造商将这些食品的钠含量降低 25%，每年就可以防止约 28000 例的人口死亡。CDC 已经将冷腌肉和腌肉以及鲜加工的禽类计入十大类别之中，加工肉制造商正在加紧迎接挑战”（Berry，2013）。

2000 年，美国心脏病协会宣布了该组织官方推荐的大豆蛋白日摄入量。大豆具有抗氧化特性，并含有以抗病潜力著称的皂苷。

此外，其他食品也能提供蛋白质，如超越肉类公司（Beyond Meat）（Demetrakakes，2019b）。“超越肉类公司正受到植物模拟肉日益激烈的竞争的影响，尤其是来自不可能食品公司（Impossible Foods）的竞争。不可能食品公司已经签下了几份大型餐饮服务合同，并开始进军零售领域。”（Schierhorn，2019）。

“超越肉类公司的汉堡现在将豌豆、绿豆蛋白和大米混合在一起，同时加入苹果提取物以在烧烤时使汉堡从红色变成棕色。而不可能食品公司汉堡还含有大豆分离蛋白、马铃薯蛋白和其他一些配料，其中最特别的是：大豆血红蛋白（最初从大豆的根瘤中提取，现在可以通过专用酵母发酵工艺进行批量生产）。简而言之，亚铁血红素是不可能食品公司汉堡口味和色泽的关键，当进行烧烤和切片时，会像牛肉汉堡一样‘流血’”（Schierhorn，2019）。“越来越多的消费者选择将植物源的替代品纳入他们的饮食中”，一些公司“专注于开发与动物蛋白营养结构相匹配的植物蛋白”（Schierhorn，2019）。

植物蛋白除了开发“牛肉”品质产品外，其营养品质更适合于开发一种新型鸡肉产品——带有菜花裹上面包屑的烤鸡肉和炸鸡块（Finger-Lickin' Good Veggie chicken 2019；Cauliflower Encrusted Chicken 2019）。素食主义者的健康饮食如图 9.18 所示。

9.13 肉类、禽类和鱼类的安全

另见第十九章。

肉类、禽类和鱼类的安全是最值得关注的问题。如果肉被污染，且在不适当的温度下储存（参见第十六章），细菌会迅速生长，因此肉是一种有潜在危害的食物。由于所有的肉都含有细菌，所以它们的保存环境应干净、封闭且温度适宜。适宜的温度可以抑制有害微生物的生长，这些微生物可能会污染并使肉变质，使肉的颜色、气味发生变化或影响其安全性。肉类包装上的“安全操作说明”很早就见于《肉类和禽类的检验与分级：有什么区别?》中。

根据 USDA 的说法，为了控制病原体，如果辐射过的肉被加工成其他产品，例如猪肉香肠，那么成分标签必须列出原料是辐照猪肉，但是 Radura（国际通用辐照食品标志）（图 9.19）不是必须出现在包装上。

营养教育系列的10个建议

素食主义者的健康饮食
10个素食主义者的小建议

食用素食有益身体健康。关键是要吃各种各样的食物，摄入适量的食物来满足你对热量和营养的需求。

1 关于蛋白质

蛋白质可以通过吃各种植物性食物来摄取。素食主义者的蛋白质来源包括豆类和豌豆，坚果和豆制品（如豆腐、豆豉）。乳蛋素食者也可以从鸡蛋和乳制品中摄取蛋白质。

2 深入研究钙的来源

钙可强健骨骼和牙齿，一些素食主义者可以食用乳制品作为钙的良好来源，素食主义者摄取钙的其他来源还有钙——强化豆乳（大豆饮料），卤水豆腐，钙——强化早餐、谷类食品和橙汁，一些深色多叶蔬菜（甘蓝、香菜、芥菜和小白菜）。

3 做简单处理

许多流行的主菜同样适合素食主义者，如：意大利面、番茄意大利面和蒜香意大利面，蔬菜披萨、蔬菜千层面、煎炸蔬菜豆腐和豆卷。

4 烹饪

烧烤时，可以尝试蔬菜或大豆汉堡，大豆热狗，腌豆腐或豆豉，烤水果串、烤蔬菜也很美味!

5 豆类及豌豆

因为豆类和豌豆营养含量高，营养学会建议素食主义者和非素食主义者都可食用，食用时可以搭配素辣椒食用、做成三豆沙拉或是豌豆汤、鹰嘴豆泥皮塔三明治。

6 尝试不同的素食

各种人造肉食品与他们所对应的非素食食品外观及味道相同，但饱和脂肪含量较低且不含胆固醇。早餐，可以尝试以大豆为原料的香肠饼或香肠串。晚餐，可以用豆子汉堡或鹰嘴豆馅饼、炸豆丸子代替汉堡。

7 在餐厅做些小改变

大多餐厅可用无肉的调味汁或非肉食，如豆腐和豆类，蔬菜或面食代替肉，提供一些素食的选择。

8 坚果零食

选择无盐的坚果作为零食并将他们用于沙拉或主菜中，加入杏仁、核桃，用山核桃代替干酪或肉做成素沙拉。

9 维生素B_{12}的摄取

维生素B_{12}广泛存在于动物性食物中，因为素食主义者不食用动物性食品，他们应选择营养强化食品，如谷物或豆制品或维生素B_{12}补充剂，且要服用营养标签中有维生素B_{12}的营养强化食品。

10 寻找适合自己的素食模式

查看美国膳食指南的附录8和附录9，美国农业部2010年为素食主义者调整的饮食模式。

USDA 美国农业部营养政策与促进中心

询问*ChooseMyPlate.gov*获取更多信息

第8条膳食建议
2011年6月
美国农业部是均等机会的提供者和雇主

图 9.18 素食主义者健康饮食小提示

不要求餐馆向其客户公开受辐照食品的使用情况；然而，一些餐馆自愿在菜单上提供食品的辐照信息。

如何处理辐照肉类及禽类?

辐照不能代替良好的卫生条件，也不能代替安全的烹饪和处理方法。消费者应该像处理其他食品一样处理辐照食品，并始终遵循食品安全处理方法。

图 9.19 国际通用辐照食品标志

食品辐照是一种可以控制食品腐败和食源性病原体污染的技术，其效果与巴氏杀菌类似。食品辐照和巴氏杀菌的根本区别在于用以破坏微生物的能量来源不同，传统的巴氏杀菌依赖于热量，而辐射依赖于电离辐射的能量。参见“食品安全”章节。

烹饪提示！ 保持特定的温度有利于防止有害微生物的生长。适当的冷藏、烹饪、保藏以及二次加热对控制细菌生长都很重要。个人卫生和环境卫生在防止细菌传播方面也很重要。

肉毒梭菌是一种厌氧细菌，会导致肉毒杆菌中毒。这是一种致命的食物中毒形式，可能是由于食用了加工不当的罐装或真空包装肉类。为了减少这种情况发生，可以在加工肉中添加亚硝酸盐，以抑制细菌孢子的繁殖。金黄色葡萄球菌——一种存在更广泛且致命风险较低的细菌，可在受污染的肉制品中生长。这种细菌在烹饪过程中可能被灭死，然而，其分泌的毒素在烹饪后仍能存活，并可能在消费者食用这种受污染的肉后 1h 内引起疾病反应。

此外，细菌和病原体也会导致中毒。未经充分烹饪的禽类可能含有活的、可引起感染的沙门菌，这是美国食源性感染中最常见的病因。大多数沙门菌可以在 72℃ 的温度下存活 16s，或 62℃ 的温度下存活 30min。另一种梭菌——产气荚膜梭菌，也存在于肉中，尤其是那些在烹饪后缓慢冷却的肉。未煮熟的猪肉可能含有旋毛虫、寄生虫，这种寄生虫在 68℃ 的温度下会被杀死。

碎牛肉是很多牛肉的混合肉，与只来源于一种动物的单一分割肉（如牛排）相比，更容易受到 *E. coli* O157：H7 的污染。这类大肠杆菌在加工和处理过程中可能会传播，但 68℃ 的烹饪温度即可以灭死它们。这是即食食品安全面临的一个重大挑战，如单核细胞增生李斯特菌，这种菌可以在冷藏条件下生长，但加热处理即可杀灭。

USDA 批准用蒸汽巴氏杀菌对牛肉胴体进行抗菌处理。这种处理方法通过将牛肉胴体的整个表面暴露在蒸气中杀死细菌来降低 *E. coli* O157：H7 的致病风险。处理后肉类加工者要谨防产品的二次污染，消费者须按照要求保藏肉类。对猪肉和禽类进行蒸汽巴氏杀菌的方法有待进一步研究。美国肉类协会基金会（The American Meat Institute Foundation，AMIF）代表肉类行业提出：对新鲜肉类、即食食品如火腿和热狗进行杀菌净化时，一般采用蒸汽巴氏杀菌法，方法有如下两种：①将肉胴体暴露在充满蒸气的柜子中。②使用手持蒸气抽真空设备，将蒸气直接喷到被污染的牛肉胴体部位。喷雾剂、有机酸（乳酸和醋酸）和热水处理也得到了广泛的应用，通过使用多种干预策略为食品提供额外保护（Mermelstein，2000）。

FDA 批准了一些处理方法，包括用于控制食品表面微生物的高强度脉冲光处理（61 FR42381-42382）。辐照是一种常用于杀死肉中存在的病原体和延长冰箱中食品保质期的处理方法。FDA 已经批准对新鲜肉和冷冻肉进行辐射处理。

美国一家公司获得了一项专利，该公司利用电力作为能源对加工食品和包装食品包括即食肉类，如对热狗和午餐肉进行巴氏杀菌（便携式巴氏杀菌在路上，2000）。根据具体情况对家禽加工用水使用臭氧消毒进行审查。

烹饪提示！ 在解冻过程中，必须保证肉的安全性。FDA 建议：如果立即烹饪，那么可以在低于 7℃ 的温度下，用冷水、自来水或微波炉解冻。在包装保持完好无损的情况下缓慢解冻，可以使水分损失较少。USDA 建议：只有在适当条件下解冻和煮熟的肉才能再冷冻。

FDA 建议的可以有效控制细菌生长和预防食源性疾病的烹饪温度如表 9.5（对照当地管辖）所示。烹饪熟化很重要，食用生汉堡会有患病风险。

正确处理食品也很重要，因为报道称“最终，最危险的是那些没有正确处理，不适当储存、处理或未完全熟化的肉类产品，这种肉会将病原体传播给消费者”（Decker，2012）。

表 9.5 选定的肉内部的最低安全温度

产品	最低内部温度和保持时间
牛肉、猪肉、小牛肉和羊排、排骨、烤肉	62.8℃并保持至少 3min
肉末	71.1℃
新鲜的或烟熏的（未烹饪的）火腿	62.8℃并保持至少 3min
全熟火腿（二次加热）	在 USDA 检验过的有工厂包装的二次加热熟火腿：60℃，其他：73.9℃
产品	**最低内部温度**
所有的禽类（胸肉、整只家禽、小腿、大腿、翅膀、家禽杂碎和馅料）	73.9℃
鸡蛋	71.1℃
鱼和贝类	62.8℃
剩菜	73.9℃
砂锅菜	73.9℃

（来源： USDA）。

“虽然不是所有的教训都很容易吸取，而且有些可能会付出巨大的代价，但肉类和家禽行业已经积极应用已经变得可用的新技术更新他们的做法。”（Decker，2012）。

目前专家关注的另一个问题是与 α-半乳糖或 1,3-α-半乳糖有关的独特疾病。在这种疾病中，IgE 抗体与哺乳动物肉中存在的碳水化合物——1,3-α-半乳糖结合。患者在摄入这种碳水化合物（而不是蛋白质）时，会表现出延续数小时的过敏反应，而不是通常的几分钟。

包括牛肉、猪肉、羊肉、兔肉、山羊肉或鹿肉在内的哺乳动物制品都会导致这种疾病。而在非哺乳动物如禽类或鱼类中未出现。

需要注意的是，在食用这些肉之前，如果被蜱虫叮咬就会触发这种过敏反应（小蜱虫通常被称为恙虫）。

9.14 结论

肉是食用动物的可食用部分。牛肉、猪肉、羊肉和小牛肉都属于肉，而禽类和鱼类等其他动物产品通常被认为是“肉类”。肉消费的数量和类型在世界各地都不相同。肉主要是一种肌肉组织，也包括结缔组织，其内部脂肪组织的含量差异较大。瘦肉和幼小动物体内的水分含量更高，蛋白质是一种完整的蛋白质，包含所有必需的氨基酸。

分割肉包括初始分割肉或批发分割肉、次级分割肉、以及零售分割肉，消费者更熟悉零售分割肉，因为消费者在食品杂货市场可以买到的即是零售分割肉。特定分割肉的原有的嫩度取决于以下一些因素：在胴体上的位置，包括僵直阶段、成熟等，死后肌肉的变化以及烹饪方法等。肉的颜色如红色或白色、或者“深色”取决于肌红蛋白和血红蛋白色素的含量。肉的颜色变化可能是由暴露在氧气、酸性环境或光线下导致的。

为了给消费者提供更安全、更稳定、更可靠的食品，肉要经过检查和分级。肉是一种有潜在危害的食物，保持特定的温度（冷或热）可以阻止有害微生物生长及其不利影响。

烹饪肉的过程会导致其蛋白质肽链的解螺旋或变性。在高温下用干热短时间烹饪时，嫩肉可以保持鲜嫩；过度烹饪，嫩肉会变硬变干，因为水分会在蛋白变性过程中流失。由于胶原蛋白在长时间的湿热烹饪后溶解，不太嫩的肉块变得越来越嫩。

处理牛肉、小牛肉、猪肉和羊肉可以使用不同的加工方法，包括重组和人工嫩化。火腿、腌牛肉和熏肉都是腌肉的典型例子。牛肉、火腿和火鸡肉可以通过熏制来增加风味，通过脱水来控制微生物生长。可以采取机械、电和酶等人工嫩化技术处理肉使其变嫩，处理的同时肉会发生一些变化。

家禽对美国的饮食有显著的贡献，其分类依据是家禽的年龄和健康状况。许多加工过的家禽产品，包括火鸡碎肉、午餐肉和形成的主菜，都可供消费者使用。食用鱼类和贝类，包括鱼糜等重组肉，可以为日常饮食提供高质量的蛋白质。

各种豆类在市场上均有销售，它们含有不完全蛋白质，当根据氨基酸成分组合食用时，会形成完全蛋白质并可作为肉类替代品，坚果也被食用。

笔记：

烹饪提示！

术语表

肌动蛋白：包含在细肌丝中的肌肉蛋白，可在肌肉收缩时起作用。

肌动球蛋白：在肌肉收缩时肌动蛋白和肌球蛋白形成的化合物。

脂肪组织：动物体内的能量储存区域。（译者注：由大量群集的脂肪细胞构成，聚集成团的脂肪细胞由薄层疏松结缔组织分隔成小叶。）

成熟：因蛋白质分解，肌肉变得更嫩的过程。

胶原蛋白：结缔组织蛋白；赋予结缔组织强度的最大成分，烹饪熟制后溶解成明胶。

结缔组织：动物组织中的组成部分，它延伸到肌肉纤维之外形成肌腱，将肌肉与骨骼相连；骨头与骨头相连；肌肉纤维、肌肉束和整个肌肉分别通过上皮结缔组织相连。

腌肉：用盐对肉进行腌制，加亚硝酸盐腌制会使肉呈粉红色，并可以抑制肉毒梭菌的生长。

干热：是烹煮嫩的分割肉的方法，包括煎、烤、烹、炸。

弹性蛋白：结缔组织蛋白，结缔组织的黄色组分，将骨头和软骨连接在一起。

肌内膜：环绕单个肌肉纤维的结缔组织层。

肌外膜：环绕整个肌肉的结缔组织层。

明胶：由胶原蛋白嫩化形成的，用于人饮食中的食用凝胶。

纹理：包含 20~40 个肌原纤维的初级管束。

大理石纹：分布于肉的肌间和肌内脂肪组织中的纹理。

湿热烹饪：烹饪不太嫩分割肉的方法，包括炖、加压蒸煮、煨或炖。

肌肉组织：肉中的瘦肉组织。（译者注：肌肉组织由特殊分化的肌细胞构成，许多肌细胞聚集在一起，被结缔组织包围而成肌束，其间有丰富的毛细血管和纤维分布。）

肌原纤维：肌细胞中可收缩的肌动蛋白和肌球蛋白成分。（译者注：肌原纤维是横纹肌中长的、直径约 1μm 的圆柱形结构，是骨骼肌细胞的收缩单位。肌原纤维由粗肌丝和细肌丝组装而成，粗肌丝的成分是肌球蛋白，细肌丝的主要成分是肌动蛋白，辅以原肌球蛋白和肌钙蛋白。）

肌球蛋白：包含在粗肌丝中的肌肉蛋白质，与肌动蛋白反应形成肌动球蛋白。

肌束膜：包围肌束的结缔组织层。

初级分割肉：批发分割肉；它包含次级分割肉和零售分割肉。

零售分割肉：初级分割肉的分割肉，零售市场上售卖的分割肉。

网状蛋白：在幼龄动物中发现的微小结缔组织。它可能是胶原蛋白或弹性蛋白的前体。

死后僵直：死后 6~24h 内的状态，肌肉僵硬，不易伸展；死后僵直的发生与被屠宰动物中 ATP 的消耗有关。

肌节：肌肉肌原纤维的重复单位。

肌浆蛋白质：包括血红蛋白、肌红蛋白和肌肉纤维细胞质中的酶。

烟熏肉：处理后置于硬木的芳香熏烟中，从而增加风味的肉；烟熏可以使其脱水，从而控制微生物生长。

基质蛋白质：包括胶原蛋白、弹性蛋白、结缔组织和动物器官支撑构架的网硬蛋白。

次级分割肉：初级分割肉的分割肉。

健康：检查未表明存在疾病。

Z 线：肌节的边界；将细肌丝固定在肌原纤维中适当位置。

参考文献

[1] A Landmark Month for Impossible Foods. Food Processing. 2019；80（8）：6V.

[2] Berry D（2013）Lower-sodium processed meats—is it possible? Food Product Design：48-52.

[3] Caulifower Encrusted Chicken. Food Processing. 2019;；80（7）：16.

[4] Decker KJ（2012）Lessons learned：A new era for meat and poultry safety. Food Product Design. 18-28.

[5] Decker KJ（2013）A natural approach to fortification. Food Product Design：66-73.

[6] Demetrakakes P（2019a）Kroger adds store brand meat analogues. Food Processing. 80（9）.

[7] Demetrakakes P (2019b) Beyond meat stock drops as investors bail. Food Processing. 80 (10).
[8] Demetrakas P (2019) Nestlé introduces faux meat lasagna, pizza. Food Processing. 80 (12).
[9] Eliasi J, Dwyer JT (2002) Kosher and Halal: religious observances affecting dietary intakes. J Am Diet Assoc 102: 911-913.
[10] Finger-Lickin' Good Veggie Chicken. Food Processing. 2019; 80 (9): 14.
[11] Foster RJ. Bean there, done that. Food Product Design. 2012. https://bungenorthamerica.com (n.d.).
[12] Impossible Burgers Move Into Grocery Stores. Food Processing. 2019: 80 (10).
[13] Impossible foods: a not-so-impossible dream. Food Processing. 2019; 80 (7): 22.
[14] Lubicom Marketing and Consulting, LLC. Brooklyn. n.d.. https://lubicom.com/kosher/statistics/, https://klbdkosher.org/news-and-articles/ kosher-certification-growth-around-the-world/.
[15] Mayo Clinic. Nuts and your heart: Eating nuts for heart health. https://mayoclinic.org/diseases-conditions/heart-disease/in-depth/nuts/art-20046635 (n.d.).
[16] Meat Companies Go Vegetarian! Food Processing. 2019; 80 (7): 11.
[17] Mermelstein NH (2000) Sanitizing meat. Food Technol 55 (3): 64-65.
[18] More Veggie Burgers Grillin. Food Processing. 2019; 80 (6): 24.
[19] Morris CE (2000) Bigger buck for the bang. Food Engineering 72 (1): 25-26.
[20] My own meals. Food Technology. 2000; 54 (7): 60-62. https://diffen.com/difference/Halal_vs_ Kosher.
[21] O'Donnell C (2017) Experts officially agree: nuts are healthy. Nuts benefit from nutritional and consumer trends. Food Processing. 78 (12).
[22] Peregrin T (2002a) Limiting the use of antibiotics in livestock: helping your patients understand the science behind this issue. J Am Diet Assoc 74 (6): 768.
[23] Peregrin T (2002b) Mycoprotein: is America ready for a meat substitute from fungus? J Am Diet Assoc 102: 628.
[24] Portable pasteurization on the way. Food Engineering. 2000; 72: 18.
[25] Schierhorn C (2019) Technologies in food are making an animal-free future possible from burgers to wholemuscle steaks plus dairy, seafood and chicken, no animal protein seems beyond the reach of formulation and technology. Food Processing. 80 (11). https://foodprocessing.com/articles/2019/animal-free-food/.

引注文献

[1] Academy of Nutrition and Dietetics. Chicago. (n.d.).
[2] American Heart Association. Dallas. (n.d.).
[3] American Meat Institute (AMI). Washington. (n.d.).
[4] Center for Science in the Public Interest (CSPI). (n.d.).
[5] Centers for Disease Control and Prevention (CDC). (n.d.).
[6] Ketogenic Diet. (n.d.).
[7] National Academy of Sciences (NAS). (n.d.).

[8] National Cattlemen's Beef Association (NCBA) —a merger of the National Livestock and Meat Board, and National Cattlemen's Association. Chicago. (n. d.).
[9] National Cholesterol Education Program (NCEP) . (n. d.).
[10] National Heart, Lung and Blood Institute. (n. d.).
[11] National Restaurant Association. (n. d.).
[12] The American Meat Institute Foundation (AMIF) . (n. d.).
[13] TX A&M University. Meat Science Dept. (n. d.).
[14] Uniform Retail Meat Identity Standards (URMIS) . (n. d.).
[15] USDA Choosemyplate. (n. d.).
[16] USDA's Meat and Poultry Hotline (1 - 800 - 535 - 4555), Food Safety and Inspection Service, Washington, DC. USDA's Meat and Poultry Hotline at 1-888-MPHotline (1-888- 674-6854) or visit https://fsis. usda. gov. (n. d.).
[17] Vegetarian nutrition. (n. d.) https://fnic. nal. usda. gov/lifecycle-nutrition/vegetarian-nutrition.
[18] Food and Nutrition Information Center (FNIC) . (n. d.).
[19] https://nal. usda. gov/. (n. d.).
[20] https://ers. usda. gov/data-products/food-availabilityper-capita-data-system/.
[21] https://nationalchickencouncil. org/about - the - industry/statistics/per - capita - consumption - of - poultryand-livestock-1965-to-estimated-2012-inpounds/2019data. (n. d.).

10　蛋及蛋制品

10.1　引言

世界各地食用的禽蛋各种各样，但本章接下来要讨论的是鸡蛋。鸡蛋的生物结构天然带壳，蛋壳可以为小鸡胚胎的发育提供保护。鸡蛋在食物系统中有许多功能，因此必须加以保护防止被污染或成为污染源。鸡蛋为饮食提供营养价值和烹饪多样性，同时也是一种经济的食物来源。如今，鸡蛋作为健康均衡饮食的一部分被人们食用。

鸡蛋蛋白被世界卫生组织认为是世界范围内的参考蛋白，其他蛋白都以鸡蛋蛋白为参照。包含鸡蛋在内的素食饮食称为蛋素食。

对监管机构、供应商和消费者来说，鸡蛋的质量和新鲜度很重要，它们由许多因素决定；鸡蛋的新鲜度取决于鸡蛋的年龄、温度、湿度和处理方式；鸡蛋的安全性极为重要。

鸡蛋无论是 1 打还是 30 打或更多，都应保存在装鸡蛋的纸箱中，以防止水分流失或吸收其他冷藏原料的气味和风味（图 10.1）。

对消费者来说，优质的鸡蛋应该没有瑕疵且外壳干净完好。

图 10.1　（左）鸡蛋轻轻放入纸箱或其他包装材料（右）包装好的鸡蛋离开自动包装设备放置在装运的箱子里（来源：USDA）

10.2　蛋的物理结构和组成

10.2.1　全蛋

一个普通鸡蛋重约 57g，由蛋黄、蛋清和蛋壳 3 个组分重量构成。如表 10.1 和表 10.2

所示，每个组分的成分不同。鸡蛋的结构见图 10.2（加利福尼亚州禽蛋委员会）。

烹饪提示！ 鸡蛋蛋白包括酶蛋白——α-淀粉酶。为了得到理想的煮熟的鸡蛋食品，必须加热灭活 α-淀粉酶。未煮熟的鸡蛋食品冷藏后可能会出现有害影响。

表 10.1 鸡蛋的化学成分百分比

成分	%	水分	蛋白质	脂肪	灰分
全蛋	100	65.5	11.8	11.0	11.7
蛋白	58	88.0	11.0	0.2	0.8
蛋黄	31	48.0	17.5	32.5	2.0
蛋壳	11				

（来源：USDA）

表 10.2 鸡蛋组分中的蛋白质和脂肪含量 单位：g

成分	蛋白质	脂肪
全蛋	6.5	5.8
蛋白	3.6	—
蛋黄	2.7	5.2

（来源：USDA）

10.2.2 蛋黄

蛋黄含有鸡蛋中所有的胆固醇和几乎所有的脂肪，重量约占鸡蛋的 31%。一般来说，蛋黄的营养密度比蛋白高，含有除维生素 C 之外的绝大多数已知维生素。此外，蛋黄能提供给消费者可以接受的风味和口感，有许多烹饪用途。

母鸡的卵巢中有一簇发育中的蛋黄，每个蛋黄都在自己的囊中。

蛋黄包含有所有这三种脂质：甘油三酯——脂肪、油和磷脂，以及大球体、颗粒物质和胶束中的固醇。主要的磷脂是磷脂酰胆碱（卵磷脂），最广为人知的甾醇是蛋黄中发现的胆固醇。

蛋黄中的蛋白质占整个鸡蛋蛋白质的 40%，主要是卵黄蛋白，存在于脂蛋白复合物中，如卵黄磷蛋白和脂卵黄蛋白，蛋黄中也含有含磷的卵黄高磷蛋白和含硫的卵黄球蛋白。科学家们通过鸡蛋的氨基酸组成、质量和数量，以及它的可消化性（即人体吸收性）和摄入的蛋白质来衡量膳食蛋白质的质量。鸡蛋通常被用作衡量其他食物蛋白质质量的“黄金标准”。

蛋黄色素——主要是叶黄素、胡萝卜素和番茄红素，这些色素来自动物饲料，如母鸡吃的绿色植物和黄色玉米。如果蛋黄的类胡萝卜素含量较高，则颜色较深（尽管不一定是维生素 A 的潜能）。然而，产出的蛋黄颜色浅的鸡可能被喂食使蛋黄颜色变深的添加剂，会在蛋黄中出现颜色略有不同的同心圆，这个同心圆是从中心的一个非常小的白点开始的。

蛋黄中的固体浓度比蛋清中高，因此随着鸡蛋的老化，水分会进入蛋黄，这种水分运动会导致蛋黄变大，黏稠性变小。

蛋黄周围是一个无色的囊，即卵黄膜（图 10.2），它是一种连续的不透明的彩色系带绳状结构，系带是附着在卵黄膜上的一种绳状的线，但实际上存在于蛋白中，它将蛋黄固定在鸡蛋中心的适当位置，防止异物撞击蛋壳对其造成破坏（类似于蹦极绳！）

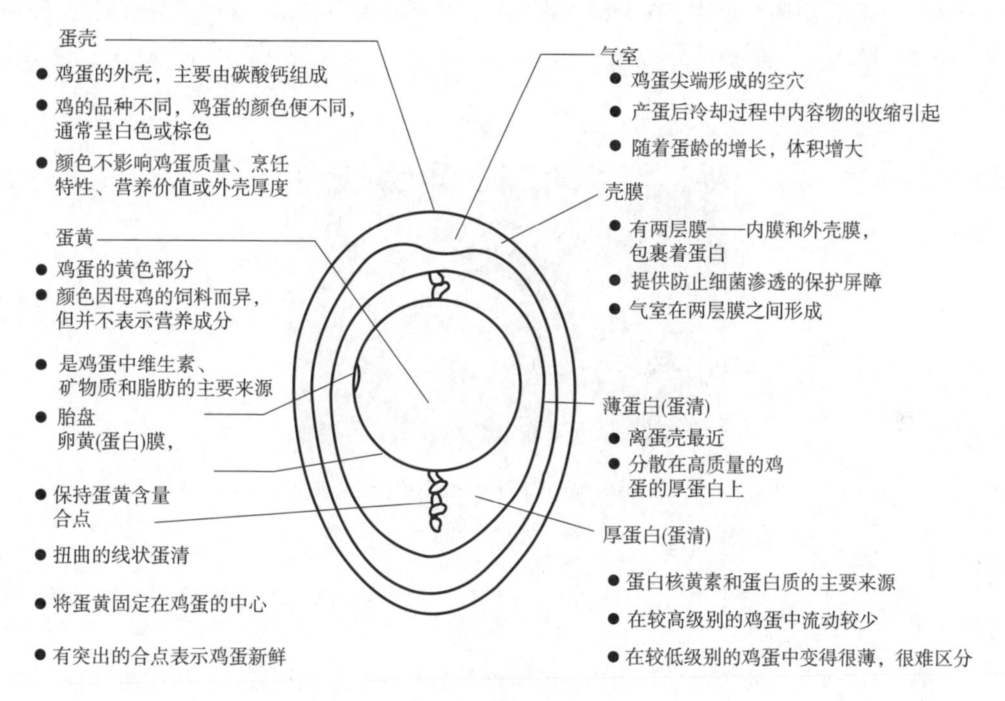

图 10.2 鸡蛋的结构
（来源：加利福尼亚州禽蛋委员会）

血斑或肉斑（图 10.3）——带小血斑（直径合计不超过 3.2mm）的鸡蛋属于 B 级，小肉斑（直径合计不超过 3.2mm）也属于 B 级。如果血斑较大或血液扩散到周围的蛋白中，则该鸡蛋应归类为有损鸡蛋。血斑不是由于细菌发育造成的，它们可能存在于蛋黄或蛋白中；肉斑可能是失去了红色特征的血斑，或者是来自生殖器官的组织。——USDA

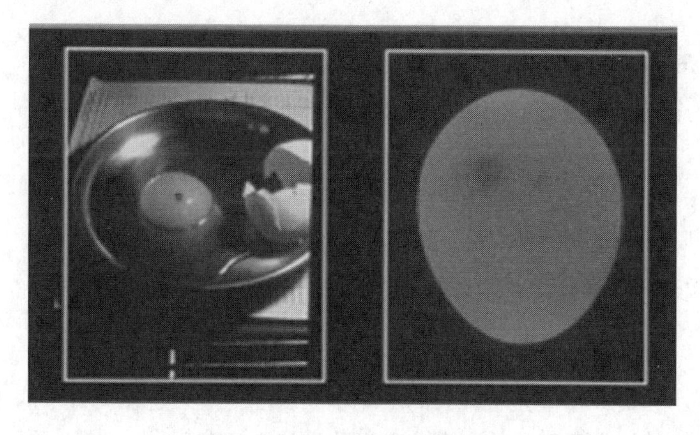

图 10.3 大血斑明亮而破裂的外观
（来源：USDA）

10.2.3 蛋清

蛋清也称为蛋白（图 10.4），约占鸡蛋重量的 58%。和蛋黄一样，蛋清也有同心圆层，共 4 个部分——其中两部分浓蛋白分别由内层和外层的稀蛋白隔开。在较低等级或较老的鸡蛋中，浓蛋白与稀蛋白无法区分，浓蛋白的高度也会减少。可以使用哈氏测量仪测量浓蛋白的高度。

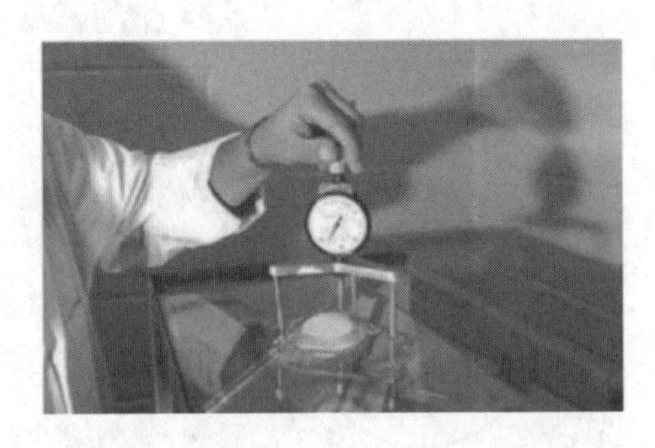

图 10.4 USDA 分级员演示使用哈氏测量仪测量浓蛋白的高度
（来源：USDA）

系带位于这些蛋白层中，并与包围蛋黄的卵黄膜相连，新鲜鸡蛋中的系带比老鸡蛋更明显。

鸡蛋含有完整的生物价高的蛋白质，所含必需氨基酸的比例均衡。蛋清中超过一半的蛋白质是卵清蛋白，伴清蛋白、卵黏蛋白和球蛋白（包括能够溶解某些细菌的溶菌酶）所占的比例较小。蛋清能提供比蛋黄更多的蛋白质，通常单独烹饪食用或者加入到食谱中，以食用蛋清代替食用整个鸡蛋不仅增加了蛋白质摄入，同时还限制了脂肪和胆固醇摄入。抗生物素蛋白是另一种蛋清蛋白，如果生食，抗生物素蛋白会与生物素（维生素 H）结合，使生物素在使用时无效。鸡蛋中大约 60% 的蛋白质位于蛋清中。

蛋清蛋白在顺着鸡输卵管向下的过程中附着在蛋黄上，蛋清的其他成分包括少量的脂肪、核黄素（维生素 B_2，会使蛋白变绿）、烟酸、生物素以及包括镁和钾在内的矿物质。

10.2.4 蛋壳

蛋壳占了整个鸡蛋剩余的 11% 重量，干蛋壳包含以下成分。

- 94% 碳酸钙。
- 1% 碳酸镁。
- 1% 磷酸钙。
- 4% 主要由蛋白质组成的有机基质。

壳层由乳突层或内层、海绵体层和外角质层（可能被错误地称为“粉霜”）组成。角质层会封闭毛孔，保护鸡蛋不受外界污染。

成千上万的小孔贯穿这些壳层，大的一端小孔更多，对于还在发育中的小鸡来说，蛋壳的多孔是天然存在的。由于气孔的存在，二氧化碳和水分会流失，而氧气可以进入壳内。外壳还起到阻挡有害细菌和霉菌进入的作用，因为角蛋白的蛋白质层部分封闭了外壳的孔隙。

外壳上的“出汗”或水分凝结可能会产生污渍，动物粪便的存在也可能对其造成污染，但并不推荐进行简单的清洗，因为可能会除去外壳的角质层或打开其毛孔，导致保质期缩短，一旦外壳的保护作用被破坏，外部的微生物就会传播到内部并污染鸡蛋。

蛋壳内有两层薄薄的壳膜（图 10.2），一层附着在蛋壳上，另一层没有附着，而是随蛋的内容物一起移动。当两层膜在蛋的大端分离时，就形成了气室。

10.2.5 颜色

本节将讨论蛋壳和蛋黄的颜色。

蛋壳呈棕色还是白色（图 10.5）取决于母鸡的品种，颜色对鸡蛋的味道或质量（包括鸡蛋内容物的营养价值）的影响还是未知的。白来亨鸡是美国产蛋鸡的主要品种，它们产白壳蛋，仔细观察可以发现白色来亨母鸡羽毛下的耳朵是白色的，这一点对蛋的颜色很重要。

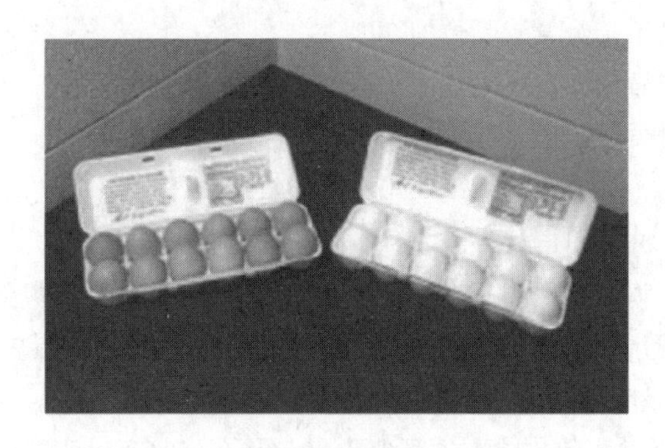

图 10.5 蛋壳颜色

（来源：USDA）

棕色鸡蛋（棕色蛋壳）受到美国的一些地区和一些人的欢迎。这些蛋产自稍大的禽类（需要更多的饲料），由于不像白壳蛋那样普遍，棕色蛋通常比白色蛋更贵。棕色鸡蛋是由不同于产白色鸡蛋的母鸡品种产的，特别是红棕色耳朵的母鸡，如罗德岛红母鸡、普利茅斯石母鸡和新罕布什尔州母鸡。

与白色鸡蛋相比，棕色鸡蛋比白色鸡蛋更难通过对着光检查其内部品质的方法分类。除了白色和棕色的鸡蛋，还有一些蛋壳是蓝色或绿色的（与鸡的耳垂同色），绿色和蓝色是由胆绿素引起的，而红棕色是由原卟啉引起的。

USDA 的研究报告和随机抽样的产蛋测试表明，棕色鸡蛋的肉斑发生率明显高于白色鸡蛋。

蛋黄的颜色取决于给母鸡投喂的饲料。如前所述，蛋黄可能是由饲料中的胡萝卜素、叶黄素或番茄红素（不一定是维生素 A 的潜能）产生的一种深黄色色素，否则蛋黄可能呈现淡黄色。

图 10.6 描述了鸡蛋分级日期的一个例子。“许多鸡蛋在母鸡下蛋后几天就被送到商店。带有 USDA 等级标识的鸡蛋盒必须显示‘包装日期’（鸡蛋被清洗、分级和放入纸箱的日子）。该数字是一个三位数的代码，代表一年中连续日（‘朱利安日’），从 1 月 1 日开始为 001，以 12 月 31 日结束为 365。”——USDA

图 10.6 纸箱分级

（来源：USDA）

烹饪提示！颜色并不是质量或营养价值的标志。

- 蛋壳颜色与品种有关。
- 蛋黄颜色与饲料有关。

10.2.6 陈化引起的变化

随着时间的延长，鸡蛋会发生很多变化，例如，蛋壳中的内容物会收缩、气室会因失水而增大（Jordan 等）。随着卵黄膜变薄，鸡蛋蛋黄变平，周围的浓蛋白变稀，蛋黄不再保持在鸡蛋的中心位置；此外，随着硫化物键的断裂，厚厚的蛋白也会变稀；随着时间的增长，二氧化碳含量可能会减少，随后 pH 会有所上升（7.6~9.6），这为细菌生长创造了条件。除了这些变化，另一个随时间的变化是系带显得不那么突出了。

例如“……之前使用”“截至……使用”“……前使用最佳”或其他类似的术语通常表示预期质量的最大时限。这些前缀前的日期必须从鸡蛋被包装开始计算，截止到消费者消费，并且不得超过 45 天，包括包装日期。—USDA

10.2.7 鸡蛋结构和成分的异常

鸡蛋结构和成分的异常可以通过其灯检是否通过来检测（参见“灯检”）。有经验的消费者可能对这些异常现象很熟悉，USDA 举了一些例子。

- 双蛋黄鸡蛋：两个蛋黄大约在同一时间从卵巢释放出来，或者一个蛋黄丢失到体腔，然后在第二天卵巢释放蛋黄时被拾取的情况下，就会产生双蛋黄鸡蛋。
- 无蛋黄鸡蛋：通常形成于卵巢或输卵管脱落的组织周围，该组织刺激输卵管的分泌腺，产生一个无蛋黄的鸡蛋。
- 蛋内蛋：一天的蛋被输卵管壁反转，将第一天的蛋加入到第二天的蛋中，并在两个蛋周围形成一个外壳（有时，鸡蛋的方向是相反的）。
- 血斑：排卵时卵黄囊中一条或多条小血管破裂，从化学和营养角度讲是可以食用的。
- 肉斑：已被证明是由于化学作用而变色的血斑或从母鸡生殖器官脱落的组织，大多数肉斑是来自血斑以外的其他组织。
- 软壳蛋：通常发生于过早产下的蛋，在子宫内停留时间不足以阻止蛋壳的沉积（如矿物质)。

- 薄壳蛋：可能是由于矿物质缺乏、遗传或疾病造成的。
- 玻璃状和白垩壳蛋：由产蛋鸡的子宫障碍引起。玻璃状的鸡蛋孔隙较少、不能孵化，但可以保持其质量。
- 变色蛋黄：饲料中的物质导致蛋黄变色。
- 异味蛋：可能是受某些饲料风味影响（如鱼油或大蒜）或不适当的储存方法（鸡蛋储存在水果、蔬菜或气味易吸收的化学物质附近）所导致的。——USDA

10.3 蛋的功能

鸡蛋的功能作用对加工设施、零售餐饮业务和消费者都很重要，因为在食品制备中许多加工都依赖于鸡蛋的用途。由于鸡蛋的功能众多，不含鸡蛋的配方可能无法表现出与含有鸡蛋的配方相同的品质，例如，“鸡蛋具有充气性，能赋予食品结构，从而制作出湿润、美味、嫩滑的烘焙食品。而且理所当然鸡蛋会给你清洁的食品成分标签”（来源：美国禽蛋委员会）。

鸡蛋是一种多功能产品。鸡蛋中的内容物也许不吃，如在各种民族节日庆祝活动中，蛋壳可能会装满五彩纸屑。

烹饪提示！表 10.3 列出了鸡蛋的一些功能。

蛋的功能——鸡蛋的黏附性、充气性/发泡/结构、抗菌、黏合、褐变/变色、澄清、凝固/增稠、涂层/干燥/饰面/光泽/绝缘、结晶控制/冷冻性、可食用包装、乳化、风味、强化/蛋白质富集、湿润/保湿、膨松、pH 稳定性、富集、保质期延长、嫩化/质地、搅打能力。

表 10.3 鸡蛋在食品系统中的一些功能

• 黏合剂
鸡蛋是有黏性的,会凝结成固体或半固体。因此,它可以将肉卷或炸丸子中的成分黏合在一起,同时赋予面包弹性。
• 澄清剂
生蛋清在热液体中会凝结在外来颗粒周围。例如,当蛋清加入到液体中时,咖啡壶里松散的咖啡渣会附着在蛋清上、使汤或汤汁变得透明,还可以将零散的物质聚集到表面以便清除。
• 乳化剂
蛋黄含有磷脂乳化剂,包括卵磷脂。在制作蛋黄酱的过程中,乳化剂可以将两种通常不混溶的液体(如油和水)混合。
• 起泡、膨松剂、充气
蛋清被打成泡沫后体积会增加 6~8 倍。当蛋清泡沫被加热时,蛋白质在气体细胞周围凝结,保持稳定的泡沫结构。蛋清泡沫还可以使天使蛋糕膨松,用于蛋白糖霜和甜点。
• 凝胶
鸡蛋凝固时,液态和固态的两相体系在蛋黄酱中形成凝胶。

续表

• 增稠剂 鸡蛋会凝结并变稠，例如蛋黄酱和荷兰酱。
• 其他：色泽、风味、营养价值、表面干燥、酥脆性等。鸡蛋在食品中还有许多其他作用： 蛋黄的类胡萝卜素给烘焙产品增加了黄色，或将蛋黄涂在面团上，使其变棕色、干燥、有光泽，并赋予硬皮光泽。 脂肪提供风味、抑制糖中的晶体形成，防止变质。 鸡蛋在烹饪或烘烤的食品中提供营养价值。

10.4 鸡蛋质量的检查和分级

鸡蛋需接受检查，并按质量分级。美国农业部基于收费服务对鸡蛋进行分级，以确定鸡蛋等级。分级包括评估外壳、形状、质地、完整性（不应破损）、清洁度以及内部的蛋清、蛋黄和气室大小。一打鸡蛋中至少有 80% 必须达到纸箱上规定的等级，较低等级和较老的鸡蛋可以成功地用在其他应用场合，而不是作为高等级的新鲜鸡蛋。

1970 年的《蛋类产品检查法》为蛋制品有益健康、不掺假，以及蛋制品加工厂持续接受检查提供了保障。虽然分级是自愿的，但零售市场上的大多数鸡蛋都是在联邦检查下根据既定标准进行分级的。

10.4.1 灯检

灯检是一种可以在不破坏蛋壳的情况下观察鸡蛋外壳和内部的技术，可以看到双蛋黄等现象。烛光曾被用来检查鸡蛋的内部，当举着蜡烛快速旋转时，可以看到鸡蛋的内容物，因此得名“光检验法”。现如今，商业鸡蛋可能会被大规模扫描，用明亮的灯光扫描托盘中的鸡蛋。下图为美国农业部根据手工（图 10.7）或大规模扫描（图 10.8）评估的灯检质量进行评级。

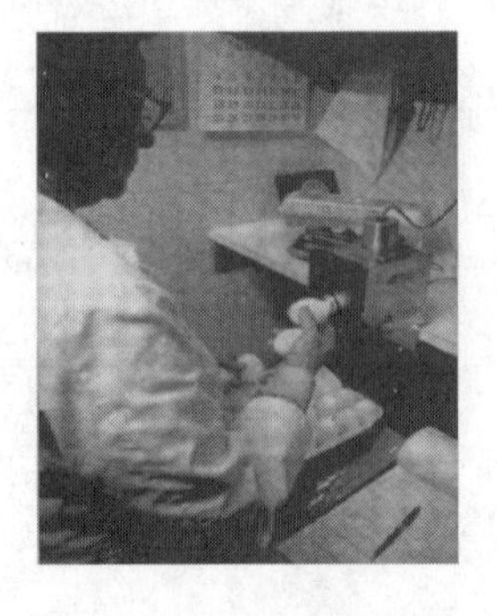

图 10.7 手工灯检鸡蛋质量
（来源：USDA）

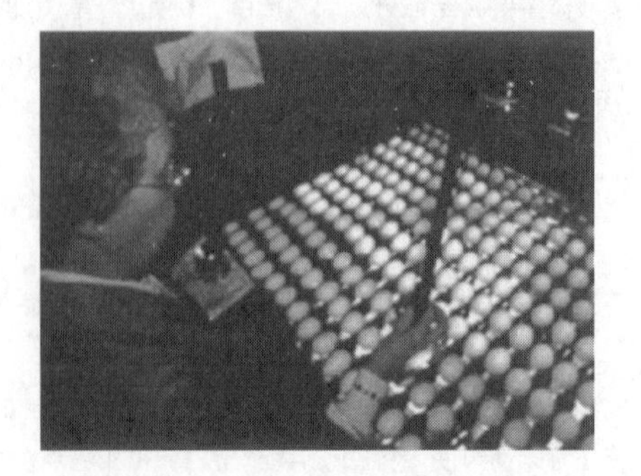

图 10.8 大规模筛查灯检鸡蛋质量
（来源：USDA）

在鸡蛋出售给消费者之前，在农场或鸡蛋经销商处完成灯检。可以在灯检之前或之后进行外壳形状和清洁度等外部观察，灯检师还会偶尔将破损的鸡蛋外表、本身鸡蛋外表与灯光下的鸡蛋外表进行比较。

烹饪提示！ 有些消费者可能不希望看到血斑，但血斑不会对健康造成任何危害。

10.4.2 字母等级

字母等级自愿公开，它基于灯检质量，可能以盾章的形式出现在蛋盒上，蛋盒上的等级盾章表明鸡蛋在受过培训的包装商的监督下进行了质量分级和尺寸检查。没有选择使用联邦农业部评级服务的包装商将受到州机构的监督，并且不得使用联邦农业部等级盾章。

美国农业部等级盾章如图 10.9 所示，他们将质量最好的鸡蛋评定为“AA”级。但即使是高质量的鸡蛋，如果储存条件不当的话质量也会迅速下降。

图 10.9 美国农业部质量认证标志
（来源：USDA）

偶尔也可以在样品测试室用千分尺测量鸡蛋中浓蛋白的高度（图 10.10 和图 10.11）。

	AA级	A级	B级
打破后的外观	占地面积小	占地面积适中	占地面积广
蛋白外观	蛋白浓而高：系带突出	蛋白相当浓，相当高，系带突出	少量浓蛋白：系带点小或无。显得稀少且含水
蛋黄外观	蛋黄坚实，圆而高	蛋黄坚实且高	蛋黄扁平，面积增大
壳外观	近似于通常的形状，通常较干净无破损：斑点不影响外壳强度		形状异常：允许有轻微的染色，无破损：允许有明显的斑点
用途	适合任何用途，特别适合水煮、煎和带壳烹饪		可作为炒菜、烘焙或用作其他食物的配料

注：如果鸡蛋只有非常小的斑点、污渍或标志，则可以认为是干净的。

图 10.10 鸡蛋等级
（来源：加利福尼亚州禽蛋委员会）

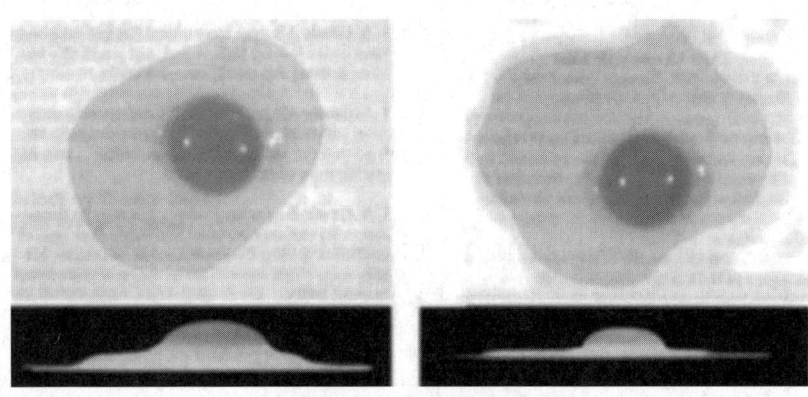

图 10.11 等级质量标准
（来源：USDA）

“在分级过程中，根据重量（尺寸）对鸡蛋进行分类，在这之前要检查鸡蛋的内部和外部的质量。等级、质量和重量（尺寸）之间彼此无关，任何质量等级的鸡蛋重量（尺寸）都可能有所不同，按照质量由高到低的顺序，将等级分为 AA、A、B 级”（鸡蛋分级手册 n. d.）。

10.4.3 气室

气室又称气囊或气穴，是鸡蛋大端形成的空隙，根据定义可知它含有氧气。鸡蛋最初没有气室或有一个小的气室，当温热的鸡蛋逐渐冷却时，气室就会变得很大、显而易见，鸡蛋的内容物会收缩，内膜与外膜分离。气室随鸡蛋老化、冷却和水分流失而增大。由于气室为微生物提供了充足的氧气，所以可能会导致微生物腐败。

当人们食用老鸡蛋时，通常会发现一个较大的气室。如上所述，当氧气迁移到蛋黄时，微生物的腐败可能会随着大气室的形成而发生，因此，建议包装时将鸡蛋大而钝的一端朝上，这样储存使得从气室到蛋黄的空气流动最小化。

根据美国禽蛋委员会的说法，“虽然气室通常在鸡蛋的大端形成，但当鸡蛋旋转时，它偶尔会自由地向鸡蛋的最高点移动，因此被称为自由气室或不固定气室。如果主气室破裂，导致一个或多个独立的小气泡在主气室下方浮动，它被称为‘多泡气室’”（美国禽蛋委员会）。

不同等级鸡蛋的气室大小要求如下：AA 级为 3.2mm，A 级为 4.7mm，B 级气室大小没有限制。

烹饪提示！由于形成了巨大的气室，如果把不新鲜的鸡蛋放在一碗水里，鸡蛋就会漂浮起来。鸡蛋漂浮表示鸡蛋质量不太理想，消费者可能熟知鸡蛋的“漂浮”测试法。

10.5 鸡蛋大小

鸡蛋大小比较如图 10.12 所示。美国农业部没有将鸡蛋大小作为评估鸡蛋质量的依据。

鸡蛋根据大小和质量（每打最小质量）分类如下（表10.4）：

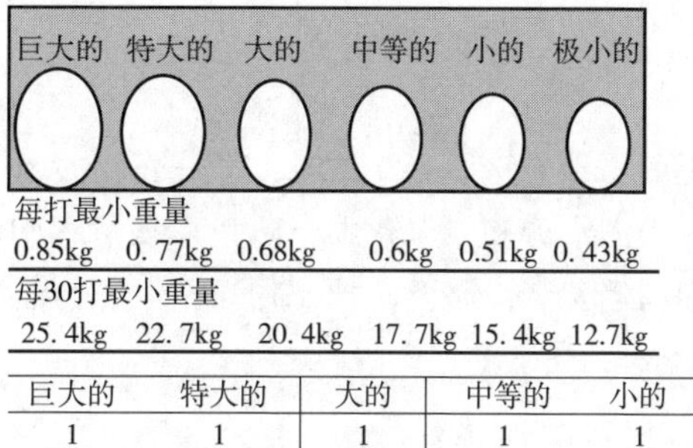

巨大的	特大的	大的	中等的	小的
1	1	1	1	1
2	2	2	2	3
5	5	6	7	8
9	10	12	13	15
18	21	24	27	28
37	44	50	56	62

图10.12 鸡蛋大小

（来源：加利福尼亚州禽蛋委员会）

表10.4 基于大小和重量的鸡蛋分类

大小	重量
巨大的	0.85kg（每杯4个）
特大的	0.77kg
大的	0.68kg（每杯5个）
中等的	0.6kg
小的	0.51kg
极小的	0.43kg

每打在每一种尺寸等级之间大约有0.8kg的差别，知道不同大小的重量有助于计算价格，可以通过比较每千克的价格来计算最佳价值，当然，单个鸡蛋的价格可能也会被计算出来。虽然消费者家用的许多食谱中没有指定，但是大鸡蛋是在已公开的食谱中使用的标准大小的鸡蛋。

决定鸡蛋大小的主要因素是母鸡的年龄，老母鸡可能会产较大的蛋；影响鸡蛋大小的次要因素是母鸡的品种和体重，饲料的质量不好以及鸡舍的过度拥挤都会对鸡蛋大小产生负面影响。

10.6 鸡蛋的加工/保存

鸡蛋加工或保存处理的目的可能是为了食品安全，也可能是为了让鸡蛋更新鲜、更长久，从而限制负面的质量变化。鸡蛋在刚产下时带有母鸡的体温，因此需要冷藏，如果壳孔关闭，鸡蛋可以在低温0℃下保存6个月。新鲜鸡蛋的蛋白较浓，因此敲碎时不会流动，它包含一个非常明显的系带，随着时间的推移，鸡蛋会失去水分和二氧化碳。

完整的蛋或蛋制品可按以下方式保存：

10.6.1 矿物油

涂抹矿物油是保存鸡蛋的一种方法。当涂油时，部分壳孔关闭，只有少量的微生物能进入蛋内，同时可以保持鸡蛋中的水分和二氧化碳，防止贮藏过程中鸡蛋 pH 升高。鸡蛋在产下当天会被喷洒或浸矿物油，消费者没必要洗掉矿物油，但矿物油浸泡或喷洒可能会让煮熟的鸡蛋更难剥皮。

10.6.2 巴氏杀菌

巴氏杀菌是 FDA 要求的对所有商业液体蛋制品、干的蛋制品或去壳冷冻蛋制品进行杀菌的过程。这种处理可以杀死沙门菌等微生物，防止其从消化道和鸟类的粪便进入鸡蛋，导致食源性疾病感染。美国农业部要求巴氏杀菌过程的温度达到 60℃~62℃，保持 3~4min 或更长时间，这比液态乳和典型的 30min 巴氏杀菌时间要短。巴氏杀菌的温度正好低于大多数鸡蛋成分变性温度范围，因此可以提供“未煮熟”但安全的鸡蛋。

巴氏杀菌必须能够保持鸡蛋的功能特性。例如，在巴氏杀菌后，蛋清仍然可以搅打用于蛋白糖霜，但需要更长的时间才能打成泡沫；蛋黄或全蛋用作乳化剂时仍然具有功能。在巴氏杀菌之前，可以在蛋清中加入硫酸铝来稳定在 pH 7.0 会变得不稳定的乳清蛋白。

液体全蛋的超巴氏杀菌结合无菌包装可以创制一种比冷冻或带壳蛋有更多优点的商用产品。据一家冷冻超巴氏杀菌液体全蛋和混炒鸡蛋市场的领导者称，鸡蛋在 1℃~4℃贮藏的保质期为 10 周。鸡蛋中沙门菌、李斯特菌和大肠杆菌呈阴性。鸡蛋不冷冻，这样鸡蛋就不用经受冷冻室至冷藏室的低温贮藏，低温贮藏会导致鸡蛋功能特性损失。

10.6.3 冷冻

冷冻也是一种保存鸡蛋的方法。因为鸡蛋被敲开，所以在冷冻之前必须先进行巴氏杀菌，未煮熟的蛋白在冷冻和解冻后仍保持其功能特性，而煮熟的蛋白解冻后则有脱水现象出现（漏水）。

由于低密度脂蛋白聚集在蛋黄中，整个鸡蛋和蛋黄在解冻时可能会胶化成胶状，其胶着性可通过添加糖、玉米糖浆或盐来控制。生产商可以添加木瓜蛋白酶来水解蛋白质，水与酶结合后可以减少解冻产物凝胶的形成。

烹饪提示！ 可以在冷冻前加入 10% 的糖溶液（每杯鸡蛋 1 茶匙糖，家庭计量）、5% 的玉米糖浆或 3% 的盐（1 茶匙）来防止蛋黄凝聚，根据鸡蛋的用法选择相应的溶液。

10.6.4 脱水

鸡蛋脱水是一种简单的保存方法，始于 19 世纪 70 年代。多年来，脱水情况得到了很大改善，当通过喷雾干燥或在托盘上干燥（产生片状、颗粒状）等技术降低水含量时，蛋制品的微生物也就得到了良好的控制。脱水的全蛋、蛋白、蛋黄或混料包装在不同大小的包装盒或桶中，随后烹饪或作为原料添加到包装食品中，如蛋糕粉或面食。

蛋清需要在脱水前去除葡萄糖，以提高储存稳定性，蛋清中的葡萄糖会产生人们不可接受的褐变和风味变化。褐变是蛋白质和糖在长时间或高温储存中发生美拉德反应（非酶反应）的结果，可以通过乳酸菌微生物发酵或用商业酶（如葡萄糖氧化酶或过氧化氢酶）进行酶反应来去除葡萄糖。

蛋黄脱水后，其脂蛋白结构发生不可逆的变化，失去一些功能和理想的感官特性。为了符合食品安全准则，干鸡蛋应该保持冷藏。

10.7 鸡蛋的存储

鸡蛋需要在低温下储存，建议消费者将鸡蛋大端朝上储存在冰箱的内层货架上，而不是放在温度较高的冰箱门货架上。无论是 1 打还是 30 打或更多的鸡蛋，都应保存在蛋盒中，以防止水分流失及从其他冷藏物料中吸收异味和风味。

烹饪提示！煮熟的鸡蛋可以在冰箱里保存一周。任何破损的鸡蛋都可以按以下方法安全地冷藏：蛋黄在水中可以保存 1~2 天，蛋清放在带盖容器中可以保存 4 天。

美国农业部分级的鸡蛋在下蛋后很快清洗、消毒、上油、分级和包装，从鸡蛋离开鸡场到到达超市通常需要几天，储存鸡蛋时应保持低温、高湿度和适当的处理。

根据美国禽蛋委员会的说法，“不在美国农业部检查范围内的工厂受其所在州的法律管辖”（美国禽蛋委员会）。

10.8 变性和凝固——定义及控制

变性可能是温和的或广泛的，当一个蛋白质分子（螺旋状）展开并且改变它的性质时就会发生变性，这是蛋白质在空间中呈现的特定折叠和形状的不可逆转的变化。

鸡蛋中的蛋白质变性可能是由加热、机械作用（如敲打或搅拌）或酸性 pH 引起的。无论原因如何，具有分子内键的螺旋链展开并平行排列，形成分子间键，同时蛋白质链收缩。

在原始状态下，鸡蛋是半透明的，因为光线折射并在单个蛋白质之间传递，随着鸡蛋的变性，其外观从半透明变为不透明或白色，一旦煮熟，光线不再能够在新形成的蛋白质团之间通过。

凝固是指变性蛋白质分子形成固体时发生的进一步过程，即液体/流体蛋（一种溶胶）转化成固体或半固体状态（一种凝胶）。当展开的螺旋相互连接时，水从结构中逸出，这种凝结变性发生的温度范围较宽，会受到前面所提因素如温度、搅拌、pH 以及糖和盐等的影响。凝固会导致蛋白质的沉淀，这通常是一种理想的特性。

凝结变性超越凝固变性。除了变性和凝固，鸡蛋的不良凝结会导致内容物收缩或变硬，变性、凝固和可能凝结的因素如下：

- 加热。
- 加热应缓慢而温和。蛋清在 62℃ ~65℃ 的温度下变性、凝结成固体，蛋黄在 65℃ 开始凝固、在70℃变成固体。全蛋的凝固温度介于二者之间。在准备鸡蛋混料（如奶油蛋羹）时，必须控制加热的速度和强度。下面将讨论这些加热特性：

• 速率与凝固。

• 与快速加热相比，慢速加热可以在较低的温度下安全地凝固鸡蛋混料。在凝固温度和不受欢迎的快速凝固之间，缓慢的凝固速度提供了“误差幅度”或额外的时间（可能会中断烹饪）。快速加热可能会很快超过所需温度，并导致不良凝结。

• 强度与凝固。

• 温和的加热强度会使蛋白质变性和凝结，并与理想的分子结合。与此相反的是，强烈的加热太快施加过多的热量，导致不良凝结，产生不利变化，如水分流失和收缩（第八章）。

• 水浴与凝固。

• 使用水浴可以控制凝固的速度和强度。因此，无论是商业上还是在家里，水浴都是烘焙蛋制品的明智选择。之所以起作用，是因为蛋制品被放在了没有超过水沸点的外部水介质中。

影响鸡蛋的变性和凝固的其他因素包括：

• 表面变化。搅打等使螺旋状的蛋白质结构变性，这很容易从蛋清（如上所述）和用于制作蛋白糖霜的蛋清泡沫体积增加中观察到。

• 酸性pH。酸性pH能使鸡蛋蛋清凝固。例如，在煮鸡蛋的水中加入酸可以使蛋清凝结，使其保持细致而紧密。此外，烹饪用水中的酸也可以起到控制作用，可以立即凝固从鸡蛋裂缝中漏出来的不希望出现的物质。此外，烹饪用水中的酸可以使煮熟鸡蛋裂缝中逸出的不想要的连串泄漏物立即凝固，由此起到控制作用。

烹饪提示！ 酸性的烹饪用水可能会导致陈放较久的碱性更强的鸡蛋难以剥皮。因此，随着时间的推移变碱性的陈放较久的鸡蛋可以用盐水煮。当加入盐时，会促进鸡蛋变性、凝固和凝胶化。

10.9 添加成分对变性和凝固的影响

除了上述鸡蛋的表面变化和煮鸡蛋用水的酸性pH，鸡蛋混料中额外的成分也可能会影响鸡蛋变性和凝固过程。

糖。在蛋白糖霜的制作中可以看出，糖的加入通过控制鸡蛋变性速率和分子间键的最终形成从而对鸡蛋产生保护作用。如果在变性之前加入糖，蛋白糖霜中的泡沫就不会那么大，对于较大的泡沫，应该在蛋白变性后再加入糖。

糖也会提高凝固所需的温度。用糖制成的蛋乳混料比不加糖的蛋乳混料具有更高的凝固温度，但不会对成品凝胶产生影响（参见第十四章）。

盐。加入盐时，会促进变性、凝固和凝胶化。盐可以是食物的一种成分，如牛乳中的牛乳盐也可以添加到产品配方中，牛乳盐有助于蛋羹的凝胶化，而向鸡蛋中添加水则不能促进凝胶化。

酸水平。当pH降低变得更酸时，蛋清更容易凝固。一个碱性强的老鸡蛋会比一个中性pH的新鲜鸡蛋更少凝固，可以在煮鸡蛋的水中加入醋，以帮助变性和凝固，防止鸡蛋丝的扩散。凝固取决于涉及的鸡蛋蛋白种类及其等电点（pI）——蛋白质最不容易溶解并通常会沉淀的点。

其他成分。鸡蛋混料中的成分多种多样，因此不能解决所有的细节问题。在食品系统中，鸡蛋通常会被添加的其他物质稀释，例如，如果用水或牛乳稀释鸡蛋混料，凝固温度就会升高。如果混料被稀释，随着产生的成品就不那么硬。

10.10 烹饪/烘焙变化

烹饪通常会使鸡蛋产生明显的变化，同时希望保持产品的柔软和高质量。随着无麸质烘焙食品的预期持续增长，鸡蛋为这些食品提供了营养和功能特性之益处。“蛋制品有助于保湿，这有助于优化烘焙食品的水分，以获得更好的密度和起发，并防止干燥、易碎，蛋制品的保湿性通常与无麸质配方有关”（Foster，2013）。

几种烹饪方法包括如下。

煎炸。

- 方法：将鸡蛋放入预热的平底锅中使鸡蛋蛋白凝固。
- 加热平底锅：预热的平底锅可以让鸡蛋在扩散之前凝固，但过热的平底锅可能会使鸡蛋过度凝固，产生坚硬的产品。
- 脂肪的使用：在煎锅中加入一定量的脂肪煎鸡蛋，并在鸡蛋上部涂上油脂，鸡蛋就可以变嫩，但考虑到鸡蛋所含的热量和脂肪，此方法就不太理想了。

烹饪提示！鸡蛋可以在非脂肪或油的液体中“煎炸”，可以继续使用锅盖以产生蒸汽来烹饪鸡蛋的上表面。

煮熟的鸡蛋。

“煮硬的鸡蛋”是另一个不太适合形容这些煮熟的鸡蛋的词，如此称煮鸡蛋是不可取的。

- 方法：建议将鸡蛋放入盛有沸水的有盖炖锅中一层鸡蛋深，然后用文火炖，不要在沸水中煮，对硬熟蛋（全熟蛋）用文火炖15~18min，对软“熟蛋”只需文火炖2.5~5min即可。鸡蛋如深度超过一层，或者在烹饪开始时把鸡蛋放在冷水中，可能会延迟硬煮蛋达到“煮熟的程度”。
- 另一种方法：把鸡蛋放在一个没有盖的冷水炖锅里一层鸡蛋深，将水加热到沸腾，然后取下锅盖上盖子，中等大小的鸡蛋放置时间为9min，大鸡蛋放置时间为12min。
- 去皮：鸡蛋应迅速冷却，以便更容易去皮。新鲜鸡蛋可能很难剥皮，部分原因是未达到碱性pH。
- 破裂：为了防止气室中的空气膨胀和内部压力的增加而破裂，建议可以在鸡蛋的大端穿孔，然而这个看似合乎逻辑的方法并没有得到证明可以防止外壳破裂。为了预防破裂，可以在煮鸡蛋之前稍微加热一下。
- 颜色：长时间高温作用会使煮熟的鸡蛋变绿，绿色是因为蛋清中的硫与蛋黄中的铁结合形成了硫化亚铁。“避免出现绿色蛋黄的最佳方法是使用适当的烹饪时间和温度，并迅速冷却煮熟的鸡蛋”（美国禽蛋委员会）。

烹饪提示！ 当提到“煮熟的鸡蛋”时，人们会选择用“煮硬的鸡蛋”这个词。鸡蛋利用文火炖而不是沸水煮时会更嫩。

蛋羹。

- 方法：用慢速加热的方式烹饪蛋羹（直接食用或加入奶油甜点、果馅饼或乳蛋饼），这提供了误差幅度，从而防止蛋白质从凝固点温度快速升高到不希望的凝结点温度，在凝结点蛋白质结构收缩并释放水分。因为淀粉对变性的蛋白质有保护作用，所以加入淀粉白酱烹饪的蛋羹能够承受更高的热量。
- 搅拌蛋羹：蛋羹可以搅拌或烘烤。搅拌过的软蛋羹变稠时会黏在搅拌勺上，但它仍然可以倾倒，不形成凝胶。如果过热或加热过快，混料就会凝结并分离成凝乳和乳清。因此，为了控制温度和蒸煮速度，建议使用双层蒸锅。如前所述，可在配方中加入淀粉以防止混料凝结。
- 烘焙蛋羹：烘焙蛋羹所需温度比搅拌的蛋羹和凝胶温度更高，建议在水浴中烘烤，以控制加热速度和强度，防止混料烧焦。食谱中不需要加入淀粉，在水浴中长时间烹饪或保存也会导致混料脱水收缩。
- 质地：影响蛋羹质地的因素有很多，包括鸡蛋凝固的程度和添加的配料。凝固良好的蛋羹质地细腻，但凝结的蛋羹非常多孔、坚硬且水分很多。

烹饪提示！ 牛乳盐和添加糖可以提高由淀粉（如竹芋粉、玉米淀粉、面粉、木薯粉）控制凝结而制成的蛋羹的凝固温度。

蛋羹：见图 10.13。

大的		小的	中等的	特大的	巨大的
1	=	1	1	1	1
2	=	3	2	2	2
3	=	4	3	3	2
4	=	5	5	4	3

图 10.13 USDA 壳蛋认证

（来源：USDA）

烹饪提示！ 用双层蒸锅或烤箱中的水浴烹饪蛋羹通常较容易成功。

炒蛋。

- 烹饪方法：用中高火短时间烹饪。
- 稀释：这可能会导致凝固没那么坚硬。
- 变色：鸡蛋中可能以硫化亚铁的形式出现不利的着色。烹饪鸡蛋时避免直接加热，在蛋锅和热源之间可以放水。

10.11 蛋清泡沫和蛋白糖霜

蛋清泡沫是将液体蛋清搅拌或搅打以并入空气而产生的。当蛋白质变性并在许多新形成的气室周围凝固时，蛋清的体积随着搅拌而膨胀。打好的蛋清在许多食品应用中使用，如用于蛋白糖霜或者加入到配方中来减轻结构。蛋清泡沫的体积和稳定性取决于空气中的湿度、鸡蛋的温度和其他添加物，这些添加物如表 10.5 所示。

表 10.5 影响蛋清泡沫体积和稳定性的一些因素

因素	原因
温度	鸡蛋的温度影响其打发能力。在室温下，鸡蛋的表面张力较小，比冷的时候更容易打发，但是在较高的温度下沙门菌可能会生长并导致易感人群患病。
pH	在搅打过程中，当鸡蛋达到起泡阶段并出现大气泡后应加入酸，如果在打发过程开始时将酸性物质如酒石酸氢钾加入生蛋清中，由于分子内键的凝固，虽然稳定性更高，但体积较小。
盐	盐可以增加风味。它的存在延缓了泡沫的形成，如果在打发过程中的早期加入，会产生体积更小、稳定性更差的更干的泡沫；如果需要调味，应在发泡阶段或后期将盐加入蛋清泡沫中。
糖	糖对鸡蛋的保护作用已经讨论过。
早期添加	与没有糖的情况相比，早期添加糖导致鸡蛋蛋白质分子间结合更少，因此，添加糖会产生稳定的鸡蛋泡沫，但体积较小；如果在打发过程的早期加入磨细的糖，会形成质地细腻、更稳定的泡沫。
后期添加	在大气室已经形成和蛋白质开始变性后，在出现中性发泡或干硬性发泡阶段，应逐渐向泡沫中添加糖（每个蛋清 2~4 汤匙糖，分别用于软蛋白糖霜或硬蛋白糖霜）。在潮湿天气，制备区可能含有大量的水分，这些水分被糖吸收，从而使蛋白糖霜更柔软（“吸湿性”参见第十四章）
脂肪	微量脂肪可能残留在用于打发蛋清泡沫的设备中，也可能源自蛋黄，或者由产品配方中的另一种添加成分引入。 如果脂肪进入蛋清，泡沫会大大减少，体积也会减小；如果蛋白质在气室周围自行排列并凝固，则脂肪会干扰起泡。
液体	加入液体可以稀释蛋清。一个好处是添加的液体（如水）会增加泡沫的体积和柔软度，但它会导致泡沫不稳定，增加脱水的可能性。 和液体重组的蛋清需要比新鲜蛋清更长的打发时间，因为在干燥过程中会分解一些蛋白质。
淀粉	淀粉有助于控制蛋白质的凝固，对软蛋白糖霜有好处。应用过程中应先将淀粉煮熟，然后加入到蛋白糖霜中。

烹饪提示！要小心轻轻叠打，不要将打好的蛋白泡沫搅拌到其他配方成分中。毕竟，这工作是产生泡沫，不应该粗略处理气室！

用蛋清泡沫制作的各种食品包括蛋糕、甜点贝壳、甜的或咸的蛋奶酥和馅饼。甜蛋清泡沫称为蛋白糖霜，可以是软的或硬的，硬的加入了更多的糖。甜味蛋白甜点包括馅饼、饼干和糖果。

蛋白糖霜的优势要求蛋清被打发至中性发泡或干硬性发泡阶段，然后立即加入到配方中。加工商使用蛋清泡沫为他们的产品创造特殊的外观和体积。

烹饪提示！使用超细砂糖制作光滑的蛋白糖霜。如果普通砂糖使用前在食品加工机中加工 1min，则可以成功地用于光滑的蛋白糖霜。

如果蛋清泡沫没有立即加入到配方中，或者鸡蛋被过度打发，产生的蛋清泡沫或蛋白糖霜可能会不成功；如果蛋清泡沫不立即并入到配方中，配方可能会失去一些其特有的弹性，静置后会变得硬而脆；如果打发过度，加热时蛋清泡沫就不能膨胀，因为此时鸡蛋已经变得没有弹性了。

打发低温蛋是错误的。这些冷鸡蛋有很高的表面张力，不会打到像室温鸡蛋一样打发出高体积。建议让鸡蛋达到室温以便更好地搅打，尽管这种做法会增加沙门菌生长的风险。

烹饪提示！与其将鸡蛋慢慢加热到室温促进细菌生长，不如将适量分离的蛋清放入碗中稍微加热，这样可以让蛋清在搅打之前先升温。

如果用老鸡蛋产生泡沫，膨松作用会减弱。虽然老鸡蛋比新鲜鸡蛋更容易搅打，但蛋白质不能很好地在气室周围凝固，而且稀蛋白的比例更高，产生大而不稳定的泡沫。

依据物理原理，蛋黄中含有的脂肪会干扰气室周围蛋白质的排列，因此，蛋黄应该与蛋清完全分开，不允许零散的蛋黄进入分离的蛋清中。鸡蛋冷时分离更容易，虽然蛋黄不能形成泡沫，但可以通过搅拌使其变稠，蛋黄也可用于其他烹饪应用中。

把蛋黄和白色分开的通常做法是在裂开的两个鸡蛋半壳之间传递鸡蛋内容物，反复从一个壳传递到另一个壳，释放出蛋清、保留蛋黄。美国禽蛋委员会就分离鸡蛋提出以下警示：细菌非常微小，即使经过清洗和消毒，仍有可能有一些细菌留在蛋壳的孔隙里，蛋壳也可能被其他污染源污染。当打破或分离鸡蛋时，最好避免把蛋黄和蛋白与蛋壳混在一起；在分离鸡蛋时，不要用破碎的半壳或者你的手，应使用便宜的鸡蛋分离器或漏斗分离鸡蛋，以帮助防止细菌的引入，同时需要用干净的器具去除掉入蛋液中的蛋壳碎片，并且避免蛋壳接触其他食物。（来源：美国禽蛋委员会）

商用鸡蛋替代品可能会成功地用于制备泡沫，因为它们主要由蛋清组成，不含脂肪。除了呈现淡黄色外，它们与壳蛋的蛋清类似。

鸡蛋蛋白糖霜中要解决的另一个问题是使用铜碗来制作蛋白糖霜。多年来，人们一直建议用铜碗打发蛋清，但事实证明，蛋清中的伴清蛋白与碗中的微量铜结合，产生了伴清蛋白铜复合物。在未烘烤的蛋清泡沫中没有明显的影响，但由于毒性问题，不再推荐使用铜碗、硬蛋白糖霜可能是一些饼干或糖果的关键成分，软蛋白糖霜最常用于糖霜。软蛋白糖霜可能出现的特殊问题是收缩、渗水和串珠，热烤箱和冷馅饼馅可能是造成上述问题的原因。

渗水是水从未充分凝结（可能是未充分搅打或未完全煮熟）的蛋清泡沫中释放出来。蛋白糖霜和馅料界面的水分释放会形成水层，导致蛋白糖霜滑脱，如果将蛋白糖霜放在冷馅料上就会发生这种情况。

为了防止渗水，应先准备好蛋白糖霜，然后将蛋白糖霜放在热馅料上，立即烘烤，保证馅料和烤箱都是热的；另一种控制方法是在糖中加入 1/2~1 茶匙的玉米淀粉，然后搅打到鸡蛋中。

串珠现象在过度凝固（过度烘烤）的蛋白糖霜中很明显。蛋白糖霜上边的小珠子是琥珀色的糖浆滴，出现此现象的原因可能是糖加得太多，或者是糖没有充分融入打发好的蛋清中，也可能是烘烤时间过长，温度过低的结果，为了控制此现象需要短时间高温烘烤。

烹饪提示！在前一层蛋白糖霜粘在馅料上之后，依次再加一层蛋白糖霜有助于保持蛋白糖霜。此外，在铺上蛋白糖霜之前，还可以在热的馅料上撒上一层薄薄的面包屑。

表 10.6 简要介绍了蛋清打成泡沫过程中的变性阶段。

表 10.6 打发的蛋清泡沫

阶段	描述
未打发的生蛋清	• 少量的浓蛋白和稀蛋白 • 没有初始添加剂
起泡阶段	• 不稳定，气室容积大，透明 • 如果打发停止，气泡会聚结 • 酸凝结气室周围的蛋白质 • 现在加入酒石（酸）
打发至湿性发泡（软圆峰）	• 气室在尺寸上细分，并且更白 • 体积增加 • 此阶段加糖 • 可用于食品应用 • 用于制作软蛋白糖霜
打发到硬性发泡（硬尖峰）	• 许多小气室，体积增大 • 鸡蛋蛋白在小气室周围凝固 • 适合大多数食品应用 • 用于硬蛋白糖霜
硬性发泡（干峰泡沫）	• 易碎，无弹性；气室破裂时体积减小 • 变性，水逸出，絮凝 • 不如膨松剂有效 • 有过度凝固、凝结的外观

烹饪提示！在每次切片之前，用一把锋利的锯齿刀蘸冷水，将黏性、有串珠的蛋白糖霜表面切片会更好。

10.12 蛋制品和蛋替代品

市场上的蛋制品和蛋替代品包括巴氏杀菌的、加工的、冷藏液体的、冷冻的和干蛋制品，可供商业和零售用户使用（图 10.14 和图 10.15）。

如果鸡蛋是液体形式，则可以进行超高温灭菌或无菌包装以延长保质期。鸡蛋替代品没有蛋黄，可能含有 80% 的蛋清。一般来说，“蛋黄”由以下物料加工而成：玉米油、脱脂乳固体（non fat milk solids，NFMS）、酪蛋白酸钙、大豆分离蛋白、大豆油、以及包括维生素和矿物质在内的其他物质。鸡蛋替代品也不含胆固醇，含有比全蛋更少的脂肪和更多的不饱和脂肪。与低脂和低胆固醇或脱胆固醇蛋制品有关的许多美国鸡蛋专利已经发布。

烹饪提示！鸡蛋替代品虽然颜色上是微黄色的，但可以进行打发用于形成鸡蛋蛋清泡沫。

图 10.14　煎鸡蛋

图 10.15　水浴烘焙的蛋羹
（来源：美国禽蛋委员会）

10.13　鸡蛋的营养价值

鸡蛋的营养价值包括维生素 A、维生素 D、维生素 E 和水溶性 B 族维生素以及铁、磷、锌、碘、钾和硫等矿物质。鸡蛋的热量低（每个大鸡蛋含 313.94J），用于强化其他原本蛋白质含量可能低的食物。

食用含蛋白质食品是人体的营养来源之一（图 6.9）。鸡蛋是一种完全蛋白质，生物价为 100，这表明在食用鸡蛋时其所有的蛋白质都能被保留在身体里。所有其他蛋白质来源均根据该标准进行评估。这并不是说鸡蛋是“完美的食物”。蛋素食者在饮食中加入鸡蛋，帮助满足必不可少的蛋白质需求。

DIAAS 是测定人类营养蛋白质质量的一种通用方法。该方法通过在小肠末端检测来进行测定，DIAAS 是“可消化必需氨基酸评分（digestible indispensable amino acid score）”的缩写，由联合国粮农组织于 2013 年发布。它取代了 1991 年之前的称为蛋白质消化率校正氨基酸评分（protein digestibility corrected amino acid score，PDCAAS）法。

由于蛋黄中含有胆固醇，因此一些已知患有心脏病的人要限制食用蛋黄。在过去的几年里，美国心脏协会（American Heart Association，AHA）改变了鸡蛋的推荐摄入量，现推荐摄入量为每周 7 个鸡蛋。膳食中摄入的胆固醇并不等同于个人血液中胆固醇的水平（美国禽蛋委员会）。每个人饮食摄入的胆固醇含量与血液中增加的胆固醇含量的关系各不相同。

打破胆固醇神话

40 多年的研究证实了鸡蛋在健康饮食中的作用。

尽管鸡蛋味道好、价值高、方便、营养丰富，但许多美国人还是因为他们害怕饮食中的胆固醇而避而远之。但是经 40 多年的研究表明，健康的成年人可以吃鸡蛋，且不会增加他们患心脏病的风险。

现在，根据美国农业部最新的营养数据显示，鸡蛋中的胆固醇含量比之前记录的要低。美国农业部最近审查了标准大鸡蛋的营养成分，结果显示，一个大鸡蛋中胆固醇的平均含量为185mg，相比之前减少了14%。其结果还显示，现在大鸡蛋中维生素D的含量为41IU，相比之前增加了64%。

另见博士后研究员Jean-Philippe Drouin-Chartier的成果，鸡蛋摄入量与心血管疾病风险：三项大型前瞻性美国队列研究、系统综述和最新的meta分析。

结论从三项研究和最新的meta分析得出的结论表明：适量摄入鸡蛋（最多每天一个鸡蛋）总体上与心血管疾病风险无关，且与亚洲人群潜在的心血管疾病风险相关性较低。(2020年3月4日出版)（引用如下：BMJ 2020；368：m513）（Drouin-Chartier，2020）。

“研究表明，蛋白质含量高的食物有助于减肥，因为其可以减少体内脂肪、保护瘦肉组织、增加饱腹感以及稳定血糖和甘油三酯等血糖指数。”有专家建议：“高蛋白质的早餐比传统蛋白质含量低的早餐更能减少饥饿感、增强饱腹感、并减少大脑对食物的渴望反应”（Lockwood等，2006）

图10.16是直接在鸡蛋上打印的营养成分标签。关于鸡蛋的有关问题、误解及事实见表10.7。

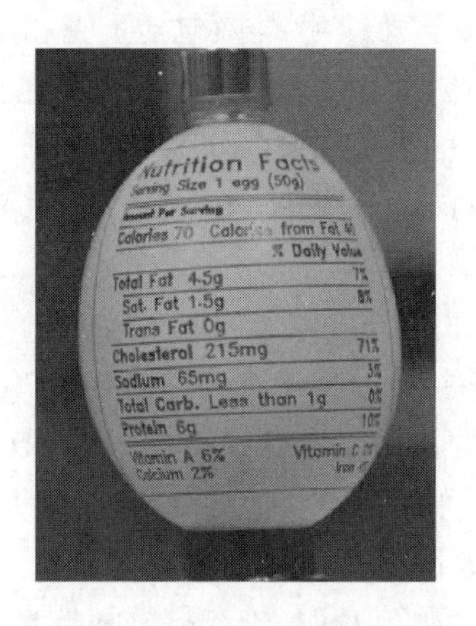

图10.16 鸡蛋上打印的营养成分标签
（来源：美国禽蛋委员会）

表10.7 鸡蛋的有关问题、误解及事实

问题	误解	事实
沙门菌	因沙门菌的污染，由鸡蛋造成严重的食源性疾病的风险提高。	食品加工中使用的鸡蛋都是经过巴氏杀菌的，不含沙门菌。但是，对于加工过的鸡蛋仍然要进行正确的食品处理。
胆固醇	多年来，消费者和媒体一直将鸡蛋视为与高胆固醇水平相关的高胆固醇食物	研究表明，鸡蛋中有致病风险的是饱和脂肪，而不是胆固醇。 大多数健康人的饮食中都可以添加鸡蛋。
鸡蛋替代品	食品加工商有时认为配料中的成分比真正的鸡蛋具有更好的功能	鸡蛋具有优良的多功能特性。食品加工商发现，在各种食品应用中替代品的功能都不如真正的鸡蛋。 通常，替代品仅提供一种功能。例如，该替代物可以起发泡剂的作用，但是凝结特性较差。

鸡蛋蛋白具有必不可少的功能和营养特性，“非常适合各种无麸质应用”（Foster，2013）。

10.14 鸡蛋的安全性

鸡蛋标签上的“安全操作说明”有助于防止细菌引起的疾病。该产品提供的注意事项有鸡蛋要冷藏保存、煮至蛋黄凝固、含有鸡蛋的食物要彻底煮熟等。

虽然新鲜的鸡蛋内容物中通常是无菌的，但也在一些鸡蛋中发现了肠炎沙门菌（*Salmonella enteritidis*，*SE*），通常鸡蛋受蛋壳和两层壳膜的保护可以免受细菌侵害。但是，蛋壳表面可能含有大量的细菌，尤其是外壳被弄脏或清洗时，这些细菌可能会通过毛孔进入蛋壳。如果细菌进入鸡蛋内部，通常会先进入到蛋黄膜（即卵黄膜），而不是蛋黄本身，也不是生有细菌的蛋白。

根据美国禽蛋委员会的说法：“保护性屏障包括蛋壳和蛋黄膜，以及以多种方式对抗细菌的蛋清层。壳膜的结构能够有效阻止细菌的进入，并且壳膜中还含有一种防止细菌感染的溶酶体。蛋黄膜能够将营养丰富的蛋黄和蛋白分开”（美国禽蛋委员会）。

由 FDA 和 USDA 共同制定的鸡蛋安全计划于 1999 年底宣布。其目的是降低 *SE* 的发病率，其中包含两项重要要求：

（1）该计划的鸡蛋冷藏要求是分发给零售店（餐馆、医院、学校、疗养院、杂货店、熟食店及自动售货机）的鸡蛋在接收时快速将鸡蛋储存在 7℃或更低的温度下；

（2）鸡蛋纸盒上标有必要的说明，内容如下：根据 FDA 的规定，不应该食用生鸡蛋，尤其是小孩、老人以及免疫力低下的人群。

USDA 和 FDA 的一些规定如下：

美国总统食品安全委员会鼓励企业和高校在科学和技术方面的发展，以降低 *SE* 的发病率。例如，正在研究/采用各种方法将鸡蛋的温度从 43℃（母鸡的体内体温）降低到 7℃的低温来抑制 *SE*。其中一种方法是利用低温二氧化碳，另一种方法是用干净的温水浴而不用烹饪来杀死细菌。（Praxair Inc，2000；Mermelstein，2000）

根据美国农业部的推荐——鸡蛋盒上的日期

永远要在鸡蛋盒上标注的“保质期”或“有效期”之内购买鸡蛋。鸡蛋买到家后，将其放在原来的鸡蛋盒里并置于冰箱里最冷处冷藏，不要放在冰箱门口。为了达到最好的质量，请在购买之日起 3~5 周内食用鸡蛋。“保质期”通常意味着鸡蛋会在这段时间内到期，但食用这些鸡蛋绝对安全。

FDA 禁止在食品生产或制造设施中使用生鸡蛋或轻度熟鸡蛋，且鸡蛋的内部温度必须达到 63℃或以上，才可认为供安全食用（查阅当地司法管辖区）。蛋制品必须经过巴氏杀菌。

即使来自已知阳性的鸡群，鸡蛋被 *SE* 污染的概率也非常低（加利福尼亚州鸡蛋委员会）。但还是要确保鸡蛋的安全性。例如，从信誉良好的供应商处购买干净、无裂纹的鸡蛋。因为外表面的细菌可以进入脏鸡蛋壳，甚至干净的鸡蛋壳，尤其是透过鸡蛋裂缝进入，导致鸡蛋被污染。

有些食物更容易引致食物中毒或食源性疾病。对于这些食物，尤其重要的是：

- 清洗：经常洗手和食物表面，并仔细清洗新鲜的水果和蔬菜。
- 分离：请勿交叉污染！在处理生肉、家禽、海鲜和鸡蛋时，请将这些食物及其汁液远离即食食物。
- 烹饪：煮到合适的温度。有关烹饪肉类、家禽、鸡蛋、剩菜和砂锅菜的详细信息，参阅最低烹饪温度表。
- 冷藏：在室温下，食物中的细菌每20min就能增加一倍。

此外，由于清洗是商业鸡蛋加工中的常规步骤，因此不需要或不建议在使用前重新清洗鸡蛋。当鸡蛋在温水中清洗然后冷藏时，会由于冷却时压力的变化将外部有害微生物通过毛孔吸入鸡蛋。故鸡蛋应冷藏在大约4.4℃以下的温度。

烹饪提示！不推荐餐馆里常见的“混合”鸡蛋的做法。混合鸡蛋是把许多鸡蛋打碎放在一起并提前储存起来，随时备用，如用于煎蛋卷。这种做法导致污染的可能性增加。

食用之前，无论是蛋黄还是用来做蛋白糖霜的蛋清，都可以通过直接加热或水浴加热提高温度，同时控制*SE*含量。如果鸡蛋冷藏则细菌生长极为缓慢，不太可能导致疾病。蛋制品经过巴氏杀菌，不含沙门菌。

煮熟的鸡蛋达到足以杀死鸡蛋中细菌的最终烹饪温度，但可仍可能发生再次污染。例如，再污染可能是由于“隐藏的复活节彩蛋”的做法，该做法可能会导致鸡蛋的油膜丢失、毛孔打开。随后，鸡蛋会被例如草坪化学品、肥料或家庭宠物、鸟类、爬行动物和啮齿动物的粪便之类的物质污染（美国禽蛋委员会）。烹饪后要进行冷藏——也许可以在冰浴中快速冷却。

因此，对于那些遵循传统做法装饰和隐藏复活节彩蛋的消费者来说，美国农业部的提示仍然是：易腐食物在室温下保存不得超过2h。经过装饰的鸡蛋具有节日气氛，价格可能非常便宜，因此被纳入许多庆祝活动，但是建议将用于食用与装饰或“隐藏”的鸡蛋单独分开使用。

10.14.1 蛋清对细菌生长的抗性

蛋清通过几种天然化学成分对微生物有天然的抵御作用。但是，一旦蛋壳破损或破裂，就不能认为它们是100%安全的。这些化学成分包括抗生物素蛋白、溶菌酶和伴清蛋白。生蛋清中的抗生物素蛋白结合某些微器官生长所需的维生素生物素。特别是在酸性环境中，溶菌酶水解某些细菌的细胞壁，具有抗菌作用。伴清蛋白与蛋黄中的铁结合，抑制了需铁微生物的生长。

蛋黄酱等未煮熟食品中经巴氏杀菌的生鸡蛋与未经巴氏杀菌的带壳鸡蛋一样无助于细菌的生长。因此，只有经巴氏杀菌的蛋制品才可用于生产或零售业务，未经过充分热处理的不可用于生产或零售。

不过，由没有经过巴氏杀菌的蛋清制成的生蛋白糖霜认为是“低风险”食品，因为它们含有大量的糖分，这些糖分会消耗细菌生长所需的水分，使水分活度无法满足细菌的生长条件，导致细菌不能生长。

烹饪提示！鸡蛋具有细菌存在的风险，建议在食用前将生鸡蛋所有部分（包括蛋白）煮熟。

“除了含有溶菌酶等抗菌化合物外，还由于蛋清层呈碱性，结合细菌所需的营养物质或不能以细菌可利用的形式提供营养物质而阻碍细菌的生长。厚厚的蛋清阻碍了细菌的运动。最后一层蛋清由粗绳线状系带组成，这些系带几乎不含细菌所需的水分，但含有高浓度的白色保护物质。该层使蛋黄置于居中位置，从而使蛋黄得到所有其他蛋层的最大保护”（美国禽蛋委员会）。

10.14.2 美国农业部抽样

美国农业部1970年实施的《蛋类产品检查法》要求对全蛋、纯蛋和蛋制品进行常规取样和分析，并进行例行检验。无论货物是在州内、州际还是国外，工厂都要接受检查。由州农业部监管的州标准必须与联邦标准相当。

10.15 结论

全蛋及其组成部分对于它们的一系列功能特性起着非常重要的作用，如结合、乳化、发泡、胶凝和增稠。随着烹饪和鸡蛋蛋白质的变性，这些特性发生改变。鸡蛋质量的分级和评估过程虽然不是强制性的，但通常由美国农业部及各州的对口部门正式执行。

采用光照射鸡蛋，以评估和划分鸡蛋等级。在出售前用灯光检查蛋黄、蛋白和气室的大小以及外壳的完整性。鸡蛋的大小不能作为鸡蛋质量的评估标准。蛋壳的颜色取决于母鸡的品种，蛋黄的颜色取决于饲料。

鸡蛋通过使用矿物油、巴氏杀菌、冷冻和脱水技术实现其加工和保存，适当的储存条件对于保持食品安全和其他方面的质量非常重要。在鸡蛋中添加盐和酸等其他成分会促进其变性。糖起保护作用，抑制鸡蛋变性和凝聚过程。影响蛋清泡沫体积和稳定性的一些因素有温度、pH、盐、糖、脂肪和添加液体。建议是鸡蛋不要太陈或太凉。

各种形式的鸡蛋都可以买到，包括经巴氏杀菌的去壳鸡蛋，鸡蛋的替代品也可以在市场上买到。鸡蛋的生物价为100，因其满足人体需求的效率而得分为100。反映了由于蛋白质的完全性而保留在体内的氮含量（不完全的蛋白质被脱氨基，氮不被保留）。

“鸡蛋成分有液体、冷冻或干燥的形式，如整个蛋黄和蛋清，或根据加工要求定制的。”总之，关于鸡蛋的使用“大多数健康人都可以在其饮食中加入鸡蛋”（美国禽蛋委员会）。

笔记：

烹饪提示！

术语表

气室或气囊：蛋壳膜之间的空隙，内含有空气，通常在鸡蛋的大端。

鸡蛋生物价：鸡蛋根据其满足人体需求的效率而得分为100。反映了由于蛋白质的完全性而保留在体内的氮含量。（不完全的蛋白质被脱氨基，氮不被保留。）

串珠：由于过度凝聚，烘焙的蛋白糖霜上形成的琥珀色的糖浆珠。

黏合剂：将混合物或面包的成分黏合在一起。

灯检：拿着鸡蛋对着明亮的灯光，观察鸡蛋的内部和外壳。

澄清：去除热液体中的外源颗粒物。

凝聚：蛋白质分子的大量变性，产生固体物质或凝胶。

凝结：蛋白质沉淀、收缩、释放水分、变得坚韧。

变性：由温度变化、酸性pH或表面变化（如机械击打）引起的蛋白质的构象变化。

蛋白质消化率校正氨基酸评分（protein - digestibility - corrected amino acid score，PDCAAS）：自1991年以来测量蛋白质质量的一种方法，该方法比较氨基酸平衡与学龄前儿童的需求，并校正消化率。为了贴标被FDA使用，并被WHO使用。

可消化必需氨基酸评分（indispensable amino acid scove，DIAAS）：一种自2013年开始实施的蛋白质质量衡量标准，推荐取代PDCAAS测量蛋白质质量的首选方法。

鸡蛋替代品：含有“蛋黄”的液体或冷冻蛋清制品，通常由玉米油、脱脂乳固体、酪蛋白酸钙、大豆分离蛋白、大豆油等物质组成。

乳化剂：能使两种通常互不相容的物质进行混合的物质。

絮凝：（译者注：絮凝是指水或液体中悬浮微粒集聚变大或形成絮团，从而加快粒子聚沉，达到固-液分离的目的，这一现象称为絮凝。）将过度搅打的蛋清泡沫分开为小团块。

泡沫：[译者注：泡沫是彼此被液膜隔开的气泡聚集物，是气体在液体中的分散体系，内相（气体）的体积分数一般大于90%。] 当蛋白质凝结于空气相周围时，形成气固分散体系，该体系使蛋清体积变大，并保持其形状。

凝胶：[译者注：溶胶或溶液中的胶体粒子或高分子在一定条件下互相连接，形成空间网状结构，结构空隙中充满了作为分散介质的液体（在干凝胶中也可以是气体，干凝胶也称为气凝胶），这样一种特殊的分散体系称作凝胶。] 鸡蛋与固体中的液体凝结的两相体系。

巴氏杀菌法：在消除病原体的温度下（译者注：杀菌温度低于100℃）加热特定的时间。

肠炎沙门菌：致病的、引起感染的细菌，尤其在家禽和鸡蛋中普遍存在。

脱水收缩：从凝聚的鸡蛋中“流出水”或渗出水。

增稠剂：增加黏度。（译者注：增稠剂是一种食品添加剂，主要用于改善和增加食品的粘稠度，保持流态食品、胶冻食品的色、香、味和稳定性，改善食品物理性状，并能使食品有润滑适口的感觉。）

超高温瞬时杀菌：高温、短时间加热（高于巴氏杀菌受热强度）以杀死病原微生物。

参考文献

[1] American Egg Board (AEB). Park Ridge. n. d.

[2] California Egg Commission. Upland. n. d.

[3] Drouin-Chartier J (2020) Egg consumption and risk of cardiovascular disease: three large prospective US cohort studies, systematic review, and updated meta- analysis. BMJ 368. https: //doi. org/10. 1136/bmj. m513. (Published 04 March 2020) Cite this as: BMJ 2020; 368: m513.

[4] Egg Grading Manual. Handbook No. 75. Washington: USDA. n. d.

[5] Foster RJ (2013) Egg-stra egg-stra—read all about it! Food Product Design: 18-21.

[6] Jordan R, Barr AT, Wilson MC (n. d.) Shell eggs: Quality and Properties as Affected by Temperature and Length of Storage. Purdue University Agricultural Experiment Station: West Lafayette. Bulletin #612.

[7] Lockwood CM, Moon JR, Tobkin SE, Walter AW, Smith AE, Dalbo VJ, Cramer JT, Stout JR (2006) Minimal nutrition intervention with high-protein/low-carbohydrate and low-fat, nutrient-dense food supplement improves body composition and exercise benefits in overweight adults: a randomized controlled trial. Am J Clin Nutr 83: 260-274.

[8] Mermelstein NH (2000) Cryogenic system rapidly cools eggs. Food Technol 54.

[9] Praxair Inc (2000) Technologies target Salmonella in eggs. Food Engineering 72: 14.

引注文献

[1] Centers for Disease Control and Prevention (CDC). n. d. Functional Egg. Org. n. d.

[2] How to buy eggs. Home and Garden Bulletin No. 144.

[3] USDA, Washington. n. d. Model FDA Food Code. n. d. USDA ChooseMyPlate. gov. n. d.

11　牛乳及乳制品

11.1　引言

乳是幼小哺乳动物的第一食物。它由雌性哺乳动物的乳腺产生，是脂肪和优质蛋白质在水中的混合物，还含有一些碳水化合物（乳糖）、维生素和矿物质。乳及乳制品可以取自不同品种，如山羊和绵羊，尽管本章重点是关于牛乳和乳制品。

虽然液态乳含有很大比例的水分，但它可以被浓缩形成淡炼乳和干酪。在世界各地，液态乳用在各种各样的地方，例如饮料、干酪、酸乳或在汤和酱汁中。

根据法律规定，牛乳和乳制品必须含有指定比例的总乳固体（除水以外的所有乳固体成分）以及非脂肪乳固体（所有不包括脂肪的乳固体成分）。牛乳中的乳脂成分是牛乳中最有价值的成分，其含量决定了牛乳是以全脂牛乳的形式零售，还是以脂肪含量较低如2%、1%、0.5%或脱脂牛乳的形式销售。

可以对牛乳进行细胞培养、干燥、强化、均质或巴氏杀菌，用于生产出不同口味、质地、营养价值和保质期的产品。它还可以根据脂肪含量的不同加工成不同的产品，如酪乳、干酪、奶油、冰牛乳、冰淇淋、酸奶油和酸乳。乳粉被添加到许多食品中。因为乳粉是超滤的产物，可以添加到食品中以提高蛋白质或钙的营养价值，如牛乳和乳清蛋白浓缩物、乳糖和特定的蛋白质组分。

表11.1所示的前8个产乳州的牛乳产值为1962亿英镑，各州占比见表11.1。

表11.1　不同产乳州的牛乳产量

加利福尼亚州	21.0%
威斯康星州	13.3%
爱达荷州	6.8%
纽约州	6.5%
宾夕法尼亚州	5.4%
得克萨斯州	4.9%
明尼苏达州	4.5%
密歇根州	4.3%
其他	33.1%

牛乳总产值从2001年的1653亿英镑增加到2011年的1962亿英镑。

高温会使牛乳凝结。因此，在准备含牛乳的食物时必须小心，且牛乳需要安全处理或冷藏。

大部分人由于缺乏乳糖酶不能消化分解乳糖，因此对牛乳的耐受性不好。

11.2 牛乳的定义

"牛乳是指对一头或多头健康乳牛进行完全挤乳获得的几乎不含初乳的乳腺分泌物，可通过从其中分离出部分脂肪来进行净化和调节，可加工成为浓缩乳、复原乳和全脂乳粉。可添加足量的水，对浓缩或干燥形式的牛乳进行重构。"

更多有用的FDA的定义，如干酪的定义，将在本章后面出现。

11.3 牛乳的成分

牛乳的物理和化学成分因乳牛的年龄、品种、活动水平、哺乳期、药物使用和挤乳间隔等因素而异。它主要由水组成，并含有一些血清固体和非脂肪乳固体，如乳糖、酪蛋白、乳清蛋白和矿物质。牛乳还天然含有脂肪。

11.3.1 水

水分是牛乳中主要组成部分，占87%~88%。如果去除这些水分，乳制品的保质期就会大大延长。

11.3.2 碳水化合物

碳水化合物是水溶性的，存在于牛乳的水相中，含量略低于5%。乳中的碳水化合物主要是双糖乳糖。它溶解度低，并可能以粒状结构的物质从溶液中析出。它被转化为乳酸是由于细菌发酵而变酸，以及干酪的老化过程。因此，即使在不存在乳糖酶的情况下，乳糖不耐受者也可以消化分解老化的干酪。（牛乳和一些乳品的乳糖含量见表11-2。见乳糖不耐症）

表11.2 不同种类牛乳的成分/100g

营养物	牛乳	人乳	水牛乳	山羊乳	绵羊乳
水/g	87.99	87.50	83.39	87.03	80.70
热量/J	255.32	292.99	405.99	335.00	452.03
蛋白质（N ×6.38)/g	3.29	1.03	3.75	3.56	5.98
脂肪/g	3.34	4.38	6.89	4.14	7.00

续表

营养物	牛乳	人乳	水牛乳	山羊乳	绵羊乳
碳水化合物/g	4.66	6.89	5.18	4.45	5.36
膳食纤维/g	0	0	0	0	0
胆固醇/mg	14	14	19	11	—
矿物质					
钙/mg	119	32	169	134	193
铁/mg	0.05	0.03	0.12	0.05	0.10
镁/mg	13	3	31	14	18
磷/mg	93	14	117	111	158
钾/mg	152	51	178	204	136
钠/mg	49	17	52	50	44
锌/mg	0.38	0.17	0.22	0.30	—
维生素					
抗坏血酸/mg	0.94	5.00	2.25	1.29	4.16
维生素 B_1/mg	0.038	0.014	0.052	0.048	0.065
维生素 B_2/mg	0.162	0.036	0.135	0.138	0.355
维生素 B_3/mg	0.084	0.177	0.091	0.277	0.417
维生素 B_5/mg	0.314	0.223	0.192	0.310	0.407
维生素 B_6/mg	0.042	0.011	0.023	0.046	—
叶酸/mcg	5	5	6	1	—
维生素 B_{12}/mcg	0.357	0.045	0.363	0.065	0.711
维生素 A/RE	31	64	53	56	42
维生素 A/IU	126	241	178	185	147

（来源：美国乳品委员会）

11.3.3 脂肪

脂肪密度低，能够容易被离心或从牛乳中撇去，产生低脂或脱脂乳。全脂牛乳中的脂肪含量约为3.5%，低脂牛乳或脱脂牛乳中的脂肪含量较低，而奶油中的脂肪含量则高得多。脂肪是牛乳中最有价值成分，也是奶农获得牛乳报酬的基础。当脂肪和类胡萝卜素被去除时，牛乳的颜色是蓝色的。

脂肪球的密度低于牛乳水相中水的密度，因此在奶油化加工过程中会上浮到容器顶部。

当在均质过程中乳化时，脂肪细胞的数量增加，黏度增大，因此脂肪分布在整个液体中，并且不发生奶油化。牛乳在加工过程中，每一个脂肪球的脂质和蛋白质膜，包括卵磷脂，在牛乳加工过程中都保留在牛乳中。

不同脂肪含量的牛乳在热量方面差别很大。牛乳中脂肪的含量组成与挤奶的程度有关。对于低脂牛乳来说尤其如此，牛乳既可以携带脂溶性维生素，也可以被强化后含有脂溶性维生素，并含有胡萝卜素色素和叶黄素色素。脂肪中含有固醇、胆固醇和磷脂，尽管它主要是含有饱和、多不饱和、单不饱和脂肪酸成分以及一些反式脂肪酸的甘油三酯（95%）。它们有不同的熔点和氧化敏感性。脂肪酸链中含有许多短链脂肪酸，如饱和丁酸、己酸、辛酸和癸酸。

在乳脂中已鉴定出400多种不同的脂肪酸。大约有15~20种脂肪酸构成了牛乳中脂肪的90%。细胞膜中的磷脂（如磷脂酰胆碱和鞘磷脂）约占牛乳中脂肪的1%。

11.3.4 蛋白质

蛋白质占牛乳成分的3%~4%，可以采用超速离心法从牛乳中分离出来。牛乳中的主要蛋白质为酪蛋白，约占牛乳中蛋白质的80%。酪蛋白实际上是一组相似的蛋白质，可以通过酸化至pH=4.6（等电点）将其与其他乳蛋白分离。在此pH下，酪蛋白由于其疏水性、水合性差且不带净电荷而聚集在一起，而其他牛乳蛋白由于更具亲水性，仍然分散在水相中。

有三种主要的酪蛋白组分，分别为α_s-酪蛋白、β-酪蛋白和κ-酪蛋白（α_s-、β-和κ-酪蛋白）。α_s-酪蛋白实际上由两部分组成：α_{s1}-酪蛋白和α_{s2}-酪蛋白。但是，这两部分是很难分开的。四种组分α_s-、β-、κ-和α_{s2}-酪蛋白的含量比为3：3：1：0.8。这四种组分都是含有磷酸基的磷酸蛋白质，且磷酸基可以被酯化成丝氨酸。α_s-和β-酪蛋白组分含有多个磷酸基团，因此是“钙敏感的”，可以通过添加钙凝结。κ-酪蛋白只含有一个磷酸基团，对钙不敏感。α_s-和β-酪蛋白组分具有很强的疏水性。然而，κ-酪蛋白是一种糖蛋白，含有酸性（带电）碳水化合物部分，因此它更亲水。

在牛乳中，酪蛋白组分相互结合，并与胶体磷酸钙形成稳定的球形结构，称为酪蛋白胶束。疏水性较强的α_s-和β-酪蛋白组分主要存在于胶束内部，而亲水性较强的κ-酪蛋白主要存在于胶束表面。因此，在正常处理条件下是κ-酪蛋白赋予胶束在牛乳中的稳定性。

由于κ-酪蛋白的负电荷和水合作用，再加上分子中部分带电荷的亲水性碳水化合物倾向于以毛发状结构从胶束表面突出，从而赋予胶束空间稳定性。此外，由于κ-酪蛋白对钙不敏感，它可以保护其他酪蛋白免受牛乳中钙离子的影响，从而增加胶束的稳定性。

对酪蛋白胶束的结构有多种不同的看法，仍存在争议。假设了两种主要的模型结构。其中亚胶束模型是最早发展起来的，且被应用很多年，该模型由磷酸钙连接的酪蛋白亚胶束聚集体组成。结果表明，存在富含κ-酪蛋白的胶束和缺乏κ-酪蛋白的胶束，前者存在于胶束表面。然而，目前还没有足够的证据证明离散亚胶束粒子的存在。

目前对酪蛋白胶束结构的最新研究是纳米团簇模型，这是一种由酪蛋白磷酸肽包围的磷酸钙纳米团簇的开放结构。酪蛋白与更多的磷酸钙或其他酪蛋白结合，从而形成酪蛋白胶束。该模型可以被认为是亚胶束模型的一种反演。磷酸钙纳米团的密度各不相同，形成了大量能够容纳水的多孔结构。在这两种模型中，κ-酪蛋白主要存在于胶束表面，起有稳定作用。

有许多关于酪蛋白胶束结构的综述，为那些想深入研究该领域的人提供了参考。Dalgleish 和 Corredig（2012）最近的评论应该是一个好的起点。

在 pH 4.6~5.2 的条件下，加入酸使酪蛋白胶束凝固。随着胶束接近其等电点，电荷和水合程度降低，κ-酪蛋白毛发状结构变粗，从而减少空间位阻。因此，胶束不再稳定，于是它们聚集在一起。这是形成含有酪蛋白凝乳和酸乳的酸性干酪的基础。

酸还会导致一些钙从胶束中流失，因此与其他乳制品相比，白干酪的钙含量相对较低。酪蛋白胶束也可以通过添加凝乳酶而凝固，凝乳酶可以添加到牛乳中以制备凝乳酶乳冻或干酪。凝乳酶能分解 κ-酪蛋白中的一个特定键，并使带电荷的亲水毛发状结构从胶束中移除。

因此，胶束表面不带电、疏水且不稳定，能够聚集形成凝乳。凝乳可以从乳清中分离出来，加工成干酪。凝乳酶的凝固作用不会导致钙从胶束中被除去。

酪蛋白胶束是相对热稳定的，除非温度很高，加热时间延长，否则不会因热而变性（在中性 pH 下）。因此在大多数烹饪条件下都是稳定的。但是，在加热浓缩乳制品（如炼乳）时可能会导致变性，不过可以通过添加卡拉胶来保护蛋白质避免变性。

酪蛋白包含亲水和疏水两部分，并含有大量的氨基酸脯氨酸，所以酪蛋白是一种几乎不含规则有序的二级结构的柔性蛋白质（参见第八章）。由于这种结构的存在，使得酪蛋白很容易吸附在油水界面上，形成一层稳定的膜，防止乳化液滴的聚结（参见第十三章），因此它们是很好的乳化剂。

牛乳中第二种蛋白质组分是乳清蛋白，约占牛乳中蛋白质的 20%，包括乳蛋白和乳球蛋白。乳清蛋白比酪蛋白更易水合，并且通过加热而不是通过酸使其变性和沉淀（更多的信息包含在本章题为乳清的部分）。

牛乳中其他重要的蛋白质成分包括脂肪酶、蛋白酶和碱性磷酸酶，它们分别水解甘油三酯、蛋白质和磷酸酯。表 11-3 列出了牛乳和乳制品蛋白质质量的平均测量值，包括生物价、消化率、蛋白质净利用率、蛋白质效率比和化学评分。

表 11.3 牛乳和乳制品蛋白质质量的平均测量值

	生物价	消化率	蛋白质净利用率	蛋白质效率比	化学评分
牛乳	84.5	96.9	81.6	3.09	60
酪蛋白	79.7	96.3	72.1	2.86	58
乳白蛋白	82	97	79.5b	3.43	c
脱脂乳粉	—	—	—	3.11	—

注：生物价（biological value， BV）是被消化吸收的蛋白质中被机体利用的比例。消化率（D）是食品蛋白质被消化吸收的比例。净蛋白质利用率（net protein utilization，NPU）是食品蛋白质摄取量的保留比例（按 BV×D 计算）。蛋白质效率比（protein efficiency ratio，PER）是体重增加除以所消耗蛋白质的重量。化学评分是鸡蛋蛋白质中最具限制性的氨基酸含量，以相同氨基酸含量的百分比表示。

1. 通常根据酪蛋白来调整 PER 值，其值为 2.5；
2. 计算得出；
3. 表示联合国粮食及农业组织报告中没有汇编的数值。

（来源：改编自美国乳品委员会）

11.3.5 维生素和矿物质

牛乳中的维生素有水溶性和脂溶性两种。牛乳的脱脂部分富含维生素 B_2——核黄素，是一种绿色荧光色维生素，暴露在阳光下很容易被破坏。

除核黄素外，牛乳中的其他水溶性B族维生素还包括硫胺素（维生素 B_1）、烟酸（维生素 B_3）、泛酸（维生素 B_5）、维生素 B_6（吡哆醇）、维生素 B_{12}（钴胺素）、维生素C和叶酸。

脂溶性维生素A、维生素D、维生素E和维生素K的多少取决于牛乳的脂肪含量。维生素A天然存在于全脂牛乳的脂肪成分中，在出售前也可能添加更多的维生素A。如果是低脂（1%、2%脂肪）甚至脱脂牛乳（零脂肪），都需要添加维生素A，才能使其营养相当于全脂牛乳。

全脂牛乳（98%）通常富含维生素D，但是天然维生素D的含量很低。这是因为乳牛在阳光下照射会合成维生素D，动物饲料中也可能含有维生素D。脂肪含量少或不含脂肪的低脂和脱脂牛乳，均可添加这两种脂溶性维生素A和维生素D进行强化。补充维生素D是自愿的。维生素E和维生素K是牛乳的次要成分。

钙和磷等矿物质的含量约占牛乳的1%，其中1/3的钙在溶液中、2/3的钙以胶状形式分散。钙与酪蛋白结合形成酪蛋白钙，磷与磷酸钙和柠檬酸钙结合。牛乳中的其他矿物质有氯化物、镁、钾、钠和硫。

11.3.6 牛乳的组成形式

全脂牛乳的形式可分为溶液、分散体或乳液，如下所示：

- 溶液：含有乳糖、水溶性维生素硫胺素和核黄素，以及许多矿物盐，如磷酸钙、柠檬酸。
- 盐、氯化物、镁、钾和钠。
- 胶体分散体（溶胶）：酪蛋白、乳清蛋白、磷酸钙、磷酸镁和柠檬酸盐。
- 乳液：悬浮在牛乳水相（乳清）中的脂肪球。脂肪球被一层复合膜包围，即乳脂球膜，它主要含有蛋白质和磷脂（以及一些位于外表面的碳水化合物侧链）。这层膜可以防止脂肪滴聚合。

11.4 牛乳的等级

牛乳的等级是以细菌计数为基础。牛乳是一种潜在的危险食品，必须远离危险温度区。牛乳含水量高，富含蛋白质、维生素和矿物质，是支持细菌生长的理想培养基。牛乳的加工、生产和分销过程必须确保产品不含致病菌且非病原体含量低。健康的乳牛和经过处理的卫生条件都会使细菌数量变少。正确的处理也有助于获得期望保质期，以及外观、风味和营养价值。

从乳牛身上挤乳后2h内非常容易受到细菌的影响且容易腐烂，需将其放在4℃或更低的温度下冷藏。适当冷藏的牛乳的保质期为14d，超巴氏杀菌的牛乳产品（包括奶油、低乳糖乳等）的保质期最长为45天（参见“巴氏杀菌”）。

导致疾病通过牛乳或乳制品传播的因素有很多，例如，乳牛感染、农场或工人手上的交叉污染、不卫生的设备或用具都可能成为问题。传统上，白喉、输卵管内膜炎、伤寒、肺结核和布氏杆菌病等疾病都是通过食用不安全的牛乳传播的。现在，这些疾病的发病率很少是由牛乳传播引起的。因为牛乳经过巴氏杀菌会消灭病原体，此外还控制昆虫和啮齿动物，以及从挤乳区分离动物排泄物。

美国农业部和州农业部对州际和州内商业中的牛乳和乳制品进行监管。等级以细菌计数为基础。“A”级牛乳可作为液体牛乳出售给消费者，尽管细菌计数较高的“B”级和“C”级牛乳也是安全和有益健康的。乳粉的等级分为美国特级和美国标准。美国农业部在自愿收取服务费的基础上对所有接受检验的牛乳进行官方分级。脂肪酶、氧化酶等酶类和光都可能会导致脂肪变质。

11.5 牛乳的风味

牛乳口感温和，略带甜味。其特有的口感是由于乳脂、胶体分散蛋白、碳水化合物乳糖和乳盐的存在。新鲜牛乳含有丙酮、乙醛、甲基酮和提供香气的短链脂肪酸。

人们难以接受的“无甜味”或腐臭的味道，或其他“异味”，可能是由于以下原因：

- 巴氏杀菌温度过高会产生轻微的“熟”味。
- 动物饲料，包括豚草、其他杂草或野外的野生洋葱。
- 除非被巴氏杀菌的热量杀灭，否则脂肪酶的活性会导致脂肪酸败（或者，短链丁酸可能会产生异味，或者因细菌作用产生异味，而不是牛乳乳化水中的脂肪酶）。
- 脂肪球膜中脂肪或磷脂的氧化，尤其是在乳化的均质牛乳中。适温的巴氏杀菌会加速氧化脂肪的酶的破坏。
- 因为核黄素起光合作用，所以光诱导有利于蛋白质和核黄素的风味变化。
- 乳牛的泌乳阶段。

巴氏杀菌后通常进行“风味处理”，以使气味和风味标准化。在这个处理过程中，牛乳立即用新鲜蒸汽加热到91℃（直接注入产品），随后进行真空处理，去除挥发性异味和蒸发蒸汽产生的多余水分。

11.6 牛乳加工

11.6.1 巴氏杀菌法

“当用巴氏杀菌处理乳制品时，是指该产品物料的每个颗粒应在适当操作的设备中被加热至某一温度，并在规定时间内持续保持在该温度或高于该温度（或已证明与在微生物破坏方面相当的其他时间/温度关系）”（来源：FDA）。

液态乳不是常规灭菌（参见下文），而是巴氏杀菌。这确保了对致病菌、酵母和霉菌以及95%～99%的非致病菌的破坏。巴氏杀菌可最大限度地降低患病可能性，并延长牛乳的保质期。

对于所有受州际商业零售限制的A级液体牛乳或乳制品，都必须进行巴氏杀菌。传统上，通常把巴氏杀菌的主要关注点放在预防结核病（tuberculosis，TB）上，所以为了消灭导致人类结核病的结核分枝杆菌需要的巴氏杀菌温度为62℃。实际上，破坏引起Q热的贝氏柯克斯体需要更高的温度，因此需要的巴氏杀菌温度为63℃。高温巴氏杀菌，随后快速冷却，可以控制非致病菌生长。

巴氏杀菌温度不会在很大程度上改变牛乳中的成分（见“营养价值”）。维生素破坏和蛋白质变性极少，结果是牛乳食用是安全的。根据国际乳制品协会（International Dairy Food Association，IDFA）的规定，有几种可接受的包括热处理在内的巴氏杀菌方法，如下所示。

- 63℃持续30min或更长时间：分批处理法或保温法为槽式巴氏杀菌，被视为是低温较长时间（low-temperature longer time，LTLT）巴氏杀菌。
- 72℃持续15s：此温度的闪蒸法是高温短时巴氏杀菌（high-temperature short-time，HTST）方法，也是最常用的方法。
- 88℃持续1s，在此温度或更高温度下，较高温较短时处理（higher heat shorter time，HHST）。
- 90℃持续0.5s，HHST。
- 94℃持续0.1s，HHST。
- 96℃持续0.05s，HHST。
- 100℃持续0.01s。HHST——国际乳制品协会。

另一种方法是无菌处理，也称为超高温瞬时杀菌，该方法使用商业无菌设备加热牛乳，并在无菌条件下将其灌入密封包装中。该产品被称为“货架稳定”，在打开之前不需要冷藏。所有无菌操作均需向FDA的“工艺主管部门”进行备案。该部门根据所用的设备和加工产品确定并验证适当的时间和温度，其中无菌处理没有规定的时间或温度。

“如果乳制品的脂肪含量为10%或更多、或其添加甜味剂、或其是浓缩的，则规定的温度应增加3℃。但条件是，蛋奶酒应至少加热到以下规定的温度和时间（表11.4）：

表11.4 蛋奶酒加热时间和温度

温度	时间	巴氏杀菌类型
69℃	30min	槽式巴氏杀菌
80℃	25s	HTST
83℃	15s	HTST

（来源：IDFA）。

在过去的几年里，美国爆发了一场大规模的食源性疾病，导致成千上万的人患病，其原因是原料乳在包装前无意间进入了错误的管道（未有效防止进入），污染了已经经过巴氏杀菌的牛乳。

许多食品用酶试验来确定其巴氏杀菌是否充分。如果不存在碱性磷酸酶，则证明巴氏杀菌法充分（先前在本章蛋白质相关内容中列出）。这种酶天然存在于牛乳中，并在与巴氏杀菌适温相近的温度下被破坏（因此不再存在）。一个简单的测试即可确定其在牛乳中的存在。例如，原料乳的巴氏杀菌不充分显示碱性磷酸酶活性高。相反，适当的巴氏杀菌法显示其不存在。

除密歇根州外，没有一个州的法律明确禁止销售供动物食用的生牛乳。可变因素包括各州是否愿意向用于动物饲料的原料乳生产商颁发许可证，以及各州政府如何严格监督许可证持有者，以确保原料乳销售仅用于动物消费。”

灭菌（超巴氏杀菌）——在不同时间和较高温度下进行灭菌：

- 138℃～150℃，持续2～6s。

“用于描述乳制品成分的超巴氏杀菌是指该成分应在138℃或更高的温度下热处理至少2s”（FDA）。这一过程后仍然需要对牛乳进行冷藏，灭菌温度的使用与在无菌条件下预灭菌容器的使用相结合形成了超高温加工。它防止腐败或致病菌进入牛乳。如果包装也经过杀菌，则将该包装称为“无菌包装”。因此，以这种方式处理的牛乳至少可以安全贮藏3个月。例如，类似于“果汁盒”的包装牛乳。

典型的高温短时巴氏杀菌对牛乳的维生素含量没有显著影响。但是，超高温巴氏杀菌的高温处理会导致一些水溶性维生素流失。

关于矿物质，磷酸钙会随着温度的变化进出酪蛋白胶束，但这个过程在中等温度下是可逆的。在很高的温度下，磷酸钙可能会从溶液中沉淀出来，并随后引起酪蛋白胶束结构的不可逆变化。

光照会降低牛乳中核黄素和维生素A的含量。因此，牛乳要储存在不透明的塑料或纸板容器中，这些容器可以阻挡光线，最大程度地保留维生素。

11.6.2 均质

均质的主要功能是防止乳状液分层，或防止脂肪上升到牛乳容器的顶部（全脂或低脂牛乳）。其结果是牛乳保持更均匀的成分、改善体态和质地、外观更白、风味更丰富、凝乳更易消化。

均质化机械地增加了脂肪球的数量，减小了脂肪球的大小。脂肪球尺寸缩小为原来的1/10。均质过程是通过均质机小网孔的泵在高压下（13.79～17.24MPa）输送牛乳的方法使细小的脂肪球永久性乳化。

均质提供永久的乳化作用，因为随着许多新的脂肪球表面形成时，每个脂肪球被一部分脂蛋白膜以及源自酪蛋白和乳清的额外蛋白质包裹。因此，这些蛋白质吸附在新生成的油表面，阻止脂肪球重聚或结合，脂肪则保持均匀地分布在整个牛乳中。

可以在牛乳进行巴氏杀菌之前或之后均质。均质过程要以较快的速度完成，以确保控制细菌和质量损失。

均质牛乳包括以下各种特性：

- 容器顶部没有奶油或奶油分离现象。
- 由于脂肪更好的分散，牛乳变得更白；由于脂肪颗粒较小，光的吸收和反射增加。
- 由于脂肪颗粒更多，牛乳变得更加黏稠且呈乳脂状。
- 因为脂肪颗粒较小，所以味道更淡。
- 随着脂肪球膜的破裂，脂肪的稳定性降低。
- 对光不太稳定，可能有利于因阳光或荧光灯表现出光诱导变质。因此，用纸板箱和云纹塑料瓶装牛乳。

11.6.3 强化

强化定义为添加超过或不同于原食品含量的营养物质。全脂牛乳中添加脂溶性维生素A和维生素D便是选择性强化。低脂牛乳、脱脂牛乳和低脂巧克力牛乳必须（通常在巴氏杀菌前）强化以达到每升牛乳含有2113.27IU或147.93视黄醇活性当量（retinol equivalents，RE）的维生素A。这是州际贸易牛乳所要求的必需含量。维生素D的添加水平达到422.68IU/mL，是可选强化；然而，这是常规做法。炼乳必须强化。

烹饪提示！维生素A和维生素D是脂溶性维生素，因此不含脂肪的牛乳中天然不含有维生素A和维生素D。低脂或脱脂牛乳通过强化以含有这些维生素。

为了增加低脂牛乳的黏度、外观以及营养价值，可以在牛乳中添加非脂乳固体，可使牛乳中MSNF含量达到10%（而通常为8.25%），并在标签上注明“强化蛋白质”或“蛋白质强化”。

11.6.4 漂白

在美国，漂白牛乳中的类胡萝卜素或叶绿素也许可取。美国FDA允许过氧化苯甲酰（benzoyl peroxide，BP）或其与明矾、硫酸钙或碳酸镁的混合物用作牛乳中的漂白剂。BP的含量不得超过牛乳的0.002%，明矾、硫酸钙和碳酸镁单独或组合不得超过BP重量的6倍。维生素A或其前体可能在漂白过程中被破坏。因此，需要在牛乳中加入充足的维生素A，或在干酪加工时将维生素A添加到凝乳中。

乳清蛋白在食品和饮料中的应用主要来自果红着色的切达干酪。由于并非所有的果红都能从乳清中去除，因此需要漂白。

11.7 牛乳的种类

11.7.1 液态乳

液态乳来自山羊（地中海国家）、绵羊（南欧）、驯鹿（北欧）以及世界各地的其他动物。荷斯坦乳牛通常产乳量最大，因此是美国乳牛的主要品种。根西岛和泽西岛品种的乳牛生产的牛乳中脂肪百分比最高，约为5%。

牛乳呈现白色是由于牛乳中胶体分散的酪蛋白和磷酸钙颗粒形成的光反射；然而，灰白色可能是由于动物饲料中的类胡萝卜素色素；在脱脂牛乳中可以观察到蓝色是由于缺乏类胡萝卜素。

在牛乳中，液态乳的脂肪含量和MSNF百分比都要遵守FDA的规定，并受限于新技术的发展。牛乳中的脂肪和热量含量如下（表11.5）：

表11.5 牛乳中的脂肪和热量含量

牛乳的种类	脂肪率/%	热量/（J/mL）
全脂牛乳	3.25	2.65

续表

牛乳的种类	脂肪率/%	热量/（J/mL）
减脂牛乳	2	2.12
低脂牛乳	0.5，1.0	1.77（1%）
脱脂牛乳	<0.5	1.59

风味牛乳含有脂肪、蛋白质、维生素和矿物质，其含量与添加调味料的牛乳类型相似——全脂、减脂等。根据添加的成分，热量和碳水化合物的值会有所不同。

烹饪提示！一杯全脂牛乳的替代品：

1/2 杯炼乳+1/2 杯水——复原

1/3 杯 NFMS+2/3 杯水——复原

1 杯干酪+1/2 勺小苏打

11.7.2 炼乳和浓缩牛乳

蒸发和浓缩，或加糖、浓缩，再加上罐装包装，都可以延长牛乳的保质期。虽然由于美拉德反应的发生，（后面有更多阐述）一年后产品可能会出现令人难以接受的棕褐色或褐色的颜色变化或风味变化，其复水可能会变得困难。但将炼乳罐装可以适当地延长储存时间。

烹饪提示！变色并不表明可能存在食源性疾病。一旦罐头被打开，就应将其冷藏起来，且最多可以保存一周。

在真空室中，将炼乳通过蒸发过程（在 50℃～55℃）进行浓缩去除 60% 水形成炼乳。再进行均质，添加维生素 A 和维生素 D 强化，罐装，并在压力罐中（115℃～118℃）灭菌。

全脂炼乳必须含有不低于 25% 的乳固体和不低于 7.5% 的乳脂。脱脂炼乳必须含有不少于 20% 的乳固体和不超过 0.5% 的乳脂。必须分别补充 125IU 和 25IU 的维生素 A 和维生素 D。

牛乳随着浓度和热量的增加变得越来越不稳定，可能会凝聚，因此在 95℃ 的温度灭菌前需要预热（预升温）10～20min，可以更好地确保牛乳蛋白质的稳定。这种预先加热的目的是使胶体分散的乳清蛋白质变性，并改变溶液中氯化钙和磷酸盐的盐平衡。也可以在牛乳中添加磷酸二钠或卡拉胶使酪蛋白稳定，防止沉淀（第五章）。

如前所述（参见 11.14），罐装牛乳中可能会出现不良褐变。因为在牛乳蛋白质和牛乳中糖（乳糖）之间发生早期阶段的美拉德反应，所以加工炼乳过程中使用高温或产品长期储存可能会产生浅棕色。这种颜色变化不是由微生物引起的。

烹饪提示！以炼乳和水 1∶1 的比例对炼乳进行复原（再水化），添加的水略少于蒸发时去除的 60% 水。

甜炼乳是浓缩去除 60% 水分的全脂或脱脂牛乳，成品中的糖含量为 40%～45%。这种牛乳加工过程中存在热量差异，因为全脂炼乳含有不低于 8% 的乳脂和不低于 28% 的乳固体，脱脂牛乳含有不超过 0.5% 的乳脂和不低于 24% 的乳固体。

甜炼乳是进行巴氏杀菌的，尽管不是完全灭菌，因为甜炼乳中高糖分含量（通常在水相中至少 60%）具有抑制细菌生长的作用。这是由于糖的渗透作用，与细菌竞争水分，从而控制细菌的生长。

11.7.3 乳粉

乳粉是经过巴氏杀菌的全脂乳粉，或者更常见的脱脂乳粉。其中一种干燥的方法是喷雾干燥，该法首先通过去除2/3的水分进行浓缩，然后喷入加热的真空室（喷雾干燥）中使其干燥至水分含量低于5%。干燥过程对牛乳的营养价值没有显著影响（美国乳品委员会）。大多数脱脂乳粉都富含维生素A和维生素D。

“速溶”脱脂乳粉或“结块”乳粉是将一些水分重新添加到喷雾干燥的乳粉中。乳粉作为一种粉末，在冷水中极易倾倒和分散。将复原好的牛乳提前冷藏后再食用时味道最好。

烹饪提示！生产946mL的液态乳需要104mL（1/3~1杯）的乳粉。可以将脱脂乳粉（nonfat dried milk，NFDM）添加到食品中以增加蛋白质或钙的含量。

“全脂乳粉是经巴氏杀菌处理的全脂牛乳去除水分制得。它的零售分销有限——主要用于婴儿喂养和没有条件获得新鲜牛乳的人，如露营者。全脂乳粉通常卖给巧克力和糖果制造商。

全脂乳粉小贴士：打开的包装应密封，并储存在阴凉干燥处。如果打开后不立即食用，干的全脂牛乳会产生异味。”（USDA）。

除了全脂牛乳或脱脂牛乳外，酪乳和乳清也可以进行烘干。乳清具有很高的生物价，含有乳清蛋白和乳球蛋白，其蛋白质含量只有NFDM的一半，乳糖含量比NFDM略高。

特别是，乳粉是一种经济的牛乳运输形式。乳粉的保质期延长，而且可用作配料添加到许多其他食品中。

11.7.4 培养乳/发酵乳

发酵乳是通过向液态乳制品中添加细菌培养物，如乳酸杆菌和链球菌，来进行发酵。这些无害的细菌（或细菌酶）引起乳固体有机物的化学变化。乳糖发酵成乳酸，在此过程中pH下降，这可以抑制腐败和病原菌的生长，并导致酪蛋白凝结。

在早期，各种动物（乳牛、绵羊、山羊、骆驼）的温牛乳可以保存几天甚至几周且不需要冷藏。这是由于添加前一批次的少量牛乳培养物实现的。

酸化产品是通过用酸如乳酸、柠檬酸、磷酸或酒石酸使牛乳变酸，使用或不用微生物生产的。添加到牛乳中产乳酸的细菌是可以选择的，并且培养和酸化的产品中含有乳酸的量也不同，所以它们的风味不同。

以下乳制品是一些常见的发酵乳品的例子。

11.7.4.1 酪乳

传统上，酪乳是奶油搅拌形成黄油时留下的液体，这是一种副产品。现在，从商业角度来看，这已经不是问题了，因为是始于低脂或脱脂牛乳，而不是始于奶油进行加工。因为它的名字人们可能会错误认为脂肪含量高，但事实恰恰相反！可以将其更正确地命名为“发酵低脂乳”或“发酵脱脂乳”。

酪乳与脱脂牛乳的不同之处在于它含有磷脂和脂肪球膜上的蛋白质，而脱脂牛乳不含，且质地也不同。

11.7.4.2 发酵酪乳

发酵酪乳是低脂、脱脂或全脂牛乳先经过巴氏杀菌并冷却后，然后加入乳酸杆菌和链球菌（*S. lactis*）发酵的产物。这些细菌发酵乳糖产生乳酸，使牛乳凝结。可添加黄油片或液态黄油，或低含量（0.01%~0.15%）的盐。可加入柠檬明串珠菌和乳酸乳球菌、0.2%柠檬酸或柠檬酸钠调味。

11.7.4.3 酸奶油

传统上，酸奶油是由变酸的浓（淡）奶油制成的。如今，它是由新鲜的淡奶油（大约有18%的脂肪）经过巴氏杀菌、均质操作，再用类似酪乳的方法凝结而成的（回想一下，酪乳是始于脂或脱脂牛乳加工而成，酸奶油生产是从18%的脂肪或奶油开始的）。虽然接种和发酵步骤与产酪乳的步骤相似，但发酵时间缩短。

可以添加乳酸链球菌和明串珠菌进行调味，也可以添加明胶或树胶等稳定剂以利于稳定。可以添加脱脂乳固体使奶油变稠。储存超过3~4周的酸奶油可能会因细菌蛋白水解酶的活性而产生苦味。

11.7.4.4 酸乳

酸乳是将一种或多种经巴氏杀菌的液态乳制品配料，如奶油、牛乳、部分脱脂乳或脱脂乳（单独使用或根据所需要的脂肪含量组合使用）与细菌培养物混合而制成的食品。在世界工业化地区，酸乳是用牛乳制成的。

牛乳加工成酸乳的方法是先进行巴氏杀菌和均质处理，然后添加含有产乳酸菌的保加利亚乳杆菌和嗜热链球菌的发酵剂。制作酸乳的过程与黄油和酸奶油类似，但采用的培养温度和细菌种类不同。

变性蛋白质（展开天然的链状或球状）在酸乳的生产和人体的消化吸收中起着重要作用，其中乳清蛋白与水结合形成酸乳特有的质地。

酸乳用全脂、低脂或脱脂牛乳制成。配方中含有脱脂乳粉或炼乳，以增加其固体含量。它还含有不少于8.5%的MSNF和不少于3.25%的乳脂。另外它也可以被制成减脂或低脂酸乳，含有0.5%~2.0%或更少的乳脂。其他可选成分包括干酪、乳清、乳糖、乳清蛋白、乳球蛋白以及通过部分或完全去除乳糖和/或矿物质来增加食品中脱脂固体含量的改性乳清。新的研发将继续探索其他可选成分。

酸乳中以“友好”的形式存在的微生物被称为益生菌。这种含有乳酸杆菌和双歧杆菌的益生菌酸乳能够在通过胃肠道的过程中免受破坏，并提供健康益处，如免疫刺激和胃肠道微生物区系的正平衡（Hollingsworth，2001）。联合国粮食及农业组织将益生菌定义为“对宿主产生利于健康效应的适量有益活微生物”（FAO）。大多数益生菌都是细菌，只有一种是酵母——布拉酵母（*Saccharomyces boulardii*）（Hollingsworth，2001）。

美国国家酸乳协会的“活菌和活性培养菌”标志表明，在酸乳生产时，每克酸乳中至少含有1亿个嗜酸乳杆菌，尽管嗜酸乳杆菌的数量会随着时间的推移和微生物乳糖酶的作用而减少。

冷冻酸乳含有用于冷冻稳定性的稳定剂、糖和添加的牛乳固体。不同类型的酸乳（圣代或混合的瑞士酸乳）培养和储存方式不同。可以添加营养性或非营养性的甜味剂，以及调味剂、着色剂和稳定剂（明胶、树胶和果胶）（参见第十七章）。

11.7.4.5 嗜酸菌乳

嗜酸菌乳是一种在经过巴氏杀菌的低脂、脱脂或全脂牛乳中加入嗜酸乳杆菌，在37℃下培养而制成的产品。虽然尚未得到证实，但食用的一个好处是摄入可以产生大量的B族维生素，从而取代抗生素治疗期间可能被破坏的维生素。由嗜酸菌乳演变的一个品种是甜嗜酸乳。这种酸乳添加了培养菌种，但没有发酵。甜嗜酸乳被认为是治疗性的，没有特有的高酸度和风味。

嗜酸乳杆菌产生乳糖酶，有助于改善乳糖不耐受的症状。乳糖酶与嗜酸乳杆菌的混合物能够顺利通过胃酸并到达小肠，在小肠中起到消化乳糖的作用，从而防止那些乳糖不耐受和不能消化乳糖的人感到不适（美国乳品委员会）。

11.7.4.6 开菲尔

开菲尔是另一种不那么知名，发酵的益生菌乳制品。它含有大量的细菌，如高加索乳杆菌、酵母以及圆酵母。此外，由于发酵过程中产生轻微的气泡，因此会产生少量（约1%）酒精。

发酵乳制品一直以来都是，而且在世界各地经常食用——这是一种生活方式，没有什么新奇之处。可以用开菲尔制作酸乳、冰沙和大量的甜点。每一种都引入了有利于肠道健康的活细菌。“……尤其是开菲尔酒……为可饮用的酸乳货架增添了活力。”开菲尔“谷物”中的团块不是谷物，而是“细菌、酵母、糖、蛋白质和脂质的小团块”（Decker，2012）。

作为益生菌食物的益生元是不易消化的碳水化合物。当益生菌和益生元结合在一起时，它们形成一种共生素（只有在净健康效益具有协同作用时才应使用“共生素”一词——联合国粮食及农业组织）。发酵乳制品如酸乳和开菲尔被认为是合益素，因为它们含有活细菌及其茁壮生长所需的供能食物。

益生菌存在于酸乳等食品中，而益生元存在于全谷物、香蕉、洋葱、大蒜、蜂蜜和洋蓟中。此外，益生菌和益生元添加到一些食品中，并用作膳食补充剂。

其他特殊类型的牛乳包括低钠、低乳糖牛乳、钙强化牛乳以及调味牛乳和奶昔。大米和大豆“乳”等非牛乳也被消费。后者对乳糖不耐受者尤其适用。

11.8 其他乳制品

11.8.1 黄油

黄油是液体牛乳脂肪的一种浓缩形式，通过搅拌巴氏杀菌奶油生产而成。搅拌会涉及打破脂肪球膜，因此乳液破裂，脂肪聚结，水（酪乳）逸出。乳液可以有两种类型。原来的20/80水包油型乳液变成了20/80油包水型乳液。牛乳被搅拌成黄油和含水酪乳。由于脂溶性动物色素、胡萝卜素或添加剂的存在，黄油可能呈黄色。

“黄油是通过搅拌巴氏杀菌奶油制成的。联邦法律要求，黄油含有至少80%的乳脂。可以加入盐和色素。营养学上，黄油是脂肪；一汤匙黄油含有12g总脂肪、7g饱和脂肪酸、31mg胆固醇和419J热量。鲜奶油是普通的奶油，易于涂抹。搅打增加黄油中的空气量，并增加每磅黄油的体积。黄油包装上的美国农业部等级标志意味着黄油已经经过有经验的政府分级员的测试和分级。除了检查黄油的质量，分级员还测试黄油的保存能力。”（美国农业部）。

如今，美国市场上有各种混合黄油和人造黄油。它的脂肪成分和味道都与原来的不同。人造黄油，或称为人造奶油，是可塑或液体乳液形式的食品，含有不少于80%的脂肪。它可以由水和/或牛乳和/或乳制品加工而成，可以是不含盐的或不含乳糖的。它含有维生素A，也可能含有维生素D。

甜奶油是通过添加双乙酰乳酸杆菌（*S. diacetyllactis*）制成的，双乙酰乳酸杆菌将牛乳中的柠檬酸盐发酵成乙醛、乙酸和双乙酰，后者是黄油的主要风味化合物。商业上，甜奶油可能含有盐，但它被称为“甜奶油”黄油，因为今天黄油是由甜奶油，而不是传统的酸奶油制成的。美国农业部规定AA级为质量上乘，A级即很好，B级是标准。

涂抹酱中含有较高比例的水，可能不适合某些烘焙和烹饪应用。

11.8.2 奶油

“奶油是指奶油、复原奶油、干奶油和塑性奶油。可以加入足够量的水，使浓缩和干燥的形态恢复原状。”（FDA）。

奶油是通过乳脂化过程，从全脂牛乳中分离出来的高脂成分。奶油中的脂肪滴比例要比普通液态牛乳高，并且根据联邦特性标准，奶油中必须含有18%或更多的乳脂。由于奶油与牛乳相比脂肪含量很高，一些黄色、脂溶性色素可能很明显。有些脂肪原本很小，不会聚结。

可用于食品的各种液体奶油包括：

淡（咖啡）奶油——18%~30%乳脂。

轻搅打奶油——30%~36%乳脂。

浓奶油——最低36%乳脂。

用脱脂牛乳稀释的“半与半”奶油——10.5%乳脂。

在气雾罐内压力下包装的淡奶油，可以是脱脂的，或含有不同程度的脂肪、糖、调味料、乳化剂和稳定剂。

11.8.3 冰淇淋

冰淇淋有时指的是“作为一种享受的”食品，意思是虽然其他食品的脂肪减少了，但冰淇淋的消费量却可能不会减少！而在此之前的几个世纪，冰淇淋一直被人们所喜爱，首次大规模商业化的冰淇淋则是在1851年马里兰州的巴尔的摩制造的。

冰淇淋是一种通过冷冻，同时搅拌含有乳制品的巴氏杀菌混料而生产的食品。该混料由一种或多种乳制品成分组成，如奶油、牛乳、脱脂乳、甜奶油酪乳或甜炼乳，以及可选的酪蛋白酸盐。

除了乳制品成分，冰冻果子露、低脂冰淇淋和冰淇淋还含有其他成分。通常情况下，有糖（蔗糖、葡萄糖，其可以调味和降低冰点）、饼干、鸡蛋、水果、坚果和其他成分如着色剂或调味剂、乳化剂［如蛋黄、聚山梨醇酯80（一种由与脂肪酸结合的葡萄糖分子构成的山梨醇酯；油酸），或甘油一酯和甘油二酯］、稳定剂（明胶、植物胶）和水。

冰淇淋混料要经过巴氏杀菌、均质、保存（用于老化）和快速冷冻。缓慢冷冻会产生更大的冰晶。虽然联邦和州标准明确规定，过量的空气不能搅拌进冰淇淋混料，但通过搅拌，空气可以自然融入冰淇淋混料中。由于空气而增加的体积称为膨胀率，并且计算如下：

膨胀率（%）=（冰淇淋的体积-混料的体积）×100/混合料的体积（1）

例如，如果 3.79L 的冰淇淋容器包含相等量的冰淇淋混料和空气，则它的膨胀率是 100%。冰淇淋的膨胀率可能从 60% 到大于 100% 不等。

冰淇淋的乳脂含量不低于 10%，非脂乳固体含量也不得低于 10%，除非冰淇淋中的乳脂含量至少比最低含量 10% 高 1%：

低脂冰淇淋（以前称为冰牛乳）脂肪含量较低，非脂乳固体含量较高，而豪华冰淇淋所含的牛乳脂肪含量较高，非脂乳固体含量较低。其他冷冻甜品可能包括牛乳和不同百分比的乳脂或可能是脂肪替代品。

混合乳制品是果汁和牛乳，可能含有添加的乳酸或咖啡因，加上其他成分，也可以用香草茶及附加糖来制作。

冰冻果子露含有 1%~2% 的乳脂和 2%~5% 的总乳固体。与冰淇淋相比，冰冻果子露含有更多的糖和更少的空气（因此膨胀率达 30%~40%）是符合标准的。

表 11.6 乳脂及非脂肪乳固体的质量分数

乳脂质量分数/%	最低非脂乳固体质量分数/%
10	10
11	9
12	8
13	7
14	6

11.8.4 乳清

乳清以前曾被认为是牛乳中水相（乳清）蛋白，但由于它在消费品中的使用越来越多，因此值得进一步讨论。正在进行的研究旨在干酪制作前，从液态乳中分离牛乳乳清蛋白。有些乳清干酪，如意大利乳清干酪，可能部分由乳清制成。

乳清约占牛乳中蛋白质的 20%。它含有清蛋白和球蛋白、大部分乳糖和水溶性营养素，如核黄素。乳清是干酪制作的副产品，是凝乳形成和排出后残留下的液体。大量的干酪被制造出来，并且目前，人们正在探索更令人满意的乳清使用方法。

乳清是一种营养丰富的产品。它也可用于饮料、冷冻乳制品甜点和烘焙食品。在干燥状态下，乳清可以作为乳化剂和为食品提供额外的蛋白质。乳清还具有起泡和胶凝的作用。然而，由于乳清含有乳糖，但世界上大多数人无法消化（参见 11.13）乳糖，所以乳清不能在世界范围内广为食用。

乳清在低于酪蛋白凝固温度下开始沉淀，但在 pH 为 4.6 或凝乳酶的作用下不会像酪蛋白那样沉淀。当乳清蛋白凝聚物（以及磷酸钙）黏在锅底并烧焦时，可以见证乳清沉淀。

乳清除了前面列出的一些用途之外，通过对乳清进行超滤浓缩，得到乳清蛋白浓缩物。由于其高营养价值，乳清蛋白浓缩物/乳清蛋白分离物也用于运动补充剂和酒类中，乳清蛋白浓缩物经常添加到酸乳中，并经干燥后用于咖啡增白剂、人造稠奶油、蛋白酥、水果饮料、巧克力饮料和加工肉制品等产品。

可以进一步增加纯化步骤来生产乳清蛋白分离物（whey protein isolates，WPIs）。例如，乳清蛋白分离物用于婴儿配方乳粉，乳清精炼厂可以生产蛋白质，用于强化纯净的瓶装饮料，包括苏打水。乳清精制过程中的分离可能导致产品中不含苯丙氨酸，从而使产品含有对苯丙酮尿症（phenylketonuria，PKU）患者有用的成分（Anon，2000a）。

11.9 烹饪应用

在轻微变性或蛋白质分子结构改变之后的烹饪应用，可能形成交联并使牛乳凝结。加热或配方中含有酸、酶或盐时，可能会发生团块或聚集体的凝结和沉淀。在更剧烈的热、酸、酶或盐处理中，可能会发生不受欢迎的凝结。其中一些影响如下：

热：热，尤其是直接加热或高温加热，可能使牛乳变性、絮凝或凝结。应使用缓慢、低温或中温的加热方式，如水浴间接加热处理牛乳制品。如果脂肪球周围的蛋白质膜破裂，增加温度和延长加热时间可能会破坏脂肪乳液。因此脂肪会聚结。高温也比低温能在锅底形成更多的凝结物。

通过灼热处理，在平底锅底形成的相同的磷酸钙化合物，当水蒸发时也会在食物表面形成一层薄皮（浮渣或薄膜）。该层薄皮可能会“滞留”热量并导致受热的乳制品沸腾。预防措施包括使用锅盖，或在表面施用药剂，如脂肪。

烹饪提示！为了防止形成薄皮，建议带盖子烹饪。不断搅拌也有助于避免蛋白质沉淀在烹饪容器的侧面。

酸：酸可能有多种来源。它可以添加到食品中或是食品的一部分，也可以由细菌产生。酸通过形成不稳定的酪蛋白来凝固牛乳混合物。在 pH 约为 4.6 的条件下酪蛋白沉淀（回想一下乳清蛋白不是通过酸沉淀的）。使用糊化淀粉缓冲液（白酱），可以控制沉淀。

酶凝乳：正如将在关于干酪的章节中讨论的那样，有几种不同来源的酶会导致牛乳凝固和凝乳的形成——动物酶、植物酶或微生物酶。然而，用于凝固干酪或冰淇淋中牛乳的主要酶是凝乳酵素（商业上称为凝乳酶）。

凝乳酶需要一个微酸性环境，在 40℃～42℃的温度比高温下发挥更好的作用。如果牛乳通过凝乳酶而不是酸实现凝固，钙则被保留下来（例如一些奶油冻状甜点和农家干酪）。

多酚化合物凝乳：酚类化合物（以前称为单宁）存在于一些植物材料中，包括水果和蔬菜（如马铃薯、番茄）、茶和咖啡中，它们会使牛乳凝固。虽然小苏打（碱）可以添加到牛乳制品中，以改变 pH 和控制凝乳，但不建议使用，因为它会破坏产品中的维生素 C。低热和糊化淀粉缓冲液可用于控制这种不良凝乳。

盐凝乳：牛乳中存在的钙和磷盐，受热时溶解性较差可能会使牛乳蛋白凝固。像火腿这样的咸味食品以及一些经常添加到牛乳中的蔬菜和盐类调味品可能会导致牛乳凝固。与酸引起的凝乳一样，糊化淀粉缓冲液用于防止不希望的牛乳沉淀产生。

11.10 干酪

FDA 对干酪的定义是“由全脂、部分脱脂或脱脂乳或其他动物乳制成的凝乳，添加或不添加奶油，用凝乳酶、乳酸或其他合适的酶或酸凝固，通过加热或加压对分离的凝乳进行或不进行进一步处理，或通过成熟发酵、特殊模具或调味料而制成的产品。”（FDA）

从 1985 年开始 25 年来美国干酪消费量来看，人均干酪消费量从 1985 年的 10.21kg 稳步上升到预计的 15.83kg。（威斯康星牛乳营销委员会）

干酪（图 11.1）是牛乳的浓缩形式，含有酪蛋白和不同百分比的脂肪，主要是饱和脂肪、矿物盐和一小部分牛乳乳清（乳清蛋白、乳糖和水溶性维生素）。凝乳是由凝乳酵素（也称为凝乳酶）或乳酸凝固酪蛋白形成的。制作 0.45kg 干酪大约需要 4.5kg 牛乳。

图 11.1 干酪
（由 SYSCO ®公司提供）

凝乳酶，也称为凝乳酵素，是一种由胃中主要细胞合成的蛋白水解酶。凝乳酶在消化中的作用是使胃中的牛乳凝结或凝固，这在年幼的动物中就具有相当重要的意义。如果牛乳不凝固，牛乳将迅速流过胃，从而错过其蛋白质的初始消化机会。

凝乳酶可以有效地将液体牛乳转化为像农家干酪一样的半固体，使其在胃中保留更长时间。在动物出生后的最初几天，凝乳酶的分泌达到最大之后下降，实际上取而代之的是作为胃的主要蛋白酶——胃蛋白酶的分泌。

在过去的岁月中，为了这个目的，人们从干小牛胃中提取凝乳酶。目前，干酪制造行业已经扩大超越了现有小牛犊的供应范围。许多蛋白酶能够通过将酪蛋白转化为副酪蛋白使牛乳凝固；并且凝乳酶的替代品很容易获得。“‘凝乳酶’是凝结牛乳的所有酶制剂的总称（国际食品信息委员会）”。

动物（小牛，牛胃蛋白酶）、植物（木瓜蛋白酶）和微生物蛋白酶凝结牛乳形成凝乳。细菌基因工程已制造出新酶供选择。制作干酪通常使用凝乳酶和胃蛋白酶。“凝乳酶”产生富含钙的凝块（尽管与乳酸相比，凝乳酶形成的凝块略硬）。

凝乳酶是来自乳喂养小牛的胃中。尽管凝乳酶在中性 pH 下具有活性，但该酶在酸性条件下，如使用乳酸时，会更快地使牛乳凝结。

生物技术已经使产生凝乳酶的特定基因能够在细菌中复制，而不需要从小牛的胃中提取凝乳酶。然后通过发酵生产凝乳酶（凝乳酵素的商业名称）。事实上，干酪生产中一半的凝乳酶是通过发酵生产的（国际食品信息委员会）。

来自猪胃中的胃蛋白酶（猪）。

来自真菌的蛋白酶。

工业上可以使用植物酶，例如木瓜蛋白酶（来自木瓜）和丝氨酸（来自无花果）来凝结牛乳酪蛋白，并形成一些干酪。

一般来说，干酪是根据水分含量分类的，生产非常硬、硬、半软或软的干酪，以及根据成熟的种类和程度分类。简要说明如下。

水分含量：

非常硬的干酪——例如，帕尔玛干酪（parmesan）、罗马诺干酪（romano）。

硬干酪含有30%~40%的水分。它有非常微小的脂肪球，是一种近乎完美的乳液。例如切达干酪（cheddar）、科尔比干酪（colby）、高达干酪（gouda）、瑞士干酪（swiss cheese）。

半软干酪——蓝纹干酪（blue）、菲达干酪（feta）、蒙特雷杰克干酪（monterey jack）、马苏里拉干酪（mozzarella）、明斯特干酪（muenster）、普罗沃龙干酪（provolone cheese）。

软干酪含有40%~75%的水分，并且脂肪团很大。它只是轻微的乳化。例如布里干酪（brie）、卡门贝干酪（camembert）、意大利乳清干酪（ricotta）、农家干酪（cottage cheese）。

成熟：

成熟可能需要2~12个月。在此期间，发生的变化包括：

碳水化合物乳糖被乳糖酶水解成乳酸，脂肪被脂肪酶水解，凝乳酶将蛋白质温和地水解成氨基酸。

成熟是指干酪在凝乳沉淀与干酪的质地、风味、香气和颜色发展到令人满意的程度期间发生的化学和物理变化。成熟使干酪的上述特性发生改变，并且继续发酵残留的乳糖。

首先，用酶（凝乳酶）和酸使乳蛋白凝固。然后在细菌或霉菌的作用下老化或成熟。这可能是由于细菌、细菌酶（主要是凝乳酶），或真菌、霉菌和酵母。一些例子如下：

干酪，如农家干酪或奶油干酪，还没有成熟。其他受欢迎的未成熟干酪包括菲达干酪（羊干酪）和意大利乳清干酪。

干酪可以用细菌催熟。例如切达干酪、科尔比干酪、帕玛森干酪和瑞士干酪。例如，瑞士干酪中的孔眼或孔眼形成就是整个干酪内部存在产气细菌的证据。

例如，卡门培尔干酪和布里干酪可以通过喷在干酪表面的霉菌进行熟化，也可以像接种罗氏青霉菌（*Penicillium roqueforti*）的蓝纹干酪成熟一样，在内部引入霉菌。

根据美国农业部2011年的初步统计，人均消费从2000年的13.52kg上升到2011年的15.83kg（美国农业部）。按降序排列，美国干酪、切达干酪和马苏里拉干酪的销量遥遥领先，其次是遥远的蒙特雷杰克干酪、瑞士干酪和科尔比干酪。许多美国厨房也有帕尔玛干酪，也许还有蓝纹干酪。

在过去的三十年里，干酪生产和市场已经成为乳制品行业的重要组成部分。经供给与需求分析，表明在过去三十年间，干酪总消费量呈上升趋势。尼尔森2005年的家庭用品零售数据用于按地区以及收入、年龄和种族/民族群体分析干酪的消费量。如果消费者食品开支的增加转化为购买更多干酪，则预期干酪总消费量会继续上升。然而，美国人口结构的变化可能会在一定程度上减缓未来的增长。（Davis 等，2010）。

在美国，FDA 对特定的标准化干酪有规定，制造商、包装商和分销商必须遵守这些规定。对于一些干酪品种，使用发酵剂培养法生产。

当向牛乳中加入发酵剂时，凝乳就开始形成。凝乳一旦形成，便切成块，煮熟使凝乳收缩，并排出剩余的乳清（脱水收缩作用）。然后再加盐调味，从凝乳中提取乳清，抑制微生物生长。然后将凝乳压制，并在 4℃～13℃下进行多种微生物发酵。

农家干酪是干酪的一个例子，它可以不用细菌或酵母而用乳酸制成。农家干酪不是起源于工业，而是个人的“村舍”。因此，起这个名字！农家干酪是一种无/低脂肪、柔软的酸性干酪，由酪蛋白和乳酸凝结而成。它由巴氏杀菌的脱脂牛乳制成，在其中添加了乳酸或产生乳酸的细菌培养物，可将 pH 降至 4.6。

干酪在世界各地被切割和包装，有数百个名字。尽管世界上各种各样的干酪有着丰富的名称，但只有大约 18 种干酪在风味和质地上有所不同（Potter 和 Hotchkiss，1998）。这些类型如下所示：

砖状干酪（brick，美国）——半软，主要由细菌成熟。

软质干酪（camembert，法国）——软，外部发霉［乳酸菌（*Oidum lactis*）和卡地干酪青霉菌（*P. camemberti*）］；外壳薄而可食。

切达干酪（cheddar，英格兰）——坚硬，由细菌成熟［乳酸链球菌（*S. lactis*）和乳脂链球菌（*S. cremoris*）］美国烹饪中最常见的干酪，用胭脂树红着色（豆荚提取物）。

农家干酪（cottage cheese）——柔软、未成熟；奶油、低脂、脱脂或干凝乳。

奶油干酪（cream cheese，美国）——柔软、未成熟；可以调味。

荷兰球形干酪（edam，荷兰）——坚硬，成熟；带有红色石蜡涂层的球形。

荷兰高德干酪（gouda，荷兰）——半软到硬，成熟；类似于荷兰球形干酪。

手握干酪（hand）——软。

林堡干酪（limburger，比利时）——软，由表面细菌成熟［灰色白杆菌（*Bacterium linens*）］。

纽沙特尔干酪（neufchatel，法国）——软，在美国未成熟；在法国成熟。

帕尔马干酪（parmesan，意大利）——坚硬，由细菌成熟。

波萝伏洛干酪（provolone，意大利）——坚硬，成熟。

罗马诺干酪（romano，意大利）——非常硬，成熟。

洛克福羊乳干酪（roquefort，法国）——半软，内部发霉成熟［娄地青霉（*P. roqueforti*）］。

绿干酪（sap sago，瑞士）——非常坚硬，由细菌成熟。

埃曼塔尔干酪（swiss，emmentaler，瑞士）——坚硬，由产气细菌成熟［乳酸乳球菌（*S. lactis*）或乳脂链球菌（*S. cremoris*）、嗜热链球菌（*S. thermophilus*）、保加利亚乳杆菌（*S. bulgaricus*）和舍曼乳杆菌（*P. shermani*）］。

松露干酪（trapist）——半软，被细菌和表面微生物成熟。

乳清干酪，例如意大利乳清干酪（ricotta，意大利），可能是全脂和低脂牛乳或乳清的混合物。通过加热凝固，而不是凝乳酶凝固。（Potter 和 Hotchkiss，1998；一些定义在第四和第五版）

以下列出并解释了可供消费者选购的干酪种类的更多详细信息：

天然干酪是沉淀酪蛋白的凝乳——成熟或未成熟。天然干酪可能被加热并很容易过度凝固，使水被挤出。否则脂肪乳液在高温下会破裂，在这种情况下，天然干酪会显示出分离的外观和细腻的质地。因此，用天然干酪烹饪时，应采用低温。

巴氏杀菌干酪是美国生产中最常见的干酪。根据美国 FDA 的规定，它是“通过在加热的条件下，将一种或多种相同的干酪，或两种或多种干酪，除了奶油干酪、法国干酪、农家干酪、低脂农家干酪、干凝乳干酪、熟干酪、硬磨干酪、半软干酪、半脱脂干酪、半脱脂调味干酪及含乳化剂的脱脂干酪之外，粉碎并混合成均匀的塑性体来制造的”（美国联邦法规第 21 条）。

将混合物在66℃的温度下，巴氏杀菌3min（这将停止干酪成熟和风味的形成），并添加盐。加入一种乳化剂如磷酸二钠或柠檬酸钠来结合钙，制造出的干酪比天然干酪更易溶解、更均匀、更光滑，能承受更高的温度而不凝结。融化的干酪放在罐子或模具中，如铝箔衬里的纸箱或单层塑料包装。

这种干酪亦可能含有一种可选抑霉成分，该成分由按重量计不超过 0.2% 的山梨酸、山梨酸钾、山梨酸钠或其中两种或多种的任意组合组成，或者按重量计由不超过 0.3% 的丙酸钠、丙酸钙或丙酸钠与丙酸钙的混合物组成。这种干酪可能含有甜椒、水果、蔬菜或肉类。

由单一品种干酪制成的加工干酪的水分含量不得超过所用单一品种干酪的水分含量和特性标准（如果有）所规定的最大水分含量的 1%。在任何情况下，水分含量绝不能超过 43%（以下产品除外：加工水洗凝乳干酪和加工的科尔比干酪为 40%，加工瑞士干酪和格鲁耶尔干酪为 44%）。

由两个或两个以上品种的干酪制成的加工干酪，其水分含量不得超过所用干酪的水分含量、特性标准（如果有的话）所规定的最大水分含量的算术平均值的 1% 。在任何情况下，水分含量绝不能超过 43%（以下产品除外：40% 切达干酪和科尔比干酪，44% 瑞士干酪和格鲁耶尔干酪）。

由单一品种干酪制成的加工干酪的脂肪含量不低于所用品种干酪的脂肪含量和特性标准所规定的最低限度，且在任何情况下均不得低于 47%（除了加工瑞士干酪为 43% 和加工格鲁耶尔干酪为 45%）。如上所述，由两个或两个以上品种干酪制成的加工干酪的脂肪含量不低于两种干酪的算术平均值，并且在任何情况下均不得低于 47%（除了瑞士干酪和格鲁耶尔干酪的混合物为 45%）。

巴氏杀菌处理的干酪食品经粉碎和混合后，按重量计含有不少于 51% 的干酪。水分不超过 44%，脂肪含量不低于 23%。因此，巴氏杀菌干酪食品比加工干酪含有更少的干酪和更多的水分。巴氏杀菌干酪食品可能包含奶油、牛乳、脱脂牛乳、脱脂乳粉、乳清和其他着色剂或调味剂。它有柔软的质地，容易融化。

乳化剂的允许添加量为该乳化剂的固体重量不超过巴氏杀菌加工干酪食品重量的 3%（来源：FDA）。

巴氏杀菌的干酪涂抹酱经过粉碎和混合，其水分含量为 44% ~ 60%，乳脂含量不少于 20%。因此，与经过加工的干酪食品相比，巴氏杀菌的干酪涂抹酱具有更多的水分和更少的脂肪，并且可以涂抹。该产品可以加入明胶和树胶，如角豆胶、纤维素胶（羧甲基纤维素）、瓜尔胶、黄蓍胶和黄原胶，以及角叉菜胶，如果这些物质不超过成品重量的 0.8%（来源：FDA）；可以添加钠以保持水分，并且可以添加糖或玉米糖浆以使产品具有甜味。

冷装干酪制作包括研磨和混合天然干酪，不进行加热。由单一品种干酪制成的冷装干酪，其水分含量不超过所使用干酪品种所规定的最高水分含量（如有特性标准），而脂肪含量不少于该干酪所规定的最低水分含量，但不少于47%（43%的冷装瑞士干酪及45%的格鲁耶尔干酪除外）。

尽管冷装干酪可能包含各种风味组合，但是制造商具有或已经使用这种技术根据需要生产定制颜色和定制风味的特种干酪（Anon，2000b）。当由两种或两种以上的干酪制成时，水分含量应为两种干酪的最大值的算术平均值，这是同一性定义或标准所规定的，但在任何情况下都不得超过42%。脂肪含量不低于为干酪规定的最低脂肪百分比的算术平均值（如果有特性标准或定义），但在任何情况下都不低于47%（冷装瑞士干酪和格鲁耶尔干酪45%除外）。

成熟干酪的乳糖含量在成熟过程中会减少，并且几周内会消失。乳清中含有有些人不能食用（乳糖不耐症）的乳糖。大部分维生素和矿物质在干酪成熟后仍然被保留，部分蛋白质被凝乳酶或蛋白酶水解，部分脂肪被消化。一些常见的干酪，如切达干酪和瑞士干酪，在美国被赋予AA级和A级。

烹饪提示！延长干酪保质期的方法包括冷藏和降低pH。这是通过制冷和醋浸过的粗棉布包裹来实现的。

如果干酪上形成霉菌，潜在消费者可能无法接受。但是根据经验，不一定要丢弃整块干酪。相反，任何明显的霉菌都应切掉比观察到的更深部位的发霉部分，以切除其根部。霉菌可能会产生毒素（请记住，霉菌在某些干酪中是可以接受的，例如蓝纹干酪）。

烹饪提示！蓝纹干酪是牛乳制成的；罗克福干酪是羊乳制成的。如果其他干酪出现霉菌，如果霉菌长得比能看到的要深，还是可以食用的，但建议切掉发霉部分。

根据美国俄勒冈州立大学的一项研究，“仿制干酪是由植物油制成的：它不太贵，但味道也不太好，而且不容易融化。作为记录，Velveeta®是巴氏杀菌工艺涂抹干酪，而VelveetaLight®是巴氏杀菌工艺干酪产品。CheezWhiz®被标记为巴氏杀菌工艺干酪酱，尽管这种类型在联邦法规中没有注明。”（美国俄亥俄州立大学）

11.11 牛乳替代品和仿制乳制品

牛乳替代品和仿制乳制品于1973年正式定义。当时，美国FDA通过制定关于替代产品和仿制产品两个名称使用的规定，对替代产品和仿制产品进行区分。每次介绍后都有更多详细信息：

牛乳替代品是一种类似于传统产品且营养均衡的产品。牛乳替代品经过巴氏杀菌，均质化并像牛乳一样包装。因为牛乳替代品不含昂贵的乳脂，所以它比真正的乳制品更经济。

代乳制品（添加配料的脱脂乳）

代乳品是牛乳替代品的一个例子，不含乳脂。它由植物油和脱脂乳固体组成，所以不能作为牛乳过敏者的替代品。尽管植物油脂可以是部分氢化的玉米油、棉籽油、棕榈油或豆油，但传统上一直是椰子油。可以加入油、水、乳化剂（如甘油一酯或甘油二酯）、色素（如胡萝卜素）以及调味剂。代乳制品不含胆固醇。

一种仿乳制品可能看起来和尝起来像传统产品，但它的营养价值较低。法律上也不再要求，在标签上注明“仿制”一词。

仿制乳

仿制乳通常不含任何乳制品——不含乳脂或乳固体。它由水、植物油、玉米糖浆、糖、酪蛋白酸钠、大豆、以及稳定剂和乳化剂组成。产品中可以添加维生素和矿物质，以提高营养价值。同样，法律上也不再要求，在标签上注明“仿制”一词。

市场上可买到的食品，包括非乳制品干乳精和液体乳精，都可能属于上述类别。

烹饪提示！ 包装上带有“REAL”符号的牛乳和乳制品，表明该产品是由真正的乳制品制成的，而不是替代品或仿制品。

烹饪提示！ 市场上很容易买到调味“牛乳”“黄油”“奶油干酪”“生奶油”和其他仿制产品。非乳制品的“乳精”或发白剂以液体和脱水形式普遍存在。

11.12 牛乳和乳制品的营养价值

1996 年美国 FDA 关于牛乳和乳制品营养价值的裁决，撤销了“特性标准”（制造商需遵循的规定配料或配方）。“无脂”及其他等营养声称，以及与其他产品标有的相似的营养声称，成为乳制品标签的规则，乳制品的营养价值见图 6.9。

目前的美国心脏协会建议成年人应该食用低脂乳制品对脂肪的一些讨论和进一步研究持开放态度，包括食用强化的无脂肪（脱脂或无脂）牛乳、强化脱脂乳粉以及 0.5% 和 1% 的低脂牛乳。容器上的标签应该标明牛乳已添加维生素 A 和维生素 D。本书作者还推荐由脱脂牛乳和罐装脱脂炼乳制成的脱脂牛乳。

“避免含有椰子油、棕榈油或棕榈仁油的替代品。这些油的饱和脂肪含量非常高。饱和脂肪往往会提高血液中的胆固醇水平。高胆固醇是可改变、可治疗或可改善的心脏病的六种主要风险因素之一。它还会导致其他心脏和血管疾病的发生。”（美国心脏协会）

11.12.1 蛋白质

牛乳中含有高质量的蛋白质——酪蛋白和乳清。根据美国糖尿病协会（the American Diabetes Association，ADA）的转换清单，一份 240mL 的液体牛乳含有 8g 蛋白质，与脂肪含量多少无关。

市场上有几种类似牛乳的替代品——米乳、豆乳，以及可以在杂货店和专卖店找到的其他替代品。这些产品满足特殊人群和过敏人群的营养需求。

11.12.2 脂肪和胆固醇

标签的改变既有利于加工者的创造力，如开发“淡”牛乳，也有助于更好地帮助消费者降低脂肪和饱和脂肪的摄入量。如上所示（牛乳的种类），标签上注明全脂牛乳、低脂牛乳或无脂牛乳。热量含量因脂肪含量而异。例如，全脂牛乳每 240mL 含 628J，脱脂牛乳每 240mL 含 377J。胆固醇含量每杯从 4~33mg 不等。

根据美国农业部的报告，牛乳销售显示低脂牛乳和脱脂牛乳的销量有所增长，而全脂牛乳的销量则有所下降。喝牛乳小建议见图 11.2。

美国农业部

营养健康系列的10个建议

MyPlate MyWins

基于美国膳食指南编制

今 天 你 喝 牛 乳 了 吗 ？

乳品类包括牛乳、酸乳、干酪和强化豆乳。它们提供钙、维生素D、钾、蛋白质和其他健康所需的营养物质。选择低脂或无脂牛乳，以减少热量和饱和脂肪。这需要多少?年龄较大的儿童、青少年和成年人每天需要3杯牛乳，而4~8岁的儿童需要2杯牛乳，2~3岁的儿童需要2杯。

1 “撇去”脂肪

饮用脱脂乳或者低脂乳(1%)。目前，如果你正在喝全脂乳，要逐步转换为低脂乳。这一改变减少了饱和脂肪和热量，但并没有减少钙或其他必要的营养成分。

2 增加钾和维生素D，减少钠

比起干酪，更经常选择脱脂乳或低脂乳或酸乳，与大多数乳酪相比，牛乳和酸乳的钾含量更高，钠含量更低。另外，几乎所有牛乳和许多酸乳都高含维生素D。

3 加餐

在谷物和燕麦片上使用无脂或低脂牛乳。在水果沙拉和烤马铃薯上加低脂酸乳，而不是酸奶油等高脂肪配料。

4 选择脂肪较少的干酪

许多乳酪富含饱和脂肪。寻找标签上的“减脂”成“低脂”。尝试不同的品牌或类型，以找到一个你喜欢的。

5 干酪如何?

干酪、奶油和黄油不属于乳制品。它们富含饱和脂肪，钙含量很少或没有。

什么才是一杯乳制品呢？一杯牛乳、酸奶或大豆饮料：28g天然干酪；或56g加工干酪。

6 切换成分

当蘸酱等这样的食谱需要酸乳油时，就用纯酸乳代替酸乳。用不含脂肪的炼乳代替奶油，试试用低脂或低脂发酵的乳清干酪代替奶油芝士。

7 限制添加糖

调味牛乳和酸乳、冷冻酸乳和布丁都含有大量的糖分。从含较少或不含糖的乳制品中获取营养。

8 咖啡因

如果是这样的话。在早晨补充咖啡因的同时补充钙。用无脂或低脂牛乳煮或点咖啡、拿铁或卡布奇诺。

9 不能喝牛乳?

如果你乳糖不耐，试试酸乳、无乳糖牛乳或豆浆(大豆饮料)来获得钙。一些绿叶蔬菜中的钙被很好地吸收，

10 照顾好自己和你的家

喝牛乳和吃乳制品的父母向他们的孩子表明牛乳对他们的健康很重要。乳制品对于增加儿童和青少年骨骼的生长以及维持成年骨骼的健康非常重要。

美国农业部营养政策与促进中心是均等机会的提供者，雇主和货款者。

为了获得更多的信息请访问*Choose MyPlate.gov.*

第5条膳食建议
发布于2011年6月
2016年10月修订

图 11.2 喝牛乳小建议

11.12.3 碳水化合物

240mL 牛乳的碳水化合物含量是 12g，与脂肪含量无关。有关于乳糖不耐症的讨论见 11.13。

11.12.4 维生素和矿物质

脂溶性维生素 A、维生素 D、维生素 E 和维生素 K 存在于全脂牛乳和一些低脂牛乳中。在目前的特性标准中，不允许强化维生素 A 和维生素 D 以外的维生素。牛乳是许多人饮食中核黄素（维生素 B_2）的主要来源。由于核黄素是一种进行光合作用的物质，维生素 B_2 的损失可能由于暴露在阳光下而发生。牛乳还含有氨基酸色氨酸——一种烟酸的前体物质。牛乳是矿物质钙的良好来源。

巴氏杀菌对蛋白质、脂肪、碳水化合物、矿物质和维生素 B_6、维生素 A、维生素 D 和维生素 E 没有明显的不良影响。维生素 K 略有减少，硫胺素和维生素 B_{12} 的损失不到 10%。

一杯240mL的全脂牛乳含有以下矿物质：钾、钙、氯、磷、钠、硫和镁。牛乳中不含铁。不同品种牛乳的成分见表11.2。

低钠牛乳可能包含在限制钠摄入的饮食中。通过在离子交换中用钾代替钠，钠可以从正常量的49mg/100g减少到约2.5mg/100g牛乳。

调味乳是此类饮料的替代品，可能有助于钙的消化（Johnson等，2002）。

烹饪提示！ 当向牛乳中添加正常量的巧克力时，对人体钙和蛋白质的利用量没有明显影响（美国乳制品委员会）。

11.13 乳糖不耐受

乳糖不耐受是指不能消化牛乳中的主要糖——乳糖。许多人永久性丧失了消化乳糖的酶。这可能是由于缺少乳糖酶或乳糖酶含量不足引起的，也可能是出生缺陷或身体受损。高加索人是少数能消化乳糖的人群。

提醒：乳糖是葡萄糖和半乳糖组成的二糖，相当于牛乳中略低于5%的碳水化合物。

如果乳糖在肠道内未被乳糖酶消化，则会被微生物群发酵形成短链脂肪酸和气体，例如二氧化碳、氢气，在某些个体中形成甲烷。乳糖不耐症的症状包括肠胃气胀、腹痛和腹泻，这是因为未消化的乳糖的溶质浓度很高。对乳糖耐受剂量的正确理解可能比预期的量更大。酸乳对乳糖不耐受者甚至于食品行业都有益。此外，酸乳含有所需的酶——乳糖酶，且在许多食品市场上很容易买到酸乳。

乳糖有助于从小肠（上皮细胞的）刷状缘吸收钙、磷、镁、锌和其他矿物质。不含乳制品的“乳”，如大米乳或豆乳或其他牛乳仿制品；对牛乳过敏的人和不喝牛乳的人可以食用。

世界上大约75%的人口由于肠道中乳糖酶活性的丧失受到某种程度上的影响。乳糖不耐症患者可以通过食用经乳糖酶处理的牛乳（可减少70%的乳糖）或购买乳糖酶并在食用牛乳前直接将乳糖酶添加到牛乳中消除乳糖。已经有研究表明，可以食用少量（120mL=6g乳糖）牛乳和硬干酪（不到2g乳糖），食用后不增加不耐受症状。硬干酪比软干酪含有更少的乳糖。最多12g的乳糖是可以耐受的，特别是人体食用含有乳糖的其他食品时。

如果乳糖已充分转化为乳酸，一定数量的发酵产品（例如干酪）是可以耐受的。陈年干酪就是这种食品的一个例子。部分牛乳和乳制品的乳糖含量见表11.7。

表11.7 牛乳和乳制品的乳糖含量

牛乳的种类	1杯质量/g	乳糖平均质量分数/%	乳糖含量/（g/杯）
全脂牛乳	244	4.7	11.5
低脂牛乳（2%）	245	4.7	11.5
低脂牛乳（1%）	245	5	12.3
脱脂牛乳	245	5	12.5

续表

牛乳的种类	1 杯质量/g	乳糖平均质量分数/%	乳糖含量/（g/杯）
巧克力牛乳	250	4.5	11.3
炼乳	252	10.3	26.0
甜炼乳	306	12.9	39.5
脱脂乳粉（未加工）	120	51.3	61.6
全脂乳粉（未加工）	128	37.5	47.9
酸乳(脱脂)	245	4.4	10.8
脱脂乳	244	4.3	10.5
酸奶油	230	3.9	8.9
酸乳（普通）	277	4.4	10.0
牛乳与奶油的混合物	242	4.2	10.0
淡奶油	240	3.9	9.3
搅打奶油	239	2.9	6.9

（来源：美国乳制品委员会）。

11.14 牛乳的安全/质量

牛乳是一种极易变质的物质，水分含量高，含有大量蛋白质，pH 接近中性（6.6），这些特性有助于细菌的生长。卫生的细节之前已经提到过，但重要的是了解牛乳的保存和安全性。根据成分的不同，即使是非乳制品的“牛乳”仿制品也可能需要相当于与其类似的乳制品的冷藏或冷冻。

包装的纸箱上有一个日期，零售时应该遵循这个日期。如果遵守乳制品委员会建议的以下操作说明，牛乳则可以在这个“保质期”之后的几天内仍保持新鲜和可用：

使用合适的容器来保护牛乳免受阳光、明亮的日光和强荧光灯的照射，以防止异味的产生和核黄素、抗坏血酸和维生素 B_6 含量的降低。

购买后尽快将牛乳储存在冷藏温度 7℃或以下。

保持牛乳容器密闭，以防止在冰箱中吸收其他食物的风味。吸收的风味会改变牛乳口味，但牛乳仍然可以安全食用。

按照购买的顺序食用牛乳。

提供冷牛乳。

立即将牛乳容器放回冰箱，以防止细菌滋生。液体和培养乳的温度超过 7℃，即使是几分钟也会缩短保质期。切勿将未使用的牛乳放回原容器。

将罐装牛乳放在阴凉干燥的地方。一旦打开，应该转移到一个干净的不透明容器中冷藏。

将乳粉存放在阴凉干燥的地方，打开后重新密封容器。空气湿度会使乳粉结块，并可能影响其风味和颜色变化。如果乳粉发生此类变化，则不应再食用。复原后，乳粉应像其他液态乳一样处理：盖好并储存在冰箱中。

提供冷的超高温杀菌乳，包装开封后放入冰箱中储存。

1924 年，美国 FDA 的一个分支机构美国公共卫生服务署（the United States Public Health Service，USPHS）制定了《标准牛乳条例》，今天称之为《巴氏杀菌牛乳条例》（the Pasteurized Milk Ordinance，PMO）。这是一项示范法规，帮助各州和市政当局制定有效的计划来预防乳源性疾病。PMO 包含管理“A”级牛乳和乳制品的生产、加工、包装和销售的规定。这是所有 50 个州、哥伦比亚特区和美国各地区都参与的项目使用的基本标准。

50 个州中有 46 个州已经采用了大部分或全部 PMO 来制定他们自己的牛乳安全法，而那些未采用 PMO 的州则通过了类似的法律。加利福尼亚州、宾夕法尼亚州、纽约州和马里兰州都没有采用 PMO。

《巴氏杀菌乳条例》第 9 条部分规定，“仅‘A’级巴氏杀菌乳、超巴氏杀菌乳或无菌加工乳和乳制品才能出售给终端消费者、餐厅、冷饮柜台、杂货店或类似的场所。”

美国农业部的乳品分级计划是如何运作的：

美国 AA 级或 A 级盾形徽章最常见于黄油上，有时也见于切达干酪上。

美国特级是高品质速溶脱脂乳粉的等级名称。使用美国农业部分级和检验服务的加工者可以在包装上使用官方等级名称或盾形徽章。

如果产品已经按照美国农业部的分级和检验程序进行了质量检验，则“质量合格”盾形徽章可以用于其他乳制品（例如，农家干酪）或其他没有美国官方等级标准的干酪。—USDA

“根据 FDA 法规，需要给出每种产品（黄油除外）的成分或乳脂含量。州法律或法规可能与 FDA 的有些不同。黄油的乳脂含量是由联邦法律规定的。FDA 已经建立了一项法规，允许产品偏离标准成分，以符合营养成分要求。例如脱脂酸奶油、淡蛋酒、低脂黄油和脱脂松软干酪等产品都属于此类。”（来源：美国农业部）

在长期或高温储存的罐装牛乳或干乳中，观察到伴随颜色和风味变化的碳水化合物褐变反应。这里应该提到的是，褐变并不意味着污染或变质。而是还原糖的游离羰基与蛋白质的游离氨基之间的非酶促美拉德褐变或“羰基—胺褐变”反应。

11.15 结论

乳汁是哺乳动物的第一食物。它包含主要营养物质——碳水化合物、脂肪和蛋白质及含量上占优势（88%）的水。牛乳中的两种主要蛋白质是酪蛋白和乳清蛋白，还有在酶中发现的其他蛋白质。牛乳中的脂肪含量是根据特定的产品和管辖区法律规定的。

牛乳经过巴氏杀菌以消灭病原体，并经过均质化以使脂肪乳化，防止成奶油状。如果进行州际贸易，A 级牛乳则必须以这种方式处理。牛乳可以是液态、进行蒸发、浓缩、干燥或发酵培养，制成黄油、干酪、奶油、冰淇淋或其他各种产品。由于其高蛋白、高水分活度和中性 pH，牛乳是一种具有潜在风险的食品，必须保持低温。

笔记：

烹饪提示！

术语表

发酵脱脂乳，经发酵培养：巴氏杀菌的低脂或脱脂牛乳，向其中添加细菌以将乳糖发酵成更酸性的乳酸，从而使牛乳中的酪蛋白凝结。

酪蛋白：（译者注：酪蛋白是一种含磷钙的结合蛋白，对酸敏感，pH 较低时会沉淀。）牛乳中的主要蛋白质，呈胶体分散状。

酪蛋白胶束：牛乳中的稳定球形颗粒，包含 α_S-，β-和 κ-酪蛋白以及胶态磷酸钙。酪蛋白胶束通过 κ-酪蛋白稳定，主要存在于表面；α_S-和 β-酪蛋白组分主要位于酪蛋白胶束内部。

干酪：由酪蛋白通过乳酸或凝乳酶凝结而形成的凝固产品；可能未成熟或经细菌成熟；由浓缩牛乳制成。

搅拌：搅动使脂肪球膜破裂，因此乳液破裂、脂肪聚结、水逸出。

凝聚：蛋白质变性后形成新的交联。作为蛋白质聚集体的大分子，形成凝块、凝胶或半固体物质。

乳析：脂肪小球聚结（密度低于牛乳的水相）并上升到未均质、全脂和一些低脂牛乳的表面。

炼乳：浓缩除去普通液体牛乳中的 60% 的水；罐装。

发酵：（培养的）来自微生物的酶或酸，通过将有机底物分解成更小的分子来降低 pH 和凝结牛乳。

强化：增加鲜乳中的维生素含量，使其含有维生素 A 和维生素 D，达到通常在牛乳中见不到的水平。

牛乳均质化：使牛乳中的物质细化和均匀化，其中的脂肪球分散成更多和更小的脂肪球，以防止乳脂形成。

牛乳仿制品：（外观、口味等）与传统产品类似，但营养较差；不含乳脂或乳制品。

乳糖不耐症：由于肠道乳糖酶缺乏或水平不足而无法消化乳糖。

美拉德反应：褐变的第一步是由于氨基酸的游离氨基与还原糖之间的反应而发生的；非酶褐变。

无脂牛乳固体：牛乳中除脂肪外的所有固体成分。

牛乳替代品：（外观、味道等）与传统产品相似，营养相当；不含乳脂（如添加配料的脱脂乳）。

膨胀率：由于空气的掺入，冰淇淋体积的增加超过冰淇淋混合物的体积。

巴氏杀菌法：热处理（译者注：温度小于100℃），以杀灭致病菌、真菌（霉菌和酵母）和大多数非致病菌。

凝乳酶：起初来源于牛乳喂养的小牛胃中的酶，用来凝乳并形成许多干酪。

成熟：从干酪凝乳沉淀到干酪的质地、风味和颜色完全形成之间的时间。乳糖被发酵，脂肪被水解，蛋白质进行部分水解形成氨基酸。

高温灭菌：温度高于巴氏杀菌要求的温度，使产品不含任何细菌。

甜炼乳：牛乳浓缩去除60%的水分，含40%~45%的糖。

总乳固体：牛乳中除水以外的所有成分。

乳清：牛乳中的次要蛋白质，包含在乳清或水溶液中；包含乳清蛋白和乳球蛋白。

参考文献

[1] Anon (2000a) A new way to separate whey proteins. Food Eng 72: 13.

[2] Anon (2000b) Research yields new reasons to say cheese. Food Eng 72: 16.

[3] Dalgleish DG, Corredig M (2012) The structure of the casein micelle of milk and its changes during processing. Annu Rev Food Sci Technol 3: 449-467.

[4] Davis CG, Blayney DP , Dong D, Stefanova S, Johnson A (2010) Long-term growth in U. S. cheese consumption may slow. A report from the economic research service. United States Department of Agriculture.

[5] Decker KJ (2012) Culture splash: fermented dairy beverages. Food Prod Design 44-53.

[6] Hollingsworth P (2001) Food technology special report. Yogurt reinvents itself. Food Technol 55 (3): 43-49.

[7] Johnson RK, Frary C, Wang MQ (2002) The nutritional consequences of flavored-milk consumption by school-aged children and adolescents in the United States. J Am Diet Assoc 102: 853-855.

[8] Potter N, Hotchkiss J (1998) Food science, 5th edn. Springer, New York.

引注文献

[1] American Dairy Products, Chicago IL.

[2] American Whey, Paramus NJ.

[3] Associated Milk Producers (AMPI), New Ulm NM.

[4] Centers for Disease Control and Prevention (CDC).

[5] Cheese varieties and descriptions. Handbook 54. USDA, Washington DC.

[6] Dairy and Food Industries Supply Association, Inc. , McLean VA.

[7] How to buy cheese. Home and garden bulletin no. 193. USDA, Washington DC.

[8] How to buy dairy products. Home and garden bulletin no. 201. USDA, Washington DC.

[9] Model FDA food code.
[10] National Dairy Council, Rosemont IL.
[11] Standards of Identity for Dairy Products.
[12] USDA. ChooseMyPlate. gov.

第四部分

食品中的脂肪

12 脂肪及油脂制品

12.1 引言

脂肪是饮食的主要成分。由于其风味/口感、适口性、质地和香气等特点，而在饮食中受到青睐。脂肪还含有脂溶性维生素 A、维生素 D、维生素 E 和维生素 K。脂肪和油脂的来源可能是动物、植物或在工业加工中可能以某种组合方式制造出的海洋生物。脂肪在室温下呈固态，而油在室温下呈液态。

有几种脂肪是必需的，如亚麻酸和亚油酸，这表明身体不能产生或不能产生足够的脂肪。油脂不溶于水，有一种油腻的感觉，消费者可能会在餐巾纸或餐盘上感觉到或看到油脂的存在。脂肪可以加工成甘油单酯和甘油二酯——这两种甘油单元分别具有一条或两条脂肪酸链，它们可以添加到许多食品中，起乳化剂或更多的作用。

在食品制备中脂肪的一些功能如下：

- 增加或修饰风味、质地。
- 使面糊和面团充气（发酵）。
- 有助于面团成片脱落。
- 增加柔软度。
- 乳化（参见第十三章）。
- 传递热量，如在油炸中。
- 防止黏连。
- 提供饱腹感。

食用油用于人造黄油、涂抹酱、调味品、零售瓶装油、作为煎炸油等。大豆油是目前美国使用量最大的植物油。它被整合到各种产品中。其他广泛使用的油也将被讨论。

各种脂肪替代品试图在口感和感觉上模仿脂肪，使其具有良好的口感和低脂。随着脂肪替代品的使用，热量和胆固醇水平可能会明显低于脂肪。油脂存在于许多食品类别中，但它们不属于水果和许多蔬菜的组成部分。

当前大多数健康建议指出，作为一个群体，脂肪和油应该在饮食中有节制地使用。脂肪和油是甘油三酯——脂类的主要成分。总的来说，脂质是包括甘油三酯、磷脂和固醇的总称术语。

食物过敏或不耐受可能需要禁食或限食这些食物中的某些食物。

12.2 脂肪的结构和组成

12.2.1 甘油酯

甘油酯包括甘油单酯、甘油二酯和甘油三酯。前两种在食品中起乳化剂的作用，而食品中最丰富的脂肪物质（超过95%）是后一种，即甘油三酯。甘油三酯不溶于水，在室温下可以是液体或固体，液体形式一般称为油，固体形式一般称为脂肪（图12.1）。

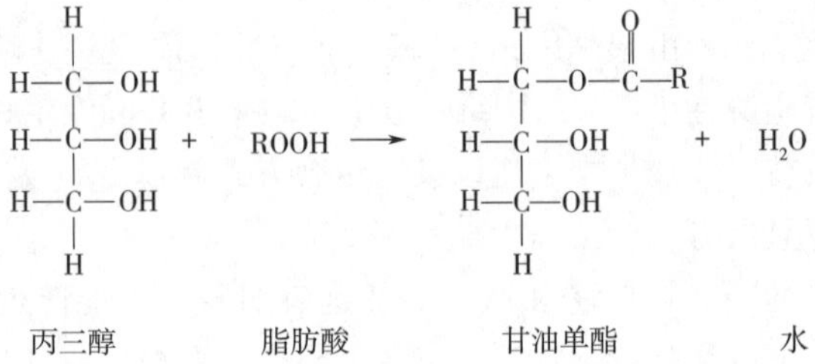

```
    H                           H     O
    |                           |     ‖
H—C—OH                      H—C—O—C—R
    |                           |
H—C—OH  +  ROOH  ——→        H—C—OH        +   H2O
    |                           |
H—C—OH                      H—C—OH
    |                           |
    H                           H

 丙三醇      脂肪酸            甘油单酯          水
```

图12.1 甘油单酯的形成

如果两种脂肪酸被酯化成甘油，就会形成甘油二酯，而三种脂肪酸发生同样的反应就会形成甘油三酯。如果甘油三酯含有三种相同的脂肪酸，则称为简单甘油三酯；如果甘油三酯含有两种或三种不同的脂肪酸，则称为混合甘油三酯。在空间上，甘油分子的同一侧没有空间让三种脂肪酸都存在；因此，甘油三酯被认为以阶梯状（椅子状）或音叉状排列存在（图12.2）。甘油上脂肪酸的排列及其特定类型决定了脂肪的化学和物理性质。

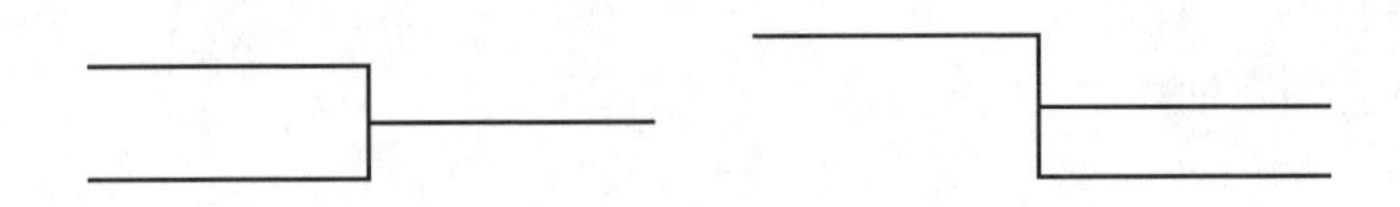

图12.2 脂肪酸音叉状（左）和阶梯状或椅子状排列（右）

12.2.2 油脂中的微量成分

除甘油酯和游离脂肪酸外，脂类还可能含有少量的磷脂、固醇、生育酚、脂溶性维生素和一些色素。每一个都在本文的这一节进行简单的讨论。

磷脂类似于甘油三酯，但只含有两种酯化成甘油的脂肪酸。在第三个脂肪酸的位置，有一个含有磷酸极性基团和一个含氮基团，最常见的磷脂是卵磷脂（图12.3）。卵磷脂几乎存在于每一个活细胞中。这个词来源于希腊语 *lekithos*，意思是“蛋黄”，卵磷脂存在于蛋黄中。然而，卵磷脂的主要商业来源是大豆（印第安纳州韦恩堡中央大豆公司）。向日葵卵磷脂在市场上也可以买到。

磷脂的两种脂肪酸被脂肪吸引，而磷和氮部分被水吸引。因此，磷脂在脂肪和水这两种

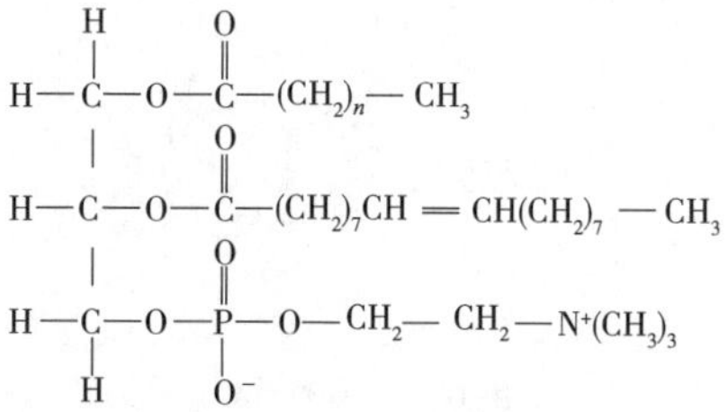

$$H-\overset{\displaystyle H}{\overset{|}{C}}-O-\overset{\displaystyle O}{\overset{\|}{C}}-(CH_2)_n-CH_3$$

$$H-\overset{|}{C}-O-\overset{\displaystyle O}{\overset{\|}{C}}-(CH_2)_7CH=CH(CH_2)_7-CH_3$$

$$H-\underset{\displaystyle H}{\underset{|}{\overset{|}{C}}}-O-\underset{\displaystyle O^-}{\underset{|}{\overset{\displaystyle O}{\overset{\|}{P}}}}-O-CH_2-CH_2-N^+(CH_3)_3$$

图 12.3 卵磷脂（磷脂酰胆碱）

通常不相溶的物质之间形成了一个桥梁，故可以观察到乳化现象（详见第十三章）。

“精制”卵磷脂经过改性，可为各种食品提供重要的表面活性特性，如速溶饮料混合物、婴儿配方乳粉、肉酱和肉汁、分散油性树脂、烤盘油、口香糖和脂肪替代物系统（印第安纳州韦恩堡中央大豆公司）。

卵磷脂在食品工业中很重要（表 12.1），它们有很多种形式——标准液体，化学改性卵磷脂，酶改性卵磷脂和去油卵磷脂或者是粉末形式。卵磷脂具有两个重要的性质：丙酮不溶物（acetone insolubles，AI）和亲水/亲脂平衡（hydrophilic/lipophilic balance，HLB）。标准液体卵磷脂的 AI 为 62%~64%；去油卵磷脂至少有 97% 的 AI。标准液体卵磷脂的 HLB 值为 2~4；去油卵磷脂的 HLB 为 7~10。HLB 值反映了卵磷脂乳化剂上各基团的大小和强度。

表 12.1 卵磷脂

卵磷脂性质
乳化作用；防止黏连的能力；改善粉末的润湿性和分散性；在每个细胞中，严格来说不是在植物中
益处
提供“清洁”标签；改善面团；防老化
成分——数量和比例因植物而异
磷脂——丙酮不溶性、糖脂、中性脂类和糖

PC 磷脂酰胆碱、 PE 磷脂酰乙醇胺、 PI 磷脂酰肌醇、 PA 磷脂酸

卵磷脂的存在促进水包油和油包水乳液更稳定形成（Seabot，2013）。

固醇含有一个普通的甾体核、一个 8~10 碳侧链和一个醇基。化学家对固醇的看法不同于甘油三酯或磷脂——固醇是圆形的。胆固醇是主要的动物固醇（图 12.4），虽然也存在植物甾醇或植物的烷醇；但是最常见的是谷甾醇和豆甾醇。在“人造黄油”型产品中还发现了其他植物甾醇，包括那些以 Benecol ®商标销售的产品。

生育酚是大多数植物油中重要的微量成分；动物脂肪中几乎不含生育酚。生育酚是抗氧化剂，有助于防止氧化酸败，也是维生素 E 的来源。生育酚在加热过程中被部分除去，并且可以在加工后添加以提高油的氧化稳定性。例如，如果维生素 E 添加到油中，这种油通常会作为维生素 E 的来源或含有抗氧化剂的油进行销售。

溶于脂肪的维生素可以被脂肪携带。脂溶性维生素 A、维生素 D、维生素 E 和维生素

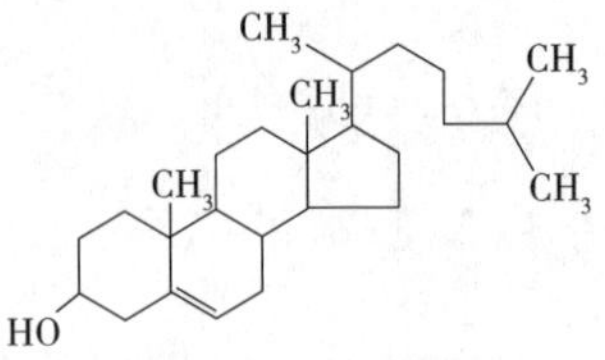

图 12.4 植物甾醇

K，如果不是天然存在或是大量存在于食品中的，则可以添加到食品中（如人造黄油、牛乳或各种各样的其他食品中）以增加营养价值。饮食中的脂肪会促进这些脂溶性维生素的吸收。

类胡萝卜素和叶绿素等色素可能存在于脂肪中，这些色素可以赋予脂肪独特的颜色。这种颜色可以在加工过程中通过漂白去除（例如，牛乳）。

12.3 脂肪酸的结构

脂肪酸是碳烃链，链的一端是甲基（—CH_3），另一端是羧基（—COOH）。大多数天然脂肪酸含有 4~24 个碳原子，而且大多数在链中含有偶数个碳原子。例如，丁酸是最小的脂肪酸，有 4 个碳原子，它存在于黄油中；猪油和牛油中含有较长烃链的脂肪酸。

脂肪酸可能是饱和的，在这种情况下，它们含有碳碳单键，其通式为 $CH_3(CH_2)_nCOOH$。它们呈线性，如图 12.5 所示，在室温下呈固态，熔点高。脂肪酸可能是不饱和的，含有一个或多个碳碳双键。单不饱和脂肪酸，如油酸，只含有一个双键，而多不饱和脂肪酸，如亚油酸和亚麻酸，则含有两个或两个以上的双键。一般来说，不饱和脂肪在室温下呈液态，熔点低。

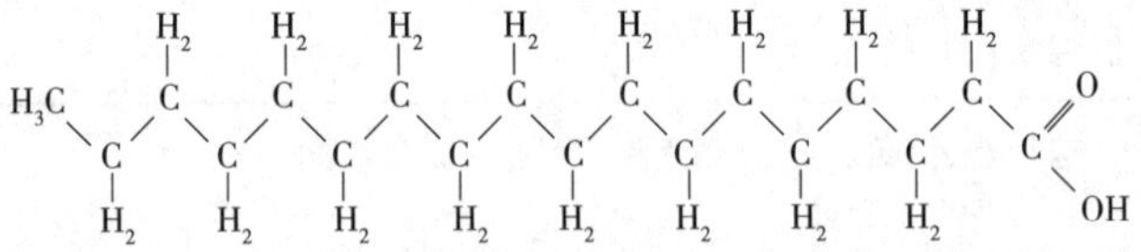

图 12.5 脂肪酸的实例

脂肪酸中的双键以顺式和反式两种构型存在（图 12.6），表示不同的异构体结构。在顺式构型中，与双键的碳原子相连的氢原子位于双键的同一侧。在异构体的反式构型中，氢原子位于双键的两侧，彼此相对。

双键的这种构型影响了脂肪酸分子的熔点和形状。反式构型比顺式构型具有更高的熔点，反式构型对分子的线性没有明显改变。但是，顺式双键会在链上造成扭结（顺式双键使碳氢化合物的线性链发生约 42°的弯曲）。这种扭结影响脂肪酸的一些特性，包括上文提到的熔点。

几乎所有用于食品的天然脂肪和油脂都以顺式结构存在。［异油酸（11-十八碳烯酸）

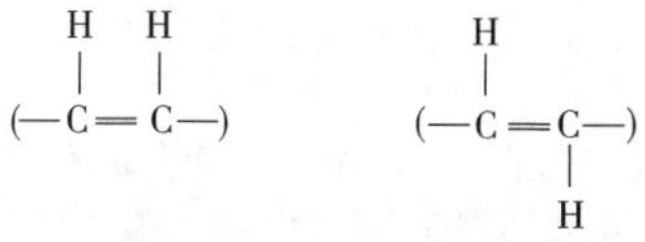

$$\begin{array}{c} \text{H}\quad\text{H} \\ |\quad\;\; | \\ (\text{—C}=\text{C—}) \end{array} \qquad \begin{array}{c} \text{H}\quad\;\; \\ |\quad\;\;\; \\ (\text{—C}=\text{C—}) \\ \quad\;\;\; | \\ \quad\;\;\; \text{H} \end{array}$$

图 12.6 表示脂肪酸异构结构的顺式（左）和反式（右）构型

是一种天然存在的反式脂肪酸，在反刍动物的脂肪以及牛乳、黄油和酸乳等乳制品中都有少量存在。实际上，它的名字“*vacca*”是源自拉丁语中母牛的意思。异油酸占牛乳脂肪酸的2.7%（MacGibbon 和 Taylor，2006 年）。共轭亚油酸的反式异构体也可能在这些来源中痕量存在；它们在肠道内通过细菌由异油酸合成。]

在油脂的氢化过程中，一些双键会转化为反式构型，这可能是食物中含反式脂肪的原因（参见“反式脂肪”）。美国胆固醇教育计划（the national cholesterol education program, NCEP）声明“反式脂肪酸是另一种提高低密度脂蛋白的脂肪，不应该保持在高摄入量”。一些营养主义者希望特定标签包含反式脂肪酸含量。从 2006 年 1 月起，美国法律规定食品的营养成分标签和广告中必须标注食品中反式脂肪酸含量。（译者注：各国对食品中反式脂肪酸含量的限量标准不同，但普遍都要求在食品标签上明确标注反式脂肪酸含量。）

这项立法的结果是，一些食品制造公司很早地就决定在产品中绝对不使用反式脂肪。只有当每份食品中反式脂肪总量超过 0.49g 时，食品制造商才会被要求列出反式脂肪。因此，为了更好地贴标签，可能需要对食品成分进行一些修改。食品工业在多种用途的无反式脂肪的油和脂肪方面已经有了很大的发展：油炸、填充等。

异构

脂肪酸可能具有几何或位置异构体，这些异构体在 C、H 和 O 的数目上可能相似，但它们形成不同的排列，从而产生不同的化学和物理性质。油酸和反油酸是分别以顺式和反式形式存在的几何异构体的实例。位置异构体有相同的化学式，但是，双键的位置是不同的。例如从链的酸端开始在碳 9、碳 12 和碳 15 上具有双键的 α-亚麻酸，以及在碳 6、碳 9 和碳 12 位上具有双键的稀有异构体 γ-亚麻酸。

脂肪的商业改性可能产生几何或位置异构体。几何异构体往往在脂肪氢化过程中产生，位置异构体可能在脂肪的酯交换或重排过程中形成。

12.4 脂肪酸的命名

脂肪酸有三种命名方式：每种都有已使用多年的一个常用或者简单的名字，它们也有一个最近新出现的系统的或日内瓦名称，并具有描述其所属的脂肪酸结构的优点；此外，还有 ω 体系，它通过从分子的甲基端开始计数，第一个双键的位置来分类脂肪酸。这个系统的开发是为了对可以在体内彼此合成的脂肪酸家族进行分类。表 12.2 给出了一些最常见脂肪酸的所有的三种命名方式的例子。

脂肪酸也用两个数字表示，第一个数字表示链中碳原子的数目，第二个数字表示双键的数目。例如，含有 18 个碳原子和一个双键的油酸可以写成 18：1（表 12.2）。

表 12.2 一些常见脂肪酸的命名

系统命名	普通命名	碳数:双键数	熔点℃
乙酸	乙酸	2	
丁酸	丁酸	4	-7.9
己酸	己酸	6	-3.4
辛酸	辛酸	8	16.7
癸酸	癸酸	10	31.6
十二烷	月桂酸	12	44.2
十四烷	肉豆蔻酸	14	54.4
十六烷	软脂酸	16	62.9
十八烷	硬脂酸	18	69.6
二十烷	花生酸	20	75.4
二十二烷	山萮酸	22	80.0
9-十八碳烯酸	油酸	18：1	16.3
9-十八碳烯酸[a]	油酸	18：1	43.7
11-十八碳烯酸[a]	异油酸	18：1	44
9，12-十八碳二烯酸	亚麻油酸/ ω -6	18：2	-6.5
9，12，15-十八碳三烯酸	亚麻油酸/ ω -3	18：3	-12.8

来源：改编自起酥油与食用油研究所。

注： a——除了反油酸和异油酸，所有的双键以顺式构型排列。反油酸和异油酸以反式构型排列。异油酸自然发生，反油酸通过氢化反应产生。

12.4.1 日内瓦命名法或系统命名法

日内瓦命名系统是一种对脂肪酸进行系统命名的方法，每个名称都完全描述了其所属的脂肪酸的结构。每种不饱和脂肪酸都是根据链中的碳原子数来命名的，如表 12.2 所示。例如，硬脂酸的链上有 18 个碳原子，故称十八烷酸；**Octadec** 意思是 18。oic 表示结尾存在一个羧基（—COOH），**anoic** 表示链中没有双键。含有 16 个碳原子的棕榈酸称为十六烷酸。**Hexadec** 的意思是 16，**anoic** 的结尾同样表明这个脂肪酸链上没有双键（**oic** 等于一个酸性基团的存在）。

含有双键的脂肪酸也根据其含有的碳原子数来命名。因此，油酸（18：1）、亚油酸（18：2）和亚麻酸（18：3）都有十八烷基，表示它们各自含有 18 个碳原子。然而，名字的其余部分是不同的，因为它们分别包含 1 个、2 个或 3 个双键。双键的数量及其在脂肪酸链中的位置都在名称中被指定。

需要注意的是，每个双键的位置是从分子的官能团或酸端计算的，而不是从甲基端计算的。因此，油酸被称为9-十八碳烯酸。数字9是指从酸端算起，碳9和碳10之间的双键位置。需要注意的是，这个名称以烯酸结尾，**en**表示有一个双键存在。

亚油酸被命名为9，12-十八碳二烯酸。同样，从酸端开始计算指定了双键的位置。**Octadeca**表示碳链中有18个碳原子，**dien**表示在碳链中有2个双键。同样地，含有3个双键的亚麻酸被命名为9，12，15-十八碳三烯酸。字母**trien**表示在链中有3个双键，它们的位置也是从分子的酸端开始计算的。

双键的构型也可以在名称中被指定。例如，油酸和反油酸是几何异构体，因为油酸中的双键以顺式构型存在，而反油酸中的双键以反式构型存在。油酸的全称是顺式9-十八烯酸，反油酸命名为反式9-十八烯酸。

反式9-十八碳烯酸

通过查看脂肪酸的系统名称，就可以知道它含有多少个碳原子、多少个双键以及它们所在的位置。每个名称都提供了关于脂肪酸的重要信息，而这些信息仅通过观察简单的酸的缩写或者是ω名称是无法获得的。

12.4.2 ω 命名系统

ω命名体系用于不饱和脂肪酸，表示分子中第一个双键的位置，从甲基（$—CH_3$）端计算，而不是从酸端开始计算（如日内瓦命名体系）。这是因为机体通过在脂肪酸链的酸端增加碳来延长脂肪酸链。使用ω系统，可以开发一系列能在人体内相互合成的脂肪酸家族。例如，一个ω-6脂肪酸从甲基端开始计算，在C-6和C-7之间有第一个双键。亚油酸是ω-6脂肪酸的一个例子，它是ω-6家族的主要成员。在摄入亚油酸后，机体可以增加两个碳原子生成花生四烯酸（20：4），这也是一种ω-6脂肪酸。

主要的ω-3脂肪酸是亚麻酸，含有3个双键。从甲基端开始计数，第一个双键位于碳-3上。人体可以从亚麻酸中合成二十碳五烯酸（EPA：20：5）和二十二碳六烯酸（DHA：22：6）。EPA和DHA都是ω-3脂肪酸，因为它们的第一个双键位于C-3上（同样，从分子的甲基端计算）。

12.5 油脂的性质

12.5.1 晶体的形成

当液体脂肪冷却时，分子运动随着能量的去除而减慢，并且分子通过范德瓦尔斯力相互吸引。这些力很弱，在小分子中意义不大。但是，它们的作用是累积的，在大分子或长链分子中，总引力是可观的。因此，脂肪分子可以排列并结合成晶体。

对称分子和链长相似的脂肪酸分子最容易排列形成晶体。含有不对称分子的脂肪和由于双键而含有扭结分子的脂肪，因为它们不能在空间中紧密地聚集在一起，就不太容易排列。易于排列的分子在结晶之前需要去除的能量较少，因此它们具有高熔点。它们也倾向于形成大晶体。不易排列的分子具有较低的熔点，因为在它们结晶之前必须去除更多的能量，而且他们更倾向于形成小晶体。

12.5.2 同质多晶

脂肪可以以不同的晶体形式存在，这种现象被称为多态性。根据结晶过程中的条件以及脂肪的组成，脂肪可能会结晶为四种不同晶体形式中的一种。最小和最不稳定的晶体称为α-晶体。如果脂肪迅速冷却，就会形成这些物质。大多数脂肪的α-晶体是不稳定的，容易转变为β'-晶体。这些是小针状晶体，大约1μm长。形成稳定的β-晶体的脂肪很适合用作起酥油，因为它们很容易被乳化，并且质地光滑。不稳定的β-'晶体先转变为晶粒尺寸为3~5μm的中间晶体，再转变为晶粒尺寸为25~100μm的粗β-（β-）晶体。β-晶体熔点最高。

通过带有搅拌的快速冷却有利于小晶体的形成。这样就可以形成许多小晶体，而不是少数大晶体的缓慢生成（如果脂肪有助于食品充气，较小的晶体是可取的）。如果冷却缓慢，就会出现大晶体的生长（读者可能想阅读更多关于脂肪多态性及其对巧克力涂层的影响）。

脂肪越不均匀，分子就越有可能形成稳定的小晶体。均质脂肪很容易形成大晶体。猪油是同质脂肪的一个例子；超过25%的分子含有硬脂酸、软脂酸和一个不饱和脂肪酸分子（通常是油酸）。因此，猪油以粗β-晶体形式存在。但是，猪油可以通过酯交换作用进行改性，这导致脂肪酸以更随机的方式迁移并与甘油重组。

重排后的猪油会形成稳定的β'-晶体，因为它的异质性更高。乙酰甘油酯能够形成稳定的α-晶体，因为它们含有被酯化为甘油的乙酸，来代替一种或两种脂肪酸。这增加了每个甘油三酯的脂肪酸组成的异质性，从而阻碍了大晶体的形成。

在所有其他条件相同的情况下，含有小晶体的脂肪比含有大晶体的脂肪包含更多的晶体和更大的总晶体表面积。含有小晶体的脂肪是较硬的脂肪，质地光滑，并且看起来不那么油腻，因为油是以包裹在晶体周围的一层薄膜的形式存在的，而含有大晶体的脂肪则相反。

食品工业使用受控的同质多晶来获得具有晶体大小的脂肪，从而改善其在食品中的功能特性。例如，用于乳脂的脂肪必须含有小而稳定的β'-晶体；因此，在制造过程中对结晶进行控制。

12.5.3 熔点

脂肪或油的熔点是分子间引力的指标。分子之间的引力越大，它们就越容易结合形成固体，而当它们处于晶体形态时，就越难将它们分离并转化为液体。要将固体转变为液体，必须投入大量热量形式的能量，因此熔点会很高。换句话说，高熔点表明分子之间有很强的引力。强大的引力表明分子之间具有很好的契合度。不能很好地契合在一起的分子没有强大的吸引力将它们聚集在一起，因此它们的熔点较低。

脂肪或油是几种甘油三酯的混合物，具有比基于单个组分的熔点所预期的更低的熔点和更宽的熔点范围。然而，熔化范围取决于组成甘油三酯的脂肪酸。脂肪在室温下也可能是塑性的，其中包含一些液态甘油三酯和固态的甘油三酯。

一般来说，与在室温下具有长链和高熔点的塑性或固体脂肪相比，在室温下呈液态的油往往更不饱和，链更短，熔点更低（几种脂肪酸的熔点见表12.2）。然而，情况并非总是如此，椰子油（参见“热带油”）具有很高的饱和度（90%），低熔点范围（24℃～27℃）。它在室温下呈液态，因为它含有相当数量的相对短链（12个碳）的脂肪酸，如棕榈油和棕榈仁油。另一方面，猪油仅含有约37%的饱和脂肪酸，大部分为长链脂肪酸，因此在27℃时为半固态。

如上所述，脂肪或油的熔点实际上是一个范围，而不是一个明确的温度。熔化的范围取决于脂肪的成分。每种脂肪或油都含有甘油三酯，根据它们脂肪酸成分的不同，甘油三酯在不同温度下熔化。有些脂肪的熔化范围很广，而有些脂肪的熔化范围很窄，如黄油或巧克力。巧克力的熔化范围很窄，接近人体温度，这就是它特有的入口即化的性质。

单个脂肪酸的熔点取决于链长、双键数量（饱和度）和异构构型等因素，因为这些因素都会影响脂肪酸分子之间的契合度和吸引力。

链长：长链脂肪酸的熔点比短链脂肪酸高，因为长链脂肪酸之间比短链脂肪酸之间的吸引力更大。引力是累积的，如果链足够长，吸引力可能会很明显。（换言之，你可以认为它们有拉链效应，长拉链比短拉链坚固得多，因为有更多的齿相互交叉。）例如，丁酸（4：0）的熔点为-7.9℃，而硬脂酸（18：0）的熔点更高，为69.6℃。硬脂酸在室温下为结晶固体，而丁酸则是液体，当温度低至水的冰点时才是固体。

双键的数量：除链长外，决定熔点的第二个因素是双键的数量。随着双键数量的增加，熔点降低。双键会使链发生扭结，分子更难结合在一起形成晶体；因此，分子之间的吸引力较弱。如表12.2所示，通过比较硬脂酸、油酸、亚油酸和亚麻酸的熔点可以证明这一点。

异构构型：影响熔点的第三个因素是异构构型。几何异构体具有不同的熔点，因为相较于反式构型，顺式双键构型在分子中引入了更大的扭结。因此，顺式异构体比反式异构体的熔点低，因为顺式构型的分子不能像反式构型的分子那样契合在一起。通过比较油酸和反式油酸的熔点可以看出。油酸（顺式）比反油酸（反式）的熔点低，如表12.2所示。低反式液体起酥油，如高油酸、单不饱和葵花油，不需要在标签上注明反式或“氢化”成分，因为它的反式脂肪酸含量低于2%。标准起酥油可能含有超过30%的反式脂肪。

如上所述，甘油三酯的熔点取决于脂肪酸组分的熔点。简单的甘油三酯可以很容易地契合在一起，因为三个脂肪酸链是相同的，因此可以使分子紧密堆积并具有高熔点。一般来说，异构甘油三酯越多，就越不能很好地契合在一起，因此会有较低的熔点。脂肪的熔点随晶型从α-晶体向粗β-晶体的每一次转变而升高。

12.5.4 塑性脂肪

脂肪在室温下可以是液态、固态或塑性的。塑性脂肪是可塑的，因为它既含有液体油，也含有甘油三酯的固体晶体。它的稠度取决于固体甘油三酯与液体甘油三酯的比例：液体甘油三酯越多，脂肪越软；固体甘油三酯越多，脂肪越硬。塑性脂肪是一种两相体系，包含被液体油包围的固体脂肪晶体。液相起着润滑剂的作用，使固体晶体相互滑动，从而赋予脂肪可塑性。只含有固体甘油三酯的脂肪坚硬而易碎，因为晶体无法相互移动而无法成型。

烹饪提示！食谱（对于某些饼干或酥饼）所说明的“奶油状”脂肪必须是塑性的，以便易于加工并将空气掺入混合物中而不会破碎。

理想情况下，塑性脂肪应在较宽的温度范围内为半固体或塑性的，以便在不同（高温或低温）的温度下进行乳脂化。塑性范围广的脂肪含有一定量高温下为固体、低温下为液体的甘油三酯。

具有宽塑性范围的脂肪是通过商业改性获得的，包括氢化和交酯化过程，如部分氢化的大豆油（在人造黄油中发现）和交酯化猪油。待乳化的起酥油还必须含有小晶体，最好是β型。重新排列的猪油可形成稳定的β'-晶体，因此具有适合做奶油脂肪的细粒结构。

黄油的塑性范围很窄，因此，对于需要乳化的脂肪来说，黄油并不是一个好的选择。如果将其直接从冰箱中取出，它会因为太硬而无法形成奶油状；如果在一个温暖的日子里将其放在柜台上，它会因为变成太多液体而不能形成奶油状。

12.6 膳食脂肪和油脂的组成

表12.3显示了消费者在食品制备中经常使用的各种油脂的脂肪酸组成。对于哪种油最好，时间已经显示出可变性！钟摆已经从一种产品摆向另一种产品了！

多不饱和脂肪在室温下是液态的，主要存在于植物中。红花油的多不饱和脂肪为76%，葵花油为71%，大豆油为54%，玉米油为57%（部分氢化油经氢化以获得更大程度的饱和度）。

单不饱和脂肪在室温下呈液态，主要存在于植物中。橄榄油含有75%的单不饱和脂肪酸，菜籽油含有61%的单不饱和脂肪酸。这些脂肪与降低血清胆固醇和降低冠心病（coronary heart disease，CHD）的风险有关。研究者们并没有一致地认为其中一种脂肪是所有食用的脂肪/油脂中最好的。

饱和脂肪在室温下是固态，主要存在于动物体内，但也存在于一些热带油中（表12.3）。与摄入饮食中的胆固醇相比，这些饱和脂肪导致更多的血清胆固醇增加！

表12.3 膳食脂肪组成比较

膳食脂肪	脂肪酸含量归一化至100%			
	饱和脂肪酸	多不饱和脂肪酸	α-亚麻酸	单一不饱和脂肪酸
菜籽油	7%	21%	11%	61%
红花籽油	10%	76%	—	14%
向日葵油	12%	71%	1%	16%
玉米油	13%	57%	1%	29%
橄榄油	15%	9%	1%	75%
大豆油	15%	54%	8%	23%
花生油	19%	33%	—	48%
棉籽油	27%	54%	—	19%
猪油	43%	9%	1%	47%

续表

膳食脂肪	脂肪酸含量归一化至100%			
	饱和脂肪酸	多不饱和脂肪酸	α-亚麻酸	单一不饱和脂肪酸
牛油	48%	2%	1%	49%
棕榈油	51%	10%	—	39%
乳脂	68%	3%	1%	28%
椰子油	91%	2%	7%	

胆固醇含量（mg/15g）：猪油 12；牛油 14；乳脂 33。植物油中不含胆固醇。

数据来源： 1994 年 6 月，加拿大萨斯喀彻温省萨斯卡通， POS 试验工厂公司。

加拿大卡诺拉委员会加拿大马尼托巴省温尼伯伦巴德大道 400 · 167 号 R3B 0T6。

（来源：加拿大卡诺拉委员会）。

12.6.1 动物脂肪

动物脂肪在脂肪酸链中通常有 18 个碳。这些长链由各种脂肪酸组成，并且主要是饱和脂肪酸。这类脂肪可经加工用于烘烤和烹饪（参见 12.7.2）。来自猪和牛的动物脂肪包括：

- 猪油。由猪提炼，43%饱和脂肪酸。
- 牛脂（板油）。由牛提炼，48%饱和脂肪酸。

12.6.2 热带油脂

从生长在世界热带地区的植物中提取的油被称为热带油脂。与短链脂肪酸不同，热带油的例子包括如下：

- 可可脂。从可可豆中提取，通常用于糖果和巧克力糖果。
- 椰子油。饱和脂肪最高的植物油——饱和脂肪超过 90%；对氧化非常稳定，而且水解程度较小，能够稳定地抗水解。
- 棕榈油。50%饱和脂肪酸；抗氧化性能稳定。
- 棕榈仁油。84%的饱和脂肪酸；源自棕榈树的内核；抗氧化性稳定。

烹饪提示！ 在某种程度上由于动物脂肪含有胆固醇、饱和脂肪和明显的风味，因此在食品中使用猪油和牛脂等动物脂肪的比例有所下降，偏向于使用植物油。

12.7 生产和加工方法

种植农作物是为了增加种植者的产量，同时为消费者提供对健康具有良好特性的脂肪和油。无论是种植者还是消费者都希望产品货架质量稳定。下文简要讨论常规和非常规的育种方法。这些方法由分子遗传学家提供，供种植者和油籽加工者使用，以便食用油供应商能够将产品货架质量稳定和消费者健康作为优先事项。

例如，普通大豆油就不稳定，因为它含有7.6%的亚麻酸，亚麻酸是一种不稳定的18：3多不饱和脂肪酸。为了改善这一点，常规杂交选育已研制出一种含有2.5%~3%的亚麻酸的低亚麻酸大豆油。这种从精选大豆中提取的低亚麻酸大豆油比普通大豆油更稳定，而且不需要氢化来防止酸败。想要较少饱和脂肪的消费者可以选择这种油。

非常规的育种方法包括基因改造，它可以产生不需要氢化的更稳定的油，可在产品中实现稳定性以及较低的饱和脂肪。因此，无论是常规的杂交育种还是非常规的基因改造都可以在不损害健康的情况下提高产品货架质量的稳定性，这可能是可取的。

12.7.1 脱臭油

脱臭油是那些已通过加热、真空或木炭吸附过程去除异味的那些油。例如，可以对橄榄油进行脱臭处理，以便在烘烤应用中提供更广泛的用途，而不会将其特有的气味和风味赋予食品。

12.7.2 固化脂

固化脂是加热后从结缔组织中释放出来，然后冷却后从动物脂肪中得到的固体——可用脂肪。食品制造商将猪脂肪加工成猪油，或将牛脂肪加工成牛油。在小范围内，消费者通过以下两步获得固化脂：首先将动物切成小块，微微煮沸以提取液态脂肪，然后冷却，直至变成固体。剩下的部分没有可用的脂肪，其用途超出了关于脂肪的讨论范围。在结构上，猪油的大晶体结构是由许多类似的甘油三酯组成的，可用于生产非常理想的片状饼皮。今天，猪油可以被加工成含有更小晶体的产品，这样它的作用就更像氢化起酥油。添加的抗氧化剂如BHA和BHT可以防止其酸败。如前所述，猪油和牛油不像过去那样经常用于烹饪，部分原因是其明显的味道、饱和脂肪和胆固醇含量。此外，动物现在被饲养得更瘦，因此猪油的供应量就更少。如今，市场上有许多方便的、商业化的起酥油可以在烹饪过程中取代猪油。

12.8 脂肪的改性

12.8.1 氢化

氢化是在不饱和脂肪酸中加入氢以减少双键数量的过程。氢化的目的有两个：

- 将液体油转化为半固体脂肪或塑性脂肪。
- 增加脂肪的热稳定性和氧化稳定性，从而延长保质期。在可控的温度和压力条件下，在镍、铜或其他催化剂的存在下，氢气与油反应，会发生不饱和脂肪酸的氢化反应。当达到所需的氢化程度时，小心地控制反应并停止反应。随着反应的进行，会逐渐产生反式脂肪酸，使脂肪或油脂的熔点增加，从而产生一种更密实的产品。固体起酥油是由氢化油产生的。

要仔细控制氢化过程的程度，以达到食品成品所要求的稳定性和物理性质。如果反应完成，就会得到一种饱和脂肪，并且产物在室温下又硬又脆。然而，这通常不是氢化的目的，因为食品通常需要部分氢化，这样可以提供中等程度的固化度，减少双键的数量，但不能消除所有双键。事实上，在部分氢化植物起酥油产品中，约有 50% 的脂肪酸是单不饱和脂肪酸，约有 25% 是多不饱和脂肪酸。

多不饱和脂肪易发生氧化酸败。因此，通过氢化来减少双键的数量有助于增加它们的稳定性。一旦饱和，脂肪的食用比膳食中胆固醇的摄入更有助于血清胆固醇的升高。氢化过程使某些顺式双键转变成反式构型。

少量反式脂肪是天然存在的，主要存在于乳制品、一些肉类和其他动物性食品中。大多数是在制造商添加氢气以将液态油转化为部分/氢化油时形成的。因此，氢化植物起酥油、一些人造黄油（不是黄油）、饼干、零食和方便快餐中都含有反式脂肪。建议事先阅读标签。

塑性脂肪具有用于奶油中的人造黄油或起酥油的有用的功能特性。面糊和面团配方中经常指定氢化脂肪，这取决于固体脂肪的充气乳化能力（第十二章）。奶油通过加入空气来增加体积，从而产生大量的气室。因此，烘焙产品中的面包屑颗粒小而均匀。

12.8.2 酯交换

酯交换或重排导致脂肪酸以更随机的方式迁移并与甘油重组。这会导致新的甘油酯形成并增加脂肪的异质性。但是它不会改变脂肪酸的不饱和程度或异构状态。

猪油是以这种方式改性以改善其功能特性的脂肪的一个例子。如前所述，猪油在其自然状态下是一种相对均质的脂肪。因此，它的塑性使用范围很窄，太硬而不能直接从冰箱里拿出来使用，在高于正常室温的温度下又太软。猪油还含有粗大的 β-晶体。重排增加了猪油的异质性，使其形成稳定的 β'-晶体，并提高了其可塑性或可加工性的温度范围。这显著增强了其作为起酥油产品的用途。

氢化可以与酯交换同时使用，并且可以在其之前或之后进行。这使起酥油的制造商能够生产具有多种特性的脂肪。

12.8.3 乙酰化

当甘油三酯中的一个或两个脂肪酸被乙酸（CH_3COOH）取代时，会形成乙酸甘油酯或乙酸脂。乙酸脂在室温下可以是液体的，也可以是塑性的，这取决于脂肪酸的组成。然而，因为分子不容易聚集在一起，所以乙酸的存在会降低脂肪的熔点。它还能使脂肪形成稳定的 α-晶体。

乙酸脂可用作食用润滑剂；它们还可形成柔性薄膜，并用于某些食品的涂层剂，如葡萄干和农产品，以防止水分流失。

12.8.4 冬化

冬化油是指经过预处理来控制不良浊度的油。油中大的、高熔点的甘油三酯晶体在制冷温度下会结晶（形成固体）。因此，在冬化的过程中，油要经过冷藏和多次过滤，以去除掉那些大的，不需要的晶体，这些晶体很容易破坏沙拉酱的乳化。经过处理的油被称为色拉油，专门用于制作沙拉酱。

烹饪提示！色拉油是透明的，除了进行冬化处理外，还可以进行漂白、脱臭和精炼。色拉油与食用油不同，后者不进行冬化处理。

12.9 脂肪的变质

脂肪会因吸收气味或变酸而变质。下面将对这两种方法进行描述。例如，当巧克力脂肪吸收了在糖果店环境中烟的气味，或者在超市里同一个杂货袋中包装的肥皂的气味，由于吸收气味而使变质显而易见。黄油也可能因为容易吸收冰箱的气味而变质。当酸败引起变质时，它在脂肪物质中产生一种令人不快的气味和风味。

烹饪提示！加工并不能消除脂肪变质和酸败的所有可能性，但可以延长脂肪和油的寿命。

由酸败引起的变质可能以两种方式发生，从而使脂肪不适用于食品中。一种方式是水解酸败，它涉及脂肪与水的反应和游离脂肪酸的释放。另一种是氧化酸败，这是一种更复杂、更具潜在破坏性的反应。在第二种情况下，脂肪被氧化并分解成具有较短碳链的化合物，如脂肪酸、醛类和酮类，所有这些化合物均易挥发，产生了难闻的脂肪哈喇味。

12.9.1 水解酸败

当甘油三酯与水反应并从甘油中释放脂肪酸时，脂肪可能因水解酸败而变酸。反应如图 12.7 所示。如果一分子水与甘油三酯反应，则会释放出一种脂肪酸，一种甘油二酯被保留下来。为了释放甘油，必须从分子中除去所有三种脂肪酸。该反应通过加热和被称为脂肪酶的酶催化。黄油中含有脂肪酶，如果在温暖的日子里将黄油放在厨房的柜台上，由于短链丁酸的释放，经常会产生一种特有的酸臭气味（与长链脂肪酸不同，这些短链脂肪酸可能会形成难闻的气味和风味）。

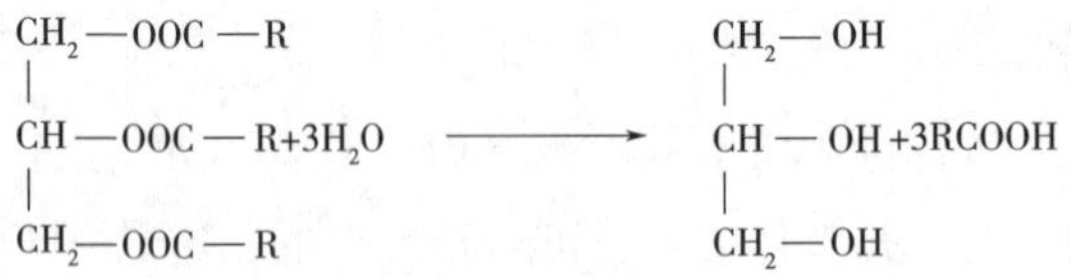

$$\begin{array}{l} CH_2-OOC-R \\ | \\ CH-OOC-R+3H_2O \\ | \\ CH_2-OOC-R \end{array} \longrightarrow \begin{array}{l} CH_2-OH \\ | \\ CH-OH+3RCOOH \\ | \\ CH_2-OH \end{array}$$

图 12.7 水解酸败度

水解酸败也是深度油炸的一个问题，因为油炸时温度很高，潮湿的食品经常被引入到热油脂中。持续使用酸败的油会导致油的进一步分解。为了避免这种酸败，脂肪应储存在阴凉处，如果可能的话，应使脂肪酶灭活。

烹饪提示！脂肪应远离水，油炸食品在加入到热油脂中之前应尽可能干燥。用于油炸的油脂种类应基于稳定性来选择。

12.9.2 氧化酸败或自动氧化

氧化酸败是酸败的主要类型。在这个过程中，不饱和脂肪酸受到氧化酸败或自氧化作用，双键越多，向双键添加氧的机会就越大，脂肪或油脂发生酸败的风险也就越大。自氧化是复杂的，受热、光、某些金属（铁和铜）和称为脂氧合酶的酶促进。反应可分为三个阶段：引发期、增殖期和终止期。

反应的引发期包括自由基的形成。如图 12.8 所示，与一个双键相邻的碳原子上的一个氢被置换成一个自由基。双键周围和内部都有化学活性。（粗体表示参与反应的原子或原子团。）如前所述，该反应是由热、光、某些金属（如铜和铁）和脂氧合酶催化的。形成的自由基是不稳定的且非常活泼。

```
 H  H  H  H                       H  H  H  H
 |  |  |  |                       |  |  |  |
—C—C═C—C—   +  能量  ——→  —C—C═C—C—   +   H
 |        |                                |
 H        H                                H

不饱和脂肪酸                         自由基          不稳定氢
```

图 12.8 自动氧化引发期

增殖期在引发期之后，涉及自由基氧化以及产生活化过氧化物。反之，它会取代另一种不饱和脂肪酸中的氢，形成另一种自由基。释放的氢与过氧化物结合形成氢过氧化物，自由基可以被氧化，就像刚才描述的那样。因此，反应会自我重复或增殖，一个自由基的形成会导致许多不饱和脂肪酸的氧化。

氢过氧化物非常不稳定，分解成具有较短碳链的化合物，如挥发性脂肪酸、醛和酮。它们是造成腐臭油脂特有气味的原因。自动氧化增殖期的两个反应如图 12.9 所示。

```
 H  H  H  H                                H  H  H  H
 |  |  |  |                                |  |  |  |
—C—C═C—C—     +     O2    ——→        —C—C═C—C—
          |                                |        |
          H                                O—O      H

   自由基                                    过氧化

 H  H  H  H        H  H  H  H          H  H  H  H         H  H  H  H
 |  |  |  |        |  |  |  |          |  |  |  |         |  |  |  |
—C—C═C—C   +  —C—C═C—C  ——→  —C—C═C—C—  +  —C—C═C—C—
 |        |        |        |          |        |                  |
 O—O      H        H        H          O—OH     H                  H

  过氧化         不饱和脂肪酸          氢过氧化物            自由基
```

图 12.9 自动氧化增殖期的两个反应

反应的终止期包括自由基生成非自由基产物的反应。消除所有的自由基是阻止氧化反应的唯一方法。

12.9.3 预防自动氧化

可以通过避免用作反应催化剂的情况来防止或延迟氧化。例如，脂肪和油脂必须储存在阴凉黑暗的环境中（提供温度和光线变化控制），并保存在密闭的容器中（以最大程度地减少氧气的利用）。含脂肪产品的真空包装可控制氧气暴露，有色玻璃或包装控制光线强度的波动。脂肪也必须储存在远离能催化金属反应的地方，使用的任何炊具都必须不含铜或铁。脂氧合酶应被灭活。

烹饪提示！ 将油脂储存在阴凉的黑暗环境和封闭的容器中。有色玻璃罐或包装纸控制酸败。

此外，可以在脂肪中添加螯合剂和抗氧化剂，以防止自动氧化，从而提高脂肪的质量和保质期。

螯合剂结合金属，从而防止它们催化自动氧化。例如 EDTA 乙二胺四乙酸和柠檬酸。

抗氧化剂通过脂肪酸自由基的形成来防止自动氧化。抗氧化剂通过给脂肪酸中的双键提供氢原子防止酸败并防止任何不饱和键的氧化。它们阻止了导致酸败的脂肪酸的连锁反应。

大多数抗氧化剂都是酚类化合物。那些被批准用于食品的包括丁基羟基茴香醚（butylated hydroxy anisole，BHA）、丁基羟基甲苯（butylated hydroxy toluene，BHT）、叔丁基对苯二酚（ter-butylhydroquinone，TBHQ）和没食子酸丙酯。这些都是合成的抗氧化剂。如果两者同时使用，抗氧化剂的有效性可能会提高。例如，没食子酸丙酯和 BHA 组合在一起比单独使用更有效。

生育酚是植物油中天然存在的抗氧化剂。它们可以添加到动物油和植物油中来防止氧化。生育酚也是必需营养维生素 E 的来源。

在含有脂肪的食品中使用抗氧化剂可以提高它们的质量和保质期。检查食品标签后发现，抗氧化剂广泛应用于许多食品，从薯片到谷物。没有抗氧化剂，含脂食品的质量就不会那么好，而且由于氧化酸败而产生的异味和气味是很常见的。

12.10 各种油脂的起酥油和起酥能力

植物、动物或多种植物和动物脂肪及油的混合物可以用来做起酥油，通常这种混合物是乳脂状的。脂肪或油的起酥油潜力受其脂肪酸组成的影响（表 12.4），各种脂肪和油可能起到起酥油一样的作用。“起酥油”包括多种类型，从可浇注的液体到坚硬的固体，后者通常被认为是最常见的起酥油。起酥油是氢化油，它的作用是物理缩短经加工过的小麦粉混合物中形成的蛋白质——淀粉结构的小片状物。

一些油脂的起酥能力如下图所示。

猪油具有较大的脂肪酸晶体结构，除非它被酯化。它形成一种理想的片状产品。这种固体脂肪在面粉的面筋结构中切成豌豆大小的块或更小的块时，会在面粉的面筋结构中融化，形成许多层，或者在烘焙的馅饼皮或饼干中形成薄片。

黄油和人造黄油除了含有各种脂肪或油脂（80%）外，还含有水和牛乳（20%）。1 根干酪棒需要 2.365L 牛乳。水、黄油和人造黄油比猪油、氢化起酥油或 100%脂肪的油具有更小的起酥潜力。当将黄油或人造黄油掺入到基于面粉的配方时，由于其水成分使淀粉水合，它们会使混合物变硬。

黄油的替代品起源于 1869 年，当时一位法国药剂师配制了人造黄油。如今，人造黄油可能含有部分发酵培养的脱脂乳或乳清、可选的脂肪成分、乳化剂、色素（胭脂树红或胡萝卜素），还可能添加盐、调味料、维生素 A 和维生素 D。如果油被列为人造黄油标签上的第一种成分，人造黄油可能富含多不饱和脂肪酸（polyunsaturated fatty acids，PUFA）。如果标签上把部分氢化油列为第一成分，那么 PUFA 就会少一些。然而，很多是“部分的”！如果产品不符合人造黄油的特性标准，必须贴上“涂抹”标签。此外，今天的人造黄油替代品可能不含牛乳、钠，甚至不含脂肪。

氢化脂肪是饱和的，容易加工。当奶油乳化时，氢化脂肪将空气并入混合物。氢化脂肪经加工没有明显的味道，并且具有广泛的塑性范围。氢化脂肪含有 100% 的脂肪，比黄油或人造黄油起酥性更强。食品成品可能是片状的，但是，其片状与使用猪油形成的片状并不相像。

油含有很高的液体与脂肪的晶体比，是不饱和的。它们通过覆盖小片状物机械地缩短蛋白质链。油会控制面筋蛋白的发展和随后的韧性，因为较少的水接触面筋蛋白。油有助于生产出鲜嫩的产品，但在糕点中，可能不需要薄片状结构。由于在面团层之间没有大块融化的脂肪，因此糕点不容易形成薄片状结构。

烹饪提示！用黄油或人造黄油代替猪油或氢化起酥油的食谱会加水，因此，该食谱所需的额外水就会减少，而且产生的薄片更少。

如上所述，脂质使食品变柔软或变薄，并赋予食品独特的特性。这种差异在成品饼皮上尤其明显，在饼干上也可以观察到。柔软的产品容易被压碎或咀嚼；它们又软又易碎，即油饼皮。片状产品包含许多薄片或多层熟面团，即酥皮和猪油饼皮。

表 12.4 列出了影响这两个不同属性的一些因素。选择加入食品中的脂肪或油的种类、脂肪含量、操作程度和温度都会影响产品的柔软度和易碎性。应该在了解这些因素的情况下选择和使用脂肪和油脂。然而，脂肪或油脂的健康属性可能会取代其他质量属性，从而产生不符合传统产品标准的产品。例如，出于健康原因，馅饼皮可能不包含固体脂肪，但可以用油来制备。如果是这样的话，成品的馅饼皮就不会那么脆了反而会易碎。

烹饪提示！为了控制不受欢迎的易碎食品的形成，在添加脂肪或油之前，可能需要形成一些面筋。这可以通过在一些水合和控制形成面筋后在配方中添加脂肪来实现。

表 12.4　影响产品柔软度和易碎性的因素

具体因素	详细原因
脂肪或油的种类	大块的固态脂肪融化时会在面筋淀粉混合物中形成层状或片状，而油会更彻底地包裹住面粉颗粒，形成更少的层状和粉状产品。用一种脂肪或油代替另一种脂肪或油可能不会产生可接受或预期的结果。
脂肪含量	在配方中脂肪可能会减少或省略，或者使用的脂肪可能不是 100% 的脂肪，它可能是黄油、人造黄油或“涂抹酱”。要达到可接受的标准，食品中必须含有足够的脂肪或油脂。例如，以面粉为基础的混合物需要足够的脂肪来控制面筋的形成，并产生柔软的面包屑。仿制品“黄油”或“涂抹食品”水分含量高，可能不含有所需的高百分比脂肪，以在所有烘焙、煎炒或“黄油涂抹”中具有令人满意的表现。
操作程度	操作的程度不够可能导致脂肪在食品混合物中的分布不均。相反，过度操作可能会导致脂肪扩散或软化，从而最大限度的减少成片的可能性。例如，当固体脂肪以豌豆大小的块状加入配方时，就产生了片状饼皮。

续表

具体因素	详细原因
温度	取决于脂肪的类型，冷起酥油（固态或液态）比室温起酥油的涂抹潜能小，制成的饼干和馅饼皮更薄。用冷起酥油制备的食品在热烤箱里烘烤过程中也会保持稍微硬些。当起酥油熔化时，它比未熔化的起酥油表现出更大的起酥潜力；比同等数量未熔化的固体脂肪涂抹性更好。熔化的起酥油会使产品更软、更不易碎。

12.11 乳化

脂肪和油不是乳化剂。然而，除了提供风味，给面糊、面团充气以及起酥油以外，脂肪和油是乳液的重要成分。乳液由三相系统组成，包括：

（1）连续相——分散相悬浮在其中的相或介质；

（2）分散相——在乳状液中分散的或细化的相；

（3）乳化剂——乳化剂存在于分散相和连续相之间的界面处，使二者分离。乳化剂的作用方式如下，

• 它吸附在两种不相溶的液体（例如油和水）之间的界面上。

• 它降低了两种液体之间的界面张力，使一种液体更容易在另一种液体周围扩散。

• 它形成一个稳定的、一致的、黏弹性的界面膜，可阻止或延迟分散乳状液液滴的聚结。

可以作为乳化剂的分子既包含被水吸引的极性亲水（亲水）部分，也包含被油等疏水溶剂吸引的疏水（憎水）部分。为了使亲水部分分散在水相中，疏水部分分散在油相中，分子必须吸附在两相之间的界面上，而不是分散在任何一种体相中。

好的乳化剂能够在界面上相互作用，形成不易破裂的连贯一致膜。因此，当两个液滴碰撞时，乳化剂膜保持完整，并且液滴不会合并成一个大液滴。相反，它们会逐渐彼此远离。

最好的乳化剂是蛋白质，如蛋黄（脂蛋白）或牛乳蛋白，因为它们能够在界面上相互作用形成稳定的膜，从而形成稳定的乳液。然而，许多其他类型的分子也被用作乳化剂。

甘油单酯和甘油二酯是添加到产品中以提供易于混合的乳化剂的实例。它们吸附在界面上，降低界面张力，增加连续相的分散性或分散相的润湿性。

在某些情况下，细碎的粉末（例如干芥末或香料）被用作水包油混合物中的乳化剂。芥菜和香料吸附于界面上并降低界面张力。然而，它们不能在油滴周围形成稳定的膜，因此它们不能形成稳定的乳状液。所以，它们不应被认为是真正的乳化剂。

乳液可以是暂时的，也可以是永久的。暂时性乳液静置时会分离，不是永久存在，因为疏水性油和亲水性成分在静置时会分离。这是因为所使用的乳化剂不能形成稳定的界面膜来阻止分散相液滴的聚结。随着聚结的发生，液滴结合形成更大的液滴，最终两相完全分离。暂时性乳液的一个例子是法式调味汁，它在摇晃几秒钟后就会分开。

当两种通常不相混溶的相，如水和油，与乳化剂结合时，会形成永久乳液。一种相（通常是油相）以小液滴的形式分散在另一种相中。它们在连续相（通常是水）中保持分散

状态，因为它们被一层可以阻止聚结的乳化剂稳定膜包围，所以阻止了两相分离。

因此，油和水分离的时间取决于乳化剂的效果和搅拌的程度。如前所述，有关乳化的更多详细信息，参见第十三章。

各种乳化混合物的例子有蛋糕粉、蛋黄酱和沙拉酱，讨论如下。

蛋糕粉中含有一种乳化剂，在搅拌或打浆时有助于空气的混入。乳化剂通常是甘油单酯和甘油二酯，它们的作用方式是将起酥油分散在更小的颗粒中。这创建了一个最大数量的气室，以增加蛋糕的体积，并在烘焙产品中产生更均匀的颗粒（参见第十四章）。

蛋黄酱是一种乳化产品。1952 年的特性标准中描述，真正的蛋黄酱不是沙拉酱（蛋黄酱类型）。蛋黄酱是一种乳化半固体，含有不低于 65% 重量的可食用植物油。

沙拉酱通常是乳化的，含有油、醋、水、盐等。用油在沙拉材料涂上一层，并撒上草药、香料和其他物质。由于调味料中有盐，过早使用可能会使沙拉萎蔫。使用防冻油。有些调味料可以采用无脂配方。除了使用培根脂肪的培根酱外，固体脂肪通常不能用于调味料。

明胶、树胶、果胶和淀粉糊等水胶体（参见“脂肪替代品”）可以在制备沙拉酱中添加，但它们仅包含亲水部分，不被认为是乳化剂。相反，它们在乳液中起稳定剂的作用，帮助防止或减少聚结，因为它们会增加连续相的黏度。

12.12 油炸

用熔化的脂肪或油炸是一种常见的烹饪技术，因为油炸是一种快速传热的方法，能达到比煮沸或干热温度更高的温度。用于油炸的油脂特征包括油脂必须无色、无臭、温和，并具有高烟点。

12.12.1 烟点

烟点是指在可控条件下，在脂肪从其表面连续喷出蓝色烟雾之前，脂肪可能被加热的温度。烟雾的存在表明游离甘油已被进一步水解生成丙烯醛，这是一种黏膜刺激物。氢化起酥油中的单甘油酯和双甘油酯比甘油三酯更容易水解，而且它们的烟点往往较低。因此，不建议在油炸中使用氢化起酥油。

当脂肪超过烟点时，它可能会达到闪点，这时油中开始出现小火焰。随后，它到达油中持续着火的着火点。一些油的烟点高，如棉籽油或花生油，烟点分别为 229℃ 或 230℃。其他烟点较低的油暴露于例如铁锅的高温下时，可能不会产生令人满意的效果。

烹饪提示！ 与氢化的脂肪和油相比，猪油、黄油、人造黄油和动物脂肪的烟点低，耐热性差。

12.12.2 油炸中的变化

油炸会使食品暴露在高温下，去除内部水分，并允许一定程度的油吸收。油炸的时间、食品的成分、表面处理和其他因素决定了油吸收的水平。

随着空气、水的存在，油脂随后发生热分解，而且长时间的高温会导致脂肪氧化和水解。油可能会变成有害的橙色或棕色油，或者变得更黏稠且起泡沫。油反复用于油炸，烟点降低，并且质量降低。据报道，有许多因素会影响油炸过程中的油吸收，而更好地了解油炸过程中的油吸收方式会改善油炸食品的食品质量。例如，孔隙度需要更多的研究以确定其对吸油量的影响。表 12.5 中列出了一些影响油炸过程中吸油量的因素。

一份关于商业油在油炸过程中化学和物理变化的研究报告见 De Alzaa 等的文献（De Alzaa 等，2018）。

表 12.5 深度油炸过程中影响吸油量的选取因素

油炸温度、持续时间和产品形状——由于油炸时间较短，温度升高会减少油的吸收。
加压油炸会减少持续时间和油的吸收。
表面质量比高或表面粗糙度高会增加油的吸收。
成分——大豆蛋白、鸡蛋蛋白或粉状纤维素的添加减少油脂的吸收。 高糖、软面粉或形成面筋会增加油脂的吸收。
油炸前处理——漂烫，用含乳化剂的油预洗，冷冻和蒸气预处理均可降低吸油率。
表面处理——水胶体（参见 12.14）和直链淀粉涂层可障碍脂肪吸收。

12.13 低脂和无脂食品

消费者对食用低脂或无脂食品的兴趣已增加，这被健康食品更多的趋势所证明。但是，人均脂肪和油脂的消费量并没有降低到卫生局局长在营养与健康报告中建议的水平（来自脂肪的热量小于每日热量的 30%）。这可能部分是由于饮食中的任何脱脂成分都无法复制脂肪的功能、风味和口感。

低脂冷冻甜点面临的风味挑战可能包括影响冰淇淋产品风味、香气、质地和口感的脂肪的去除。克服风味问题具有挑战性。

美国农业部报告了一项应对风味挑战的尝试。利用从 10：1 到 2：1 不等的淀粉脂质比，油滴悬浮在煮熟的淀粉分散液中，然后作为一种成分添加以改善风味、质地和口感（美国农业部）。

调味料和酱料中的脂肪和油具有多种作用，提供许多属性。“当你考虑到全脂沙拉酱中可能含有多达 30%～50% 的油以及其中的蛋黄酱或调味料所占的比例高达 80% 时——你会更好地理解为什么低脂、减脂、“轻淡”或无脂的食品如此达不到预期”（Decker，2013 年）。

12.14 脂肪替代品

配方中的脂肪替代品可以是由蛋白质、碳水化合物或脂肪衍生形成。例子如下文所示。当然，如果有效的话，还可以加入无热量的水和空气！“当替代品有助于控制热量，以及其使用促进运载重要营养素的食品消费时，替代品则是有用的”（营养与饮食学会）。

可以通过回答以下问题来确定使用特定的脂肪替代品：脂肪替代品试图模拟脂肪的什么特性？

如今，有许多材料被设计用来代替脂肪；这些材料来源于几种不同种类的物质。一些试图模拟脂肪的替代品包括如下所述的蛋白质、碳水化合物和脂肪衍生形成的脂肪替代品。

采用“系统方法”解决问题，卡路里控制委员会报告称“……各种协同作用的成分用来实现全脂产品的功能和感官特性。各种成分的组合用来弥补被代替的脂肪的特定功能。这些组合可能包括蛋白质、淀粉、糊精、麦芽糊精、纤维、乳化剂和调味剂。现在可以买到的一些脂肪替代品本身是由多种成分组合或混合而成的（例如，目前使用的一种脂肪替代品是乳清、乳化剂、变性食品淀粉、纤维和树胶的组合）。”（卡路里控制委员会）

营养与饮食学会指出：“脂肪替代品为个人提供了减少高脂食品摄入并享受熟悉食品的减脂配方的机会，同时又保留了基本的食品选择模式。”（营养与营养学研究院）

食品技术研究所报告，营养、健康的生活方式、规律的锻炼和减少膳食脂肪总量在摄入脂肪的生活方式中具有重要意义。

在下文中，对每一组衍生脂肪替代品进行了讨论、举例和标签标示。食品技术人员正在研究一系列广泛的成分和工艺来代替食品和饮料中的脂肪。以下是目前正在使用或正在进行研发的脂肪替代品清单。

12.14.1 碳水化合物衍生的脂肪替代品

脂肪替代品可用 16743.40J/g，而不用 37672.65J/g 的碳水化合物衍生而成。淀粉在高水分系统中可以很好地代替脂肪，吸收水分并形成模拟脂肪的凝胶。它们已经在烘焙工业中应用多年。

果泥或干果泥粉也可用来代替脂肪，例如纤维素、树胶、纤维、糊精、麦芽糊精、改性食品淀粉、改性膳食纤维和聚葡萄糖。称为麦芽糊精的淀粉水解衍生物（分类为水解胶体），味道清淡，口感顺滑。它们是商业蛋糕的脂肪替代成分，也有助于保持产品的水分。其理想的功能特性是胶凝、增稠和稳态化。

植物根、木薯、块茎、马铃薯、以及谷物淀粉、玉米和大米也用作脂肪替代品。一种基于燕麦的脂肪替代品是用一种食品级酶部分水解燕麦淀粉制成的，大麦正在被研究用作可能的脂肪替代品。脂肪替代品基本上是水胶体材料，或者包含水胶体作为其成分组成的重要部分（参见下文）。

水胶体是长链聚合物，主要是碳水化合物，在含水体系中增稠或凝胶化，产生类似脂肪的乳脂状黏度。下面列出了一些。包括淀粉衍生物、半纤维素、β-葡聚糖、可溶性膨松剂、微粒子、复合材料（即羧甲基纤维素和微晶纤维素或黄原胶和乳清），以及功能性混合物（树胶、改性淀粉、脱脂乳固体和植物蛋白）。

聚葡萄糖

可以用作每克提供 4.184kJ 热量的脂肪或蔗糖的替代品。聚葡萄糖是一种由葡萄糖、山梨糖醇和柠檬酸以 89∶10∶1 随机聚合而成的疏松剂。它可用于各种产品，如烘焙食品、口香糖、沙拉酱、明胶、布丁和冷冻甜点。

有几种以干果为基础的物质可以代替食谱中脂肪。葡萄干、李子和其他水果混合物目前可供消费者使用。苹果酱也被用来部分代替配方中的脂肪。正在探索更多的脂肪替代品，包括使用胶囊技术（美国农业部）。

12.14.2 碳水化合物衍生的脂肪替代品实例

纤维素——纤维素可以替代乳制品、调味汁、冷冻甜点和沙拉酱中的部分或全部脂肪。

环糊精——环糊精来源于木薯等食物源，可应用于沙拉酱、布丁、涂抹酱、乳制品和冷冻甜点等。

纤维——纤维可以在减脂产品中保持结构和体积的完整性，提供保湿能力、黏附性和货架稳定性，在烘焙食品、肉类、涂抹酱和挤压产品等方面有应用。

树胶——也称为亲水性胶体或水胶体，例如瓜尔豆胶、阿拉伯胶、刺槐豆胶、黄原胶、卡拉胶和果胶等。树胶几乎不含热量，只提供增稠效果，有时还能起到胶凝作用，能提升奶油质地，用于低热量、脱脂沙拉调味汁，以及降低甜点和加工肉类等其他配方食品中的脂肪含量。

菊粉——从菊苣根中提取的低热量（4.185~5.02J/g）脂肪、糖替代品、纤维和膨胀剂，用于酸乳、干酪、冷冻甜点、烘焙食品、冰块、馅料、生奶油、乳制品、纤维补充剂和加工肉类。

麦芽糊精——从玉米、马铃薯、小麦和木薯等碳水化合物中提取的凝胶或粉末（16.743J/g），用作脂肪替代品、质地改进剂或膨胀剂，应用于烘焙食品、乳制品、沙拉酱、涂抹酱、调味汁、糖霜、馅料、加工肉类、冷冻甜点、挤压产品和饮料等。

Nu-Trim——一种富含β-葡聚糖的脂肪替代品，由燕麦和大麦通过提取过程去除粗纤维成分制成。该产品可以用于食品和饮料，如烘焙食品、牛乳、干酪和冰淇淋，由此形成的产品脂肪含量低，而且β-葡聚糖含量高（可溶性纤维β-葡聚糖被认为是燕麦和大麦中有益于降低心血管风险因素的主要成分）。

燕麦素——一种水溶性的酶处理燕麦面粉，含有β-葡聚糖可溶性纤维，用作脂肪替代品，增稠剂和质构成分。燕麦素具有低热量的特点（4.185~16.743J/g），用于烘焙食品、馅料和糖霜、冷冻甜点、乳类饮料、干酪、沙拉酱、加工肉类和糖果。

聚葡萄糖——一种低热量（4.185J/g）的脂肪替代品和膨胀剂，含有少量山梨醇和柠檬酸的葡萄糖水溶性聚合物。聚葡萄糖被批准在各种产品中使用，包括烘焙食品、口香糖、糖果、沙拉酱、冷冻乳制品甜点、明胶和布丁。

淀粉和变性食用淀粉——是一种低热量（4.185~16.743J/g）脂肪替代品、增稠剂、质地修饰剂，可从马铃薯、玉米、燕麦、大米、小麦或木薯淀粉中得到，可与乳化剂、蛋白质、树胶和其他改性食用淀粉一起使用。其应用范围包括加工肉类、沙拉酱、烘焙食品、馅料和糖霜、调味汁、调味品、冷冻甜点和乳制品。

Z-Trim——一种无热量脂肪替代品，由燕麦、大豆、豌豆和稻壳或玉米或小麦麸皮中的不溶性纤维制成。它具有热稳定性，可用于烘焙食品（也可替代部分面粉）、汉堡、热狗、干酪、冰淇淋和酸乳。

在成分声称上以玉米淀粉的形式出现，其他的则以变性食用淀粉的形式出现。

（卡路里控制委员会）

食品标签上一些碳水化合物基脂肪替代品：

卡拉胶、纤维素、明胶、结冷胶、凝胶、瓜尔豆胶、麦芽糊精、聚葡萄糖、淀粉、黄原胶、改性膳食纤维。

(上述成分除用作脂肪替代品外，还可作其他用途使用)。

12.14.3 脂肪衍生的脂肪替代品

脂肪衍生的脂肪替代品，如 Olestra，每克提供 0kJ 热量。其他替代品每克提供不到 37.672kJ 热量的脂肪。他们中大多数是乳化剂、低脂肪乳剂或甘油三酯类似物，但结构发生了变化。据国际食品信息委员会报道，“一些脂肪衍生的脂肪替代品组分，如 Caprenin 和 Salatrim，实际上是为减少食品中的热量和脂肪含量而量身定制的脂肪。”其他脂肪替代品，如 Olestra，则经过结构修饰，不提供热量或脂肪。(国际食品信息委员会).

Olestra 在化学成分和特性上与脂肪和油不同。Olestra 是一种蔗糖聚酯，主要是蔗糖八酯，它是由 6~8 种脂肪酸与蔗糖的 8 个游离羟基反应合成的。(回想一下，脂肪是带有三种脂肪酸的甘油骨架)。每种脂肪酸的长度可以是 12~20 个或更多碳组成的碳链，可以是饱和的，也可以是不饱和的。脂肪酸可以来自玉米、椰子、棕榈油或大豆。

奥利斯特拉（Olestra）是没有获得 GRAS 资格认证的几种食品配料中最新的一种［其他是特丁基对苯二酚（1972）、阿斯巴甜（1981）、多聚葡萄糖（1981）和安赛蜜 K（1988）(参见第十七章）］。它的化学组成和构造使其不易被消化，无法被吸收。众多脂肪酸以消化酶不易进入的方式附着在蔗糖上，奥利斯特拉在消化道内，消化酶在一定时间内不容易进入。因此，奥利斯特拉不提供热量。

奥利斯特拉与由蛋白质衍生的脂肪替代品不同，就其性质而言，后者不能经受高温加热，奥利斯特拉常用于油炸应用。奥利斯特拉于 1971 年首次获得专利，并寻求 FDA 批准作为一种降胆固醇药物。因为没有研究结果能显示这样的作用，其申请遭到了拒绝。

随后，1987 年的一份申请要求奥利斯特拉作为直接食品添加剂使用。作为脂肪替代品奥利斯特拉用于替代家用食用油和起酥油中高达 35% 的脂肪，以及商业油炸休闲食品中高达 75% 的脂肪。该申请书于 1990 年修订，并于 1996 年获得批准，允许宝洁公司使用奥利斯特拉来 100% 替代美味零食（咸的、辛辣的，但不甜的美味零食，如薯片、芝士泡芙和饼干）中的脂肪，如替代煎炸用油和面团中的任何来源的脂肪（改良剂、风味料等）。奥利斯特拉的所有其他用途都需要单独申请。

FDA 得出的结论是奥利斯特拉在煎炸和烘焙应用中的主要化学变化类似于甘油三酯。在这两种情况下，脂肪酸链都会氧化。在烘焙过程中，脂肪酸的降解速度较慢，但会产生相同的副产物。奥利斯特拉具有烘焙和油炸用途，可用于乳基或油基食品。

SALATRIM 是传统甘油骨架的专利成分，在其中添加了长链脂肪酸和短链脂肪酸。长链硬脂酸与短链醋酸、丙酸和丁酸结合在甘油分子上。

纳贝斯科声明，SALATRIM 与其他脂肪替代品不同，因为它是由真正的脂肪制成的，而其他脂肪替代品是由蛋白质和碳水化合物制成的。

SALATRIM 于 1994 年获得 FDA 的 GRAS 资格。它被批准用于烘焙产品、巧克力和糖果、乳制品和零食，但 SALATRIM 不能成功地用于油炸应用。

使用这些脂肪替代品的一个营养优势是它们每克含有 20.929kJ 的脂肪，而不是正常的 37.672kJ 的脂肪量。这种热量的减少可能是因为短链脂肪酸被迅速水解成二氧化碳，而长链脂肪酸没有被完全吸收。

12.14.4 脂肪衍生的脂肪替代品实例

乳化剂——例如植物油单甘酯和双甘油酯乳化剂，它们可以用水取代蛋糕粉、饼干、糖霜和许多植物乳制品中的全部或部分起酥油含量。热量与脂肪相同（37.672J/g），但使用量更少，导致脂肪和热量减少。蔗糖脂肪酸酯也可用于上述产品的乳化。此外，通过使用大豆油或乳脂的乳液体系一对一地替代脂肪来显著降低脂肪和热量。

羧酸甘油酯——短链和长链酸性甘油三酯分子。一种每克热量为 20.929J 的脂肪家族，可用于糖果、烘焙食品、乳制品和其他应用。

脂（脂/油）类似物

酯化丙氧基甘油（EPG*）**

低热量脂肪替代品。可在所有典型的消费和商业应用中部分或全部替代脂肪和油，包括配方产品、烘焙和油炸。

奥利斯特拉 Olestra（Olean®*）

不含热量的成分，由蔗糖、食用脂肪和油制成，不参加人体新陈代谢且不会被身体吸收的，被 FDA 批准用于替代制作咸味小吃和饼干的脂肪。在高温食品应用（如油炸）下稳定，具有许多其他食品应用的潜力。

山梨醇酯**

由山梨醇和山梨醇酸酐的脂肪酸酯组成的低热量、热稳定的液体脂肪替代品。其热量约为每克 6.278J，适用于所有植物油应用，包括油炸食品、沙拉酱、蛋黄酱和烘焙食品。

*作为示例，括号中显示了品牌名称。

**可能需要 FDA 批准。

（卡路里控制委员会）

12.14.5 蛋白质衍生脂肪替代品

蛋白质可以用来代替脂肪，它们每克能提供热量为 4.185~16.743J，而不是 37.67kJ。一种容易辨别的蛋白质类型是明胶，但也有其他类型。国际食品理事会指出，“一些以蛋白质为基础的成分，如 Simplesse®，是通过赋予蛋白质类似脂肪的质地特性的过程制成的。其他蛋白质被高速加热和混合，产生细小的蛋白质颗粒，让舌头感觉像奶油一样……以蛋白质为基础的减脂剂不能在煎炸过程中替代油和其他脂肪（国际食品信息委员会）。”

Simplesse®是由 NutraSweet 公司开发并于 1990 年获得美国 FDA 批准的天然脂肪替代品。它是一种微粒蛋白（microparticulated protein，MPP）。Simplesse®采用一种专利工艺，可以加热并强烈混合天然产生的食物蛋白，如蛋清和牛乳蛋白，以及水、果胶和柠檬酸。蛋白质的化学成分保持不变，但在可控制的条件下聚集，从而形成小的聚集体或微粒。

混合过程产生细小、圆形、形状均匀的蛋白质颗粒——每茶匙约 500 亿个——产生全脂奶油口感。微粒大小接近牛乳、蛋清、谷物和豆类中自然存在的 MPPS 的较低范围。例如，酪蛋白胶束的直径从 0.1~3.0mm 不等，口感就像奶油一样。相比之下，在粉状糖中发现了更大的颗粒尺寸，直径为 10~30mm，这被认为是更多的粉状和砂砾的。

最初，Simplesse®是 FDA 批准用于乳制品冷冻甜点的配料。今天，它在黄油涂抹、干酪（奶油的、天然的、加工的、烘焙的干酪蛋糕）、奶油、蘸酱、冰淇淋和酸奶油等产品中有更多的食品应用。它还成功地用于人造涂抹黄油、蛋黄酱和沙拉酱等油基产品中。在适当的储存下，它们的保质期为 9 个月（营养与饮食学会）。

由于牛乳和鸡蛋的蛋白质组成，对牛乳或鸡蛋过敏的人不能吃这种脂肪替代品。热量为 5J/g（不是零热量的食品），大约是蛋白质热量的 1/3，大大降低了脂肪的摄入量。Simplesse ®是公认的安全（GRAS）物质。

浓缩乳清蛋白、乳清分离蛋白和大豆分离蛋白（豆类）是这样一类蛋白质，可以用来提供脂肪的一些功能特性而没有相同数量的脂肪热量。Dairy-Lo ®是 WPC 的一个例子，用途包括乳制品、烘焙食品、糖霜、蛋黄酱类产品和沙拉调味料。

酱油可用于乳化或胶凝，并被批准在熟食香肠和腌制猪肉中使用，添加量不超过 2%，在碎肉和家禽中使用量可以更高。

12.14.6 蛋白质基脂肪替代品实例

微粒蛋白（Simplesse ®）

低热量（4.185~8.371J/g）成分，由乳清蛋白或牛乳和鸡蛋蛋白制成。它作为蛋白质被消化，在食品中有很多应用，如应用于乳制品（如冰淇淋、黄油、酸奶油、干酪、酸乳）、沙拉调味汁、人造黄油和蛋黄酱类产品，以及烘焙食品、咖啡奶油、汤和调味汁等。

改性浓缩乳清蛋白

通过受控热变性产生的一种具有脂肪性质的功能性蛋白质。应用范围包括牛乳/乳制品（干酪、酸乳、酸奶油、冰淇淋）、烘焙食品、糖霜以及沙拉酱和蛋黄酱类产品。

其他

一个实例是基于蛋清和牛乳蛋白生成的低热量脂肪替代品。与微粒状蛋白质相似，但通过不同的工艺制成。另一个实例是从玉米蛋白中提取的低热量脂肪替代品。蛋白质和碳水化合物的一些混合物可以用在冷冻甜点和烘焙食品中。

卡路里控制委员会（营养与饮食学会）

定义脂肪替代品和补充剂的更多信息不在本讨论范围之内。例如，脂肪替代品、脂肪类似物、脂肪模拟物、脂肪补充剂和脂肪阻隔剂在其他文献中有更好的定义。

12.15 油脂的营养价值

美国大多数卫生部门都采取应该受到限制脂肪——但目前并不是所有人都同意这一建议。人体中的多种功能需要脂肪，而两种多不饱和脂肪酸（亚油酸和亚麻酸）是必不可少的，它们是人体生长所必需的。脂肪除了在食品的功能性方面中具有许多作用外，也是一种非常密集的能量来源——每克提供 37.672J 的热量。这是碳水化合物或蛋白质每克提供热量的 2.25 倍。

注重健康的消费者可能会减少摄入某些主要提供不太理想脂肪酸的食品；以及选择替代性食品，从而可能增加摄入主要提供所需脂肪酸的脂肪（Pszczola，2000）。参见健康与营养文章“对脂肪感觉更好”（Decker，2012）。

关于饱和脂肪的优点和危害，营养界正在进行一场辩论。传统上，饱和脂肪的问题一直被回避，许多健康组织坚持认为，食用来自任何来源的饱和脂肪都会增加心脏病和中风的风险。然而，最近的研究表明，它们可能有助于控制体重和整体健康（Fusaro，2016）。

与胆固醇在动物细胞膜中的作用相似，植物甾醇和植物甾烷醇在植物中也发挥同样的作用。植物甾烷醇是植物甾醇的饱和形式。其结构类似于胆固醇，只是侧链不同（图12.4）。植物甾醇在人造黄油和沙拉酱中有商业用途，虽然确切的机制尚不清楚，但这些植物营养素几十年来一直被证明可以显著降低低密度脂蛋白或“坏”胆固醇。它们抑制内源性和膳食胆固醇的吸收（起酥油和食用油研究所，2006）。最近的研究表明，饮食胆固醇对健康个体的血清胆固醇没有直接的负面影响。

作为最佳营养的一部分，关于脂肪的类型和数量的研究正在进行中。

“对于需要降低胆固醇的人，美国心脏协会建议将饱和脂肪减少到不超过每日总热量的5%～6%。对于一个每天摄入8.371kJ热量的人来说，这大约是11～13g饱和脂肪”（达拉斯美国心脏协会）。

研究表明，“尽管纤维有一定的好处，但是一些碳水化合物和纤维食物会刺激肠道，导致肠易激综合征、轻度食物过敏、腹胀、腹痛和其他胃肠道症状。”这些短链碳水化合物通常在小肠中很难被吸收，它们被称为可发酵低聚糖、双糖、单糖和多元醇——简称FODMAP。

这个概念和饮食是相对较新的。大多数FODMAP食物对你有好处，除非你是预计10%对其敏感的美国人中的一员。

美国胃肠病学会Bethesda说，那些受到高FODMAP食物影响的人应该避开菜花、洋葱、甘蓝和一些乳制品，甚至包括苹果。遵循低FODMAP饮食，排除刺激性食物，并明确引起症状的FODMAP糖的种类和数量。随着科学家测试高纤维烘焙食品、藻类、生食和低FODMAP食品，更多的低FODMAP食品投入了研究开发中（Hartman，2017）。

一些消费者对是否应该食用黄油感到疑惑。克利夫兰诊所功能医学中心（center for functional medicine）的医学主任马克·海曼（Mark Hyman）在最近的一份报告中提到：“我们营养不良——是因为糟糕的科学、混乱的标题、不反映研究以及受研究高度影响的饮食指南和政策，”他说：“我们一直被建议不要使用黄油，而要使用人造黄油。事实证明，这是一个糟糕的建议，因为一些人造黄油比它们本应替代的饱和脂肪毒性要大得多。”“海曼建议食用以全食为基础的健康脂肪，包括饱和脂肪，这对健康是“绝对关键的”。他说，目标是从牧场、草饲的奶牛、有机鳄梨油、草饲酥油或初榨椰子油中提取黄油。消费者不仅是吃了更多的黄油，他们还花了更多的钱购买黄油”（Hartman，2018）。

12.16 油脂的安全性

原油和原脂的安全性可能会受到影响。例如，由于长时间或不适当的储存条件（包括温度）而导致的酸败可能会破坏油脂。当然，任何含有有害的外来物质的食品，以及热油产品造成的皮肤灼伤，都会在工作场所造成严重的危险。

12.17 结论

油脂可以增加或改善风味，给面糊和面团充气，增加松弛和柔软度，乳化，传递热量，提供饱腹感。油脂由一个甘油分子和一个、两个或三个脂肪酸组成，分别生成单甘油酯、双甘油酯或甘油三酯。油脂的微量成分包括磷脂、固醇、生育酚和色素。偶数的脂肪酸链可能以几何或位置异构体的形式存在。可以根据通用名称、系统名称或日内瓦名称，或 ω 系统进行命名。

油脂以几种不同的结晶形式存在，具有不同的熔点。固体脂肪的熔点比油高。油脂可以通过除臭或提炼来加工，可以通过氢化、酯交换、乙酰化或冬化来改性。

油脂的变质是因为它们吸收气味或变得腐烂。水解酸败会释放游离脂肪酸，氧化性酸败会产生较短的，由热、光、金属或酶催化的异味自由基。通过避免环境中的催化剂或通过添加螯合剂或抗氧化剂来防止氧化可能有助于延长油脂保质期。

甘油单酯和甘油二酯可用作乳化剂，使脂肪和液体混合。油脂可用作起酥油剂，它们在烘焙产品中能酥化和产生薄片，它们也可用于沙拉调味料的制备和油炸应用。食品可能含有使用多种由碳水化合物、蛋白质或脂肪衍生的脂肪替代品的减脂、低脂或无脂配方。

成本因素仍然是一个挑战，任何包含新成分的“健康食品”的营销和健康价值也是一个挑战。

植物育种者正在研究开发更健康的脂肪。各种植物油继续提供给食品加工商，在较小程度上也提供给消费者。稳定而不增加饱和度是加工商的目标。油的植物源资源先进杂交可以减少饱和脂肪酸，从而提高营养价值。日常饮食中应少用油脂。

笔记：

烹饪提示！

术语表

醋酸酯：一种甘油三酯，其中有一种或两种脂肪酸被醋酸取代；醋酸取代会降低其熔点。

乙酸甘油酯：三乙酰甘油。（译者注：由一分子甘油与三分子乙酸酯化而成的单纯甘油三酯。）

抗氧化剂：通过在脂肪酸中的双键上加一个氢原子来防止、延缓或最小化不饱和键的氧化。(自氧化：由热、光、金属铁、铜和脂氧合酶促进的不饱和脂肪酸的渐进性氧化酸败。)

自氧化：由热、光、金属铁、铜和脂氧合酶促进的不饱和脂肪酸的渐进性氧化酸败。

BHA：丁基羟基茴香醚，一种抗氧化剂。

BHT：二丁基羟基甲苯，一种抗氧化剂。

顺式构型：当H原子附着在双键同一侧的双键的C原子上时形成的双键。

连续相：分散相悬浮在乳液中的相或介质。

除臭油：经过加热、真空或木炭吸附除去臭味的油。

分散相：在乳状液的连续相中中断或细微分散的相。

乳化剂：具有亲水和疏水末端的双极性物质，可降低表面张力，使混合物中通常不相容的相结合。

脂肪替代品：用来替代配方中脂肪的物质；脂肪替代品可以以蛋白质、碳水化合物或脂肪为基础形成。

薄片：在饼干或馅饼皮所需要的一些面团产品中形成的薄而平的片层。

亲水胶体：长链聚合物，黏合并保持水分的胶体材料。

氢化：在不饱和脂肪酸中加入氢以减少双键数目的过程中因氢化会变得更硬、更稳定。

水解酸败：脂肪与水反应释放出游离脂肪酸。

亲水性物质：被水吸引的亲水物质。(译者注：亲水性指带有极性基团的分子，对水有较大的亲和能力，可以吸引水分子，或易溶解于水。)

疏水性物质：被脂肪吸引的疏水物质。[译者注：在化学里，疏水性指的是一个分子(疏水物)与水互相排斥的物理性质。]

酯交换作用：当脂肪酸迁移并以更随机的方式与甘油重新结合时的重排。

界面张力：参见“表面张力”。

同分异构体：脂肪酸含有相同数量的碳、氢、氧，但排列方式不同，产生具有不同的化学和物理性质的两种或多种化合物之一。

卵磷脂：由两个脂肪酸、甘油和一个磷酸基团组成，其结构中磷酸基团通过磷脂键与甘油结合，形成卵磷脂的磷脂酰胆碱、磷脂酰乙醇胺等不同种类，其脂肪酸与甘油形成甘油酯，用作乳化剂。

麦芽糊精：(译者注：麦芽糊精是一种介于淀粉和淀粉糖之间的低转化产品。)水胶体；由木薯、马铃薯、玉米、大米、燕麦或大麦等淀粉类原料制成，可用于替代配方中的脂肪。

氧化酸败：脂肪被氧化并分解成带有短链脂肪酸、醛或酮的异味化合物。

植物甾醇与植物甾烷醇：从植物中提取的天然物质，与胆固醇有关，但能降低血液胆固醇水平。甾醇是植物甾醇的饱和形式。在如Benecol（含有甾烷醇）和Take Control（含有甾醇）等人造黄油中含有这些物质。

塑性脂肪：能够成型并保持形状；含有不同比例的液体和固体甘油三酯。

磷脂：一种含有两种脂肪酸和一种磷酸基的脂类，酯化为甘油。

脂肪多态性：脂肪以不同的结晶形式存在：α型、β'中间体、β型。

脂肪酸重排：脂肪酸在甘油上的酯交换反应，如改性猪油。

熬油：通过加热而减少、转化或熔化，从结缔组织中分离出来的脂肪；例如，猪板油变成猪脂。

螯合剂：（译者注：能生成螯合物的这种配体物质叫螯合剂）结合金属，从而阻止它们催化自氧化；例如，EDTA、柠檬酸。

烟点：（译者注：是指在不通风的条件下加热油脂，观察到样品发烟时的温度。）加热脂肪至脂肪表面不断冒出蓝色烟雾时的温度。

固醇：一种含有 8~10C 侧链和醇基的类固醇核的脂质，胆固醇最广为人知。

表面张力：（界面张力）倾向于将表面的分子拉入液体中并阻止液体扩散的力。表面张力的降低使液体更容易扩散。

TBHQ：叔丁基对苯二酚，一种抗氧化剂。

酥化烤面团：容易碾碎或咀嚼的、柔软、易碎的烤面团。

生育酚：大多数植物脂肪含有的微量成分，一种抗氧化剂，是维生素 E 的来源。

反式构型：脂肪酸中的双键形成，其中 H 原子与双键相反侧的双键的 C 原子相连。

冬化：（译者注：冬化是将油脂冷却使凝固点较高的甘油酯等结晶析出的过程。）在保存前经过预处理，以控制大的高熔点甘油三酯晶体产生的不必要的混浊。

参考文献

[1] De Alzaa F, Guillaume, Ravetti L (2018) Evaluation of chemical and physical changes in different commercial oils during heating. Acta Sci Nutr Health 2-11.

[2] Decker KJ (2012) Feeling better about fat. Food Prod Design 58-68.

[3] Decker KJ (2013) Pouring it on thin. Food Prod Design 70-86.

[4] Fusaro D (2016) Not all fats are created equal (ly bad) . Food Proc 77 (11).

[5] Hartman LR (2017) Ingredients for digestive health. Food Proc 78 (10).

[6] Hartman LR (2018) Consumers no longer fear all fats. Food Proc 79 (3).

[7] Institute of Shortening and Edible Oils (2006) Food fats and oils, 9th edn. ISEO, Washington, DC.

[8] MacGibbon AHK, Taylor MW (2006) Composition and structure of bovine milk lipids. In: Fox PF, McSweeney PLH (eds) Advanced dairy chemistry. Springer, New Y ork, pp 1-42.

[9] Pszczola DE (2000) Putting fat back into foods. Food Technol 54 (12): 58-60.

[10] Seabolt KA (2013) Learning about lecithin. Food Prod Design 22-25. May/June.

引注文献

[1] Code of Federal Regulations (CFR) title 21 section 101.25 (c) (2) (ii) (a & b).

[2] Coultate T (2009) Food the chemistry of its components, 5th edn. RSC Publishing, Cambridge.

[3] Hicks KB, Moreau RA (2001) Phytosterols and phytostanols: functional food cholesterol busters. Food Technol 55 (1): 63-67.

[4] Institute of Shortening and Edible Oils (2006) Food fats and oils, 9th edn. ISEO, Washington DCUSDA—Choosemyplate. gov.

13　食品乳状液和泡沫

13.1　引言

许多方便食品，如冷冻甜点、肉制品、人造黄油，以及一些天然食品，如牛乳和黄油，都是乳状液。也就是说，它们要么含有分散在油中的水，要么含有分散在水中的油。这些液体通常不会混合，因此当它们一起存在时，它们会以两层独立的形式存在。然而，当形成乳状液时，液体以这样的方式混合，即形成单层，其中一种液体的液滴分散在另一种液体中。食品乳状液需要稳定；如果不稳定，油和水就会分离出来。稳定性通常是通过添加合适的乳化剂来实现的。在某些情况下，还需要稳定剂。

食品泡沫，例如打好的蛋清，类似于乳状液，不同之处在于它们不是含有两种液体，而是含有分散在液体中的气体（通常是空气或二氧化碳）。影响乳液稳定性的因素也适用于泡沫。有些食品，如冰淇淋和生奶油，既是乳状液又是泡沫，非常复杂。

对食品乳状液和泡沫的理解是复杂的，但如果要在保持和改善稳定性方面取得进展，从而提高这类食品的质量，这一点很重要。本章将讨论乳液和泡沫的形成和稳定原理，以及稳定它们所需成分的特性。

13.2　乳状液

13.2.1　定义

乳状液是一种胶体体系，其中一种液体的液滴分散在另一种液体中，这两种液体是不相容的。液滴称为分散相，含有液滴的液体称为连续相。在食品乳状液中，这两种液体是油和水。如果水是连续相，则乳状液称为水包油乳状液或 O/W 乳状液；如果油是连续相，则称为油包水乳状液或 W/O 乳状液。水包油乳状液更常见，包括沙拉酱、蛋黄酱、蛋糕面糊和冷冻甜点。黄油、人造黄油和一些冰块都是油包水乳状液的例子。

乳状液还必须含有乳化剂，乳化剂将乳状液液滴包裹起来，防止乳状液液滴相互凝聚或重新结合。乳液是胶体系统，这是由液滴的大小和表面积所决定的（一般在 1μm 左右，尽管液滴大小差别很大，有些液滴可能比这个大得多）。乳状液类似于胶体分散体或溶胶，不同之处在于分散相是液体而不是固体。胶体分散体在第二章中提到。

13.2.2 表面张力

要形成乳状液，通常必须强制混合未混合的两种液体。为了理解这是如何实现的，我们必须首先考虑液体分子之间的作用力。想象一下，桌子上放着一个盛着水的烧杯（图13.1）。如第二章所述，水分子通过氢键相互吸引。烧杯中心的分子在各个方向上都有作用力，因为水分子包围着它。由于受到其他水分子的吸引，这种分子上的净力为零，因为这些力是向各个方向作用的。然而，表层上的水分子并非如此。因为上面没有水分子，所以对分子有一个向下的净拉力。这导致分子被拉向液体主体。

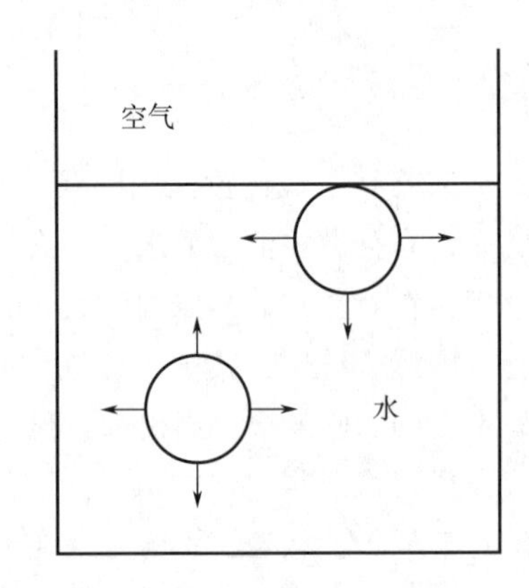

图13.1 作用于液体主体中和液体表层的水分子的作用力示意图

当一个人用吸管或滴管等狭窄的管子装满水时，就可以看到这一点。液体的表面在中心处向下弯曲，这条曲线被称为弯月面。液体分子之间的引力越大，半月面的深度就越大。水分子之间有很强的吸引力，因此很难穿透表面或者让水扩散。试着把针轻轻地放在干净或蒸馏水的表面。它会浮起来，因为水分子之间的引力使它保持在水面上（要使其下沉，参见下面内容）。

如果液体的分子之间有很强的吸引力，则拉开分子以扩大表面或扩散液体所需的力就会很大。这种力称为表面张力。像水这样的液体，在分子间有很强的吸引力，具有很大的表面张力。这使得它很难展开。如果你把水放在干净的表面上，你就能看到这一点。它往往会形成水滴，而不是像薄膜一样均匀地散布在表面（液滴具有最小的表面积和最大的内部体积，对于表面张力大的液体来说，这是最积极有利的形状，在该情况下分子被拉入液体内部）。

当气体（通常是空气）包围液体表面时，通常使用表面张力一词。当表面在两种液体（如水和油）之间时，使用术语界面张力。

较大的表面或界面张力使得液体很难与另一种液体或气体混合。这是制造乳液或泡沫时的缺点，需要克服。那么，如何才能降低表面张力呢？

13.2.3 表面活性分子

为了降低表面或界面张力，必须采取措施降低液体分子之间的引力，使其更容易扩散。这可以通过添加表面活性分子或表面活性剂来实现。顾名思义，表面活性分子活跃在液体的表面，而不是液体的主体。表面活性剂分子由于其结构，更倾向于存在于液体表面，而不是存在于液体主体中。在所有情况下，表面活性分子的一部分是亲水的，因为它是极性的或带电的；一部分是憎水或疏水的，因为它是非极性的。换句话说，这些表面活性分子是两亲性的。

表面活性分子非极性部分对水的亲和力很小或没有亲和力，因此对尽可能远离水的部分是积极有利的。然而，其极性部分被水所吸引，对油的亲和力很小或没有，因此，在水中表面活性分子的极性部分面向表面，但在空气或油中表面活性分子用非极性部分面向表面（图 13.2）。

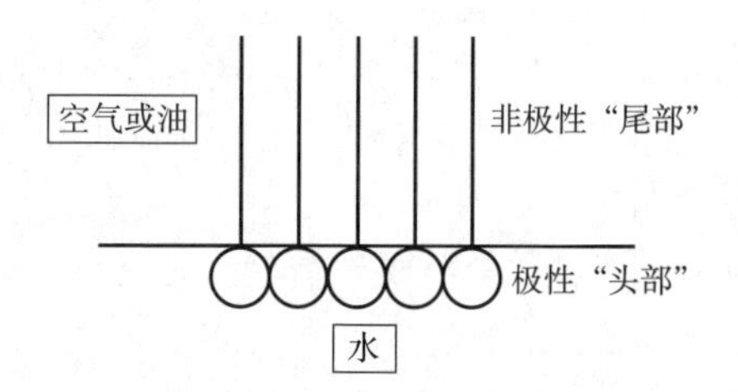

图 13.2　两亲分子在界面上的取向

因为表面活性分子吸附在表面，它降低了水分子自身的吸引力，使表面更容易扩展或展开。换句话说，它降低了表面或界面的张力。

洗涤剂是表面活性剂的一个例子。当洗涤剂加入水中时，它使水分子更容易扩散，从而更容易弄湿表面。加入洗涤剂后，水会流过表面形成膜层，而不是倾向于聚集成水滴。回到针头漂浮在水面上的例子，如果加入一小滴洗涤剂，针头就会下沉。表面张力降低，使水分子更容易扩散，因此针头不再停留在表面。

很明显，洗涤剂不是用来做食品配料的！（然而，它们在洗碗时使用，因为它们能让水扩散到表面，更容易去除食品颗粒）。有很多食品成分都是表面活性剂。极性脂质，如卵磷脂，有一个极性的“头”和一个非极性的“尾”，是表面活性剂，可以用作食品添加剂，以增加润湿性和有助于混合巧克力粉状产品。

蛋白质具有表面活性，因为它们同时含有亲水和疏水部分。这些部分的性质和范围取决于每种蛋白质的特定氨基酸序列，有些蛋白质比其他蛋白质更容易取向于表面（蛋白质在第八章中讨论）。

一些香料，如干芥末和辣椒，也被用作表面活性成分。这些分散得很细的粉末倾向于聚集在液体的表面，而不是液体的主体。

亲水性或疏水性的分子不会取向于界面，而是留在液体的主体中。例如，具有亲水性的糖或分解成离子的盐将位于主体水相中。这些类型的分子不具有表面活性，不会降低界面张力。事实上，它们可能会增加界面张力，这取决于它们与水分子结合，由此增加分子吸引力的能力。

13.2.4　乳状液形成

当油、水和乳化剂混合在一起时，就形成了乳状液。虽然有不同的食品乳状液，但它们都含有这三种成分。为了形成乳状液，有必要将油相或水相分解成小液滴，这些小液滴仍然分散在另一种液体中。这需要能量，通常使用搅拌机或均质机进行。当油和水混合时，就会形成液滴（它们可能是油滴或水滴，但通常是油滴）。乳化剂吸附在新液滴的表面，降低了界面张力，允许形成更多更小的液滴。油和水的表面或界面张力越低，一种液体就越容易被破坏形成液滴，另一种液体就越容易在液滴周围流动。

界面张力较大的液体倾向于形成液滴，而另一种液体则绕着液滴流动，形成连续不断的液滴。乳化剂通常影响从连续相中产生的液体。更容易分散在水中的乳化剂（因此总体上更亲水）往往比油更能降低水的界面张力，从而促进 O/W 乳状液的形成。在油相中更容易分散的乳化剂倾向于形成 W/O 乳状液。在油和水混合在一起之前，乳化剂通常分散在首选相中。

乳化剂并不能简单地降低界面张力，它还必须形成稳定的薄膜，保护乳化液液滴，防止乳状液分离。液滴不断地在连续相中移动，因此它们不断地相遇或碰撞。当两个液滴碰撞时，以下三种情况之一发生，如图 13.3 所示：

（1）乳化剂层拉伸或破裂，液滴结合形成一个较大的液滴（即它们结合在一起）。这最终导致乳状液的分离。

（2）液滴周围的两个乳化剂层相互作用，形成聚集体。当新鲜牛乳上形成一层奶油时，就会发生这种情况。

（3）液滴再次分离。

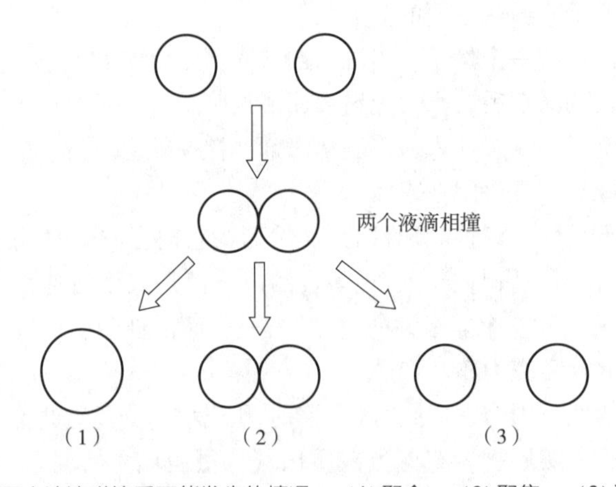

图 13.3　说明两个液滴碰撞后可能发生的情况：（1）聚合，（2）聚集，（3）液滴再次分离。

发生这三种情况中的哪一种取决于乳化剂分子的性质，以及它们在所有乳液滴上完全覆盖一层稳定的、有黏性的黏弹性膜层的能力。黏弹性膜层往往会流动，覆盖表面任何暂时裸露的部分，而且当另一滴液滴撞击到黏弹性膜层上时，黏弹性膜层也能够拉伸而不是断裂。因此，当液滴发生碰撞时，它不太可能破裂。随着液滴的形成，其表面或界面面积急剧增加，必须存在足够的乳化剂才能完全覆盖所有液滴表面。不完全覆盖的液滴会聚集，形成较大的液滴，最终导致乳状液分离。

稳定的水包油乳状液的形成原理

- 加入油，通过乳化剂降低每种液体的界面张力。
- 能量是通过搅拌或使混合物均质来提供。

- 油相被分解成水滴，被水包围。
- 乳化剂吸附在新生成的油滴表面。
- 形成小液滴，由乳化剂界面层保护。
- 油的界面面积变得非常大。
- 水相扩散到每个油滴周围。
- 由于许多小油滴被薄薄的连续相包围，乳状液可能会变厚。
- 如果界面层强，则乳状液稳定。

13.2.5 乳化剂

乳化剂必须能够：

- 在两种液体（如油和水）的界面上吸附。
- 降低每种液体的界面张力，使一种液体更容易在另一种液体周围扩散。
- 形成稳定、连贯、黏弹性的界面层。
- 防止或延缓乳液滴的聚合。

界面张力的降低促进了乳液的形成，因为它减少了将一种液体分解成小滴并使另一种液体散布在它们周围所需的能量。防止聚结的膜层的形成，促进了乳液的稳定性。

所有的乳化剂都是表面活性剂，因为所有的乳化剂都吸附在表面并降低界面张力。然而，并不是所有的表面活性剂都能成为好的乳化剂，因为并不是所有的表面活性剂都能在界面上形成稳定的膜层并防止聚结。膜层的稳定性是决定乳液稳定性和保质期的重要因素。一些乳化剂在形成稳定的乳状液方面比其他乳化剂效果更好。

一般来说，大分子如蛋白质比小分子表面活性剂如卵磷脂能形成更稳固的表面膜，因为它们在液滴表面延展的能力更强。它们还具有更强的与同一分子内或不同分子上的其他基团相互作用的能力，并且能够形成黏弹性表面膜。小分子本身通常不能形成稳定的界面层，它们的作用通常是表面活性剂而不是乳化剂，因为它们降低了界面或表面张力，促进了铺展性或润湿性。虽然它们不是很好的乳化剂，但它们通常被称为乳化剂。许多食品科学家不区分表面活性剂和乳化剂，因此这两个词在某些情况下可以互换使用。然而，在一个胶体科学家的世界里，这两者之间有一个明显的区别！

乳化剂的特性：

- 含有亲水和疏水部分（两亲性）

乳化剂的功能：

- 在油/水界面吸附
- 降低界面张力

} 促进乳状液的形成

- 形成稳定的界面层
- 防止合并

} 促进乳状液稳定性

13.2.6 天然乳化剂

最好的乳化剂是蛋白质，它可以解旋或变性，吸附在界面上，并相互作用，形成稳定的界面层。蛋白质倾向于解旋，使其疏水部分取向于油中，而其亲水部分取向于水中。因此，可以在界面上设想一系列环、串和尾，如图 13.4 所示。

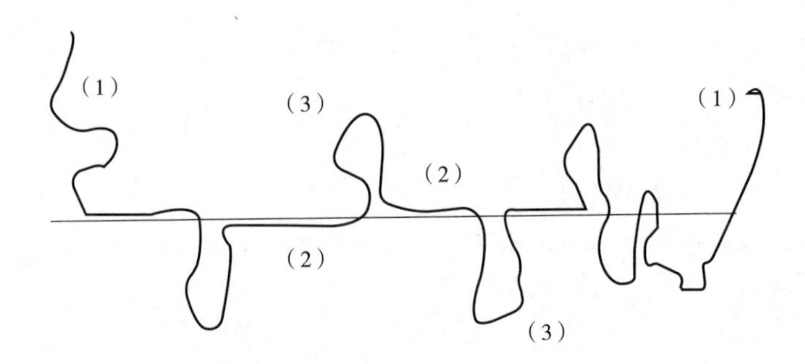

图 13.4 蛋白质在界面上吸附的示意图：(1)尾、(2)串和 (3)环

环和尾能够相互作用，从而形成一层稳定的膜，防止破裂。蛋黄蛋白往往是最好的乳化剂，在蛋黄酱中的应用就是例证。这些蛋白质是脂蛋白，它们相互之间以及与卵磷脂等磷脂在称为胶束的结构中。这些胶束结构似乎是蛋黄蛋白具有优异乳化性能的原因。

牛乳中的酪蛋白也是很好的乳化剂。它们是均质乳和乳制品甜点中的重要乳化剂。在新鲜（未均质）牛乳中，酪蛋白在称为酪蛋白胶束的结构中相互关联。电子显微镜显示，均质后，脂肪小球表面以及单个蛋白质分子上都存在完整的胶束。人们认为胶束是均质牛乳具有稳定性的原因，而不是单个蛋白质分子。

其他用作乳化剂的食品蛋白包括肉类蛋白和大豆蛋白。卵磷脂通常被认为是乳化剂。卵磷脂是一种表面活性剂，它有助于提高产品的润湿性，并有助于产品的混合，如热饮混合物。它也是巧克力的重要成分，有助于分散糖和脂肪。卵磷脂本身通常不会形成稳固的界面层，因此除非添加其他乳化剂或稳定剂，否则不会选择为乳化剂。

然而，蛋白质通常存在于食品乳状液中，这可能会形成一层含有卵磷脂的稳固的界面层。大豆卵磷脂可以添加到含有蛋黄的乳剂中，以减少所需的蛋黄数量，因为大豆卵磷脂比蛋黄便宜。

13.2.7 合成乳化剂或表面活性剂

大多数合成乳化剂应该更准确地称为表面活性剂，因为与蛋白质相比，它们是相对较小的分子，而且它们主要用于帮助脂肪分散，而不是用来稳定乳状液。

表面活性剂如单甘酯和双甘油酯添加到起酥油和蛋糕粉中，以帮助分散起酥油。蛋糕很复杂，因为它们含有脂肪小滴和气泡，乳状液和泡沫也是如此（本章后面将讨论泡沫）。单甘酯和双甘油酯能够使起酥油分散成更小的颗粒，这促进了大量气泡的并入，从而增加了蛋糕体积，并促进了烘焙产品中更均匀的颗粒（参见第十五章）。

单硬脂酸甘油酯是食品中常用的单甘酯的一个例子。酸可以与单甘酯酯化得到另一类表面活性剂，包括经常用于烘焙产品的硬脂酰基-2-乳酸钠。另外两组人造表面活性剂包括失水山梨脂肪酸酯（司盘，SPANS）和聚山梨酯（吐温，TWEENS），前者是山梨醇的脂肪酸酯，后者是聚氧乙烯山梨醇的脂肪酸酯。虽然所有的表面活性剂都是两亲性的，但它们都有不同程度的疏水（亲油）和亲水特性。这可以表示为亲水性/亲脂性平衡或 HLB。

HLB 值在 1~20。HLB 值较低（3~6）的表面活性剂具有更强的疏水性或亲油性。这些将用于形成 W/O 乳状液。例子包括单硬脂酸甘油酯和山梨醇单硬脂酸酯（SPANS 60）。

HLB 值高（8~18）的表面活性剂具有更强的亲水性，能形成 W/O 乳状液。例如聚氧乙烯山梨醇单硬脂酸酯（TWEENS 60）或硬脂酰基-2-乳酸钠。SPAN 的 HLB 通常较低，形成 W/O 乳状液，而吐温类 TWEENS 的 HLB 较高，形成 O/W 乳状液。HLB 范围对食品科学家很有用，可以帮助食品科学家确定哪种乳化剂最适合他们的需求。

13.2.8 乳状液实例

法式色拉调料是临时性乳状液的一个例子，换句话说，是一种不稳定的乳状液，在形成后不久就会分离出来。法式色拉调料的基本成分是油（分散相）、醋（连续相）、干芥末和辣椒粉。可以添加其他配料来调味。这里使用的"乳化剂"是芥末和辣椒。将这些成分组合在一起，用力摇晃，就形成了乳状液。芥末和辣椒粉吸附在界面上，并随着法式色拉调料的摇动而降低界面张力，从而促进乳状液的形成，但它们不会在界面上相互作用形成稳定的膜。因此，当摇晃停止时，油滴没有受到保护，这样它们很快就会合并在一起，油层和醋层分离。

蛋黄酱是永久性乳状液的一个例子，因为在正常的处理条件下，蛋黄酱是稳定的，不会分离。蛋黄酱的主要成分是油（分散相）、醋（连续相）和蛋黄。蛋黄蛋白是很好的乳化剂，可以保护油滴不会聚结。蛋黄酱通常含有大约 75% 的油，这些油以稳定的液滴形式存在，周围有一层薄薄的水膜。蛋黄酱的不同寻常之处在于，它含有的分散相比连续相多得多。一般来说，乳状液的连续相数量较多。

蛋黄酱通过以下方式制成：一次缓慢地向醋和蛋黄混合物中倒入少量油，然后继续搅拌，使油破碎成液滴并形成乳状液。当加入更多的油时，会形成更多的液滴，表面积也会急剧增加。连续相扩散到油滴周围，形成一层薄膜。液滴很难移动，因为它们紧紧地堆积在一起，仅通过水相薄膜隔开，因此蛋黄酱变得非常稠密，甚至可能会足够稠到可以切开。一些沙拉调味料可能类似于蛋黄酱，但它们的含油量较少，而且稠度较稀薄。添加稳定剂，如树胶或淀粉，通常会增强乳状液的稳定性。

牛乳是自然界中存在的乳状液的一个例子（参见第十一章）。牛乳含有约 3.5% 的乳化脂肪。在新鲜（未均质）牛乳中，脂肪液滴由一种被称为牛乳脂肪球膜的复杂蛋白膜稳定。新鲜牛乳是一种稳定的乳状液，但如果放置不动，很快就会起霜。脂肪液滴的大小从 0.1~10μm 不等。小液滴比大液滴多得多，但由于大小的原因，大液滴占了脂肪的大部分。由于乳脂和水相之间的密度不同，乳汁中的脂肪液滴往往会上升。对于较大的液滴来说尤其如此。

乳脂球的独特之处在于，当它们上升时，它们往往会聚集在一起。这会导致形成更大的、上升更快的脂肪颗粒。因此，几个小时后，牛乳的顶部可以看到一层奶油层。这不是真正的油水分离，因为奶油层仍然是乳状液，界面层仍然完好无损。牛乳分成浓缩乳状液和稀释乳状液。奶油可以去除分离，既可以用作奶油，也可以制成黄油。将牛乳均质化，使脂肪球分解成小得多的脂肪球，可以防止这种奶油效应。

13.2.9 影响乳状液稳定性的因素

显然，影响乳状液稳定性的主要因素是乳化剂本身。正如讨论过的，形成稳定界面层的乳化剂产生稳定的乳状液。还必须有足够的乳化剂来完全覆盖所有液滴的表面，以确保稳定性。液滴大小也很重要，因为较大的液滴更有可能合并。此外，由于油和水之间的密度不同，大的油滴在乳状液中上升的速度会更快，从而产生更多更靠近表面的密集乳状液，如牛乳中所见，这可能会导致乳状液破裂。

通过添加酸来改变 pH 或通过添加盐来改变离子强度可能会降低界面层的稳定性，特别是当它是由蛋白质组成的时候。这种变化可能会使蛋白质变性，正如第八章所解释的那样，并使乳状液分离。

影响乳状液稳定性的另一个因素是乳状液的黏度。乳状液越厚，体系内分子运动越慢，两相分离所需的时间也就越长。乳状液可以通过添加树胶、果胶或明胶等成分来变得更浓。如果在法式色拉调料中加入树胶，就可以形成永久性的乳状液，而不需要蛋黄作为乳化剂。树胶经常被添加到乳液中作为稳定剂。它们本身不是乳化剂，而且它们通常不会吸附在界面上，因为它们是亲水性的。然而，它们的作用是增加系统的黏度，从而减缓运动，因此减少液滴之间的碰撞次数。这会减慢或甚至可能阻止乳液的分离。

储存和处理会影响乳状液的稳定性。尽管有些乳状液被称为永久性乳状液，但应该注意的是，所有的乳状液都是微妙的体系，本质上是不稳定的，因为它们含有两种不相容的液体，错误的处理条件可能会导致乳状液破裂。

温度也影响乳状液的稳定性。当乳状液升温时，油滴变得更流畅，更有可能合并。另一方面，根据油的组成，将乳化液冷却到制冷温度可能会导致油滴部分凝固。这可能会增强稳定性。大多数乳状液不能在冰冻条件下保存。这通常是因为界面处的蛋白质变性，或者因为界面膜由于冰晶的形成造成了物理破坏。经常将树胶添加到要冷冻的乳剂中，以增强其稳定性。

高温和剧烈摇晃也可能破坏乳化液。例如，通过搅拌温热的乳状液，奶油就可以转化为黄油。乳状液破裂，水相被排出，形成油包水乳状液，水滴（约 18%）分散在整个乳脂中。

影响乳状液稳定性的因素

- 乳化剂类型。
- 乳化剂浓度。
- 液滴大小。
- 改变 pH 或离子强度。
- 黏度。
- 添加稳定剂。
- 加热、冷却、冷冻或摇动。

13.3 泡沫

泡沫对许多常见食品的体积和质地起着至关重要的作用。它们给生奶油和冰淇淋等产品带来了体积和独特的口感，给烘焙食品带来了轻盈、通风的质地。泡沫形成不当或不稳定会导致产品稠密、体积小，这是消费者不能接受的。泡沫本质上是不稳定的，食品科学家必须增加对影响泡沫稳定性因素的认识，以提高这些产品的质量和保质期。

泡沫含有分散在液体连续相中的气泡。液相可以是简单的分散体，就像在蛋清中一样，它是稀释的蛋白质分散体，也可以是复杂的，包含乳化的脂肪滴、冰晶和固体物质。复合食品泡沫的例子包括冰淇淋、天使食品蛋糕、棉花糖和酵母发酵面包。像蛋白糖霜和烘焙这样的食品，其泡沫是热定形的，热定形使蛋白质变性，并将液相转化为固相。这使泡沫结构具有永久性。

13.3.1 泡沫与乳状液的比较

泡沫与乳状液相似，其中的气泡必须有稳定的界面层保护，否则就会破裂。因此，影响乳状液形成和稳定性的因素也适用于泡沫，一般来说，好的乳化剂也可以成为好的发泡剂。然而，乳液和泡沫之间有一些重要的区别。泡沫中的气泡一般比乳状液中的液滴大得多，气泡周围的连续相非常薄。

事实上，具有胶体尺寸的是连续相，而不是分散相。在泡沫中，两相之间的密度差要大得多，而且由于重力的作用，液体连续相有流失的趋势，气泡会逸出。影响形成的因素对于乳液和泡沫来说都是相似的。然而，影响泡沫稳定性的因素还有很多。

13.3.2 泡沫形成

为了产生泡沫，必须（通过搅拌）提供能量，使气体进入液体，将大的气泡分解成较小的气泡，并在气泡形成时将液相分散在气泡周围。含有在液相中的发泡剂吸附在液体表面，降低表面张力，并在气泡周围形成一层膜。重要的是，表面张力要低，这样液体才能在搅拌过程中迅速扩散到气泡周围。如果新形成的气泡没有立即覆盖发泡剂，气泡就会破裂或合并，从而丢失。

搅拌过程中提供的能量也很重要；能量越高，气泡越小，泡沫体积越大，前提是有足够的发泡剂来完全覆盖和稳定气泡。

13.3.3 泡沫稳定性

泡沫的稳定性可以用一段时间内泡沫体积的损失来衡量。当液体被搅拌成泡沫时，由于加入了空气，液体的体积会增加。如果泡沫稳定，体积变化不大。然而，不稳定泡沫造成的空气损失可能会导致泡沫体积显著减少。

泡沫稳定性可能会因以下因素而降低：

- 由于重力，液膜有流失的趋势。当液膜有流失时，容器底部聚集了一池液体，气泡周围的膜层变得非常薄。这可能会使气体外泄，并使泡沫的体积收缩。
- 膜层破裂并允许气泡聚合或逸出的倾向。
- 气体从小气泡扩散到大气泡。这会产生更少的气泡，泡沫也会收缩。
- 连续相的蒸发也会影响泡沫稳定性，但影响程度较小。如果液体蒸发，气泡破裂，泡沫体积减小。

如果这些因素中的任何一个导致气泡消失，就会产生更密集、体积更小的泡沫，这通常是不可取的，特别是在天使蛋糕或冰淇淋等食品中。

要生产高容量的稳定泡沫，必须防止或至少减少膜层破裂、液体流失和蒸发。与乳状液一样，气泡必须通过稳定的界面层来稳定，这样才能防止破裂。然而，连续相的组成也是决定泡沫稳定性的重要因素。液相必须具有较低的蒸气压，以便在储存和处理温度下不会轻易蒸发。

更重要的是，必须将连续相的流失阻止或降至最低。稠密的液体排出的速度比稀薄的慢，因此增加了连续相的黏度会减少其流失量。如果要生产稳定的泡沫，高黏度是必不可少的。

13.3.4 发泡剂

泡沫的两个最重要的特征是泡沫体积和泡沫稳定性。泡沫量取决于发泡剂在界面吸附并迅速降低界面张力的能力，以及搅拌过程中的能量输入水平。泡沫稳定性取决于发泡剂产生稳定的界面膜和黏性连续相的能力。虽然所有的表面活性剂都能降低表面张力并产生泡沫，但并不是所有的表面活性剂都能形成稳定的泡沫。事实上，有些可能起到泡沫抑制剂的作用!

好的发泡剂与乳化剂具有相同的特性，因为它能够吸附在界面上，降低界面张力，并形成稳定的界面膜，防止破裂。不出所料，食品中最好的发泡剂是蛋白质。虽然许多蛋白质能够产生泡沫，但蛋清蛋白是优良的发泡剂，并用于食品泡沫，如蛋白糖霜、天使蛋糕和其他烘焙食品。其他用作良好发泡剂的蛋白质包括明胶和牛乳蛋白。

当蛋白被搅拌后（第十章），蛋白质在界面处变性并相互作用，形成稳定的黏弹性界面膜。有些蛋清蛋白是糖蛋白，含有碳水化合物。当这些蛋白质吸附在界面上时，碳水化合物部分朝向水相。由于它们是亲水性的，它们结合了水并增加了液体的黏度。这有助于减少排水，从而有助于泡沫稳定性。

明胶是一种很好的起泡剂，温热的明胶溶胶可以搅拌到原来体积的三倍。冷却后，明胶凝固或形成凝胶，束缚气泡并稳定泡沫；棉花糖是明胶泡沫。

13.3.5 添加剂对泡沫稳定性的影响

许多食品泡沫都添加了额外的成分来增强稳定性。例如，蛋清泡沫，如蛋白糖霜或天使蛋糕，也添加了糖。糖增加了液体的黏度，有助于稳定性。它还保护蛋白质不会在界面上过度变性和聚集。过多的相互作用会导致不耐破裂的非弹性薄膜形成，并导致泡沫体积减小。因此，在制作蛋清泡沫时注意这一点是很重要的。

酸，如酒石奶油或柠檬汁，也可以用来增加泡沫稳定性。酸的加入降低了 pH，从而降低了蛋白质分子上的电荷，通常使它们更接近等电点。这通常会产生更坚固、更稳定的界面膜。当添加到蛋清中时，酸可以防止界面上的蛋白质过度聚集。

然而酸可以延缓泡沫的形成。因此，它可以在搅打过程结束时添加。在蛋清的情况下，它通常是在“起泡”阶段加入的。直到蛋清形成胶状的锥形，搅打才完成（蛋清泡沫在第十章中有更详细的讨论）。

增加连续相黏度的其他方法包括添加树胶和其他增稠剂。此外，添加固体物质可以促进稳定性。例如，生奶油是由凝固的脂肪小球稳定的，这些脂肪小球取向于连续的液膜中。乳化脂肪增加了黏度，并对生奶油的稳定性起作用。要形成稳定的泡沫，要搅打的奶油必须含有至少 30% 的脂肪。如果加入卡拉胶等增稠剂，脂肪含量较低的奶油可以成功搅打。如果奶油是热的，而太多的乳脂是液体，那么搅打就不会产生稳定的泡沫。相反，乳状液会破裂，奶油会变成黄油。

冰淇淋是另一个复杂泡沫的例子，它是由乳化的脂肪液滴和取向连续相内的小冰晶稳定的。天使蛋糕含有粉状固体颗粒，这些颗粒被包入蛋清/糖泡沫。粉状颗粒通过增加液体的黏度，从而最大限度地减少薄膜流失来提高泡沫稳定性。黏度的增加和固体颗粒的存在也减少了界面膜的破损，因此最大限度地减少泡沫体积的损失。

影响泡沫稳定性的因素

- 气泡之间的液膜流失。
- 气泡周围的界面膜破裂。
- 气体从小气泡扩散到大气泡。
- 连续相的蒸发。

提高泡沫稳定性的因素。

- 稳定的黏弹性表面膜。
- 非常黏稠的连续相。
- 低蒸气压液体。

添加剂的效果。

- 泡沫稳定剂和泡沫失稳剂见表 13.1。

表 13.1 泡沫稳定剂和泡沫失稳剂

泡沫稳定剂	泡沫失稳剂
树胶	油脂
增稠剂	磷脂质
糖	小分子表面活性剂
酸	盐
固体颗粒	

13.3.6 消泡剂和泡沫抑制剂

所有的厨师都知道，如果有蛋黄，蛋白就不会搅打成稳定的泡沫（参见第十章）。这是因为蛋黄中的磷脂和脂蛋白吸附在表面，与蛋清蛋白竞争，干扰形成稳定的蛋清蛋白膜。与亲水性的蛋清糖蛋白不同，磷脂和脂蛋白不能增加连续相的黏度，因为它们是疏水的，所以朝向远离水。这可以防止形成稳定的泡沫。

这种分子被称为泡沫抑制剂。它们抑制泡沫体积，因为它们吸附在界面上，从而抑制对所需发泡剂的吸附，并防止其形成稳定的泡沫。它们不具备形成稳定薄膜或充分增加连续相黏度所需的性质。因此，它们的存在阻碍了稳定泡沫的形成。典型的泡沫抑制剂包括脂肪、磷脂和其他两亲小分子。

盐也有抑制泡沫的作用，因为盐削弱了表面蛋白质分子之间的相互作用，从而削弱了气泡周围的界面膜。然而，盐的作用不如表面活性剂分子重要，因为盐不吸附在界面上。

消泡剂能够分解泡沫或防止泡沫形成。在油炸过程中使用的脂肪和油中添加消泡剂，以防止油炸过程中起泡。与泡沫抑制剂一样，它们的作用方式是在空气/液体界面上吸附，而不是发泡剂，而且因为它们不具有发泡剂的特性，所以可以防止泡沫的形成。

13.4 其他胶体体系

虽然本章介绍乳液和泡沫，但由于凝胶也是胶体体系，因此必须提及凝胶。凝胶由固体连续相内的液体分散相组成。当条件允许胶体分散体或溶胶的固体分散相在最佳位置结合时，就会形成凝胶，形成一个将液体束缚在内部的三维网络。可能导致这种网络形成的条件包括加热、冷却、添加钙或其他二价离子或改变 pH。重要的食品胶包括淀粉胶（参见第四章）、果胶胶体（参见第五章），以及明胶、蛋清和其他蛋白质胶（参见第八章）。

13.5 结论

食品乳状液和泡沫是复杂的胶体系统，如果要提高这些产品的质量和保质期，了解它们的形成和稳定性是很重要的。

乳状液包含由乳化剂界面层稳定并分散在整个液体连续相中的液滴。泡沫相似，但分散相由巨大的气泡组成，周围环绕着一层非常薄的、连续的液膜。乳化剂或发泡剂的性质是决定乳状液或泡沫稳定性的关键。它必须吸附在界面上，降低表面张力，并形成稳定的黏弹性界面层，防止破裂，从而避免液滴合并或气泡丢失。其他因素对泡沫稳定性很重要；重要的是气泡之间的液膜非常黏，以便最大限度地减少重力造成的液体流失。在正常储存和搬运条件下，还必须防止液体蒸发。

食品公司可以买到天然乳化剂和合成乳化剂。最好的乳化剂和发泡剂是蛋白质。蛋黄蛋白被认为是最好的乳化剂，而蛋清蛋白被认为是食品产品中最好的发泡剂。

笔记：

烹饪提示！

术语表

吸附：黏在表面上。（译者注：吸附是指当流体与多孔固体接触时，流体中某一组分或多个组分在固体表面处产生积蓄的现象。）

两亲性：包含疏水和亲水两部分的分子，具有疏水性和亲水性。

合并：两个液滴（或气泡）合并形成一个较大的液滴（或气泡）。

胶体体系：乳液、泡沫、分散体（或溶胶）和凝胶都是胶体体系。胶体体系中只有一个相（通常是分散相），其尺寸主要在0.1~10μm，分散相中含有大量的小液滴或颗粒，因此该相的表面积或界面面积很大。这是胶体系统的一个重要特征。

连续相：乳状液或泡沫中围绕液滴或气泡的相或物质。

分散相：乳状液或泡沫中被液体包围的离散气泡（空气、二氧化碳或液体）。

乳化剂：一种能使两种通常不相容的液体混合在一起而静置时不分离的物质。

乳状液：乳状液包含由一层乳化剂稳定并分散在整个液体连续相中的液滴。

泡沫：泡沫包含被稳定界面层覆盖的气泡，并被薄而黏稠的液体连续相包围。在食品泡沫中，气体通常是空气或二氧化碳。

泡沫抑制剂：一种阻止或阻碍发泡的分子，通常通过吸附在界面上代替所需的发泡剂并干扰发泡剂的作用而起作用。

发泡剂：一种能够促进泡沫形成的分子。食品中有用的发泡剂还可以通过形成稳定的界面层和增加连续相的黏度来提高泡沫稳定性。

凝胶：由固体连续相和液体分散相组成的两相体系。凝胶可以被认为是一个三维网络，液体被束缚在其空间内。

亲水：喜水。亲水分子带电荷或极性，对水有亲和力。

亲水/亲油平衡或HLB：一个从1~20的标度，表示分子上亲水基团和疏水基团的比率。它用于确定配制乳液时乳化剂的适宜性。高HLB表明分子具有较多的亲水基团，适用于O/W乳液。低HLB表明有更多的亲油基团，分子对油有更大的亲和力，更适合W/O乳液。

憎水：厌水。疏水分子是非极性的，对非极性溶剂有亲和力。

界面张力：增加液体的界面面积或将其扩散到油等表面所需的力。另见“表面张力”。

亲脂性：喜脂性或厌水性。亲脂分子是非极性的，对脂质和其他非极性溶剂有亲和力。

水包油型（O/W）乳状液：含有分散在水中的油滴的乳状液。油是分散相，水是连续相。永久性乳状液：一种稳定的乳状液，不会随着时间的推移而分离。

表面活性分子：吸附在液体表面的分子。表面活性分子同时含有疏水和亲水两部分，在能量上有利于它们存在于液体的界面上，而不是存在于液体的体相中。

表面张力：增加液体表面积或将其分散到表面所需的力。表面张力和界面张力经常互换使用。通常，表面张力适用于液体表面（即当液体与空气接触时），而界面张力适用于两种液体相互接触时。

表面活性剂：一种表面活性分子（见上文）。

暂时性乳状液：一种不稳定的乳剂，静置时会分成两层。

黏弹性：同时表现出黏性（液体）和弹性（固体）属性。换句话说，如果施加力，材料会流动，但也会拉伸。当力被移除时，材料不会完全返回到其原始位置。乳化剂膜在液滴周围流动以覆盖临时裸露的小块，并且能够拉伸，以便在被破坏时不会破裂，这一点很重要。

油包水型（W/O）乳状液：含有分散在油中的水滴的乳状液。水是分散相，油是连续相。

参考文献

[1] Charley H, Weaver C (1998) Foods: a scientific approach, 3rd edn. Prentice-Hall, Upper Saddle River.

[2] Coultate T (2009) Food the chemistry of its components, 5th edn. RSC Publishing, Cambridge.

[3] McWilliams M (2012) Foods: experimental perspectives, 4th edn. Prentice-Hall, Upper Saddle River.

[4] Ritzoulis C (2013) Introduction to the physical chemistry of foods. CRC Press, Boca Raton.

[5] Setser CS (1992) Water and food dispersions. In: Bowers J (ed) Food theory and applications, 2nd edn. Macmillan, New York, pp 7-68.

[6] Walstra P, van Vliet T (2007) Dispersed systems—basic considerations. In: Fennema O (ed) Food chemistry, 4th edn. CRC Press, Boca Raton.

第五部分

糖、甜味剂和糖果

14 糖、甜味剂和糖果

14.1 引言

糖是一类简单的碳水化合物，有单糖或二糖（参见第三章）之分。常见的砂糖或食糖为蔗糖，它是由两种单糖（葡萄糖和果糖）组成的二糖。本章有关糖、甜味剂及糖果内容，探究糖的来源、作用、性质、其他相关特性、各种营养甜味剂以及添加到食品中的代糖。此外，还阐述糖果和影响糖果类型的因素。根据健康建议，饮食中应该少吃糖。消费者应基于血糖和血脂指标，对营养性和非营养性甜味剂进行个性化摄入。

对糖过敏或不耐受的人应禁止食用或限制食用糖类产品。

14.2 糖的来源

食糖有两种来源。它以糖汁的形式天然存在于甘蔗和甜菜中，这两种来源的食糖化学成分相同。甘蔗在几个世纪前就已被用于制糖，它经清洗、切碎、压榨和加热后得到甘蔗汁，将提取的甘蔗汁进行离心得到略带棕色的原糖。当汁液被离心时，糖蜜从晶体中分离出来，成为蔗糖生产过程中的副产物，晶体随后被进一步精制成各种产品进行使用。

甜菜的根较少用来生产糖，首次用甜菜根提取糖是在 17 世纪 90 年代。甜菜的根也经清洗、切碎等工序，然后将预处理过的根用石灰处理以去除杂质，并进一步提炼以生产出可用的糖。

除食糖外，果汁、水果、椰子、蜂蜜、巧克力、枫糖浆或更多的其他甜味源可能会给食品带来甜味。

对糖过敏或不耐受的人应禁止食用或限制食用糖类产品。

14.3 糖在食品中的作用

糖的作用是多种多样的（下面列举了一些作用）。糖的作用不仅赋予甜味 [华盛顿特区糖业协会（sugar. org）]，糖可以微量使用，也可以作为配方的主要成分。糖能够赋予食品甜味、柔嫩度和褐色，使食品具有吸湿性（保水性），此外，糖还能在食品中以其他多种方式发挥作用，参见本书不同章节以及以下关于糖功能的示例。也许你亲身经历过，或者从别人那里听说过，一个人对糖的需求可能会随时间而改变。

14.3.1 甜味

糖能够增加食品的风味，因此常被人们添加到很多食品中。糖是糖果、许多烘焙食品、糖霜以及一些饮料的重要成分，在其他食品中也可能以不太重要的方式使用或者根本不用。世界各地人们都对甜味有一种先天的需求。有些人吃“从树上摘下来的”水果，而有些人吃“从办公室自动售卖机里买的”甜食。

14.3.2 柔软度

配方中加糖的面糊/面团比不加糖的更柔软，这是由于糖与醇溶蛋白和谷蛋白这两种蛋白质相结合，并吸收水分，以至于这些蛋白质不能形成面筋。

14.3.3 褐变

某些品种的水果和蔬菜褐变是由于酶的氧化褐变。然而，糖变为褐色以及赋予食品颜色是通过以下两种不同类型的非酶褐变途径，包括低温美拉德褐变反应和高温焦糖化，如下所述。

美拉德（maillard）褐变是指在低温加热、高 pH 和低水分条件下，还原糖的羰基与氨基酸的氨基发生反应。美拉德褐变是许多烘焙面包、蛋糕、馅饼皮、罐装牛乳、肉类以及焦糖糖果（虽然称为焦糖糖果，但不是焦糖化）颜色发生变化的原因。

焦糖化是一种非酶褐变过程，发生在糖被加热至高温的过程中。当糖被加热至其熔点（170℃）以上时，它就会发生脱水和降解，糖环（吡喃环或呋喃环）打开并失去水分，随着温度不断升高，糖变为棕色，进一步浓缩加深，并产生焦糖味。甜点布丁就是一个例子。

烹饪提示！ 烹饪术语中的焦糖化是指食品中的任何糖分在达到高温后被分解，从而产生增强的颜色和风味。最值得注意的是焦糖化的深棕色的洋葱。

本书章节中有关糖在食品中的其他作用（不包括全部！）

- 作为分离剂，防止淀粉增稠的调味酱结块（参见第四章）
- 减少淀粉糊化（参见第四章）
- 使果胶脱水，并在果冻制作时形成凝胶（参见第五章）
- 稳定蛋白泡沫（参见第十章）
- 提高蛋白质混合物的凝聚温度（参见第十章）
- 增加食品的体积和口感，如酸乳（参见第十一章）
- 有助于面糊和面团充气（参见第十五章）
- 通过与醇溶蛋白和谷蛋白竞争水分来减少面筋结构的形成，从而增加柔软度（参见第十五章）
- 作为发酵产生二氧化碳和酒精的底物（参见第十五章）
- 增加烘焙产品的保湿性（参见第十五章）
- 使用转化糖减缓/抑制糖果结晶（参见第十四章）（图 14.1）
- 用于保存食品（参见第十六章）

糖除了提供甜味以外在食品中的功能作用。

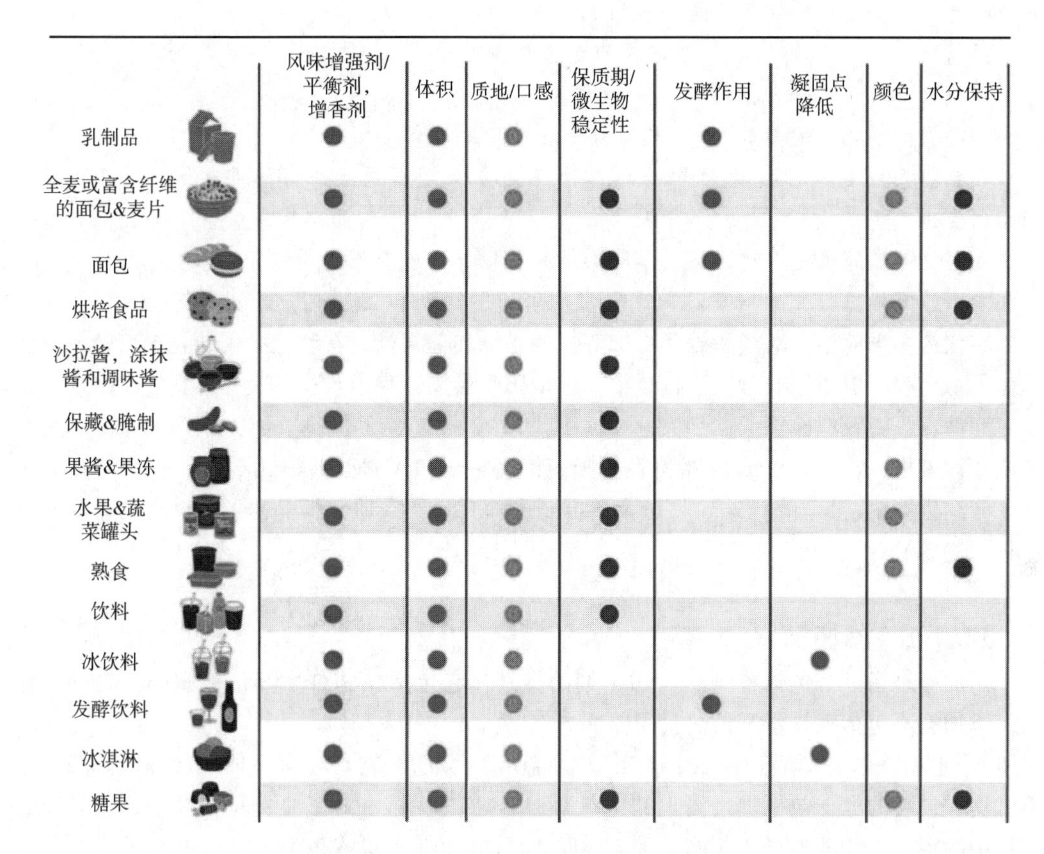

图 14.1 糖除了甜味外在食品中的功能作用

14.4 糖和糖浆的类型

用于食品制备的糖和糖浆的类型如下所述，代糖将在本章后面讨论。

特定配方的制备可能需要使用下列糖（人工甜味剂和糖醇的使用将在本章后面部分讨论）。

红糖：红糖糖晶体上有一层糖蜜膜，赋予红糖棕色和特有的风味。红糖含有约 2% 的水分，需要储存保护以防止水分流失。

特细精糖粉：特细精糖粉（糖粉）也称粉糖，是从甘蔗或甜菜中提取的。糖粒经机器粉碎后变成粉状物质，形成这种糖，如“6×糖”（粉碎 6 次产生“非常细的”粉状物质）、“10×糖”（粉碎 10 次形成“超细的”粉状物质）等。细砂糖中通常含有 3% 的玉米淀粉以防止其结块。

蔗糖：蔗糖是由单糖葡萄糖和果糖组成的二糖。它通常被称为“糖”“白糖”或“砂糖”。

果糖：果糖是单糖*，它与葡萄糖结合形成二糖蔗糖。由于许多水果中含有果糖，因此它被称为水果糖。果糖的甜度是蔗糖的1.2~1.8倍。

葡萄糖：葡萄糖是单糖*，它与果糖结合形成蔗糖，与半乳糖结合形成乳糖，与另一分子葡萄糖结合形成二糖麦芽糖。

半乳糖：半乳糖是单糖*，它与葡萄糖结合形成二糖乳糖。

乳糖：乳糖是一种被称为奶糖的二糖（一分子葡萄糖和一分子半乳糖），它没有蔗糖甜。

麦芽糖：麦芽糖是一种由淀粉水解形成的二糖（由两个葡萄糖分子组成）。

*：所有单糖都含有一个游离的羰基，均是还原糖，二糖麦芽糖也是还原糖。

转化糖：当蔗糖经酸或酶处理形成等量的果糖和葡萄糖时，就产生了转化糖。转化糖比蔗糖更易溶解，更甜，通常用于糖果中，包括用于形成巧克力樱桃的液体芯料。

原糖：原糖颗粒比普通砂糖大，原糖中含有97%~98%的蔗糖。因为原糖颗粒中残留有杂质和污染物，它没有被FDA批准在美国销售（它与“天然蔗糖”®不同）。

分离砂糖（turbinado sugar）：分离砂糖是去除99%的杂质和糖晶体形成过程的大部分副产物（糖蜜）后的原糖。

14.4.1 添加糖

添加糖是指一个包括各种热量甜味剂的类别，它包括糖和许多其他被归类为糖的甜味剂。添加糖不包括无热量和低热量甜味剂。

“添加糖”这一术语是在2016年由美国FDA定义的，它指在食品加工过程中添加的糖或者这样包装的糖，包括糖（游离糖、单糖和二糖）、糖浆和蜂蜜中的糖以及浓缩果汁或蔬菜汁中的糖，这些糖超过了相同品种、相同体积的100%水果或蔬菜汁中预期含量。

FDA对添加糖的定义的一些具体例子包括：

龙舌兰花蜜、糙米糖浆、红糖、椰子糖、葡萄糖*、食糖、果糖*、蜂蜜、转化糖、乳糖*、麦芽糖*、玉米糖浆、蔗糖*、枫糖、糖蜜、蜜汁、原糖、D-葡萄糖、麦芽糖、大米糖浆、高果糖玉米糖浆、白砂糖。

*：糖也天然存在于全食物中。

随着消费者对无添加糖、无不易辨识或无不易发音长名称的“清洁”标签的需求，新的非甜味剂可能被用来增甜。红薯浓缩汁是一种这样的非糖甜味剂，它“是腌料、烧烤酱、番茄酱和其他调味品的理想增甜剂，也是食品棒、烘焙甜点和糖果产品的理想增甜剂”(Schierhorn，2019)。

另外，枣花蜜也用于增甜。“枣花蜜可用于酒精饮料、冰茶和柠檬水、冰淇淋、饼干以及许多其他用途。枣花蜜适合搭配美味的鸡肉或烤肉，它作为沙拉酱的基础调料也很棒”(Schierhorn，2019)。

14.4.2 糖浆（液体）

淀粉转化产生右旋葡萄糖（葡萄糖），然后测量产生的糖浆葡萄糖当量（DE）。糖浆的DE值可能为36~55，更纯的葡萄糖的DE值为96~99。

玉米糖浆：玉米糖浆是碳水化合物（葡萄糖、麦芽糖和其他低聚糖）的混合物，它是玉米淀粉经酸或酶（盐酸或α-淀粉酶和β-淀粉酶）水解后形成的。玉米淀粉经水解后进一步被精制和浓缩。糖溶液含有大约25%的水，并且是黏稠状的。

$$淀粉+水 \xrightarrow{酶或酸/加热} 糊精+麦芽糖+葡萄糖 \quad (1)$$

玉米糖浆由于葡萄糖含量高，更易参与美拉德反应。作为一种还原糖，玉米糖浆（其葡萄糖）是一种主要的褐变增强剂。向原本颜色较浅的饼干面团中仅加入一勺（15mL）玉米糖浆会显著增加褐变。与果糖一样，高果糖玉米糖浆（high fructose corn syrup，HFCS）甚至具有更高的褐变速率，它是一种比葡萄糖更高效的褐变剂。

HFCS：HFCS是一种特制糖浆，其制备过程与玉米糖浆有相同的三个步骤——水解、精制和浓缩。此外，HFCS发生异构化时，其中主要的糖（葡萄糖）通过另一种酶（异构酶）的作用转变为更易溶解的果糖。为了制备HFCS，向玉米糖浆中添加酶，使其中的一些葡萄糖转化为另一种称为果糖的单糖，因为果糖天然存在于水果和浆果中，因此也被称为"水果糖"。

与玉米糖浆中的纯葡萄糖相比，HFCS中的果糖含量"高"。HFCS的不同配方含有的果糖的量不同。

HFCS中含有多少果糖？

如《联邦法规法典》（21 CFR 184.1866）所述，HFCS最常见的形式是含有42%或55%的果糖，在业内被称为HFCS 42和HFCS 55。HFCS的其他成分是葡萄糖和水。HFCS 42主要用于加工食品、谷物、焙烤食品和一些饮料，HFCS 55主要用于软饮料。——FDA 2018年04月01日

蜂蜜：蜂蜜是由各种花的花蜜制成的，因此颜色、风味和成分各不相同。蜂蜜中大约含有20%的水和葡萄糖与果糖（主要是后者）的混合物，蔗糖含量不超过8%。由于果糖具有吸湿性，向配方中加入蜂蜜可增加其水分含量。

深色蜂蜜比浅色蜂蜜更酸，风味更浓。苜蓿和三叶草品种的蜂蜜风味温和，通常在美国售卖。"滤净蜂蜜"是从压碎的蜂窝中过滤出来的蜂蜜。

枫糖浆：枫糖浆是从枫树的汁液中提取的。汁液经煮沸并浓缩，最终产品的含水量不超过35%（40份汁液=1份枫糖浆）。

糖蜜：糖蜜是从生甜菜或甘蔗加工成蔗糖的过程中分离出来的糖浆（植物汁液），因此它是制糖过程中的副产物。糖蜜中主要的糖是蔗糖，随着进一步加工，蔗糖变成更多的转化糖。糖蜜中的矿物质、钙和铁含量非常低，但黑糖蜜是糖进一步结晶的产物，含有略高的矿物质含量。

14.5 蔗糖的性质

蔗糖的性质除了提供甜味外，在食品体系中也很重要，例如糖果。这些将在以下小节中讨论。

14.5.1 溶解度

糖的溶解度因糖的种类而异。例如，蔗糖比葡萄糖更易溶解，比果糖更难溶。糖的溶解

度影响糖果类型及产品的生产（参见 14.5.4）。

糖在干燥和颗粒状态下随温度的升高越易溶于水。在室温下，水能够以 2∶1 的比例溶解蔗糖（蔗糖 67% 和水 33%）。如果同样的水被加热则能够溶解更多的糖，当糖液被进一步加热并沸腾时，糖液中的水分被蒸发，糖浆变得更加浓缩。这可以从等量的冰茶和热茶饮料中所含的糖分看出，热茶中含有更多的溶解糖。

糖可从溶液中沉淀出来，形成不良的粒状结晶产品。因此，为了增加糖的溶解度并减少可能出现的不良结晶，蔗糖可以通过转化处理变为转化糖。

14.5.2 溶液的类型

溶液指溶质溶解在溶剂中形成的均匀混合物。根据水在任何特定温度下所含溶解溶质的量，溶液可分为稀溶液（不饱和溶液）、饱和溶液或过饱和溶液。

14.5.3 沸点升高

如表 14.1 所示，糖溶液的沸点随溶液中蔗糖浓度的增加而升高。当水从沸腾的糖溶液中蒸发时，糖溶液的沸点也升高，并导致溶液浓度更大。这时，这种更浓缩的糖溶液蒸气压降低，溶液的沸点提高，这是因为需要更多的热量来提高在更浓缩的糖溶液中形成的降低的蒸气压。

表 14.1 不同浓度蔗糖——水溶液的沸点[a]

糖液中蔗糖的质量分数/%	水的质量分数/%	沸点/℃
0（全部为水，没有糖）	100	100
20	80	100.6
40	60	101.5
60	40	103
80	20	112
90	10	123
95	5	140
99.5	0.5	166

a：在海平面。

添加蔗糖以外的糖或干扰剂也可能提高沸点。海平面上的水在 100℃ 达到沸腾。水中每溶解 1g 物质的量蔗糖，沸点就增加 0.52℃。这就是为什么糖液能达到非常高的温度并且造成的灼伤比沸水更严重。

烹饪提示！ 海拔升高，水的沸点降低。海拔每升高 152.4m，大气压逐渐降低，沸点降低 17.22℃（因此，海拔为 1524m 时，沸点降低 12.2℃，降至 94℃）。另外，沸点低于海平面时沸点。

14.5.4 转化糖的形成

糖的另一个性质是在转化过程中通过蔗糖水解形成转化糖。转化过程中产生等量的单糖葡萄糖和果糖，且后者比蔗糖更易溶解（果糖的溶解度>蔗糖>葡萄糖）。

烹饪提示！ 由于转化后糖的溶解度增加，因此在糖果中使用转化糖是可取的。转化糖用于减缓结晶并有助于保持细小的晶体尺寸。在许多产品配方中，转化糖与蔗糖以 1∶1 比例混合。

从反应式中可以看出，蔗糖能够被弱酸，如酒石奶油（弱酒石酸的酸式盐），或酶（如转化酶）水解成转化糖，如下所述：

$$\underset{\text{蔗糖}}{C_{12}H_{22}O_{11}}+\underset{\text{水}}{H_2O}\xrightarrow[\text{酶}]{\text{酸+加热}}\underset{\text{葡萄糖}}{C_6H_{12}O_6}+\underset{\text{果糖}}{C_6H_{12}O_6} \tag{2}$$

关于酸水解，决定转化糖生成量的因素是酸的量和加热速率和时间。具体如下：

- 过多的酸，如酸水解可能会造成蔗糖过多的水解，从而形成柔软或太稀的糖产品。
- 加热速率缓慢以及沸点缓慢到达（长时间加热）能够增加蔗糖转化机会，而加热速率快提供的蔗糖转化机会较少。

在酶水解中，蔗糖经转化酶（也称蔗糖酶）处理形成葡萄糖和果糖。

烹饪提示！ 酶水解形成转化糖可能需要几天时间，如此形成转化糖是巧克力樱桃的液体芯料形成的原因。

蔗糖转化形成的葡萄糖没有蔗糖甜，但形成的果糖比蔗糖甜，整个反应产生的糖比蔗糖更甜，更易溶解。在许多配方中，转化糖与未经处理的蔗糖以 1∶1 的比例混合，以控制晶体的形成并获得小晶体。

14.5.5 吸湿性

吸湿性或容易吸水的能力是蔗糖的一种特性。然而，其他果糖含量高的糖，如转化糖、高糖果浆、蜂蜜和糖蜜，比蔗糖更易吸湿。因此，控制这些更易吸湿的糖的转化程度是重要的，否则它们可能在贮藏过程中表现出流液特性。糖醇如甘露醇是不吸湿的。

储存在潮湿的贮藏室中的糖或在潮湿天气制作的糖果都展现出了糖的这种吸湿性，因为在这两种情况下糖会变成块状，最后制成的糖果是软的（在第十章中，糖的这种吸湿性在制备蛋白糖霜时要谨慎）。

由于蔗糖的这种吸湿性，产品开发商可以将糖封装或包覆起来，以便糖能够按时间控制释放。

14.5.6 可发酵性

糖的另一个性质是可发酵性。糖通过生物学过程进行发酵，在这个过程中，细菌、霉菌、酵母和酶等将复杂的有机物质，如蔗糖、葡萄糖、果糖或麦芽糖，厌氧转化为二氧化碳和酒精。

接下来围绕性质与有机物质截然不同的物质进行讨论。

14.6 代糖甜味剂

代糖甜味剂包括两类：人工（或高强度）甜味剂（无热量、非营养），如三氯蔗糖、安赛蜜、阿斯巴甜和天然存在的甜味剂，如部分糖醇（有热量、营养）、甜菜糖苷和罗汉果苷。这些代糖甜味剂中的每一种都可以在不同程度上成功地应用于食品中，包括谷物、蛋糕、馅饼、冰淇淋、苏打和糖果。美国人经常食用低热量或无热量或无糖的代糖，以减少热量或糖分的摄入。

14.6.1 高强度甜味剂

人工甜味剂或高强度甜味剂是代糖的一种，它们中一些提供热量，只是提供的热量水平如此之低，以至于基本上贴上零热量标签。因此，它们被认为是无热量、非营养、高强度的代糖。随着消费者需求的增加，人工甜味剂的使用也在增加。在美国，人工甜味剂在使用前必须经过 FDA 批准。就像本书其他章节所讨论的食品一样，无论是医学上的还是其他方面，个人的厌恶情绪都可能存在。

人工甜味剂的各种例子包含如下。

安赛蜜 K：乙酰磺胺酸钾（即安赛蜜 K）是一种非热量的乙酰乙酸合成衍生物。它于 1988 年获得 FDA 批准。安赛蜜 K 是一种由碳、氢、氮、氧、钾、硫组成的有机盐，不被机体代谢；然而，它能以不变的形式从人体排出。它的甜度是蔗糖的 200 倍（因此是高强度的），并且具有热稳定性，除了作为桌面甜味剂外，还能成功地用于烘焙和烹饪中。

安赛蜜 K 的余味不苦，它可以单独使用或与其他甜味剂（如糖精或阿斯巴甜）联合使用（图 14.2）。

爱德万甜（Advantame）：味之素（Ajinomoto）公司研发的爱德万甜是由阿斯巴甜和香兰素制成的。它的甜度是蔗糖的 20000 倍，是阿斯巴甜的 100 倍。

爱德万甜已获得 FDA 批准，可普遍用于食品和饮料中。它也是美国食品用香料和提取物制造者协会公认安全（FEMA GRAS）批准使用的一种人工香料……爱德万甜作为糖、高果糖玉米糖浆和其他热量甜味剂的“部分”替代品，能与其他非热量甜味剂很好地混合。爱德万甜能延长口香糖的甜味持续时间以及改善许多糖果的甜味特征。它在乳制品饮料、冷冻甜点和饮料中也是有用的（Fusaro，2017）。

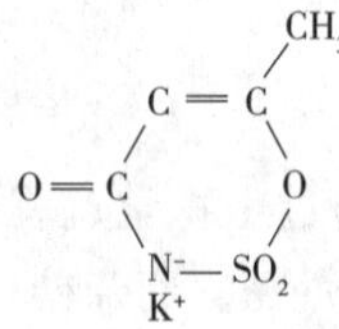

CH_3
C ═ C
O ═ C　　O
N^-— SO_2
K^+

图 14.2　安赛蜜的化学结构

阿斯巴甜：阿斯巴甜是一种营养甜味剂，每克阿斯巴甜中含有的热量与糖相同

(16.72J/g)。然而，由于它甜度更大，用量很少，阿斯巴甜不是人体热量或碳水化合物的重要来源，通常被归类为非营养、无热量甜味剂。阿斯巴甜是一种由两种氨基酸组成的甲酯：天冬氨酸和苯丙氨酸。后者（苯丙氨酸）不能被患有遗传性苯丙酮尿症的人消耗，因为苯丙氨酸不能被这类人代谢（图 14.3）。

阿斯巴甜是 FDA 批准的经过最全面测试和研究的食品添加剂之一。它于 1981 年获得 FDA 批准，其甜度是蔗糖的 180~200 倍。美国阿斯巴甜市售商标名为 Nutra Sweet ®和 Equal ®（Equal ®是含有 Nutra Sweet ®的食用低热量甜味剂）。在美国，阿斯巴甜最初并非计划用于加热产品中，但由于阿斯巴甜可能被包裹在氢化棉籽油中，并随着时间—温度释放，这使得它在烘焙食品中是易接受的。

通常，阿斯巴甜和安赛蜜 K 以 50∶50 左右的比例一起使用，“它们的协同作用覆盖了整个甜度曲线”（Hazen，2012a）。

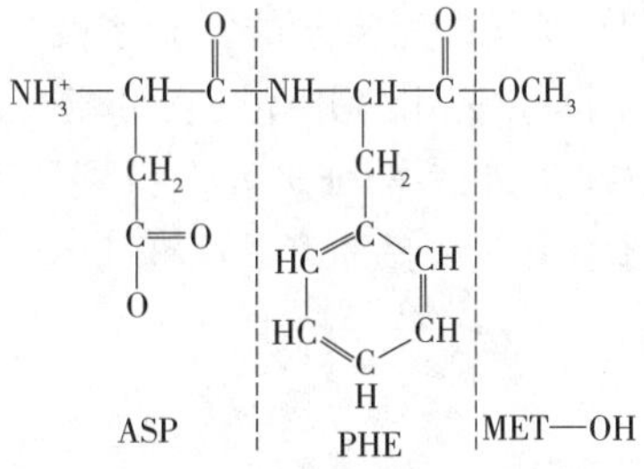

ASP PHE MET—OH

图 14.3 阿斯巴甜的化学结构

ASP—天冬氨酸；PHE—苯丙氨酸；MET-OH—甲醇

纽甜：纽甜在化学上类似于人工甜味剂阿斯巴甜，它的甜度是蔗糖的 7000~13000 倍。于 2002 年获得 FDA 批准。

糖精：糖精是一种由邻氨基苯甲酸甲酯制成的非热量物质，邻氨基苯甲酸甲酯是一种天然存在于葡萄中的物质。自 1901 年以来，糖精在美国一直被用作非热量甜味剂，它比蔗糖甜 300~700 倍。

根据美国国会在《糖精研究与标签法案》中的规定，应定期对糖精的使用进行审查。该规定要求含有糖精的食品必须标有如下标签：“使用本产品可能对健康有害，本产品含有可以导致实验动物癌症的糖精。”

然而，在国会多次延长禁止使用糖精的禁令后，在对糖精进行进一步的安全性研究的结果表明，糖精对人类并没有表现出任何致癌性。因此，几十年后糖精的安全性被证实，就不再需要使用警告标签。据报道，糖精的使用已被美国医学协会、美国癌症协会以及美国营养与饮食协会（原美国饮食协会）所接受。

2000 年 12 月，国会通过了第 5668 号法案——通过使用科学的环境测试技术废除糖精警告法案（SWEETEST），糖精被批准在 100 多个国家使用。

糖精钙或糖精钠可与葡萄糖（营养性的，葡萄糖）和抗结剂混合使用作为桌面甜味剂，糖精也可与阿斯巴甜联合使用。

烹饪提示！三氯蔗糖：三氯蔗糖于 1998 年获得 FDA 批准，可用于 15 种特定的食品和饮料中，包括：烘焙食品和烘焙混合物、饮料和饮料混合物、口香糖、咖啡和茶、糖果和糖霜、乳制品类似物、脂肪和油（沙拉酱）、冷冻乳制品甜点和混合物、水果和冰水、明胶、布丁和馅料、果酱和果冻、牛乳制品、由三氯蔗糖和果汁加工而成的产品、甜酱、浇料和糖浆以及代糖。

三氯蔗糖是一种非热量甜味剂，是蔗糖的三氯衍生物［糖分子上的三个羟基（氢氧基团）被三个氯原子选择性取代］，向其中加入麦芽糊精后可使其体积变大，并能像食用糖一样一杯接一杯地测量。它的甜度是蔗糖的400~800倍。

三氯蔗糖能够获得FDA批准，是因为它具有以下几个优点：①它是唯一一种由糖制成的非热量甜味剂；②在广泛的pH、温度和加工范围内具有良好的稳定性；例如，它可溶于水和乙醇，在烘焙和烹饪中具有热稳定性；③它没有健康警告。三氯蔗糖的化学结构如图14.4所示。

甜蜜素：尽管甜蜜素在世界上许多地方（包括欧洲）仍被用作甜味剂，但它并没有获得FDA批准。甜蜜素于1937年在美国一所大学的实验室被“意外”发现，并在20世纪60年代使用，尽管在1970年被美国禁止使用，并怀疑它可能会导致膀胱癌、肝损伤和其他健康问题。目前，由于它与膀胱癌之间联系的证据尚未得到证实，FDA正在考虑重新批准允许使用甜蜜素的申请。甜蜜素不含热量，其甜度是蔗糖的30倍。

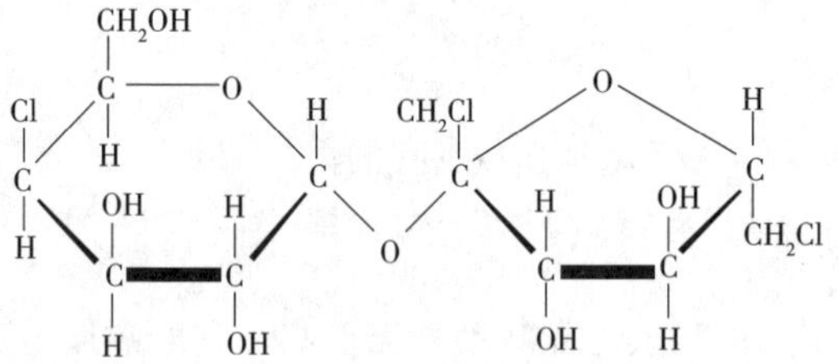

图14.4 三氯蔗糖的化学结构

甜蜜素

“大量科学证据表明，那些设法控制以碳水化合物为基础的甜味剂和热量摄入量的数百万消费者使用的甜蜜素是安全的……

没有一种低热量甜味剂适用于所有用途。然而，这里有几种低热量甜味剂可供选择，每一种都可用于它们最合适的应用场合。此外，当几种低热量甜味剂组合使用时（最常见的是甜蜜素），一种甜味剂的优势可以弥补另一种甜味剂的局限性，从而提高产品稳定性、改善口感、降低生产成本，并为消费者提供更多的产品选择。”（卡路里控制委员会）

14.6.2 糖醇（多元醇）

糖醇是与人工甜味剂有明显区别的一类代糖。糖醇是糖经化学还原后形成的含热量碳水化合物（热量略低于糖），它能为食品提供甜味。糖醇的例子包括赤藓糖醇、氢化淀粉水解物、异麦芽酮糖醇、甘露醇、山梨醇、木糖醇以及乳糖醇和麦芽糖醇。多元醇是糖醇的另一个术语，虽然它们是碳水化合物，但它们既不是糖也不是乙醇。

问与答：“多元醇还有哪些其他名称?”

由于“多元醇”不是一个对消费者好用的术语，因此许多营养学家和健康教育者在与消费者交流时将多元醇称为“糖的替代品”。科学家称它们为糖醇，是因为它们的化学结构部分类似于糖，部分类似于乙醇。然而，尽管常用这些词称呼它们，但这些无糖甜味剂既不是糖也不是乙醇。科学家们使用的其他术语主要是多羟基醇和多元醇。[华盛顿特区糖业协会（sugar.org）]

糖醇在化学结构上与葡萄糖相似，但它有一个醇羟基取代了葡萄糖的醛基。糖醇的分类包括以下：

“糖醇，如山梨醇、木糖醇、乳糖醇、甘露醇、赤藓糖醇和麦芽糖醇，既被用作天然糖的替代品，也被用作食品添加剂。糖醇之所以受欢迎，主要是因为它们的热量值和血糖指数较低，且具有抗龋齿作用。糖醇的甜度是蔗糖的25%~100%，且常与其他甜味剂混合应用于无糖糖果、口香糖、饼干和其他食品中。然而，糖醇有时会给肠胃带来副作用，最常见的问题是腹胀和腹泻”（卡路里控制委员会，亚特兰大，GA）。其中一些糖醇具有不会使血糖值升高的特性，这使得它们在为糖尿病患者配制产品时具有优势。

赤藓糖醇：赤藓糖醇比蔗糖甜150倍。它提供的热量为0J，并提供糖的甜味。

赤藓糖醇是一种糖醇，存在于许多水果和蔬菜中。

其他糖醇还有氢化淀粉水解物（hydrogenated starch hydrolysate，HSH）和氢化葡萄糖浆（hydrogenated glucose syrup，HGS）。根据卡路里控制委员会的说法，不含特定多元醇的糖醇作为主要成分的多元醇继续被统称为“氢化淀粉水解物”。

异麦芽酮糖醇的甜度是蔗糖的45%~60%，它在HSH中的热量为8.36J/g，HGS中为12.54J/g。异麦芽酮糖醇是一种由两个葡萄糖分子通过1,6-糖苷键连接而成的二糖，这种连接方式使得异麦芽酮糖醇的异构体非常独特。由于1,6-糖苷键不易被水解，其中的葡萄糖分子很难被释放出来，从而可以起到控制血糖的作用。

甘露醇的甜度是蔗糖的一半，其提供的热量为6.69J/g。甘露醇的血糖指数低，因此不会刺激血糖升高，可用作糖尿病患者的甜味剂以及用于口香糖中。

甘露醇和山梨醇是同分异构体，其甜度均为蔗糖的一半，可用于各种食品中。甘露醇存在于各种各样的天然产品中，几乎存在于所有的植物（包括海藻）中。

山梨醇是从葡萄糖中商业化生产的，含有10.87J/g的热量，甜度为蔗糖的一半。它与阿斯巴甜和糖精结合后可提供糖的体积、质地和黏度。它也被用作填充剂。

木糖醇约与蔗糖一样甜，但热量比蔗糖少33%。糖醇可能是无糖的，但并不是无热量的！由于糖醇不能被人体代谢，因此糖尿病患者可以在血糖不升高的情况下使用它们。大量的糖醇可能会引起肠道腹泻，因此，不建议大量使用。

血糖指数和血糖负荷

血糖指数

碳水化合物的血糖指数表示其消耗后增加血糖水平的速度。与50g纯葡萄糖相比，该定义描述的葡萄糖的增加更为正式。血糖指数值的范围为1（最慢）~100（最快，纯葡萄糖的指数）。然而，血糖水平的实际增加速度还取决于同时摄入的其他食品和其他因素（Youdim，2016）。

复杂碳水化合物的血糖指数往往低于简单碳水化合物，但也有例外。例如，果糖（水果中的糖）对血糖几乎没有影响。

以下因素也会影响食品的血糖指数：

• 加工程度：加工过的、精制或精细研磨的食品往往具有较高的血糖指数。

• 淀粉类型：不同类型的淀粉其被吸收的速度不同。例如，马铃薯淀粉相对较快地被消化吸收到血液中，而大麦淀粉的消化吸收要慢得多。

• 纤维含量：食品中的纤维含量越高越难被消化。因此，糖被吸收到血液中的速度更慢。

• 水果的成熟度：水果成熟度越高，含糖量越多，血糖指数越高。

• 脂肪或酸含量：食品中含有的脂肪或酸越多，它被消化的速度就越慢，糖被吸收到血液中的速度也越慢。

• 制作方式：食品的制作方式会影响它被吸收到血液的速度。一般来说，烹饪或研磨食品会增加其血糖指数，这是因为烹饪和研磨过程使食品更易消化和吸收。

• 其他因素：人体处理食品的方式因人而异，这会影响碳水化合物转化为糖及其被吸收的速度。食品咀嚼程度和吞咽速度对其也有一定的影响。

血糖指数被人们认为是一项重要的指标，因为使血糖水平快速增加的（血糖指数高的）碳水化合物也会使胰岛素水平快速增加，而胰岛素的增加可能会导致血糖水平降低（低血糖）以及产生饥饿感，这往往还会导致人体消耗过多的热量以及体重增加。

低血糖指数的碳水化合物不会使胰岛素水平增加太多。因此，人们在进食后感到饱腹感的时间较长。摄入低血糖指数的碳水化合物也有助于保持更健康的胆固醇水平，降低患肥胖症、糖尿病以及因糖尿病引起的并发症的风险。

尽管低血糖指数的食品与改善健康之间存在一定的联系，但使用低血糖指数选择食品并不会自发形成健康的饮食。例如，薯片和一些糖果的血糖指数低于一些健康食品，如糙米，但薯片和糖果不是健康的选择。一些高血糖指数的食品中含有有价值的维生素和矿物质，因此，血糖指数只能作为食品选择的一般指南。

血糖负荷

血糖指数只显示食品中碳水化合物被吸收到血液中的速度，它不包括一种食品所含有的碳水化合物的量——这一点也很重要。血糖负荷是一个相对较新的术语，包括血糖指数和食品中碳水化合物的量。一种食品，如胡萝卜、香蕉、西瓜或全麦面包，可能具有高血糖指数，但含有相对较少的碳水化合物，因此其血糖负荷较低。这类食品对血糖水平的影响不大。

血糖负荷还包括人体血糖受一起摄入的食品的影响而发生变化的情况，而血糖指数不包括（Youdim，2016）。

"一些营养专家认为，糖尿病患者应该同时关注血糖指数和血糖负荷，以避免血糖突然升高。另一方面，美国糖尿病协会表示，食品中碳水化合物的总量是预测血糖是否发生变化的更强有力的因素，而不是血糖指数或血糖负荷。一些营养专家还认为，关注血糖指数和血糖负荷给人们选择吃什么食品增加了不必要的复杂性。

底线？遵循低血糖指数饮食的原则可能对糖尿病患者有益。"总结如下：

血糖指数与血糖负荷

血糖指数（glycemic index，GI）会根据食品使血糖升高的幅度给食品分配一个数值分数，食品的血糖指数值为0~100，纯葡萄糖（糖）的值为100。食品的血糖指数越低，摄入该食品后血糖上升速度就越慢。一般来说，一种食品经烹饪或加工的越多，其 GI 值越高；食品中的纤维或脂肪越多，其 GI 值越低。

但是，血糖指数只能说明部分问题，它不会告诉你的是，当你真正摄入食品时，你的血糖值有多高。要完全了解一种食品对血糖的影响，你需要知道它使葡萄糖进入血液的速度有多快以及每份食品能够提供多少葡萄糖。另一种称为血糖负荷的单独测量方法可以同时做到这两点——它可以让你更准确地了解一种食品对你的血糖的实际影响。例如，西瓜的血糖指数高（80），但一片西瓜中的碳水化合物含量很少，因此它的血糖负荷只有 5（Accessed 1 Fed，2020）。

14.6.3 新型甜味剂

“一些甜味剂由于其化学结构而被认为是新型甜味剂”（来源：梅奥医学教育和研究基金会）。

甜菊糖可能被列入“高强度甜味剂”类别，它是天然存在的，相比于人工合成甜味剂，这可能是一种准确无误的表达方式。

甜菊糖：甜菊糖是从甜叶菊植物的叶子中提取出来的，其甜度是糖的 300 倍，热量为 0J。FDA 曾将甜菊糖列为“不安全的食品添加剂”并限制其进口，FDA 给出的理由是“甜菊糖的毒理学信息不足以证明其安全性”。进一步的研究结果表明，甜菊糖是安全的，并于 2008 年开始在美国使用。

根据韦伯斯特（Webster）的定义，甜叶菊与甜菊糖是：

（1）甜叶菊是热带和亚热带美洲的一种复合草本植物，尤指一种开白花的多年生植物（甜菊属），原产于巴拉圭。

（2）甜菊糖是一种白色粉末：由一种或多种从甜叶菊（甜叶菊属）叶子中提取的高甜度糖苷组成，被用作无热量甜味剂。

甜菊糖的用途于 1806 年被首次发现，市场上许多种类的甜菊糖一般均被列入“甜菊糖”中。

“从甜叶菊植物中提取的糖苷或甜菊糖的甜度和风味各不相同，这些糖苷的组成和百分比因制造商而异。”

“甜菊糖的味道并不都是一样的，因此，对食品科学家来说，尝试可用的不同种类的甜菊糖是重要的。如果一种甜菊糖不能满足他们的要求，还有许多其他甜菊糖可供选择。甜叶菊提取物也有不同的百分比（如 95%），但事实上这些数字并不能说明甜菊糖的任何味道特征。在很大程度上，这仍然是一个让艺术与科学相结合的制定者世界”（Hazen，2012b）。

此外，更新的甜味剂正越来越频繁地被宣传为糖的替代品，其中包括低聚果糖、塔格糖和海藻糖。它们每一种都是由不同来源的碳水化合物制成的，每种赋予的功能特性略有不同（这些物质被 FDA 归类为 GRAS 物质）。

14.7 糖果

“糖果”一词有几种用法和含义。例如，巧克力可被称为“巧克力糖果”；蛋糕和糕点可被称为“面粉制糖食点心”；“糖果”可表示任何以糖为基础的产品。甜食产品可用术语“糖果”或糖果表示。然而，在美国，巧克力和各种以糖为基础的糖果都被简称为“糖果”。

烹饪提示！在糖果产品的生产过程中，糖浆会达到非常高的温度，可能会造成严重的皮肤灼伤。

糖果的制作主要取决于沸腾糖浆中的糖浓度以及控制或防止晶体的形成。除糖以外，各种成分，如明胶、水果、坚果、牛乳、酸等，也可以加入到糖中以制成特定的糖果。

尽管有供糖尿病患者食用的“巧克力”和其他糖果，但代糖一般不用于糖果的制作。由于代糖在糖果中的使用量小，并且不能增加糖果配方/配料的体积，也不能结晶，因此它们并不能在所有糖果中都产生令人满意的结果。真正的糖是制作糖果必不可少的主要配方成分。

在糖果的制作过程中，糖溶液必须是饱和的：在特定糖果类型所需的给定温度下，保持其能容纳的最大量的溶解糖。冷却后，溶液变得过饱和：在给定的温度下，理论上可以容纳更多的溶解糖。

烹饪提示！糖具有吸湿性。因此，在糖果的制作过程中，高湿度会导致糖的水分含量过高，使产品达不到理想的效果。

14.7.1 糖果的主要类型——结晶和无定形糖果

糖果的两种主要类型——结晶和无定形糖果将在本章节进行讨论。结晶糖果是在结晶过程中放出热量——结晶热时形成的，这种糖果含有悬浮在饱和糖溶液中的晶体。这些晶体可能很大，像玻璃一样，就像冰糖一样；或者它们可能很小，质地光滑，在嘴里很容易破碎，像方旦糖和软糖一样。

结晶糖果具有一个围绕晶核或晶种形成的高度结构化的分子晶型，因此要求结晶糖果的糖混合物必须在不受干扰的条件下（稍后）进行冷却。

14.7.2 影响结晶度和糖果类型的因素

晶体是紧密堆积的分子，当糖溶液被加热随后冷却时，这些分子在晶核周围形成一定的晶型。晶体生长（结晶糖果）或无晶体生长（无定形糖果）取决于下文中讨论的因素，包括温度、糖的类型和浓度、冷却方法以及添加的干扰晶体生长的物质。

通过引入晶种使糖溶液中形成晶体，这种方法是可取的，然而，引入晶种可能会过早发生。例如，搅拌后残留在锅侧面上离散的糖晶体稍后可能会落入到锅内的混合物中。为了防止这种不良情况的发生，建议在开始烹饪时使用锅盖以便使所有的晶体溶解。

烹饪提示！建议先将锅盖放在糖混合物上方几分钟，以便蒸气将离散的糖晶体溶解掉，从而防止引入晶种。

在接下来的章节中，将介绍影响结晶度以及糖果类型的各种因素。

温度：蔗糖溶液的温度标志着其浓度。制作每种类型的糖果需满足特定的温度要求（表14.2）。如果超过指定温度，可以向糖溶液中加水，以稀释其浓度并降低温度。只有当糖溶液还没有达到焦糖化阶段时，向糖溶液中加水才能达到这样的效果。

蔗糖水溶液以缓慢的速度到达沸点能对产品产生理想的效果。与快速加热相比，缓慢加热能够增加蔗糖转化的时间和糖的溶解度，并使最终产品的质地更软。

烹饪提示！ 糖果的制作温度超过水的沸点时，随着水分的蒸发，糖浆会变得黏稠，如果接触皮肤，造成的灼伤会比沸水更严重。

糖的类型：蔗糖分子能够进行排列并形成大晶格排列。其他糖，如单糖葡萄糖和果糖（或转化糖），具有不同的形状，这会干扰晶体聚集及生长（因此，含太多转化糖的糖果质地不会太硬，被认为是不令人满意的结果）。高果糖玉米糖浆、蜂蜜和转化糖就是糖的例子，在糖果制作中，为了防止大晶体的形成，它们被添加到糖浆中。

糖浓度：如前所述，糖果的制作取决于糖的浓度。如果在给定的温度下溶质的浓度低于最大浓度，则糖溶液就是稀的（不饱和的）。在糖果制作初期，糖溶液是不饱和的，之后随着糖溶液被加热至沸腾，水分蒸发，溶液变得饱和。当饱和溶液冷却时，它会变得过饱和，此时溶液中的糖很容易被析出。

无定形糖果的糖浓度比结晶糖果高（表 14.2），这是因为在较高的温度下，更多的糖被加入到溶液中，更多的水分被蒸发。糖果混合物变得非常黏稠，以至于无法形成晶体。

表 14.2 主要糖果类型

糖果类型	最终温度/℃	蔗糖质量分数/%
结晶糖果		
乳脂软糖	112	80
软糖	114	81
非结晶糖果		
焦糖	118	83
太妃糖	127	89
花生糖	143	93

冷却方式和搅拌/搅打时间：冷却方法和搅拌时间决定了结晶糖果的充分性。冷却过程中，结晶糖果不得过早地受到搅拌/敲打的干扰。在进行搅拌/搅打前，先将糖溶液缓慢冷却至38℃~40℃，这样可以很好地形成结晶糖果（在读取温度时，若温度计上没有糖残留，则可以防止离散晶体/晶种进入糖浆混合物中）。

一旦糖溶液冷却至指定温度，则可以开始进行搅拌，因为及时搅拌能够在过饱和溶液中产生/保留许多小晶核，之后，通过搅拌能够防止溶液中多余的糖分子附着在已经形成的晶体上。因此，晶体的尺寸仍然很小。

无定形糖果是由非常过饱和溶液形成的（表 14.2），冷却方式并不是干扰无定形糖果成功制作的重要因素。糖溶液黏度太大会导致溶质分子无法聚集及晶体形成。

干扰剂：干扰剂能够影响结晶度，从而影响糖果的类型。干扰剂的类型有两种：化学干扰剂和机械干扰剂。

化学干扰剂包括玉米糖浆和酒石奶油，二者都减少用于形成晶格的过量蔗糖（溶质）的量（参见 14.7.1）。玉米糖浆中含有葡萄糖，酒石的酸性奶油可将蔗糖转化为葡萄糖和果糖，这些非蔗糖分子（葡萄糖和果糖）不适合（不能加入）现有的蔗糖晶格结构，因此晶体仍然很小。小晶体和由此产生的质地光滑的糖果都是通过向溶液中加入酒石奶油或玉米糖浆而形成的。

在糖果制作过程中使用的机械干扰剂能够吸附在晶体表面，并从物理上阻止额外的蔗糖附着在晶体上，因此形成的晶体多而小。机械干扰剂的一些例子有脂肪、牛乳或奶油中的脂肪、牛乳和蛋清中的蛋白质。

在结晶产品中，干扰剂会降低结晶速度并有助于防止不良晶体结构的生长，这种不良晶体结构的生长导致大的、结晶状的颗粒糖果的形成。

影响糖果硬度的因素：糖果的水分含量各不相同，空气中的水分和其他添加成分都会影响糖果的硬度或柔软度。一块硬糖中含有 2% 的水分，而软糖，如口香糖，含有 15% ~ 22% 的水分。

14. 7. 3 成熟

结晶糖果必须经成熟后方可生产出可接受的糖果。成熟发生在储存的初始阶段，在糖溶液的加热、冷却和结晶之后，随着水分（糖具有吸湿性）的增加，小晶体在糖浆中重新溶解，从而防止不必要的结晶。成品糖果的光滑度是令人满意的。

14. 8 糖与甜味剂的营养价值

蔗糖是一种碳水化合物，其热量为 16. 72J/g。蔗糖能提供热量，但它不能为人体提供营养物质。营养甜味剂的使用应基于患者的饮食习惯、血糖水平以及血脂目标。例如，糖尿病患者必须控制血糖水平，而其他人则要注意他们的血脂水平，因为大量果糖会对血脂水平产生不利影响。“想吃甜食并没有什么不寻常的……人类对含糖的食品具有很大的食欲，但是过量的含糖食品会对身体造成伤害。大量摄入含糖食品会增加热量，导致体重增加。”（FDA）

代糖包括①非营养性人工甜味剂②高热量糖醇，高热量糖醇可能会对某些人的健康造成不利影响。如果是这种情况的话，该类人群应该在饮食中限制或禁止摄入这类物质。例如，阿斯巴甜含有苯丙氨酸，这是一种苯丙酮尿症患者从体内正常排出的苯丙酮尿酸类物质；过量的糖醇可能会导致腹泻。

健康的饮食应少吃糖，因为高消耗等同于低营养密度的饮食。出现在营养成分标签上的“糖”包括：食品中天然存在的总糖和添加的糖。无论是食品中天然存在的还是添加到产品中的糖，标签标准要求将所有单糖和二糖在营养成分表上均被列为“糖”。

天然糖和添加糖可以通过阅读食品配料表来进行区分。

烹饪提示！ *尽管有些标签上写着“糖”，但它可能不含添加糖，如橙汁标签上的“糖”。*

糖的推荐摄入量为热量的 10%，但没有每日摄入量的百分比。“样本饮食模式建议，在碳水化合物的基础上，将添加的甜味剂总量限制在：热量为 6697. 44kJ 时，不超过 6 勺/天；热量为 9208. 98kJ 时，不超过 12 勺/天；热量为 11720. 52kJ 时，不超过 18 勺/天。能量的 6% ~ 10%”（USDA）。Hazen 通常建议减少添加糖的摄入（Hazen，2012b）。

“无糖”表示食品中的糖含量低于 0. 5g/份；“低糖”表示食品中的含糖量比普通产品少 25%；“不添加糖”表示该产品中没有添加糖。如果食品符合这些定义的必要要求，则可以在产品标签上说明该产品是低糖或低热量食品。

营养与饮食学会关于甜味剂的立场声明如下：

只要在符合《美国人的饮食指南》的饮食范围内适量食用，消费者可以安全地享受一系列营养和非营养甜味剂。

“常用的糖醇有 8 种，每种提供的热量各不相同。每克糖醇含有的热量如下（J/g）：赤藓糖醇 0. 84、聚乙二醇 12. 54、异麦芽酮糖醇 8. 36、乳糖醇 8. 36、麦芽糖醇 8. 78、甘露醇 6. 69、山梨醇 10. 87、木糖醇 10. 04。”

2013 年 2 月，FDA 发布了标准（提议）——将自动售货机中的食品的热量控制在 836. 32J 以内。高强度甜味剂可能被用于成分创新！（Decker，2013）

由地方、州和联邦卫生部门组成的纽约市卫生局提出了美国降糖降盐倡议（the national salt and sugar reduction initiative，NSSRI），其目的是降低包装食品和饮料产品中的糖含量。现在，糖摄入过高是有风险的，尤其是年轻人。这种高水平还与不断增加的风险相关，如蛀牙、超重、2 型糖尿病、心脏病、高血压以及中风（Sharkey，2019）。

14. 9 安全性

食品安全总是重要的。虽然食源性疾病肯定会发生在糖类产品中，但许多微生物与糖之间竞争维持生命的水，阻止了含糖产品中的细菌污染和繁殖。然而，这对于患有糖尿病等疾病的人来说可能会存在安全和健康问题，因为糖在人体内可能没有得到适当的利用。

一些人的不良健康问题（如体重增加）可能是由于摄入过多热量或使用代糖——非营养性人工甜味剂（译者注：是否会导致体重增加未形成共识）和高热量糖醇，无论是哪种情况，都应该在饮食中限制或禁止摄入过多食品或各种“饮食”产品。

健康的饮食应少吃糖，因为高糖消耗等同于低营养密度的饮食。然而，对一些人来说，不吃糖是他们的生活方式。一般来说，糖的合理摄入量应为每日总热量的 10%或更少。

14. 10 结论

糖来源于甘蔗或甜菜，二者具有相同的化学结构。糖的作用有很多，包括提供风味、颜色和嫩度。真糖能够提高沸点，能溶于水，具有吸湿性和可发酵性。各种甜味剂，包括代糖和糖浆，被添加到食品中以较低的热量提供甜味。

为了控制结晶速率和小晶体的形成，并确保产品质地光滑，在糖配方中加入干扰剂。化学干扰剂产生转化糖（葡萄糖和果糖），从而减缓结晶并增加溶质的溶解度。机械干扰剂，如脂肪和蛋白质等，通过防止额外的糖晶体黏附在晶核上的方式来帮助保持小晶体尺寸。

根据 USDA 的说法，健康的饮食应少吃糖。我们理解，减少糖的摄入是一件好事。

笔记：

烹饪提示！

术语表

无定形糖果：无晶型非结晶糖果；可能是硬糖和脆糖、耐嚼的焦糖和太妃糖、软糖和口香糖。

人工甜味剂：使食品呈现甜味的非热量、非营养性人工合成的甜味剂，可代糖，如安赛蜜、阿斯巴甜、糖精。

焦糖化：当温度超过熔点时，蔗糖脱水分解；变成褐色并产生焦糖味，一种非酶褐变过程。

晶态：重复的晶体结构；溶质在晶核或晶种周围形成高度结构化的分子模式；包括大块水晶、玻璃状冰糖或小块水晶方糖和软糖。

结晶：溶质从溶液中析出并形成一定的晶格或晶体结构的过程。

发酵：碳水化合物（复杂的有机物质），如蔗糖、葡萄糖、果糖或麦芽糖，经厌氧性细菌、霉菌、酵母或酶厌氧转化为二氧化碳和酒精。

血糖指数：碳水化合物的血糖指数表示其消耗后增加血糖水平的速度（Hartman，2018；Youdim，2016）。

血糖负荷：国外的一种解释为：血糖负荷包括食品中的血糖指数和碳水化合物的含量。此类食品对血糖水平影响不大。血糖负荷还包括人体血糖受一起摄入的食品的影响而发生变化的情况，而血糖指数不包括（Hartman，2018；Youdim，2016）。[译者注：在我国，血糖负荷（GL）是指食品中碳水化合物数量与其血糖指数（GI）的乘积，再除以100，即GL=食品中碳水化合物的克数×GI/100。]

结晶热：糖溶液在结晶过程中放出的热量。

吸湿性：糖容易吸收水分的能力；果糖含量高的糖，如转化糖、HFCS、蜂蜜或糖蜜，持水性比蔗糖强。

干扰剂：用于晶体产品中，能降低结晶速度并有助于防止大晶体结构的不良生长；干扰是通过机械或化学手段进行。

转化糖：由蔗糖形成等量的葡萄糖和果糖；经酸加热或酶作用；转化糖比蔗糖更易溶解。

美拉德褐变：由于氨基酸的氨基与还原糖发生反应而引起的褐变。

晶核：晶体形成所需晶种的原子排列；脂肪是晶核形成的障碍。

饱和溶液：（译者注：饱和溶液指的是在一定温度下，一定剂量的溶剂里，不能继续溶解溶质，也就意味着溶液的浓度不变。）是一种糖溶液，含有给定温度下所能溶解的最大量的糖。

种晶：通过添加新的糖晶体使糖从过饱和溶液中析出（晶种可能来自烹饪器具侧面附着的糖）。

溶质：溶解在溶液中的物质；溶液中溶质的含量取决于其溶解度和温度。

溶液：溶剂和溶质的均匀混合物；可分为稀溶液、饱和溶液和过饱和溶液。

溶剂：溶解溶质的介质，如溶解糖的水。

糖醇：含热量糖的替代品；提供甜味的经化学还原形成的碳水化合物；如甘露醇和山梨醇。

过饱和溶液：溶液中溶质的量超过了溶液在特定温度下所能溶解的量；是由加热后的溶液在不受干扰的条件下缓慢冷却而形成的。

参考文献

[1] Decker KJ（2013）Finding the sweet spot：confections for a slimmer society. Food Prod Design 39-48.

[2] Fusaro D（2017）Sweeteners on stage at IFT Expo 2017. Food Proc 78（7）.

[3] Hartman LR（2018）Are sugars the new public enemy no. 1？Food Proc 79（2）.

[4] Hazen C（2012a）Optimizing favors and sweeteners. Food Prod Design 30-42.

[5] Hazen C（2012b）Reducing added sugars. Food Prod Design 40-52.

[6] Schierhorn C（2019）. https：//foodprocessing. com/ articles/2019/six-non-sweetener-ingredients-thatsweeten/. Six Non - Sweetener Ingredients That Sweeten. Rejecting both added sugars and chemicalsound non-nutritive sweeteners，you can get sweetness from honey，coconut sugar and even sweet potato juice and date nectar. Accessed 1 Feb 2020.

[7] Sharkey A（2019）Reducing sugar is good business. Food Processing. com（8）：5V.

[8] Youdim A（2016）. https：//merckmanuals. com/home/disorders-of-nutrition/overview-of- nutrition/carbohydrates，-proteins，-and-fats. Revision December 2016.

引注文献

[1] Nutra-Sweet Company，Deerfield IL.

[2] Pfizer Food Science Group，New York NY.

[3] The Sugar Association，Inc.，Washington DC.

第六部分

烘焙食品

15 面糊和面团类烘焙食品

15.1 引言

烘焙食品一章建立在前面章节讨论的碳水化合物、脂肪和蛋白质功能特性的基础上。本章主要讨论面糊和面团成分，包括之前研究的商品，如面粉、鸡蛋、牛乳、油脂和甜味剂。除此之外，本章将概述各种配料的功能，以及这些配料在特定烘焙食品中的作用。

在美国，大多数烘焙产品都以面粉作为主要原料（除无粉蛋糕之外），特别是小麦粉。烘焙产品的脂肪和糖含量差别很大。糕点和一些蛋糕脂肪含量高，而其他蛋糕，如天使蛋糕和面包可能是低脂或脱脂的。越来越多的烘焙产品可以作为低热量或无麸质产品出售，如面包、蛋糕和饼干等。

面糊和面团各自含有不同比例的液体和面粉，因此操作方式也不同——搅拌或揉捏等。一些面糊和面团含有完善的面筋蛋白网络，而其他面糊和面团则不包含这一特性，是无面筋的。在一些食品中，这个面筋蛋白网络可能含有许多额外的物质，如淀粉、糖、产生二氧化碳的发酵剂、液体、调味剂，可能还有鸡蛋、脂肪或油、水果、蔬菜、坚果等。烘焙产品中还含有盐或酸等其他成分。

各种大小和形状的气泡以及周围的成分形成了烘焙产品的“纹理”和质地。大多数面糊和面团都是凝固的蛋白质在空气气泡周围形成的“泡沫”。例如，天使蛋糕和海绵蛋糕形成了明确的泡沫结构。

速发面点是在烘焙之前相对快速操作的一种面点，主要通过添加的化学物质（如膨松剂或小苏打）使面点膨松，或用蒸气或空气膨松，而不是由酵母发酵。薄饼、华夫饼、饼干和松饼就是例子。另一方面，酵母面点是由酵母生物发酵而成的，因此速度不快，制作起来更费时。本章将对发酵进行更详细的讨论。

消费者使用的即食产品和快速烘焙产品将持续取代一些“从头开始”的烘焙产品。低脂产品很受欢迎。适当的储存方式可以延长保质期。

想象力是创意烘焙产品的上限！

食物过敏或不耐症者需要禁止或限制食用这类食品。

15.2 面糊和面团的类别

面糊和面团是根据其液体和面粉的比例来进行分类的（表 15.1），它们各自使用不同的混合方法。虽然面糊和面团的确切成分比例因配方而异，但作为设计指南或配方分析使用，表 15.1 中的比例提供了可供参考的指导。

面糊是经过打发或搅拌的面粉—液体混合物，其配方中含有大量液体作为连续介质。面糊分为①浇注面糊或②滴状面糊。浇注面糊，如在制备包括薄煎饼和松饼中使用的面糊，很薄，液体与面粉的比例为 1∶1。滴状面糊比浇注面糊含有更多的面粉，液体与面粉的比例为 1∶2。松饼和一些饼干是用滴状面糊制作的产品。

面团与面糊的区别在于它比面糊厚。面团不含大量液体，是揉捏而成，不打不搅。面粉/麸质基质是连续介质，而不是液体（如面糊）。面团分为软面团和硬面团。软面团用于饼干制作或酵母面包制作，其液体与面粉的比例为 1∶3。硬面团比软面团含有更多的面粉，比例可能为 1∶6 或更高。一些饼干和油酥面团如馅饼皮，是用硬面团制成的。

表 15.1　面糊和面团的分类

种类	液体	面粉
面糊		
浇注面糊	1 份	1 份
滴状面糊	1 份	2 份
面团		
软面团	1 份	3 份
硬面团	1 份	6~8 份

15.3　面筋

面筋，或称麸质基质，具有强有力的三维黏弹性结构，这种结构是由特定的蛋白质产生的。具体地说，如果使用小麦粉，则是疏水的不溶性醇溶蛋白赋予了面团黏性和流动性，而不溶性谷蛋白为面团提供了弹性（并非所有面粉都能形成面筋，因此并非所有面团都能形成面筋，小麦、黑麦和大麦也是如此，因为它们分别含有醇溶蛋白、黑麦碱和绒蛋白）。非麸质面粉含有提供某种结构的淀粉，然而，正是面筋蛋白为许多面糊和面团提供了主要结构。

在小麦中，经过水合和加工，这两种蛋白质聚集并形成二硫键，产生面筋蛋白基质，随后在烘焙时凝结。这是一个三维结构，通常能够伸展而不断裂，但如果面团被揉捏得太多，它可能会由于过度拉伸而断裂。面筋决定了成品的质地和体积。通常情况下，可以采取这种方法“让面团静置”，在面团含有面筋的情况下，短暂的停歇可以使面筋结构疏松。

许多烘焙产品含有来自麦类的面粉，尤其是硬小麦、黑麦或大麦（参见第六章）。这些小麦、黑麦和大麦面粉具有形成面筋的潜力，而燕麦、玉米、大米和大豆由于其蛋白质组成的内在差异而不具有形成面筋的潜力。燕麦在运输或加工过程中可能会与面筋交叉污染，因此无麸质饮食者通常需要避免食用燕麦。

（关于燕麦：包括芝加哥大学腹腔疾病中心的研究人员在内的许多研究人员称，“普通的市售燕麦经常被小麦或大麦污染。但是纯的、未被污染的燕麦可以安全食用（限量）……开始吃燕麦之前，一定要和你的医生和注册营养师沟通。”）

用小麦面粉制成的酵母面包被揉捏成一种可延伸的结构。面团需要大量形成面筋才能膨胀。如果没有面筋，当酵母产生二氧化碳时，面粉就不能产生任何显著的结构膨胀。

面糊/面团混合物中的面筋结构嵌入了许多配方成分，包括面粉中的淀粉（可使面团变硬）、脂肪、糖、液体、膨松剂。这些添加的成分（参见15.4）会影响面筋结构的形成、面团硬度以及烘焙成品。例如，当配方包含大量的糖，其会与醇溶蛋白和谷蛋白竞争可利用的水或脂肪，其覆盖面粉颗粒并阻止面筋形成所需水的吸收，面团的强度不会达到最大。

在面糊类型中，面粉与液体比例较低的浇注面糊在充分混合和过度混合时，面糊中的面筋形成没有显著差异。滴状面糊，如松饼面糊，比浇注面糊含有更多的面粉，因此更容易产生面筋。如果面筋过度膨胀，面糊和面团可能会出现明显的隧道状内部孔洞（参见15.7）。

像饼干面团这样的面团具有液体和面粉的比例为1∶3、1∶6或更高，这使得它比面糊（1∶1、1∶2）更有可能因为面粉比例大而变得坚韧，事实如此，尤其是当饼干被过度搅拌或过度揉捏而导致面筋大量形成时。

面粉（面糊和面团）的使用量越少，产生的面筋就可能越少。由此可见，经过筛分的面粉在配方中所含的面粉较少，因此与同等数量的未筛分面粉相比，面筋形成的可能性较小。（筛分过程中也会并入空气，使其蓬松）（图15.1）。

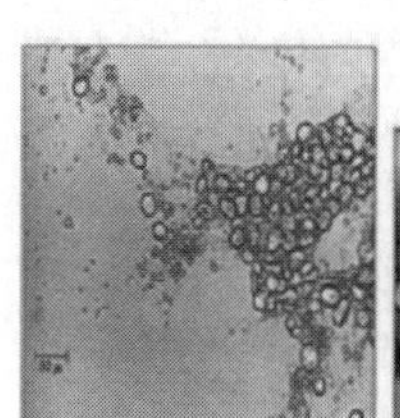
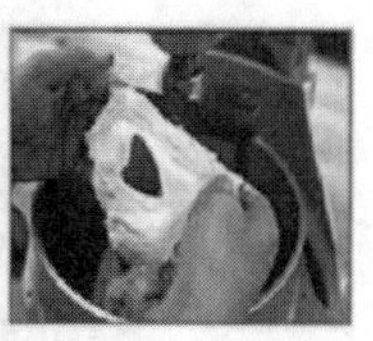

（1）面筋纤丝的形成

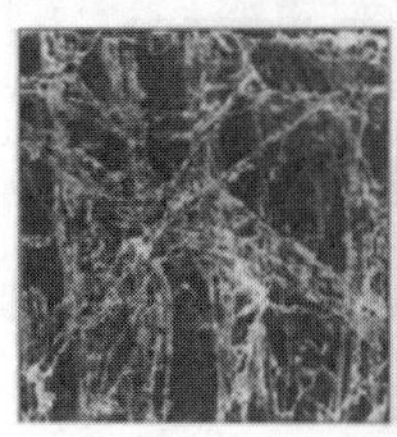
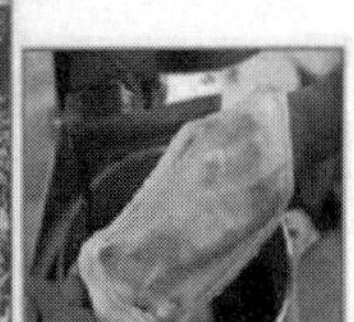

（2）成型的面筋

图15.1　面筋纤丝的形成

（来源：Bernardin and Kasarda. Cereal Chemistry. 50：529-537 Figs. 15.1 and 15.2. 1973）

烹饪提示！在产品配方/食谱中指定“面粉、筛分”或“筛分面粉”作为指示是两种不同的说明。前者是先量，后筛；后者是先筛，再量！

为了可以用肉眼看到面粉中的面筋，可以用冷水（不是热水，因为热水会使淀粉凝胶化）清洗处理好的面团。这种清洗可以去除面粉中的非蛋白质成分。然后即可用肉眼观察到面粉中残留的黏性面筋成分（一种蛋白质）。它就像已经嚼过的口香糖！当面筋球随后被烘烤时，包裹在里面的水变成蒸汽，使当前中空的结构变得膨松。图 15.2 显示了生面筋球和烘焙面筋球的大小，表明了各种类型面粉中面筋的相对含量。当然，有些面粉不含形成面筋的蛋白质，在这种情况下，没有产生或留存黏性物质，因此面团没有显示在图片中。

图 15.2 未焙烤和焙烤的面筋球
从左到右：蛋糕粉、万能粉、面包粉制成的面筋球
（来源：小麦食品委员会）

干面筋可以添加到其他面粉中提供额外的强度，使面筋的形成潜力是原面粉的数倍。面筋添加到食品中时会增加蛋白质。例如，提取的面筋被用来增加一些早餐谷物食品的蛋白质含量（在谷物标签上可以看到）；用于在肉、家禽或鱼上裹面包屑；以及作为鱼和肉制品的增补剂。此外，面筋的非食品用途可以是作为睫毛膏和药片的一种成分。

关于无麸质食品的食品法典标准、每日麦醇溶蛋白消耗量和基于小麦淀粉的无麸质食品安全性研究的观点可参见于其他文献（Thompson，2000，2001）。

15.4 面糊和面团中各种配料的作用

当然，个别烘焙产品不一定需要本章节讨论的所有这些配料。面糊或面团在烤箱中烘焙，决定了烘焙产品的质地、风味和外观。

15.4.1 面粉的作用

面粉为烘焙食品提供了结构，这是由它的蛋白质成分，其次是淀粉成分决定的。例如，就面粉中存在的形成面筋的蛋白而言，由于面筋基质的形成，面团被赋予了弹性和结构。淀粉有助于形成面糊或面团的结构，因为它使面粉胶凝化，使面包屑更加坚硬。此外，面粉是可发酵糖的来源，酵母通过面粉产生发酵用的二氧化碳。

许多类型的面粉（参见第六章）用于制备全球和国内的烘焙食品。

小麦粉来源于磨碎小麦的胚乳，是美国烘焙食品中最常用的面粉。具体地说，通用面粉用于多种用途。它是由硬质和软质小麦在碾磨过程中混合而成，在许多烘焙产品中都有应用。消费者可能只把它称为“面粉”，而没有注意“通用的”。

- 硬小麦粉如面包粉具有很高的面筋潜力，这对酵母面团的结构和膨胀很重要。它比等量的软小麦粉吸收更多的水分。
- 软小麦粉如蛋糕粉，含有较少的形成面筋的蛋白，并能有效地用于制作更软（由于麸质较少）的蛋糕和糕点。等量的软小麦粉比硬小麦粉吸收的水分少，两种面粉并不是等量替代。

烹饪提示！食谱中使用的所有“面粉”并不是一样的！高蛋白“硬”面粉比低蛋白“软”面粉吸收更多的水分，因此面粉不是在所有情况下都可以互换。

全麦面粉不同于小麦面粉，因为它包含麦粒所有的三个部分，包括胚乳、胚芽和麸皮（参见第六章）。例如，麸皮是全麦面粉的一种成分，有锋利的边缘，可以穿透正在发育的蛋白质结构。全麦面粉可使烘焙产品的体积更小，特别是当食谱用全麦面粉取代所有面粉的时候。

当全麦面粉，也就是麸皮，以精细研磨的形式加入时，就会显现出食品的改良效果。细磨面粉会使边缘变得不那么锋利，这样可以减少体积。由于全麦麸皮的存在，全麦面粉中蛋白质的含量低于精制面粉。

全麦面粉也含有可能随着时间的推移而导致酸败的胚芽。然而，烘焙产品可能不会长时间不吃！

烹饪提示！一般来说，当烘焙产品需要全谷物面粉时，食谱可以用不超过一半的全谷物面粉代替面粉，与一半面包粉结合使用。

虽然小麦粉是许多美国烘焙产品中最常见的面粉类型，但玉米、大米和大豆等非小麦面粉在面包制作中也很受欢迎。当配方结合使用这些面粉和小麦粉时，会有更理想的烘焙效果。一种非谷物的椰子粉也需简要强调。

无论使用哪种类型的面粉，通常在测量前都会进行筛分，因为筛分会使添加到配方中的面粉数量标准化，并更好地确保产品制备的一致性。成分称重而不是测量时，同样也更能保持一致性。

同一品牌的面粉在全国不同的面粉加工点也会有所不同。由于这些差异，相同的配方在不同的地方产生的成品可能略有不同。

椰子粉不是由谷物制成的。多年来，椰子粉在烹饪和烘焙中都很受欢迎。椰子粉是由椰子去除椰乳后的副产品制成的，含有大量的膳食纤维。这些纤维被认为有助于降低胆固醇和控制血糖。椰子含有大量被称为中链甘油三酯的饱和脂肪。这些脂肪的作用不同于身体中其他类型的饱和脂肪。它们可能会增加脂肪燃烧，减少脂肪储存。椰子粉不含面筋和谷物，且碳水化合物低消化（Kerwien，2014）。

预计未来会有更多类型的面粉变得流行起来。

烹饪提示！在烹饪/烘焙时，特别是在不同国家不同地点，要遵守适当的称量技术、以及当地标准化食谱和面粉类型。

15.4.2　液体的作用

液体对于形成面筋所需蛋白质和糊化过程淀粉的水合都是至关重要的。这些蛋白质和淀粉构成了烘焙面包屑的质地。此外，液体是溶解许多其他配方成分的溶剂，如膨松剂泡打粉和小苏打，以及盐和糖。液体在烘焙过程中会产生蒸气，使面团膨松和气室膨胀。

根据联邦法规，商业化加工的成品面包的含水量不得超过38%。不过，液体的贡献可能比水更大。例如，虽然牛乳含有很高比例的水，但它也含有蛋白质、盐、糖、乳糖。果汁、糖浆、鸡蛋等也可能是食谱中液体的一部分。

一般来说，牛乳中的乳糖会产生更软的面包屑，保持产品中的水分，并通过美拉德褐变提供风味和颜色。牛乳接近中性的酸碱度使其充当缓冲剂，避免不适合面包酵母生长的酸性环境出现。

一些面包师认为，烫牛乳这种由来已久的做法是没有必要的。然而，没有烫过的牛乳可能含有乳清蛋白，导致体积变小，质量变差。乳清蛋白的这种负面影响在使用复原的、烫过的脱脂固体乳时尤其明显。未复原的 NFMS 粉也可以添加到食谱中，以增加营养价值。

15.4.3 膨松剂的作用

膨松剂将在本章后面的章节中详细介绍。总的来说，膨松剂可以使面团变大或者“变得轻而多孔”。使面团或面糊膨松的气体包括空气、二氧化碳（CO_2）和蒸气，如下所述。

事实上，所有的烘焙产品不一定完全是但都会有一定程度的空气膨松。空气的量取决于混合的方法，比如在加入面粉之前先筛面粉，搅拌或乳化等。因此，并入面糊或面团混合物中的空气量可能会有很大的差异。

二氧化碳（CO_2）气体是一种由小苏打和泡打粉化学反应产生的膨松剂。它通过酵母以生物方式产生。这些小苏打和泡打粉充填现有的气室和面筋结构，然后面筋结构随着它们产生的二氧化碳而膨胀。

第三种膨松剂是蒸气。蒸气结合起来可以进一步扩大气室大小，使面糊和面团变得轻而多孔。面糊和面团改良剂在填充气穴或气室时会使面糊产生泡沫，有助于产品产生“纹理”。面包屑里的空有大有小，可能完好无损，也可能已经破裂。

15.4.4 鸡蛋的作用

鸡蛋在面糊或面团中有不同的作用。作为黏合剂，可将配料结合在一起。全蛋和蛋黄都含有乳化剂，其功能是将脂肪分散到面糊中（与低脂肪或高液体配方相比，高脂肪配方需要更多比例的蛋）。鸡蛋面糊可提供凝固的结构、营养价值、颜色、风味等。

鸡蛋为松饼和奶油泡芙之类的产品提供了弹性，因此当配方中没有鸡蛋时，烘焙产品的体积会大大降低（这是不可接受的）。蛋清在打发时有助于充气和膨松，这是因为存在充满二氧化碳或通过蒸气膨胀的气泡。蛋清能生产出更轻、更干的成品。

由形成面筋基质的面粉蛋白质提供的结构已经在前面讨论过了。鸡蛋蛋清也有助于形成这种结构，因为它们通过加热、打浆或 pH 的变化而凝结。蛋清中含有空气，在营养中起重要作用，这是因为它们可以替代配方中的一部分鸡蛋，从而降低胆固醇水平。

鸡蛋的颜色和风味在民族特色和节日面包及饼干中尤为重要（参见第十章）。

烹饪提示！ 大尺寸鸡蛋通常用在需要添加鸡蛋的配方中。

15.4.5 脂肪的作用

脂肪和油会在第十二章讨论。读者可以参考那一章来获得更具体的信息。脂肪在面糊和面团中以各种方式发挥作用，如表 15.2 所示，该表说明了脂肪和油对烘焙产品的影响。脂肪和油通过在面糊或面团中包裹面粉蛋白，并在物理上干扰面筋蛋白的发展，从而使烘焙产品变得柔软。它们通过控制面筋蛋白链的长度来“缩短”，形成饼干或馅饼皮中的薄片或面团层。脂肪通过并入空气来膨松（用糖将固体脂肪制成乳状）。脂肪和油有助于烘焙产品防止的老化过程。

“可塑性”脂肪，如氢化起酥油或一些其他固体脂肪，可以涂抹或模塑成型，它们不会倾倒。氢化蔬菜酥油和猪油可能含有乳化剂（单甘酯或双甘酯）。这些乳化剂增加了脂肪的分布，促进形成的蛋白质基质体积增大，使其更容易拉伸而不断裂。

多不饱和油脂比饱和脂肪更易产生柔软、粉状和易碎的产品。这是因为与饱和脂肪相比，油覆盖了更大的面粉颗粒表面积，并且有助于控制/限制水分的吸收（参见第十二章）。饱和脂肪，如猪油，覆盖较少，产生的面团不那么软，但酥皮又薄又多层。如第十二章所述，这两个属性不能同时存在。

表 15.2 油脂对烘焙产品的影响

涂层和机械软化效果——脂肪和油脂将面筋蛋白与水隔离，从而在物理上干扰面筋发展所需的水合作用。脂肪和油都会通过涂层使烘焙产品变软，尽管油（室温下的液体）涂层更完整，产生的产品比固体脂肪更嫩；如果涂层太厚，产品的质地会变得干软，面团会减少面筋的形成。
含有乳化剂的脂肪有助于水和脂肪的混合，并可促进面筋的拉伸，产生更大体积的烘焙产品。
缩短——脂肪和油可以最大限度地缩短面筋蛋白薄片的发展时间，也就是说，它们可以使薄片较短。
片状——可塑性脂肪被切成豌豆大小的块状，放在馅饼皮面团中（或在饼干中切成较小的块状），当它在面团中融化时，会在面团中形成一层一层的，这使得烘焙产品具有薄脆的特点。 脂肪有助于形成片状，油有助于使产品柔软。
膨松——可塑性脂肪可以被制成奶油状，以便与空气混合，使面糊和面团充气。
不易老化——添加单甘酯的脂肪，如氢化起酥油和市售猪油，可以软化面包屑并起到保湿的作用。 形成干面包屑的主要是淀粉中的支链淀粉成分。

很明显，当配方中使用牛乳，尤其是全脂牛乳时，它比果汁或水含有更多的脂肪，因此牛乳产生的成品比果汁或水更软。冷冻油或冷冻脂肪在烘焙产品中呈现出比常温产品略多的片状，这是因为其覆盖潜力降低了。

烹饪提示！为了减少饱和脂肪的摄入，也为了烹饪的成功，可以使用冷冻油代替室温油。

各种脂肪和油不能相互替代，也不能生产出相同质量的烘焙产品。

- 油、氢化植物油或动物油（如猪油）都是100%脂肪。
- 人造黄油和黄油含有大约20%的水。
- 减脂“涂抹食品”的水分含量比人造黄油还要高。

成分中含有水分的脂肪其缩短能力不如100%脂肪。通常情况下，需要特殊修改食谱来保证低脂肪替代品烘焙的成功。

烘焙产品如天使蛋糕，在配方中不含额外脂肪，而其他产品，如酥饼和糕点，脂肪含量较高。在减少一定脂肪后，产品可能会失去最初配方中脂肪提供的部分味道、柔软度或片状。

烹饪警示！视情况，1杯人造黄油或黄油可以用7/8杯油代替。

15.4.6 盐的作用

盐是酵母面包的必要成分，因为它使酵母细胞脱水，并通过产生二氧化碳来控制酵母的生长。在典型的酵母面团中，盐发挥渗透作用，与其他物质竞争吸收水分。具体地说，与未加盐的面团相比，加盐酵母面团中面筋形成所需的水分和淀粉糊化所需的水分较少。盐为烘焙产品增添了风味。

酵母面包面团中没有盐，这使得酵母快速发育、面团上升。随着面筋过度拉伸及其丝线断裂，这就产生一种可折叠的、极度多孔的结构。

烹饪提示！ 盐是酵母面包的必要成分，它的使用可以控制酵母的过度产生。

15.4.7 糖的作用

除了增加风味，糖在面糊和面团中还有许多其他作用。糖的存在使产品变软。这是因为食谱中的糖竞争性地吸收水分时（而不是面粉蛋白质和淀粉），可用于面筋形成和淀粉糊化的水较少。糖还会提高蛋白质凝固和淀粉糊化的温度，从而延长二氧化碳使烘焙面团膨胀的时间。

糖是酵母有机体产生二氧化碳的底物，玉米糖浆、蜂蜜和糖蜜是酵母的底物，而人工甜味剂不能发酵。糖具有吸湿性（保水性）。因此，烘焙产品可能会变得过于潮湿、黏稠或松软，特别是当配方中富含果糖（即蜂蜜）时。烘焙食品是棕色的，因为还原糖如牛乳中的乳糖，会因美拉德褐变反应而变棕色，而糖会焦糖化。

食谱中糖的用量各不相同，在酵母面包配方中含有少量的糖是有益的，因为糖通过酵母发酵产生二氧化碳。大量（超过 10% 重量）糖会使酵母细胞脱水并减少面团体积。因此，由于糖的渗透作用，加糖的面团需要更多的揉捏和膨胀时间。因为酵母细胞被糖脱水，所以用小苏打或泡打粉膨松的面包和蛋糕比用酵母发酵的面包和蛋糕更能耐受高含量的糖（如下所示，可能会有同时使用两种膨松剂的情况）。

其他类型的甜味剂包括：

蜂蜜可以用在烘焙产品中，赋予各种各样的风味。当蜂蜜被用作烘焙原料时，它会制作出更甜、更湿润的烘焙产品，因为它含有果糖，果糖比蔗糖更甜，更具吸湿性。

烹饪提示！ 食谱中的一杯糖可以用 3/4 杯蜂蜜加 1 汤匙糖代替，液体减少 2 汤匙。

糖蜜有它自己特有的味道，这种味道可能会很浓。它可以被用作烘焙产品中的甜味剂，但是因为它比糖更酸，所以它不能被用来代替配方中超过总量一半的糖。为了控制酸度，可能需要加入少量的小苏打。和蜂蜜一样，当糖蜜取代糖时，配方中的液体数量需要减少。

糖替代品提供甜味，但它们不能提供糖的功能特性，包括糖的褐变、发酵、嫩化和吸湿性（参见第十四章）。在糖的替代品中，由于体积和甜度的固有差异，用一种糖替代品等重地替代另一种糖替代品是不可能的。安赛蜜 K、阿斯巴甜（封装的）和糖精都是某种程度上成功地加入烘焙产品中的耐热糖替代品例子（参见第十四章）。

15.5 特定烘焙食品的膨松过程

快速焙烤糕点和酵母面包的膨松通常发生在气室或面筋结构充满膨松剂时。例如，面团中形成面筋并随后经过膨松，面筋结构对于里面的膨松剂变得可延展。如前所述，膨松剂包括物理膨松剂，例如空气和蒸气或二氧化碳，它们被并入到面筋结构中。后者是由生物作用

（例如酵母）或化学作用（如小苏打）产生的。

当面团醒发，或在最后一次发酵时（通常酵母面团发酵两次），面筋结构膨胀，之后面团体积增加，使产品变轻和多孔。

15.5.1 空气作为膨松剂

空气在一定程度上融入到几乎每个面糊和面团中，加热时会膨胀，增加产品的体积。它可能是一些面包、饼干或馅饼皮等“未发酵”烘焙产品中唯一的膨松剂。在做蛋糕的时候搅打脂肪和糖，在制作天使食品或海绵蛋糕搅打蛋清或全蛋，也可以通过筛选配料，或将松散的鸡蛋折叠（提起和翻转）到混合物中，空气就会被吸收进来。空气进入食品后，气泡在烘焙过程中受热膨胀，另一种膨松剂，如蒸气或二氧化碳，扩散到气室，使其扩大。

15.5.2 蒸气作为膨松剂

蒸气也能部分地使几乎所有的食品膨松。当一部分水变成水蒸气时，它会膨胀 1600 倍。蒸气是由液体成分产生的，包括水、果汁、牛乳以及鸡蛋。奶油泡芙或松饼等产品依赖蒸气进行膨松并形成中空内部。当面团蛋白由于蒸气的形成而膨胀，以及当鸡蛋蛋白变性和凝固时，它们获得了它们特有的大体积和内部中空的特性。在主要由蒸气进行膨松的产品中，水分蒸发和面团膨胀需要液粉比大和烤箱温度高。

15.5.3 二氧化碳（CO_2）作为膨松剂

二氧化碳是面糊和面团中的主要膨松剂。配方中所需的量与面粉的量成正比。例如，面粉（面团）含量高的配方比液体（面糊）含量高的产品需要更多的二氧化碳来膨松；因此，配方中必须包含更多能够形成二氧化碳的成分。

15.5.4 化学方式产生二氧化碳

二氧化碳可以通过碳酸氢钠与酸（湿的或干的）化学反应产生，也可以通过细菌或酵母发酵糖以生物方式产生。二氧化碳很容易释放到面糊中，也很容易逸出，变得无法发酵。如果面糊或面团长时间没有烘焙，或者如果麸质结构形成不充分，无法承受二氧化碳的影响，就会发生这种情况。

小苏打

化学膨松的一种方法是加入小苏打或碳酸氢钠。它产生的二氧化碳的化学反应式如下：

$$\underset{\text{碳酸氢钠}}{NaHCO_3} + \underset{\text{热}}{\text{heat}} \longrightarrow \underset{\text{碳酸钠}}{Na_2CO_3} + \underset{\text{二氧化碳}}{CO_2} + \underset{\text{水}}{H_2O} \quad (1)$$

单独使用时，小苏打与热量迅速反应生成二氧化碳。其可能会在膨松之前从生面糊中逃逸出来。因此，焙烤小苏打必须与另一种物质结合才能发挥作用。可以选择液体酸，或干酸加液体，以延缓二氧化碳的产生并防止其从混合物中逸出。液体酸和干酸的例子如下。

- 液体酸：苹果酱、酪乳、柑橘汁、蜂蜜、糖蜜和醋。
- 干酸：酒石奶油（酒石酸钾，一种弱酸），如下所示：

$$\underset{\text{酒石奶油}}{HKC_4H_4O_6} + \underset{\text{碳酸氢钠}}{NaHCO_3} \longrightarrow \underset{\text{酒石酸钾钠}}{NaKC_4H_4O_6} + \underset{\text{二氧化碳}}{CO_2} + \underset{\text{水}}{H_2O} \quad (2)$$

如果面糊或面团在加入小苏打的情况下变得太碱性，食品中就会出现碳酸钠，它会形成肥皂味、褐色斑点和使其发黄的类黄酮色素。当苏打的含量大于它所反应的酸时，这种情况可能发生在酪乳（苏打-酸性）饼干中。苏打-酸性饼干比发酵粉饼干更柔软，这是因为苏打可以软化面筋。

与碱性相反，如果酸性太强，烘焙产品如饼干会出现颜色变白。

烹饪提示！小苏打和干配料一起被添加到配方配料混合物中。如果与液体成分一起添加，二氧化碳可能会过早地释放到液体中，并在操作过程中从混合物中逸出。

小苏打可以用来中和弱酸性果汁。

泡打粉

第二种化学供应二氧化碳气体的方法是使用泡打粉。它最早于 19 世纪 50 年代初在美国生产，并迅速为消费者提供了预混膨松的便利。泡打粉含有三种物质：碳酸氢钠（小苏打）、干酸和惰性的玉米淀粉填充物。淀粉填充物可防止苏打和酸过早发生反应，并使泡打粉罐中的重量标准化。

商用泡打粉必须产生至少 12% 的有效二氧化碳气体（每 100 克泡打粉必须产生 12g 二氧化碳），家用泡打粉则需产生 14% 的二氧化碳。

泡打粉有几种分类方法。一种方法是根据酸成分类型进行分类，这些酸的强度不同，因此每种酸都决定了二氧化碳的释放速率。过去酒石酸和磷酸盐被用作干酸，现在消费者更常使用 SAS 磷酸盐（磷酸铝钠）。

泡打粉的第二种分类方法是根据它们的作用速率，或它们与水和热反应形成二氧化碳的速度进行分类。速效泡打粉，如磷酸二氢钙，是一种单效粉，其可溶性酸在室温下润湿/与液体混合时几乎立即释放出二氧化碳。SAS 磷酸盐是慢效的，是一种双作用粉末，可以释放两次二氧化碳。二氧化碳的第一次释放发生在混合物变湿时，第二次释放发生在混合物受热时。

如果在配方中加入过多的泡打粉，细胞壁可能会被拉伸和破裂。由于过度拉伸、结构坍塌和二氧化碳气泡的释放，这种破裂会导致产品质地粗糙、体积小。过量使用泡打粉也会导致肥皂味、产生黄色面包屑和外观过度褐变。

饼干中使用的一些 SAS 磷酸盐泡打粉可能会产生裂纹，这是由于面团拉伸不足而试图膨松造成的。其原因是形成面筋所需的面团处理不当所致。

相反，如果使用的泡打粉太少，产品就会膨松得不充分。最终的烘焙产品是潮湿的，面糊或面团中有致密的小气孔颗粒。

烘焙各种饼干时，使用小苏打和泡打粉是有区别的。例如，

- 酪乳饼干用小苏打+酪乳（液体酸）（小苏打需要一种酸）。
- 泡打粉饼干用泡打粉。

如果苏打和液体酸的量不足以提供发酵混合物所需的二氧化碳，配方中可能需要偶尔加入发酵粉和小苏打。

烹饪提示！一匙泡打粉可被 1/4 匙小苏打和 1/2 匙酒石奶油代替。

此外，磷酸铝钠（sodium aluminum phosphate，SALP）和其他化学物质可能也与加工食品相关。

15.5.5 生物方式产生二氧化碳

膨松可以通过上述非发酵方法获得，即使用空气、蒸气或化学二氧化碳形成，也可以由发酵产生，发酵是微生物细菌或酵母代谢可发酵有机物质的生物过程。

细菌

Lactobacillus Sanfrancisco 乳杆菌就是一个细菌的例子。这是形成酸面团面包的细菌（与一种非烘焙用的酵母 *Saccharomyces exiguus* 一起使用）。该细菌的功能是降解麦芽糖，产生乙酸和乳酸，并产生二氧化碳。通常，含有细菌和酵母的酵头或海绵酵头会从一次烘烤中保存下来，并在下一次烘烤中使用。

烹饪提示！ 朋友们通常在自家厨房里分享一种“酵头”文化或“海绵酵头”用于制作面包。酵头是从以前的烘焙中保留下来的，因此每次准备面包时都不需要新鲜的酵母。

酵母

面包制作中最常见的酵母菌株是酿酒酵母（*Saccharomyces Cerevisiae*）。这是一种微小的单细胞真菌，一种没有茎或叶绿素的生物，通过一种称为发芽的过程生长——新细胞生长来自现有细胞。它释放酶，酶在厌氧过程中代谢可发酵的糖——发酵，产生乙醇和二氧化碳（酵母细胞越多，产生的二氧化碳就越多）。大部分酒精在烘焙过程中挥发，而二氧化碳提供面包膨松结构。食品中使用的三种主要酵母包括表 15.3 所列的酵母。

表 15.3 酵母的形式

活性干酵母（activedry yeast，ADY）
1 茶匙 ADY ＝ 1 块压缩酵母（compressed yeast，CY）
每袋大约含 2～1/4 茶匙
可发酵 6～8 杯面粉
比 CY 的保质期长
比 CY 水分少
蛋糕酵母或压缩酵母（CY）
带淀粉填料的湿酵母
保质期短——必须冷藏，否则酵母细胞会死亡
快速膨胀干酵母
很快能被水化
可使混合物快速膨胀
由细胞的原生质体融合而成

酵母是一种能发酵的真菌。在发酵过程中，由温水和基质糖发酵产生二氧化碳。在液体存在的情况下，温度为 41℃～46℃，每个酵母细胞复水并发芽，产生新的细胞（参见下文）。达到高于 54℃的温度会对酵母发育产生负面影响（热死亡），较低的温度不会对酵母

的发育产生影响。

由于糖施加的渗透压，需要更多的时间来使加糖的酵母面团膨松。可以使用小苏打或泡打粉（化学膨松剂）以及酵母（生物发酵剂）实现膨松，尤其是如果配方中使用抑制面筋形成和随后的膨胀的高含量的糖，两者都可以在第二次发酵时加入面团中，以提供面包额外的膨松。

烹饪提示！新近开发的“快速发酵酵母”使用说明可能与经验丰富的面包师所了解的如何使用酵母有所不同。建议阅读标签！

香料对酵母活性有明显的影响。豆蔻、肉桂、生姜和肉豆蔻等香料极大地提高了酵母活性，更可口的百里香的添加也是如此。使用干芥末则有相反的效果，会降低酵母活性。

烹饪提示！想想你烹饪的节日和假日面包，以及添加的香料带来的美妙效果。

15.6 特定烘焙食品中的配料

通过应用前面提出的一般概念，我们将剖析配料在一些特定烘焙食品中的作用。注意：面包师可以选择任意数量的添加配料！

15.6.1 酵母面包的配料

酵母面包（图 15.3）是用硬小麦粉从软面团中制成的，以形成坚韧而有弹性的面筋结构。这种结构可能含有淀粉和糖或其他成分，如鸡蛋、脂肪或其他必要的成分。酵母导致面筋结构中产生二氧化碳，反过来，二氧化碳是造成 pH 从 6.0 降低到 5.0 的原因。

在美国，四种强制性的酵母面包配料是面粉、液体、酵母和盐。此外，在商业面包的制备过程中可以添加糖和商业 α-淀粉酶。

[α-淀粉酶是面粉中天然存在的一种酶，可能会导致淀粉不必要的水解；然而，在面包制作和酵母食品制作中，可以添加该酶以形成所需的结构和质地。面粉中的淀粉水解酶，如淀粉酶，是商业面包制作中重要的面团成分，因为它们能产生酵母所需的可发酵糖。（α-淀粉酶一次分解一个葡萄糖单位，立即产生葡萄糖，β-淀粉酶分解两个葡萄糖单位，产生麦芽糖）]

以下是酵母面包的配料。

面粉。酵母面包是用高筋面粉制成的。酵母发酵释放的二氧化碳需要形成足够的面筋蛋白和足够的黏弹性。有些面粉不适合做面包，因为它们不足以形成面筋。分离的面筋也可以添加到面粉中以生产高筋面粉。除了面筋蛋白，面粉中的淀粉成分在糊化时也对结构有贡献。它部分被转化为糖，为酵母提供食物。

液体。液体是面粉蛋白质、淀粉和酵母细胞水合所必需的。牛乳或水，加热到大约 41℃~46℃，酵母细胞就可以开始发育（发芽）。温度过高或过低都不会激活酵母，还可能直接杀死酵母。

酵母。使用各种形式的酵母。

盐。盐是酵母配方中的必需成分。添加它是为了调味和控制面筋的形成，这样面筋就可以充分拉伸，但又不会太多导致断裂。如果配方中没有添加盐，面筋就会变软，过度拉伸，从而导致面筋结构塌陷。

糖。有非常多的选择，少量的糖与酵母的最初结合促进了酵母的生长。糖也可以通过美拉德褐变反应使酵母面包的外皮变成褐色，如果大量添加糖，它会使面团变软。大量的糖会抑制酵母的生长繁殖。糖含量高时，可以少放盐或多放酵母。

酵母面包中使用的可选配料——由面包师选择！

图 15.3 酵母发酵的小麦面包
（来源：小麦食品委员会）

酵母面包制作中的可选配料很多，这在一定程度上取决于文化或家庭偏好。酵母面包的配料可包括可选的糖、脂肪和鸡蛋（参见相关章节）、水果、蔬菜、果汁或坚果，例如，可以添加脂肪来增加风味和软度；可以添加鸡蛋来起到乳化作用，提高营养价值、增加风味或颜色。各种各样的香料也是可选的，包括生姜、肉桂、豆蔻和百里香，它们通过化学方式增强酵母发酵来增加面团的产气量。

烹饪提示！ 面糊和面团中可以添加很多配料。这些配料可以包括苹果、胡萝卜、干酪、干豆、柑橘果皮、小茴香、香草、坚果、橄榄，晒干的番茄、西葫芦等！

15.6.2 速发面点的配料

速发面点，顾名思义，在烘焙之前相对快速混合，并可以立即烘焙的面点，无需像酵母面点那样需要长时间的等待。面点的膨松结构通常是由泡打粉、小苏打、蒸气或空气通过化学方法形成，而不是像酵母那样通过生物方法产生。速发面点包括饼干、面包、松饼、薄煎饼、酥饼和华夫饼等各种烘焙产品。

面粉：通用面粉用于为速发面点提供足够的面筋结构。在速发面点配方中，液体与面粉比例大限制了面筋的产生，能生产出柔软的产品。过多的面粉可能会产生过多的面筋、孔道和干面包屑。

液体：水、果汁或牛乳可用作糖、盐和膨松剂的分散介质。当液体被加热时，它会形成蒸气，从而使产品膨松，淀粉糊化，并使面包屑变硬。

鸡蛋：鸡蛋在凝结时形成一定的结构。鸡蛋能快速乳化面点面糊，由于蛋黄中含有磷脂，使脂质部分与液体结合。鸡蛋还具有营养价值，同时能赋予颜色。

脂肪：在速发面点生产中使用各种各样的脂肪和油。高油脂会限制面筋的形成。油覆盖在面粉颗粒上，以防止水分吸收。例如，油用于煎饼和松饼，豌豆大小的固体脂肪块用于将饼干制成片状薄层结构。

当为了健康目的而改变配方时，例如用油代替脂肪，面点质量会有明显的变化。例如，饼干中变得很明显没有片层。当配方是低脂或无脂时，由于面筋的增加，它会产生不太软的面包屑。

膨松剂：一般来说，速发面点是用化学方法快速膨松的。泡打粉——如泡打粉饼干或小苏打、液体酸——如酪乳饼干（替代品：2 匙泡打粉+1 杯牛乳= 1/2 匙苏打+1 杯酪乳）。

糖：糖提供甜味和柔软度。它还有助于美拉德褐变反应。过多的糖会抑制面筋的形成。

快发面点中使用的可选配料——由面包师选择！

15.6.3 糕点的配料

根据所需的具体产品，配方中脂肪/油、面粉、液体等的数量和类型会有所不同。馅饼皮是由高脂肪硬面团制成的，具有两种不同的特点——要么软，要么薄。糕点也可以由分层的酥皮面团制成，或者由稠糊状物如泡芙糊制成，用于奶油泡芙和闪电泡芙。后两种形式的面团在烘焙时可能会比生面团大几倍。

糕点外皮的例子如上所示。各种糕点配料的作用如下。

面粉：糕点面粉是最好用的面粉，因为它是蛋白质含量低的软小麦面粉。如果没有，可以使用硬面粉和速溶面粉混合制成。糕点面粉，或混合面粉，形成的面筋比通用的硬小麦面粉更少，产品更柔软。

烹饪提示！ 如果配方中规定使用通用面粉或硬面粉，请记得硬面粉会吸收更多的水，因此，为了达到相同的稠度，必须使用比软面粉少的水。

液体：面团中的液体主要是水。水使面粉水合，促进糊化，并形成黏结性。从鸡蛋到膨松结构，糕点可能依赖于蒸气。当蛋液变成蒸气时，它使混合物膨松，就像奶油泡芙，它为中空的壁提供了凝胶状的内部（虽然不是由稠糊或高脂肪糕点制成，但是另一种中空烘焙产品是空心松饼，是一种由高流动性面糊制成的快发面点）。

脂肪：在糕点中，豌豆大小的固态脂肪块融化后会在外皮中形成许多薄层，例如馅饼皮。在配方中使用油覆盖面粉颗粒，减少面粉的水合作用。在用油的作用下，酥皮会呈现出一种易碎的粉状性质，并产生一种不薄而柔软的馅饼皮。

猪油和氢化酥油是固体酥油，会产生非常酥脆的糕点，而黄油和人造黄油在室温下是固体，含有 80% 的脂肪和 20% 的液体，从而减少松脆。低脂和无脂人造黄油脂肪含量不足，在糕点中不能很好地发挥作用。

如果配方脂肪含量减少，通常高脂肪的糕点口感就不会那么软了。

糕点中使用的可选配料——由面包师选择！

根据馅饼类型的不同，馅饼皮可能含有其他成分。例如，乳蛋饼外皮可能含有干酪或香草。甜的点心皮中可能含有其他香料、巧克力或糖来调色或调味。如果用糖做的话，面包皮很容易变成棕色。

15.6.4 蛋糕的配料

蛋糕通常含有脂肪和糖。蛋糕的种类很多，本讨论适用于典型的分层蛋糕。许多配料会影响蛋糕的体积和质地。蛋糕配料的一些功能将在下面的小节中介绍。

面粉：软麦粉（蛋白质含量7.0%~8.5%）是制作蛋糕的理想选择。软面粉颗粒小，比硬面粉有更高的麸质形成能力，蛋糕更高、更软、颗粒更细。使用软蛋糕粉可以使蛋糕壁更薄、体积更大、更不粗糙。

如果面粉经过漂白，就像蛋糕粉通常的情况一样，有两个优点：色素更白，烘烤性能得到改善，因为除了其他特征之外，漂白还会氧化面粉颗粒的表面，可以得到更大的面包体积和更细的颗粒。

烹饪提示！在家里，在配方中可用1杯中筋面粉减去2匙来代替1杯蛋糕面粉。

液体：液体可糊化淀粉并形成少量麸质。液态乳能补充蛋白质，淀粉能提供结构和颗粒状质地。牛乳中的糖、乳糖和蛋白质对决定成品蛋糕的颜色起到很重要的作用。在非酶促的美拉德褐变中牛乳蛋白与糖结合。

鸡蛋：全蛋或蛋清中的蛋白质赋予蛋糕结构，并在蛋白质凝固时使蛋糕混料变韧。蛋清在被打散时会吸收空气，可以用来使蛋糕膨松，全蛋或蛋清同时可以提供液体，当液体变成蒸气时会使蛋糕膨松。海绵蛋糕加入了全蛋，而天使蛋糕是用打好的蛋清制成的，以增加体积。蛋黄因其脂蛋白含量而起乳化剂的作用。在配方中添加额外的脂肪和糖可以抵消鸡蛋的韧性。

脂肪：脂肪能使蛋糕变软，因为它能缩短蛋白质-淀粉链。脂肪能增加蛋糕中的脂肪量，尤其是如果在配方中加入奶油，或者当甘油一酯和甘油二酯被用作脂肪中的乳化剂时。配方中的黄油可能比氢化起酥油需要更多的乳化，因为它的充气不像氢化起酥油那样，而且它的可塑性范围很小（参见第十二章）。猪油有很大的晶体尺寸，比大多数塑性脂肪更难制成乳脂。油可使蛋糕软化。

配方中的脂肪也能保持混合物中的水分，使蛋糕屑软化。酥饼不同于海绵蛋糕，后者除了鸡蛋没有脂肪。

烹饪提示！酸奶油或鸡蛋中的额外脂肪可以赋予蛋糕柔软度和风味。

糖：糖赋予蛋糕甜美的味道，经常被大量添加到蛋糕面糊中。它与蛋白质和淀粉竞争水分，抑制面筋形成和淀粉糊化。当可塑性脂肪在加入面糊之前用糖乳化，糖也起到了吸收空气的作用。即使没有乳化，它的加入也会增加面糊中的气泡数量，从而增加柔软度。

膨松剂：膨松有几种方法。蛋糕纹理上有大量气室，这些气室容纳着膨松剂释放的膨胀气体，将脂肪和糖搅成糊状混合物的过程中并入了空气，以使蛋糕膨松。小苏打与一种酸性成分发生反应，使其膨松。小苏打和泡打粉的化学膨松很常见，蒸气和空气也是如此。

蛋糕中使用的可选配料——由面包师选择！

从早期开始（今天也适用），人们就会在烘焙食品中添加配料，以提高口感，特别是为了延长保质期。其中一些配料包括香料，如肉桂、姜、丁香、大蒜和蜂蜜。有效的清洁，包括有效的洗手，也可以延长产品的保质期。

15.7 各种面糊和面团的混合方法

面糊和面团中配料的作用，以及特定烘焙产品中的配料在前面的章节中已经讨论过了。本节涵盖了各种面糊和面团的具体混合方法。

混合的目的是分散包括发酵剂在内的原料，并使整个混合物的温度均匀。面团，如饼干和糕点中的面团，是通过揉捏来处理的；蛋糕、松饼和浇注面糊需要搅拌处理。

可以多使用手工和机器混合的方法。

烹饪提示！取决于使用的混合方法，两种配料和比例完全相同的烘焙产品可能会产生两种不同的最终结果！由于不同的混合方法，体积、质地和颗粒大小可能不同。

15.7.1 饼干

饼干是用软面团做成的快速焙烤食品。推荐的混合方法是将豌豆大小或更小的固体脂肪，放入筛过的干混合物中。接下来加入所有的液体，形成一个球，揉面团。揉捏（参见15.7.6）10~20次形成面筋，并确定面筋纤丝的方向，这是制作薄片所必需的。它混合了所有的成分，例如膨松剂或苏打和酸，这些成分可以使饼干膨松。

揉捏不足会使饼干不能充分膨起。同样，过度揉捏或重复揉捏会过量产生面筋，导致饼干体积更小、更硬，因为二氧化碳会通过面筋结构中的薄弱位置逸出，使饼干不会均匀膨起。

15.7.2 蛋糕

蛋糕面糊可以用几种不同的方法制作。按照惯例，首先将可塑性脂肪和糖混合，这为蛋糕面糊提供了通气性。接下来，加入鸡蛋，同时加入干的和湿的配料。第二种方法，或称“倾倒”法，将所有的食材混合在一起，然后在最后加入膨松剂。

烹饪提示！由于缺少奶油，产品的蓬松感会减少，这是因为充满二氧化碳的气室的数量减少了。

15.7.3 松饼

松饼是一种用面糊制作的快速焙烤食品。松饼的最佳混合方法是将所有的液体原料倒入所有筛过的、干燥的原料中，并进行最低限度的混合。面糊过度混合会形成长纤面筋，导致松饼形成孔道或尖形。

孔道，或中空的内部通道，会形成长纤面筋，允许气体从内部逸出。如果烤箱温度过高，松饼也可能呈现出尖形的外观，这使得松饼在内部仍然是流体状态且没有达到最大膨胀的情况下，就形成了顶部外壳。中央孔道形成了气体外泄的通道，特别是形成了带有尖峰的松饼外观。

以下是值得注意的事项：

麦麸松饼：在混合的过程中，麦麸的碎片会切断形成的麸质，因此，麦麸松饼不会像不含麦麸的松饼那样隆起。

玉米松饼：由于配方中使用了玉米这种非麸质面粉，所以最好将其与等量的小麦粉混合，以获得理想的结构。

15.7.4 糕点

糕点的混合方法类似于饼干的制作。它将大量的固体脂肪放入筛过的干燥食材，然后加入所有的液体。混合物可以搅拌，然后揉捏，并切割成所需的形状。羊角面包面团必须在几个小时的过程中多次反复折叠，而不是搅拌或揉捏。这种折叠使面团分层。如果掺入油，充分冷却的油会限制室温油的覆盖潜力，并产生轻微的片状产物。

15.7.5 混合浇注面糊、滴状面糊概要

薄煎饼、松饼和华夫饼等食品的面糊含有高比例的液体和面粉，属于浇注面糊，不需要确定的混合方式。由于水分含量高，面筋含量低，过度搅拌浇注面糊也不会影响成品的形状或质地。滴状面糊比浇注面糊含有更多的面粉。松饼和一些饼干就是用滴状面糊制作的产品实例。

15.7.6 揉捏面团和酵母面团

面团液体含量少，通过揉捏而成，而不是搅打或搅拌制成。面团分为软面团或硬面团。软面团用于饼干制作，例如酵母面包，其液粉比为 1∶3。硬面团比软面团含有更多的面粉，其比例可能为 1∶6 或更高。

酵母面团的制备包括揉捏、发酵、按压面团、静置、成型和醒发面团。

将所有配料混合成球后，必须进行揉捏以拉伸和形成有弹性的麸质。这是通过将面团向下压，将其对折，然后在每次压制和折叠之间将面团翻转一半完成的。揉捏可合并后再将气室细分，提高整个面团的温度均匀度（24℃~27℃），去除多余的二氧化碳（可能会使面筋结构过度拉伸），并分散膨松剂。

揉捏可以使用重型搅拌机、面包机或食品加工机来完成，可能分别需要 10min、5min 和 1~2min。揉捏不足，或者使用不形成面筋的面粉，会产生较少/没有面筋纤丝，因此面包体积较小。如果过度揉捏，特别是使用机器揉捏，面筋可能会断裂，导致面团的弹性降低，使面团不能发起来。

揉捏后，酵母细胞经过发酵，可发酵的糖被转化为乙醇和二氧化碳，酵母面团就会膨胀。当发酵完成时，面团的大小翻了一番。然后，把面团按压下来。按压面团的作用在于，它允许发酵的热量和二氧化碳逸出，引入更多的氧气，控制气泡的大小，防止面筋过度伸展和塌陷。如果面团被允许过分膨胀，面筋就会被过度拉伸，导致面团失去弹性并不可伸展。

这一压面团的步骤为酵母提供了接触新鲜食物（糖）和氧气的机会。面团被压下来，静置 15~20min，这样面筋就可以松弛下来，淀粉吸收面团中的水分，使面团不那么黏。在此期间，发酵继续，面筋网络变得更容易操作。

接下来是面筋松弛的静置期。把面团成型后，让它第二次发起来——这称为醒发。在第二次膨胀中，随着更多的酵母细胞发芽并产生额外的二氧化碳，面团的体积将翻一番。当用手指轻轻按压面团时，面团上有轻微的凹痕，就可以烘焙了。

对于过度起发的面团，应该再次按压，并允许第三次膨胀，这样就可以避免在过度伸展导致面筋结构会坍塌的情况下烘焙。如果拉伸的面筋结构坍塌，体积会因为二氧化碳的流失而减少，因此质地明显粗糙、展开和致密，而不是细腻和均匀。

烹饪提示！要揉得充分，但不要过度揉捏！

需要再次重申：混合的目的是分散原辅料，包括膨松剂，并使整个混合物的温度均匀。像饼干、面包和糕点中的面团是通过揉捏来处理的；蛋糕、松饼和浇注面糊的面团则需要被搅拌。

15.8 烘焙面糊和面团

未焙烤的面糊和面团是气室周围含水物质的泡沫。周围的混合物在气室周围凝固或凝结时，形成成品的纹理。烘焙过程中产品发生的主要变化与蛋白质、淀粉、气体、褐变有关，重要的是与香味的释放有关。

- 面粉中的蛋白质或添加的蛋白质成分，加热后变硬或凝结。
- 淀粉颗粒在吸收水分时会失去双折射、膨胀和胶凝作用。
- 气体膨胀并导致膨松。
- 美拉德褐变反应会使水分蒸发，表皮变成褐色。
- 酵母发酵产生的酒精副产物会蒸发，尽管不是完全蒸发。

烘焙成品的质量取决于操作（搅拌、揉捏）的程度和烤箱温度。面粉的类型、液体的数量以及几乎无限的可能添加的配料都影响烘焙成品的质量。

烹饪提示！ 在矩形烘焙蛋糕中看到弯曲且裂开的顶部是由于外部表面上结构凝固形成，但其内部仍然是流体的。

在烤箱中烘烤几分钟，酵母面包将呈现出一种被称为“烘烤弹开”的初始起发。烘烤弹开是随着发酵过程中产生的乙醇的挥发而出现的。这种起发是由于热膨胀、酵母产生的二氧化碳和水产生的水蒸气造成的。气体使面筋膨胀，直到它们形成坚硬的结构。然而，如前所述，过度发酵和过度醒发会导致面包膨胀，随后可能会导致面包结构的坍塌。风味的形成是因为外壳褐变、水分流失、香气释放出来。

15.9 基于海拔高度调整烘焙

一般来说，烹饪和烘焙在海拔不同的地方是不同的—无论是在海平面以上还是在海平面以下。大约1/3的美国人生活在高海拔地区（超过914.40m）。

水在海平面上的沸腾温度为212℃，海拔越高沸腾温度越低——低几摄氏度。例如，海拔每升高或下降304.80m，沸点就会变化约2℃。因此，水在1524.00m时沸腾的温度为94℃，在2286.00m时低于93℃。这相当于这样一个事实：在高海拔地区，在水中烹调的食物必须煮更长时间才能完成。即使水迅速沸腾，在高海拔地区也不像在海平面上沸腾那样热！因此，烘焙也需要更多的时间。

当产品在高海拔烘焙时，大气阻力较小，烘焙时间较长。较低的气压也往往会导致烘焙食品中的气泡上升得更快，从而增加面团的膨胀。然后这些气泡逸出到大气中，导致蛋糕塌陷。反之亦然，在低海拔和高气压下，水在较高的温度下沸腾。因此，在制造、餐饮服务或家庭食谱中，必须遵循特定海拔的当地说明。

在高海拔地区（1524m），则需要减少糖和发酵剂。糖的减少降低了对水的竞争，因此水可以用来形成强面筋结构。较少的膨松剂可以防止面团在较低的大气压力下发生过度膨胀。

“在较低气压作用的情况下，膨松剂在高海拔地区往往作用太快，所以当食品被烹调时，大多数气体已经逸出，导致漏气。对于用蛋清进行膨松的蛋糕，只需搅拌到软性发泡的稠度，以防止它们在烘焙时放气。此外，在1524m的高空，将食谱中的泡打粉或苏打的用量减少15%～25%（食谱中规定的1/8～1/4茶匙），在2133.60m的高度减少25%或更多。对于蛋糕和曲奇，都要将烤箱温度提高20℃左右，在膨松气体形成的气室膨胀过大导致蛋糕或曲奇塌陷之前，将面糊定形，并略微缩短烹调时间。”

“面粉在海拔高的地方往往比较干，所以在1524m的地方，每杯面粉需要增加2～3汤匙的液体，在2133.60m的地方需增加3～4汤匙的液体。通常，对于食谱中的每一杯糖，需减少1～3汤匙。”（Food News Service，Brunswick，ME）。

“您可以进行一些标准调整。在2133.60m，对于食谱中要求的每一杯液体，增加3～4汤匙；每需要一茶匙泡打粉，减少1/4茶匙；食谱中每一杯糖，减少1～3汤匙。”

“对于用蛋清发酵的蛋糕，只需搅拌到软性发泡，以防止它们在烘焙时膨胀过大。对于蛋糕和饼干，将烤箱温度降低20℃左右，并略微缩短烹饪时间。在第一次准备食谱时可进行较小改动，后续再根据需要进行调整。”（Food News Service，Brunswick，ME）。

加利福尼亚州的死亡谷是美国最低的陆地点，低于海平面85.95m。与高海拔地区相反，在海平面以下烹饪和烘焙需要减少5%～10%的烹饪时间。烘焙食品在海拔较低的地方会膨胀得更慢，并保持更多的水分。同时也需要增加泡打粉或小苏打的量。

15.10 烘焙食品的储存

适宜的储存条件可延长烘焙产品的保质期，并保持最佳风味和质地。封锁和消除外部空气是保护烘焙食品通常采取的一个步骤，因此建议采用良好的包装或密闭储存。这样的储存也可能防止腐败。对于长期储存，在冰柜储存之前使用冷冻包装可以最大限度地减少干燥或冰柜冻伤。

15.11 烘焙食品的营养价值

烘焙食品的营养价值因配方中使用的配料/添加配料的类型和数量而异。许多烘焙食品的主要配料是面粉——尤其是在美国的小麦，许多人可能会发现自己对含有这种配料的食品不耐受。其中可能含有大量的脂肪或糖分。一般来说，饮食中应选择含糖和脂肪较少的食品，少吃脂肪和甜食。

全麦、水果、磨碎的蔬菜，如胡萝卜、西葫芦、坚果和NFMS可以用于食谱中，提供外观、质地和风味，并提高营养价值。遵循无麸质饮食养生法的人可能会避开特定的面粉，如小麦面粉，有时会选择用米粉或椰子粉等其他面粉来代替。

有些烘焙食品可能成功地减少了脂肪含量，这种改变可能适合许多限制脂肪或热量的饮食。然而，这种产品的软度和风味将不如未经修改的原始的对应产品。与标准脂肪含量的产品相比，低脂或无脂肪会改变风味，形成更多面筋，并且会减少软度。

烹饪提示！无脂和低脂烘焙产品可能不是所有人都能接受的。

15.12 面糊和面团中的安全问题

烘焙食品通常不是一种“潜在的危险食品”，但它们有时也会对健康构成风险。

15.12.1 微生物危害

“黏稠拉丝”是一种由面粉中杆菌引起的状态。它可能存在于用于生产面粉的作物的田地里。它的存在使面包内部呈现出糖浆般黏稠的丝状——它可以伸展，看起来就像一根绳子！酸性环境（pH 为 5 或 4.5）会阻止细菌的生长。

霉菌腐败也是可能的。因此，通常在商业面包中添加丙酸钠、丙酸钙或双乙酸钠等抑霉剂来抑制霉菌和细菌。

15.12.2 非微生物危害

非微生物变质可能由于酸败或陈化而发生（参见第五章）。这两个术语都在前面的章节中讨论过。这里有一点关于陈化的说法。陈化被定义为面糊和面团烘焙后发生的所有变化。人们认为，变质主要涉及支链淀粉的重结晶，它包括风味的改变、面包屑变硬、弹性降低和吸水力降低。为了恢复部分风味，建议短暂再加热。如果加热时间过长或温度过高，面包屑就会显而易见变干。

如果在食品中发现外来物质也会造成危害。必须建立和实施控制，以防止物理、微生物或其他危害（参见第十六章）。

15.13 结论

面糊和面团是由不同类型和比例的液体、面粉和其他配料如膨松剂、脂肪、鸡蛋、糖和盐制成的。水果、蔬菜或坚果也可以添加进来！根据面粉的量，面糊可以是浇注面糊或滴状面糊，面团可以是软的或硬的。

一种包括小麦粉的配方形成了一种称为面筋的蛋白质网络，当面糊或面团烘焙时，液体会使淀粉糊化。面筋和糊化淀粉都有助于形成烘焙产品的结构。速发面包制作起来很快，而酵母面包则需要更长时间才能在烘焙前将面包发酵好。

糖和盐增加了面团的风味，并对面团产生渗透作用，这是因为它们与其他添加的物质竞争吸收水分。在发酵过程中，少量的糖充当酵母的底物，而大量的糖则通过使酵母细胞脱水来干扰二氧化碳的形成。需要控制盐的添加量来控制酵母的生长。

烘焙产品可以用空气、水蒸气或二氧化碳进行发酵，以扩大气孔并使面团膨胀。二氧化碳可以由酵母生物性地产生，也可以由泡打粉或小苏打化学性地产生。膨松也可以通过空气或蒸气来完成。

脂肪在一些面糊和面团中被认为是可选的，在其他烘焙产品中则是强制性的。液体油涂抹我们的料粒比固体脂肪可以更彻底，限制面筋的形成，促进软度。固体脂肪，切成豌豆大小的块或更小的块，分别融化在馅饼皮和饼干中。鸡蛋可以并入面糊和面团配方中。

蛋清可被搅打以并入空气；全蛋或蛋黄可以提供营养价值、颜色、风味和乳化性。烘焙产品的营养价值取决于不同的配方成分。

创意烘焙产品受限于想象力！

笔记：

烹饪提示！

术语表

通用面粉：由硬质和软质小麦混合研磨而成的面粉。

面糊：将液体与面粉的比例为 1∶1 或 1∶2 的稀面粉混合物打散或搅拌，分别用于浇注面糊和滴状面糊。

面团：用 1∶3 或 1∶6~1∶8 的液体与面粉的比例揉和而成的稠密面粉混合物，分别用于软面团和硬面团。

弹性：面团的弹性、可伸展的面筋结构。

发酵：酵母或细菌以及霉菌和酶将复杂的有机物（如蔗糖、葡萄糖、果糖或麦芽糖）代谢成相对简单的物质的生物过程；酵母或细菌将糖转化为二氧化碳和酒精厌氧过程。

薄片：在一些面团中形成的薄而平的一层一层的面团，如饼干或派皮；一些糕点的特性，与柔软性相反。

面筋：面团的三维黏弹性结构，由一些面粉中的醇溶蛋白和麦谷蛋白形成，经过水合和加工。

面筋发展：具有面筋潜力的面粉的水合和加工。

面筋形成潜能：具有可能形成弹性面筋结构的麦醇溶蛋白和麦谷蛋白。

纹理：面糊和面团中的气室中出现的糊化淀粉和凝结蛋白质颗粒的模式或结构所形成的气室大小、方向和整体结构。

揉面：通过折叠、挤压和拉伸将面团混合成均匀的团。

膨发：通过发酵或非发酵的方法使膨胀、变轻和多孔。

烘烤弹性：面糊和面团在烘箱加热后开始膨胀。

顶峰：松饼中气体逸出的中心通道。

塑性脂肪：固体脂肪，可模塑成型，但不可浇注。

醒发：成型酵母面团的第二次膨发。

柔软的：具有细腻、易碎的质地，这是某些糕点的一种特性，与片状的特性相反。

孔道：在面糊和面团中沿着面筋纤丝的细长的空气通道，特别是在过度处理的松饼中可以看到。

小麦粉：由碾碎的小麦胚乳制成的面粉。

全麦面粉：由全粒小麦制成的面粉，包括麦麸、胚乳和小麦胚芽。

参考文献

[1] Kerwien E (2014) The healthy coconut flour cookbook: more than 100 * grain-free gluten-free paleo-friendly recipes for every occasion. Fair Winds Press, Beverly MA.

[2] Thompson T (2000) Questionable foods and the gluten- free diet: survey of current recommendations. J Am Diet Assoc 100: 463-465.

[3] Thompson T (2001) Wheat starch, gliadin, and the gluten- free diet. J Am Diet Assoc 101: 1456-1459.

引注文献

[1] Bread facts for consumer education. 1940, 1950's https://naldc.nal.usda.gov/download/CAT87210222/PDF.

第七部分

食品加工处理

16　食品保藏

16.1　引言

具体来说，食品保藏的目的是减缓或阻止（杀死）细菌的腐败活动，否则会使食品的味道发生改变或质地或营养价值损失。食品保藏技术包括加热、冷藏、冷冻、冷冻干燥、脱水、浓缩、微波加热、盐渍或酸渍，包括非热方法或本章讨论的其他方法。

“食品加工和保藏是用于保持食品质量和新鲜度的两种技术，就其实现方式而言，食品加工和保藏不同；食品保藏只是整个食品加工过程的一部分，食品加工主要涉及包装和保藏，而食品保藏涉及控制和消除食品腐败的因素。”

16.2　食品保藏

食品保藏技术可以通过加热（例如，烹饪；温和的热处理方法，如热烫或巴氏杀菌；非常强的热处理，如罐装或瓶装热处理）、冷藏、冷冻、冷冻干燥、脱水、浓缩、微波加热，或非热方法等其他方法来实现。这些不同的保藏方法将在本章中加以介绍。

促进食品保藏过程的储存条件要接受 FDA 的检查和执行。为了保护食品，延长食品的保质期（在产品质量没有显著变化的情况下产品能储存的时间），有必要从微生物、化学和物理污染以及酶的影响方面考虑如何进行食品保藏。

16.3　热处理保藏

几个世纪以来，加热或烹饪食物作为保藏或使其更美味的一种手段一直很重要。加热是食品保藏的一种重要形式。正如本章所讨论的，现今有许多不同的可用的加热方法。

对食品进行热加工的主要原因有四个，列举如下：

- 消灭病原体（引起疾病的生物体）。
- 消灭或减少腐败生物。
- 延长食品的保质期。
- 改善食品的适口性。

16.3.1 传热方法

热量可以通过传导、对流或辐射的方式传递给食品，通常，烹饪过程会涉及一种以上的传热方法。当食品被微波加热时，热量也可能直接在食品中产生，而当使用感应式炉灶时，热量则直接在平底锅中产生。下面逐个简要讨论传导（通过固体传递热量）、对流（通过空气传递热量）和辐射（通过太阳、烤炉、烤架、电灶等直接加热）。微波和感应加热在本章后面进行描述。

传导是用于分子间热量传递的术语，是通过固体传递热量的主要方法。通过传导传热的例子包括放在热环上的平底锅，热量是通过与热源直接接触来传递的。另一个例子是将热量从外部传递到一大块肉的中心。传导是一种相对缓慢的传热方法。

当在加热的液体或气体中形成流动时，就会发生对流。例如，当水在平底锅中加热时，较热的部分变得不那么密集，因此上升，而较冷的部分流向平底锅底部。这就形成了水流或流动，有助于将热量扩散到液体中。因此，对流加热比传导加热快。

辐射是传热最快的方法，当热量直接从一个辐射（炽热的）热源（例如烤箱或篝火）转移到要加热的食品时，就会发生这种情况。能量以电磁波的形式传递，电磁波可以通过气体（如空气）或真空来传递。热源和被加热食品之间的任何表面都会减少辐射传递的能量。光线在传播过程中呈扇形散开，因此食品离热源越远，接收到的光线就越少，加热所需的时间也就越长（辐射传热涉及电磁波谱的红外波段。微波也是电磁波，只不过波长不同，所以它们对食品有不同的影响，这将在本章后面讨论到）。

烹饪食品时，通常涉及不止一种传热方法。例如，当烤鸡在烤箱中烹饪时，热量通过炽热元件的辐射和烤箱内气流的对流传递到鸡的外部；然而，热量通过传导从外部传递到中心。

16.3.2 热处理方法：温和热处理或强热处理

热处理方法可分为两类，取决于所施加的热量：热处理方法可以是温和的或强烈的。这两种热处理的目的、优点和缺点不同。根据不同的目的，食品加工者可以选择使用温和热处理或强热处理来保藏食品。消费者依靠烹饪来维持家中的食品安全状况。下面将详细讨论这两种类型的热处理；表 16.1 概述了这两种方法的主要目的、优点和缺点。

（1）温和热处理　温和热处理的定义是基于施加的热量，例如，经历温和热处理过程的产品，其许多物理特性（风味、质地）需保持相对不变。

温和热处理的例子包括巴氏杀菌和热烫。

表 16.1　温和热处理和强热处理纵览表

温和热处理	强热处理[a]
目的	目的
杀死病原体	杀死所有细菌
减少细菌数量(食品不是无菌的)	食品达到商业无菌标准

续表

温和热处理	强热处理[a]
使酶失活	
优点	优点
对风味、质地和营养品质的损害最小	保质期长
	不需要其他的保藏方法
缺点	缺点
保质期短	食品煮得过久
必须使用另一种保存方法，例如冷藏或冷冻	质地、风味和营养品质发生重大变化
例子	例子
巴氏杀菌、热烫	罐藏

注：a—参见“罐藏”。

巴氏杀菌是一种温和热处理方法，用于牛乳、液态鸡蛋、果汁和啤酒杀菌。巴氏杀菌法的主要目的是实现后续段落所述的目标。

- 破坏病原体。
- 减少细菌数。
- 使酶失活。
- 延长保质期。

病原体是通过释放有毒物质（食源性中毒）或通过毒素介导的感染而直接（食源性感染）引起食源性疾病的微生物。必须消灭所有的病原体来确保食品可以安全食用和饮用，而巴氏杀菌的产品不是无菌的，巴氏杀菌产品中只是细菌数量减少了。任何耐热性比病原体强的细菌都不会被消灭，它们可以在食品中生长和繁殖，一段时间后它们会导致食品变质，虽然这通常是显而易见的，而不是引起污染的病原体看不见的繁殖。

关于牛乳巴氏杀菌更详细的描述参见第十一章。其他产品的巴氏杀菌在细节上可能有所不同，但原理是相同的，例如，蛋清或全蛋加热到60℃~62℃，并保持3.5~4.0min，以防止沙门菌（*Salmonella*）的生长。果汁也进行巴氏杀菌，因为果汁通常不携带致病微生物，所以主要目的是减少细菌数量和使酶失活。

巴氏杀菌中涉及的温和热处理通常足以使酶变性和失活，例如，牛乳中含有磷酸酶和脂肪酶，这两种酶在巴氏杀菌过程中都会变性（参见第十一章）。为确保牛乳已经进行了适当的巴氏杀菌，可以进行比色法磷酸酶测试：如果磷酸酶存在，它会变成蓝色，表明热处理不足，没有蓝色表明磷酸酶已经失活，且牛乳已经充分巴氏杀菌。

为了延长巴氏杀菌产品的保质期，有必要将其冷藏以延缓细菌的生长。例如，对牛乳进行巴氏杀菌以确保可以安全饮用，尽管牛乳中仍然存在无害细菌。如果在温暖的天气将牛乳放在厨房的柜台上，细菌会繁殖并产生乳酸，牛乳在一两天内就变酸。但是，牛乳可以在冰箱中保存至少一周，有时甚至更长的时间，之后牛乳才变酸。

热烫是另一种温和的热处理方式，主要用于蔬菜和一些水果冷冻前处理。热烫的主要目的是灭活在冷藏过程中会导致食品变质的酶，这是必不可少的，因为冷冻并不能完全阻止酶的作用，因此在冷冻状态下储存数月的食品会慢慢产生异味和变色。

热烫通常是将蔬菜浸泡在沸腾或接近沸腾的水中 1~3min，热烫处理必须建立在实验基础上，这取决于不同蔬菜的大小、形状和酶水平。例如，豌豆非常小，只需要在 100℃的水中 1~1.5min；而碎成小花束的菜花或西蓝花需要 2~3min；根据玉米棒的大小，玉米棒需要热烫 7~11min，以破坏玉米棒内部的酶；用于制作炸薯条的马铃薯也要经过热烫处理。

在热烫过程中，部分细菌会被破坏，但不是全部，杀灭细菌的程度取决于时间长短或热处理方式。和巴氏杀菌一样，热烫的产品不是无菌产品，热烫过的食品需要进一步的保藏处理，如冷冻，以显著延长其保质期。

（2）强热处理　罐藏是一种众所周知的食品保藏方法，它是将食品密封在容器中，然后通过加热抑制致病和腐败的微生物。尼古拉斯·阿佩特（Nicholas Apper，1752—1841 年）被认为是罐头热工艺（真空装瓶技术）的发明者，1809 年，为了给拿破仑的军队提供食品，他发现了这种工艺。不久之后，在 1810 年，彼得·杜兰德（Peter Durand）获得了镀锡罐头的专利，几十年后，路易斯·巴斯德（Louis Pasteur）阐明了微生物杀灭的原理，并能够为罐藏作为一种保藏方法提供解释。19 世纪后期，美国的塞缪尔·普雷斯科特（Samuel Prescott）和威廉·安德伍德（William Underwood）发现了罐藏进一步的科学应用，包括时间和温度的相互作用。

罐藏（表 16.1）是涉及强热处理的食品加工方法的一个例子，罐藏是食品被放在一个圆筒或罐子里，然后密封好盖子，在一个被称为杀菌釜的大型的商用压力锅里加热，加热时间和加热温度各不相同，但热处理必须足以对食品起到杀菌的作用（Potter 和 Hotchkiss，1995），罐头杀菌常用的温度是 116℃~121℃，罐头食品中可以添加钙，因为它可以增加组织的硬度。

罐藏的主要目的如下。

- 商业无菌。
- 延长保质期（6 个月以上）。

商业无菌定义为“在正常的处理和储存条件下，所有致病性微生物和产生毒素的有机体以及所有其他类型的生物被杀死的灭菌程度，如果存在，这些微生物会在产品中生长和腐败”。商业无菌的食品可能含有少量的耐热孢子，在正常条件下无法正常生长，但是，如果将它们从食品中分离出来并赋予特殊的环境条件，则可以证明它们还活着（Watanabe 等，1988）。

许多商业无菌的食品的保质期为 2 年或更长，随着时间的推移，任何产品的变质都是由于质地或风味的变化，而不是由于微生物的生长。

就水果和蔬菜罐头而言，罐头厂可能紧邻田地，原料食材经过清洗和准备、热烫、放入容器中，可能是在真空环境下（以机械方式排出空气），密封，灭菌以杀死残留的细菌、霉菌和酵母（116℃），然后冷却并贴上标签。接下来，罐头在配送之前送到仓库进行储存。

16.3.3　瓶装（热灌装）

瓶装过程有助于保藏食品，使用无菌瓶并随后煮沸可以阻止或破坏任何细菌，一旦打开，瓶子里的食品可能会开始变质。

例如一些果汁、酱、洋葱做的辣调味汁等。如果瓶装食品是高酸食品，则应降低沸点并使用较少的防腐剂。在热灌装中，热产品还有助于对最终产品进行灭菌。

16.3.4 热对微生物的影响

热会使蛋白质变性，破坏酶活性，从而杀死微生物。细菌被杀灭的速度与食品中存在的细菌数量成正比，这就是所谓的对数死亡率，这意味着在恒定的温度下，无论存活菌群的大小如何，在给定的时间间隔内将杀死相同百分比的菌群（表 16.2）。

表 16.2 对数死亡率

时间/min	存活数量
1	1000000
2	100000
3	10000
4	1000
5	100
6	10
7	1
8	0.1
9	0.01

换句话说，如果 90% 的菌群在加热的第 1min 被杀死，那么剩下的 90% 的菌群将在加热的第 2min 被杀死，以此类推。例如，如果一种食品含有 100 万个（10^6）生物体，并且 90% 的生物体在第 1min 内被杀死，那么将有 10 万（10^5）个生物体存活下来。在第 2min 结束时，90% 的幸存生物体将被杀死，只剩下 1 万（10^4）个微生物，表 16.2 更详细的说明了这一点。

热死亡率曲线和热死亡时间曲线将分别在下面的文本和表格中讨论。

在恒温条件下，如果将存活细菌的对数数目与时间的关系绘制出来，就会得到如图 16.1 所示的图形。这就是所谓的热死亡率曲线（图 16.1）。这张图表提供了关于特定生物体在特定介质或食品中于特定温度下的死亡速率的数据。

从热死亡率曲线中可以得到的一个重要参数是 D 值或十进制减少时间。D 值定义为在特定温度下杀死给定菌群中 90% 的生物所需的时间，以分钟为单位。它也可以被描述为将菌群数量减少 10 倍或一个对数周期所需的时间。

D 值因微生物种类的不同而不同。一些微生物比其他微生物更耐热，因此，需要更多的热量来杀死它们。这类生物的 D 值将高于热敏细菌的 D 值。D 值越高，耐热性越强，因为杀死 90% 的菌群需要的时间越长。

微生物的破坏取决于温度，细菌在较高的温度下可以更快杀死，因此，特定生物的 D 值随着温度的升高而降低。对于特定食品中的特定微生物，在不同温度下可以得到一组 D

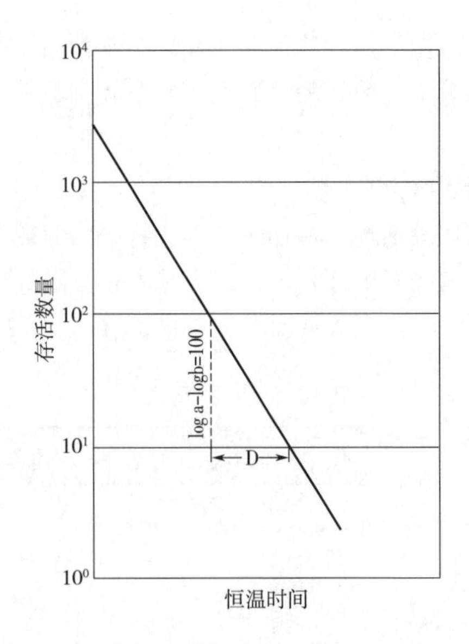

图 16.1 典型的微生物热死亡率曲线

（来源：Stumbo，Thermobacteriology in Food Processing，2nd ed. Academic Press，NY，1973）

值。这些可以用来绘制微生物热死亡-时间曲线（图 16.2），y 轴表示时间的对数，x 轴表示温度。

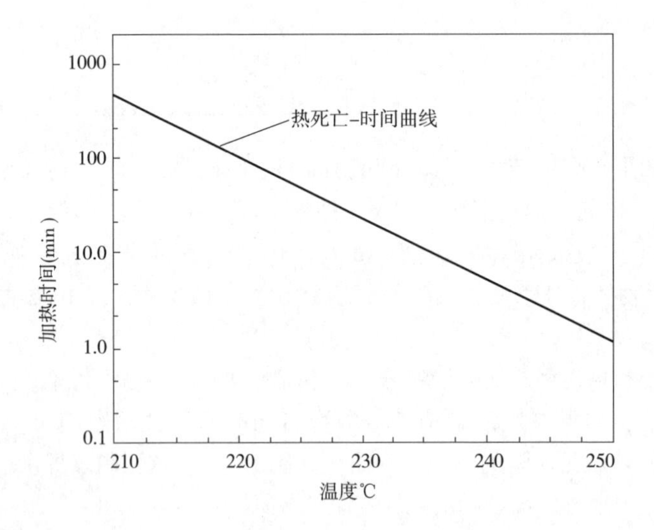

图 16.2 典型的微生物热死亡—时间曲线

（来源：Desrosier and Desrosier，Technology of Food Preservation，4th ed. AVI Publishing Co. Westport，CT，1977）

微生物热死亡-时间曲线提供了特定微生物在不同温度下杀死情况的数据。图上的加热时间可以是 D 值，也可以是达到 12D（10^{-12}）值的时间，后面会进行解释。关于微生物热死亡-时间曲线，需要记住的重要一点，图上的每一点都代表了相同数量的细菌的死亡。换句话说，图上的每一个时间-温度组合在杀死细菌方面都是等效的。这些图表对于食品加工者确定罐装某一特定产品的最佳时间-温度组合和确保达到商业无菌很重要。

在微生物热死亡-时间曲线上显示的其他参数超出了本书的范围，因此这里不作详细说明。

16.3.5 热处理的选择

所有罐头食品必须是商业无菌的，因此必须接受足以杀死所有细菌、营养细胞和孢子的热处理。然而，这种强热处理会对食品的质地、风味和营养品质产生不利影响。食品加工者的目标是确保商业无菌，并尽可能使用最温和的热处理来达到这一目的，这样食品就不会尝起来太“煮过头”了。

换句话说，最佳的热处理会做到以下几点。

- 实现细菌的杀灭（达到商业无菌）。
- 强热效应的不利面最小化。
- 进行必需的最温和热处理。

为了选择一种安全的加热保藏方式，了解使某一特定食品中最耐热的病原体和腐败的有机体失活所需要的时间-温度组合是很重要的。这取决于以下几个因素。

（1）食品的热渗透特性　只有罐头中心的食品接受足够的热处理，才能实现商业无菌。中心不一定是最冷点（尤其是在罐内有对流时）。应该为特定类型产品在其特定容器中确定冷点。这可能意味着罐头外面的食品会煮过头。热量渗透到罐头中心的速度取决于罐头的大小，也取决于食品的稠度。热量到达液体食品（如汤）的中心要比到达固体食品（如肉）快得多。

（2）食品的pH　细菌在中性pH下比在酸性环境下更耐热。因此，高酸食品，如番茄或水果，需要不那么强的热处理来实现无菌。需要强调高酸食品和低酸食品之间的区别，以及对它们之间的加热过程的剧烈程度的影响。

（3）食品的组成　高浓度的蛋白质、脂肪和糖都对细菌有保护作用，因为它们阻碍湿热的渗透；因此，需要更强的热处理来对高蛋白、脂肪或糖的食品进行杀菌。

（4）可能存在的致病和腐败微生物。

为了确保商业无菌，重要的是要有食品中可能存在的最耐热微生物的热死亡-时间曲线数据。由于食品的成分会影响细菌的热敏性，因此必须获得这些数据才能进行加工，在一种食品中获得的微生物热死亡-时间曲线可能不适用于在不同培养基中的同一种细菌，如果没有获得特定食品的微生物热死亡-时间曲线，就不可能保证商业无菌性。

如前所述，微生物热死亡-时间曲线上的每一点在灭菌方面都是等价的。温度的升高大大缩短实现商业无菌所需的时间。然而，食品的颜色、风味、质地和营养价值对温度的升高并不敏感。一般来说，温度升高10℃会使化学反应速率增加1倍，并使微生物热死亡率增加10倍。因此，最好采用高温短时间组合，以尽量减少食品中不利的化学变化，如风味、质地和营养品质的损失。

食品加工者希望使用对食品质量损害最小的时间-温度组合。

16.4 冷藏保存

冷藏是本章讨论的另一种保藏食品的方法。我们的祖先很擅长把食物放在冷地窖、地洞或天然洞穴里，因为这些储存地点可以保证储存的温度均匀，从而保藏食物。

冰作为一种冷藏的手段在19世纪中叶开始广泛应用——食物储存在一个封闭的木制“冰盒”中，其室内食物上方有一块冰来保持低温。机械制冷是在19世纪后期引入的，并经历了巨大的发展。即便如此，有人也许还是把冰箱称为“冰盒”！

冰箱和冰柜的温度均无法对食品进行灭菌，但是后者的温度在抑制细菌生长方面更为有效。冷藏食品通常保存在温度低于7.2℃（或5℃）并受州或当地FDA或USDA处理、存储和运输要求的限制。

冷藏食品保质期的延长会在家庭和工厂中带来微生物和安全质量问题。如果将食品储存在受控的大气条件（controlled atmospheric，CA）下，可能会保存的更好。CA通过减少水果周围空气中的氧气和增加二氧化碳来延长保质期（参见第七章）。控制大气中的气体也有助于延长肉类（参见第九章）和鸡蛋（参见第十章）的储存时间。例如，肉类的保藏就涉及抑制微生物的生长，抑制酶的活性，防止脂肪酸氧化而产生酸败。

包装材料可以与冷藏结合使用来保藏食品，简单地覆盖食品可以防止不必要的脱水和污染，但正如后面的章节所述，正确选择薄膜材料也可以帮助延长保质期。

如果不保持适当的温度和湿度，不使用先进先出和定期清洗的方法，食品就有可能腐败或损坏其可食用性。

没有充分覆盖或放置食品，交叉污染或有害物质从一种产品转移到另一种产品的情况可能会发生，原料放置不当也会导致病原体污染其他食品。

温度，如果温度过低，可能会对新鲜蔬菜或水果造成“冷害”，或导致马铃薯中糖分增加。低温贮藏会增加甜玉米中的淀粉含量（参见第七章）。冰箱温度过高的或装食品的大型容器不能迅速冷却的食品会导致食源性疾病。有潜在危险的食品必须在5℃或更低的温度下保存，如果准备好后冷藏，必须在4h或更短的时间内冷却到5℃或更低的温度。美国疾病控制与预防中心报告称，冷却不当（包括冰箱中的不当冷却）是迄今为止导致食源性疾病细菌生长的头号原因（参见当地司法管辖局）。

气味，气味可以从一些食品如洋葱，转移到黄油、巧克力和牛乳中。如果可能，气味强烈的食品应与其他食品分开存放，还可以利用包装来减少气味问题。

16.5 冷冻保藏

冷冻食品的保存温度显然比冷藏食品低，与冰箱短期储存不同，冷冻是一种需要数月或一年的长期储存方式。在冷冻过程中，细菌无法获得水，因此细菌处于休眠状态，因此病原体无法繁殖。当食品的水分会变成冰或结晶时，食品就冻结了。

16.5.1 冷冻方法

通过商业冷冻方法进行的快速冷冻包括以下程序，包括气流隧道冷冻、平板冷冻和低温冷冻。

空气鼓风程序利用对流和冷空气，通过这种冷冻方法，食品要么放在架子上，然后推入一个绝缘的隧道，要么被放在传送带上，非常寒冷的空气快速吹过食品。当食品的各个部分的温度达到-17.8℃时，将包装放入冷藏室，产品可以在冷冻之前或之后进行包装。

板式冷冻是将包装好的食品置于金属板之间，金属板与产品充分接触并进行冷却，使食品的各个部位都达到-17.8℃。自动、连续操作的板式冷冻机可以冷冻食品，并立即将其存放到包装和储存区域。

低温冷冻可能涉及用液氮浸泡或喷洒食品。液氮的沸点为-196℃，因此比其他机械技术冻结食品更快（表16.3）。食品，如肉类、家禽、海鲜、水果和蔬菜、调理或加工食品，可以通过低温冷冻保存（图16.3）。

低温冷冻技术包括使用隧道式冷冻机，这种冷冻机在食品上喷洒液氮。在隧道末端，液氮在-196℃的温度下蒸发为氮气，然后再循环到隧道入口。液氮（图16.4）获得了FDA食品安全与检验局的批准，可用于接触和冷冻肉制品、家禽和家禽产品。

表16.3 为什么要用液氮冷冻?

为什么要用液氮来冷冻，而不用氨或氟利昂?
• 几秒钟就能结冰而不是几小时——液氮是世界上最冷的制冷剂之一
• 快速冻结会产生更小的冰晶，可以提高产品质量
• 增产——减少脱水和水分流失
• 降低的生产成本
• 更低的液氮温度意味着更小的设备占用空间

（来源：空气产品公司）

图16.3 低温冷冻食品实例——汉堡肉饼

（来源：空气产品公司）

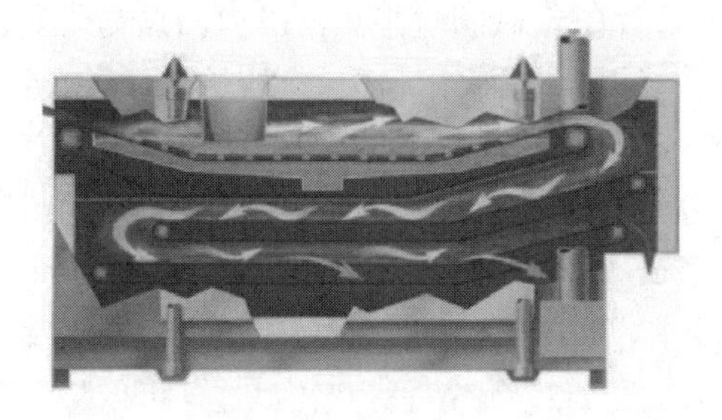

图16.4 低温浸渍冻结过程实例，多层冻结系统中液氮浸入式冻结技术

（来源：空气产品公司）

在私人住宅环境中烹饪，消费者通常无法使用上述选择，建议一次放入冰箱的食品每立方米不要超过32.16~48.06kg。

为了最大程度地减少对冷冻食品的物理损害，冻结速度发挥作用。例如，缓慢冻结时，细胞外结晶先于细胞内结晶。这种缓慢的冻结速度是破坏性的，因此，当外部溶质浓度增加时，水会从细胞内部流出。因此，细胞壁会撕裂和收缩。在细胞水平上，当水膨胀和细胞外冰结晶分离细胞时，食品会受到物理损伤。

与缓慢且具有破坏性的冻结相反，食品组织在快速冻结中比在缓慢冻结中更容易存活。在快速冻结的情况下，水没有时间迁移，形成晶种或形成大的、具有破坏性的冰晶。

16.5.2 与冻结有关的问题

与冻结有关的主要问题是由于物理损伤。这种损害可能是由于冰晶的形成。此外，质地和风味的变化可能是由于溶质浓度的增加而引起的，这是随着液态水以冰的形式被移走而逐渐发生的。

通过快速冻结方法，冰晶、质地和风味的这些影响被最小化。快速冻结能最大限度地减少对细胞结构和胶体系统造成最大损害的大晶体的形成。冰晶实际上会破坏细胞壁、破坏乳浊液、引起凝胶的脱水收缩。

溶质浓度的增加会引起pH的变化、蛋白质的变性和酶活性的增加，所有的这些都可能导致食品质量的恶化。快速冻结缩短了浓缩效应发挥重要作用的时间，从而降低了浓缩效应对食品质量的影响。

重结晶可能是维持高质量产品的一个问题，重新冻结后，冰晶会扩大，因为它们会受到温度波动的影响。在包装的内部经常可以观察到大的晶体形成，这是再冻结的证据。

冻斑是冷冻过程中伴随的脱水现象。食品的表面可能出现白色斑点并变得坚硬，这是由于冰的升华而发生的，固态冰将绕过液相而变成湿气，食品材料和大气之间的蒸气压差将导致升华和干燥，建议使用防潮的冷冻包装进行储存。

由于不饱和脂肪的双键被氧化，氧化可导致异味脂肪的形成，如果酶在冷冻前没有变性，水果和蔬菜可能在冷冻储存期间由于酶的氧化褐变而变成棕色。维生素C（抗坏血酸）可能被氧化。

胶体物质在冻结过程中发生变化的原因如下。

- 淀粉协同作用：冷冻和解冻循环可能会产生“渗水”，因为在解冻过程中，重新吸收的水比最初存在的水要少（参见第四章）。
- 纤维素：变得更坚韧。
- 乳浊液：分解，容易脱水和沉淀。

16.5.3 冷冻食品的化学变化

食品冻结时可能发生化学变化。例如，当乙醛在化学反应中转化为乙醇时，可能产生异味。如前所述，在氧化过程中，当酚类与有效氧发生反应时，可以观察到酶促氧化褐变，而抗坏血酸可能被氧化。建议在冷冻之前先进行热烫，这样可以防止氧化，诸如叶绿素类的色素会发生降解。

举个显而易见的例子，当鸡蛋被冷冻起来的时候，如果冻结缓慢，鸡蛋在未冷冻部分的可溶性盐浓度会升高，具体来说，由于低密度脂蛋白的聚集，蛋黄呈现出颗粒状破坏，形成一种胶状产品。

16.5.4 冻结湿度的控制

当食品中的水分释放到空气中，就会发生风干现象，这种脱水过程也会从细菌细胞中吸收水分，而这些水分是细菌在冰箱外生长所必须的。

烹饪提示！1930 年，克拉伦斯·伯宰（Clarence Birdseye）获得了“食品制备方法”的美国专利，该方法将鱼、肉和蔬菜包装在蜡制的纸箱里，然后快速冻结。现在，伯宰（Birdseye）这个名字仍然出现在高品质冷冻食品上。

16.6 脱水

脱水是一种保存方法，它使食品在一定程度上脱水，主要目的是减少水分含量，排除细菌、霉菌和酵母等微生物生长的可能性。相对湿度的降低会导致微生物生长的减少。

世界各地都在使用传统的干燥方法，且新的干燥技术也正在开发中。

用于食品干燥的方法如下：

- 自然干燥或太阳干燥：通过阳光直射或干燥的热空气进行干燥。
- 机械干燥：用热空气在盛有食品的隧道、橱柜或托盘中干燥（流化床干燥是热风通过产品并带走水分的一种特殊类型的干燥方法）。
- 滚筒干燥：在将产品刮下之前，在两个加热的不锈钢滚筒上烘干产品，牛乳、果汁和果泥可以用这种方法干燥。
- 冷冻干燥：在升华过程中（冰在不经过液相的情况下转化为蒸气），会结冰，然后真空蒸发水分，例如速溶咖啡、肉类和蔬菜的干燥。
- 膨化干燥：通过加热和随后的真空处理（增加内部和外部环境之间的压力差），或真空和蒸气的结合。当食品中的水温度升高到 100℃ 以上时，该产品也可以膨胀，然后外部压力迅速释放，例如一些即食膨化谷物产品的干燥。
- 喷雾干燥：将产品与热空气同时喷雾到腔室中进行干燥。例如，可以将鸡蛋，速溶咖啡和牛乳的喷雾干燥。
- 对食品环境进行真空处理可除去需氧细菌所需的任何氧气，并可减少由于氧化而引起的风味损失。
- 烟熏：通过脱水进行烟熏保存，从而提供微生物控制（参见第九章），也可以通过暴露在芳香的烟雾中来处理肉类以增加风味。

脱水的结果是增加了保质期，由于重量减轻而降低了配送成本。

即使在干燥的产品中也可能发生变质。有害的颜色、风味或质地变化可能是由酶的变化引起的，这些可以通过使酶失活、热烫或脱水前添加硫化合物来控制。由于焦糖化反应或美拉德反应导致的非酶褐变也有可能发生在干燥的食品中，美拉德反应的产物可能导致显著的不受欢迎的褐变，产生苦味，减少蛋白质的溶解度，降低了食品的营养价值。干牛乳或鸡蛋以及谷物早餐食品都会产生该反应，总体而言，氧化变质或脂肪氧化引起的化学变化，是变质的主要原因。

脱水过程中需要控制的因素包括如温度、湿度、压力和分量的大小等大气条件，储存时间的长短也是影响最终产品质量的一个因素。

16.7 浓缩保藏食品

为了减轻食品的重量和体积将食物浓缩，这会使食品在运输、装运和搬运更加容易，成本也更低，因此在经济上更具有优势。许多食品都是浓缩的，包括水果和蔬菜汁、果泥、乳制品、汤、糖浆、果酱和果冻等。

浓缩因其水分活度没有降低到足以阻止细菌生长的程度（见第二章），所以通常不被认为是一种保藏方法，但果酱和果冻除外，因为它们含糖量很高。因此，其他的保藏方法，如巴氏杀菌、冷藏或罐装，可以用来防止浓缩食品的变质。

16.7.1 浓缩的方法

以下是一些常见的浓缩方法。

- 敞开釜浓缩法：用于浓缩枫糖浆，在高温下会产生所需的颜色和风味。敞开釜也被用来做果冻、果酱和一些汤类。敞开釜浓缩的缺点是由于高温和长时间的处理，产品会有在壁上燃烧的风险。
- 闪蒸器浓缩法：使用热蒸气（150℃），将其注入食品中，然后与食品中水蒸气一起排出。这减少了加热时间，但温度仍然很高，因此食品可能失去挥发性风味成分。
- 薄膜蒸发器浓缩法：使食品在蒸气加热的圆筒壁上连续地展铺成薄薄的一层。随着食品的浓缩（通过去除水蒸气），薄层食品从圆筒壁上被擦离并收集起来。由于食品浓缩所需的时间很短，食品的热破坏很小。
- 真空蒸发器浓缩法：用于浓缩会被高温破坏的热敏性食品，真空操作可以在更低的温度下实现浓缩。
- 超滤和反渗透浓缩法：过程投资高，可以在低温下操作，采用选择性透过膜来浓缩液体。不同的液体食品需要不同的膜。该工艺过程用于浓缩稀蛋白分散物，如乳清蛋白，因其不能用传统方法浓缩，膜浓缩法不会导致其大量变性。超滤法是指在压力下将分散体泵送到截留蛋白质的膜上，但允许盐和糖等较小的分子通过。反渗透与此类似，但使用的压力更高，而且膜孔更小，所以它们能够阻止各种盐和糖，以及更大的蛋白质分子透过膜。

16.7.2 浓缩时发生的变化

在浓缩过程中发生的产品变化主要是由于食品暴露在高温下引起的。一种“煮熟”味可能会形成，并可能发生变色。此外，由于蛋白质的变性，产品可能会随着时间的推移而变稠或凝胶化。这是淡炼乳的一个潜在问题。营养质量也可能受损。这些变化的程度取决于热处理的严重程度。

采用低热量或短加工时间的浓缩方法对食品造成的损害最小。然而，该浓缩方法也是最费钱的，对于食品加工者来说可能并不总是实际的选择，因为他们必须平衡成本和质量。

16.8 添加防腐剂

防腐剂可以与加热、冷藏、冷冻、罐装等保存技术一起使用。特定的防腐剂可用于延长食品的保质期：

- 酸：使细菌蛋白质变性，保存食品，尽管并不总足以保证无菌。酸可能自然存在于食品中，如柑橘类水果和番茄。酸和热的结合可以更有效地保存食品。
- 糖和盐：高浓度糖浆或盐水与细菌竞争水分子。通过渗透作用，高比例的水从细菌细胞中流出，至与周围培养基中低比例的水分含量相等。其他微生物，如真菌、酵母和霉菌，能够在高糖或高盐的环境中生长。早期的美国侨民用盐和糖腌制肉类。
- 糖浆可用于保存时令水果，结晶糖见用于煮熟的蜜饯果皮中。
- 烟：可能含有一种防腐化学物质，如甲醛。烟雾由于其表面脱水作用阻碍细菌的生长，烟也可以只用来赋予风味。
- 醋：用于产生酸性环境，酸渍可以控制微生物的生长。
- 化学试剂：需要得到 FDA 的批准。证明其对于工业的有效性和无害性。食品本身的化学性质，如 pH 和水分含量，会影响微生物的生长。

发酵：在食品中添加非致病性细菌，可以产生酸，降低 pH，控制致病性细菌的生长。

16.9 辐射保藏食品

食品可以用辐射加热，包括使用微波热处理，或较小的辐射热。正如我们已经提到的，由于电磁波的频率决定了辐射对食品的影响，这两种辐射都不同于如烤箱或明火等炽热热源产生的辐射。

16.9.1 微波加热

微波加热是一种非电离、快速的烹饪方法。微波加热既可用于加工又可用于保存。据报道，微波加热可使动物制品和强化素食制品中的维生素 B_{12} 丧失活性。营养素在维持神经组织方面起着重要作用（Watanabe 等，1988）。结合最新的食品包装技术，微波食品在市场上随处可见。

微波是一种高频电磁波（2.5GHz），当水等极性分子试图与它们所产生的不断变化的电磁场保持一致时，会产生摩擦，从而使食品本身产生热量。微波加热速度快、效率高，而且由于热量是在食品内部产生的，所以微波炉体不会变热。

但微波加热不均匀，食品内部会产生冷热点。烹煮家禽或生肉时，局部冷点的存在可能对健康构成危害；如果家禽在微波炉中烹煮，检查几个地方的内部温度是很重要的，以确保整个过程都达到了正确的温度。微波能穿透到食品内 2.54~5.08cm；除此之外，如果食品是固体，热量通过传导进行传递。因此，小分量的食品最适合用微波炉烹饪，大分量的食品会在热量到达中心之前，表面受热过多而过度烹饪。

在微波炉中必须使用微波安全容器。其中包括玻璃、陶瓷和一些塑料等可以传输微波的容器。那些吸收微波因而变热的容器不应该使用，金属容器也不应使用，因为它们会反射微波，这可能会引起电弧作用，并可能引起火灾。

当微波炉加热时，食品一般不会变成“棕色”，因为食品的表面不会像在传统烤箱那样热。但是，已经为一些允许发生褐变的食品产品开发了特殊的包装；例如，热兜兜（一种西式零食）和一些美式酥皮鸡肉派的包装带有金属涂层，微波加热时导致微波反射回食品表面，使饼皮变褐。为了促进褐变，可以添加一些成分，如市面上可买到的液体褐变酱汁和褐变粉末。

使用微波加热时应遵循的一般建议包括：

- 在烹饪时转动容器，以避免在同一位置形成能量集中的“热点”。
- 为了继续烹饪食品，在指定的烹煮时间外加上“休止期”或“静置时间”。
- 小心热容器，热量从食品传导到容器会使容器变热。
- 选择一个低功率设置进行解冻，然后将微波能量间歇地传送至冷冻食品中。

以下是几种与微波加热方法有关的定义：

热点——高水分含量的食品不均匀加热。

分子摩擦——微波加热产生热量的方法。

外壳层——随着微波能量在食品表面的吸收，食品表面会发生脱水和硬化。

屏蔽——食品的部分保护，如容易煮过头的食品圆柱形末端的保护。

热失控——没有热平衡的食品差温加热。

16.9.2 辐照

辐照是指给予特定产品慎重剂量的能量。它既有杀菌作用，还有积极的生物学作用，因此可以减少食品中微生物负荷，杀死昆虫，并控制成熟。它还抑制某些蔬菜的发芽。辐照是一种保藏食品的冷加工过程，它不给食品增加热量。在能量波的光谱中，无线电波在光谱的一端，微波在中间，辐射射线的 γ 射线在光谱的另一端。当食品通过传送带上的辐照室时，γ 射线通过要辐照的食品，这样食品被杀菌和得以保藏。科学证据表明，辐照后食品不会变得有放射性，食品中也不会有辐照残留物。

辐照是经 FDA 批准的一种方法，而且只能使用指定的剂量。如前所述，γ 射线是同位素来源的辐照形式。同样，还有一种机器产生的电子辐射形式，它被称为电子束（Higgins，2000）。可以被辐照的食品包括小麦、马铃薯、香料（其他方法可能很难应用）、猪肉、红肉、水果、家禽、脱水酶或蔬菜类，包括新鲜农产品（和袋装沙拉）。因此，以猪肉辐照剂量为例，低剂量的辐照可以阻止旋毛虫（引起旋毛虫病的寄生虫）的繁殖，而高剂量的辐射则可以将其从猪肉中清除。

如果整体食品经过辐照，整体食品就必须贴上标签，辐照的通用符号，即 radura 符号，用于识别受辐照的食品，在美国，“经辐照处理”（treated with radiation）和“被辐照过”（treated by irradiation）的字样也可能出现在符号中。香料不需要这种标签，含有辐照成分的加工食品，或使用辐照成分制备的餐馆食品，也不要求有辐照标签。

对辐照食品的感官方面进行了研究，据报道，“经过许可剂量的辐照处理的食品感官吸引力很好，研究者们利用感官小组人员进行实验研究来评估这些食品，发现辐照食品的新鲜度、颜色、风味、质地和可接受性与未辐照的食品无显著性差异（得克萨斯州农工大学——食品安全中心，大学城，得克萨斯）”。由于用于食品保藏的辐照是冷加工过程，辐照食品的营养价值与罐藏等替代性保藏处理的食品的营养价值没有显著差异。

辐照通过杀死昆虫和害虫来保藏食品，也可以杀死微生物。在食品安全方面，由于杀灭了大肠杆菌、沙门菌和旋毛虫等致病细菌，食品更加安全。辐照过的食品保存时间更长，而且还可以减少由于腐败造成的损失（得克萨斯州农工大学——食品安全中心，大学城，得克萨斯）。

低剂量的辐照可以用来延缓果实成熟和防治害虫，不用使用杀虫剂，辐照过程中不会留下任何残留物。

食品辐照设备用于对食品进行辐照，从而可将食品送到异地进行处理。此外，在线辐照将这项技术带到了公司自己的生产线上，一家辐照医疗用品的大型承包商目前正在使用电子束对肉类进行巴氏杀菌/辐照，包括预制肉类和其他食品（Higgins，2000），这家公司获得了一项专利，该专利开发了一种微型杀菌室，可以将电子巴氏杀菌技术应用到食品生产商的生产线上，考虑对其产品进行辐照的公司需要解决成本和方便性问题。

尽管事实上肉类和家禽的辐照已获得美国各主要政府和卫生机构的批准，但尚未得到消费者健康活动人士的认可，结果，肉类公司正在以低于满负荷的速度进行辐照（Gregerson，2001）。

美国审计署（the general accounting office，GAO）向美国众议院商业委员会报告称，“辐照的好处大于任何风险。食品安全专家认为辐照是一种可以帮助控制食源性病原体有效的工具，并应纳入增强食品安全的综合计划中。”

辐照在美国作为一种“食品添加物”需要得到FDA的批准，只有特定的食品、剂量和辐照源被批准可以杀死微生物。“FDA宣布了一项最终规定……修订《食品添加剂规例》，规定安全使用电离辐照以控制食源性病原体，并延长新鲜卷心莴苣和新鲜菠菜的保质期，FDA已经确定，这种电离辐照的使用不会对食品安全产生不利影响。”（FDA）

16.9.3 欧姆加热

对食品制造商而言，食品的欧姆加热处理是一种相对较新的工艺，代替辐射热，电流通过食品以快速加热食品，当食品在电极之间通过时，一个连续的加热系统会到达食品处。

关于欧姆加热，食品的液体部分，如炖菜或汤，被快速加热，随后它将热量迅速传导到内部。相比之下，传统加热往往会过度处理周围的液体，因为它会将热量传导到内部，因此食品质量可能会下降。

什么是欧姆加热？

欧姆加热是一种先进的热加工方法，将作为电阻器的食品材料通过电流加热，电能被耗散成热能，从而使加热迅速而均匀。欧姆加热也被称为电阻加热、焦耳加热或电加热，并可用于食品工业的各种应用。

欧姆加热与传统热处理有何不同？

传统加热处理过程中，无论是在罐装食品还是颗粒食品的无菌处理系统中，由于导热和对流传热缓慢，可能会对产品质量造成严重损害。另一方面，欧姆加热在体积上加热食品材料的整块，因此由此产生的产品质量远远高于罐装处理产品的质量。用传统热交换器很难处理的大颗粒（最多2.54cm）食品，用欧姆加热可以处理。此外，由于减少了食品接触表面上的产品污垢，欧姆加热的清洗要求相对于传统的热交换器较低。

（来源：俄亥俄州立大学食品科学与技术推广概况）。

16.10 感应加热

热可以通过感应传递，或者更准确地说，可以通过感应产生，感应是不接触就将热能转移到邻近的物质。这产生在一些光滑的炉灶面上，是一个相对较新的技术，因此相当昂贵。感应包括使用强大的高频电磁体在炉灶面表面的铁磁（铁或不锈钢）锅内产生热量。然后热量通过正常的传热方法从锅里传递到食物里。

感应灶台的表面下方都有一个电磁线圈，当接通电源时，交流电流通过线圈，产生波动的高频电磁场，当一个铁磁锅被放在灶台上时，电磁场会在锅里产生许多小电流，称为涡流。因为铁是不良导体，或者换句话说，它的电阻很高，这些涡流被转换成热量。由于热量是直接在平底锅里产生的，而不是在灶台上产生的，所以加热是均匀的，不会产生“热点”，而且这个过程比传统的加热方法更快更有效。

同时，炉灶也不会变热！此外，可以立即精确地控制锅中产生的热量，从而转移到里面的食物上。感应烹饪唯一的缺点是必须使用铁制或钢制的炊具；铜、铝或耐热钢锅都不起作用。然而，这只是一个小缺点，因为铁制或钢制的锅很容易获得。

还生产了感应炉，其中加热线圈已由铁板代替，铁板由其下方的嵌入式感应线圈加热，这允许在烤箱内使用任何类型的烤盘（Anno，2013）。

随着技术的进步，感应烹饪的应用可能会越来越广泛和普遍。

16.11 高压处理

高压加工（high-pressure processing，HPP）是一种非热处理方法，它使用物理压力来保藏食品，而不是用加热、化学药品或辐射。HPP可用于杀死有害的食源性病原体，延长食品的保质期，而不牺牲感官特性或营养品质。它的效果在整个产品中是瞬时和均匀的，不取决于包装的大小或形状。

在这一过程中，食品要在很短的时间内承受极高的静水压——最高可达$6.12\times10^7 kg/m^2$，均匀的高压破坏了营养细菌，因为它破坏了微生物细胞的完整性和代谢，然而它并不破坏细菌孢子（Ramaswamy等，2004），因此，它对延长保质期和减少细菌数量是有用的，虽然它不会对食品产生灭菌的效果，但可作为一种巴氏杀菌技术；使用HPP加工后的食品应冷藏，以有效延长保质期。尤其对于蔬菜、牛乳或汤等低酸食品，HPP至少能使许多易腐烂产品的冷藏保质期延长一倍。

在典型的HPP工艺中，产品被包装在一个柔性容器中，然后被放置在一个充满水的高压室中，腔室加压，压力通过包装传到食品本身，通常为3~5min，然后将加工过的产品取出冷藏。由于四面的压力都是均匀的，大多数食品都保持了它们的形状，不会被压扁或损坏。

HPP不会破坏食品中的共价键，所以不会形成自由基或化学副产品，而且HPP不会给食品"添加"任何东西。因此，无论是FDA还是美国农业部的食品安全检查服务部门都不需要对高压加工进行批准（Raghubeer，2008）。食品的风味、质地、颜色和营养品质不受HPP的影响。

这一过程对高水分含量的食品非常有效，如即食肉类和家禽（冷切）、新鲜果汁、预制的水果和蔬菜产品，如酱和鳄梨，以及海鲜和贝类（鳄梨酱可能是最值得强调的例子，因为热处理方法会极大地改变它的感官特性。许多商业品牌多年来一直使用HPP加工）。

它对干燥产品无效，因为微生物的破坏需要水分，而且，它不能用于带有内部气穴的产品（如面包）或水果（如草莓），因为压力会导致它们破裂。

HPP加工被加工者广泛地用于制造纯天然的即食肉类产品、海鲜的剥壳和脱壳，以及加工不含防腐剂的水果和蔬菜产品、果汁和冰沙。HPP加工的产品比热处理的产品成本更高，但消费者受益于增值产品的保质期、质量和可用性，这是使用其他热处理方法不可能做到的。

16.12 其他保藏技术

加工的目的是减缓或阻止腐败，否则会表现出味道、质地或营养价值的损失。为了更好地实现这一目标，人们不断探索新技术。

"人们总是在寻找延长食品保质期的方法。从有记载的历史开始，我们就开始寻找罐装、腌制、冷冻、添加防腐剂以及其他许多延长食品供应寿命的方法。低氧包装就是其中一种方法。这种保存方法有许多独特的优点，但也伴随着严重的微生物问题。"——营养协会餐饮服务专业人员（the association of nutrition & food service professionals，ANFP）。低氧包装将在包装一章中介绍。

早期保存食物的方法

保存收获的和准备好的食物以备将来食用是最古老的实用技术之一，这种需要是从在缺乏新鲜食物的恶劣环境中生存的纯粹需要发展而来的。食品干燥技术可以追溯到古代，当时水果和蔬菜是在阳光下或在露天的炉子上干燥的，没有水分，脱水的食品不足以支持微生物的生长，因此不会发生腐败。公元前1000年，中国人开始使用盐、香料和烟熏来为不同的食物创造无菌环境，盐也是一种脱水剂，对鱼和肉特别有用。咸肉由于其稳定性和便携性而很好地服务于探险家和军队，并且这项技术一直持续到20世纪。

人们很早就发现，制作干酪可以保存乳制品，葡萄汁可以发酵成葡萄酒，在正常的温度下可以保存数年，甚至可以将甘蓝转化为发酵的酸菜来保存。北美印第安人将水牛或鹿的肉晾干，然后将其与大量的脂肪混合在一起制作薄饼，这是有效的，因为脂肪可能排除氧气。——美国化学学会（American chemistry society，ACS）。

16.13 保藏食品的营养价值

保藏食品的外观、质地和味道等因素的重要性是毋庸置疑的，例如，由于美拉德反应引起的褐变，长期或不适当的储存可能对食品产生有害影响。尽管如此，在讨论食品保藏时，延长食品的保质期，保存营养价值也变得很重要，例如，水溶性维生素可能会从食品中流失，或者可能添加高含量的糖或盐，这些，以及更多的，成为与保藏食品营养价值相关的问题。

辐照过的新鲜农产品，如袋装沙拉，现在对于许多人，包括年轻人、老年人、孕妇和免疫功能低下的人来说，可能是一种健康的饮食补充。微生物含量可以大幅减少，从而确保感染志贺菌和大肠杆菌的可能性较小。

16.14 保藏食品的安全性

在寻求储存和延长食品的保质期时，必须考虑到食品的安全性。加工者/制造商的良好生产规范、FDA 的检查、以及消费者的关注，都有助于确保食品得到适当的保存、储存，并且不会超过可接受的时间参数。

有些食物更容易引起食物中毒或食源性疾病。对于这些食物，特别重要的是：

- 清洁：经常洗手和食物的表面，并仔细清洗新鲜水果和蔬菜。
- 分开：不要交叉污染！处理生肉、家禽、海鲜和蛋时，应避免这些食物及其汁液与即食食品接触。
- 烹饪：烹饪到合适的温度。
- 冷却：在室温下，食物中的细菌每 20min 就会增加一倍，细菌越多，生病的几率就越大，因此，要迅速冷藏食物，因为低温会阻止大多数有害细菌的繁殖。（*Food Safety. gov*）。

16.15 结论

食品加工的一方面是食品的保藏，储存条件和保藏过程服从于 FDA 的检查和执行，为了保护食品，消费者也必须保持警惕，对氧气和水的可用性进行环境控制以及酶的控制可延长食品的保质期，并有助于食品的安全。

可以通过加热［例如烹饪；温和的热处理方法（例如热烫或巴氏杀菌）；强热处理（例如罐装或瓶装）］、冷藏、冷冻、冷冻干燥、脱水、浓缩、微波加热、高压处理或其他方式实现食品的保藏，非热方法是加热方法的替代方法。

添加剂的使用（参见第十七章）可用于保藏——即防腐剂包括那些用于发酵、化学保存、辐射（FDA 将其标记为一种添加剂）、盐（例如腌渍）、糖和醋（例如酸渍）。同样，保存可能需要包装（参见第十八章），包括改变氧气浓度或去除氧作为保藏技术。

在安全和有效的食品保藏方面正在取得进一步的进展。

笔记：

烹饪提示！

术语表

热烫：一种温和的热处理方法，该方法可使冻藏过程中导致食品劣变的酶失活。

罐装：涉及强热处理的食品加工方法的一个实例，将食品放入罐中，将盖子密封到位，然后在称为杀菌釜的大型商用压力釜中对罐进行加热。

商业无菌：一种强热处理的杀菌方法，在此过程中，所有致病和产生毒素的生物，以及在正常的处理和储存条件下，可能存在于产品中生长并产生腐败的所有其他类型的生物都被杀灭。

浓缩：从食品中除去部分水分，以减少食品体积和重量的方法，浓缩并不能阻止细菌的生长。

传导：热量从一个分子传到另一个分子；是固体传递热的主要方式。

对流：在加热的液体或气体中（由于各部分温度不同而造成的）的流动或移动，实现热量传递的过程。

D 值：10 倍致死时间，在特定温度下杀死给定菌群中 90% 的生物所需的时间（min）。

脱水：一种保藏方法，主要目的是减少水分含量，防止细菌、霉菌和酵母等微生物生长。

辐照：对特定产品施加测量剂量的能量。它可以减少食品的微生物含量，杀死昆虫，控制成熟，并抑制一些蔬菜的发芽。

欧姆加热：代替热辐射，电流连续通过食品迅速加热，可保证产品的质量。

巴氏杀菌法：一种温和的热处理方法（译者注：杀菌温度低于 100℃），可杀死致病菌和大多数非致病菌。它能使酶失活，延长保质期。

辐射：最快的传热方法；热量从辐射源直接传递到被加热的食品。

热死亡率曲线：提供特定生物在特定介质或特定温度下的死亡速率的有关数据。

微生物热死亡-时间曲线：提供特定生物在不同温度下死亡的有关数据。[译者注：微生物热死亡-时间曲线又称微生物加热致死时间曲线，是描述将特定微生物完全杀灭需要的最少加热时间和加热温度之间关系的曲线。以加热致死时间（对数）为纵坐标，温度为横坐标，得到一条近似的直线称为加热致死时间或加热减少时间曲线。该曲线用于计算食品杀菌时必要的加热条件，在标准杀菌温度（内毒杆菌的杀菌温度为 121.1℃）需要加热时间为

F 值，是判断杀菌效果的参考依据。]

参考文献

[1] Anno (2013) Induction cooking: how it works. https://theinductionsite.com/how - induction - works.shtml. Accessed 6 Jan 2013.

[2] Anno (n.d.) What is the difference between food processing and preservation?. https://wisegeek.com/what-is-the-difference-between-food-processing-and-preservation.htm.

[3] Gregerson J (2001) Bacteria busters. Food Eng 101: 62-66.

[4] Higgins KT (2000) E-beam comes to the heartland. Food Eng 89-96.

[5] Potter N, Hotchkiss J (1995) Food science, 5th edn. Springer, New York.

[6] Raghubeer EV (2008) The role of technology in food safety. Avure Technologies Inc, Kent.

[7] Ramaswamy R, Balasubramaniam VM, Kaletun G (2004) High pressure processing. fact sheet for food processors. Ohio State University Extension Fact Sheet FSE-1-04. https://ohioline.osu.edu/fse-fact/0001.html. Accessed 6 Jan 2013.

[8] Watanabe F, Abe K, Fujita T, Goto M, Hiermori M, Nakano Y (1988) Effects of microwave heating on the loss of vitamin B12 in foods. J Agric Food Chem 46: 206-210.

引注文献

[1] CSPI-Center for Science in the Public Interest. https://cspinet.org.

[2] https://fda.gov.

[3] https://science.howstuffworks.com/innovation/edible-innovations/food-preservation.htm.

[4] https://usda.gov.

[5] International Food Information Council-IFIC.

17 食品添加剂

17.1 引言

（译者注：本章内容为美国关于食品添加剂的定义、分类、管理等，我国对于食品添加剂的定义、分类、使用标准、管理等与其不尽相同。）根据美国食品与药物管理局的要求，广义的食品添加剂是指添加到食品中的任何物质。在法律上，该术语是指“任何物质，其预期用途会导致或可合理预期会使其直接或间接地成为食品的组分或对食品特征产生影响。”

添加剂在控制食品分解和变质、营养损失、功能特性损失和审美价值等方面是有用的，但不能用来掩盖食品低劣的质量。在美国食品添加剂的使用受1958年《联邦食品、药品和化妆品法案（FD&C）》的《食品添加剂修正案》的管制，但先前批准的项目和公认安全（Generally Recognized as Safe，GRAS）的物质除外。（译者注：我国食品添加剂的使用需符合《食品安全国家标准　食品添加剂使用标准》（GB 2760—2024）的规定）。

在美国，食品加工者使用一种新的食品添加剂必须向联邦食品药品管理局申请批准。得到FDA的批准后才能以特定浓度和仅在特定产品中使用。

对一种原料进行加工时，加工食品代表着原料变成另一种形式的食品。食品加工可能涉及使用特殊的保藏技术以及包装。

加工食品的连续统一体（IFIC基金会）

“加工的食品多种多样，构成一个连续统一体，从最少加工的食品到组合不同成分，如甜味剂、香料、油料、风味剂、色素和防腐剂等加工成的复杂制品。

包装和使用添加剂，如防腐剂，包括盐、糖、醋（用于腌制）和二氧化硫，都是食品加工技术。”

（译者注：在中国，食盐、糖、醋不属于食品添加剂。）

维生素和矿物质是一种特殊的食品成分，是人体营养所必需的，但是除了食品之外，它们的使用也常常引起争议。由于维生素和矿物质与美国至少四种主要死亡疾病的预防或治疗有关，其在食品中的使用一直在增加。现有和新的添加剂都用于新产品开发。

对于我们的食品供应来说，控制食品分解、营养损失、功能特性损失和美观价值等问题至关重要。“该死，这东西全是配料！”，莱纳斯（Linus）一边说，一边读着查理·布朗（Charlie Brown）的罐头标签。的确，在早期人们有些怀疑添加剂，但在今天，消费者需要的是好看、营养、安全和美味的食品。

“无论添加剂是天然的还是人工合成，都与它的安全性无关”（来源：FDA）。对某些食物过敏或不耐受的人，可能需要禁止或限量使用其中的一些添加剂。

政府机构负责其职责范围内的食品安全。消费者应该对他们消费的食品、饮料的质量和数量保持警惕。

17.2 食品添加剂的定义

1958 年《食品添加剂修正案》在 1938 年《食品、药品和化妆品法案》的基础上，从法律上定义了食品添加剂，美国国家研究委员会（National Research Council，NRC）下辖的食品保护委员会对添加剂的定义更加简单和实用，如下所述："由于生产、加工、储存或包装等方面的原因而存在于食品中的物质或物质混合物，而非基本食品。"（译者注：我国国家标准 GB 2760—2024 对食品添加剂的定义是"为改善食品品质和色、香、味，以及为防腐、保鲜和加工工艺的需要而加入食品中的人工合成或天然物质。食品用香料、胶基糖果中基础剂物质、食品工业用加工助剂营养强化剂也包括在内"）。

事先经过批准的物质不受食品添加剂法规的约束，它们在 1958 年修正案以前就被确定可以安全使用，如亚硝酸钠和亚硝酸钾，以及公认安全（Generally Recognized as Safe，GRAS）的物质，如盐、糖、香料、维生素和味精。

广义上讲，食品添加剂是指添加到食品中的任何物质。从法律上讲，食品添加剂分为直接食品添加剂和间接食品添加剂。如果是有意或将食品添加剂直接添加到食品中，必须在食品标签上将其标明。如果是间接食品添加剂，它们会在生产、加工、贮藏、包装或运输的某个阶段被偶然地少量添加到食品中。

据 FDA 所述，食品添加剂是为了达到特定的物理或技术效果而添加到食品中的物质。它们不能用来掩盖食品低劣的品质，但可以有助于保存和加工，或改善外观、风味、营养价值和质地等品质因素（参见第一章）。

消费者可能对不常见或不熟悉的食品添加剂的化学名称持怀疑或反对态度。但事实上所有的添加剂，包括 GRAS 物质，如盐，都是化学物质。连水都是由氢和氧组成！食品添加剂在被批准并用于食品之前要经过严格的毒理学分析。

"食品添加剂在食品中具有许多非常重要的技术功能。食品添加剂有助于提高食品的整体质量、安全性、营养价值、吸引力、便利性和经济性。几十年来，食品添加剂、色素添加剂以及 GRAS 物质一直是研究、开发、公共政策、监管活动以及公众利益的研究对象。

美国食品科技学会（Institute of Food Technology，IFT）采取多种方式来解决食品添加剂问题，通过研讨会、出版物和在多个论坛上表达科学观点。IFT 还积极参与科学和政策领域对食品添加剂的讨论（如食品添加剂法典委员会）。"

粮农组织/世卫组织（联合国粮食及农业组织和世界卫生组织）食品添加剂联合专家委员会（The Joint FAO/WHO，Expert Committee on Food Additives，JECFA）是一个国际专家科学委员会，自 1956 年以来一直评估食品添加剂的安全性。该组织报告年度调查结果。

世界卫生组织对食品添加剂的另一个定义："食品添加剂是在加工或贮藏过程中添加到食品或动物饲料中的物质。它们包括抗氧化剂、防腐剂、着色剂、调味剂和抗感染剂。大多数食品添加剂有少许营养价值，或者没有营养价值。"

食品添加剂是指在食品加工或制作过程中添加的物质，它们会成为食品的一部分。

"直接"食品添加剂通常在加工过程中添加：

- 添加营养物质。
- 帮助加工或制作食品。
- 保持产品新鲜。
- 使食品更有吸引力。

直接食品添加剂可以是人造的也可以是天然的。天然食品添加剂包括：

- 为食品增加风味的香草或香料。
- 腌制食品的醋。
- 保藏肉类的盐。

"间接"食品添加剂是在食品加工过程中或加工后可能在食品中发现的物质。它们不是故意使用或放入食品中的。这些添加剂在最终产品中的含量很少。更多细节如下：

根据FDA的说法，"直接食品添加剂是指那些为了特定目的而添加到食品中的添加剂。例如，黄原胶是一种直接食品添加剂。它用于沙拉酱、巧克力牛乳、烘焙馅料、布丁和其他食品中以增加口感。大多数直接食品添加剂都会在食品的成分标签上标明。

由于食品的包装、贮藏或其他处理，会有微量的间接食品添加剂进入食品，成为食品的一部分。例如：少量的包装物质可能会在贮藏过程中进入食品。食品包装制造商必须向美国FDA证明，所有与食品接触的材料都是安全的，然后才允许这些材料以这种方式使用。"

17.3 食品添加剂的功能

如前面第一章所述，食品是根据其外观、质地和风味来评价的。每种特性对食品的可接受性和可食用性都至关重要。食品添加剂的一般类别包括本章所述的防腐剂、营养强化剂、感官助剂和加工助剂。当开发新的食品时，可以使用新的或现有的食品添加剂。

"添加剂在食品中发挥着各种有用的功能，而这些功能往往被认为是食品理所当然具有的。因为大多数人不再生活在农场，市场有时会远离种植地或生产地几千千米，在将食品运往市场的过程中，添加剂有助于保持食品健康和吸引力。添加剂还可以提高某些食品的营养价值，并通过改善食品的味道、质地、稠度或颜色使食品更有吸引力。

如果我们愿意自己种植、收割和研磨食品，花很多时间烹饪食品和装罐，或者愿意接受食品变质的风险，那么一些添加剂就可以被消除。但是今天大多数人已经开始依赖添加剂为食品中提供的许多技术、美观和方便的好处。"（来源：FDA）

食品制造商试图通过控制和防止变质来延长产品的保质期。因此，添加剂可用于防止或对抗微生物或酶引起的变质。在一定程度上，所有的活性组织在一定程度都可抵抗微生物的攻击，并且添加剂有助于保护食品免受微生物（病原体和非病原体）的污染。然而，在生产或加工过程中使用添加剂并不能阻止所有的食源性疾病，也不能向广大民众保证食品是安全的。例如，与食品加工厂处理食品相比，在餐馆和家庭对食物的不当处理更容易导致食源性疾病。

除了增加保质期之外，食品添加剂的第二个用途是它们可以维持或提高食品的营养价值。它们可以丰富、强化或恢复食品在加工过程中所失。食品添加剂可以增加食品营养和纠正食品缺陷，例如，用碘来治疗甲状腺肿，或在食品中添加矿物质钙和铁。在牛乳中加入抗氧化剂，如柠檬汁、BHT、BHA 和维生素 A 及维生素 C 来控制牛乳的氧化，或者添加维生素 D 来强化牛乳的营养。许多谷物产品富含或添加了硫胺素来预防脚气病，添加烟酸来控制破坏性的糙皮病，最近还添加叶酸来预防神经管缺陷的复发。营养强化对许多人都有极大的益处。

美国的第一个食品添加剂是碘。它的营养功能是治疗和预防甲状腺肿。甲状腺肿在美国五大湖和太平洋西北地区很常见。研究发现，这些地理区域没有海水。因此，这些地区的土壤、水和作物都缺乏碘，当地居民普遍有甲状腺肿的问题。1924 年，碘被添加到盐中（盐是大众消费品，因此可以作为碘的良好载体），碘盐很快成为碘的一种常见膳食来源。

食品添加剂在食品保护和营养强化中发挥着重要作用。添加剂的其他作用是作为风味和颜色的感官助剂。这些助剂可以添加到食品中，使产品变得更有吸引力，这是其第三个用途。此外，加工过程中也可能包含添加剂，例如，作为其第四种用途，可以保持产品的一致性，使食品乳化、稳定或变稠。

美国国立卫生研究院确定了食品添加剂的五个主要功能。

食品添加剂的功能：

扩展部分

食品添加剂有五个主要功能。它们分别如下：

(1) 赋予食品平滑且一致的质地：

- 乳化剂防止液体产品离析。
- 稳定剂和增稠剂提供均匀的质地。
- 抗结剂可以让物质自由流动。

(2) 提高或保持食品的营养价值：

- 许多食品和饮料经过强化和富集以后可以提供维生素、矿物质和其他营养物质。常见的强化食品有面粉、谷物、人造黄油和牛乳。它们有助于补充人体饮食中可能缺乏的维生素或矿物质。
- 所有含有营养补充剂的产品都必须贴上标签。

(3) 保持食品有益健康：

- 细菌和其他病菌可以引起食源性疾病。防腐剂可以减少这些细菌引起的腐败。
- 某些防腐剂通过防止脂肪和油脂变质来保持烘焙食品的味道。
- 防腐剂还能防止新鲜水果暴露在空气中时变成棕色。

(4) 控制食品的酸碱平衡并使其膨松：

- 某些添加剂有助于改变食品的酸碱平衡，以获得某种味道或颜色。
- 膨松剂在加热时会释放出酸，与小苏打反应，使饼干、蛋糕和其他烘焙食品起发。

(5) 提供颜色并增强风味：

- 某些颜色可以改善食品的外观。
- 许多香料以及天然和人造的风味剂，都能呈现食品的味道。

17.4 食品添加剂的立法与检测

FDA 根据 1938 年《联邦食品、药品和化妆品法案》的《食品添加剂修正案》（1958 年）和《着色剂修正案》（1960 年）的规定，对州际贸易或进口的食品添加剂进行监管。美国农业部规定了肉类和家禽产品的添加剂。

添加剂的批准

为了获得使用添加剂的批准，制造商必须向 FDA 申请，并且：

- 提供添加剂在预期使用量上无害的证据。
- 提供至少 2 年以上的饲养数据，通常是雄性和雌性狗、老鼠这两种动物的饲养数据。
- 还要通过体外毒理学实验证明添加剂的安全性。

制造商必须证明添加剂是安全的，并且能够达到预期的效果（显示有用性和无害性）。尽管任何物质都不能证明是绝对安全的，但当添加剂建议使用时，必须合理确定其没有危害。对添加剂进行批准评估时，要考虑“有代表性的”的摄入水平，并根据具体情况对其进行评估。

有利于添加剂审批的信息包括动物试验和消失数据。进行动物试验是为了显示大剂量、终身或世代喂养的效果。市场篮子消费模式研究显示生产和进口食品的消失数据。后者显示成年男性平均 7 天的摄入量。

如果添加剂获得了 FDA 的批准，它只能在特定的产品中以特定水平使用。例如，某些脂肪替代品可能只被批准用于美味小吃。在批准后，会根据最新的科学证据对添加剂进行定期审查。

FDA 的不良反应监测系统（Adverse Reaction Monitoring System，ARMS）监测和调查与食品添加剂、色素添加剂、特定食品、维生素和矿物质补充剂有关的投诉。FDA 也有一个食品成分过敏咨询委员会。消费者应该阅读产品标签，以确定具体的成分信息。

17.4.1 德莱尼条款（Delaney Clause）

《食品添加剂修正案》的德莱尼条款（以国会赞助商詹姆斯·德莱尼的名字命名）规定，无论剂量如何，任何显示会导致人类或实验室动物癌症的添加剂都不得用于食品中。如果通过任何适当的测试证明拟使用的添加剂具有致癌性，就不可用于食品中。

此类立法继续受到审查，因为更精细的检测方法可以检测出以前未被检测到的微量致癌物，并且多年来添加剂检测方法已经有了改进。

这种检测和改进测试导致了一个问题，什么样的检测才合适？例如，有什么物质在任何摄入水平下都是完全安全的？或者检测会证明致癌物的存在吗？真正的问题可能与添加剂的“风险与好处”有关，因为添加剂可能会带来“风险”，但风险并不会对生命构成威胁。另一方面，使用添加剂的一个“好处”是改善了食品的状况。

目前，FDA 在批准食品添加剂时必须遵守德莱尼条款，尽管将来细节可能会改动。总之，任何成分测试的目标都是为公众提供安全的食品供应。

17.4.2 营养标签和教育法案（Nutrition Labeling Education Act，NLEA）

进一步的立法包括1990年的《营养标签和教育法案》（第二十章）。它要求所有的食品标签必须列出添加剂，例如，列出通过认证的色素添加剂的通用名称。标签应包含有价值的信息，以使可能对食品或食品添加剂敏感的人能够选择合适的食品。

17.5 加工中使用的主要添加剂

“根据美国《食品添加剂修订案》，有两组物质从监管程序中得到豁免。

第一组是事先批准的物质，是在1958年修正案之前，FDA和USDA已经确定可安全用于食品中的物质。例如用于保存午餐肉的亚硝酸钠和亚硝酸钾。

第二组是GRAS（公认安全）的物质，基于它们在1958年之前在食品中广泛使用的历史和已发表的科学论证，专家们普遍认为它们是安全的。数百种GRAS物质包括盐、糖、香料、维生素和味精等。制造商也可以要求FDA审查行业对GRAS物质的认定。”

“GRAS”是Generally Recognized As Safe（公认安全）的首字母缩写。根据《FD&C法案》第201（s）条和第409条，任何有意添加到食品中的物质都是食品添加剂，上市前必须经过FDA的审查和批准，除非该物质在资深专家中得到普遍认可，并已充分证明其在预期用途的条件下是安全的，或者该物质的使用被排除在食品添加剂的定义之外。GRAS物质与食品添加剂的区别在于，支持GRAS测定的信息类型是公开的，并被科学界普遍接受，但应该与支持食品添加剂安全性信息的数量和质量相同。关于GRAS的更多信息可在GRAS通知程序页面上找到。

参见美国联邦法规（21 CFR）和联邦登记册，其中包含适用于食品添加剂和色素添加剂申请书、食品成分和食品包装通知的法规和规则。

参见第十七章末尾的食品添加剂状态列表。包括食品添加剂的功能和安全性。

添加剂可以是天然的，也可以是合成的。在美国最常用的添加剂是公认安全的调味剂，还有小苏打、柠檬酸、芥末、胡椒和蔬菜色素，这些添加剂的使用量按重量计算超过美国所有添加剂总重的98%。

食品中可能含有零售前添加的成分。例如，蔬菜和水果在收获前可以用杀虫剂处理，染料、杀菌剂和石蜡可以用来延缓食品的成熟或促进销售。亚硝酸钠添加到食品中可以防止肉毒梭菌的生长和保持颜色，同时，磷酸盐可以保持纹理和防止酸败。

“如果新的证据证明，已经在使用的添加剂可能是不安全的，或者其添加量已经变化到需要重新检查的程度，联邦当局可能会禁止其使用或进行进一步研究，以确定其使用是否仍然安全。良好生产规范法规将食品中使用的添加剂数量限制在达到预期效果所需的数量之内。”（来源：FDA）

一种添加剂可能有多种用途，因此会被归入添加剂的几个不同类别中。加工过程中使用的一些主要添加剂将在下文进行说明。

表 17.1 添加剂的种类及用途

添加剂类型	用途	使用示例	产品标签上的名称
防腐剂	防止食品因细菌、霉菌、真菌和酵母（抗菌剂）而变质；延缓或防止颜色、风味和质地的变化，延缓酸败（抗氧化剂）；保持新鲜	水果酱、果冻、饮料、烘焙食品、腌肉、油、人造黄油、谷物、调味品、休闲食品、水果和蔬菜	抗坏血酸、柠檬酸、苯甲酸钠、丙酸钙、异抗坏血酸、亚硝酸钠、山梨酸钙、山梨酸钾、BHA、BHT、EDTA、生育酚（维生素 E）
甜味剂	不管含不含额外的热量，都增加甜味	饮料、烘焙食品、糖果、食糖、替代品、许多加工食品	蔗糖、葡萄糖、果糖、山梨醇、甘露醇、玉米糖浆、高果糖玉米糖浆、糖精、阿斯巴甜、蔗糖、安赛蜜、纽甜
着色剂	补偿因暴露在光线、空气、极端温度、湿气和储存条件下而造成的颜色损失；校正颜色的自然变化；增强自然产生的色彩；为无色和“有趣”的食品赋予颜色	许多加工食品（糖果、人造黄油、干酪、软饮料、果酱、果冻、明胶、布丁和派馅）	FD&C 蓝 1 号和 2 号、FD&C 绿 3 号、FD&C 红 3 号和 40 号、FD&C 黄 5 号和 6 号、橙色 B、柑橘红 2 号、红木提取物、β-胡萝卜素、葡萄皮提取物、胭脂红提取物或胭脂红、辣椒油树脂、焦糖色、水果和蔬菜汁、藏红花（注：豁免的色素添加剂不需要在标签上标注名称，但是可以简单地声明着色或添加颜色）
香辛料和调味料	增加特定的风味（天然的和合成的）	布丁和派馅、明胶甜点粉、蛋糕粉、沙拉调味料、糖果、软饮料、冰淇淋、烧烤酱	天然香料、人工香料
增味剂	增强食品中已经存在的风味（而不提供它们自己单独的风味）	许多加工的食品	味精、水解大豆蛋白、自溶酵母提取物、鸟苷酸二钠和肌苷酸
脂肪替代品（以及用于替代脂肪的配方产品）	在低脂肪食品中提供预期的质地和奶油般的“口感”	烘焙食品、调料、冷冻甜点、糖果、蛋糕和甜点粉、乳制品	蔗糖聚酯、纤维素凝胶、卡拉胶、聚葡萄糖、食品用改性淀粉、微粒化蛋清、瓜尔胶、黄原胶、乳清蛋白浓缩物
营养素	补充加工过程中损失的维生素和矿物质（富集），添加饮食中可能缺乏的营养物质（强化）	面粉、面包、谷物、大米、通心粉、人造黄油、盐、牛乳、水果饮料、能量棒、速溶早餐饮料	维生素、核黄素（维生素 B_2）、烟酸、烟酰胺、叶酸、β-胡萝卜素、碘化钾、铁或硫酸亚铁、α-生育酚、抗坏血酸、维生素 D、氨基酸（L-色氨酸、L-赖氨酸、L-亮氨酸、L-甲硫氨酸）

续表

添加剂类型	用途	使用示例	产品标签上的名称
乳化剂	允许配料均匀混合，防止分离 保持乳化产品稳定，降低黏稠度，控制结晶、保持成分分散、使产品更容易溶解	沙拉酱、花生酱、巧克力、人造黄油、冷冻甜点	大豆卵磷脂、甘油一酯和甘油二酯、蛋黄、聚山梨醇酯、山梨醇酐单硬脂酸酯
稳定剂、增稠剂、黏合剂和膨松剂	使质地均匀，改善“口感”	冷冻甜品、乳制品、蛋糕、布丁和明胶混合物、调味品、果酱和果冻	明胶、果胶、瓜尔胶、黄原胶、乳清
酸碱控制剂	控制酸碱，防止腐败	饮料、冷冻甜点、巧克力、低酸罐头食品、泡打粉	乳酸、柠檬酸、氢氧化铵、碳酸钠
膨松剂	促进烘焙食品蓬松	面包和其他烘焙食品	小苏打、磷酸二氢钙、碳酸钙
抗结剂	保持粉状食品自由流动，防止水分吸收	盐、发酵粉、糖粉	硅酸钙、柠檬酸铁铵、二氧化硅
保湿剂	保持水分	椰丝、棉花糖、软糖、糖果	甘油、山梨醇
酵母营养剂	促进酵母生长	面包和其他烘焙食品	硫酸钙、磷酸钙
面团强化剂和调理剂	使面团更加稳定	面包和其他烘焙食品	硫酸铵、偶氮二甲酰胺、L-半胱氨酸
固化剂	保持松脆和硬度	加工的水果和蔬菜	氯化钙、乳酸钙
酶制剂	修饰蛋白质、多糖和脂肪	干酪、乳制品、肉类	酶、乳糖酶、木瓜蛋白酶、凝乳酶
气体	用作喷雾剂，充气或产生碳酸化作用	食用油喷雾剂、鲜奶油、碳酸饮料 FDA	二氧化碳、一氧化二氮

译者注：表 17.1 为美国有关情况，我国对于食品添加剂的种类、用途及产品标签上的名称等内容与表 17.1 存在差异，应参考我国有关内容。

17.5.1 食品添加剂的类型

美国 FDA 列出了常见食品添加剂的类型，使用原因以及一些可以在产品标签上找到名称的例子。有些添加剂的使用目的不止一个。

就广义的食品加工而言，食品可以通过冷冻、加热等方法来保存，如前一章所述。此外，在加工过程中还可能加入一种被称为“防腐剂”的食品添加剂。

17.5.2 加工过程中使用的主要添加剂：一些可以突出颜色、气味和滋味的添加剂

（1）着色剂 任何着色剂都必须得到FDA的批准才能在食品中使用。美国允许使用两种着色剂，并且这两种着色剂被列在《联邦法规法典》第21卷第73~82款。着色剂分为经认证的着色剂和免受认证的着色剂。前者是合成着色剂或FD&C着色剂，而后者通常指的是“天然”着色剂。需要注意的是，从技术上讲，FDA认为所有的着色剂都是“人造的”，不管它们是来自天然的还是合成的。

对于要认证的着色剂，所有制造商需向FDA提交每批着色剂的样本，进行认证测试。测试该批次是否符合着色剂的成分和纯度要求。一旦该批次被批准，FDA就会颁发认证批号，制造商就可以销售该产品。

免认证的着色剂主要来源于植物、动物或矿物的天然色素，其不需要批准认证。但是，天然色素必须符合FDA对特性、成分和纯度的要求。此外，其中一些添加剂仅限在某些类别食品产品中使用或以特定的量使用。但重要的是，食品色素制造商，而不是FDA，有责任对这些色素进行自我认证。

在美国，FDA要求所有的着色剂都要在成分说明书中标明。认证的着色剂通过名称来标明，例如“黄色5号（色素）或色素（蓝色1号）”——FDA

“FDA允许使用的着色剂分为需认证和免认证两种，这两种着色剂在批准和上市前，都要受到安全标准的严格约束。

认证的着色剂是人工合成的（或人造的），被广泛使用，因为它们赋予食品浓烈、均匀的颜色，价格较低，更容易混合产生各种色调。在美国有九种认证的着色剂被批准使用（例如FD&C黄色6号，其完整列表见图）。经认证的着色剂通常不会给食品增添不良味道。

免认证的着色剂包括来源于蔬菜、矿物质或动物的天然色素。天然的着色剂通常比认证的更昂贵，也可能会给食品增添意想不到的味道。例如免认证的着色剂包括胭脂树提取物（黄色）、脱水甜菜（蓝红色到棕色）、焦糖（黄色到棕色）、β-胡萝卜素（黄色到橙色）和葡萄皮提取物（红色、绿色）。”——FDA

“经认证的色素添加剂分为染色剂和色淀。

染色剂溶于水，可制成粉末、颗粒、液体或其他特殊用途的形式。它们可用于饮料、干粉、烘焙食品、糖果、乳制品、宠物食品和各种其他产品。

色淀是染色剂不溶于水的形式，比染色剂更稳定。色淀对于含有脂肪、油脂或缺乏足够水分溶解染色剂的产品都是理想的选择。典型用途包括用于包衣片、蛋糕、甜甜圈、硬糖和口香糖。”参见FDA（表17.2和表17.3）

表17.2 免认证（未认证）/天然着色剂

第21卷CFR	纯色	EEC#	批准年份	用途和限制
§73.30	胭脂树橙提取物	E160b	1963	一般食品
§73.40	脱水甜菜（甜菜粉）	E162	1967	一般食品
§73.75	斑蝥黄	E161g	1969	一般食品，NTE13.62mg/kg固体或半固体食品或每品脱（1品脱=0.473L）液体食品；也用于肉鸡饲料

续表

第21卷CFR	纯色	EEC#	批准年份	用途和限制
§73.85	焦糖色	E150a-d	1963	一般食品
§73.90	β-阿朴-8′-胡萝卜醛	E160e	1963	一般食品，NTE:33mg/kg固体，31mg/L液体
§73.95	β-胡萝卜素	E160a	1964	一般食品
§73.100	胭脂虫提取物	E120	1969	一般食品
			2009	食品标签必须用常用名称“胭脂虫提取物”,2011年1月5日生效
	胭脂红	E120	1967	一般食品
			2009	食品标签必须用常用名称“胭脂红”；2011年1月5日生效
§73.125	叶绿酸铜钠	E141	2002	基于柑橘的不甜的饮料混合NTE0.2%的干混合物；从苜蓿中提取
§73.140	烘烤的部分脱脂煮棉子粉	—	1964	一般食品
§73.160	葡萄糖酸亚铁	—	1967	成熟的橄榄
§73.165	乳酸亚铁	—	1996	成熟的橄榄
§73.169	葡萄色素提取物	E163?	1981	非烧烤食品
§73.170	葡萄皮提取物（脱葡萄花青素）	E163?	1966	蒸馏酒，碳酸饮料，饮料主剂，酒精饮料（27CFR4、5部分）
§73.200	合成氧化铁	E172	1994	肠衣NTE0.1%（按重量计）
			2015	硬糖、软糖、薄荷糖和口香糖
			2015	对于允许的人类食品使用，将铅从≤0.002%降至≤0.0005%
§73.250	水果汁	—	1966	一般食品
			1995	干性着色剂
§73.260	蔬菜汁	—	1966	一般食品
			1995	干色素添加剂，水浸提
§73.300	胡萝卜油	—	1967	一般食品
§73.340	红辣椒粉	E160c	1966	一般食品

续表

第 21 卷 CFR	纯色	EEC#	批准年份	用途和限制
§73.345	红辣椒油树脂	E160c	1966	一般食品
§73.350	云母钛珠光颜料	—	2006	谷物食品、糖果和糖霜、明胶甜点、硬糖和软糖（包括含片）、营养补充剂、明胶胶囊以及口香糖
			2013	酒精含量不少于 18% 且不高于 23%（以体积计）的蒸馏酒，但不包括酒精含量超过 5%（以标准加仑计）的混合物
			2015	甜酒、利口酒、调味酒精麦芽饮料、葡萄酒冷却器、鸡尾酒、非酒精鸡尾酒混合器、鸡蛋装饰
§73.450	核黄素	E101	1967	一般食品
§73.500	藏红花	E164	1966	一般食品
§73.530	螺旋藻提取物	—	2013	糖果和口香糖
			2014	着色糖果（包括糖果和口香糖）、糖霜、冰淇淋、冷冻甜点、甜点涂层和浇头、饮料混合物、粉末、酸奶、奶油冻、布丁、农家干酪、明胶、面包屑和即食谷物（膨化谷物除外）
§73.575	二氧化钛	E171	1966	一般食品，NTE1%（按重量计）
§73.585	番茄红素提取液和浓缩剂	E160	2006	一般食品
§73.600	姜黄	E100	1966	一般食品
§73.615	黄油树脂	E100	1966	一般食品

注：被批准用于动物食品特殊用途的添加剂，虾青素只能作为稳定的着色剂添加到鱼饲料中。用虾青素制成的鱼饲料色素添加剂混合物可能只包含适合的稀释剂，并且在本部分被列为用于食品着色的颜色添加剂混合物是安全的。

表 17.3 可认证的着色剂—合成着色剂

第 21 卷 CFR	纯色	EEC#	批准年份	用途和限量
§74.101	FD&C 蓝 1 号（亮蓝色）	E133	1969	一般食品
			1993	添加锰规格
§74.102	FD&C 蓝 2 号（宝蓝色）–靛蓝	E132	1987	一般食品
§74.203	FD&C3 绿 3 号（海绿）–最低限制使用	—	1982	一般食品
§74.250	酸性橙 B	—	1966	法兰克福香肠和香肠的外壳或表面；NTE0.15mg/g（按重量计）

续表

第 21 卷 CFR	纯色	EEC#	批准年份	用途和限量
§74.302	柑橘红 2 号	—	1963	不用于加工的橘子皮；NTE2.0 $\times 10^{-3}$mg/g（按重量计）
§74.303	二氧化钛	E127	1969	一般食品
§74.340	FD&C 红 40 号（樱桃红）-最广泛使用的食品染料	E129	1971	一般食品
§74.705	FD&C 5 号黄（柠檬黄）-柠檬黄；第二种广泛使用的食品染料	E102	1969	一般食品

注：经认证的颜色添加剂通常有三部分的名称，包括一组字母（“FD&C”“D&C”或“Ext. D&C”），一种颜色和一个数字。例如“FD&C 黄 5 号”。

（2）调味剂　调味剂是最大的一类食品添加剂。风味在食品和饮料中的应用包括乳制品、水果、坚果、海鲜、混合香料、蔬菜和葡萄酒调味剂。它们可以补充、增强或改变食品的味道和香气。1200 多种调味剂在食品中使用，它们可以用来创造、补充加工过程中损失或减少的风味，还有数百种化学物质可以用来模拟天然风味。醇类、酯类、醛类、蛋白水解物和味精都是调味剂。

• 天然调味物质是从植物、草药、香料、动物或微生物发酵中提取的。它们还包括精油和油性树脂（由溶剂提取产生，提取后去除溶剂）、草药、香料和甜味剂。

• 合成调味剂在化学组成上与天然调味剂相似，并且提高了使用和可用的一致性。它们可能比天然调味剂便宜、更容易获得，但不能充分模拟天然的风味。一些合成调味剂实例，包括乙酸戊酯（用作香蕉调味剂）、苯甲酸（用于产生樱桃和杏仁风味）、丁酸乙酯（用作菠萝香精）、邻氨基苯甲酸甲酯（用作葡萄香精）、水杨酸甲酯（用作冬青香精）和富马酸（是干燥食品中酸味和酸度的理想来源）。

• 风味增强剂，如味精，可以强化、“激发”、增强或补充食品中其他化合物的风味，它们的味道超出了基本的甜、酸、咸或苦。味精可以与其他风味和味觉协同作用。在 20 世纪早期，它的化学成分从海藻中提取，并通过淀粉、糖蜜或糖的发酵进行商业化生产。调味剂的其他实例，包括食盐（氯化钠）、糖（蔗糖）、玉米糖浆、阿斯巴甜（一种营养甜味剂）、自溶酵母（一种风味增强剂）、植物精油（如柑橘精油）、乙基香兰素和香草醛（一种合成风味化合物）、提取物（如香草香精）、甘氨酸、甘露醇（营养甜味剂）、糖精（营养甜味剂）和山梨醇（营养甜味剂）。

（3）甜味剂　许多食品和饮料中都添加了甜味剂（参见“糖、甜味剂和糖果”一章，讨论了营养甜味剂和非营养甜味剂）。蔗糖（食用糖）是一种常见的食品添加剂。果糖是蔗糖的组成成分之一，甜度是蔗糖的两倍，并且不会像蔗糖那样从溶液中结晶出来。它是水溶性最强的糖，用于生成非常甜的溶液。它有吸湿性，因此可以作为保湿剂。

乳糖和麦芽糖是经常使用的食品添加剂。用作食品添加剂的甜味剂的其他例子，包括玉米糖浆、高果糖玉米糖浆、蜂蜜、枫糖浆和糖蜜。转化糖是葡萄糖和果糖的 50∶50 的混合物，由蔗糖酶或酸处理产生。它可以防止糖结晶，例如，用于樱桃巧克力液体芯料中。

如果新的证据证明，已经在使用的产品可能是不安全的，或者添加量已经变化到需要重新检查的程度，联邦当局可能会禁止其使用或进行进一步研究，以确定其使用是否仍然安全。

称为良好生产规范法规将食品中使用的添加剂数量限制在达到预期效果所需的数量之内（FDA）。

17.5.3 食品中的营养补充剂

如前所述，通过补充加工过程中丢失或饮食中缺乏的营养，可以提高食品的营养价值。维生素（如维生素 C）和矿物质（如钙）通常添加在普通食品中。本节将介绍更多详细内容。

食品加工者可以在他们的食品中添加不同水平的营养添加剂。加工过程中损失的营养物质被补充到起初水平时，产品就得到了营养增补。营养素增补的目的是防止人口中某些部分营养的不足，它是通过添加营养物质来达到标准规定的既定浓度。营养强化是指在食品中添加的营养素（相同或不同）含量高于原食品或可类比食品中的量。它可以调整人群中存在的营养不足，例如通过添加钙。早餐麦片、早餐谷物棒和果汁饮料都是营养强化的突出例子，为许多人提供所需的营养。

营养补充剂

摘要：美国饮食协会表明，促进最佳健康和降低慢性疾病风险的最佳营养策略是明智地选择各种营养丰富的食品。源自补充剂中的额外营养可以帮助一些人满足科学营养标准(如膳食参考摄入量）规定的营养需求。在美国，膳食补充剂的使用越来越普遍，尤其是营养补充剂，并且在不断增加，大约 1/3 的成年人会定期使用多种维生素和矿物质强化剂。消费者可能并不了解补充剂的安全性和有效性，有些人可能难以理解产品标签。这就需要营养从业者使用专业知识来帮助消费者安全和适当地选择和使用营养补充剂来优化健康。因此，营养从业者应该首先自己知晓营养补充方面的专业知识。为了做到这一点，他们必须及时了解营养补充剂的功效和安全性，以及影响这些产品使用的监管问题。本文旨在提高人们对目前营养补充剂的相关问题认识，以及帮助营养从业者评估使用补充强化剂的潜在益处和不良后果。——（来源：ADA 1995）

根据美国的具体规定，膳食补充剂可以是食品、药物或天然保健品。根据 1994 年《膳食补充剂健康与教育法案》（Dietary Supplement Health and Education Act of 1994，DSHEA），膳食补充剂被定义为一种旨在补充膳食的产品，它含有如下膳食成分：氨基酸、矿物质、维生素、草药或其他植物性物质。这些补充剂可以是浓缩物或提取物。

膳食补充剂的形式可以是胶囊、药丸、片剂、粉末或液体形式，并且产品必须标明为“膳食补充剂”。它与食品不同，不能作为传统食品使用。作为补充剂，它不应当是一顿饭或饮食中的唯一食品。

（1）益生元和益生菌 “益生元是不可消化的碳水化合物，可作为益生菌的食品。当益生菌和益生元结合时，它们形成合生素。发酵乳制品，如酸乳和开菲尔，被认为是合生素产品，因为它们含有活细菌和成长所需的能量。[术语“合生素”应该仅在净健康益处是协同的情况下使用。——联合国粮食及农业组织]

益生菌存在于酸乳等食品中，而益生元存在于全谷物、香蕉、洋葱、大蒜、蜂蜜和朝鲜蓟中。此外，当益生菌和益生元被添加到一些食品中时，可作为膳食补充剂提供。”（梅奥诊所)。

(2) 膳食补充剂　“FDA 监管产品的膳食补充剂和膳食成分。FDA 对膳食补充剂的监管不同于对“传统”食品和药品的监管。根据 1994 年《膳食补充剂健康与教育法案》:

- 膳食补充剂和膳食成分的制造商和经销商不得销售掺假或品牌错误的产品。这意味着这些公司有责任在产品上市前评估其安全性和标签，以确保它们符合 DSHEA 和 FDA 的所有要求。

- 对任何掺假或品牌错误的膳食补充剂产品进入市场后，FDA 有责任采取行动。”——FDA 2018 年。

(3) 功能性食品　详见“表 17.5 和表 17.6”。

食用改良食品可以提供传统食品所没有的健康益处。因此，食品可以通过添加本身所没有的营养物质来进行改良。食品和食品技术的一个新发展领域是功能性食品，其定义如下:

一种食品成分或改良食品，可能提供超出任何传统营养素之外的健康益处。

(4) 植物素　详见“表 17.5 和表 17.6”。

植物素，来自植物的非营养物质（植物化学物质），可能会成为有用的食品添加剂，因为它们可能在降低癌症风险方面发挥重要作用。它们在饮食中是天然存在的，目前是以补充形式存在。植物素的定义如下:

在美国，功能性食品成分和植物素与至少四种引起死亡的主要疾病的治疗和预防有关，这四种疾病是癌症、糖尿病、心血管疾病和高血压。它们还与其他医学疾病的治疗或预防有关，包括神经管缺陷和骨质疏松症，以及肠功能异常和关节炎。美国饮食协会（American Dietetic Association，ADA）的立场是，食品中的特定物质（如植物素、天然成分和功能性食品成分）作为多样化饮食的一部分，可能对健康有益。该协会支持研究这些物质的健康益处和风险情况。营养学专家将继续与食品行业和政府合作，以确保公众在这个新兴领域掌握准确的科学信息（ADA 1995）。

(5) 保健品　详见“表 17.5 和表 17.6”。

术语“保健品”一词不被 FDA 认可，也不受 FDA 规定的约束，原因如下:

食品被定义为“主要因其味道、香气和营养价值而消费的产品”。(译者注:《中华人民共和国食品安全法》中食品的定义是指各种供人食用或者饮用的成品和原料以及按照传统既是食品又是药品的物品，但是不包括以治疗为目的的物品。1994 年《食品工业基本术语》对食品的定义为：可供人类食用或饮用的物质，包括加工食品、半成品和未加工食品，不包括烟草或只作药品用的物质。从食品卫生立法和管理的角度，广义的食品概念还涉及：所生产食品的原料，食品原料种植，养殖过程接触的物质和环境，食品的添加物质，所有直接或间接接触食品的包装材料，设施以及影响食品原有性质的环境。)

药物被定义为“目的用于疾病的诊断、治疗、缓解和预防，或是影响身体的结构和功能”(Hunt，1994)。

表 17.4　美国保健品协会的保健品信息

美国保健品协会的保健品信息
问：“保健品”一词的定义是什么?

续表

美国保健品协会的保健品信息
答：1989 年，新泽西州克兰弗德医药创新基金会（Foundation for Innovation in Medicine，FIM）创始人兼主席、医学博士斯蒂芬·德费利斯从“营养”和“药物”中创造了“保健品”一词。根据德费利斯的说法，“保健品作为食品或食品的一部分，可以提供医疗或健康益处，包括疾病的预防和治疗。”此类产品的范围可以从单独的营养素、膳食补充剂、特定的饮食到基因工程设计的食品、草药产品和加工食品，如谷物、汤和饮料。在美国，营销中常用的术语“保健品”没有法规定义。
最新版的《韦氏词典》对保健品的定义如下： 单词 nu·tra·ceu·ti·cal 发音：“nü-tri- ‘sü-ti-k&l”；功能：无；词源：营养+药物，一种对健康有益的食品（作为强化食品或膳食补充剂）。

（6）添加维生素或矿物质的新产品　食品加工者可以选择在食品生产中使用任何添加剂，包括营养素或非营养素补充剂。无论使用哪种添加剂，他们必须遵守《营养标签和教育法案（NLEA）》中关于产品内容和健康声明的规定。他们必须谨慎地使用维生素和矿物质添加剂（不仅是为了提高食品标签上注明的营养含量），然后只对允许的营养益处进行标签声明。

一份较旧但及时的出版物指出：食品技术人员在设计新产品时，会考虑到维生素和矿物质的添加。

一些额外添加的营养物质包括：

● 产品的整体成分：如 pH、水分活度、脂肪、纤维、蛋白质，这些物质可能会因为食品的味道和颜色发生变化。

● 维生素或矿物质组合的成分会相互作用。

● 加工注意事项：热烫、清洗和热稳定性。

● 保质期和包装：抗氧化或避光。

● 成本因素：营养素的价格、因损失造成的超额以及加工和包装需要的成本（Giese，1995）。

那么，“天然产品”是什么呢？对于这个问题，目前 FDA 的规定主要是针对生产商。舒莱公司的质量保证总监报告说，关于什么是“天然”纤维或什么水平的维生素强化与“天然”名称相符，这些决不让他们担负超范围的规定，FDA 对“天然”的原则，除了添加的颜色、合成物质和风味，并不限制这个术语的使用。（Decker，2013）。

“消费者要求更清洁的成分声明，没有不熟悉的以及“听起来像化学品”的名称，同时期望延长保质期和提高产品质量。”（Tessier，2001）。

17.6　安全性

消费者和制造商期待和正在进行持续的食品添加剂安全性的测试和监测。

17.7 结论

添加剂是“一种物质或物质混合物，而不是基本的食品，但存在于食品中，并且作为生产、加工、存储或包装的一部分。”添加剂在食品中的作用是防止微生物和酶引起的变质，保持或提高营养价值和产品的一致性，并使食品更有吸引力。使用添加剂可以减少酸败、变质、污染和浪费，提高营养价值，并易于产品制备。许多添加剂都是天然食品成分，在用于增加食品的风味和颜色上有严格的规定。

1938年美国《联邦食品、药品和化妆品法案》的《食品添加剂修正案》中包含有关添加剂安全的立法。《食品添加剂修正案》的德莱尼条款要求，在美国需要对提议的添加剂进行致癌物测试。盐、糖和玉米糖浆是美国食品供应中最常用的三种食品添加剂。

食品加工中使用的主要添加剂有甜味剂、防结块剂、抗氧化剂、漂白剂、成熟剂、膨松剂、着色剂、固化剂、面团改良剂、乳化剂、酶、脂肪替代品、硬化剂、调味剂、熏蒸剂、保湿剂、辐照剂、发酵剂、润滑剂、营养补充剂、pH控制剂、防腐剂、喷雾剂、螯合剂、溶剂、稳定剂、增稠剂、表面活性剂和甜味剂。

食品的营养价值可以增加到超过传统产品中固有的营养水平。食品的营养可以得到强化和增补。一些特定的维生素和矿物质的生产目的是为了添加到食品中。功能性食品是指经过改良后的食品，除了具有传统产品的作用外，还能提供健康益处，并可用于治疗和预防疾病。功能性食品与植物素和保健品一样，是食品和食品技术中一个新发展的领域。

“总的来说，多年来，食品添加剂一直用于食品的保存、调味、混合、增稠和着色，并在减少消费者严重营养不良中发挥重要作用。这些成分也有助于确保消费者获得美味、营养、安全、方便、色彩丰富和价格实惠的食品。

食品和色素添加剂受到了严格的研究和监管监控。美国联邦法规要求每种物质在其预期使用水平下都是安全的，才能添加到食品中。此外，随着科学的认识和测试方法的不断改进，所有添加剂都要接受持续的安全性审查。消费者应该对他们吃的食品产生安全感。”（来源：FDA）

新的和现有的安全有效的食品添加剂即将取得进一步的进展。

笔记：

烹饪提示！

术语表

食品添加剂：为达到特定的物理或技术效果而添加到食品中的物质。

德莱尼条款：《食品添加剂修正案》的增加条款，规定任何显示会导致人类或实验动物癌症的添加剂不得用于食品。

药物：旨在用于诊断、治疗、缓解和预防疾病或是影响身体的结构或功能的物质。

营养增补：通过添加营养物质来达到根据特性标准规定的既定浓度。

食品：主要因其味道、香气和营养价值而食用的产品。（译者注：《中华人民共和国食品安全法》规定：食品指各种供人食用或者饮用的成品和原料以及按照传统既是食品又是药品的物品，但是不包括以治疗为目的的物品。）

强化：指在食品中添加的营养素（相同或不同）含量高于原食品或可比食品中的量。

功能性食品：改良的食品或者食品成分，其提供的健康益处可能超过原食品，这一术语在美国没有被法律和大众接受，但它作为特定健康用途的食品被一些人接受。

公认安全物质：使用中未被证明不安全的物质。

健康声明：描述营养物质或食品与疾病或健康有关状况之间的联系。

保健品：在美国，保健品是食品成分新监管类别的推荐名称，它可视为食品或食品的一部分，可提供医疗或健康益处，包括疾病的治疗或预防，但是 FDA 不认可这个术语。（译者注：保健品是保健食品的通俗说法。详见第七章术语表“保健食品”。）

植物素：新鲜植物中除营养成分外的天然化合物，具有预防疾病的功能；植物素还可以防止细胞氧化损伤或促进致癌物质从体内排泄，并具有降低癌症风险的潜力。

表 17.5、表 17.6 增加了食品和饮料添加剂的实用知识。

表 17.5 添加剂的种类、效果和用途

类型	添加剂的种类、效果和用途	类型	添加剂的种类、效果和用途
AC	抗结剂	AF	消泡剂
AOX	抗氧化剂	BC	防垢剂
BL	漂白剂或面粉熟化剂	B&N	缓冲剂和中和剂
CTG	用于水果和蔬菜的成分和涂层	DS	膳食补充剂
EMUL	乳化剂	ENZ	酶
ESO	精油或油性树脂（无溶剂）	FEED	根据《食品添加剂修正案》直接添加到饲料中的物质
FLAN	天然调味剂	FL/ADJ	与香料一起使用的物质
FUM	熏蒸剂	FUNG	杀菌剂
HERB	除草剂	HOR	激素

续表

类型	添加剂的种类、效果和用途	类型	添加剂的种类、效果和用途
INH	抗化剂	MISC	杂项
NAT	天然物质和提取物	NNS	无营养甜味料
NUTR	营养素	NUTRS	营养性甜味料
PEST	熏蒸剂以外的杀虫剂	PRES	化学防腐剂
SANI	食品加工设备的杀菌剂	SDA	增溶剂和分散剂
SEQ	螯合剂	SOLV	溶剂
SP	香料、其他天然调味料	SP/ADJ	喷雾剂
STAB	稳定剂	SY/FL	合成的香料
VET	兽药，可能残留在动物可食用组织或可食用的动物产品中		

来源：FDA 2018。

表 17.6　食品法规管理

类型	添加剂的种类、效果和用途	类型	添加剂的种类、效果和用途
BAN	由于毒性，在美国联邦航空管理局（Federal Aviation Administration，FAA）实施《食品添加剂修正案》之前不允许使用的物质。	FS	标准化食品中允许作为可选成分的物质。
GRAS	一般公认安全。根据《FD&C 法案》第 201 条定义，这类物质不是添加剂。大多数 GRAS 物质的使用没有数量上的限制，尽管它们的使用必须符合良好的生产规范。一些 GRAS 物质，如苯甲酸钠，在食品中的使用是限量的。	GRAS/FS	在食品中公认安全的物质，但在标准规定其使用情况的标准化食品中受到限制。
ILL	在食品中作为直接添加剂使用或建议使用的物质，无需 FAA 批准。它们的使用是非法的。	PD	已提交申请但因缺乏安全证明而被拒的物质。这类物质是非法的，不得在食品中使用。
PS	FDA 事先批准的用于特定用途的物质。许多物质因没有在《联邦公报》上公布，故未在此类别列出。	REG	已经提出申请并颁布法规的食品添加剂。
REG/FS	食品添加剂由 FAA 监管，并包含在特定的食品标准中。		

参考文献

[1] ADA (1995) Position of the American dietetic association: Phytochemicals and functional foods. J Am

Diet Assoc 95 (4): 493-496.
[2] Decker KJ (2013) A natural approach to fortification. In: Food product design 66-73.
[3] Giese J (1995) Vitamin and mineral fortification of foods. Food Technol 49 (5): 110-122.
[4] Hunt J (1994) Nutritional products for specific health benefits—foods, /pharmaceuticals, or something in between? J Am Diet Assoc 94: 151-154.
[5] Tessier J (2001) Increasing shelf-life without preservatives. Bakers' J. https://gftc.ca/articles/2001/baker07.cfm.

引注文献

[1] Berry D (2013) Exempt yet? Making the switch to natural colors. In: Food product design 46-61.
[2] Brantley B (2012) Browning and the Maillard reaction in product development. In: Food product design 45-48.
[3] Decker KJ (2012) Natural colors in the spotlight. In: Food product design 37-44.
[4] Food and Drug Administration Regulation of dietary supplements. Fed Regist.
[5] Plant-based Colorants. In: Food product design. 2012 76.
[6] Spano M (2012) All about antioxidants. In: Food product design 118-122.
[7] U.S. Department of Health and Human Services, National Institutes of Health. Page Last Updated: 2019.
[8] CSPI—Center for Science in the Public Interest. https://cspinet.org.
[9] Food and Drug Administration.
[10] Food and Nutrition Board. National Academy of Science.
[11] Food Science Publisher (previously known as D&A Inc. /FF Publishing since 2004).
[12] International Food Information Council Foundation (IFIC), Washington, D.C.
[13] IFT—Institute of Food Technologists.
[14] JECFA—The Joint FAO/WHO Expert Committee on Food Additives.
[15] Nutrition.gov https://nutrition.gov/whats-food/food- additives.
[16] https://mayoclinic.com —Is it important to include probiotics and prebiotics in a healthy diet?
[17] U.S. National Library of Medicine 8600 Rockville Pike, Bethesda, MD 20894.

18 食品包装

18.1 引言

本章“食品包装”属于本书第七部分“食品加工处理”。

适当的包装是一种行业技术，可以与食品保藏技术和食品添加剂一起使用，旨在减缓或阻止食品腐败，否则食品腐败变质会使食品失去味道、质地和营养价值。如果包装适当，农作物以及动物产品可以生产出适应市场且保质期足够长的食品。

正如在“食品保藏”一章中介绍的，加工食品代表从原料转变成另一种形式的食品。食品加工包括食品保藏也包括食品包装。

引用以下内容进行进一步说明和简洁解释。

“食品加工和食品保藏是两种用于保持食品质量和新鲜程度的技术。在如何执行方面，食品加工和食品保藏是不同的；食品保藏只是整个食品加工过程的一部分。食品加工主要包括包装和保藏，而食品保藏涉及控制和消除导致食品腐败变质的因素。

包装和使用添加剂，即包括使用盐、糖、醋（用于腌渍）等防腐性物质和二氧化硫，是食品加工技术。”（食品加工和保藏有什么区别?）

包装作为食品加工的一部分，有助于食品保藏，防止食品变质和污染，以及延长食品保质期。它可以提供密封（包装产品）、保护（质量、安全、新鲜度）、信息（图形、标签）、实用性或方便性（华盛顿特区塑料行业协会）。然而，包装给制造商和消费者带来的好处远不止这些。包装可以保护食品，改变包装气体，从而延长保质期，可以传达信息，帮助营销，提供更多的内容安全性等。它还可以提供分量控制，防止“分量失真”，方便食品的使用和运输，这有助于儿童及成人消费者。

包装可能只简单地需要一双干净的手、一对卫生的餐饮钳子以及面包柜台对面袋子里的一片纸巾，但包装也可能涉及热的应用，以维持陆地运输餐饮服务罐中特定的时间和温度。与本章要讨论的食品包装的观点有很大差异。

包装材料多种多样，包括薄膜、包装氧气含量等，以保护食品免受空气污染。包装可以保存时效性食品，以及采用日期或熟度指标。包装也可以作为一种商店销售货架上的一种促销工具。

食品的包装材料包括金属、玻璃、纸、塑料、箔、木箱、棉花或粗麻布（黄麻）。食品可以采用真空包装、可控制或调节的气体包装、无菌包装。制造商必须遵守 FDA 关于包装方法和材料的规定。

通常，我们看到方便消费者使用的包装，如微波包装、一次性包装、桶、拉链袋、防拆封包装和气体包装，已经成为越来越重要的包装选择（Sloan，1996）。包装功能是消费者和食品公司的共同需求，他们希望包装/材料满足他们的需求。包装当然也可以很有创意。

18.2 包装容器的种类

包装容器分为一级、二级和三级。具体的包装材料稍后讨论。但有一种包装材料，即保鲜膜，可以同时发挥这三种包装容器的功能。一级容器是装食品的瓶子、罐头、饮料盒等。它直接与食品表面接触，因此需要进行包装材料向食品中可能的迁移测试，并得到FDA的批准。

在二级容器中放置一些一级容器，如瓦楞纤维板箱（通常它被称为纸板，但这种说法是不正确的），二级容器与食品没有直接接触。在三级容器中放置一些二级容器，如瓦楞纸箱或外包装纸，包装好后准备食品产品分发或码垛。在储存和分发食品过程中这种包装提供了额外保护，在此期间，纸箱可能会掉落，出现压痕甚至被压碎，而三级容器可防止冲击力作用在单独的食品容器上。

18.3 包装的功能

包装的功能有很多，目的是保护未加工或加工过的食品不受一系列外部危害导致的腐败变质和污染。包装起屏障作用，可以控制潜在的有害光线、氧气和水。它便于使用，提供足够的储存空间，传递信息，还提供产品可能被篡改的证据。

包装通过以下方式来实现其功能/目标：

（1）防止食品颜色、风味、气味、质地和其他食品的品质变差；

（2）防止生物、化学或物理危害的污染；

（3）控制氧气和水蒸气的吸收和损失；

（4）促进产品的易用性——如将一顿饭的各种成分整合在一起的膳食“套餐”包装（例如炸玉米饼）；

（5）在使用前提供足够的储存空间——如可储存的空间、可重新封口的空间、可倾倒的空间等；

（6）用防篡改标签，防止/表明包装内食品被篡改；

（7）通过包装标签传达材料、营养成分、制造商名称及地址、重量和条形码等信息；

（8）用于销售——包括一些颜色和图片符号在全世界范围内的接受程度等包装标准各不相同，加工者应知晓这些差异。包装本身可以促进销售，包装可以是刚性的、柔性的和镀金属的等等，也可以包含例如商品信息、健康信息、食谱和优惠券等信息。

18.4 包装材料

在商业和零售业务中，食品的包装材料可能会有所不同。但这两种业务都可能包括一些相同的用于食品包装的材料。纸、玻璃、塑料、金属、织物（包括粗麻布、纸、聚乙烯或用于装新鲜马铃薯的5#或10#网袋）都可以作为包装材料。此外，还有包装/运输材料，如瓶、壶、坛或罐、用于固定瓶子或罐子的4包或6包塑料环、用于披萨、蛋糕、派、纸杯蛋糕、糖果或外卖食品的包装盒、熟食用一次性纸巾、绝缘“冷包”、管、桶、鼓状容器、纸的或塑料的包装或袋、航运泡沫颗粒，这里只列出了其中一些包装材料！

包装者在为产品选择合适的包装时必须考虑许多可变因素。例如，罐头制造商必须根据成本、产品兼容性、保质期、尺寸灵活性、操作系统、生产线灌装和封口速度、加工反应、不透过性、抗凹痕和抗篡改性以及满足消费者的便利和偏好来做出包装选择（Sloan, 1996）。

加工者为其产品使用薄膜时必须根据薄膜的“阻隔”特性来选择薄膜材料，这些“阻隔”特性可以防止氧气、水蒸气或光线对食品产生负面影响。例如，使用防止光诱导反应的包装材料可以控制叶绿素降解、蔬菜和红肉的漂白或变色、牛乳中核黄素的破坏和维生素C的氧化。

最常见的食品包装材料包括金属、玻璃、纸和塑料。下文中会以这些主要材料为例进行介绍。

18.4.1 金属

钢和铝等金属可用于罐头和托盘。金属可以形成一个完全的密封环境，防止气体和蒸气进入或逸出，并且为内容物提供保护。托盘可以是重复使用的，也可以是一次性可回收的，可以是食品台大小的，也可以是十号罐大小的。金属也能用于瓶盖和包装。

钢内部有一层不易被腐蚀的锡涂层，因此得名“锡罐”，而无锡钢依靠铬或铝来代替锡。钢可以制造成传统的三件套结构罐，包括底座、罐体和盖子，也可以做成两件套的结构罐，由一个没有接缝的底座和罐及一个盖子组成，后者重量轻且可以堆叠。美国每年使用的数十亿罐中，绝大多数都是钢制的。

除了钢罐和钢托盘外，美国每年还使用数百亿个钢质饮料瓶瓶盖（带褶边的瓶盖）。五种主要类型的钢制真空封闭盖包括侧封盖、凸耳盖、压扭盖、扣合盖和复合盖。

铝很容易制成具有密封性的罐子。它也可以用于制作托盘和包装如铝箔，以提供隔绝氧气和光的屏障。铝比钢重量轻，而且耐腐蚀。

18.4.2 玻璃

玻璃是由金属氧化物如二氧化硅（沙）制成的。玻璃可以制造成瓶子或罐子（随后进行密封），从而防止水蒸气或氧气损失。玻璃的厚度必须足以防止因内部压力、外部冲击力或热应力而导致的破裂。过厚的玻璃会增加重量，从而增加运费，并且会增加因热应力或外部冲击力破碎的可能性。

玻璃包装技术的进步导致了玻璃强度和重量以及颜色和形状的改善。超市货架上可能会再次出现玻璃制品。玻璃在商业上是无菌的，但透明的玻璃对消费者来说往往意味着“新鲜”。

玻璃涂料类似于用硅和蜡制成的镜片涂料，可应用于玻璃容器，以减少造成玻璃损坏的刻痕和划痕。

18.4.3 纸

纸是从木浆中提取出来的，可能含有添加剂，如铝颗粒层压板、塑料涂层、树脂或蜡。这些添加剂提供破裂强度（防止纸张破裂的强度）、湿强度（泄漏保护）、耐油性、抗撕裂性以及屏障性能，可以确保食品新鲜，保护包装食品免受蒸气损失和环境污染，并增加食品的保质期。

可以采用不同厚度的纸张来实现更厚更硬的包装。

当包装作为食品的一级容器时，它直接与食品表面接触，必须进行相应的涂层或处理。例如，烘焙产品的纸袋或包装纸（与食品接触的表面）可以层压来提高破裂或湿强度、耐油性和抗撕裂性，或防止产品水分流失。纸板可以内衬和成型，以容纳液体牛乳。它可以形成带有内衬箔和可再密封塑料外包装的罐，以提供方便性和保护性，并延长食品保质期。另一个例子是瓦楞纸板，它可以上蜡来包装生家禽等食品。

双烤箱托盘设计可用于微波，也可以放置在传统烤箱中。与所有新加工和包装技术一样，使用这些托盘对许多人来说是一个新的概念，可能需要消费者教育，包括食品制造商提供的书面说明。

回收纸可能含有小金属碎片，这在用于微波烹饪的包装中是不可接受的。微波被金属反射而产生的火花可能会形成“电弧”，在微波炉中引发火灾。然而，纸张可能有意制造成指定的规格，并包含含有小铝颗粒的区域，这些铝颗粒形成一个“感受器”来吸收电磁能量并转换成热能。

感受器可以有效地使微波食品褐变和酥脆，如烘焙食品、薯条（通常放置在有感受器的单独隔间）和披萨。它们也被用于微波爆米花的包装中。由于金属会反射微波，随后加热食品表面，食品就会褐变和酥脆。

纸可以与金属（如铝）结合使用，以生产纤维缠绕管。图 18.1 所示为用于冷藏饼干的纤维缠绕管容器的一个例子。

纸和金属化的薄膜越来越多地用于食品应用。它们的外观以及对油脂和水分的阻隔性能是包装特定食品所需要的。这些材料也可能含有塑料，这将在下一章中讨论。

图 18.1 纤维缠绕管实例

（来源：美国莎莉集团）

18.4.4 塑料

塑料有收缩、不收缩、柔性、半刚性和刚性应用，并且厚度也不同。图 18.2 和图 18.3 中可以看到制造塑料时的颗粒和吹出的泡沫。

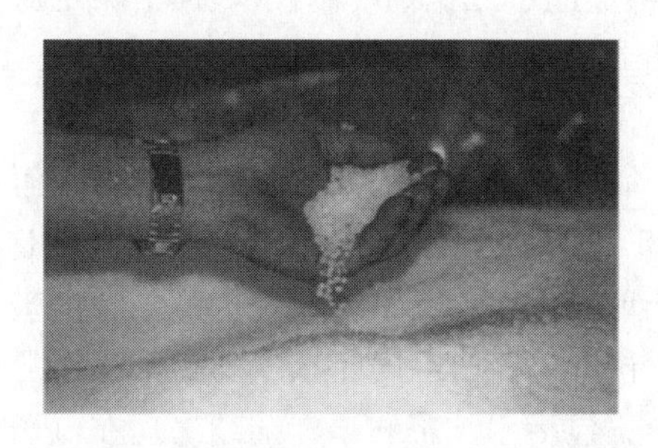

图 18.2 聚乙烯颗粒
（来源：得克萨斯州梅斯基特市罗迪欧塑料袋和薄膜公司提供）

图 18.3 吹出的薄膜气泡从模具上脱落
（来源：得克萨斯州梅斯基特市罗迪欧塑料袋和薄膜公司提供）

塑料的许多重要特性使它们成为包装材料的良好选择，这些特性包括以下几点：

（1）柔韧且可拉伸。

（2）重量轻。

（3）低温成形性。

（4）抗破损，破裂强度高。

（5）热密封性强。

（6）它对氧气、水分和光线均具有阻隔性。

从天然气和石油中提取的乙烷和甲烷等基本碳氢化合物组成了称为单体的有机化合物，然后用化学方法将它们连接起来，形成塑料分子链或聚合物。它们的生产只占美国能源消耗总量的一小部分。塑料作为包装材料有多种功能，包括用于瓶子、罐子、瓶盖、涂层、薄膜、袋、桶和托盘（塑料行业协会，华盛顿特区）。它们也可以与其他包装材料如金属（用于内衬罐）和纸等结合使用。

包装塑料的选择。食品工业必须为包装提供屏障保护（防止水分、光线、空气和油脂等），并且必须熟悉食品包装能够保证的防护等级。包装不足的部分原因是材料成本高，不令人满意以及性能过高（过度的包装投入），过度的屏障保护是不必要的。

在上千种被制造出来的塑料中，用于食品包装的聚合物不到24种。以下简要讨论一些更常用的食品塑料：

聚乙烯（PE）：聚乙烯是最常见和最便宜的塑料，占塑料包装总量的最大比例。它是一个水蒸气（水分）屏障，可防止食品脱水和冻灼（表面干燥变硬）。聚乙烯颗粒用于生产塑料，如塑料袋、“拉链”密封和塑料储存容器。推荐使用聚乙烯以减少增塑剂向食品中迁移。

聚乙烯与乙烯-醋酸乙烯酯共聚物（EVA）制成“冷冻保鲜膜”，防止食品水分损失，不会在低温下变脆。聚对苯二甲酸乙二醇酯（PET）有多种用途，包括用作分发食品的容器。PET的一些优点是它能承受高温食品，而且比它所取代的玻璃重量更轻。1996年聚萘二甲酸乙酯（PEN）获得美国FDA批准用于食品包装，可提供了一个阻隔气体、水分和紫外线的屏障。随着瓶装饮料，包括水、茶和果汁陆续出现在市场上，PET和PEN制成的塑料瓶容器的使用可能会增加。

聚丙烯（PP）：聚丙烯比聚乙烯具有更高的熔点和更大的拉伸强度。它经常被用作食品包装的内层来承受较高的杀菌温度（例如蒸煮袋或蒸煮桶）。

聚苯乙烯（PS）：聚苯乙烯是一种通用的、廉价的包装材料，占塑料包装总量的不到10%。发泡时，它的通用名称是可膨胀聚苯乙烯（EPS）。这种聚苯乙烯泡沫塑料应用于一次性包装和饮料杯，它可以隔热和保护包装。EPS用于“蛤壳”快餐包装、蛋盒、碗、杯和肉盘，在包装中是“小零碎”。与纸杯相比，制成聚苯乙烯杯子所需的能量要少得多。

聚氯乙烯（PVC或乙烯基）：聚氯乙烯占塑料包装总量的不到10%。它阻挡空气和水分，防止冷冻食品表面干燥变硬，对气体、液体、风味和气味具有低渗透性。聚氯乙烯可防止气味转移，通过控制脱水保持食品新鲜，并能够承受高温而不熔化。PVC具有良好的抗戳性和“附着”性能，在微波食品制备中可用于防止食品溅泼。

聚偏二氯乙烯（PVDC，Saran®）：聚偏二氯乙烯是一种用于家居包装的热塑性树脂，具有优异的阻隔性能。聚偏二氯乙烯是一种用于真空密封的塑料薄膜（拉丁语中的*Kryos*意为冷的，*Vacus*意为空的）。

聚偏二氯乙烯（PVDC）和乙烯-乙烯醇共聚物（EVOH）也被用作阻隔塑料。它们具有与氧气和水蒸气渗透性有关的特性。

包装的目的——联合国粮食及农业组织

包装的基本目的是保护肉和肉制品的质量免受不良影响，防止包括微生物和理化性质等变化。包装保护食品在加工、储存和分销过程中免受：

（1）脏物污染（接触表面和手）。

（2）微生物污染（细菌、霉菌、酵母）。

（3）寄生虫（主要是昆虫）污染。

（4）有毒物质（化学品）污染。

（5）颜色、气味、味道的影响（异味、光线、氧气）。

（6）水分的损失或吸收（蒸发或吸水）。

适当的包装可以防止肉和肉制品的上述二次污染。但是，已经存在于肉和肉制品中微生物的进一步生长不能仅通过包装来阻止。为了阻止或减少微生物的生长，包装必须与其他处理结合，如制冷，这将减缓或停止微生物的进一步生长，或与加热/灭菌处理相结合，这将减少或完全消除污染微生物；其他食品同理。——联合国粮食及农业组织。

许多制造商指定专有的模压成型的瓶子，以保持他们特定的食品含量。可以选择合适的塑料来满足这种高度专业化的需求。

制造商也可以使用食品基原料来生产热塑性树脂。通过玉米和其他植物中的天然糖可制成热塑性树脂。例如，小麦淀粉和玉米糖被开发成用于包装的生物降解材料，可在大约30~60天内完全分解（Higgins，2000）。

已经简要地讨论了一下金属、玻璃、纸张和塑料，这些最常见的食品包装材料。在这一点上，让我们继续看看一些其他的包装材料。

18.4.5 其他包装材料

棉布或粗麻布（黄麻）可以用于运输谷物、面粉、豆类和一些蔬菜。

可食用薄膜需要得到美国FDA的批准，因为它们是食品的一部分。天然可食用薄膜可以延长食品的保质期，虽然比合成的非可食用包装材料的保质期要短。可食用薄膜是一种独特的包装材料。

“可食用薄膜的定义是作为涂层或预先成型的放置于食品组分上或食品组分间在食品上形成的一层薄的可食用材料。其目的是抑制水分、氧气、二氧化碳、芳香族和脂类等的迁移，携带食品成分（例如抗氧化剂、抗菌剂、香料）或改善食品的机械完整性或处理特性”（Krochta和DuMulder-Johnston，1997）。

包装薄膜或容器中可含有抗菌剂。其抗菌活性可能是由于特定物质的添加、辐射或充气。包装材料的辐照灭菌可能即将得到美国FDA的批准。

可食用薄膜的应用例子包括用于单个巧克力糖果（M&Ms®）的糖壳、用于香肠的肠衣以及用于水果和蔬菜的可食用蜡。作为可食用薄膜，外层“具有”蜡的功能，可以改善或保持食品外观，防止霉菌，并使果蔬等保持呼吸作用的同时保持水分。同样，可以在食品上涂上一层薄薄的多糖，如纤维素、果胶、淀粉、植物胶，或蛋白质如酪蛋白和明胶。切好、晒干的水果片通常要先喷上一层可食用薄膜，然后才能加入早餐麦片之类的食品中（参见18.5.6）。

黏合剂可应用于食品表面作为佐料的黏着剂。其他的涂膜可以通过代替洗蛋液和充当光滑面来显著改善食品外观（减少微生物污染）。

箔是一种包装材料，可用于零食包装袋（薯片等）或作为无菌包装中的层压板（参见18.6）。它可用作干燥、冷藏或冷冻储存的包装材料。箔提供了一个防水分和防蒸气的屏障。

层压板是多层箔、纸或塑料，可根据特定的食品包装需要选择性使用。各种组合层压板可以提供比单独层压板材料更高强度的屏障保护。层压板提供的屏障有效地控制氧气、水蒸气和透光，而且它们还提供良好的抗破裂强度。层压板可以抵抗针孔和弯曲开裂。聚酯薄膜、铝箔和聚丙烯等蒸煮袋便是层压板用于包装的例子。

树脂用于密封食品包装。它们必须能够承受加工压力并提供密封完整性以防止产品被污染。

木材可用于加工装有新鲜水果和蔬菜的板条箱。

盒中袋是由多层薄膜制成的柔韧内袋和密封龙头开关以及纸盒构成的，现提供18.92L

袋（容量目前已经发展到1~220L），在1″聚乙烯袋口上有可脱卸帽，还有一层高阻隔膜，耐热高达88℃。

无论选择使用何种材料，减少来源、重复利用和回收都是包装制造商的重要考虑事项。食品工业面临的挑战是以合理成本提供合适材料来完成包装功能。

18.5 包装气体的控制

降低温度仍然是保护食品的主要手段。然而，控制包装环境中的其他已知要素，如氧气（包装中受控制或改变的气体）、二氧化碳、水蒸气和乙烯浓度也可以减少食品腐败变质和污染（如酶、生物所致），从而延长食品保质期。本章后面的内容将介绍包装内部环境控制和气调。

以下是控制包装气体的重要方式：[减氧包装（reduced oxygen packaging，ROP）的定义是通过减少密封包装中氧含量以达到保护内容物目的的任何包装方式。] 该术语经常被使用，因为它是一个包罗广泛的术语，可以涵盖其他包装形式，如①烹饪冷却；②气控包装（controlled atmosphere packaging，CAP）；③气调包装（modified atmosphere packaging，MAP）；④真空低温烹饪；⑤真空包装（vacuum packaging，VP）。

以下是减氧包装的定义和例子。

ROP是什么？

根据营养和餐饮服务专业人士协会（the Association of Nutrition & Food service Professionals，AFNP）的说法

"使用ROP方法的包装可用于描述密封产品在氧气减少环境下的任何包装过程。ROP是一个包罗广泛的术语，用于描述如气控包装（CAP）、气调包装（MAP）、烹饪冷却、真空包装（VP）和真空低温烹饪等方法。ROP的每一种形式都有其独特的方法和结果，但它们都有一个共同点：最终产品将被密封在一个很少或没有氧气的包装中……

真空低温烹饪法是一种特殊的ROP工艺，用于包装后需要冷藏/冷冻的食品，通常是有潜在危险的食品。真空低温烹饪的过程确实将产品的初始细菌含量降低到较低水平，但没有低到足以使食品耐储存。该工艺一般有几个步骤：原料的准备（可包括部分烘烤或类似步骤）；对产品采用真空密封包装；对包装内的产品进行烹饪/巴氏杀菌至所需的烹饪温度；快速冷却/冻结；再加热到74℃，进行热保持或在任何温度立即食用。据说这种方法可以保留最终产品的颜色、质地、水分和风味。"（营养和餐饮服务专业人士协会）

参见下面的定义。

美国FDA的定义

术语ROP定义为任何通过减少密封包装中氧气水平达到保护内容物目的的包装方式。该术语之所以经常被使用，是因为它包罗广泛，可以包括其他包装形式，如：

（1）烹饪冷却是一种用塑料袋装入热的熟食，将袋中空气排出，然后用塑料或金属卷曲物进行密封的工艺。

（2）气控包装（CAP）是一种活性包装，在产品整个保质期内，通过使用药剂来结合或清除氧气，或使用含有化合物的小袋释放气体，持续保持包装中所需气体不变。气控包装

(CAP) 是指把产品置于经过气体改良的包装中，然后保持对该气体的后续控制。

(3) 气调包装 (MAP) 是一种利用充气和密封工艺，或通过蔬菜呼吸或微生物作用减少氧气的工艺。气调包装是指一次性改变气体组成的产品包装，包装中的气体不同于通常含78.08%氮气、20.96%氧气、0.03%二氧化碳的空气。

(4) 真空低温烹饪是一种专门的ROP工艺，用于单独或与生食混合的非全熟食材，该食材包装需要冷藏或冻藏，直到使用前将包装立即完全加热。真空低温烹饪是一种巴氏杀菌方法，它可以减少细菌含量，但不足以使食品耐保存。该工艺包括以下步骤：

①准备原料（这一步可包括一些或全部食材的部分烹煮）；

②产品包装、真空处理和包装密封；

③在规定和监测的时间/温度内对产品进行巴氏杀菌；

④对3℃或3℃以下或冷冻的产品进行快速冷却并对冷却进行监测；

⑤在打开和使用前，将包装重新加热到规定的温度。

(5) 真空包装通过减少包装中的空气量并密封包装，使包装内部达到一个近乎完美的真空。该工艺一种常见的变化是真空贴体包装 (vacuum skin packaging, VSP)。这种技术使用了一种高度柔韧的塑料屏障，使包装能够根据被包装的食品的轮廓塑造自己。

美国FDA——ROP的优点

ROP可以创造一个明显的厌氧环境，阻止好氧腐败生物的生长，这些生物通常是革兰阴性细菌，如假单胞菌或好氧酵母和霉菌。这些微生物会导致食品出现异味、黏液和质地变化，这些都是腐败的标志。

ROP可用于防止食品产品中的降解或氧化过程。减少食品内部和周围的氧气使脂肪和油脂的氧化酸败减缓。ROP还可以防止氧气引起的生肉颜色恶化。ROP食品密封的一个额外作用是通过阻止水分流失减少产品收缩。

ROP的这些好处可以延长食品在分销链中的保质期，为进入新地域的市场提供额外时间，或延长在零售店中的陈列时间。ROP可延长即食方便食品的保质期，具有经济和质量优势，以及将食品宣传为“新鲜从不冷冻”便是例子。

创造一个很少或没有氧气的包装环境对食品工业是一个有益的应用。然而，同时也要保持对微生物方面的担忧。正如将要讨论的，减氧包装需要对氧气进行适当的控制。

水果和蔬菜的包装中需要控制氧气含量。它们在采集和加工后需要氧气来继续呼吸，因此，包装中必须含有氧气。但氧浓度需要控制，因为浓度过高会导致水果蔬菜的氧化和腐败，太低会导致厌氧腐败。要延长水果的保质期，氧气含量应接近5%，二氧化碳含量应在1%~3%（冷藏时应保持特定温度水平）。包装环境必须尽可能接近地与呼吸速率相匹配。

在包装中添加二氧化碳的作用是抑制许多细菌和霉菌的生长。氧气维持水果蔬菜的呼吸和颜色，并抑制厌氧微生物的生长。氮气 (N_2) 用于充气包装并去除空气（特别是氧气）。氮气还可以防止松散包装材料的坍塌。

18.5.1 蒸煮冷却包装

蒸煮冷却包装定义为一种通过蒸煮和冷却降低氧气含量，从而达到保护内容物的包装方式。根据美国FDA的定义，蒸煮冷却“是一种加工方法，即使用装热熟食的塑料袋，排出其中空气，然后用塑料或金属卷曲封口。”这种方法可以经常用于医院的餐饮服务业务，作为更传统的餐饮服务业务的替代方法。

18.5.2 气调包装

气调包装是改变食品包装内部气体的一种包装方式。用氮气或二氧化碳替代包装中的空气，产品保质期可以增加200%。充气和密封减少了蔬菜呼吸时的氧气流入。气调包装是一次性改变包装内的气体组成，改变后的气体不同于一般的空气，空气通常含有78.08%的氮气、20.96%的氧气和0.03%的二氧化碳。

气调包装主要应用于新鲜或轻度加工的仍处于呼吸状态的食品，并且它可用于各种食品包装。这些食品包括烘焙食品、咖啡和茶、乳制品、干制和脱水食品、午餐包和加工肉类（让肉色看起来更诱人）。气调包装也可用于坚果、零食和意大利面包装。这种高二氧化碳含量的包装可以抑制许多需氧细菌、霉菌和酵母菌。

气调包装是应用最广泛的包装技术之一，因为它的功能是提升产品外观，减少有害废物，延长保质期，并减少对人工防腐剂的需求。因此，气调包装的使用增强了产品进入新市场的能力。氮气用于面包产品，而二氧化碳最适合用于高脂肪产品。

食品经过包装之后，一台机器将包装空气全部吸出，然后通过相同的包装孔，均匀地输入新的所需的气体组合。由于气调包装中含有的食品处于不同于空气的气体环境下（其他组成百分比），这个气体环境控制食品的正常呼吸（消耗氧气，产生二氧化碳、水蒸气，可能还有乙烯）和需氧微生物的生长。例如，二氧化碳浓度的变化对好氧微生物有抑制作用。这种影响取决于一些条件，如二氧化碳水平（比空气比例更高的二氧化碳浓度更有效）、水分、pH和温度。

由于产品呼吸作用、好氧和厌氧细菌含量、细菌呼吸作用、气体通过包装材料/密封渗透、温度、光线和时间等因素的影响，包装气体的初始混合物随时间而变化（Labuza，1996）。

在袋子和真空室中的所有空气被清除后，并在包装密封之前，将无味、无色、无毒和不可燃的氮气引入食品包装。它增加了包装内部压力。通过预先设定剂量的液氮（LIN）改变包装气体组成，可防止食品变质、氧化、脱水、失重和冻灼，还可延长保质期，因为氮气会消耗氧气。

与真空包装不同的是，用于气调包装的高阻隔膜（用于防止空气进入，并防止改良的气体逸出）保持松散的填充。这避免了真空贴体包装的压碎效应。当与无菌包装结合使用时，气调包装会更有效，可减少微生物含量。大多数新型和最少限度加工食品的包装会将气调包装和无菌技术及降低温度结合使用。

18.5.3 气控贮藏和包装

储存环境中的受控气体和气控包装都被用来实现氧气和二氧化碳的交换，从而保藏食品。同时，气控包装也是杀虫剂和防腐剂的主要替代品。当新鲜和加工食品的存储温度和气体分布条件发生变化时，气控包装和气调包装可以使这些变量标准化并保持产品质量。

美国FDA将气控包装定义为“一种活性包装，在产品的整个保质期内，通过使用药剂来结合或清除氧气，或使用含有化合物的小袋释放气体，持续维持包装内所需的气体组成。”气控包装的定义是将产品包装在改良的气体中，然后保持对该气体的后续控制。

然而，在任何给定的时间和多变的环境下，不存在食品技术专家所说的“理想的”持续“控制”。然后问题就变成了在包装环境中有多少种气体控制？气体是否更有可能被改变？气控包装这种形式的包装还使用高阻隔膜（或袋），这可能是乙烯/乙烯醇高阻隔聚合物（EVOH）或聚酰胺（尼龙的一种形式）。

许多包装的食品产品会经历呼吸作用和微生物生长，这需要氧气，同时也会产生二氧化碳和水。碳水化合物分子如葡萄糖（$C_6H_{12}O_6$），在有氧的情况下，会生成二氧化碳、水和热量。因此，受控气体或气控包装容器通过减少可用氧气、增加二氧化碳、控制水蒸气和乙烯浓度来控制食品呼吸和微生物生长。农产品的全球分发和销售依赖于气控包装高质量食品。气控包装的一个好处是可以观察到食品较少的衰败和并保持其营养价值。

肉毒杆菌（*C. botulinum*）是一种厌氧细菌，在缺乏可用氧气的情况下生长。因此，它可以在厌氧包装环境中生长。为了减缓其在气控包装食品中生长，食品不能长时间储存，且要在低温下储存。控制水分活度（A_w）和盐含量对防止肉毒杆菌生长也是必要的，因为钠与细菌会竞争吸收水分。

食品生产量越来越大，因此对各种工业气体（如二氧化碳和氮气）的需求也在增加。也许这种需求的增加可能归因于更方便的食品，提供更长保质期的包装，以及气控包装和气调包装。

当然，如果包装材料是一个较差的屏障，那么由于扩散，周围的氧气会取代包装中的氮气或二氧化碳。考虑到相反的效果，如果包装提供了一个良好的屏障，那么气体将留在包装内较长一段时间来保护产品。

18.5.4 真空低温烹饪

真空低温蒸煮包装（“真空”）是指在真空包装之前，对部分食品进行温和地预煮。根据美国 FDA 在 1999 年 ROP 中的定义，真空低温蒸煮是一种专门的 ROP 处理，用于单独或与生食混合的非全熟食材，该食材包装需要冷藏或冻藏，直到使用前将包装立即完全加热。真空低温蒸煮处理是一种巴氏杀菌方式，它可以减少细菌含量，但不足以使食品耐贮藏。由于一些食材可能是半熟的，而别的食材可能是生的，所以这种产品需要冷藏或冷冻，在使用前要加热。

产品包装需要降低包装环境中的氧气含量，提高二氧化碳含量，以减少微生物（好氧病原菌）的含量，延长保质期。真空低温烹饪的产品是巴氏杀菌的，但不是无菌的，可能含有耐热微生物和孢子。因此，为了保证产品的安全，在生产和销售过程中都需要进行严格的温度调节。食品必须冷藏以防止细菌滋生。

根据美国 FDA 所述，与真空低温蒸煮相关的词汇包括：蒸煮、包装、巴氏杀菌、适当冷却和再加热。

18.5.5 真空包装

真空包装通过除氧改变食品周围空气来延长保质期。美国 FDA 在减少包装氧气指南中进一步解释道：“真空包装减少了包装中的空气量，并将包装密封，使其内部保持近乎完美的真空状态。这项技术使用了一种高度柔韧的塑料屏障，使包装能够按照包装食品的外形塑形。”

真空包装通过去除氧来控制脂肪酸氧化时的酸败。真空包装机可用于小、中或大规模的生产（图 18.4 和图 18.5），可以包装各种大小和形状的食品，如小干酪块、大块肉或液体。

图 18.4　小型真空包装机实例，工作台面
（来源：C200，由莫迪维克公司提供）

图 18.5　大型立式真空包装机实例
（来源：C800，由莫迪维克公司提供）

为了了解真空包装机大小的概念，举两个例子：

台面型号 C200 或更小：工作台面使用。

落地机型 C800 整机尺寸：宽度 1650mm；深度 1050mm；高度 1070mm；重量约 720kg。

真空包装程序是将食品放入柔性薄膜或屏障袋，并将其放入真空包装室抽出氧气。这形成了一个紧身包装屏障，防止如空气、二氧化碳和水蒸气等气体进入或逃逸。它能抑制微生物生长，从而改变微生物数量和感官特性如外观和气味。这种包装方法也能抑制食品水分损失和冻灼。透明的真空包装膜可以让产品从各个角度可见。

真空包装所需的控制。美国 FDA 建议地方监管机构在零售商店中禁止使用真空包装，除非以下六项控制措施全部有效：

食品必须仅限于那些不支持肉毒杆菌（*Cl. botulinum*）生长的食品（因为它是厌氧菌）。

温度始终保持在 7℃ 或更低。厌氧病原菌的生长速率会随温度的升高呈指数增长。

消费者包装上明显地标明了储存温度要求和保质期。

保质期不能超过 10 天，也不能延长初始加工标记的保质期。

必须制定、观察和仔细监控详细的书面店内规程。这些应该在 HACCP 的基础上进行，并且要包括需要由监管机构审查的记录。

操作员必须证明责任人在设备、程序和安全真空包装概念方面具有资质。

仍然需要良好的生产规范来防止病原菌污染。

美国 FDA——安全问题

在某些食品中使用 ROP 会显著增加人们对安全的担忧。除非有潜在危险的食品本身受到保护，否则简单地将它们放入 ROP 而不考虑微生物的生长，将增加食源性疾病的风险。ROP 加工者和监管机构必须假设，在食品分销过程中，或在零售商或消费者持有食品时，冷藏温度可能不会持续保持。事实上，一个严重的问题是，对零售超市的熟食使用真空包装可能会导致机构或消费者滥用各种温度储存食品。因此，使用 ROP 包装的产品在生产过程中至少需要将一个或多个屏障合并到一个屏障中。几种亚抑制屏障的结合对于确保食品安全是必要的，没有一种屏障可以单独抑制微生物生长，但结合起来提供了一个完整的抑制微生物生长的屏障。

安全使用 ROP 技术要求潜在危险食品在整个保质期内要保持足够的冷藏，以确保产品安全。

18.5.6 活性包装技术

活性包装始于 20 世纪 80 年代的“智能”包装，几乎从一开始就被称为“交互式”包装。这三个术语都描述了同一件事，那就是包装能够“感知”内部环境的变化，在必要时进行调整应对。一个食品包装中含有一些小包装，以控制乙醇、氧气或微生物等成分（Brody，2000）。

包装通过其固有的设计通常发挥被动作用，保护食品免受外部环境的影响。它提供了一个物理屏障，防止食品在储存和分发过程中外部损坏、污染和腐败变质。如今，包装更积极地有助于产品的开发，控制产品的成熟和完熟，有助于肉形成适当的颜色，以及延长保质期。因此，包装被认为在保护食品方面起着积极（而非消极）的作用。然而，尽管智能/交互式/活性包装有许多属性和好处，但它通常不会真正“感知”环境条件，并作出相应地改变。

下文列出活性包装技术的一些实例。

对新鲜和最少加工食品来说，活性包装提供以下方面：

（1）可食用的水分或氧气屏障（控制鲜切水果和蔬菜的水分损失和酶氧化褐变，并提供与水果呼吸速率相匹配的可控渗透率）。

（2）可食用抗菌（生物杀菌）聚合物薄膜和涂层［可根据温度和湿度向食品中释放一定量的二氧化氯；或杀死肉中大肠杆菌（*E. coli* O157∶H7），防止水果中霉菌生长］。

（3）清除异味的薄膜。

（4）用于低氧包装的吸氧剂。

加工食品的活性包装提供以下方面：

（1）可食用的防水层。

（2）氧气、二氧化碳和气味清除剂。

其他活性包装技术包括如下：

（1）微波熟度积分器（指示器）。

（2）微波感受器薄膜，使食品褐变和酥脆（炸薯条、烘焙产品、爆米花）。

（3）蒸气释放薄膜。

（4）时间-温度指示器（time-temperature indicators，TTI），当产品受到时间-温度影响时，无法逆转其颜色。

具体来说，有活性的、可呼吸的水果或蔬菜甚至肉类的可预测性行为与包装的非食品产品完全不同。食品、包装内部的任何气体和用于包装的材料之间有许多相互作用。小袋或薄膜可以以可控的速度释放气体发挥其预期效果。

美国 FDA 批准了一种释放二氧化氯气体的活性包装，以杀死有害细菌和腐败微生物（Higgins，2001a）。

18.6 无菌包装

为了杀死肉毒杆菌（*C. botulinum*）芽孢，延长低酸食品的保质期，可采用无菌包装。食品和包装材料在无菌环境条件下的独立杀菌是无菌包装的惯常做法。

在无菌包装系统中，包装材料由多层聚乙烯、纸板和箔组成（图 18.6）。它通过加热（过热蒸气或干燥的热空气）或加热和过氧化氢组合进行杀菌，然后通过包装机卷式供料，形成典型的砖/块形状（图 18.7）。

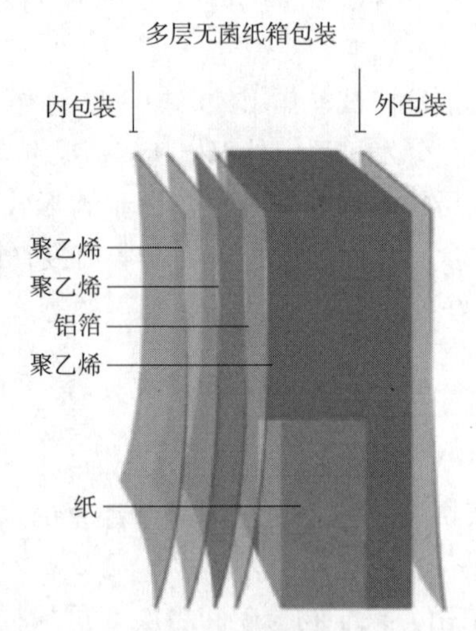

图 18.6 利乐（R）无菌包装材料层
（来源：利乐公司）

图 18.7 各种利乐（R）无菌包装尺寸
（来源：利乐公司）

容器中装满无菌（没有病原菌或孢子）或商业无菌（没有病原菌，但可能有一些孢子）的液体食品，并密封在一个封闭的无菌室中。一旦包装好，产品就不需要冷藏。乳精、牛乳或果汁等液体也可以用这种方式包装。三包或多包附带吸管的调味牛乳和果汁可以在杂货店的货架上买到。无菌包装的市场领导者已经将他们的包装设计成方便打开和倾倒的样子。塑料装置被注射成型并黏在包装顶部。

包装材料的无菌性以前依赖于化学杀菌技术（主要是加热过氧化氢）。为了避免化学杀菌剂的残留，已经探索了非化学杀菌技术。电离辐射和非电离辐射已被测试用于无菌包装。

18.7 软包装

软包装可在食品服务行业中使用，在零售行业应用更多，包括袋装谷物、糖果、家禽、红肉和切片熟食肉的包装。非刚性包装容器如立袋或管和拉链袋是软包装应用的例子，用于包装花生、花生酱或新鲜生菜和去皮小胡萝卜等农产品。为满足消费者的需求，同样的包装可能也需要重新密封，可能需要带有拉链把手或可轻松打开拧下顶部的喷嘴。

制造商正在生产更多的软包装食品，而且他们发现节约成本和环境问题是转向软包装生产背后的一些驱动力。

18.8 冷冻包装保护

冷冻是一种保藏食品的手段，如果保护不充分，食品可能会由于干燥或空心冰而变质。因此，在包装材料中需要一种防水膜，如冷冻保鲜膜。冷冻储存的包装材料也需要有撕裂强度和湿强度。

18.8.1 冷冻烧灼

当产品中的水分扩散到空气中时，会明显变得干燥，这会导致冷冻烧灼，其结果就是食品的外观、风味、质地和重量都会发生改变。

18.8.2 空心冰

空心冰是食品包装内由于水的凝结而形成的冰。因此，使用防水、防蒸气包装是很重要的。

18.9 防篡改条带和套筒标签

防篡改条带和套筒标签可通过提供保护和提供包装内容不受侵犯的安全性，帮助制造商和消费者。今天，防篡改条带和收缩膜套筒有许多种颜色，还可定制印刷。玻璃和塑料瓶上的全身收缩标签技术变得更加明显，因为它变得更加实惠和有吸引力。拉环和穿孔设计易于使用。

虽然大多数硬包装具有防篡改特性，但并非所有食品都是以这种方式包装的。因为考虑到安全问题，尤其是易受影响的食品，可能是烘焙食品和乳制品（Higgins，2001b）。

18.10 包装中的制造问题

18.10.1 包装材料的选择

一家在国内或海外的公司可能会根据包装运输中的环境条件和政府法规来决定食品运输容器所使用的材料。食品工业的许多环节要求包装材料是可生物降解的、可回收的、牢固的和废物转化为能量效率高的。食品加工者必须选择有效保持保质期，环保且价格合理的材料。包装材料需要满足运输、标签、销售和其他包装目的的所有标准。

18.10.2 包装材料的迁移

包装行业认识到，物质从包装进入食品可能对消费者有害，或对食品的可接受性产生不利影响。因此，在生产环节要确保符合包装材料迁移限制和添加剂控制的规定。

相比纸，塑料更有可能把它们的“塑料味”和气味传递给食品。塑料可能含有许多添加剂，包括抗氧化剂、抗静电剂、增塑剂（以提高某些“保鲜膜”的柔韧性）和稳定剂，以改善其功能特性。虽然没有关于增塑剂对人类健康造成危害的报告，但塑料行业已重新划分了含有增塑剂薄膜的等级，并继续提供低含量增塑剂的聚乙烯塑料包装。

美国 FDA 已经对塑料中化学物质渗入微波食品的危险性做出了回应。任何被用作“食品接触面”的塑料在被批准使用之前，都需要美国 FDA 的批准，证明它在其预期用途（有用性和无害性）上是安全的。根据 FDA 的说法，“用来制造塑料的物质确实会渗透到食品中。但在审批过程中，FDA 会考虑一种物质可能进入食品的数量，以及这种特定化学物质的毒理学问题。”然而，FDA 认为他们发现迁移物质的水平在安全范围内，该问题将根据新材料或新数据不断重新评估。

己二酸二辛酯（DEHA）是聚氯乙烯（PVC）食品包装中常用的增塑剂。聚氯乙烯不使用含有邻苯二甲酸盐的增塑剂。分析表明，己二酸二辛酯在动物实验中没有毒性作用。聚氯乙烯被批准作为食品接触面。

包装材料中的物质在高温下更容易迁移到多脂肪食品中；因此，设计的微波食品的工业包装在高温微波下使用应是安全的。使用包装膜在微波炉中烹煮或再加热的消费者应注意，在微波炉中加热时与食品直接接触的包装膜可能没有达到“微波安全”标准。因此，使用玻璃容器进行微波再加热可能是更好的选择。

除了塑料外，包装上的油墨也必须加以控制，因为它也会给包装好的食品带来不良的风味，而且可能会在加热时使接触到的材料表面染色（如微波炉）。

使用回收塑料和纸张减少了对二手材料中可能存在的污染物的控制。在建议将回收材料用于食品接触应用（由于污染物可能迁移）之前，必须对回收材料的使用进行进一步的研究。

还有一个关于食品塑料包装中的二噁英的问题。根据 FDA 的说法，对塑料中二噁英的担忧是没有根据的。“FDA 没有发现任何证据表明塑料容器或薄膜含有二噁英，也不知道为什么会这样”（来源：FDA）。

18.10.3 加工厂和餐饮业务的包装线

如果管理得当，加工厂的包装生产线可能会高效运行，要不然停机并阻碍生产。此外，产品的保质期和安全性、消费者和环境问题，包括易用性和可回收性，以及包装的经济性是重要的食品包装理念。未来的包装理念将继续被探索和利用。

虽然标签在本文的另一章中讨论，但在包装这章也会提到。纸和完整套筒、热收缩聚氯乙烯标签可以应用于食品容器。他们可以提供图形，作为辅助营销工具，提供篡改证据和信息等。包装技术的最新发展和营销可以在网上和各种贸易展上获得。

18.11 带有射频识别（radio frequency identification，RFID）标签的包装

包装中可能包含 RFID。射频识别标签不仅是一种库存或包装/标签技术，它还可以帮助制造商和用户跟踪包装食品的整个供应链。目前试验仍在进行中，可能要求（强制）供应商交付给销售商，如主要的食品俱乐部。目前，需要改进的是可读性、标签成本和可用性、标签应用、准确客户记录，以及这种新技术的其他方面问题。（对于食品工程研究人员）可追溯性很重要（塔夫茨大学饮食与营养快报，1997），通过射频识别标签更容易实现可追溯性。

射频识别标签杂志对于包装者同样有用。

选择正确的射频识别标签很重要。例如，包装公司需要高频标签还是超高频标签，需要被动技术还是主动技术？射频识别标签技术的发展很迅速。

射频识别标签包含一个微芯片和天线，有各种各样的尺寸和形状。有的像米粒那么小，装在玻璃里，有的装在钥匙扣或信用卡大小的塑料里。还有其他的标签，称为智能标签，被嵌入纸中。一些标签是一次性的，还有一些是可以重复使用的。成本也有很大差异，取决于标签形成的方式、标签可以存储的数据量和购买的标签数量（射频识别标签杂志—如何选择正确的射频识别标签）。

18.12 包装作为一种沟通和营销工具

包装在储存、运输和销售过程中容纳和保护食品，如前所述，具有提供方便性和实用性等功能。包装还在其标签上传达重要的消费者信息，例如，包装标签上会出现有关材料、营

养成分、制造商名称和地址、内容物重量、条形码等信息。产品在另一种文化所在地销售之前，食品加工者必须意识到包装形式可接受性在世界范围内的差异，包括颜色和图片符号的使用。

包装是一种营销工具。包装和标签设计在吸引潜在客户方面具有重要意义，许多标签可能包含食谱、优惠券、邮寄优惠或即将举行的特别活动的公告。改变包装可能会大大提高销售量。这些变化也不会让消费者感到困惑，因为多年来，他们通过熟悉度建立了对产品的忠诚度。例如，牛乳纸盒如果改变可能不容易被消费者接受，然而改变包装材料，例如谷类食品去掉纸板箱，可能被接受和有利可图。

据报道，当产品包装较大时，消费者会同时使用更多的产品。这可能是由于：①购买越多，使用越多的现象，因为消费者认为购买越多食品就越便宜（尽管这并不总是正确的）；②不用太担心食品会吃光；③由于大尺寸的包装占据了过多的货架空间，所以想要将食品吃完（卫生和公众服务部监察办公室，2009）。另一方面，一次性产品在市场上也很受欢迎。

包装可持续发展表明了人们对环境问题的考虑和责任。从最初的包装开发到丢弃这些包装，必须牢记"减少使用、再利用和回收利用包装"这一理念。责任感要求包装材料必须是环境友好的。

18.13 安全注意事项和包装

保证食品供应的安全是食品包装的一个重要考虑因素。包装是食品加工的一部分，它有助于保藏食品，防止变质和污染，并延长保质期。适当包装是一种工业技术，可以与食品保藏一起使用，其目的是减缓或阻止食品的腐败，否则食品会表现出味道、质地和营养价值的损失。如果包装得当，农作物和动物产品可以生产出市场现成的、保质期很长的食品产品。

18.14 政府对包装的关注

政府关注的问题必须在出现时予以处理，并在必要时进行预防，以避免导致疾病的错误。

"接触食品的包装或设备，如果其化学成分被 FDA 视为'间接食品添加剂'，也被称为"食品接触物质"（food contact substances，FCS），可能受到 FDA 的监管。FDA 对特定食品接触物质的监管方式取决于其化学成分。"（来源：FDA）

18.15 结论

一级、二级和三级包装保护生的和加工的食品，防止其腐败变质和污染，同时向消费者提供方便性和产品信息。各种各样的包装材料，如金属、玻璃、纸和塑料或这些材料的组合，如果它们符合FDA的批准，可以用于包装。许多专业的贸易展都致力于包装技术。

包装膜和气体可根据食品的贮藏和分销需要选择。它们可以消除有害的氧气、光线和温度，还能防止水蒸气的损失，同时保护食品不变质和不受污染。必须确保包装材料符合迁移限制规定，并且控制材料中添加剂的使用。各种包装技术，包括真空包装、充气包装或活性包装，可以有效地对食品进行包装。

包装保护食品，可以改变气体，从而延长保质期，还可以传递信息，帮助营销，保障内容物安全等。它可以提供分量控制，防止“分量失真”，方便使用和运输。这对儿童和成年人消费者是有利的。

防篡改条带是一种防止外部危险的保护，可能被制造商和消费者视为必不可少的。作为一种营销工具，包装标签可以向消费者传达重要信息。今天的包装为食品产品提供了过去无法获得的保护。减少使用、再利用和循环利用包装对环境很重要。在安全、有效、方便和有创造性的包装等考虑方面，即将有更多的进展。

包装可能只涉及干净的手、一双卫生的餐饮服务钳和面包柜台对面袋子里的一片纸巾，但包装也可能涉及热应用，以维持陆地运输餐饮服务罐中特定的时间和温度。正如本章所讨论的，食品包装的意图差异很大。

笔记：

烹饪提示！

术语表

活性包装：通过提供氧气屏障或气味和氧气清除剂等技术对产品开发或保质期做出主动贡献，而不是被动贡献的包装。

无菌包装：食品和包装分别灭菌后在无菌条件下包装。

空心冰：冷冻食品包装因水的凝结和冻结而形成的冰。

气控包装（CAP）：控制氧气、二氧化碳、水蒸气或乙烯浓度的包装。

软包装：非刚性包装，如立袋、管或拉链袋。

冷冻烧灼：由于冷冻食品中的水扩散到空气中，使冷冻食品变得干燥。

气调包装（MAP）：或充气包装，通过充氮气改变氧气、二氧化碳、水蒸气或乙烯浓度的包装。

聚乙烯：包装材料中最常用、最便宜的塑料薄膜材料。

聚苯乙烯：一种塑料类型，通常通过泡沫产生可膨胀的聚苯乙烯或聚苯乙烯泡沫塑料材料。

聚氯乙烯（PVC）：塑料包装膜材料。

聚偏二氯乙烯（PVDC）：塑料包装膜材料。

一级容器：直接与食品表面接触的容器，如装有食品或饮料的瓶子、罐头或饮料盒。

二级容器：未与食品接触的容器，如瓦楞纤维板容器、盒子或外包装等，其中可容纳一些一级容器。

真空低温蒸煮：温和地局部预煮以减少微生物含量，然后真空包装以延长保质期。

防篡改条带：通过显示产品篡改的证据来提供安全，以及提供保护的封套或围颈带。

三级容器：如瓦楞纤维板盒和外包装等容器，其中可容纳一些二级容器。

真空包装：去除袋中所有气体，形成一个紧身的包装屏障。

参考文献

[1] Brody AL (2000) Smart packaging becomes Intellipac®. Food Technol 54 (6): 104-106.

[2] Department of Health and Human Services Office of Inspector General (2009) Traceability in the food supply chain.

[3] Higgins KT (2000) Not just a pretty face. Food Eng 72 (5): 74-77.

[4] Higgins KT (2001a) Active packaging gets a boost. Food Eng 73 (10): 20.

[5] Higgins KT (2001b) Security takes center stage. Food Eng 73 (12): 20.

[6] Krochta JM, DuMulder-Johnston C (1997) Edible and biodegradable polymer films: challenges and opportunities. A publication of the Institute of Food Technologists' expert panel on food safety and nutrition. Food Technol 51 (2): 61-74.

[7] Labuza TP (1996) An introduction to active packaging for foods. Food Technol 50 (4): 68-71.

[8] Sloan AE (1996) The silent salesman. Food Technol 50 (12): 25.

[9] Sloan AE (1996) The silent salesman. Food Technol 50 (12): 25.

引注文献

[1] Association of Nutrition and Foodservixce Professionals (ANFP).

[2] Food and Agriculture Organization of the United Nations (FAO).

[3] Global Supplier Quality Assurance (GSQA).

[4] Sonoco Products Company. Hartsville, South Carolina (Sonoco was named the top global packaging company for sustainability and corporate responsibility in the 2011 and 2012 the Dow Jones Sustainability World Index).

[5] 21 CFR 179.26 (b) Table 1 Foods permitted to be irradiated (as of Oct. 2007).

[6] 21 CFR 179.45 Table 2 Packaging materials listed for use during irradiation of prepackaged foods.

协会和组织

[1] Food and Beverage Packaging's Buyer's Guide（食品和饮料包装的采购方指南）

19 食品安全

19.1 引言

詹姆斯·贝尔德（James Beard）说："食品是我们的共同基础，是一种普遍的体验"。因此，我们必须保证它的安全！因为人们对食品生产系统有很多要求，还有为许多人服务（其中一些人免疫功能低下）的各种食品处理操作人员，所以食品安全是当今一个重要问题。

提供安全的食品是许多团体/个人的责任。例如，FDA 和 USDA 等联邦机构、疾病控制和预防中心，以及州和地方的相应机构、众多的专业组织、食品加工商和消费者，每个团体或个人都应对预防发生食源性疾病感兴趣。本章将讨论 FDA《食品安全现代化法案》以及现代化的现行良好生产规范（CGMPs）。

第二十章将进一步讨论政府监管和标签。FDA 基于食品风险对食品安全问题进行排序，将食源性疾病列为首要关注的问题，其次是食品的营养充足性、环境污染物、天然产生的毒物、农药残留和食品添加剂（来源：FDA）。

在努力教育消费者有关食品安全的同时，可在食品到达消费者之前控制/预防食品供应中的危害。据说，科学家的成就不容易向公众解释（Stier，2006），然而，众所周知，美国是世界上最多样化和最安全的食品供应地之一。

在食品加工业实践中，已经证明有效应用食品安全的危害分析和关键控制点（HACCP）方法已被证明可以生产出更安全的食品。应用辐照技术也可以减少疾病的发生率。

同时，食品保藏和加工、添加剂、包装以及政府监管等诸多方面都有助于食品安全。这些将在后面的章节中讨论。

本章"食品安全"包含很多表格和很多数据，食品安全问题在大量的参考性文章中都有涉及，其中一些也被纳入本章。相关的网站可能会出现，以强调具体的要点。个别食品类商品的食品安全也在贯穿全文的适当章节中进行了讨论。

在美国，FDA 拥有超过 80% 的食品供应的管辖权，包括海鲜、乳制品和农产品。美国农业部（USDA）监管肉类、家禽和加工蛋制品，而 FDA 监管所有其他食品。美国国家海洋和大气管理局（NOAA）的多样化任务从太阳表面一直延伸到海洋深处。（来源：FDA、USDA、国家海洋和大气管理局的食品安全声明。）

本章中包括多种多样的食品安全事例，并且本书一些内容可在零售餐饮服务运营、商业仓库或家庭方面应用。食物过敏或不耐受者可能需要禁止食用或限制食用有关特定的食品产品。

19.2 食源性疾病

由于FDA将食源性疾病列为首要的食品安全问题，本章将集中讨论食品、疾病的起因和预防。食源性疾病指通过食品传播给人类的疾病，是食品供应受各种生物、化学或物理危害的结果。本章将讨论这些危害。

食源性疾病通常是由于摄入受污染的动物产品而产生。然而，植物性食品在生长过程中也许受到空气传播、水、土壤、昆虫，甚至人类污染的影响。

有助于微生物生长的食品被FDA归类为潜在危害食品，其定义如下。关于微生物、化学和物理危害的更多内容在本章后面介绍。

(1)“潜在危害食品”是指天然或人工合成的，由于存在下列情形之一，需要控制温度的食品。

①具有传染性或产毒作用的微生物，有助于微生物快速和渐进式生长。

②有助于肉毒梭菌的生长和毒素的产生。

③有助于带壳鸡蛋中肠炎沙门菌的生长。

(2)“潜在危害食品”包括未经加工或经热处理的动物性食品（动物源食品）、经过热处理或由生种子芽组成的植物源食品、切瓜、以及未经酸化或未经修饰的大蒜和油的混合物。

(3)“潜在危害食品”不包括以下食品。

①外壳完整的风冷硬心煮蛋。

②水分活度（A_w）值为小于或等于0.85的食品。

③在24℃下测定时，pH≤4.6的食品。

④在未打开的密封容器中，及在非冷藏储存和分销条件下进行商业加工以实现和保持商业无菌的食品。

⑤实验室证据表明，传染性和产毒微生物或鸡蛋中肠炎链球菌或肉毒杆菌不能快速和渐进生长的食品，例如，一种含有A_w和pH高于上述指定水平，以及可能含有防腐剂或其他微生物生长阻碍因子的食品。

⑥可能含有传染性或产毒素的微生物或化学、物理污染物，其水平足以引起疾病，但非有助于潜在危害食品定义中所规定的微生物生长的食品。(来源：FDA)

尽管预防策略是防范食品危害的第一道防线（避免危害的首要防线）——控制生物因素、化学因素或物理因素，以及快速检测污染物，对食品安全至关重要。在生产、加工、储存、分销整个步骤，以及食品、设备和用具、食品准备区的最终清理中，必须控制任何疾病风险。一些潜在危害的食品实例，例如以下产品或含有以下产品的食品（表19.1）。

表19.1 一些具有潜在危害的食品实例

肉类	贝类	肉类	贝类
家禽类	一些合成成分	牛乳	烤马铃薯
鸡蛋	豆腐	鱼肉	切瓜

需要采取明智的行动来防治食源性疾病。政府必须规范食品供应，而制造商和消费者在食品安全方面都起着至关重要的作用。

食品制造商在食品安全方面发挥着重要作用。在过去的20年里，食品行业与政府机构合作制定的质量控制和防篡改措施，使美国的食品供应成为世界上最安全的。自2001年9月11日袭击以来，我们的行业认识到，我们必须采取更多的积极措施，确保消费者的安全。

我们为解决长期存在的食品安全问题和过去的篡改事件而制定的保障措施，根据最近发生的事件，重新审查、加强并谨慎地执行。[国际食品服务分销商协会，麦克林(Mclean)，VA]。

虽然美国是世界上食品供应最安全的国家之一，但联邦政府估计，每年约有4800万例食源性疾病——相当于每年有1/6的美国人患病。据估计，每年这些疾病导致12.8万人住院治疗，3000人死亡。

下文介绍了在美国经常引起疾病的食源性致病生物体。这些致病生物体导致的威胁很多，而且各不相同，出现的症状从相对轻微的不适到非常严重的危及生命的疾病。虽然年轻人、老年人和免疫系统薄弱的人因大多数食源性疾病造成严重后果的风险最大，但下文的一些生物体对所有人都构成严重威胁。

19.3 食品供应的生物（微生物）危害

引起食源性疾病的生物危害包括微生物，如细菌、病毒、真菌和寄生虫。它们可能体积很小，但它们可以导致严重的食源性疾病或死亡。

生物对食品的危害可通过以下措施控制：

(1) 温度适当的烹饪、冷却、冷藏、冷冻和处理。

(2) 避免交叉污染。

(3) 加强食品从业员的个人卫生。

19.3.1 细菌：主要的食源性致病生物

细菌是与食源性疾病有关的主要微生物危害生物体，因此是许多消费者、食品加工者、微生物学家和其他负责安全食品生产和服务的人员主要关注的微生物。

细菌通过以下三种方式之一引起食源性疾病：感染、中毒或毒素介导的感染，如下所述。(后来出现的美国联邦调查局图表没有注明这些分类)

在美国，微生物危害导致了大多数食源性疾病。令人担忧的三种微生物危害是细菌、病毒和寄生虫。这些微生物可引起三种疾病中的一种：感染、中毒或毒素介导的感染。

感染

食源性疾病是指一个人食用了含有有害微生物的食品，这些微生物随后在肠道内生长并导致疾病。一些细菌、所有病毒和所有寄生虫通过感染引起食源性疾病。引起感染的食源性细菌有沙门菌属（*Salmonella* spp.）、单核细胞增多性李斯特菌（*Listeriamonocytogenes*）、空肠弯曲菌（*Campylobacterjejuni*）、副溶血性弧菌（*Vibrioparahaemolyticus*）、创伤弧菌（*Vibriovulnificus*）和耶尔森结肠炎菌（*Yersiniaenterocolitica*）。引起食源性疾病最常见的病毒因子是甲型肝炎（*Hepatitis* A）、诺如病毒（*norovirus*）和轮状病毒（*rotavirus*）。最常见的食源性寄生虫有旋毛虫（*Trichinellaspiralis*）、简单异尖线虫（*Anisakissimplex*）、十二指肠贾第虫（*Giariaduodenalis*）、弓形虫（*Toxoplasmagondii*）、微小隐孢子虫（*Cryptosporidiumpar Vum*）和环孢菌（*Cyclosporacayetanensis*）。

中毒

当一个人吃了含有致病毒素的食品时，就会中毒。毒素是由有害微生物产生的，是化学污染的结果，或者是来源于天然植物或海产品的一部分。有些细菌会引起中毒。病毒和寄生虫不会引起食源性中毒。引起中毒的食源性细菌有肉毒梭菌（*Clostridiumbotulinum*）、金黄色葡萄球菌（*Staphylococcusaureus*）、产气夹膜梭状芽孢杆菌（*Clostridiumperfrin Gens*）和蜡样芽孢杆菌（*Bacilluscereus*）。能导致中毒的化学物质包括清洁产品、消毒剂、杀虫剂和金属（铅、铜、黄铜、锌、锑和镉）。海鲜毒素包括雪卡毒素、鲭鱼毒素、贝类毒素和系统性鱼毒素。植物和蘑菇也可导致中毒。

毒素介导感染

毒素介导感染是指一个人食用了含有有害细菌的食品。而在肠道中，细菌会产生导致疾病的毒素。有些细菌引起毒素介导的感染。病毒和寄生虫不会引起毒素介导的感染。引起毒素介导感染的食源性细菌是志贺氏痢疾杆菌（*Shigella* spp.）和产生志贺毒素的大肠杆菌。

（克莱姆森食品安全教育计划）

在生物体内，疾病的通用名称、摄入后的发病时间、症状和体征、持续时间和食品来源都有报道。一个精明的食品生产经营的管理者（以及在家的消费者!）知道拥有这些知识的好处，并将这些食品安全知识应用到他们自己的食品产品中。对于这些知识的掌握和实践提高了顾客的好感并且预防了食源性疾病。

食品中毒原因

一些常见的食源性细菌

在美国，吃的食品导致疾病的排名前五位的细菌是：

（1）诺如病毒。

（2）沙门菌。

（3）产气荚膜梭菌。

（4）弯曲杆菌。

（5）金黄色葡萄球菌（葡萄球菌）。

其他一些细菌不会引起那么多的疾病，但当它们引起疾病时，这些疾病更有可能导致住院治疗。

这些细菌包括：

（1）肉毒梭菌（肉毒中毒）。

（2）李斯特菌。

（3）大肠杆菌弧菌（大肠杆菌）。

弧菌

由细菌引起的主要食源性疾病

（1）最重要的预防。

(2) 措施。

(3) 疾病(名称)。

(4) 细菌特点。

——常见的食品

家禽、蛋、肉、鱼、贝类、即食食品、农产品、大米/谷物、牛乳/乳制品、被污染的水

——最常见的症状

腹泻、腹痛/痉挛、恶心、呕吐、发烧、头痛。

——预防措施

洗手、烹饪、保存、冷却、再加热,经批准的供应商、不包括食品处理人员、防止交叉污染。

此外,疾病防治中心收集了大量的数据,其中一些数据可在本章末尾可以获得。除了疾病的直接性,USDA也有越来越多的证据表明,食源性胃肠道(GI)病原体除了导致直接出现急性疾病,还可能导致其他慢性疾病,如慢性关节病,即关节炎(USDA)。常见的致病菌是引起疾病的细菌。

一般情况下细菌也是如此,引起食源性疾病的细菌可能需要以下因素才能生长:

(1) 蛋白质(或足够的营养素)。

(2) 水分[水分活度(A_w)高于0.85]。

(3) pH(pH高于4.5,一般中性pH为7)。

(4) 氧气(如果需氧的)或兼性的。

(5) 危险温度区,一般温度(4℃~60℃)。

(具体的温度要求可能不同,请咨询您的地方司法管辖区)

各州和地方司法管辖区的限制可能比联邦法规的限制更多,而不是更少。

细菌生长如图19.1所示。细菌对温度的要求各不相同。例如,它们可能是嗜热微生物(生存需要高温)、嗜温菌或嗜冷菌(需要10℃~20℃的低温)。细菌对营养的需求也各不相同。

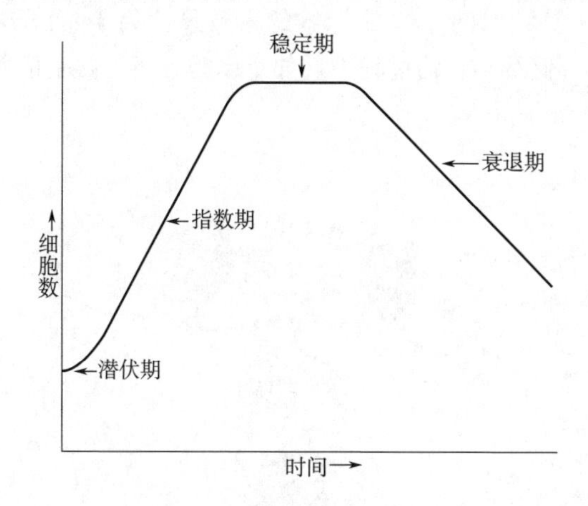

图19.1 细菌生长曲线

[来源:经应用餐饮服务卫生部门许可再版:认证教程(第四版),1992年。国家餐饮协会的教育基金会]

细菌一旦在危险温度区，细菌生长会停留在细菌生长的潜伏期约4h（累积），并且数量一般没有增加。然而，由于保存食品的温度不安全，或者特别是冷却不当，细菌的生长呈指数增长。然后，在潜伏期后，单细胞结构经历二元裂变，在PHFs食品中进行快速生长。这种细菌的快速生长或繁殖被称作细菌生长的指数期。接下来是稳定期，这一阶段中，细菌的生长率接近死亡率，并且食品中的病原体数量没有净变化。随后，在细菌生长的衰退期(DECLINE)，细菌单位体积或单位质量的细胞数量降低。

重要的是要认识到这样一个事实：尽管衰退期（DECLINE）的末期细菌数量可能少于最初的数量，但这一阶段细菌可能产生更有害的废弃产物或毒素，不能通过烹饪来破坏。除了毒素，梭状芽孢杆菌和蜡样芽孢杆菌可能含有芽孢（不同于霉菌的孢子），即使营养细胞被破坏，这些在细菌中形成的高度抗性的芽孢仍会保留在食品中。

如上所述，这使得预防食品污染成为防止食源性疾病的主要防御措施——有害物质或其可能的有害产物，之后不能通过烹饪破坏。对有潜在危害的食品需要谨慎地控制时间-温度。例如，冷藏减慢了细菌的生长，冷冻阻止了细菌的生长，然而这两种方法都不能杀灭细菌。

美国疾病控制与预防中心报告称，大量食品冷却不当是引起食源性疾病的首要原因(尽管在冰箱中放置的罐子里可能有大量的食品处于低温下，但细菌并不“知道”它们在冰箱中。相反，它们是在一个大的、温暖的贮罐或蒸锅里，并且喜欢它)。

使用温度计对食品安全至关重要。食品和餐具洗涤都需要定期监控。

保持特定的施热温度有助于促进食品安全，这也是对食品制备工作人员的要求。食品温度这一因素需要重点考虑。有传统的食品温度计可以作为确保食品安全的一部分。使用这种温度计时，当它插入到温度计杆上显示的“凹点”标记时，食品温度就会被读取（温度计显示的读数代表所有食品接触温度计杆至“凹点”长度的平均温度）。

关于温度，需要进一步注意的是：使用一种称为时间温度指示器（TTI）（图19.2）或智能标签来显示产品的累计时间-温度变化过程，该指示器通常用于显示暴露于温度过高的状态。(以及在此温度下持续时间)。TTI标签的大致尺寸为47mm×78mm。时间-温度指示标签设计用于食品加工、储存和运输过程中。如果暴露在不可接受的温度下，标签会不可逆的变色。

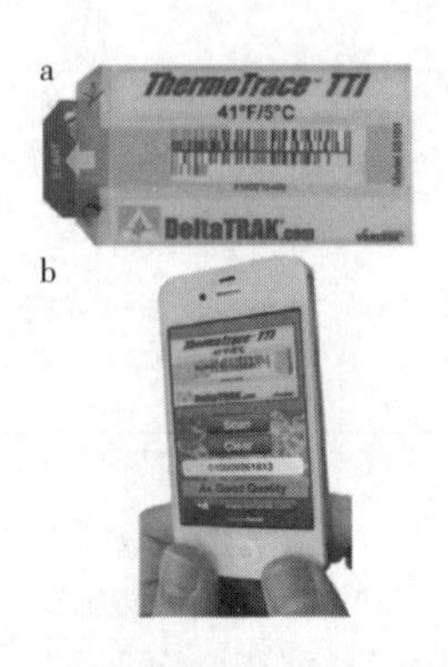

图19.2 时间温度指示器标签（TTI）

（来源：由DeltaTRAK公司提供）

除了使用TTI或智能标签外，还有种类繁多的产品，包括曾经只用于烹饪传统节日火鸡的塑料弹出式温度指示器——随着它们的使用，烹饪时的温度控制得到更好的保证。食品温度指标协会与美国农业部和食品制造商合作，进行有关温度和食品安全的研究。如上所述，这种专门的弹出计时器可能会出现在火鸡等食品上，但也会出现在各种肉类和鱼上，以显示其熟度。纸质温度计可以使用，每次使用后保存在办公室文件中或进行处理。纸可以用来测量食品或餐具的温度。

读温度计很重要。一个弹出式塑料温度计可以用一个简单的二元指示器来表示熟度（它会重新熔化，推合，冷却，然后再次使用）。热电偶温度计利用位于探针尖端的两根电线插入食品中，在几秒钟内就可以测量温度。热电偶被设计成在食品烹饪周期接近结束时使用。热敏电阻是另一种测温工具。它们设计成在烤箱外使用，需要大约10s即可显示食品的温度。事实上，由于用于测量温度的半导体位于尖端，所以无论是薄的还是厚的食品都可以被“测量温度”。

温度计叉是另一种用于监控安全食品供应的工具，通常用于户外烹饪。叉子使用一个热电偶或热敏电阻器在叉尖读取食品的温度，然后显示在叉柄上。这些叉子或可能是铲可以应用于户外烧烤，甚至能够精确测量较薄食品的温度。但商业操作仍然必须使用温度计。

现在，美国农业部的食品安全和检验局要求屠宰牛、鸡、猪和火鸡的企业专门检测大肠杆菌。他们必须验证预防和清除粪便污染及相关细菌的过程控制是否恰当。此外，FSIS已将此种检测扩展到屠宰鸭、马、鹅、山羊、珍珠鸡和绵羊等种类的企业。

一家TTI的制造商表示：“从供应商到仓储和分销，一直到消费者，TTI系统为客户提供评估产品质量和保质期所需的准确数据”。

一些细菌对于氧气的需求如下所述，沙门菌、志贺菌、金黄色葡萄球菌和蜡样芽孢杆菌的数据是兼性需氧的。两种梭菌属都是厌氧的。单核细胞增生李斯特菌在低氧条件下生长。

沙门菌病、志贺菌病和李斯特菌病都是传染病。葡萄球菌、蜡样芽孢杆菌和肉毒梭菌都引起中毒。产气荚膜梭菌是导致一种毒素介导的感染。

19.3.2 病毒

除细菌外，其他微生物危害包括病毒，尽管发病率较低。病毒可能是造成不安全的食品供应和食源性疾病的原因。病毒和细菌一样不会在食品中繁殖，但细菌会繁殖，如果食品蒸煮得不够熟，病毒就会留在食品中。随后，病毒会感染摄入它的人。食品可能会发生局部污染，因此只有那些食用了受污染部分的食品才会生病。

消费者或食品加工和处理操作者关注的病毒是甲型肝炎病毒。一个人会在摄入一种受污染的产品后的15~50天内感染该病毒，并会在不知不觉的情况下排出该病毒，在出现疾病症状之前感染他人或食品。虽然实际感染可能持续几周或几个月，并表现出腹痛、黄疸和恶心等症状，但这种疾病可能对导致其传播的企业产生广泛和持久的金融影响。

甲型肝炎病毒的两个来源①来自含有丢弃污物的受污染水中的生贝类，以及②受感染者的粪便（和尿液）。为了控制第一个被列出的来源，生贝类（蛤蜊、牡蛎、贻贝）的生长和收获将受到FDA的检查和监管。FDA检查收获贝类的水库。此外，商业新鲜贝类上必须出现标签，以显示其来源。该标签需要被接受者保留90天。不幸的是，一些信誉不佳的供应商可能会从“禁区”受污染的水中获取他们的贝类供应，从而获得受污染的产品。

对肝炎病毒第二来源的控制是，在家里的消费者和食品加工或装配操作中的食品处理人员必须保持良好的个人卫生。只是微量的粪便就可能会污染食品，当食品随后被摄入时，导致食源性疾病。一些州或地方卫生部门辖区要求负责处理无需进一步烹饪的食品的操作者使用一次性手套。

甲型肝炎是一个主要问题。这种疾病不能用药物治疗。另一种对消费者和食品加工操作具有重要意义的病毒是艾滋病毒（HIV）。美国疾病控制与预防中心表示，没有证据表明这种病毒可以通过食品传播。

19.3.3 真菌

霉菌和酵母是可能造成食品供应中食品腐败真菌。每种的详细信息如下所示。

19.3.4 霉菌

目前尚不知道（意外）摄入霉菌会引起胃肠道不适。相反，霉菌与其他长期疾病有关，例如在被喂食发霉作物的动物中出现肝癌。霉菌显然会导致食品变质，它还会造成食品损失、消费者不满和钱的浪费。

霉菌是一种多细胞真菌，通过形成孢子繁殖。孢子形成后，它们通过空气传播。并且可能在与食品接触时进行复制（霉菌孢子不同于细菌芽孢）。霉菌是食品上不需要的蓝色、绿色、白色和黑色的有绒毛的生长物。在医学上它可能被认为是可以接受的，例如青霉素，或者一些干酪，如蓝纹干酪。一小部分人可能会对霉菌过敏致死。

酵母。酵母是一种通过出芽过程生长的单细胞结构。它会导致食品变质，在潮湿的干酪上形成粉红色的斑块，或者调料品（如橄榄）罐中浑浊的液体就证明了这一点。食源性酵母尚未证明会引起疾病，但是，尽管如此，必须控制酵母的不良生长，否则食品会受损和浪费。在食品工业中，酵母通常显示出具有有益的用途，例如，酵母发酵焙烤产品或用于发酵生产酒精饮料。

19.3.5 寄生虫

寄生虫可能是食源性疾病的一个来源。寄生虫是一种微小的有机体，依靠活体宿主给它们营养和生命。例如，未煮熟的猪肉制品可能携带旋毛虫寄生虫，导致旋毛虫病。在摄入旋毛虫寄生虫后的2~28天，人体可能会出现恶心、呕吐、腹痛和眼睛周围组织肿胀，然后发展成发烧和肌肉僵硬。由于猪肉可能被旋毛虫污染，所有猪肉产品必须煮至68℃（或在微波炉中煮至77℃），而且所有用于制备的设备都应消毒。

未经批准来源的鱼可能携带异尖线虫寄生虫，并导致寄生虫病（异尖线虫病）。加工厂的信誉供应商是产品已安全处理的最佳保证。在正确的时间和温度下冷冻可以杀死异尖线虫。另一方面，当生吃新鲜的鱼时，食品安全具有新的意义！

19.3.6 污染、腐败

污染和腐败不同。后者可能永远不会引起疾病，因为事实上，消费者能看到腐败迹象，而且消费者永远不会吃变质的食品。疾病更有可能是由于摄入了看不见的微生物（或化学物质）污染造成的结果。因此，受污染的食品才是真正的“不好的”食品——它可能不是显而易见的。不纯或有害物质可能太小或不明显。变质的食品明显损害食品的食用质量，并不是食源性疾病的主要原因。

为了保持食品安全，应防止任何最初污染的机会，然后应该控制微生物随后的生长。应避免交叉污染，或通过手、设备或其他食品将细菌从一个受污染的食品或地方转移到另一个地方。

除了上面提到的那些病原体，还有可能被其他新出现的病原体污染。它们的发病率在最近几年内增加，或在不久的将来有增加的危险。

19.4 食品供应的化学危害

所有的食品都由化学物质组成，并且认为是食用安全的。然而，当特定化学物质的剂量或水平达到有毒水平时，可能会对食品供应产生化学危害。化学危害可能是偶然的，由添加剂、有毒金属导致；或者是自然发生的。

正如前面所提到的，化学污染包括偶然化学污染，例如，当一个可能没有标签的容器的内容物错误地用于食品中。特别是当某人有特异性过敏，过量的添加剂即是问题。

此外，有毒金属也被列入化学危害清单，例如镀锌铁。钢可以通过镀锌永久地与金属锌结合。这种锌涂层材料适用于建筑建造或用于货架，但是应避免用作食品接触面，因为它与酸的反应很强烈。在过去，曾作为许多餐馆经营用的部分设施，饮料容器、临时工作表面和架子是由有毒镀锌钢制成。

另一种类型的化学危害是动植物食品本身。各种食品中天然产生的毒素，如河豚鱼或不同的蘑菇，可能会导致严重的疾病

表 19.2 中确定了在接收或使用之前对化学危害的控制，以及对库存、贮藏和处理的控制。必须小心地避免化学危害。

表 19.2 化学危害的控制

Ⅰ.	收到前控制：原材料规格；供应商认证/保证；抽查—核实
Ⅱ.	使用前控制：审查化学品的用途；确保适当的纯度；配方和标签；控制使用量
Ⅲ.	控制储存和处理条件：防止产生有利于产生天然有毒物质的条件
Ⅳ.	在设备内所有的存货清单：检查使用；使用的记录

（来源：参考 Watson DH，食品中化学物质的安全：化学污染物）

清洁和消毒溶液必须安全储存和使用。当然，为了使清洁有效和消毒强度足够，需要恰当地检测清洁和消毒溶液。无论溶液是在清洁和消毒桶、喷雾瓶、水槽（如三室水槽）或洗碗机中，安全对设施、卫生检查员和公众都很重要。

19.5 食品供应的物理危害

对食品供应的物理危害是在食品中发现的任何可能污染食品的异物。无疑，消费者不需要这些异物。当然它们应该不是故意进入食品的！这些异物可能是在收获，或在一些制造阶段时进入食品的，或者它们可能是食品本身具有的，如鱼的骨头、水果的核、蛋壳、昆虫或昆虫的部位。

在旷野上生长的动物或庄稼会受到物理污染，虽然危害可能由于从故障的机器到包装，再到人为错误，因各种各样的原因进入食品供应。但精明的管理者会通过遵循良好的生产规范和运用自己的观察技能来降低物理污染的风险。

作为物理危害最受关注的材料包括外来零碎物，如玻璃、木头、金属、塑料、石头、昆虫和其他污物、绝缘材料、骨头和个人随身物品（Katz，2000）（表 19.3）。

表 19.3 作为物理危害关注的主要材料及常见来源

材料	潜在伤害	来源
玻璃	割伤，出血；可能需要外科手术来发现或移除	瓶子、罐子、灯具、器具、量具盖
木制品	割伤、感染、窒息；可能需要外科手术移除	田野、托盘、箱子、建筑物
石头	窒息、牙齿碎裂	田野；建筑
金属	割伤，感染；可能需要外科手术移除	机器，田野，电线、员工
昆虫、其他污物	疾病、创伤、窒息	野外、工厂后处理入口
绝缘材料	长期窒息，如果是石棉	建筑材料
骨头	窒息、创伤	野外、工厂处理不当
塑料	窒息、割伤、感染；可能需要外科手术移除	自然、工厂包装材料、托盘、员工
个人随身物品	窒息、割伤、断牙；可能需要外科手术切除	员工

［来源：改编自 Pierson 和 Corlett（1992）］

现代光学扫描技术能够对难处理的、潜在的问题产品进行分类，并设计用于使加工厂这样的问题产品最少化。如可在线使用或在整个制造工厂中使用筛网、过滤器、磁铁和金属探测器等设备来搜索外来物，以避免健康危害或产品召回。X 射线装置能可靠地探测各种物体（图 19.3）。

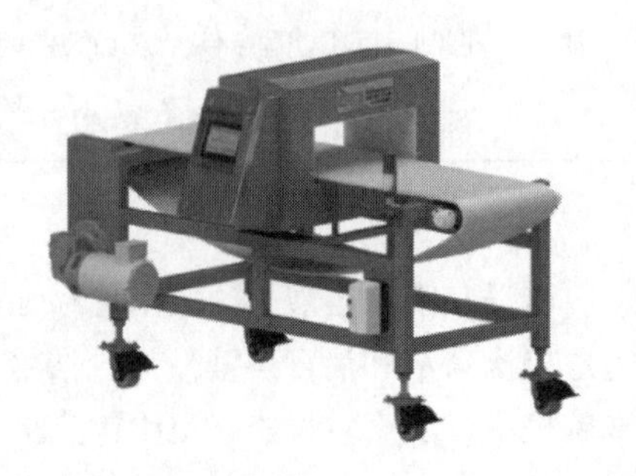

图 19.3 金属探测器
（来源：先进的检测系统）

金属探测器被设计用于检测液体、固体、颗粒或黏性食品产品、各种包装托盘和包装中的金属。普通 X 射线技术已经使用 40 年，是目前检验食品产品的一种质量保证工具。为批发店提供食品的供应商可能要求使用金属探测器。持续的发展使金属探测器在制造工厂中使用更经济、小型化、更快。(Higgins，2006)。

个人随身物品，如珠宝，不得在生产区域佩戴。如“不嚼口香糖”“遮盖头发”等规定需在工作场所强制执行。

物理危害可能损害消费者的健康，造成心理创伤或不满。生病、不安或不满的消费者可以打电话或写信给负责的制造商或加工者，联系食品服务机构，或让当地卫生部门参与调查消费者的投诉。应防止任何物理物体进入食品供应的机会。

食品制造公司的外来物实验室以及食品服务机构的人员需要注意并被告知任何报告的食品安全问题——化学或物理问题，这样他们就可以调查和预防可能出现的问题。消费者从这种预防中受益，并且污染的发生率会降低。

19.6 食品保护体系

本书此部分中出现许多机构名称，每个机构都处理食品保护体系问题。虽然机构名称清单可能很长，这些所列机构实际上只代表负责美国食品安全许多组织中的一部分。CDC、FDA、USDA 的 FSIS 以及州和县的卫生部门都有食品保护的监管权力，这些机构为公众提供教育。还有许多贸易协会和专业组织参与提供教育和保护公众免受食源性疾病的侵害。

监督、执行和研究的协调可能都有助于食品安全。许多食品公司也保持着大量的食品保护体系。消除或减少在食品供应中的生物、化学和物理危害是食品安全的目标。

为了消灭病原体，更好地保护食品，FDA 在 1997 年批准对肉进行辐照，因为它被证明比未辐照的肉生产更安全（Crawford 和 DVM，1998 年）。辐照，无论是场外还是在线，都被用来作为食品安全的一种手段，用于各种各样的食品产品（Higgins，2003）。

食品安全和防御是关键任务。通过聚焦关心的问题和热点话题，IFT 提供观点和技术资源，将提高您对添加剂和配料安全、过敏原、新技术、微生物和化学污染物的理解。（来源：IFT）。

关于较新术语的可追溯性，安全指南是至关重要的，以下是说：

食品行业的供应链管理，更具体地说，供应链质量管理，包含所有类型的原材料、产品和项目。供应商和制造商必须能够追踪许多货物，并且为了有效地做到这一点，他们需要关于每种材料的来源和交付地点的完整历史记录。当在处理从农场到餐叉的食品运输时，食品可追溯性至关重要……

从生长阶段开始，从农场到餐桌的供应链的每一点都需要遵循适当的安全指南。食品可追溯性允许您进一步跟踪加工和包装食品的运输，以确保它们按时交付。(全球供应商品质保证 global supplier quality assurance，GSQA)

加工厂在他们的食品保护计划中可能使用另一种安全机制，尽管统计分析可能不提供实时信息，但它可以用来定义可接受的控制上限和下限，进而提高产品质量。统计过程控制(statistical process control，SPC）提供了微生物分析方面的进展，这反过来将允许制造过程将检测与质量改进和生产率相结合（Hussain 等，2000）。SPC 也可以与食品安全的危害分析和关键控制点（HACCP）方法相结合（在本章后面的章节中讨论，在下面）。

除了企业层面的制造业务之外，许多零售食品服务运营至少派出了一名经理去当地接受食品保护管理培训。许多新闻节目、报纸和杂志已经为消费者解决了食品安全问题，接受培训可以为谨慎的客户提供额外的保证，让他们知道餐厅的食品供应是安全的。

19.7 美国食品药品管理局（FDA）

参见第二十章。

FDA、美国卫生与公众服务部疾病控制与预防中心和美国农业部食品安全与检验局每4年发布新版《食品规范》。

参见：食品安全研究信息办公室。

读者应该保持当前的食源性疾病的预防和生产安全。另参见FDA食品法规。读者应保持对食源性疾病预防和生产安全的最新认识。参阅FDA食品规范。

19.7.1 FDA食品安全现代化法案（the FDA food safety modernization act，FSMA）

参见第二十章。

众议院和参议院通过了FDA《食品安全现代化法案》。该法案于2011年1月4日签署成为法律。

新法律中的一些条款：

发出召回：FDA将首次有权下令召回食品。到目前为止，除了婴儿配方奶粉外，FDA不得不依靠食品制造商和分销商自愿召回食品。

进行检查：法律要求进行更频繁的检查，根据风险进行检查。对食品安全构成更大风险的食品和设施将受到最多的关注。

进口食品：该法律大大增强了FDA在外国生产和进口到美国的食品的监督能力。此外，如果工厂拒绝美国的检查，FDA有权阻止食品进入美国。

预防问题：食品工厂必须有一份书面计划，详细说明可能影响其产品安全的问题。该计划将概述工厂将采取的步骤，以帮助防止这些问题发生。

关注科学与风险：该法律为水果和蔬菜的安全生产和收获建立了基于科学的标准。这是向前迈出的重要一步。这些标准将考虑对新鲜产品安全造成的天然和人为风险。

尊重小企业和农场的作用：该法律还提供了一些灵活性，例如，对在路边摊位或农贸市场、以及通过社区支持的农业项目（community supported agricultureprogram，CSA）直接向消费者销售产品的小型农场免除农产品安全标准。

后来又出台了现行的良好生产规范和危害分析及基于风险的人类食品预防控制建议规则。

该规则有两个主要特点。首先，它包含了需要进行危害分析和基于风险的预防性控制的新规定。其次，它将修订《联邦法规法典（CFR）》第21卷第110部分“规则”中现有的现行良好生产规范要求。

建议的规则：不断更新，目前在2019年。

一般来说，国内和国外的食品工厂需要在《食品、药品和化妆品法案》第415条中注册，必须符合基于风险的预防控制的要求。这些控制由FDA《食品安全现代化法案（FSMA）》以及本规则的现代化现行良好生产规范（CGMPs）规定（适用免税的除外）。值得注意的是，CGMPs的适用性并不取决于工厂是否需要注册。（来源：FDA）

《食品安全现代化法案（FSMA）》激发了我们许多受访者的变化。“超过半数的人表示，他们已经修改了文件或记录保存程序，以遵守FSMA”。（Demetrakakes，2019）。

美国食品药品管理局《食品安全现代化法案（FSMA）》正在改变国家的食品安全体系，将重点从应对食源性疾病转移到预防疾病。美国国会颁布了FSMA，以应对全球粮食系统、以及我们对食源性疾病及其后果理解的急剧变化，包括认识到可预防的食源性疾病是一个重大的公共卫生问题和对食品系统经济福祉的威胁。（来源：FDA）。

19.7.2 食品设施注册

负责美国或美国以外生产、加工、包装或持有供应美国消费食品的设施所有者、经营者或代理人必须向FDA注册所要求的信息。

19.7.3 现行的良好生产规范（current good manufacturing practices，CGMPs）

描述生产加工食品和膳食补充剂的方法、设备、设施和控制。遵循CGMPs确保加工食品和膳食补充剂的质量，还确保加工食品或膳食补充剂按照主生产记录中的规定进行包装和贴标签。

关于食源性疾病你需要知道的事：

尽管美国是世界上食品供应最安全的国家之一，但联邦政府每年约有4800万例食源性疾病——相当于每年有1/6的美国人患病。据估计，每年有128000人因此类疾病住院治疗，3000人死亡。

在美国经常引起疾病的食源性致病微生物带来的威胁很多，而且各不相同，导致的疾病症状由相对轻微不适到非常严重甚至危及生命。除去儿童、老年人和免疫系统较弱的人群易受大多数食源性疾病影响，有一些生物引发的食源性疾病会对所有人构成威胁。

19.7.4 联系食品安全与营养应用中心（the center for food safety and applied nutrition，CFSAN）

食品安全与应用营养中心，简称CFSAN，为消费者、国内外工业以及其他关于实地项目的外部团体，机构管理任务、科学分析和支持，以及与食品、膳食补充剂和化妆品相关的关键问题的政策、计划和处理提供服务。（来源：FDA）。

19.8 美国农业部（USDA）食品保护

参见第二十章。

美国农业部食品安全研究信息办公室为普通公众和食品安全研究人员创建了一个网站。该网站包含教育、专业和外国政府的食品安全链接。

19.9 食品保护 HACCP 体系：美国农业部（USDA）

为了评估和减少来自生物、化学或物理危害的食源性疾病风险，食品加工者和餐饮服务业务可能需要使用食品安全体系——危害分析和关键控制点（HACCP）（表 19.4）。这个体系取决于预防，而不是严格的检查。

表 19.4 危害分析和关键控制点（HACCP）程序步骤（美国食品微生物标准咨询委员会）

一	危害评估
	在整个操作过程中，食品流通的每个步骤都要评估危害。
二	识别关键控制点（CCPs）
	确定有关卫生、避免交叉污染、烹饪和冷却的温度和程序的关键控制方点（CCPs）。编制准备步骤流程图，说明在哪些地方需要监控以预防、减少或消除危害。
三	建立关键控制点的控制程序和标准
	为每个关键控制点建立标准（准则）和可测量程序，如特定时间和温度、湿度和 pH 水平，以及可观察程序，如洗手。
四	监测关键控制点
	检查以看看是否满足标准是这个过程中最关键的步骤之一。指派一名员工来监控储存、烹饪、保存和冷却的温度是必要的，以查看是否有针对危害的控制措施。
五	采取纠正行动
	观察实际结果与预期结果之间是否存在偏差。如果在使用原程序时发现缺陷或高风险情况，则使用替代计划纠正程序。这可以由受过培训的员工完成，该员工有权在主管不在场的情况下启动纠正措施。
六	建立一个记录保存系统来记录 HACCP
	时间-温度日志、流程图和观察结果用于记录。
七	检查系统是否正常工作
	利用在准备、保持或冷却期间完成的时间和温度记录、观察。

注：参见关于 HACCP 的引注文献。

“Mega-Reg”或病原体减少：危害分析和关键控制点（HACCP）体系条例，由美国总统于 1996 年签署。它编纂了预防和减少病原体的原则，并要求制定卫生标准操作程序，以及由各食品加工厂检查员监测和核查的书面 HACCP 计划。根据公司规模的不同，合规期限分阶段实施。

FSIS 检测屠宰过程中的生畜禽沙门菌和大肠杆菌。海产品 HACCP 于 1997 年生效。果汁加工者必须有 HACCP。随后，FSIS 要求制定 HACCP 计划，以预防即食肉制品中的单核增生乳杆菌。目前，鸡蛋加工商、乳品厂和其他行业已经实施了 HACCP。

HACCP 追溯食品从入口到操作再到出口的流程。它所做的不仅是在错误发生后检测和纠正错误；正如前面提到的，它是一个在食品安全问题发生之前预防差错的程序。根据质量保证（quality assurance，QA）程序的定义，HACCP 可能不适合 QA。卫生通常是食品制造工厂的一个独立项目，与食品质量的其他方面不属于同一范畴。卫生是一项全天候的工作，可能构成 24 小时食品制造工厂的整个第三班。

HACCP 最初是由皮尔斯伯里（Pillsbury）公司与美国陆军纳蒂克（Natick）实验室和美国空军空间实验室项目组合作设计。该体系是为美国国家航空航天局计划而设计。自 1971 年以来，HACCP 一直作为食品安全体系在食品工业中使用，它提供了实用的食品保护技术，在任何制备或供应食品的地方都需要这些技术。

国家食品微生物标准咨询委员会确定了 HACCP 体系中涉及的七个主要步骤（表 19.4）。HACCP 可以应用于食品链中的多个点；例如，在种植、收获、加工、制备或供应食品方面。随着 HACCP 计划的建立，可能会使用新的术语；部分选定的 HACCP 定义见表 19.5。许多食品公司必须有 HACCP 体系。

表 19.5 选定的 HACCP 定义（卫生与公共服务部）

控制点：任何可以控制生物、物理或化学因素的点、步骤或程序。

纠正措施：发生偏差时应遵循的程序。

关键控制点（CCP）：可控制的点、步骤或程序，在此可实施控制，并可防止、消除或降低食品安全危害到可接受的水平。

临界极限：与关键控制点相关的每个预防措施必须满足的标准。

偏差：未满足临界极限。

HACCP 计划：以 HACCP 的原则为基础的书面文件，其中描述了为确保对特定过程或程序的控制所应遵循的程序。

HACCP 体系：HACCP 计划实施的结果。

HACCP 团队：负责制定 HACCP 计划的团队。

危害：一种可能导致食品不安全食用的生物、化学或物理特性。

监控：进行有计划的观察或测量来进行评估关键控制点是否在控制之下，并生成准确的记录以供日后验证之用。

风险：对危害可能发生的估计。

敏感成分：一种已知与危害相关并有理由引起关注的成分。

验证：除了用于监测的方法、程序或测试外，还使用这些方法、程序或测试，以确定 HACCP 体系是否符合 HACCP 计划和/或 HACCP 计划是否正常运行。

使用 HACCP 体系，HACCP 团队必须首先识别在其运行中准备好的 PHFs。然后，他们必须观察这些 PHFs 从获得原材料到完成成品的工艺流程，特别是研究已知与危害有关的、有理由关注的敏感成分的工艺流程。基于这观察结果创建 HACCP 作业流程（表 19.6 和表 19.7）。

表 19.6 烧烤排骨食品的危害分析关键控制点作业流程

流程	CCP	标准控制	监控和验证	如果不符合标准，采取的行动
冻牛排骨		接收冷冻牛排骨	在交货时检查牛排骨是否冻结	如果解冻就拒绝
在步入式冷却器（walk - in - cooler，WIC）中解冻		在冷藏下解冻的肉	观察存放在 WIC 中的排骨	正确储存排骨以防止污染或交叉污染
在烤炉中烹饪（加烧烤酱）	CCP	把肉放在板上 防止交叉污染 排骨内部温度最低 60℃	遵守适当的存储方法 用金属杆温度计测量肉的内部温度 观察烹饪时间和烤炉温度	烹煮排骨直到达到温度
放在带有顶置式加热灯并具有蒸气保温设备的食品台上	CCP	最低内部温度 60℃	每 2h 测量一次肉的温度——记录在日志上	排骨复热 如果在 54.44℃以下放置超过 2h，则丢弃排骨 检查设备
出售在 WIC 中隔夜冷却的剩余排骨	CCP	4h 内将温度从 60℃ 冷却到 7.22℃ 在烤盘中存放小于等于 7.35cm 的肉 在冷却过程中没有紧盖	定期测量肉的温度，以确定在 WIC 中的冷却速率 测量肉在烤盘中的存放深度 监测 WIC 的气温，并记录在日志上 在冷却过程中观察未盖过的肉	从烤盘中取出多余的排骨 降低空气温度 拆下盖子， 不能堆叠 将排骨移至 WIC 最冷的地方 丢弃冷却不足的排骨
第二天早上用常规烤炉再加热	CCP	不要堆叠盘 在 WIC 的风扇附近存放肉 空气温度为 4.44℃或更低 2h 内内部温度不低于 73.89℃ 剩余排骨不与新鲜排骨混合	用金属杆温度计测量肉的内部温度 观察再加热时间和烤炉温度 观察丢弃的肉	重新加热肉直到温度达到要求 丢弃肉
在具有蒸气保温设备的食品台上出售至下午 6 点前丢弃排骨		丢弃剩余的排骨 与上述说明相同 剩余排骨不与新鲜排骨混合 丢弃剩余的排骨	观察存储过程 观察丢弃的肉	改正做法 丢弃肉

（来源：Alvin Black，R. S. City of Farmers Branch，Environmental Health Division. Farmers Branch，TX）

表 19.7 鸡肉沙拉的危害分析关键控制点作业流程

流程	CCP	标准控制	监控和验证	如果不符合标准，采取的行动
接收冷冻的整只鸡		最高内部温度 7.22℃	用金属杆温度计测量肉的内部温度	拒绝产品
在 WIC 中解冻		最高内部温度 7.22℃	遵守适当的储存方法 监测环境温度，并记录在日志上	以认可的方式储存鸡肉 减小空气温度
煮鸡	CCP	将鸡存放在地板上 防止交叉污染 环境温度 4.44℃或更低 肉内部温度最低 73.89℃	测量肉的内部温度 观察烹煮时间	烹煮鸡肉直到达到温度
冷却去骨（WIC 30min）		不要覆盖鸡	观察 WIC 中的存储	储存鸡肉，以便快速冷却去骨
去骨/切块鸡肉	CCP	用清洁的手或手套处理肉类 手上没有感染的伤口或绷带 完工后对设备进行清洗和消毒	观察处理程序 每天检查员工的手 注意设备的适当清洁	指导工人洗手或戴手套 开除员工或要求其戴手套 设备再次清洗
混合配料（蛋黄酱、酸奶油、调味料、香料、肉）		使用器具搅拌—限制制备（沙拉的配料混合）时间完成后冷藏 使用冷藏原料	观察器具的使用情况 测量完成制备（配料混合）过程的时间 观察使用	改正做法 修改程序以限制在室温下的时间 改变做法
将 1/3 的沙拉放入准备好的冷却器中 将 2/3 的沙拉放入 WIC（每天在预冷藏箱中使用 1/2）	CCP	制备后 4h 内冷却至 7.22℃ 储存时的最高内部温度为 7.22℃ 在烤盘中储存小于等于 7.35cm 的沙拉 空气温度 4.44℃或更低	定期测量沙拉温度以确定冷却速率 降低空气温度 测量内部温度 测量沙拉在烤盘中储放的深度 监测每一班的气温——记录在日志上	从烤盘中取出多余的沙拉 储存在冷却器中较冷的地方
售卖 制备（沙拉的配料混合）完毕三天后未售的产品丢弃		不新鲜沙拉不能和新鲜沙拉混合 丢弃剩余的沙拉	观察存储过程 观察丢弃的沙拉	改正做法 丢弃沙拉

（来源：Alvin Black，R. S. City of Farmers Branch，Environmental Health Division. Farmers Branch，TX）

在确定了那些具有潜在危害的食品，并创建 HACCP 作业流程之后，管理人员需要确定具体的、可测量的关键控制点（CCPs）。如果没有 CCPs，食品将面临不可接受的风险或可能的危害。

随后，必须建立关键限值的控制程序和标准，并由指定负责跟踪关键控制点程序的人进行监控。CCPs 可以包括食品和加工设备的温度、处理时间、包装的完整性等。使用测量和观察技能是为了揭示实际结果和预期结果之间的任何不可接受的偏差。偏差可能需要采取纠正措施，以预防食源性疾病。

关于鸡肉沙拉和排骨的食品服务 HACCP 计划，HACCP 指出了几个主要步骤。首先，制定的食品工艺流程是从食品接收到丢弃的过程。其次，确定关键控制点（CCP），接下来，建立控制标准并简短地说明，以便于理解。控制标准明确规定必须达到的最低和最高温度、正确的存储程序、个人卫生和设备卫生的说明以及丢弃规则等因素。

注意的是，监控和验证 HACCP 计划包括为确保符合标准而遵循 HACCP 计划的说明。完成食品制备可能需要量温、测量时间、测量储盘的深度，或观察在制备或储存中使用的程序。整个 HACCP 过程还阐明如果不符合标准应采取的行动。HACCP 体系要求使用可靠工具、仪器的指定人员必须监控关键控制点。必须验证例如温度计或热电偶之类的仪器的可靠性。

处理可能有害的食品（Potentially hazardous foods，PHF）需要了解流程和如何保持食品安全方面的知识。例如，在接收鸡肉时，如果不符合既定标准，采取的纠正行动是在交货时拒绝产品。储存时，如果不满足既定的最高温度标准，产品可能需要较低的空气温度。

进一步的烹饪标准要求鸡肉的最低温度达到 74℃。如果在初次的熟度检查中温度不满足，鸡肉需要继续进行烹煮，直到达到这个特定温度。因此，如果不符合该标准，HACCP 继续对每个标准采取相应的措施，包括处理、个人卫生、设备卫生、食品储存和丢弃食品的纠正措施。

确定食品工艺流程等内容，说明 CCPs 和控制、监测和验证的标准，并规定如果不符合标准应采取的行动，所有这些都有助于管理部门控制疾病的传播。将 HACCP 体系应用于食品生产或餐饮服务经营是降低食源性疾病可能性的有效手段。HACCP 不仅是检查，要想有效，它需要员工和管理层在这方面的奉献和坚持。

在食品制造工厂：根据法律制造商必须采取措施确保食品是安全的！由于采取了这些关键步骤，在所有食源性疾病病例中，只有一小部分与不良处理方法有关。更多的案例是由餐饮服务业务和家庭中的错误做法造成的结果。许多州和地方卫生部门也采用了餐饮服务机构守则，要求了解食源性疾病和 HACCP 原则。这些餐饮服务机构包括医院、餐馆、零售杂货店和学校。

就鸡肉沙拉和烧烤牛肉排骨而言，上述实例已经显示其餐饮服务营运的 HACCP 计划。

除了上面提到的 HACCP 作业流程外，图 19.4 和图 19.5 中还列出了两个包含 HACCP 原则的书面食谱。这些食谱展示了餐饮服务运营在制备步骤和流程图中可能包括 CCPs 的方法。例如，在将制备步骤标记为 CCP 后，说明可接受的解冻、烹煮和保温方法，并在流程图中突出显示 CCPs。

今天，许多食品都是在制造工厂加工的（表 19.8），被分销到例如零售杂货店、酒店、餐馆或机构经营等。这些食品必须提供食品质量的保证，包括微生物（M）、化学（C）和物理（P）安全、并有关键限制，包括在运输前符合所有安全规范，使用校准的仪器测量进入原料和冷冻原料的温度，对食品接触表面和环境区域、消毒设备、储存、冷藏码垛产品、

基础辣牛肉酱

原料	总量	20	40	80
碎瘦牛肉	千克	3.18	6.36	12.72
罐装番茄	升	1.42	2.84	5.68
罐装四季豆	升	1.65	3.3	6.6
番茄酱	杯	1.75	3.5	7
水	升	1.89	3.78	7.56
脱水洋葱	克	28.35	56.7	113.4
辣椒粉	汤匙	3	6	12
糖	汤匙	1.25	2.5	5
小茴香	汤匙	2	4	8
蒜粉	汤匙	1	2	4
洋葱粉	汤匙	1	2	4
红辣椒	汤匙	1	2	4
黑胡椒	汤匙	0.5	1	2

制备

1.CCP在冷藏条件下解冻碎牛肉(5℃，最长1天)。
2.将碎牛肉放在蒸气锅或大平底锅中，置于炉顶上，用中大火加热至浅褐色(15min)。烹饪时，将肉切成约0.6~1.3cm的碎屑。
3.沥干肉中的水分，边搅拌边尽可能多地排出脂肪。如需要，将热水倒在牛肉上，再沥干以除去多余的脂肪。
4.捣碎或磨碎带汁的罐装番茄，与煮熟的碎牛肉一起放入水壶或高汤锅中，将剩下的配料也加入到其中，搅拌均匀。
5.CCP将辣椒混合物炖1h，偶尔搅拌一下。煮熟的混合物温度必须达到68℃或更高。
6.将食物从热源上移开，将其分成分额放至餐具盘中。
7.CCP将餐具盘盖上并在60℃保持最长1h。
8.份量：每份1杯(约237mL)。

供餐

CCP 在整个供餐期间，成品温度需要保持在60℃以上，并尽可能保持盖好。每隔30min测量并记录未供餐的产品的温度。最长保持时间为4h。

储存

1.CCP将未供餐的产品转移到约5cm深的干净盘中，快速冷却。产品的冷却温度必须如下：在2h内从60℃降至21℃，然后在另外4h内从21℃降至5℃或更低。在冷却过程中每小时测量一次温度并记录。
2.CCP封盖、贴标和注明日期。在5℃或更低的温度下最多冷藏10天(基于其保持的质量)，在-17.8℃下最多冷冻3个月。

重新加热

1.CCP如果产品为冷冻状态(5℃)，在冷藏条件下解冻产品。
2.CCP将产品从冰箱中取出，转移到约5cm深的浅盘中，立即放入预热好的177℃烤箱中，盖上盖子，加热30min，或直到食物内部温度达到74℃或更高。
丢弃未使用的产品。

图 19.4 基础辣牛肉酱 HACCP

（来源：La Vella Food Specialists St. Louis，MO）

分配和标签进行微生物检测。

由食品安全及检验服务局设计的 HACCP 修正模型表明在食品安全方面有所改进。与传统屠宰检验相比，雏鸡加工厂在 FSIS 验证检查中于绩效标准方面展示出更大的成就。

基于来自大型工厂超过 2 年时间的测试研究数据，FSIS 报告称，与 HACCP 前的基线数据相比，生肉和家禽中的沙门菌流行程度有了大幅下降。

原料	炖鸡肉 总量	15	30	60
鸡块，8块，冷冻	千克	4.54	9.08	18.16
新鲜去皮的胡萝卜，切成约1.9cm长的块	千克	1.13	2.26	4.52
洋葱，切碎	升	0.47	0.94	1.88
马铃薯，去皮，切成约1.9cm的小块	千克	1.7	3.4	6.8
冷冻豌豆	千克	0.91	1.82	3.64
人造黄油	杯	0.5	1	2
面粉	杯	1.5	3	6
鸡汤	升	0.95	1.9	3.8
盐	茶匙	1	2	4
胡椒	茶匙	1	4	4

制备

1.CCP在冷藏条件下解冻生鸡块(5℃，1天)。
2.CCP在冷的自来水中清洗胡萝卜、洋葱和马铃薯。按照指示进行切割后，立即按照食谱进行烹饪或盖上盖子冷藏直至需要(5℃，最多1天)。
3.将鸡肉块放在平底烤盘中，盖上盖子，在预热好的177℃传统(163℃对流) 烤箱中烘烤30min。
4.在蒸锅或炉灶上分别煮马铃薯、胡萝卜和豌豆，直到其变软(4~15min)。
5.将鸡肉从烤箱中取出，去掉汁水和脂肪，放入约10cm深的蒸锅中，盖上盖子，然后放回加热的烤箱中(同时准备肉汁)。
6.在高汤锅中，中火融化人造黄油，将洋葱炒软后加入面粉，搅拌至光滑。加入肉汁，搅拌均匀。根据需要添加鸡汤，使其稠度与肉汁相似。用盐和胡椒粉调味。
7.在鸡块中加入煮熟的蔬菜和肉汁。盖上盖子，放回177℃的传统(163℃对流) 烤箱中，烘焙30min，或者直到鸡肉变软，酱汁美味可口。
8.CCP在烹饪过程结束时，炖肉的内部温度必须达到74℃并持续15s。
9.CCP盖好并等待供餐(60℃，最长1h)。
10.份量:每份1~2块鸡肉，0. 5杯蔬菜加肉汁(约300mL)。

供餐

CCP 在整个供餐期间，成品温度需要保持在60℃以上，并尽可能保持其盖好。每隔30min测量并记录未供餐产品的温度。最长等待时间为4h。

储存

1.CCP将未供餐的产品转移到约5.08cm深的干净平底锅中，进行速冻。产品的冷却温度必须如下：在2h内从60℃降至21℃，然后在另外4h内从21℃降至5℃或更低。在冷却过程中每小时测量一次温度并记录。
2.CCP封盖、贴标和注明日期。在5℃或更低的温度下冷藏最多10天(以保持的质量为基础)，在-17.8℃下冷冻最多3个月。

重新加热

1.CCP如果产品为冷冻状态(5℃)，在冷藏条件下解冻产品。
2.CCP将产品从冰箱中取出，转移到约5cm深的浅盘中，立即放入预热好的177℃烤箱中，盖上盖，加热30min，或直到内部温度达到74℃或更高。
丢弃未使用的产品。

图 19.5 炖鸡肉 HACCP

（来源：La Vella Food Specialists St. Louis，MO）

“传统上，低水分食材和谷物基产品通常不被认为是有潜在危害的食品。然而，除非产品经过巴氏杀菌，否则公司需要制定计划，包括从农场到餐叉的危害识别和风险分析，以处理可能出现的潜在食品安全问题”（Kuntz，2012）。

更多信息，参见“HACCP 原则和应用指南”（Pierson 和 Corlett，1992）。

表 19.8 冷藏鸡肉沙拉配料（Pierson 和 Corlett）

CCP 编号	CCP 说明	临界限制说明
1-MPC	危害控制：	1.1 卫生条件
	微生物、物理和化学	1.2 冷藏，材料≤7.2℃
		1.3 冷冻，材料≤0℃
	要点或步骤：进货检验	1.4 供应商在出货前已符合所有安全规范
2-T	危害控制：微生物	2.1 材料内部温度不得超过 7.2℃
	要点或步骤：冷藏	
	配料储存	2.2 值班前校准测温装置
3-M	危害控制：微生物	3.1 遵守 USDA 的卫生要求
	要点或步骤：卫生要求	
		3.2 受过培训的卫生人员
	• 准备区	3.3 各区域在开班前必须通过检查
	• 暂存区	
	• 灌装/包装区	
	危害控制：	3.4 食品接触面：微生物检测
	要点或步骤：李斯特菌	
		3.5 环境领域：微生物检测（USDA 的 3.4 和 3.5 方法）
4-M	危害控制：微生物	替代经批准的处理方法的应用
	要点或步骤：控制处理以减少生芹菜和洋葱上的微生物污染	4.1 用含有以下物质的水洗产品： • 氯
		• 碘
		• 表面活性剂
		• 无工艺添加剂
		4.2 热水或蒸气漂白后冷却
		4.3 代替加工过的芹菜或洋葱：
		• 热烫、冷冻
		• 热烫、脱水
		• 热烫、罐装
5-M	危害控制：微生物	5.1 不超过 7.2℃
	要点或步骤：准备好的芹菜、洋葱和鸡肉的冷藏温度。	5.2 冷藏不得超过 7.2℃
		5.3 温度测量设备的日常校准

续表

CCP 编号	CCP 说明	临界限制说明
6-MPC	危害控制：微生物、物理和化学 要点或步骤：防止原料制备区域交叉污染的物理屏障	6.1 物理屏障就位
		6.2 门在不使用时保持关闭状态
		6.3 颜色编码的制服
		6.4 监督到位
7-M	危害控制：微生物 要点或步骤：防止原料区输送设备的交叉污染	7.1 遵守 USDA 的卫生要求
		7.2 防止弄脏的托盘、手推车轮子、手提箱和其他设备进入
8-M	危害控制：微生物	8.1 堆放区内任何物料的时间限制不得超过 4h
	要点或步骤：加工过程中食品原料的时限	
9-M	危害控制：微生物	9.1 产品 pH≤5.5
	要点或步骤：包装前成品沙拉的最高 pH 限值	9.2 pH 计必须在每次轮班前按照认可的标准进行校准。
10-M	危害控制：微生物	10.1 内部温度不得超过 7.2℃
	要点或步骤：冷藏产品包装前的储存温度和时间	10.2 产品在灌装/包装前不得持有超过一班
11-P	危害控制：物理点或程序：包裹金属探测器	11.1 单件包装用黑色金属检测装置
		11.2 校准或检查不得超过每 4h 一次
12-M	危害控制：微生物	12.1 物理屏障就位
	要点或步骤：物理屏障以防止来自仓库区域的交叉污染	12.2 门在不使用时保持关闭状态
		12.3 颜色编码的制服
		12.4 监督到位
13-M	危害控制：微生物	13.1 产品内部温度在 4h 内不得超过 7.2℃
	要点或步骤：装箱/堆放成品的冷藏	13.2 轮班前校准的温度测量设备
14-M	危害控制：微生物	14.1 装货前，装运舱室必须预冷至 7.2℃ 或更低
	要点或步骤：用于配送成品的卡车和船运集装箱	

续表

CCP 编号	CCP 说明	临界限制说明
15-M	危害控制：微生物 要点或步骤：标签说明	15.1 每个包装或散装箱子都应有标签说明 15.2 每个标签应包括： • 保持冷藏状态 • 编码 • 存储指令

M—微生物危害，P—物理危害，C—化学危害

（来源：Pierson 医学博士，Corlett 地区检察官。HACCP 原理及应用）

19.10 食源性疾病暴发的监测

据报道，FDA 预测的食源性疾病数千万例，而向疾控中心提交的实际病例报告为数千例。由于没有报告所有的疾病，所以难以知晓真实的数字。

自 1973 年多年以来，美国疾病控制与预防中心一直保持着关于食源性疾病暴发的发生和原因的监测数据。CDC 积极调查新出现的食源性疾病。食源性疾病主动监测网络是 CDC 新发感染计划的主要食源性疾病组成部分，始于 20 世纪 90 年代中期的五个州，自 1996 年以来一直在跟踪通常通过食品传播的感染趋势。"FoodNet 为食品安全政策和预防工作奠定基础。它预测食源性疾病的数量，监测特定食源性疾病随时间推移而发生的趋势，将疾病与特定的食品和环境进行归因分析，并传播这些信息。"（来源：CDC. gov）

这种跟踪是一种"主动"报告系统，公共卫生官员经常与实验室负责人联系以获取数据，然后将数据以电子方式发送给 CDC。它包含 5 个部分，如下所示：

- 以实验室为基础的主动监测
- 临床实验室的调查
- 医生调查
- 人群普查
- 流行病学研究

许多患者并没有想到饮食是致病因素，也没有向主管单位报告病例。因此，爆发食源性疾病（Food borne-disease outbreaks，FBDOs）的报告病例可能只占实际病例的一小部分。尽管如此，监测数据提供了"与 FBDOs 相关的病原体、传播媒介和致病因素的阐释，并有助于指导公共卫生行动"。

最危险或最有可能患食源性疾病的人包括老年人（美国人口中最大的风险群体）、孕妇和哺乳期妇女、学龄儿童和婴儿。这些人被称为"高度易感人群"。此外，越来越多的人检测出人类免疫缺陷病毒（HIV）呈阳性，患有性免疫缺陷综合征的人，或因药物或放射治疗而免疫系统减弱的人非常容易患病。

高危人群数量的增加，加上外出就餐人数的增加，增加了食源性疾病发生的可能性。通过使用 HACCP 系统和员工培训等方法，可以控制危害并确保安全的食品供应。建议 FSIS 应该寻求权威机构对违规行为处以罚款，并更好地监控测试程序（Anon，2000）。

美国农业部食品安全监督局以科学为基础，负责“确保美国肉、家禽和蛋制品的质量越来越依赖科学。”他们声明：“更多地了解该机构如何通过科学保护公共健康。”

CDC 的监测数据一致地确定了与食品零售业中食品安全实践有关的 5 个主要风险因素，这些因素导致了食源性疾病。美国各地的大多数监管零售食品检验项目都在例行检验中监控这些风险因素，并且每个项目都要求有特定的食品安全行为和实践。这些风险因素包括：

- 个人卫生差。
- 食品保存时间和温度不当。
- 设备受污染/防止污染。
- 烹煮不足。
- 食品来源不安全。

跟踪这些风险因素及其各自的干预策略可以提供一种一致的手段来监控食品安全工作，并确定餐饮业随着时间变化的推移趋势。FDA 推动并开展了旨在将基于科学的食品安全原则应用于零售和餐饮服务环境的研究，以最大程度地减少食源性疾病的发生率。研究结果支持开发并向零售食品监管机构及其监管的行业提供基于科学的指导、培训、项目评估和技术援助。

（来源：FDA-2018 FDA 关于 2013—2014 年快餐和全方位服务餐厅食源性疾病风险因素发生情况的报告）。

19.11 变质和污染的其他原因

除了可能污染食品供应的生物、化学和物理危害外，酶的活性及暴露在过度潮湿的环境中也会使食品变质。害虫也会污染食品，可能会使食品明显不可食用。蟑螂和昆虫携带细菌，有些昆虫会用它们的酸性唾液反刍食品，以便在进食前将食品分解。例如，啮齿动物没有膀胱，可能会污染它们接触的所有表面。

世界范围内，无论是在发达国家还是不发达国家，食品变质都可能是造成大量食品浪费的原因。必须勤勉小心。取决于资源和理念，防腐保藏、使用添加剂和包装，这些方法都是可以用来控制不良变质或污染。

进一步研究和探索食品相关疾病，参阅《食品毒理学》。这里有一个例子：“《食品毒理学》是关于食品中有毒物质的种类、特性、作用和检测，及其它们在人类身上的疾病表现的研究。包括剂量反应关系、毒物的吸收、毒物的分布和存储、毒物的生物转化和消除、靶器官毒性、致畸作用、诱变作用、致癌作用、食品过敏和风险评估……检查与食品有关的化学物质，例如食品添加剂、霉菌毒素和杀虫剂，以及它们是如何被检测和监管的……与天然毒素有关的食源性疾病的病原学和食品生态学。”（爱达荷大学）。

19.12 食品安全责任

政府、食品公司、餐饮服务机构和消费者都对食品安全负有责任。越来越多的“高危”人群使食源性、水源性疾病的预防工作复杂化。食品供应应该是安全的。

世界各地的政府都在规范自己的食品供应（参见第二十章），通过促进以科学为基础的监管、检查和执法服务、教育和研究，来确保食品的安全和卫生。在美国，FDA 和 USDA 的 FSIS 都有大量经过充分研究的有关食源性疾病和风险评估的文件（也可以在他们网站上找到），历史记载提供给食品制造商和消费者。

USDA 继续与各州和私营公司合作以保护食品。“食品安全仍然是 USDA 的首要任务”。美国各地正在举行食品防御演习，以协调政府、非政府组织和私营部门等。

美国食品和药品食品安全和应用营养中心引述了保持卫生操作的七个领域的关键障碍。这些领域包括上述微生物：细菌和霉菌；化学污染；害虫：包括鸟类、昆虫和啮齿动物；以及无知/粗心。因此，在这些关键领域进行有针对性的员工培训对于食品安全至关重要。

在食品行业中，人员伤亡、品牌忠诚度丧失或公司本身的损失可能会促使员工持正确的态度，正确地做事。危机管理团队和危机管理计划必须强调预防。

培训——当地或全州的食品保护。

可能会开设食品保护课程，有些可能是必修课。

- 食品保护管理认证。
- 食品保护管理再认证。

食品生产加工行业，以及包括医院、疗养院和餐馆在内的餐饮服务业务，必须遵守政府规定。例如，作为食品保护的一种手段，食品公司重新评估了提供所需工厂卫生设施和防止产品召回的战略。

食品制造和加工业，以及餐饮服务行业，包括医院、疗养院和参观，必须遵守政府规定。例如，作为一种食品保护手段，食品公司已经重新评估了提供所需工厂卫生设备和防止产品召回的策略。在食品安全方面给予的时间和财政资源都明显增加，雇用受过卫生培训的工厂设计工程师也明显增加了（Van Milligen，2001）。

FSIS 对包括屠宰场在内的食品加工商进行了严格的审查，以确保该国的肉类供应不存在疯牛病的风险。检查人员持续接受审核和培训，以确保安全。食品安全网站提供最新的食品安全新闻、召回信息，报告可能的食源性疾病的说明等。

CSPI 使命声明

食源性疾病，俗称“食品中毒”，在美国每年造成约 4800 万人患病，12.8 万人住院，3000 人死亡。这些疾病的范围从令人不安的恶心、呕吐和腹泻到需要住院治疗的危及生命的疾病。这些疾病大多数在整个食物链中都可以完全谨慎地预防。从农民到厨师；从食品加工者到烧烤工人，每个人都在制作安全食品方面扮演着重要角色。

食品安全是公共利益科学中心关注的重点领域。CSPI 的“食品安全计划”的任务是减轻食源性疾病的负担。我们在网站和《营养行动健康快报》中为消费者提供了可靠的食品安全建议，我们的专家团队鼓励政策制定者、政府监管机构和食品行业更加努力地保护美国消费者免受污染食品的侵害。

“食品安全计划”的律师和公共卫生研究人员与国会和州立法机构合作，加强食品安全法律，并为保护我们的食品供应和公共健康的联邦机构提供资金。我们鼓励食品药品管理局及美国农业部改善联邦食品安全计划，并加强对行业实务的监督。我们通过请愿、评论和参加公开听证会为这些机构提供关于食品安全政策的最佳思路。我们还与行业领袖直接沟通，以确保他们所销售食品的安全性。

“食品安全计划”为公众、政策制定者和监管机构提供了有关当前和新出现的食品安全问题的有用的最新研究。CSPI 的出版物《疾病暴发警报!》是按食品类别组织的食源性疾病和暴发的持续汇编。世界各地的科学家和政策制定者都在使用它。CSPI 的“食品安全计划”一直在倡导统一的食品安全体系以及对肉类、家禽和海鲜生产的更严格法律的倡导。

我们的工作不会止步于边境。在日益全球化的市场中，“食品安全计划”在许多国际食品安全会议上代表消费者，我们管理着代表世界各地消费者的国际消费者食品组织协会的工作。

此外，食品公司可能会将“卫生”任务从第三班实际转移到第一班或第二班，反映出不同的优先事项，以及对卫生和食品安全性的更加重视。也许仅谈一种食品是安全的是不够的。数据必须支持这种说法。

在一篇题为“科学家为什么不能传播科学？——媒体报道不足以及消费者教育缺乏加剧了人们对本国粮食供应的担忧”的文章中，提出了一个重要问题。这个问题是“一个能够产生如此丰厚收益的行业，在沟通安全和效率方面怎么会出现问题呢?”对于某些媒体记者来说，安全性可能不足以引起轰动。然而，“吹捧自己的成功”或“吹自己的喇叭”来告诉公众在科学技术和食品安全方面有多好可能没有任何问题。“我们的食品供应可能是世界上最健康的。我们应该告诉人们我们是如何做到这一点的”（Stier，2006）。

消费者必须对自己制备的或由食品供应中的其他人加工/制备的安全食品的消费负有最终责任。消费者必须保持警惕，并接受有关食品安全问题的教育，因为可能实际上这是由食品处理人员掌握的!

以营养与饮食学会为代表的一大批食品和营养专业人士发表了以下声明：

“公众有权获得安全的食品和水供应。该协会支持食品行业的营养学专业人士、学者和代表与适当的政府机构之间的合作，通过向公众和行业提供教育，促进技术创新和应用，以及支持进一步的研究，确保食品和水的供应安全。”（来源：AND）。

更具体地说，前面章节中介绍了“清洁、分离、烹煮、冷却”的建议，下面介绍本“食品安全”章节中适当的细节内容。

食品安全建议

清洁：经常洗手和洗脸

细菌可以传播到整个厨房，并接触到手、切菜板、器皿、台面和食品。

- 在处理食品前后，使用卫生间或换尿布后，用温水和肥皂洗手至少 20s。
- 与宠物玩耍或参观宠物动物园后要洗手。
- 准备好每种食品之后，在进行下一种食品之前，请用热肥皂水清洗切菜板、餐具、器皿和台面。
- 考虑使用纸巾清洁厨房表面。如果使用毛巾，则应经常将其置入洗衣机热循环中清洗。

● 用自来水冲洗新鲜水果和蔬菜，包括那些带皮和壳的不能吃的种类。

● 在流动的自来水下擦带硬皮的水果和蔬菜，或在用流动的自来水冲洗时用干净的蔬菜刷擦洗。

● 不要把书、背包或购物袋放在准备或供应食品的厨房桌子或柜台上。

分离：避免交叉污染

交叉污染是细菌传播的方式。在处理生肉、家禽、海鲜和鸡蛋时，使这些食物和它们的汁液与即食食品保持远离。总是从干净的环境开始——用温水和肥皂洗手。用热肥皂水清洗砧板、盘子、台面和餐具。

● 把生肉、家禽、海鲜和鸡蛋与杂货店购物车、购物袋和冰箱中的其他食物分开。

● 新鲜农产品用一块切菜板，生肉、家禽和海鲜使用另一块切菜板。

● 使用食品温度计，测量熟肉、家禽和蛋类菜肴的内部温度，以确保食品煮制到安全的内部温度。

● 切勿将熟食放在之前盛放过生肉、家禽、海鲜或鸡蛋的盘子里。

烹煮：在适当的温度下烹煮

当食物内部温度达到足够高的水平，可以杀死引起食源性疾病的有害细菌时，食物就被安全烹煮了。使用食品温度计测量煮熟食品的内部温度。

● 使用食物温度计，测量熟肉、家禽和蛋类菜肴的内部温度，以确保食物煮制到安全的内部温度。

● 将烤牛肉和牛排烹调至安全的最低内部温度63℃。将猪肉煮至最低71℃。根据食品温度计的测量，所有家禽都应达到安全的最低整禽内部温度74℃。

● 将绞肉煮到71℃。来自疾病控制和预防中心的信息将食用未煮熟的碎牛肉与更高的患病风险联系在一起。记住，颜色并不是一个可靠的标志，请用食品温度计检查汉堡的内部温度。

● 将鸡蛋煮至蛋黄和蛋白变硬，而不是太稀软。不要使用有生鸡蛋或鸡蛋仅部分煮熟的食谱。砂锅菜和其他含有鸡蛋的菜肴应煮至71℃。

● 将鱼煮至63℃或直到肉不透明并用叉子很容易分离。

● 在使用微波炉烹煮时，要确保食品上没有冷点（细菌可以存活）。为了获得最佳效果，将食品盖上盖子，搅拌并旋转以使烹煮均匀。如果没有转盘，在烹煮过程中用手旋转一次或两次。

● 重新加热时，将调味汁、汤和肉汁煮沸。将其他剩菜完全加热到74℃。

● 用微波炉烹煮食品时，要使用微波炉安全的炊具和塑料袋。

冷却：立即冷藏！

由于低温会减慢有害细菌的生长，因此要将食品快速冷藏。不要将冰箱塞得太满，必须使冷空气流通以保证食品安全。将冰箱温度保持4℃或更低是减少食源性疾病风险的最有效方法之一。使用电器温度计确保温度始终保持在4℃或更低。冷冻室温度应为-17.8℃或更低。

● 肉、家禽、鸡蛋和其他易腐物品从商店带回家后，应立即对其进行冷藏或冷冻。

● 在将生肉、家禽、鸡蛋、熟食或切好的新鲜水果或蔬菜放入冰箱或冰柜之前，切勿将其在室温下放置2h以上（温度高于32℃时时间为1h）。

- 切勿在室温下解冻食品。解冻过程中，食品必须保持在安全的温度下。解冻食品的安全方法有三种：冰箱解冻、冷水解冻和使用带有解冻装置的微波炉解冻。冷水解冻或微波炉解冻的食品应立即煮熟。
- 始终在冰箱中腌制食品。
- 将大量的剩菜分装到浅容器中，以便在冰箱中更快地冷却。
- 定期使用或丢弃冷藏食品。

图19.6 美国食品安全相关部门标识

美国拥有世界上最安全的食品供应之一。FDA、美国农业部和美国海洋与大气管理局与美国海关和边境保护局合作建立了适当的系统来确保食品供应，无论是美国自产的还是进口的，都可以放心食用。

- 如果政府有任何理由相信进入美国或在美国生产的食品受到污染，将会阻止它们进入贸易流。
- FDA拥有80%的食品供应权，其中包括海鲜、乳制品和农产品。USDA监管肉类、禽类和加工蛋制品，而FDA监管所有其他食品。

另参见：

- FDA——保持食用安全：
- 将生的、熟的和即食的食品分开。
- 不要清洗或冲洗肉类或家禽。在准备好每种食物后，以及在进行下一个食物之前，用热肥皂水清洗切菜板、刀具、餐具和台面。
- 把生肉、家禽和海鲜放在冰箱最下面的架子上，这样其汁液就不会滴到其他食物上。
- 将食物烹饪到安全的温度以杀死微生物。使用肉类温度计来测量煮熟的肉类和家禽的内部温度，以确保将肉类完全煮熟。
- 迅速冷冻（冷藏）易腐烂的食物，并适当解冻食物。在2h内冷藏或冷藏易腐烂的食品、熟食和剩菜。
- 提前计划解冻食品。切勿在室温下解冻厨房柜台上的食品。将食品放入冰箱解冻、将密封包装的食品浸入冷自来水中（每30min换一次水）或在微波炉的盘子上解冻。
- 避免生蛋或半熟蛋，或含有生蛋、生或未煮熟的肉和家禽的食品。
- 可能怀孕的妇女、孕妇、哺乳期的母亲和年幼的孩子应避免食用某些鱼类，选择汞含量较低的鱼类食用。——FDA

“结合……的食品检测中的技术改进……识别受污染食品的改进方法，在很大程度上有助于减少受污染食品的分发数量……”（Harvey，2019）。

谁是食品安全的超级明星？“很少公司的员工中有微生物专家。”

“食品安全法律和政治的很多追随者对2011年颁布的《食品安全现代化法案》表示赞

赏，认为这是 FDA 加强食品安全责任迈出的积极的第一步。当时可能采取的下一步措施包括更新 USDA 的肉和家禽食品安全要求，以与 FDA 的规定保持一致，最后，将食品安全责任合并为一个单一机构。”（Endres，2018）。

19.13 工作场所的消毒

在讨论了食品安全的许多方面之后，下面将重点介绍食品生产中的适当消毒及其文档记录。可以看出，在工作场所消毒的其他方面，适当的温度对食品安全至关重要。

温度控制除了对食品处理具有重要性外，其在餐具洗涤中也具有重要意义。图 19.7 显示了用于控制食品安全的餐具洗涤的温度检查的各种方法。有用于洗涤、漂洗和消毒的手动水槽、盘子以及一侧带有或不带有右侧或左侧排水板的器具。水槽分为两室或三室，有热水或化学消毒手段（一室洗涤槽更像是一个预备洗涤槽）。

同样，自动洗碗机有多种尺寸和款式——高温洗碗机和低温洗碗机。还有洗锅水槽、喷雾瓶和消毒剂桶——所有这些都能够在食品准备工作场所进行清洁和消毒工作。每个都有自己的强度、时间和温度要求。可通过标签显示洗碗机洗涤和最终漂洗循环是否达到所需的温度（图 19.8）。

以下是一些有用的工具示例，这些工具可以用作在烹饪和清洁过程中进行温度调节的重要任务中控制疾病的一种手段（图 19.7、图 19.8 和图 19.9）。

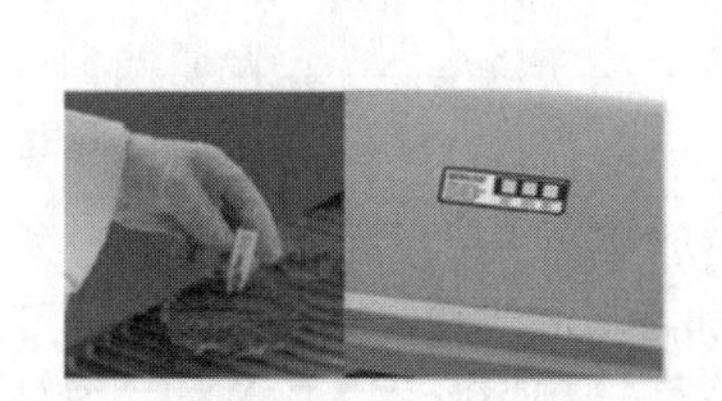

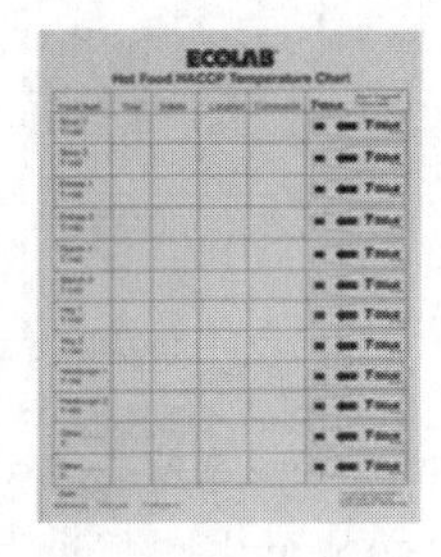

图 19.7 用于控制食品安全的餐具洗涤的温度检查各种方法

（来源：ECOLAB Eagan，MN）

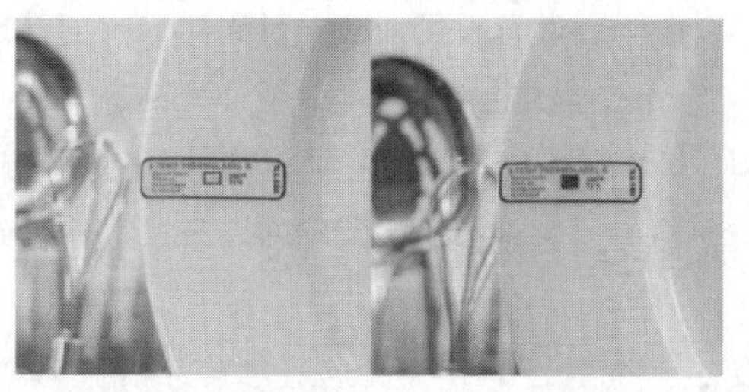

图 19.8 左：使用前将 160°Thermolabel ®洗碗机标签贴上。右：洗涤和最终漂洗循环后的 160°Thermolabel ®洗碗机标签显示已达到所需温度

基于HACCP的记录

洗碗水温度记录
用于使用热水卫生设施的洗碗机

日期	时间	最初的	测量温度		Thermolabel®试纸	注意事项纠正措施
			清洗	最后清洗		

《FAD食品法规》2017 第4–703.11节清洁后,设备与食品接触的表面和器具应在以下情况下进行消毒: (B) 热水机械操作，通过71℃的设备循环，由不可逆的再热温度指示器测量。
保留此日志至少1年。

图 19.9 使用纸温度计（洗碗机温度标签）记录在洗碗机物品上的日志示例

19.14 作为确保食品安全的一种手段——标签

至关重要的是要将食品，特别是 PHF，快速通过食品设施，并遵循适当的库存轮换原则——先进先出或 FIFO。产品的“使用日期”标签有多种语言和风格可供选择，它可能会黏在食品上，在清洗食品容器时很容易溶解，从容器上脱落。

产品日期标注

除了食品加工人员贴上的产品可解离性标签外，食品加工商还可以在食品包装上标注公开性日期。这为终端消费者提供了关于将食品保存在手边的最佳时间段的信息。然而，产品标注日期并不能保证不会出现变质或有害污染的情况。加工和餐饮服务运营人员以及消费者必须注意观察食品是否可能变质，并且不能使用损坏的产品。

乳制品必须贴上公开性日期标签，但其他食品可以自愿贴有公开性日期标签。食品也可以显示代码日期，该代码日期只能由制造商读取。食品上可能出现的日期类型如下。

- 最佳食用日期：告知消费者食品保持高质量的最佳期。
- 有效期：表示推荐使用的截止日期。
- 包装日期：表示食品的包装时间。
- 销售期：表示食品可以作为新鲜食品出售的最后一天。所有食品应仅在既定的时间范围内提供食用。

美国农业部肉和家禽热线 1-888-MPHotline（1-888-674-6854）。FSIS 是美国农业部的公共卫生机构，负责确保美国肉、家禽和蛋类产品的商业供应安全和有益健康，并正确贴上标签和包装。

食品安全信息 USDA-FSIS

食品产品日期标注

“2 月 14 日前出售”是一种你可能在肉类或家禽产品上找到的信息。食品产品上是否需要注明日期？这是否意味着该产品在该日期之后就不能安全使用了？以下是一些背景信息，可以回答有关产品日期的这些和其他问题。

什么是注明日期？

食品上的“公开性日期”（使用日历日期而不是编码日期）是在产品包装上标记的日期，以帮助商店确定要出售的产品的陈列时间。它还可以帮助购买者了解购买或使用质量最好的产品的时限。这不是安全日期。日期过后，虽然质量不是最好，但如果正确处理并在图表中列出的建议存储时间内保持在 4℃ 或更低的温度下，产品仍应是安全的。

如果产品有“使用日期”，则遵循该日期。

如果产品有“出售”日期或没有日期，请按照下表中的时间烹煮或冷冻产品。

联邦法律是否要求注明日期？

除婴儿配方乳粉外，联邦法规通常不要求产品标注日期。但是，如果使用日历日期，则必须同时表示月和日（对于货架稳定和冷冻产品，还必须表示年份）。如果显示日历日期，则紧靠该日期的位置必须是解释该日期含义的短语，例如“出售日期”或“之前使用”。在美国，没有统一的或普遍接受的食品日期标注体系。尽管 20 多个州都要求对一些食品进行日期标注，但美国有些地区的大部分食品供应都标注某种公开性日期，而有些地区则几乎没有食品标注日期。

什么样的食品标注日期？

标注公开性日期主要见于易腐的食品上，例如肉、家禽、鸡蛋和乳制品。“非公开”或“编码”日期可能会出现在罐头和盒装食品等货架稳定的产品上。

日期类型

- “最晚出售”日期告诉商店陈列产品销售多长时间。消费者应该在日期到期之前购买产品。

- “此前（或之前）使用最佳”日期被建议以获得最佳风味或质量。这不是购买日期，也不是安全日期。
- “之前使用”日期是指产品处于最佳质量建议使用的最后日期。该日期已由产品制造商确定。
- “非公开日期或编码日期”是供制造商使用的包装编号。

食品过期后的安全性

除了“之前使用”日期，产品日期并不总是指购买后的家庭存储和使用日期。“之前使用”日期通常指的是质量最好的日期，而不是安全日期。但是，即使在家庭储存期间过期，如果处理得当并保持在4℃或以下，产品也应该是安全、有益健康并具有良好质量的。有关过期产品的储存时间，参阅随附冰箱的图表。如果产品有“之前使用”日期，则遵从该日期。如果产品有“最晚出售”日期或没有日期，请按以下时间烹煮或冷冻产品。

食品会因腐败细菌而产生异味、风味或变形。如果一种食品已经具备了这样的特性，应该出于质量的原因而不使用它。然而，如果食品处理不当，食源性细菌会在包装上注明日期之前或之后生长并引起食源性疾病。例如，如果将热狗带去野餐，并将其保留几个小时，即使日期还没有过期，如果在此之后使用，它们也可能是不安全的。

可能会发生不当处理的其他例子是：食品在室温下解冻超过2h；食品交叉污染；或由不使用卫生设施的人来处理食品。务必遵循标签上的食品处理和准备说明进行操作，以确保最高的食品质量和安全。

婴儿配方乳粉日期标注

联邦法规要求在FDA检查下的婴儿配方乳粉的产品标签上注明“之前使用”日期。

罐头编码意味着什么？

罐头必须标明包装编码，以便能够在州际贸易中跟踪产品。这样一来，制造商可以轮换库存，以及在召回产品事件中定位他们的产品。这些显示为一系列字母和/或数字的编码可以表示制造日期或时间。它们并不意味着消费者可以将其解释为“之前使用”日期。没有书籍或网站介绍如何将编码转换为日期。罐头也可能显示“公开性”日期或日历日期。通常，这些日期是“此前使用最佳”日期，以达到最佳质量。一般来说，如果罐头保持良好状态，并存放在阴凉、干净、干燥的地方：番茄、柚子和菠萝等高酸度罐头食品在货架上可以保持最好品质的时间为12~18个月；低酸罐头食品，如肉、家禽、鱼和大多数蔬菜，在货架上可以保持最好品质的时间为2~5年。

鸡蛋盒上的日期

联邦政府没有要求使用“最晚出售”日期或“过期”日期，但可能州政府要求，按照鸡蛋销售所在州的鸡蛋法律的规定。一些州鸡蛋法律不允许使用“最晚出售”日期。许多鸡蛋在母鸡下蛋后几天才送到商店。带有USDA等级盾形纹章的鸡蛋纸箱必须标明“包装日期”（将鸡蛋清洗、分级并放入纸箱的日期）。该数字是一个三位数的代码，代表一年中的第一天，从1月1日开始为001，在12月31日之前结束为365。当带有USDA等级盾形纹章的纸箱上出现“最晚出售”日期时，自包装日期起算的编码日期不得超过45天。

始终在纸箱上的“最晚出售”日期或“过期”日期之前购买鸡蛋。将鸡蛋带回家中后，放在原来的纸盒里冷藏起来，然后将其放置在冰箱中最冷的区域，而不是放在门上。为了获得最佳质量，应在购买鸡蛋后的3~5周内使用鸡蛋。“最晚出售”日期通常会在该时间段内过期，但鸡蛋的使用是完全安全的。

通用产品代码（universal product codes，UPC）或条形码

通用产品代码在包装上显示为一系列数字上方不同宽度的黑线。法规没有要求使用通用产品代码，但是制造商会将通用产品代码打印在大多数产品标签上，因为超市的扫描仪可以快速“读取”该代码以在结账时记录价格。

商店和制造商将条形码用于库存的和营销信息。当被计算机读取时，条形码可以显示诸如制造商名称、产品名称、产品尺寸和价格之类的特定信息。这些数字不用于识别召回产品……（*fsis. usda. gov*）

19.15 冰箱和冰柜储存图表

这些短暂但安全的时间限制将有助于防止冷藏食品在4℃下变质或变得不安全。由于产品日期不是安全使用产品的指南，遵循下面这些提示。

- 在“最晚出售”日期或过期日期之前购买产品。
- 遵循产品的处理建议。
- 将肉和家禽放在包装中直到使用前。
- 如果将肉和家禽在原始包装中冷冻超过2个月，用密封的重型箔纸、保鲜膜或冷冻纸将这些包装包起来；或将包装放入塑料袋中。由于冷冻-18℃几乎可以无限期地确保食品安全，因此，以下建议的存储时间仅出于质量考虑。

以冰箱的物品为例，如表19.9所示。

表19.9 冰箱储存物品表

产品	冷藏	冷冻
新鲜的，带壳的鸡蛋	3~5周	不冷冻

关于标签，在产品线上的“清洁”标签：“……它能够提供干净的标签和广谱的解决方案，而不会影响目标食品或饮料的感官特性。”例如，在对抗霉菌、酵母和细菌时，天然抗菌剂的应用“……事实证明，与苯甲酸钠和山梨酸钾相比，天然抗菌剂是一种更有效的保质期增加剂，同时也改善了所测试配方的整体风味。”（Anon，2012）。

“我确实看到清洁标签运动的利弊。当然，归根结底，我们想要的是安全和营养的食品供应。”A. N. D. 的一位发言人说。“另一方面，有一种运动显然不会消失，消费者有兴趣了解他们所吃的食品中有什么。那不是一件坏事。”（Schierhorn，2019）。

19.16 无过敏原标签

过敏原是一个与食品安全有关的问题（参见第二十章）。FDA负责成分标签，并已向食

品加工商发出通知，不允许免除成分标签。食品必须包含标签上所标注的内容，并且不得包含未标注的成分。含有威胁生命的过敏原必须在食品标签上标明，在不确定的情况下，应使用例如“可能含有”之类的陈述作为防护措施。

人们容易过敏的8种主要食物包括牛乳、鸡蛋、花生、坚果（例如杏仁、腰果）、大豆、小麦、鱼和贝类。这些引起了90%的食物过敏反应，因此代表了应该在生产过程中分离的成分。严重的过敏反应可引起过敏性休克或死亡。(Beker和Koerner，2000）食品安全正在被重新定义为包括无过敏原和无病原体。(Higgins，2000)。

“《联邦食品、药品和化妆品法案》（FD&C Act）要求，含有主要食品过敏原的食品必须声明过敏原的来源。该法案将主要食品过敏原定义为以下之一：牛乳、鸡蛋、鱼（例如鲈鱼、比目鱼和鳕鱼）、甲壳类贝类（例如螃蟹、龙虾和虾）、坚果（例如杏仁、山核桃和核桃）、小麦、花生和大豆。除了要求标明这8种主要食品过敏原外，《联邦食品、药品和化妆品法案》还赋予FDA权力以要求披露属于或含有除8种主要食品过敏原以外的其他过敏原的香料、调味料、着色剂和附带添加剂，并且FDA不受其他食品过敏原需要贴上标签的限制。

对于除8种主要食品过敏原以外的其他食品过敏原，在某些情况下，对于有过敏反应的消费者可能很难避免，因为它们可能并不总是在成分声明中具体列出或通过过敏原标签进行识别。含有不是主要食品过敏原的食品的配料可能只列出其共同或通常的名称，而不总是声报食品来源的名称”。

FDA——《FDA要求就2018年芝麻过敏和食品标签提供意见》

如果在产品分销后检测到过敏原，则可能需要召回产品。第一时间做正确的事情是一个更明智的选择！独立实验室或过敏原检测试剂盒都可以证明产品是否不含过敏原。测试是良好生产规范（GMPs）的一部分。

根据FDA食品安全与应用营养中心科学分析与支持办公室主任的说法“……FDA和食品公司都在努力寻找过敏原……过敏性消费者越来越多地意识到食品中的过敏原，而且……有改进的过敏原检测方法。”(来源：FDA)。

控制过敏原的一些最佳做法涉及以下几个方面：

- R&D/产品开发。
- 具有专用生产线的工程和系统设计。
- 原料和成分的供应商认证。
- 包括较长生产运行时间的生产计划。
- 返工分离。
- 在标签和包装中将正确的产品放入正确的包装中，并列出与实际食品相匹配的成分！
- 卫生设施。一种类似HACCP的方法。
- 培训（Morris，2002)。

19.17 未来立法规则的制定

“……我们可能会看到有关食品安全计划的大量工作……”由于《食品安全现代化法

案》……我们做到了！（Acheson，2018，2019）。

19.18 结论

消费者说“我只想吃”！他们期望获得安全的食品，并保护其免受食品供应的微生物、化学和物理危害。他们期望食品安全不会成为他们要经历的问题。然而，他们可能会遭遇食源性疾病。不幸的是，疾病可能源自细菌、病毒、霉菌、寄生虫和食品中的天然化学物质（例如毒素）、意外的化学污染、添加剂或防腐剂的毒性水平以及异物。这种疾病可能会严重或致命地影响食品公司、医院、餐馆的健康和福利，甚至会影响他们作为消费者在家里的健康和福利。

FDA 的《食品安全现代化法案》（Food Safety Modernization Act，FSMA）以及现代化的现行良好操作规范（CGMP）已经阐述。HACCP 是一种食品安全体系，致力于预防食源性疾病，并更大可能确保食品安全。这也已经讨论。HACCP 团队成员通过评估食品在其操作过程中的潜在危害并为已确定的危害建立限制或控制措施，来提高食品安全性。HACCP 适用于食品所有处理步骤，包括加工、包装和配送。餐饮服务运营也可以遵循相同的 HACCP 程序。

CDC 监视并报告 FBDO 的病例。使用公开性日期和编码日期。食品过敏原由 FDA 监控。最终，消费者必须对食用安全食品负责。

食品防御模拟，包括与各级政府、非政府机构和私营部门进行训练演习，可以更好地准备和保护食品供应免受恐怖主义威胁可能造成的危害。生物恐怖主义防范培训对食品科学和食品服务专业人员至关重要。更多信息参见“附录”章节。

美国农业部食品安全研究信息办公室为公众和食品安全研究人员创建了一个网站。该网站包含有关食品安全的教育、专业和外国政府链接。

笔记：

烹饪提示！

术语表

生物危害：来自细菌、病毒、真菌和寄生虫等生物源危害。

化学危害：有毒化学物质导致的危害，可能是由于意外、使用致毒量添加剂或有毒金属而发生的。

污染：存在有毒有害物质。

交叉污染：有害微生物通过另一种食品、手、设备或器皿从一种食品转移到另一种食品。

新兴病原体：在过去几年中发病率增加或在不久的将来有可能增加的病原体。

食源性疾病：通过摄食而进入人体的有毒有害物质（包括生物性病原体）等致病因子所造成的疾病。

真菌：（译者注：真菌是一种具真核的、产孢的、无叶绿体的真核生物。）包括霉菌和酵母菌在内的微生物。

HACCP：食品安全危害分析与关键控制点。

感染：由于摄入活的致病细菌，如沙门菌、李斯特菌或志贺菌而引起的疾病。

中毒：由于摄入预先形成的毒素，如金黄色葡萄球菌、肉毒梭菌或蜡状芽孢杆菌产生的毒素而导致的疾病。

致病性：病原物所具有的破坏寄主并诱发病害的特性。

物理危害：主要指食品中发现的外来物质或杂质；可能是食品收获或制造所致；可能是食品中固有的（骨头、壳、核）。

潜在危险食品：能够支持感染性或产毒性微生物的快速和渐进生长的天然或合成食品；生长肉毒梭菌和含毒素的食品，或者含有肠炎沙门菌的带壳鸡蛋等。

变质：食品受到损害从而使食品品质降低或丧失食用价值的一切变化。

孢子：细菌孢子是厚壁结构，耐热、耐寒和耐化学物质；营养细胞被破坏后仍留在食品中，能够变成营养细胞。另外，霉菌还有不同类型的孢子。

危险温度区：大多数细菌生长和繁殖的温度范围为4℃～60℃，该温度下细菌会滋生。

毒素：由生物体产生的、极少量即可引起动物中毒的物质。微生物活着时产生的毒素，在该生物被杀死后该毒素可能残留在食品中并引起疾病。

毒素介导的感染：由于摄入活的引起感染的细菌而导致的感染/中毒，这些细菌也会在肠道中产生毒素，如产气荚膜梭菌或大肠杆菌 O157：H7。

参考文献

[1] Stier RF (2006) Why can't scientists communicate science? Food Eng 78 (3): 25.

[2] Food and Drug Administration (n. d.) Department of Health and Human Services. Public Health Service.

[3] USDA (n. d.) Agricultural Research Service. Washington, DC.

[4] Katz F (2000) Research priorities move toward healthy and safe. Food Technol 54 (12): 42-46.

[5] Higgins KT (2006) Beam me through, Scotty. Food Eng 78 (1): 107-112.

[6] Crawford LM, DVM (1998) Food irradiation's advantages will not escape public attention. Food Technol 52 (1): 55.

[7] Higgins KT (2003) E-beam comes to the heartland. Food Eng 75 (10): 89-96.

[8] Hussain SA, ConAgra Refrigerated Prepared Foods, Technical Services, Surak JG, Clemson University, Cawley JL, Northwest Analytical (2000) Butterball integrates SPC with HACCP . Food Eng 72

(10): 82.
[9] Demetrakakes P (2019) Manufacturing outlook: glass full but jobs empty. Food Process 80 (1): 41-45.
[10] Kuntz LA (2012) Keeping food safety in the mix. Food Prod Design 2-13.
[11] Pierson MD, Corlett DA (eds) (1992) HACCP principles and applications. Chapman & Hall, New York. (reprint 2012).
[12] Anon (2000) Eye on Washington. Food Eng 72: 16.
[13] Van Milligen D (2001) Sanitation 101. Food Eng 73 (1): 55-6.
[14] Harvey C (2019) 10 years after peanut corp. Deaths. How food safety has changed—and not changed—in the U. S. Food Process 80 (3): 12.
[15] Endres, A (2018). The Federal Food Safety Agency: A Proposal to Move FDA Food Safety Responsibilities to the USDA. farmdoc daily (8): 123, Department of Agricultural and Consumer Economics, University of Illinois at Urbana-Champaign, July 5, 2018.
[16] Anon (2012) All-natural sanitizers and preservatives. Food Prod Design 54.
[17] Schierhorn C (2019) How safe is 'clean' food? While consumers may be demanding it, food scientists warn of increased risks for foodborne pathogens. Food Process 80 (2): 25.
[18] Beker L, Koerner CB (2000) Dietitians face the challenge of food allergies. J Am Diet Assoc 100: 13.
[19] Higgins KT (2000) Food safety is being redefined to include allergen-free as well as pathogen-free. Food Eng 72 (6): 75-82.
[20] Morris CE (2002) Best practices for allergen control. Food Eng 74 (3): 33-35.
[21] Acheson D (2018) Food safety/regulatory issues for 2018. Food Process 79 (1).
[22] Acheson D (2019) A look back, a look ahead. Food Process 80 (1): 12.

引注文献

[1] CDC Surveillance for Foodborne Disease Outbreaks, United States.
[2] Center for Science in the Public Interest (CSPI).
[3] Centers for Disease Control and Prevention (CDC).
[4] Current Good Manufacturing Practice and Hazard Analysis and Risk-Based Prevent-ive Controls for Human Food Proposed Rule. (https://gpo.gov/fdsys/pkg/FR-2013-01-16/html/2013-00125.htm).
[5] FDA Center for Food Safety and Applied Nutrition.
[6] FDA, USDA, National Oceanic and Atmospheric Administration (NOAA) Statements on Food Safety.
[7] Flynn K, Begoña Villarreal BP, Barranco A, Belc N, Björnsdóttir B, Fusco V, Rainieri S, SmaradóttirSE, Smeu I, Teixeira P, Jörundsdóttir HO (2019) An introduction to current food safety needs. Trends Food Sci Technol 84: 1-3.
[8] Food Safety and Inspection Service (FSIS).
[9] Food Seminars International.
[10] Grocery Manufacturers Assoc. https://gmaonline.org.
[11] https://producesafetyalliance.cornell.edu.
[12] https://cdc.gov/foodborneoutbreaks/outbreak_ data.htm.
[13] https://cdc.gov/mmwr/preview/mmwrhtml/mm6203a1.htm? s_ cid=mm62031_ w \ .

[14] Institute of Food Technologists' Expert Panel on Food Safety and Nutrition. Scientific Status Summary, Foodborne illness：Role of home food handling Practices.

[15] Kritinsson HG, Jörundsdóttir HO（2019）Food in the bioeconomy. Trends Food Sci Technol 84：4-6.

[16] Lange, L.,. Meyer, A. S. Potentials and possible. Safety issues of using biorefinery products in food value chains. Trends Food Sci Technol 2019; 84：7-11.

[17] LaVella B, Bostik JL（1994）HACCP for food service. LaVella Food Specialists, St. Louis, MO.

[18] Medeiros LC, Kendall P, Hillers V, Chen G, DiMascola S（2001）Identification and classification of consumer food-handling behaviors for food safety education. J Am Diet Assoc 101：1326-1332, 1337-1339.

食品法典范本

全国餐饮协会。教育基金会（1992）《应用餐饮服务卫生，第 4 版》。John Wiley 父子，纽约得克萨斯州农工大学——得克萨斯州大学城食品安全中心

爱达荷大学。

USDA ChooseMyPlate. gov

USDA 食品安全研究信息办公室（FSRIO）

协会和组织

营养与营养学研究院国家营养与营养学中心（NCND），伊利诺伊州，芝加哥

美国公共卫生协会（APHA），华盛顿哥伦比亚特区

食品药品官员协会（AFDO），宾夕法尼亚州，约克

合作推广服务（CES），全美

农业科学技术委员会（CAST），艾奥瓦州，埃姆斯

食品市场营销协会（FMI），华盛顿哥伦比亚特区

甘尼特新闻

食品技术研究所（IFT），伊利诺伊州，芝加哥

国际牛乳、食品和环境卫生师协会（IAMFES），艾奥瓦州，得梅因

国际食品制造者协会（IFMA），伊利诺伊州，芝加哥

国际酒店和餐饮业教育工作者理事会（CHRIE），华盛顿，哥伦比亚特区

国家营养与营养学中心（NCND）

国家环境卫生协会（NEHA），科罗拉多州，丹佛

国家卫生基金会（NSF）国际组织，密歇根州，安娜堡

国家餐饮协会教育基金会（NRA），伊利诺伊州，芝加哥

美国国家环境保护局（EPA），华盛顿哥伦比亚特区

附录

得克萨斯州大学健康科学中心圣安东尼奥分校（UTHSCSA）

Cody MM（2002）专业人士的食品安全。美国饮食协会

Puckett RP，Norton LC（2003）餐饮服务运营中的灾难和应急准备。美国饮食协会

CDC 表 B 1-4 食源性疾病暴发确认指南。

食品安全教育合作伙伴关系—Fight BAC！®

第八部分

食品供应与标签的政府监管

20 政府对食品供应与标签的监管

20.1 引言

消费者希望确保自己有一个可靠、安全、卫生的食品供应。他们不希望在日常生活中面对欺骗性的声明和欺诈性的行为。因此，世界各地政府对食品供应进行监管。联邦、州和地方政府的法规、执行以及提供的教育材料都有助于形成安全的食品供应。本章目的在于了解政府对食品供应与标签的监管。然而，安全可靠的食品供应不仅取决于政府机构或项目，还取决于个人!

在这本食品科学教科书中，政府的角色一直在讨论。FDA 是保护食品供应的主要监管机构之一。他们的基本目的是保护公众免受食源性疾病的危害。称为“良好生产规范”或“GMPs”的 FDA 法规，在食品工厂实施。当然，维护工厂的卫生设施和食品安全是食品加工厂自身人员的持续性职责——希望他们受过充分的培训和激励!

FDA 的 1938 年《联邦食品、药品和化妆品法案》（FD&C Act）是美国监管食品供应的主要法律。FDA 主要负责监管公共卫生、特定安全药品、化妆品以及生物制剂与医疗设备。该法律确保除肉、家禽和蛋制品（由接下来讨论的美国农业部管理）以外的所有食品的安全。

美国另一个对食品供应有影响力和执行力的联邦监管机构是美国农业部。该机构主要负责检查动物产品，包括肉、家禽、蛋类、肉类和家禽加工厂，以及自愿评级（关于管辖权的示例另参见本章）。

USDA 监管州际食品运输、食品包装和食品标签，并强制执行分级标准，规定食品环境卫生的条例。各州农业部门监管州内运输，可能采用自己的，比联邦政府更严格的规定。

尽管有时，FDA 和 USDA 这两个联邦机构存在摩擦，但它们仍会一起致力于食品安全和消费者健康。这可能是主动的，也可能是被动的反应，这对于任何消费美国制造产品的人的健康和安全都是必要的，即使这些产品销往国外时。例如，FDA 负责检查带壳鸡蛋，USDA 负责检查蛋制品，包括液体蛋、冷冻蛋和脱水蛋。FDA 负责监管鸡的食用饲料，而产蛋设施由 USDA 负责。

根据《食品安全现代化法案（FSMA）》，FDA 与州和地方政府机构协调，这些机构根据 FSMA 的产品安全条例对大多数农场进行检查。该法案还呼吁双方加强产品安全活动方面的合作……这些机构工作小组需要解决的问题是：

双重管辖的食品设施

生产安全

生物技术产品

通过在科学、教育和外联方面的协调，FDA 和 USDA 的伙伴关系将有效地确保消费食品的安全，并帮助确保我们“做正确的事，养活所有人”（Fusaro，2018）。

FSMA 激发了许多受访者工厂的变革。超过半数的受访者表示，他们更改了文件和记录，使其符合 FSMA 的要求……受该法案启发的其他改进行为还包括：增加或改进产品检测（34%）；改变卫生程序（30%）；安装更好的清洁设备（21%）（Demetrakakes，2019）。

当然，除了政府对食品供应的监管，行业部门和消费者也必须保持警惕，在确保食品供应方面发挥自己的作用！食品安全在一定程度上仍然取决于个人。其他政府机构、一般标签、营养标签、健康声明、食品过敏原标签和食品服务标签在本章中讨论。

FDA（参见第十九章）

FDA 是美国卫生与公众服务部下属的一个机构，通过确保人用药、兽药、疫苗和其他人用生物制品以及医疗设备的安全性、有效性来保护公众卫生。该机构还负责美国食品供应、化妆品、膳食补充剂、放射性设备的安全和保障，以及对烟草产品的监督管理。

FDA《联邦食品、药品和化妆品法案》——1938 年

大多数预制食品，如面包、谷物、罐头和冷冻食品、零食、甜点和饮料都需要食品标签。而农副产品（水果和蔬菜）和鱼类的营养标签是自愿的，我们称这些产品为“传统”食品。关于膳食补充剂的详细信息，它是一种特殊类别的产品，属于一般食品的范畴，但有单独的标签要求。

1906 年的《食品和药品法案》是 200 多部法律中的第一部，这些法律构成了世界上最全面、最有效的公共卫生和消费者保护网络之一。1938 年的《联邦食品、药品和化妆品法案》（FD&C）法案在一种合法销售的有毒酏剂导致包括儿童在内的 107 人死亡后被正式通过。FD&C 法案彻底改革了公共卫生系统，在其他条款中，该法律还授权 FDA 提供新药的安全证据、发布食品标准，并进行工厂检查。（FDA，2018）

自 1906 年这部法律诞生以来，已经进行了无数次修订。1938 年的法律取代了 1906 年的《联邦食品和药品法案》，简称“纯净食品法”，并被指定监管许多包装或加工食品。该规定包括，如果食品属于进口或州际贸易，则必须贴上适当且真实的标签。此外，还制定了一部涵盖食品行业特殊规则的联邦法规。

FDA 在美国大约 150 个城市有数千名研究人员、检查员和法律人员，遍布联邦、地区和地方办事处，包括科学家（2000 多人）、化学家（大约 900 人）和微生物学家（大约 300 人）。FDA 的代理人可以与公共事务或小型企业以及任何实验人员合作。他们解释法律并监控产品在市场上销售前后的生产、进口、运输和储存，检查产品的结构完整性和标签真实性。

FDA 代理机构的各种活动包括为州和地方机构提供一般职责和预防灾害的建议。FDA 既有执法监管部门，又有与工业界建立伙伴关系的合作计划。例如，后者有助于培训员工预防食源性疾病。尽管预算有限，且 FDA 的工作重点向危害分析与关键控制点（HACCP）过渡，但该政府机构的职责仍然是保护公众。

自愿纠正公共卫生问题是必要的，尽管在必要时，可能会对制造商或分销商进行法律制裁。召回问题产品通常是保护公众免受市场上不安全产品危害的最快、最有效的方法。

20.2 FD&C 法案修正案

引入并成为美国法律的《联邦食品、药品和化妆品法案》的几项主要修正案包括如下：

• 1954 年《农药化学修正案》：农药的使用需经 FDA 批准。生鲜农产品中农药残留量不得超过一定水平。

• 1958 年《食品添加剂修正案》：根据这项修正案，添加剂的有用性和无害性的举证责任转移到了工业上，免除此举证的是已经早已普遍使用且不致癌的被公认安全的（GRAS）物质。(参见下文 GRAS 物质)

• 1966 年《食品添加剂修正案》的德莱尼条款规定，如果某种添加剂导致人或动物患癌，或通过任何适当的测试检测出致癌物质，则不得使用该添加剂。

近年来，关于德莱尼条款的必要性出现了备受争议的问题。例如，什么是适当的测试，以确定食品添加剂的致癌水平呢？对诱发癌症的微量物质进行更精细的检测已成为可能，因此，问题是：致癌物质到达何种水平需要从食品供应中去除呢？没有任何一种食品在摄入任何水平是完全安全的（仅摄入过量水也会导致人进医院！)。所以，未来对这个问题将会有更多的讨论和监管。

• 1960 年《着色剂修正案》：食品色素的使用必须经过 FDA 批准。

• 1966 年《合理包装和标签法案》：要求州际贸易的所有消费品包含关于包装的准确信息，便于更好地控制虚假信息。消费者受益于他们可以通过包装上的标签信息进行购买和价值比较。

• 1990 年《营养标识与教育法案》（Nutrition Labeling Education Act，NLEA）：国会通过该法案后，FDA 随后起草了相关法规，涵盖了广泛的标签变化，包括强制性营养标签和产品健康声明的统一使用，以及统一的食用分量。

这是为了保护消费者免受误导和欺诈，“营养成分”标签于 1944 年 5 月出现在食品上，近年来又以新形式出现。

关于膳食补充剂的详细信息：膳食补充剂属于一般食品范畴的一种特殊类别的产品，但是有单独的标签要求[1]。(1. 例如“功能性食品”或“营养食品”等术语在市场上被广泛使用。这些食品是由 FDA 根据《联邦食品、药品和化妆品法案》进行监管的，尽管它们并没有受到法律的特别反对。)

20.3 GRAS 物质

根据《美国联邦法规》第 21 篇（21CFR582）第 582.1 节一般规定公认安全物质（GRAS）讨论如下：“列出所有被普遍认为在其预期用途上是安全的物质是不切实际的，然而，作为说明，专员认为盐、胡椒粉、糖、醋、发酵粉和味精等常见食品在其预期用途上是安全的。”

20.4 州际食品运输标准

FDA 有强制性标准，具体如下：

特性标准

FDA 描述了食品，并列出了食品在生产过程中的必需成分和可选成分，遵循该标准的产品实例包括蛋黄酱、白面包和果冻等。

当其最初作为法律引入时，食品在制作过程中遵循特性标准，由于消费者熟悉组成食品的基本成分，所以许多必需成分和可选成分没有列在标签上。然而，随着时间推移，很明显，人们对食品的熟悉程度并不普遍！因此，1967 年以后，即使产品符合特性标准，在标签上也必须包含可选成分。随着新添加剂被批准用于食品中，标准也会不断地被审查和修订。

目前，制造商需要在产品标签上注明所有成分，包括必需的和可选的成分。这种对食品成分完全标识的变化，使那些对食品成分构成不熟悉，以及对食品过敏或不耐受的消费者受益。

最低质量标准

FDA 规定了食品中特定属性的最低质量标准，如色泽、瑕疵和嫩度（颜色、嫩度、污损、液体透明度和产品尺寸，这些标准用于批发和零售层面的评估）。如果某一特定质量指标没有达到最低水平，则必须注明“低于质量标准”字样。

例如，我们看到蔬菜和水果罐头的加工商都遵循这个标准，不符合标准并不代表存在安全隐患。

容器填充标准

FDA 标准确保食品包装内的顶隙体积不影响标签上所述的产品重量。即使包装只是部分满！它也确保产品提供正确的重量。例如，麦片、饼干和薯片产品的包装可能看起来没有完全填充，这是因为包装中需要额外的空气空间来防止食品破损。考虑到这一点，食品是按重量，而不是按体积出售的。用液体介质包装的食品，如罐装水果或蔬菜，必须含有规定重量的产品。

20.5 掺假及假冒食品

掺假及假冒食品定义如下：

根据 FDA 规定，如果一种食品存在以下掺假情况，该食品不得出售。

- 含有不良成分。
- 含有污物或已分解成分。
- 含有未经批准或认证的食品着色剂。
- 在不卫生的环境下准备或包装，使其受到污染。

来自患病动物
含有任何的残留物过高
受到辐射，被批准的情况除外
遗漏掉任何营养成分
使用未指定成分代替指定成分
破坏或掩盖缺陷
容重增加或强度降低，使产品比实际情况看起来更好
根据 FDA 规定，如果食品属于以下情况则为假冒食品：

- 标签错误或误导。
- 以他种食品名义出售。
- 仿制另一种食品，而没有在标签上注明“仿制”。
- 包装误导（成型或填充）。
- 未能列出生产商、包装商和分销商的名称和地址，以及净含量说明。
- 未能表明产品通用名称、每种成分名称或标签信息不易辨认和理解。
- 表示为有特性标准的食品，但该食品不符合准确的含量或成分说明。
- 未符合产品质量标准或容器填充标准。
- 标签上注明营养声明或特殊膳食用途，但未依法提供有关食品的膳食特性的信息。
- 缺乏适当的营养标签。（来源：FDA）。

20.6 食品安全现代化法案（FSMA）

《食品安全现代化法案（FSMA）》参见第十九章。“FSMA 所做的不仅鼓励食品完整性的新方法——它还需要这种方法。从车辆检查到驾驶员习惯，从温度读数到环境卫生，该行业投入了大量资金来完善最佳做法。”文章标题包括“食品安全：设备和温度”“与承运商合作”“您的食品安全运输计划”文章作者说“控制你能控制的东西，宁可先发制人。因为无论从货物、行业规则或任何外部情况，这种方式都是值得的。”立法的重点从应对问题转向预防问题。

制定应急计划“不仅是把文字写在纸上，还应筹划合适的工厂来应对各种灾难：飓风、地震、龙卷风、火灾、化学药剂泄漏、恐怖主义或其他潜在问题。至少你需要一个疏散计划将工人转移到安全的地点。”（Stier，2006）。

20.7 美国农业部（USDA）

USDA 是另一个主要的政府机构，负责监管和执行美国的食品供应。掌舵人是农业部部长，这是一个完整的联邦政府部门，主要负责检验肉类、家禽、农产品、包括牛乳、鸡蛋、水果和蔬菜，以及肉类和家禽加工厂。USDA 也参与保护美国的自然资源与环境。

虽然包括细菌计数在内的检测服务是强制的，但分级服务是自愿的，并由生产商、销售商和包装商来支付费用。如应为USDA检查员提供办公桌、电话、停车位等便利设施，因为他们需要定期或经常出现在工厂中，以确保安全的食品制作和工厂卫生。当然，需要再次强调——食品安全仍然取决于个人！

USDA或各州农业部（各州可能超过USDA，但至少达到联邦标准）检查肉类，并在肉上标注“检查合格”的缩写，上面印有编号以确定其来源。虽然不是具体到每块肉，但每具胴体都需要盖印章（由无毒植物染料制成）来证明卫生品质和健康。州际贸易运输也需要盖章，有“健康”字样的标签表明未发现任何疾病迹象，但并不是该肉不含病原微生物。

1906年的《联邦肉类检验法案》、1957年的《联邦家禽产品检验法案》和1968年的《健康家禽产品法案》，都是由USDA的食品安全检验局（FSIS）负责执行的。家禽及家禽产品的检验、标签和处理与肉类检验过程类似，加工过的家禽产品不接受强制性检验。

FSIS进行以下活动，以确保在美国消费的肉类和家禽产品的安全性：

- USDA检察员和兽医对所有在肉类和家禽屠宰厂的尸体进行屠宰检查，检查是否存在疾病和其他异常情况，并抽取样本检查章印是否存在化学残留物。
- USDA对肉类和家禽的切割、去骨、腌制、罐装设施的卫生和清洁、标签和包装进行加工检查。
- 由支持检验的USDA/FSIS执行科学的检测，以确定肉类和家禽中是否存在病原体、残留物、添加剂、疾病和异物。
- 作为进出口检验系统的一部分，USDA对向美国出口肉类和家禽产品的国家的检验制度进行了审查。
- USDA更加重视整个肉类和家禽生产链中的病原体减少和HACCP。包括开发快速检测致病性微生物的新方法、减少细菌污染的检验实践，以及教育消费者如何安全处理食品。
- USDA的肉类和家禽热线是一项免费服务，通过该热线，消费者、教育工作者、研究人员和媒体可以与食品安全领域的专家交流。

USDA和食品与营养局（the USDA Food and Nutrition Service，FNS）负责管理USDA的食品和营养援助计划，FNS通过其计划和营养教育工作，为儿童和贫困家庭提供更好的食品和更健康的饮食。

计划和服务重点包括：

- 妇女、婴儿和儿童计划（women，infant and children，WIC）
- 营养补充援助计划（supplemental nutrition assistance program，SNAP）
- 学校膳食计划
- 食品配送计划
- 灾害援助
- 儿童和成人护理食品计划（child and adult care food program，CACFP）
- WIC的农民市场营养计划（the WIC farmer's market nutrition program，FMNP）
  农民的市场营养计划（farmers' market nutrition program，FMNP）
- 营养教育USDA

USDA 有很多计划（参见 *USDA. gov*），为了面对 21 世纪复杂的营养问题，可能需要研究员、政策制定者以及私营和公共部门组织确定和实施行动议程战略。

目前，有许多营养计划，如前面提到的食品券计划、对妇女、婴儿和儿童的特别补充食品计划等，还有膳食指南、NLEA 等，它们是过去几十年来的“基石”，但它们并不代表一个国家的营养政策。(Crockett et al. 2002)

USDA 的 FSIS 有一个食品生物安全行动小组（F-BTA）。其目的是保护农业和食品供应、确保员工安全、在实验室具备足够的能力和安全保障、确保 USDA 的基本职能可以充分发挥，并能够通过单一的、一以贯之的信息（给员工、消费者、行业、媒体、国会和其他机构）传递必要的信息。USDA 食品安全部副部长成立了 F-BTA，与 FSIS 协调并促进生物安全，反恐和应急准备有关的所有活动。F-BTA 还行使 FSTS 与其他政府机构，以及内外部成员在生物安全问题上的话语权。(来源：USDA)

20.8 州和地方卫生部门

如前所叙，联邦机构（FDA、USDA）监管州际食品供应，而州食品药品管理局、州农业部门等政府机构的任务是监管州内食品供应。在一些州，州卫生部门对所有食品业务有完全的管理职权，而在其他州，郡或市的卫生部门均采用他们自己特有的食品服务章程。

20.9 监管食品供应的其他机构

联邦贸易委员会（the Federal Trade Commission，FTC）

保护包括食品在内的产品的不公平和欺骗性广告行为的侵害。

国家海洋渔业局（the National Marine Fisheries Service，NMFS）

美国商务部 NMFS 负责海产食品的自愿分级。

美国职业安全与健康监察局（The Occupational Health and Safety Administration，OSHA）

管理工作场所的健康危害（如食品制造、加工或零售食品服务），并确定是否遵守规定。

美国环境保护局（The Environmental Protection Agency，EPA）

制定环境标准，该机构主要监管使用植物、有毒物质、杀虫剂和辐射造成的空气和水污染。

20.10 教育和培训

政府和工业方面的教育和培训在管理食品供应方面具有重要意义。每个部门/人员都必须接受适当的培训和激励，并积极参与维护安全的食品供应，确保食品遵守适当的标签。公众应该尽自己的一份力量，坚持行之有效的政府安全和标签策略。

20.11 一般食品标签

一般标签要求食品包装上必须提供食品的完整信息。它必须包括以下内容：

• 产品名称、企业名称和地点。

• 净重——在美国，其单位常采用盎司、磅和盎司；（译者注：在中国，其单位常采用mg、g或kg）。

• 配料——在标签的成分列表中按重量降序排列（非营养成分部分）。

• 公司名称和地址。

• 产品日期（如适用于产品）。

• 公开性日期标签——可供消费者阅读的自愿类型。

• 截止日期——推荐食用的最后期限（即酵母）。

• “食用最佳截止日期”——以获得最佳质量、质量保证或新鲜度的日期。

• 包装日期——食品被包装的日期。

• 食品有效日期——以新鲜商品（即牛乳、冰淇淋、熟食）销售的最后一天。

• 编码日期——仅由生产商读取。

• 营养信息——几乎所有标签上都有“营养成分”。

• 证实的营养成分声明。

• 仅在允许的情况下使用的健康声明。

• 其他信息。

安全处理说明，如对肉类的处理说明

特殊警告标签，可能影响特定消费者的酒精和阿斯巴甜

产品编码，条形码

生物工程（BE）食品的标签标识可能很快就会成为强制性的（USDA，2020年）

“美国《联邦食品、药品和化妆品法案》（Federal Food，Drug and Cosmetic Act，FFDCA）将食品‘标签’定义为所有贴在任何物品或任何容器、包装物或附加物体上的标签和其他书面、印刷或图形材料。‘附加’一词广义上的解释是指不仅是与食品之间的物理联系。它还延伸到海报、标签、小册子、通告、小册子、情况介绍手册、说明书、网站等。

《营养标签和教育法案》修订了FFDCA，要求大多数食品有特定的营养和成分标签，并要求食品、饮料和膳食补充剂标签上贴有营养成分声明和某些健康信息，以符合特定要求。此外，《膳食补充剂健康与教育法案》对FFDCA进行了部分修订，定义了‘膳食补充剂’这一名词，为膳食补充剂添加了特定的标签要求，并提供了可选择的标签声明。”

例如“功能性食品”或“营养食品”等术语在市场上广泛使用。这些食品在FFDCA的授权下由FDA监管，尽管法律并没有对其明确规定。

20.12 标签：射频识别标识符

许多食品标签都有RFID标识符。许多包装商品、零售业务、运输、国防和制药都使用

RFID 标识符。一些零售商要求他们的供应商这样做。RFID 不仅是一个详细清单或包装/标签技术（Higgons 2006），还协助生产商和用户跟踪包装食品的整个供应链。例如，RFID 的益处可能包括拥有更好的消费者安全和保障，以及提高包装、生产、分配和销售的运营效率等。

由于向经销商交付产品的不同分销商可能需要 RFID，因此在 RFID 的益处和使用方面的培训可以帮助该技术的用户/潜在用户，还可以帮助硬件和软件提供商、公共和私营部门、以及教育工作者和研究人员。

当然，油墨、纸张和黏合剂在标签上也必须安全地使用。

20.13 营养标签

供人类食用的食品必须贴上强制性营养标签，并由 FDA 监管。由 1990 年 NLEA 规定，食品加工者必须在标签上注明指定信息，包括“营养成分”（图 20.1）。NLEA 的目的如下：

- 帮助消费者选择更加健康的饮食。
- 消除消费者的困惑。
- 鼓励食品行业生产创新。

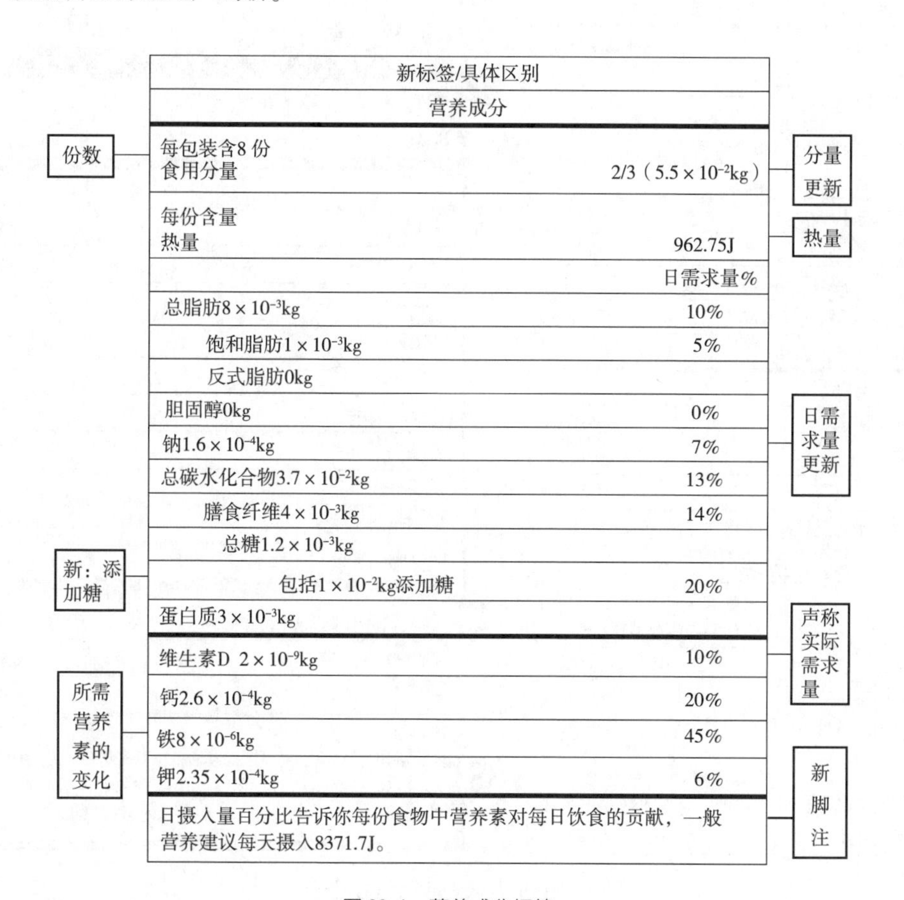

图 20.1 营养成分标签
（来源：FDA，1994）

FDA 和 USDA 的数据显示，NLEA 法规于 1994 年生效，约有 59.5 万种食品必须符合这些法规。

消费者受益于标签法的教育内容，因为标签上的信息易于阅读，可能有助于规划健康饮食。

在美国出售的大多数产品上都有强制性的“营养成分”标签，这一标签为消费者提供了一致性。在销售点的包装袋、小册子或海报上可能会出现关于分割肉、生鱼片和 20 种最常食用水果和蔬菜的自愿性信息。自最初要求以来，农产品和鱼类的标签值已被修订，进一步的修订将每 4 年进行一次。

FDA 已为“营养成分”标签设置了 139 种参考食用量，它们比以前的标签更接近消费者实际摄入量。用量显示值，如一种饮料中的克数或每份饼干或薄脆饼干的克数，食品的营养含量基于此参考分量计算，并在标签上注明。在包装食品中，如果食品的量超过指定的单份食品量的 50% 且小于 200%，则仍然标注为单份（图 20.2）。

旧标签

营养成分		
每个包装含8份	2/3杯 55g	
每份含量		
热量 962.75J 其中脂肪产热 301.38J		
		日需要量%
总脂肪 8×10^{-3}kg		12%
饱和脂肪 1×10^{-3}kg		5%
反式脂肪 0kg		
胆固醇 0kg		0%
钠 1.6×10^{-4}kg		7%
总碳水化合物 3.7×10^{-2}kg		12%
膳食纤维 4×10^{-3}kg		16%
糖 1×10^{-3}kg		
蛋白质 3×10^{-3}kg		
维生素 A		10%
维生素 C		8%
钙		20%
铁		45%
每日摄入量以8371.7J的饮食为基础。你的每日摄入量可能更高或更低，它取决于你对热量的需求。		
热量：	8371.7J	10464.63J
总脂肪	少于65g	80g
饱和脂肪	少于20g	25g
胆固醇	少于0.3g	0.3g
钠	少于2.4g	2.4g
总碳水化合物	300g	375g
膳食纤维	25g	30g

新标签

营养成分		
1	每个包装含8份	2/3杯（55g）
2	每份含量	
	热量	962.75J
		日需要量%
3	总脂肪	10%
	饱和脂肪1g	5%
	反式脂肪0g	
	胆固醇 0g	0%
	钠 160mg	7%
	总碳水化合物 37g	13%
	膳食纤维 4g	14%
	总糖 12g	
4	包括10g添加糖	20%
	蛋白质3g	
5	维生素 2×10^{-3}mg	10%
	钙 260mg	20%
	铁	45%
	钾 235mg	6%
6	每日摄入量告诉你，每份食品中的营养对一日膳食量的贡献。一般营养建议，每日需要8.37kJ热量。	

图 20.2 标签和食用分量

（来源：FDA，1994）

因此，FDA 规定了食品的分量。根据个人摄入量而定，个人的营养摄入量可能多于或少于 FDA 的“一份”。当然，这是可以接受的，只要那些想要限制或想获得某些营养的消费者明白“一份”的含义！例如，一份冰淇淋是一勺，而不是一碗！因此，热量、脂肪、胆固醇等就相应地计算出来了（“分量失真”有时指的是一个人错误地认为某种物质等于实际分量的值）。

随着 NLEA 的通过，FDA 规定食品标签必须按照每日摄入量，以 g（或 mg）或百分比来表达营养素信息，即“日摄入量%”或“DV”。食品标签显示了摄入食品怎样满足一天的总膳食摄入量的。

在每日值的建立中包括两组值。一个是参考每日摄入量（reference daily intakes，RDI），它是基于前“美国每日摄入量”[源自 1968 年的每日膳食中营养素供给量（recommended daily allowances，RDA）标记值]。第二种是营养物质的每日参考值（daily reference values，DRV），如脂肪、钠、胆固醇和总碳水化合物，包括膳食纤维和糖，这些物质没有 DRV，但对健康有重大影响。DV 参考值以 8371.7J 或 10464.63J 的饮食为基础，摄入或多或少热量的消费者应相应地调整数值。

营养标签上提供了许多参考值。例如，总热量和来自脂肪的热量、总脂肪、饱和脂肪（如果处理人员想要包括单不饱和脂肪和多不饱和脂肪），以及反式脂肪。胆固醇和钠以 mg 为单位表示。总碳水化合物、糖和膳食纤维也被表示在营养标签中。蛋白质由氨基酸数量的完整性来表示（完全=具有所有必需氨基酸）。食品制造商可以选择在标签上以% DV 的形式表示蛋白质，如果他们这样做，就必须确定蛋白质的质量，以确定作为比较的每日蛋白质摄入量。

如前所述，消费者可能试图在他们的饮食中限制或获得特定数量的某些营养素。例如，消费者可能希望限制脂肪或胆固醇，或者他们想增加维生素和矿物质的摄入量，这在美国是很常见的。营养标签可以帮助消费者了解食品中的营养成分。

表 20.1 中列出了允许在食品标签上使用的术语。不同产品之间的术语是一致的，制造商和食品加工商必须遵守产品标签上的规定。然而，当通过各种形式的广告推销某种产品时，FDA 没有条款规定。

表 20.1 每份食品标签上允许使用的一些术语示例

- 无热量：少于 20.93J
- 无脂或无糖：脂肪或糖少于 5×10^{-4}kg
- 最好的来源：至少提供每日所需维生素或营养素日摄入量的 10%
- 高含量：提供营养素日摄入量的 20% 或以上
- 高纤维：5×10^{-3}kg 或 5×10^{-3}kg 以上
- 瘦肉：一份 8.5×10^{-2}kg 的肉类、家禽或海鲜中含有不超过 1×10^{-2}kg 的脂肪、4.5×10^{-3}kg 的饱和脂肪和不超过 9.5×10^{-5}kg 的胆固醇
- 清淡：热量减少 1/3 或脂肪减少 1/2
- 低热量：少于 167.43J
- 低脂：3×10^{-3}kg 或更少的脂肪

续表

• 低胆固醇：胆固醇少于 2×10^{-5}kg，饱和脂肪少于 2×10^{-3}kg
• 低钠：少于 1.4×10^{-4}kg 的钠

标签信息旨在帮助消费者对食品做出明智的选择。其对食品生产商来说成本并不便宜，因为标签信息带来产品分析、标签重新设计和印刷费用。据美国食品处理协会进行的一项调查评估，食品行业在 18 个月内实施 NLEA 将花费超过 10 亿美元。

美国分析化学家协会和美国联邦通信委员会的食品加工者可使用营养标签的分析方法，“天然食品”和“成分”资料库有助于为标签提供必要的营养素信息。

自 20 世纪 90 年代要求贴标签以来，标签首次于 2016 年 5 月大幅更改。（图 20.3）。例如，标签中现在含有“添加糖”。

“不含转基因物质的配方可能会继续存在，但会从转基因、谷蛋白和其他过敏原扩展到草甘膦，甚至可能是阿斯巴甜。技术不断发展，以满足消费者对食品和饮料知识方面的渴求。”（Hartman 2018）

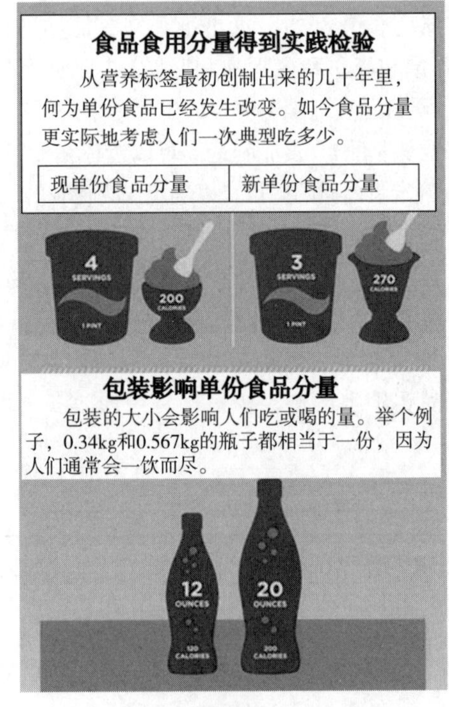

图 20.3　食品标签一目了然

（来源：FDA）

20.14　FDA 使食品营养标示现代化

单位变更

维生素 A、维生素 D 和维生素 E 的单位不再用国际单位（IUs），取而代之的是 mcg 和

mg。美国医学研究所（The Institute of Medicine，IOM）标签委员会建议进行这样变更，以便与新的膳食参考摄入量报告保持一致。

美国人的膳食指南

美国健康与社会服务部（Department of Health and Human Services，HHS）和USDA每5年联合发布一次《美国膳食指南》。该指南为2岁及以上的人群提供了关于良好饮食习惯如何促进健康和降低重大慢性疾病风险的权威建议。(USDA)

表20.2 食品标签上使用的经批准的健康声明示例

- 钙、维生素D和骨质疏松症
- 膳食脂质（脂肪）和癌症
- 饱和脂肪和胆固醇与冠心病的风险
- 膳食糖醇与龋齿
- 含纤维的谷物，水果和蔬菜和癌症
- 叶酸和神经管缺陷
- 水果蔬菜和癌症
- 水果、蔬菜和谷物含有纤维（尤其是可溶性纤维），可以降低患冠心病的风险
- 钠和高血压
- 某些食品中的可溶性纤维和患冠心病的风险
- 大豆蛋白与冠心病的风险
- 固烷醇、固醇和患冠心病的风险

经批准的健康声明示例参见表20.2。当前，FDA正考虑在食品上使用更灵活的健康声明。然而，除此之外的其他声明可能不会用于食品。目前，正在制定关于膳食补充剂的健康声明。

食品过敏原标签

食品立法中更简单的措辞和常识性标签得到了食品过敏倡议组织、食品过敏和过敏性反应网络以及美国公共利益科学中心的支持。有人建议，也许标签上应该只标明“小麦”或“乳制品”，这是由于食品过敏。有关食品过敏原的更多信息参见“食品安全”章节。

如果一种食品可能/确实含有过敏原，则要求在其成分表后或旁边贴上过敏原标签。《2004年食品过敏原标签和消费者保护法案》要求食品生产商识别含有从甲壳类、贝类、鸡蛋、鱼、牛乳、花生、大豆、坚果或小麦中提取的蛋白质的食品。任何可能含有来自这8种主要过敏原的蛋白质的成分都必须向消费者明确说明。

在食品成分表的后面或旁边，写上“包含”一词，然后是食品成分中出现的每一种主要食品过敏原的名称。

例如，含有小麦、牛乳、鸡蛋和大豆。(来源：USDA)。

20.15 餐饮服务标签

FDA 鼓励食品服务部门向消费者提供营养和健康声明，可能出台进一步的法规。但是，餐饮服务不要求营养分析测试和营养成分标签。

任何出现在菜单上的营养成分或健康声明必须由餐饮服务部门以口头或书面形式向要求提供此类信息的消费者证实。声明必须符合 CFR 规定的 FDA 标准，可靠的食谱或计算机软件程序可作为参考，制备方法必须支持该声明，否则该菜单项必须从菜单中删除。

“食品召回的首要原因是标签不当。这些召回的实际成本对食品生产商来说是昂贵的，品牌忠诚度和潜在销售的损失更大，有时所花费用大于成本。了解食品标签要求是预防标签问题的第一步。”（Fusaro，2019）

与菜单相关的营养标签问题包括菜单变化、每日特色菜的使用、页面空间有限和缺乏灵活性，也存在人员方面的障碍，如培训员工困难、时间不足等。

如今有一些信息选项。营养师可以像许多餐馆一样，为企业提供营养专业知识和标签帮助。

超市通讯信息资源服务（supermarket savvy information and resource service，SSIRS）®是提供新产品信息服务的一个例子。通讯是其服务的一部分。它是为保健专业人员编写的，旨在提供关于新产品（特别是更加健康的产品）的信息，以便保健专业人员能够回答他/她的客户关于新产品的问题，并指导他/她的客户在超市和健康/天然食品商店更好地选择食品。（Dierks，n. d.）

20.16 结论

得出这个问题的结论是困难的！也许这一章不能结束！但只要政府监管、行业遵从、消费者教育，通过这些有效的手段足够向消费者提供安全的食品供应。食品安全仍然依赖于个人！之后我们需要根据我们所知采取行动。

FDA 是一个公共卫生机构，负责监管食品、化妆品、药品、医疗设备和放射性产品（如微波炉）。1938 年 FD&C 法案及其修正案的出台是为了规范许多涉及州际贸易或进口产品的加工。食品检验由 FDA 负责，肉类产品检验由 USDA 监管。食品包装和标签由 FDA 和 USDA 对各自产品进行监管。USDA 负责管理食品安全和检验服务，以及许多食品项目。

NLEA 旨在保护消费者免受欺诈和虚假信息的侵害。标签术语、“营养成分”和健康声明都是由 FDA 监管。NLEA 旨在帮助消费者选择更健康的食品，解决困惑，并鼓励食品行业的生产创新。随着对营养物质相互作用和促进健康的了解加深，新食品的配方可能会对健康带来更大的好处。

此外，本章还讨论了一般标签、营养标签、健康声明、食品过敏原标签和食品服务标签。

当然，除了政府对食品供应的监管外，工厂和消费者必须保持警惕，并在确保食品供应安全方面发挥其作用！

笔记：

烹饪提示！

术语表

日摄入量（%DV）：营养标签上使用的两组值，包括基于以前的美国 RDAs 的 RDI 和无 RDA 但对健康有显著影响的营养素每日参考值（DRV）。

功能性食品：市场上广泛使用的术语。这类食品在联邦食品和药品监督管理局《食品、药品和化妆品法案（FD&C）》的授权下由 FDA 监管，尽管法律上没有明确定义这类食品。

公认安全（GRAS）的物质：用于其预期用途，一般公认为安全的物质（食品成分）。

评级服务：作为 USDA 的一项志愿服务，由包装者支付评级服务费用。

健康声明：描述一种营养物质或食品成分与疾病或与健康相关状况之间的联系。

肉检验服务：USDA 或州农业部对肉类进行检验，并对通过检验的肉盖上带有“检验并通过”缩写的圆圈印章。

营养标签：为了帮助消费者选择更健康的饮食，消除消费者的困惑，鼓励食品行业的生产创新。标签以 RDI 和 DRV 表示营养物质，两者均包含日摄入量。

容器灌装标准：FDA 的标准是，提供出售的包装食品的体积不干扰标签上所述的产品的重量。

鉴别标准：生产中所包含的必需和可选成分的 FDA 清单。

最低质量标准：FDA 对特定的食品性质、颜色等方面的最低质量标准。

有益健康动物胴体和内脏：对动物的胴体和内脏进行检查，未发现疾病迹象，条件符合卫生标准。

附录

FDA 的新规定要求对营养成分表格格式进行重大修改。

参见营养成分表标签的变化。

标签变更的要点

更新设计

• 标签的"标志性"外观仍然存在，但我们正在进行重要的更新，以确保消费者能获得他们所需信息，从而对食品做出明智的决定。这些变化包括增加"热量""每个容器的分量"和"食用分量"声明的类型，加粗热量的数值和"食用分量"声明来突显这些信息。

• 除了维生素 D、钙、铁和钾的日摄入量百分比外，生产商还必须公布实际含量，他们可以自行申报其他维生素和矿物质的克数。

• 脚注正在改变，以更好地解释%DV 的含义。它会这样写："%DV 数值告诉你一份食品有多少营养物质对日常饮食的贡献程度。一般营养建议为每日消耗 8371.7J。"

反映关于营养科学的最新信息

• 标签上将包括"添加糖"，以 g 为单位，日摄入量为%。科学数据显示，如果你从添加糖中摄入的热量超过每日总热量的 10%，那么在保持热量限制的同时满足营养需求是困难的，这是与《2015—2020 年美国膳食指南》一致的。

• 需要或允许申报的营养物质清单正在更新。维生素 D 和钾在标签上是必需的，钙和铁将继续需要，维生素 A 和维生素 C 不再需要，但可自愿包括在内。

• 继续要求在标签上注明"总脂肪""饱和脂肪"和"反式脂肪"，取消"脂肪的热量"，因为研究表明，脂肪的类型比数量更重要。

• 钠、膳食纤维和维生素 D 等营养物质的每日摄入量正根据美国医学研究所的最新科学证据和其他报告（如 2015 年膳食指南咨询委员会报告）进行更新，该报告用于制定《2015—2020 年美国膳食指南》。日摄入量是指需要消耗或不超过营养物质的参考值，用于计算生产商在标签上包含的%DV。它帮助消费者了解日常总饮食中的营养信息。

更新特定包装的分量大小和标签要求

• 根据法律，食品分量必须基于人们实际食用食品和饮料的量，而不是他们应该吃什么。自 1993 年公布之前的分量要求以来，人们的饮食量发生变化。例如，以前用于设定一份冰淇淋的参考量是 1/2 杯，但现在变成了 2/3 杯。设定一份苏打水的参考量从 227kg 改变到 340g。

• 包装尺寸会影响人们的饮食。所以对于 1~2 份之间的包装，例如，567g 的苏打水或 425g 的汤罐头，要求热量和其他营养成分标注为一份，因为人们通常一次性食用。

• 对于某些大于一份分量但又可以一次或多次食用的产品，制造商将会提供"双列"标签，在"每份""每包""每单位"的基础上标明热量和营养物质的含量。例如，一瓶 680g 的苏打水或 568mL 的冰淇淋。有了双列标签，人们可以很容易地了解，如果他们一次吃或喝了整个包装/单位，可以获得多少热量和营养物质。

以下是营养成分标签的几大变化：

• 某些元素的字体大小

用粗体表示"热量"和"食用分量"。

• "添加糖"的新声明

在加工过程中添加的糖、拟加入食品中的糖、以及某些天然糖必须与"总糖"分开声明。

• 新脚注

截断的脚注现在被定义为%DV。

针对 1~3 岁儿童的食品，必须注明"一般营养建议每天使用 4185.85J"。

- 更新食用分量

特定类别产品的新 RACC（通常消费参考量）更改了食用分量和每日摄入量。

产品含量在 200%～300%，它们的 RACCS 必须在整个包装上显示额外的营养物质信息栏。

- 更新营养需求

维生素 D、钾、钙和铁的含量必须以 mg 或 μg 为单位列出。——汉普顿注册公司，VA

了解食品营销术语

每年都会涌现出许多新的食品和流行术语，以及描述它们的声明，然而，模糊的定义和用法往往导致混淆。了解哪些食品营销术语可以帮助你做出更健康的选择，以及哪些术语不会对你的饮食产生太大的影响 。

“天然”

目前，FDA 或 USDA 还没有对食品标签上使用“天然”的字样进行正式规定。然而，“天然”的说法在新食品和饮料中已经司空见惯。

根据他们的网站，“虽然 FDA 没有参与制定规则来建立对‘天然’术语的正式定义。关于在人类食品标签中使用‘天然’，我们确实有一个长期的政策。FDA 认为‘天然’一词是指没有任何人工或合成的（包括所有色素添加剂，不论来源）被包含或添加到通常不应该出现在该食品中的物质。然而，这项政策的目的并不是针对食品生产方法，如使用杀虫剂，也没有明确针对食品加工或制造方法，如热技术、巴氏杀菌或辐照。FDA 也没有考虑‘天然’一词是否应该用来描述任何营养成分或其他健康益处。”

USDA 允许在不含人工成分或添加色素的产品使用“天然”一词作为肉类和家禽的标签。产品也必须只进行最低限度的处理，标签上必须解释“天然”一词的用法，例如，“不添加色素，最低限度处理。”

“加工过的”和“未加工过的”

这些术语经常被误解。许多人认为“加工过的”是不健康的包装食品，没有热量和含有大量添加剂，而“未加工过的”是指没有经过罐装、冷冻或包装的食品。这两个说法都不完全正确。

根据 USDA 的说法，“加工过的”指的是经历了“品质变化”的食品。一些例子包括生坚果（未加工）与烤坚果（加工过）；毛豆（未加工的）与豆腐（加工过的）；一整块水果（未加工的）与切开剥皮的水果（加工过的）。如你所见，有些“加工过的”食品是有营养的。

“本地的”

本地食品运动是指购买种植在你居住地附近的食品。这项运动与更广泛的环境可持续性和支持当地的经济理念有关。尽管如此，即使是“本地的”也会有一系列细微差别，这取决于你向谁提问，因为没有一个明确的定义被每个人使用。“土食者”一词被用来描述食用当地种植或生产的食品的人。

“全天然”

目前还没有对全天然食品的监管定义。“全天然食品”一般指没有经过加工或精制，没有添加任何配料的食品。根据大多数定义，全天然食品包括新鲜农产品、乳制品、全谷物、肉类和鱼类，这意味着任何经过最低限度加工而看起来接近其原始形态的食品。

“有机的”

在所有这些术语中，“有机的”具有最特殊的标准和法律意义。正如USDA所指，有机肉类、家禽、蛋类和乳制品来自没有服用抗生素或生长激素的动物；有机植物食品在生产过程中不使用大多数常规农药，而用合成原料或污水污泥、生物工程或电离辐射制成的肥料。政府认可的认证机构必须检查农场以确保符合这些标准。除了有机农业，USDA还制定了有机处理和加工的标准。

食品中三个层次的有机要求

- 100%有机：完全有机或仅由有机成分制成的产品符合这项声明以及USDA的有机印章。
- 有机：至少95%的成分是有机的，则该产品符合这一声明和USDA的有机印章。
- 由有机原料制成：这些食品中至少70%是经过认证的有机成分。USDA的有机印章不能使用，但“有机成分制成”可能出现在其包装上。
- 2019年6月评论。

食品标签上的健康声明

食品制造商可对食品中天然存在的某些营养物质，如钙、纤维和脂肪做出健康声明。健康声明必须保持平衡，并且基于当前可靠的科学研究，其必须得到FDA批准。

健康声明可能是这样的陈述：“这种食品是钙的良好来源。”摄入足够的钙可以降低患骨质疏松症的风险，癌症的发生取决于许多因素。低脂肪饮食可能会降低某些癌症的风险。

但仅因为食品标签上有健康声明并不代表该食品对你是健康的。例如，一种标注为“钙的良好来源”的食品可能仍然含有高脂肪、高盐或高糖。

你可以信任的条款

对食品公司来说，标签上的术语是合法定义的。例如“低脂”“低钠”“清淡”或“低盐”“带无的”（如“无脂”中“无”）和“有机”等词语现在已被标准化用于所有食品。如果一种食品使用了这些术语中的一个，你可以相信它符合该术语的标准。——凯泽永久医疗集团

参考文献

[1] Fusaro D (2018) FDA-USDA cooperation: a step toward a single food safety agency? —The two agencies reveal a formal agreement for joint efforts in several areas. Food Process 79 (2).

[2] Demetrakakes P (2019) Plant operations. Glass full but jobs empty. Food Process 80 (1): 41-45.

[3] Tepp T (2018) Transporting food safely and efficiently. Food Prod Design 79 (11): 8.

[4] Stier R (2006) Building your plant's ark. Food Eng 78 (1): 29.

[5] Crockett SJ, Kenne dy E, Elam K (2002) Food Industry's role in national nutrition policy: working for the common good. J Am Diet Assoc 102: 478-447.

[6] USDA (2019) May allow organic gene-altered crops. Food Process 80: 10V.

[7] Higgons K (2006) RFID making the right moves. Food Eng 78 (2): 44-48.

[8] Hartman LR (2018) What's next after clean label? Food Process 79 (5).

[9] Fusaro D (2019) GMO/BE LABELING: maybe it won't hurt. Food Process 80 (4): 24-25.
[10] Melissa Herrmann Dierks RDN, LDN, CDE (owner) (ed) (n. d.) Publisher of the SUPERMARKET SAVVY ®. Information and Resource Service, Huntersville, NC.

引注文献

[1] Center for Food Safety and Applied Nutrition. https://cfsan. fda. gov (search for Health Claims).
[2] Center for Disease Control (CDC).
[3] Food and Drug Administration (1995) Focus on food labeling. FDA Consumer. Food Labeling, Questions and Answers, vol II. U. S. Dept. of Health and Human Services, Washington, DC.
[4] The Food Marketing Institute Consumer Affairs Department. Washington, DC.
[5] Model FDA Food Code.
[6] USDA ChooseMyPlate. gov.
[7] Goetz G (2010) Who inspects what? A food safety scramble. food safety news 16 Dec 2010. https://foodsafetynews. com/2010/12/ who-inspects-what-a-food-safety-scramble/.

附　录

说明

附录有几个部分。

Ⅰ在附录的这部分中，对术语进行了简要的讨论和解释：

附录 A——生物技术：基因修饰生物

附录 B——功能性食品

附录 C——保健品

附录 D——植物素

附录 E——医用食品

附录 F——加工食品

Ⅱ 食品指南

附录 G——美国农业部食品指南的简要历史

所有这些话题对今天和未来的食品科学家来说都具有重要意义。不过，不管食品应该做成什么样子，或可以做成什么样子，我们应该记住味道是最重要的！一种食品必须能吸引人们的味觉才能被留在购物清单上！

附录 A

生物技术：基因修饰生物（genetically modified organism，GMO）

通过生物技术或基因工程的现代方法在植物、动物或微生物材料中产生所需的特定的性状。目前已培育出一些新型农产品、抗病菌株和较长保质期的品种。很多生物技术都是针对农作物的，例如玉米、大豆、棉花、油菜、胡椒和南瓜；然而，人们也通过生物技术使动物体和微生物产生了其他人们所需的特性。例如，根据 IFIC 的数据，用于制作干酪的酶凝乳酶和制作面包的酵母通常都是由生物技术生产的。

FDA 数据标准委员会正在对整个 FDA 词汇进行标准化。因此，以下某些术语的措辞在未来可能略有变化。

FDA 对生物技术的定义如下：

在本指南中，我们使用术语“基因工程”和“生物工程”来描述现代生物技术的使用。现代生物技术是体外核酸技术的应用，包括重组脱氧核糖核酸（DNA）和直接向细胞或细胞器注入核酸或不同种类细胞融合以克服自然生理生殖或重组障碍，而不是在传统育种和植物选择中使用的技术。

因为从技术上讲，转基因的是植物而不是食品，为了简单起见，我们在本指南中使用

“从转基因植物中获得的食品”一词来指从转基因植物衍生出来的产品。——FDA

基因修饰生物

迄今为止，许多基因修饰生物和种子已获得批准和种植许可。例如，美国经常种植基因修饰大豆、玉米和棉花等作物。还生产基因修饰木瓜、马铃薯、南瓜和番茄等很多产品。

在美国，USDA、FDA、EPA 和其他独立机构对有关的环境和食品安全保护进行监督，使消费者有信心并接受使用基因修饰生物，但这种接受并不普遍（Huffer，2012）。例如，许多欧洲消费者没有职能独立于其监管行业的独立监管机构。这使得消费者在接受基因修饰生物方面进退两难。最后，虽然消费什么由消费者决定，但食品工业有责任在利用基因修饰生物中推广安全和环保做法。

如今，在有机农业中禁止使用基因修饰生物。“非基因修饰项目验证”印章也表明食品未受基因修饰生物污染。根据法律规定，非基因修饰食品在种植过程中不得使用杀虫剂。

USDA

因为从技术上讲，转基因的是植物而不是食品，为简单起见，我们在本指南中使用“从转基因植物中获得的食品”一词来指从转基因植物衍生出来的产品［由于本指南后面有更详细讨论，FDA 在提及从基因修饰植物获得的食品时，不使用“基因修饰”或“基因修饰生物”（GMO）术语］。由于 FD&C 法案第 201（f）（1）节的相关部分中将“食品”定义为“用于人类或其他动物食用或饮用的物品”，本指南中提到的来自基因修饰植物的食品包括动物用植物衍生食品以及人类用此类食品。

只要关于是否使用生物工程生产的信息是真实的，没有误导性，那食品制造商可以自愿在食品标签上注明标志。一般来说，关于一种食品是否没有使用生物工程生产出来的准确陈述，是一种在明确涉及生物工程技术的背景下提供信息的陈述。此类陈述的例子包括：

“非生物工程”

“非基因工程”

“不是通过使用现代生物技术进行基因改造的”

“我们使用的原料未经现代生物技术生产”

“该油是由非基因工程大豆制成的”

“我们的玉米种植者未种植生物工程种子”

附录 B

功能性食品

希望所有的食品都是“功能性的”，因为它们能提供香气、味道、营养价值，也许还有“舒适感”。然而，“功能性食品”这个词表明了一种不同的含义——即这些被命名的食品所提供的益处超出了基本营养的范畴。功能性食品可以通过添加原对应物本来没有的营养物质来进行改性。

功能性食品是食品和食品技术新演变形成的一个领域（参见第二十章），其定义为：

任何经过改性的可提供其所含的传统营养素之外的健康益处的食品或食品成分，（Jenkins，1993，4）。

虽然功能性食品这个术语在美国没有得到法律认可和被普遍接受。但是，医学研究所的食品和营养委员会（IOM/ FNB）对功能性食品进行了定义，它作为特定健康用途的改性食品或食品成分被一些人所接受。(Goldberg，1994；Hasler，1998；Sloan，2000)。

国际食品信息委员会（IFIC）将此类食品定义为“……食品或膳食成分……”“提供基本营养以外健康益处的食品”。(因此，可以看出，“以外”是最重要的词)。

根据 IFIC 在“功能性食品”中的报告，最简单的功能性食品是未经改性的食品，如蔬菜和水果（顺便说一下，美国人摄入不足!）（第七章)。实例有菜花、大蒜、燕麦、紫葡萄、大豆食品、茶和番茄等。例如，番茄富含番茄红素、胡萝卜富含β-胡萝卜素。其他功能性食品可以是改性食品，包括强化食品和富含如植物素等成分的食品。因此，这些食品除了提供基本营养之外，还有益健康。

在 20 世纪 80 年代中期，功能性食品的概念起源于日本。为解决高血压等医学问题，对含有对健康和疾病预防有重要意义的特殊成分的加工食品进行了研究。今天，在日本，产品必须符合日本卫生劳动和福利部的资格要求，才能加盖“FOSHU-特定健康用途食品”的批准印章。今天，在美国，虽然功能性食品类别没有得到法律承认；但是许多食品是针对癌症、糖尿病、心脏病、高血压等疾病而创制的。

这些食品与治疗和（或）预防其他医学疾病有关，包括神经管缺陷和骨质疏松症，以及肠功能异常和关节炎（来源：国际食品信息委员会)。

(译者注：国际生命科学研究院欧洲分部的一个由欧洲专家组成的项目小组将功能性食品定义为“一种食品如果可以令人信服地证明对身体某种或多种机能有益处，有足够营养效果改善健康状况或能减少患病，即可被称为功能性食品。”我国对功能性食品的定义同保健食品，是指声称并具有特定保健功能或者以补充维生素、矿物质为目的的食品。即适用于特定人群食用，具有调节机体功能，不以治疗疾病为目的，并且对人体不产生任何急性、亚急性或慢性危害的食品。)

功能性食品的使用

虽然研究显示了铁和维生素等特定物质的有益特性，但它们在食品制造过程中的存在情况，以及它们对食品外观、质地和风味的贡献也是重要的考虑因素。个人和/或公司在使用功能性食品成分时必须考虑到风险与受益比，并遵循关于毒性的可接受的科学指南（美国饮食协会的 ADA 立场，1995 年)。随着这类食品的供应，添加营养/营养组合的食品配方可能会提供更大的健康益处（Pszczola，1998)。

功能性食品——参见更新后的立场文件。

因此，功能性食品包括通过添加天然成分而强化营养价值的食品，当它们作为多种饮食的一部分食用时，它们可能会对健康有好处。[营养和饮食协会（A. N. D.）]。

由于法律和政府没有定义什么是功能性食品，美国消费者只能自己评估食品的健康声明。要多注意食品包装背面的营养成分标签和成分表——这是你能找到真实信息的地方，而不是正面的声明。(A. N. D.)。

功能性食品可以来源于植物和动物。

明智的食品选择可以增加对个人健康的控制。例如“功能性食品”或“保健品”（在下一附录中进一步讨论）这样的术语在市场上广泛使用。这些食品在《联邦食品、药品和化妆品法案》的授权下由 FDA 管理，即使它们没有明确的法律规定。

本附录中引用的如“功能性食品”或下面强调的“保健品”等术语，在市场上应用广泛。这些食品由FDA根据《联邦食品、药品和化妆品法案》监管，即使它们没有明确的法律规定。——FDA

附录C

保健品

保健品是为提出的食品成分新监管类别赋予的名称，该成分可视为一种食品或食品的一部分，虽然它可提供治疗和健康益处，包括治疗或预防疾病，但FDA不承认这个术语。像“功能性食品”这样的食品是在联邦食品、药物和化妆品法案的授权下由FDA管理，即使功能性食品没有明确的法律定义。

保健品（nutraceutical）一词最初由创新医学基金会（Foundation of Innovation Medicine，FIM）创始人兼主席Stephen L. DeFelice博士定义。自从这个词最初由德费利斯博士创造以后，它的意思已经修改。这个词是由nutrition（营养）和pharmaceutical（医药）两个词组合而产生的。

保健品不是食品或药品；因此，FDA对保健品不予认可。保健品不符合FDA的规定，原因如下：食品是“主要因其味道、香气或营养价值而消费的产品”。食品的类别进一步分为传统食品和膳食补充剂。药物是“用于诊断、治疗、减轻、治疗或预防疾病或影响身体结构或功能的物质”。与处方药和非处方药不同，一些保健品的剂量和成分不需要达到质量控制标准。当然，这会引起怀疑，并可能对那些相信并理解保健品制造商所作声称的用户有害。

保健品的定义是：

（1）《韦氏词典》中保健品的定义是：一种除了其基本营养价值外，还能提供健康益处的食品（如强化食品或膳食补充剂）。

（2）《医药创新基础》中保健品的定义是：可认为是食品或食品的一部分，并能提供包括预防或治疗疾病或健康益处的任何物质。保健品可以从单独的营养素、膳食补充剂和饮食到“设计者设计的”转基因食品、草药产品和加工产品，如谷物、汤和饮料——（2001员工报告）。

所以，保健品可以是从单独的营养物质到其中含有很多成分的加工食品，可以称为设计者设计的食品，甚至可以称为功能性食品。

根据美国保健品协会的说法，保健品是一种功能性食品，具有潜在的预防疾病和促进健康的特性。保健品还包括类似于药物剂量形式的天然膳食物质——胶囊等，以及1994年《膳食补充剂健康和教育法案》定义的“膳食补充剂”。

保健品研究所是罗格斯大学（新泽西州立大学）和圣约瑟夫费城耶稣会大学的联合合作建立的研究所。今天就有了一个组织和期刊。

膳食补充剂是产品的特殊类别，属于食品的一般范畴，但有单独的标签要求。关于膳食补充剂的详细信息，参阅“膳食补充剂”。像“功能性食品”或“保健品”这样的术语在市场上广泛使用。这些食品在《联邦食品、药品和化妆品法案》的授权下由FDA管理，即使它们没有明确的法律规定。

（译者注：1994 年美国国会颁行了《膳食补充剂健康教育法》，将膳食补充剂定义为“一种旨在补充膳食的产品（而非烟草），可能含有一种或多种如下膳食成分——维生素、矿物质、草本（草药）或其他植物、氨基酸，以增加每日总摄入量而补充的膳食成分，或是以上成分的浓缩品、代谢物、提取物或组合产品等。在标签上需要标注“Dietary Supplement”，可以丸剂、胶囊、片剂或液态等形态口服，但不能代替普通食品或作为膳食的替代品。在中国，膳食补充剂又称营养补充剂、营养补充品、营养剂、饮食补充剂等，是作为饮食的一种辅助手段，用来补充人体所需的氨基酸、微量元素、维生素、矿物质等”。）

附录 D

植物素

植物素是食品中重要的非营养物，可以预防疾病，如减少癌症。许多经常食用的食品包括谷物、豆类、种子、水果、蔬菜以及绿茶都是天然植物素的来源，在第七章和第十八章中了解到产品中可能含有添加的植物素。如果添加，则必须在食品包装上注明该产品含有植物素；但是，除了根据可靠的科学数据说明已经批准的营养或医疗功能（表 20.2）外，不得作出任何健康声明。

因此，无论植物素是在饮食中原有的、添加的、还是以补充的形式获得，都定义为：

在可食用水果和蔬菜中发现的物质，人类每天可以以 g 为单位摄入，并具有预防癌症、调节人体新陈代谢的功能（Jenkins，1993）。

植物素是什么？

植物素是具有保护或预防疾病特性的非营养性植物化学物质。它们是非必需营养素，也就是说它们不是人体维持生命所必需的物质。众所周知，植物产生这些化学物质是为了保护自己，但最近的研究表明，这些化学物质也可以保护人类免受疾病的侵袭。已知的植物素有上千种之多。番茄中的番茄红素、大豆中的异黄酮和水果中的黄酮是一些众所周知的植物素。

我们如何获得足够的植物素？

含有植物素的食品已经成为我们日常饮食的一部分。事实上，除了一些精制食品，如糖和酒精，大多数食品都含有植物素。一些食品，如全谷物、蔬菜、豆类、水果和草药都含有许多植物素。获得更多植物素的最简单方法是多吃水果（蓝莓、蔓越莓、樱桃、苹果等）和蔬菜（菜花、甘蓝、胡萝卜、西蓝花等）。建议每天至少吃 5~9 份水果或蔬菜。水果和蔬菜也富含矿物质、维生素、纤维和低饱和脂肪。

植物素的前景

植物素存在于许多食品中，但通过生物工程技术有望培育出植物素含量更高的新植物。这会使我们的食品中更易包含足够的植物素。

附录 E

医用食品

医用食品是由 FDA 特殊营养品办公室根据具体情况进行管理的。医用食品是肠内给服食品（非肠道静脉注射，但不是传统食品），以改善住院患者的营养供给。

1988 年，美国国会首次对“医用食品”做出了法律定义，即根据公认的科学原则，通过医学评估确定疾病或症状的特殊营养需求，旨在对疾病或症状进行特殊的饮食管理，在医生的监督下食用或肠内给服的配方食品（1988 年美国国会）。

医用食品可以通过试管喂养或口腔摄入，是为满足诊断为特殊疾病患者的特殊营养需求而严格设计的食品。

医用食品可以作为膳食的补充，也可以作为营养的唯一来源，并根据医学评估而使用。目前，这类医用食品不属于“非处方”食品，也不受 NLE 标签规定的约束，因为人们认为医用食品不是特殊饮食用途的食品。这两类食品经常重叠的事实引发了新的 FDA 政策/监管讨论。

FDA 监管医用食品并认为这些食品是“根据公认的科学原则，通过医学评估确定疾病或症状的特殊营养需求，旨在对疾病或症状进行特殊的饮食管理，在医生的监督下食用或肠内给服的配方食品”（Hunt 1994）。保健品和膳食补充剂不符合这些特殊的营养要求，不分类归属于医用食品。

USDA 认为医用食品是用于疾病或症状的饮食管理的非处方营养。需要注意的是，这类食品不同于低脂、低钠等食品。普通大众不使用它们，超市里也买不到。

《罕用药法案》第 5 节［21U. S. C. 360ee（b）（3）］中，术语“医用食品”定义为“根据公认的科学原则，通过医学评估确定疾病或症状的特殊营养需求，旨在对疾病或症状进行特殊的饮食管理，在医生的监督下食用或肠内给服的配方食品”。

“十多年来，美国各地的医生和营养师一直推荐医用食品，以帮助患者安全地成功对付疼痛、信息、肥胖、睡眠和认知障碍等慢性疾病”。

（译者注：医用食品一般指特殊医学用途配方食品。我国 GB 29922—2013《食品安全国家标准 特殊医学用途配方食品通则》对特殊医学用途配方食品的定义是：为了满足进食受限、消化吸收障碍、代谢紊乱或特定疾病状态人群对营养素或膳食的特殊需要，专门加工配制而成的配方食品。该类产品必须在医生或临床营养师指导下，单独食用或与其他食品配合食用。特殊医学用途配方食品分为全营养配方食品、特定全营养配方食品、非全营养配方食品。）

附录 F

加工食品

由于需要对文中提及的“加工食品”一词给出定义，所以在此列入“加工食品附录”。

了解我们的食品通讯工具包

©国际食品信息委员会基金会，2010。

“当你想到加工食品时，你会想到什么？”如果你想到饼干、薯片和碳酸饮料，你是对的。但你可能会惊讶地发现，我们吃的大多数食品都是加工过的。继续读下去，了解有关加工食品的事实，并回答一些常见的问题。

“加工食品”的定义

食品加工是指在我们可以食用之前有意对食品进行的任何改变。它可以像冷冻或干燥食品那样简单，以保存营养和新鲜，也可以像配制营养与成分恰当平衡的冷冻餐那样复杂。

罐装和冷冻水果和蔬菜

标有“天然”或“有机”字样的包装食品，如谷物、新鲜肉类和家禽以及罐装婴儿食品

标签上有健康和营养声明的食品，如“可能会减少患心脏疾病的风险”“低脂肪”“高钙”

富含纤维、维生素D和ω-3脂肪酸营养物质的食品

在快餐店和优质餐厅、自助餐厅和美食区、体育场馆、咖啡馆和其他地点准备的食品

加工食品一体化连续体（国际食品信息理事会基金会）

加工食品可视为一体化的连续体，从最低限度加工的产品到更复杂的制剂，其中包括甜味剂、香辛料、油、香料、色素和防腐剂等成分，两者之间有很多差异。下文出了一些常见的例子。五类食品及实例（IFIC基金会修改）：

（1）需要最少加工或生产的食品（也称为“最少加工”食品）。

例如，清洗和包装的水果和蔬菜、袋装沙拉、还有烤花生和咖啡豆。

（2）为帮助保存和提高食品的最佳营养和新鲜度加工而成的食品。

例如：金枪鱼罐头、豆类和番茄、冷冻水果和蔬菜、还有果酱和罐装婴儿食品。

（3）为提高安全性和口感和/或增加视觉吸引力，由甜味剂、香辛料、油、香料、色素和防腐剂等成分混合而成的食品。（不包括下列“即食”食品。）

例如：一些包装食品，如速溶马铃薯粉、米饭、蛋糕粉、罐装番茄酱、混合香料、调味料和酱料，以及胶制品。

（4）需要最少或不需要准备的“即食”食品。

例如，早餐麦片、风味燕麦片、薄脆饼干、果酱和果冻、坚果酱、冰淇淋、酸乳、蒜蓉面包、燕麦卷、饼干、水果糖、烤鸡、午餐肉、蜜汁火腿、干酪酱、果汁饮料和碳酸饮料。

（5）保鲜和节省时间的包装食品。

例如，熟食和冷冻食品、主菜、馅饼和披萨。

（来源：IFIC）

关于加工食品的五个常见问题

问：加工食品安全吗？

答：事实上，加工通常会使食品更安全。例如，加热食品有助于清除有害细菌。巴氏杀菌是一种常见的加热过程，用于杀死牛乳中有害微生物。将肉类、水果和蔬菜等食品装罐或冷冻，有助于这些食品保持更长时间更新鲜。

问：加工食品会导致肥胖吗？

答：大多数营养专家一致认为，没有哪一种食品会导致肥胖。肥胖是因为摄入的热量超过了身体的消耗，而非产生热量的食品。为保持健康的体重，关键是要保持摄入热量和体育活动的平衡，可偶尔只吃一份零食，如油炸食品、零食薯条、甜点、糖果、果汁和软饮料。一些加工食品实际上可能有助于控制体重，因为它们包含的成分会减少食品的热量含量，比如低热量的甜味剂。

问：加工食品缺乏营养吗？

答：因为加工食品包括不同种类的产品，它们的营养价值差别很大。例如，冷冻蔬菜是在营养高峰时采摘并冷冻的，因而可能比新鲜蔬菜更富营养。此外，富含维生素、矿物质或其他营养素的加工食品可以帮助人们达到这些营养素的推荐摄入量，如加钙和维生素 D 的橙汁。一些加工食品只提供热量，而很少有其他营养物质，如一些油炸食品、甜点和糖果。

问：加工食品贵吗？

答：同样，食品选择范围广意味着食品价格相差大。例如，买冷冻草莓可能比买过季的草莓便宜，但是用自己种植的应季番茄制作的番茄酱可能比买罐装番茄酱便宜。

问：有没有加工过的食品是天然的？

答：FDA 没有在食品标签上定义“天然”一词，但如果食品不含有添加的色素、人工香料或其他合成物质，一般允许使用这个词。根据这个定义，许多加工食品都可以被认为是“天然的”。其中包括许多果蔬制品、谷物和乳制品，以及肉类、家禽和鱼类产品。例如已包装的熟鸡肉和生鸡肉、薯片、米饭、冷冻菠菜和罐装苹果酱。

（来源：IFIC）

附录 G

美国农业部食品指南的简要历史

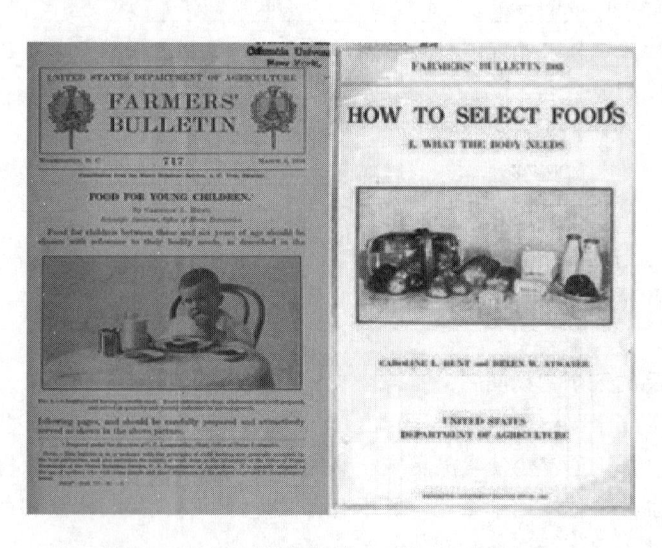

1916~1930 年：“儿童食品”与“如何选择食品”

• 基于食物组和家庭措施制定的指南。

• 重点是“保护性作用的食物”。

1940 年代：［良好饮食指南（基础七组食物）］

• 为了营养充足的基础饮食。

• 包括 7 组食物组中每组每日需要的分量。

• 缺少具体的分量。

• 被认为是复杂的。

1956~1970 年：健身食物，每日食物指南（基本四组食物）

• 基础饮食法——营养充足目标。

• 四种食物组的规定量。

• 不包括关于脂肪、糖和热量合适摄入量的指导。

1979 年：无忧每日食物指南。

• 这是 1977 年美国的膳食目标公布后制定的

• 基于基本的五组食物，但还包括了第五组食物，以强调适度摄入脂肪、糖果和酒精的必要性。

食物轮

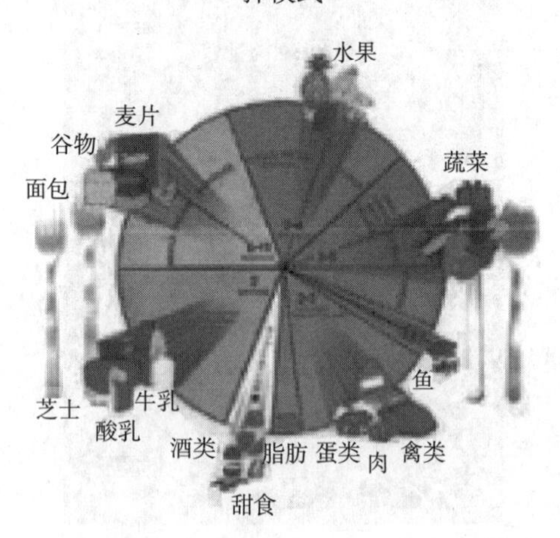

1984 年：食物轮：日常食物选择模式

- 总饮食法——包括营养充足和适度的目标。
- 五种食物组和数量构成食物指南金字塔的基础。
- 以 12.56J 水平提供每日食物量。
- 首次以食物轮的形式作为红十字会营养课程的插图。

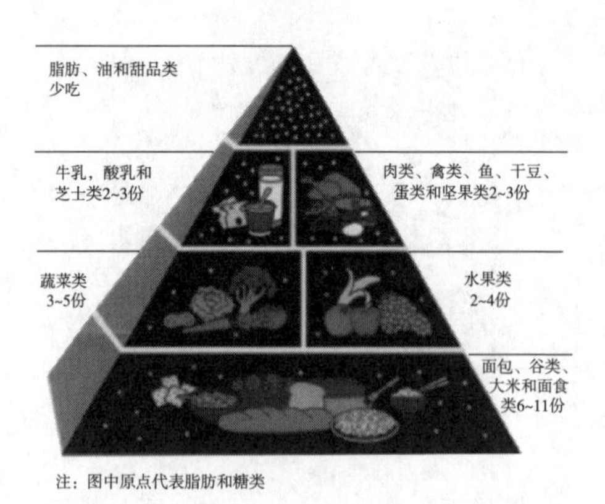

1992 年：食物指南金字塔

- 总饮食法——营养充足和适度的目标。
- 基于消费者研究进行开发，以让人们意识到新的食物模式。
- 插图着重于多样性、适度和比例的概念。
- 包括在整个食物组及尖端中添加的脂肪和糖的可视化。
- 包括在 12.56J 水平上的每日食物量的范围。

2005 年：我的金字塔食物指导系统

- 随着《2005 年美国人饮食指南》食物指南金字塔食物模式的更新而推出，包括每日摄入 50.23J 的食物量。
- 继续“金字塔”概念，基于消费者的研究，但简化了说明。
- 增加了油带和体力活动的概念。
- 插图可以用来描述多样性、适度和比例的概念。

2011 年：我的餐盘

- 随着美国农业部《2010 年美国人饮食指南的食物模式》更新而推出。
- 不同的形状，以新的视觉提示吸引消费者的注意力。
- 作为健康饮食提示的图标，不只是提供特定的信息。
- 通过测试确定，视觉与食物联系在一起，是消费者心目中熟悉的用餐时间符号。
- “我的”延续了我的金字塔的个性化方法。

现在：我的餐盘

参考文献

[1] ADA Position of the American Dietetic Association (1995) Phytochemicals and functional foods. Jr Am

Diet Assoc. 95（4）：493-496.
[2] Goldberg I.（ed.）（1994）Functional foods：designer foods，pharmafoods nutraceuticals. Chapman & Hall，New York.
[3] Hasler CM.（1998）Functional foods：their role in disease prevention and health promotion. A publication of the Institute of Food Technologists'expert panel on food safety and nutrition. Food Technol. 52（11）：63-70.
[4] Huffer L.（2002）California to vote on GMO labels for foods. New ProductDesign，pp. 14-15.
[5] Hunt J.（1994）Nutritional products for specific health benefits—foods，pharmaceuticals，or something in between? Jr Am Diet Assoc 94：151-154.
[6] International Food Information Council（IFIC）.
[7] Jenkins MLY.（1993）Research issues in evaluating "functional foods." Food Technol 47（5）：76-79.
[8] Peter Pan Peanut Butter，Fullerton，CA.
[9] Pszczola DE（1998）Addressing functional problems in fortified foods. Food Technol 52（7）：38-46.
[10] Sloan AE（2000）The top ten functional food trends. Food Technol 54（4）：33-62.
[11] Staff Report（2001）Combining nutrients for health benefits. Food Technol 55（2）：42-47.

术语表

生物技术：动物、微生物和植物的生物基因工程技术，以改变或创制具有增强抗虫害性、改善营养价值和保质期的产品。[译者注：生物技术是应用生物学、化学和工程学的基本原理，利用生物体（包括微生物，动物细胞和植物细胞）或其组成部分（细胞器和酶）来生产有用物质，或为人类提供某种服务的技术。]

认证烹饪科学家：定义为从事食品产品开发工作，具有食品科学或技术专业知识和烹饪艺术基础知识的科技人员。

药物：旨在用于诊断、治疗、缓解、治疗或预防疾病，或影响身体的结构或功能的物质。

增补：添加营养物质以达到特性标准规定的既定浓度。

食品：主要因其味道、香气或营养价值而消费的产品。（译者注：《中华人民共和国食品安全法》中食品的定义是指各种供人食用或者饮用的成品和原料以及按照传统既是食品又是药品的物品，但是不包括以治疗为目的的物品。）

强化：在食品中添加的营养物质水平高于原食品或类似食品中营养物质水平。

功能性食品：可以提供的健康益处超过原食品的任何改性食品或食品成分；尽管功能性食品被一些人作为特定健康用途的食品接受，但该词在美国没有被法律接受或没有被普遍接受。（译者注：我国对功能性食品的定义是指声称并具有特定保健功能或者以补充维生素、矿物质为目的的食品。即适用于特定人群食用，具有调节机体功能，不以治疗疾病为目的，并且对人体不产生任何急性、亚急性或慢性危害的食品。）

转基因生物：移植了外源基因的生物，例如：用来种植作物的转基因种子。

医用食品：根据公认的科学原则，通过医学评估确定疾病或症状的特殊营养需求，旨在对疾病或症状进行特殊的饮食管理，在医生的监督下食用或肠内服用的配方食品（美国国会，1988 年）。

保健品：在美国，为提出的食品成分新监管类别赋予的名称，该成分可视为一种食品或食品的一部分，可提供治疗和健康益处，包括治疗或预防疾病，是一个未被 FDA 认可的术语。(译者注：我国 GB 16740—2014 对保健品定义是声称并具有特定保健功能或以补充维生素、矿物质为目的的食品。即适用特定人群食用，具有调节机体功能，不以治疗疾病为目的，并且对人体不产生任何急性、亚急性或慢性危害的食品。)

营养基因组学：营养基因组学的新科学，它是基因组学在人类营养方面的应用。(译者注：营养基因组学是研究营养素和植物化学物质对机体基因的转录、翻译表达及代谢机理的科学)

植物素：植物化学物质；新鲜植物物质中除营养物质以外，具有预防疾病功能的天然化合物；植物素保护细胞免受氧化损伤或促进致癌物从体内排泄，并具有降低癌症风险的潜力。